普通高等教育农业农村部“十三五”规划教材
普通高等教育农业部“十二五”规划教材
普通高等教育“十四五”规划教材
生物科学类专业系列教材

遗传学

第2版

于翠梅　郭玉华　主编

中国农业大学出版社
·北京·

内 容 简 介

本教材注重经典遗传学与现代遗传学的合理结合、遗传学理论与实际应用的科学结合，按照遗传学的内在逻辑顺序分章排序，全面、系统介绍遗传学的基本概念、基本原理、基本方法。全书共分16章，包括绪论、遗传的细胞学基础、遗传物质的分子基础、孟德尔遗传、连锁遗传、细胞质遗传、细菌和病毒遗传、数量性状遗传、群体遗传与进化、染色体结构变异、染色体数目变异、基因突变、基因组学、基因的表达调控、遗传与发育、基因工程。本教材适用于植物生产类、生物科学类、森林资源类、食品科学类和动物生产类等相关专业遗传学教学使用，也可供相关专业的研究生、专科生以及科技工作者参考。

图书在版编目(CIP)数据

遗传学 / 于翠梅，郭玉华主编. --2版. --北京：中国农业大学出版社，2022.2
ISBN 978-7-5655-2683-1

Ⅰ.①遗… Ⅱ.①于…②郭… Ⅲ.①遗传学－教材 Ⅳ.①Q3

中国版本图书馆CIP数据核字(2021)第262863号

书　名 遗传学 第2版
作　者 于翠梅 郭玉华 主编

策划编辑 赵 艳　**责任编辑** 赵 艳
封面设计 郑 川
出版发行 中国农业大学出版社
社　址 北京市海淀区圆明园西路2号　**邮政编码** 100193
电　话 发行部 010-62733489，1190　读者服务部 010-62732336
编辑部 010-62732617，2618　出 版 部 010-62733440
网　址 http://www.caupress.cn　**E-mail** cbsszs@cau.edu.cn
经　销 新华书店
印　刷 北京鑫丰华彩印有限公司
版　次 2022年6月第2版　2022年6月第1次印刷
规　格 210 mm×285 mm　16开本　18.5印张　560千字
定　价 60.00元

第2版编写人员

主　　编　于翠梅　郭玉华

副 主 编　程海涛　姚占军　王有武　穆国俊　宋　芸

编写人员　（按姓氏拼音排序）

曹新川（塔里木大学）

陈耀锋（西北农林科技大学）

程海涛（沈阳农业大学）

郭玉华（沈阳农业大学）

胡超越（塔里木大学）

胡银岗（西北农林科技大学）

孟德旋（沈阳农业大学）

穆国俊（河北农业大学）

宋　芸（山西农业大学）

王　彬（河南科技大学）

王升级（山西农业大学）

王有武（塔里木大学）

姚占军（河北农业大学）

于翠梅（沈阳农业大学）

钟雪梅（沈阳农业大学）

邹德堂（东北农业大学）

第1版编写人员

主　　编　郭玉华

副 主 编　于翠梅　曹秀云　姚占军　王有武

编写人员　（按姓氏拼音排序）

曹秀云（沈阳农业大学）
陈耀锋（西北农林科技大学）
程海涛（沈阳农业大学）
郭玉华（沈阳农业大学）
胡超越（塔里木大学）
胡银岗（西北农林科技大学）
穆国俊（河北农业大学）
宋　芸（山西农业大学）
王　彬（河南科技大学）
王有武（塔里木大学）
杨秀清（山西农业大学）
姚占军（河北农业大学）
于翠梅（沈阳农业大学）
张　磊（沈阳农业大学）
邹德堂（东北农业大学）

第2版前言

《遗传学》(第1版)是由郭玉华教授主编的,于2014年出版。该教材遵从遗传学传统的知识结构体系,按照遗传学发展过程来编写章节顺序和内容,循序渐进地展示了经典遗传学和现代遗传学的基本概念、基本原理和基本方法,深入浅出地讲解遗传学理论应用于动植物育种实践和社会生活实践的具体案例、原理和展望,理论阐述准确精练,实践案例内容丰富,深受农业院校广大师生的欢迎。该教材曾获全国农业优秀教材奖,先后被列入普通高等教育农业部"十二五"规划教材、普通高等教育农业农村部"十三五"规划教材。

遗传学是生命科学研究领域中核心的基础理论学科,也是生命科学中的一门主干核心课程。教材是知识的载体,遗传学的快速发展为教材编写提出了更高的要求。《遗传学》(第1版)教材内容逻辑层次清晰,结构体系安排合理,适用于高等农林院校遗传学教学需要。但在近7年的教学使用中,我们也发现一些问题,如纸质教材中的插图都是黑白的,不能生动展现遗传学的趣味性;纸质教材与辅助的数字资源没有很好地协调和整合,导致重点难点讲解不突出、不透彻;纸质教材的基本遗传学原理知识内容非常丰富,但是知识点很分散,缺乏结构性,不利于学生学习和思考;同时,遗传学领域的一些新进展也需要及时补充等。因此编者团队对该教材修订,编写了第2版。

《遗传学》(第2版)在原有章节内容结构体系基础上进行了4个方面的修订。第一,每章依据不同知识点之间的内在逻辑关系绘制思维导图,便于学生理解、记忆和思考。第二,以二维码形式,增加动画、彩图及思维导图等数字资源,使抽象复杂的知识点更加形象、具体及生动。第三,增添了"遗传与发育"一章,使知识体系更加完整;同时将第1版的"近亲繁殖与杂种优势"一章并入"数量遗传学"一章内,保持全书16章内容。第四,将动画、彩图及思维导图等数字资源与遗传学知识相融合,为教师教学和学生自学提供更为便利的条件。

本教材共由16章组成。第1章和第2章由于翠梅编写,第3章由宋芸编写,第4章由于翠梅、邹德堂编写,第5章由于翠梅、陈耀锋编写,第6章由程海涛编写,第7章由穆国俊编写,第8章和第9章由程海涛、郭玉华编写,第10章由胡超越编写,第11章由王有武编写,第12章由王升级编写,第13章由王彬编写,第14章由姚占军编写,第15章由曹新川编写,第16章由孟德旋、胡银岗编写。副主编参与了书稿的审改工作。钟雪梅参与了数字资源制作整理、参考文献及常用遗传学词汇中英文对照审改。全书由于翠梅和郭玉华审改、统稿和定稿。

本教材的编写得到中国农业大学出版社及有关专家的帮助和支持,还得到辽宁向日葵教育科技有限公司王泥经理与沈阳农业大学有关教师的支持,在此一并表示感谢!

由于编者教学和科研经历的局限性,本书的遗漏、错误和不妥之处在所难免,恳请读者指正,以便再版时改进。

编 者
2021 年 9 月

第 1 版前言

遗传学是研究生命现象的核心学科，遗传学理论和技术的发展为探索生命的本质提供了科学的思想和手段，更为指导动物、植物和微生物的遗传改良，提高人类生产水平和生活质量提供了科学的原理和方法。遗传学对科学发展和生产实践的作用使它成为高等农业院校中一门重要的专业基础课程。

一方面，遗传学是发展极快的科学，新认知、新技术不断涌现，每隔两三年就有一次重大研究突破；然而另一方面，近些年我国高等农业院校进行的本科生课程设置改革使得遗传学教学课时有所减少。为了适应教学改革和教学实践上的需要，适逢中国农业大学出版社组织出版全国高等农林院校"十二五"规划系列教材之契机，我们决定编写一部新的更适合农业院校本科生遗传学教学的教材。

经过几十年的发展，农业院校的遗传学教学已经形成了完整的知识结构体系。经验告诉我们，打破已有知识体系进行的教学尝试效果并不理想。因此，在构建本书的内容结构时，我们遵从遗传学的发展和固有的内容体系，协调安排经典遗传学和现代遗传学的具体内容，注重展示遗传学理论与动植物育种实践的具体结合、与社会生活实践的具体结合的原理和方式，适当体现遗传学的最新研究成果和发展趋势，旨在引导激发学生的学习兴趣和学习愿望，促进学生对遗传学知识的理解和掌握，方便教师熟练使用教材，提高教学效率，改进教学效果。

本教材按照遗传学的内在逻辑顺序进行分章排序，全面、系统介绍遗传学的基本概念、基本原理和基本方法。概念介绍力求准确、精练，节段内容展示力求逻辑层次清晰，主题与结论明确，有利于学生理解和记忆。经典遗传学内容的展示侧重试验过程，借此培养学生的科学素养和科学精神；现代遗传学内容侧重介绍结果和结论，以增加新的知识点和信息量。现代遗传学内容在"分子标记作图""基因的定点诱变""基因工程中的目的基因""DNA 指纹技术""基因图位克隆""分子育种"等与当今的科学研究及生产和生活实践密切相关的内容上加以体现。

书中所涉及的遗传材料包括各种生物类型，适合农业院校植物生产类、生物科学类、森林资源类、食品科学类和动物生产类等相关专业教学使用。本教材每章设有内容提要，用简练准确的文字，以一页纸的篇幅概括本章的主要内容，适合学生复习时使用。另外，每章都附有复习思考题，供学生进行课外作业，同年由中国农业大学出版社出版的配套教材《遗传学习题全解》（第2版）给出了对应题解和答案，配合使用效果更好。附录中收录了常见遗传学词汇的中英文对照。

总之，本书从结构与内容的设计到具体行文表述，都以更加有利于学生学习、有利于教师讲授，服务于遗传学教学需要作为出发点和落脚点，希望我们的努力可以在一定程度上实现这个目标。

全书共分15章，由来自7所院校的15位教授、副教授、博士编写完成。其中的绪论和第1章遗传的细胞学基础由曹秀云编写，第2章遗传物质的分子基础由宋芸编写，第3章孟德尔遗传由邹德堂、于翠梅编写，第4章连锁遗传由陈耀锋、于翠梅编写，第5章细胞质遗传由程海涛编写，第6章细菌和病毒遗传由穆国俊、王彬编写，第7章数量性状遗传由郭玉华编写，第8章近亲繁殖与杂种优势由程海涛编写，第9章群体遗传与进化由郭玉华编写，第10章染色体结构变异由胡超越编写，第11章染色体数目变异由王有武编写，第12章基因突变由杨秀清编写，第13章基因组学由张磊编写，第14章基因的表达调控由姚占军编写，第15章基因工程由胡银岗编写。副主编参与书稿的审改工作。程海涛参与了书中大部分原版图的制作和部分引用图的修改，张磊参与了常用遗传学词汇中西文对照审改。全书经由郭玉华审改、统稿和定稿。

本书的编写得到中国农业大学出版社及有关专家的帮助和支持，还得到沈阳农业大学有关老师的支持，在此一并表示感谢！

由于编者教学和科研经历的局限性，本书的遗漏、错误和不妥之处在所难免，恳请读者指正，以便再版时改进。

郭玉华
2013年11月于沈阳

目　录

第1章 绪　论

◆内容提示

介绍遗传学的研究对象、研究内容、发展历程及其在社会生活和生产实践中的重要作用。

◆教学目标

了解遗传学的研究对象与研究内容，掌握在遗传学发展史上的重要科学家和他们的关键性实验及其对遗传学发展的作用；展示遗传学研究成果的科学意义和生产实践意义，激发学生对遗传学的学习兴趣。

1.1 遗传学的研究对象和研究内容

人们一般习惯于将孟德尔揭示的遗传规律被重新发现的1900年定义为遗传学的诞生年，但遗传学(genetics)作为一个学科的名称，则是英国学者贝特森(W. Bateson，1861—1926年)于1906年首先提出来的。经历了100多年的研究发展，遗传学的内涵及研究内容不断地更新和扩充，已经成为生命科学研究领域发展最快的学科之一。

遗传学是研究生物遗传和变异规律的科学。遗传变异现象早已为人们所熟知，“种瓜得瓜，种豆得豆”，这种亲代与子代之间相似的现象就称为遗传(heredity)。变异(variation)指的是亲代与子代以及子代个体之间具有差异的现象，如高秆植株可以产生矮秆的后代，同一双亲产生的不同个体之间，甚至同卵双生的双胞胎之间都存在不同程度的差异。遗传和变异是生物共有的最基本的属性，也是极其重要的一对矛盾。遗传是相对的、保守的，生物有了遗传特征，才能繁衍后代，保持物种的相对稳定性；变异是绝对的、发展的，生物有了变异特征，才会产生新性状、新类型；再通过自然或人工选择，就会使物种不断地发展和进化。因此，遗传、变异和选择是生物进化和新品种选育的三大因素。

遗传学的研究对象可以是动物、植物和微生物。确定遗传学研究的材料，一般要选择生活周期短、繁殖系数高、体形小、染色体数目少而大的生物。例如，哺乳动物中的小鼠，昆虫中的果蝇，种子植物中的玉米和拟南芥，真菌中的酵母，原核生物中的大肠杆菌和链孢霉，病毒中的噬菌体等，它们都是遗传学常用的模式试验材料。

遗传学是研究基因的科学。基因(遗传因子)最早是表示细胞内决定生物性状遗传单位的一种符号，是直线排列在染色体上的一种化学实体，它是控制性状的最小功能单位，也是发生重组和突变的最小结构单位。直到20世纪50年代以后，随着分子生物学的发展，人们对基因的概念有了DNA分子水平上的新认识。基因是DNA分子上一段具有转录功能的序列，它是最小的功能单位，但不是重组和突变的最小结构单位，最小的结构单位是一对核苷酸。进入21世纪后，以PCR技术、DNA重组技术、测序技术、基因编辑技术等为代表的一系列技术突破，使人们可以对生物整个基因组进行结构和功能研究。遗传学的研究内容也由最初的细胞遗传、生化遗传、生物统计遗传、发育遗传及进化遗传等经典遗传学经分子遗传学发展到现代的基因组学，并逐渐发展、分化和扩充。

遗传学是生命科学研究领域中核心的理论学科，主要探索基因的性质、基因的传递、基因的位置、基因的功能、基因的结构、基因的表达、基因的变异、基因与环境之间的关系等，确定基因与生物形态、生理、行为等特征之间的内在联系，进而指导生物的遗传改良实践，造福人类的生产与生活。

1.2 遗传学的形成和发展

早在数千年以前的新石器时期，人们对遗传和变异的现象就有了一定的认知。直到18世纪下半叶和19世纪上半叶，拉马克和达尔文对生物遗传和变异才开始进行系统的研究。

1.2.1 遗传学形成前期

法国博物学家拉马克(Jean-Baptiste Lamarck,1744—1829年)是生物进化论的先驱。他对植物、动物乃至气象研究都有着浓厚的兴趣。拉马克根据观察和推理,提出了"用进废退(use and disuse of organ)"和"获得性状遗传(inheritance of acquired characters)"等论点。他认为环境条件的改变是生物变异的根本原因,在环境条件改变时,由于生活上的需要,加强使用的器官得到进化,不使用的器官就发生退化,在这个过程中获得的性状能够通过生殖传给后代。这些论点属于推想,没有得到科学的证实,实际上也是不成立的。但在当时的情况下,这些论点极大地冲击了上帝创造万物的传统说法,对后来的生物学发展以及遗传变异的研究起到了重要的推动作用。

英国杰出的生物学家达尔文(Charles Robert Darwin,1809—1882年)通过长期考察和研究,特别是经历了为期5年的环球航海科学考察,积累了大量的生物实证,创立了进化论,并于1859年完成了著名的《物种起源》(*The Origin of Species*)一书。他认为自然界的生物不是由超自然的力量决定的,而是在自然选择或人工选择的推动下,由简单到复杂、由低级到高级进化而来的。对于遗传和变异的解释,达尔文在1868年发表的《驯养下的动植物变异》(*Variations of Animals and Plants under Domestication*)中承认拉马克的获得性状遗传的一些论点,并提出了泛生论假说(hypothesis of pangenesis),认为动物每个器官里都普遍存在着微粒(泛生粒),它们能够分裂繁殖,并在体内随血液循环流动聚集在生殖器官里,形成生殖细胞。当受精卵发育为成体时,各种泛生粒进入各器官发生作用,使发育起来的性状与亲代一样,因而表现遗传;如果亲代的泛生粒发生改变,则子代表现变异。这一假说属于推想,没有获得科学证实。

德国动物学家魏斯曼(August Weismann,1834—1914年)是新达尔文主义的首创者。他支持达尔文的选择理论,但否定获得性状遗传和泛生论。他于1883年提出种质连续论(theory of continuity of germplasm),认为多细胞的生物体是由种质和体质两部分组成的。种质在世代间保持连续,可遗传;体质在世代间不连续,不可遗传。种质决定体质,种质的变异引起体质的变异,但体质的改变不会引起种质的变化。环境只影响体质,而不能影响种质,所以获得的性状不能遗传。他做了一个著名的试验:连续若干代剪掉尾巴的老鼠,其后代仍然具有正常长度的尾巴,这说明后天获得的性状并不遗传给后代。魏斯曼的观点有一定的片面性,因为环境有时也可以改变遗传物质。但他的理论在当时的生物科学研究领域,特别是遗传学研究方面,产生了重大而广泛的影响,它启迪了人们去思考遗传物质与生物表现特征之间的联系与区别,对遗传学研究的思路起到重要的导向作用。

美国细胞学家威尔森(E. B. Wilson,1856—1939年)曾经高度赞誉道:现代遗传学植根于魏斯曼的"种质连续学说"基础之上。魏斯曼提出颗粒式遗传学说,在理论上为遗传学的发展开辟了前进的道路。

1.2.2 经典遗传学时期

真正科学而系统地研究遗传和变异规律是从孟德尔(Gregor Johann Mendel,1822—1884年)开始的。孟德尔是一位热爱自然科学的天主教修道士。在修道院的植物园里,从1857—1864年,他做了8年的豌豆杂交试验。1865年,他写出了题为"植物杂交试验"的论文,在奥地利布隆城召开的自然博物学会上宣布了自己的研究成果,首次提出了分离和自由组合两个遗传基本规律。他认为生物的性状是由细胞里的遗传因子控制的,亲代遗传给子代的并不是性状本身,而是决定这些性状发育的遗传因子。孟德尔用颗粒遗传观点指出:遗传因子是决定性状的基本单位;遗传因子在细胞里发生分离和自由组合,通过配子传递给子代,子代性状的发育是在这些遗传因子控制下重新形成的;遗传因子有可能处于隐性状态,但绝不会被冲淡或消失。颗粒遗传的理念为现代遗传学的发展奠定了重要的科学基础。

19世纪末,显微镜技术的完善和利用使生物学研究取得了细胞学上的新发现。英国的弗莱明(A. Fleming)和德国的施特拉斯布格(E. A. Strasburger)分别在动物和植物中发现细胞的有丝分裂、减数分裂,以及染色体纵裂和在纵裂后趋向细胞两极的行为;德国的赫特维希(O. Hertwig)和施特拉斯布格分别发现动物和植物的受精现象;比利时的比耐登(E. van Beneden)观察到马蛔虫每一个体细胞含有等数的染色体等,这些都使人们对遗传物质的认识从主观猜测发展到科学证实。

1900年，荷兰植物学家德·弗里斯(H. de Vries)以月见草和玉米为试材，德国植物学家柯伦斯(C. Correns)以玉米、豌豆和菜豆为试材，奥地利植物学家契马克(E. von Tschermak)以豌豆为试材，三人各自独立地发现了与孟德尔相同的遗传规律。当他们收集资料引用文献时不约而同地发现了孟德尔的论文，这个他们原以为是新发现的遗传规律，早在35年前就被孟德尔详尽而又准确地描述过了。三位科学家宣布了孟德尔的发现，并把自己的论文列为该规律的佐证。正是通过这几位著名学者的论文和他们的大力宣传，孟德尔的成就才终于被人们所知晓。孟德尔的理论和研究方法也很快在动植物的遗传研究中被广泛应用，促进了遗传学的快速发展。因此，人们把孟德尔定律被重新发现的1900年定为遗传学的诞生年。6年后，英国学者贝特森(W. Bateson)依据希腊语"生殖"(generate)一词给遗传学正式定名为genetics。

1902年，美国的萨顿(W. S. Sutton)和德国的卜弗里(T. Boveri)各自论证了孟德尔假设的遗传因子与染色体行为之间的平行性，认为遗传因子可能位于染色体上，提出染色体在减数分裂期间的行为是解释孟德尔遗传的细胞学基础。与此同时，狄·弗里斯于1901—1903年发表了"突变学说"，1906年贝特森(W. Bateson)等在香豌豆杂交试验中发现了性状连锁现象；1909年，丹麦遗传学家约翰森(W. L. Johannsen, 1857—1927年)提出用基因(gene)一词代替孟德尔提出的"遗传因子"，他在发表的"纯系学说"中还确立了基因型、表型、等位基因、纯合体、杂合体等遗传学基本概念。

1910年，美国的实验胚胎学家、遗传学家摩尔根(Thomas Hunt Morgan，1866—1945年)和他的同事及学生以果蝇为试材，通过大量深入细致的遗传试验研究，提出了遗传学的第三个基本规律——连锁交换规律。同时，他结合当时关于细胞核中染色体行为动态的细胞学研究成果，提出了基因位于染色体上，呈直线排列的基因学说，确立了遗传的染色体理论，进一步发展为细胞遗传学。摩尔根在遗传学研究中取得了重大成就，于1933年获得诺贝尔生理学或医学奖。

我国遗传学家李汝祺(1895—1991年)和谈家桢(1909—2008年)在美国留学期间都是摩尔根的学生，在摩尔根的实验室工作过3年。他们回国后为我国遗传学学科的建立做出巨大贡献，成为我国现代遗传学研究的开创人和奠基人。

1927年，美国辐射遗传学创始人缪勒(H. J. Muller，1946年获诺贝尔生理学或医学奖)以果蝇为试材，1928年，斯特德勒(L. J. Stadler)以玉米和大麦为试材，通过X射线诱导突变成功，都获得了可遗传的变异。他们开创了辐射遗传学，使辐射育种方法很快在世界范围内开展起来。

1930—1932年，费希尔(R. A. Fisher)、莱特(S. Wright)和霍尔丹(J. B. S. Haldane)等应用数理统计方法分析性状的遗传变异，估算遗传群体的各项遗传参数，奠定了数量遗传学和群体遗传学的基本研究方法，推动了生统遗传学的建立。

1941年，比德尔(G. Beadle)和塔特姆(E. L. Tatum)用红色面包霉(*Neurospora crassa*)为试材，研究基因的生理和生化功能、分子结构及诱发突变等问题，证明了基因是通过酶起作用的，提出了"一个基因一个酶"的理论，建立和发展了微生物遗传学和生化遗传学。

1946年，莱德伯格(J. Lederberg)和塔特姆发现细菌通过接合的方式实现遗传物质转移，并因此获得了1958年的诺贝尔生理学或医学奖。

1944年，阿委瑞(O. T. Avery)、麦克劳德(C. M. Mcleod)和麦卡蒂(M. J. Mccarty)利用肺炎双球菌转化试验，直接证明了DNA是遗传物质。1952年，赫尔希(A. D. Hershey，1969年获诺贝尔生理学或医学奖)和蔡斯(M. Chase)在大肠杆菌(*Escherichia coli*)的T_2噬菌体内，用放射性同位素进行标记试验，进一步证实了遗传物质是DNA，而不是蛋白质。

1950—1951年，麦克林托克(B. McClintock)提出玉米存在转座因子系统，认为基因可离开原来的座位移动到其他位点上，即发生基因"跳跃"。她的"跳跃基因"思想有悖于经典遗传学的"稳定基因"传统观念，无法被当时的科学家所理解和接受。麦克林托克也因此受到了科学界前所未有的冷遇，直到1976年她的转座因子理论才被认可。麦克林托克被誉为基因调控理论的先驱，并于1983年获得诺贝尔生理学或医学奖。

1.2.3 分子遗传学时期

1953年，沃森(J. D. Watson)和克里克(F. H. C. Crick，1916—2004年)通过X射线衍射分析的研究，提出了DNA分子的双螺旋结构模型，这是遗传学发展史上一个重大的转折点，二人因此获得了1962年的诺贝尔生理学或医学奖。这一理论为DNA的自我复制、相对稳定性和变异性以及DNA作为遗传信息的储存和传递等提供了合理的解释，明确了基因是DNA分子上的一个片段，从而促进了分子遗传学的迅速发展，为进一步从分子水平上研究基因的结构和功能，揭示生物遗传和变异的奥秘奠定了基础，使遗传学的发展进入了分子遗传学阶段。

1955年，本泽(S. Benzer)通过对T_4噬菌体的rⅡ座位的精细结构的研究，提出了著名的"顺反子学说"，肯定了基因作为一个功能单位，否定了基因的重组单位和突变单位的传统基因不可分的认识，认为基因内部可突变和重组，并提出了顺反子、重组子和突变子等概念，更新了对基因概念的认识和理解。

1957年，弗南克尔-克拉特(H. Fraenkel-Corat)等发现烟草花叶病毒的遗传物质是RNA。1958年，梅西尔逊(M. Meselson)和史泰尔(F. Stahl)证明了DNA的半保留复制；克里克(F. H. C. Crick)提出了中心法则(genetic central dogma)，确定了遗传信息流动方向以及基因的表达；科恩伯格(A. Kornberg，1959年获诺贝尔生理学或医学奖)从大肠杆菌中分离到DNA聚合酶Ⅰ。1959年，奥乔亚(S. Ochoa，1959年获诺贝尔生理学或医学奖)分离到第一种RNA聚合酶。1961年，雅各布(F. Jacob)和莫诺(J. Monod，获1965年诺贝尔生理学或医学奖)提出了基因表达与调控的操纵元模型；布伦勒(S. Brenner)、雅各布(F. Jacob)和梅西尔逊(M. Meselson)发现了信使RNA(mRNA)。1965年，霍利(R. Holley，获1968年诺贝尔生理学或医学奖)首次分析出酵母丙氨酸tRNA的全部核苷酸序列。1966年，尼伦伯格(M. Nireberg)和科拉纳(H. G. Khorana，获1968年诺贝尔生理学或医学奖)等建立了完整的遗传密码。科学家们仅用十几年时间就完成了从DNA分子的核苷酸序列到基因表达与调控等各个环节的探索。

进入20世纪70年代，人们已经掌握人工合成和分离基因的技术，基因工程这一新的研究领域开始建立。史密斯(H. Smith，获1978年诺贝尔生理学或医学奖)首次分离到限制性内切核酸酶；巴尔的摩(D. Baltimore，获1975年诺贝尔生理学或医学奖)分离到RNA肿瘤病毒的逆转录酶，这在理论上丰富了生物信息流动的中心法则，实践上为基因工程中基因的制备提供了更方便的工具；科拉纳(H. G. Khorana)在体外完整合成了$tRNA^{Ala}$；1972年，贝格(P. Berg，获1980年诺贝尔奖)在离体条件下首次合成重组DNA；1973年，波耶(H. Boyer)和柯恩(S. Cohen)首次用质粒克隆DNA；1975年，萨瑟恩(E. M. Southern)发明了凝胶电泳分离DNA的方法，以及DNA原位杂交技术，为DNA检测奠定了基础。1977年，吉尔伯特(W. Gilbert，获1980年诺贝尔化学奖)、桑格(F. Sanger，获1958年和1980年诺贝尔化学奖)和马克山姆(A. Maxam)发明了DNA序列分析法，桑格等测定出噬菌体φX174整个基因组5 387个核苷酸的DNA序列；Hirose和Itakura用基因工程方法表达了人脑激素——生长抑素，第一次实现了真核生物的基因在原核细胞内的表达。

1982年，经美国食品药品监督管理局批准，用基因工程方法在细菌中表达产生的人胰岛素进入市场，成为基因工程产品直接造福人类的首例。1983年，首例植物转基因在烟草上获得成功；1996年，首个植物转基因产品——转基因番茄在美国投放市场。基因工程技术或产品在生物定向遗传改良、药品与疫苗生产及医疗诊断与治疗等方面都得到越来越广泛的使用。

在这个时期，人们对基因的结构和核酸的功能有了更加深入的认识。1977年，杰弗里斯(A. Jefferys)和夏普(P. Sharp)发现真核生物基因中存在不表达的间插序列，即内含子。1977年，桑格发现了重叠基因。1978年，西方三个不同实验室发现腺病毒RNA的剪接机制。1982年切赫(T. R. Cech)在四膜虫中，1983年阿塔曼(S. Altman)在大肠杆菌中，都发现了与内含子剪接有关的起催化作用的RNA酶，即核酶，证明了核酸可以起到酶的作用，突破了只有蛋白质才能具备酶的催化功能的传统认识。1989年T. R. Cech和S. Altman共同获诺贝尔化学奖。

1983年，穆利斯(K. B. Mullis)发明了DNA体外扩增的聚合酶链式反应(PCR)技术。1988年，赛琪(R. K. Saiki)从嗜热细菌上发现了耐热的*Taq* DNA聚合酶。由于*Taq*酶在PCR技术中的应用，极大地促进了基因的合成、基因的提取、基因载体构建、转基因的鉴定等基因工程操作环节的效率。1993年，穆利斯(Kary Mullis)获得诺贝尔化学奖。

1.2.4 基因组学时期

20世纪90年代，被誉为生命科学的"登月计划”，即国际“人类基因组计划(Human Genome Project)”开始启动，沃森(J. D. Watson)为人类基因组计划的协调人。遗传学的发展开始进入基因组学时期。人类基因组计划旨在测定人类基因组全部约31亿核苷酸对的排列次序，构建控制人类生长发育的基因组DNA编码的遗传信息的遗传图谱、物理图谱、序列图谱及基因图谱。1999年9月，中国获准加入了人类基因组计划，负责测定人类基因组全部序列的1%(即3号染色体短臂上的3 000万个碱基对)。中国是参与这一研究计划的唯一发展中国家。2000年6月26日，由美国、英国、日本、德国、法国和中国科学家共同参与研究的人类基因组“工作框架图”完成并向全世界公布。2003年4月14日，人类基因组序列图绘制成功。

1995年，文特(C. Venter)和史密斯(H. Smith)分析出两种细菌基因组的全部DNA序列。1996年，许多科学家共同完成了啤酒酵母基因组的全部DNA序列测定，啤酒酵母是第一个被序列分析的真核生物基因组。

2000年12月14日，美英等国科学家宣布绘出拟南芥基因组的完整图谱，这是人类首次全部破译出一种植物的基因序列。2002年4月4日，中国科学家独立完成水稻(籼稻)43亿碱基基因组的测序，文章发表在美国《科学》(*Science*)上。此后相继有更多重要或有代表性的动植物的基因组被测序完成，其中动物包括小鼠(mouse，2002)，鼠(rat，2004)，家猪、犬、黑猩猩(2005)，果蝇、猫、有袋动物、猕猴(2007)，鸭嘴兽、线虫(2008)，马、牛、大熊猫(2009)，非洲爪蟾(2010)；植物包括葡萄(2007)，玉米、高粱、黄瓜(2009)，大豆(2010)，小麦、谷子(2012)。据统计，到2012年年底已有2 375个物种的基因组完成测序。

随着基因组学的发展，其研究内容主要包括结构基因组学、功能基因组学和比较基因组学，同时又派生出转录组学、生物信息学、蛋白质组学、代谢组学及遗传调控相关的表观遗传学等相关研究领域。基因组学已成为生命科学研究的前沿和热点领域。

回顾遗传学从建立到现在，已有100多年的历史。遗传学的快速发展极大地推动了生命科学研究的整体发展，也催生出许多新兴的前沿交叉学科。作为现代生命科学研究领域的核心学科，遗传学的发展必将给人类带来更多惊奇和无限的期待。

1.3 遗传学对科学和社会生产实践的作用

1.3.1 遗传学对生物科学发展的作用

遗传信息的传递决定生命的延续，遗传信息的选择性表达决定生命的表现。作为遗传信息载体的基因是生命过程的主角，因此研究基因科学的遗传学，是支撑和连接生物科学各个领域的核心。

生物科学的某些分支学科，例如动植物的解剖学，动植物的生理学等，研究生物体各个层次上的结构和功能，而这些结构和功能实际上都是遗传物质与内外环境相互作用，使得相关基因被激活或阻遏表达的结果。生物科学的另一些分支学科，例如动物分类学、植物分类学、进化论等，研究了生命的多样性，描述了迄今所知的200万种以上生物的形态特征和生理特性，以及它们之间的亲缘关系和进化过程；而遗传学则根据基因和基因组的研究结果发现，包括噬菌体到人类的所有生命形态具有共同的遗传密码和共同的生物信息处理系统，它们的突变和重组机制也没有本质上的区别。由此可见，遗传学在揭示生命本质的研究中具有突出的重要性，是整个生物科学发展的焦点。

1.3.2 遗传学与动物、植物及微生物的遗传改良

遗传学在指导动物、植物、微生物的育种实践中起到了重要的作用。遗传学理论创新了育种手段，改进了育种方法，提高了育种效率。例如，20世纪20年代以来将杂种优势原理应用于玉米，20世纪70年代将杂种优势和细胞质遗传原理应用于水稻，培育出了一些高产、优质、适应性强的品种，大大提高了粮食产量；利用单倍体加速小麦育种的进程；利用整倍体变异和非整倍体变异育成小偃麦品种、异源多倍体小黑麦、同源三倍体无籽西瓜等等。基于细胞全能性和基因选择性表达原理的植物组织培养技术，已经在种苗生产中广泛应用。应用微生物的基因调控、转导、转化等遗传原理育成了更多的新菌种。20世纪80年代以后，将DNA体外重组方法应用于高等动植物，产生了一批新型的转基因动物、植物和生物反应器，进一步显示了以遗传学理论为基础的高新技术推动生产发展的威力。

1.3.3 遗传学与医疗保健

遗传学是指导人类优生以及预防、诊断、治疗癌症和遗传性疾病的理论基础。研究表明，人类的遗传疾病，如镰状细胞贫血、血友病、囊性纤维化、肌肉萎缩症、猫叫综合征、唐氏综合征等都是由单个碱基的突变或某种特殊的染色体变异造成的。了解这些疾病的遗传学机制，就可为其预防、诊断和治疗提供理论依据和防治方法，优生优育，提高人类的健康水平和生活质量。随着转基因技术的发展，基因疗法治疗遗传疾病已经成为现实，胰岛素、生长激素、细胞因子及多种单克隆抗体等基因工程的药物已经生产上市，正在改善着患病人群的生存质量。

新兴的基因组编辑技术是一种对生物体基因组特定目标基因进行修饰的基因工程技术。当前以CRISPR/Cas9为代表的基因组编辑技术在基因研究、基因治疗和遗传改良等方面展示着巨大的应用潜力。

内容提要与思维导图

遗传学是研究生物遗传和变异规律的科学。遗传是相对的、保守的，变异是绝对的、发展的，遗传、变异和选择是生物进化和新品种选育的三大因素。遗传学的研究对象可以是动物、植物和微生物。确定遗传学研究的材料，一般要选择生活周期短、繁殖系数高、体形小、染色体数目少而大的生物。遗传学是研究基因的科学。对基因的认识，由经典遗传学中控制性状的最小功能单位、重组单位和突变单位，发展到现代遗传学中，基因是DNA分子中一段具有转录功能的序列，它是最小的功能单位，但不是重组和突变的最小结构单位，最小的结构单位是一对核苷酸。遗传学的研究内容由最初的细胞遗传、生化遗传、生物统计遗传、发育遗传及进化遗传等经典遗传学，经分子遗传学发展到现代的基因组学，并逐渐发展、分化和扩充。

遗传学的发展经历了遗传学形成前期、经典遗传学、分子遗传学和基因组学等时期，它的快速发展极大地推动了生命科学研究的整体发展，也催生出许多新兴的前沿交叉学科。遗传学已经成为现代生命科学研究领域发展最快的学科之一。

遗传学是支撑和连接生命科学各个领域的核心理论学科，同时在指导动物、植物、微生物育种实践中，以及在指导人类优生以及预防、诊断、治疗癌症和遗传性疾病实践中，都起到重要的作用。

二维码 1-1　本章思维导图

复习思考题

1. 解释下列名词：遗传学　遗传　变异　基因。
2. 简述遗传学发展过程中研究内容的变化。
3. 简述遗传学的发展历程。
4. 遗传学有何理论意义和实践意义？

第2章 遗传的细胞学基础

◈内容提示

介绍细胞染色体的形态和结构，说明细胞分裂中的染色体行为特点及其与生物遗传变异的联系。

◈教学目标

了解染色体的形态特征及其在细胞分裂过程中的行为特点，掌握染色体的行为与遗传和变异之间的联系，理解高等生物，尤其是高等植物的有性生殖过程。

生物界除了病毒等最简单的亚生命体以外都是由细胞组成的。细胞是生物体结构和生命活动的基本单位，生物的遗传与变异也是通过细胞有序的分裂与融合等活动来实现的。

2.1 细胞的结构

所有的细胞都具有一定的结构，不同生物的细胞结构可能有所不同。根据细胞结构的复杂程度，可将生物界的细胞分为两类：原核细胞（prokaryotic cell）和真核细胞（eukaryotic cell）。

2.1.1 原核细胞

原核细胞一般较小，细胞内没有分化出以膜为基础的具有专门结构和功能的细胞核（nucleus）和各种细胞器（organelle），一般仅有核物质和核糖体（ribosome）。核物质一般仅为一个环状的 DNA 分子，所含遗传信息量较少。这个 DNA 分子存在的区域称作拟核（nucleoid）（图 2-1）。

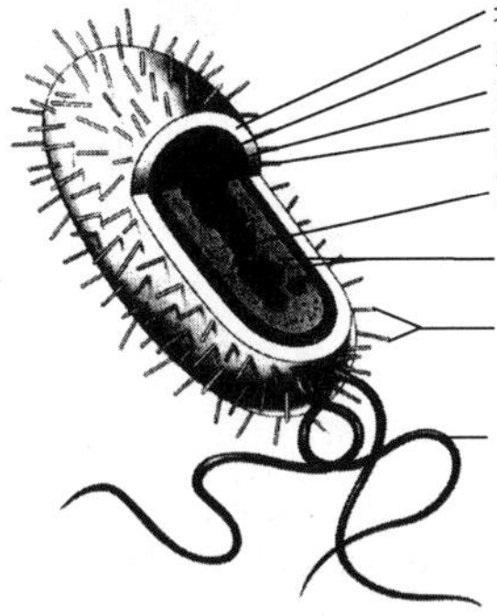

图 2-1 原核细胞的结构模式图

（引自 Russell，2000）

各种细菌和蓝藻等低等生物就是由原核细胞组成的，这些生物统称为原核生物（prokaryote）。

2.1.2 真核细胞

真核细胞一般比原核细胞大，其结构和功能也比原核细胞复杂得多。所有的真核细胞在结构上都包括细胞膜（cell membrane）、细胞质（cytoplasm）和细胞核三部分。在植物细胞的细胞膜以外还有一层细胞壁（cell wall）。细胞质中含有许多具有一定形态、结构特征的细胞器，主要有线粒体（mitochondria）、叶绿体（chloroplast）、内质网（endoplasmic reticulum）、高尔基体（Golgi body）、核糖体、中心体（centrosome）、溶酶体（lysosome）和液泡（vacuole）等。

动物细胞与植物细胞之间存在若干差别（图 2-2）。细胞壁是植物细胞特有的，对细胞起支撑和保护作用；叶绿体为绿色植物细胞所特有，是光合作用的场所；中心体为动物细胞和一些蕨类及裸子植物细胞所特有。植物细胞的液泡较大，动物细胞没有或含有较小的液泡。

真核细胞有核膜将核物质与细胞质隔开，形成细胞核。细胞核包含生物的绝大部分遗传物质 DNA，且 DNA 与蛋白质结合成较复杂的结构。细胞核所含遗传信息量大，构成对生物起主导作用的细胞核遗传体系。除了细胞核外，真核细胞的线粒体和叶绿体等细胞器还存在少量以裸露 DNA 分子形式存在的遗传物质，构成细胞质遗传体系。

所有的高等植物、动物和大部分藻类、真菌以及原生动物等，都具有真核细胞结构，都属于真核生物（eukaryote）。

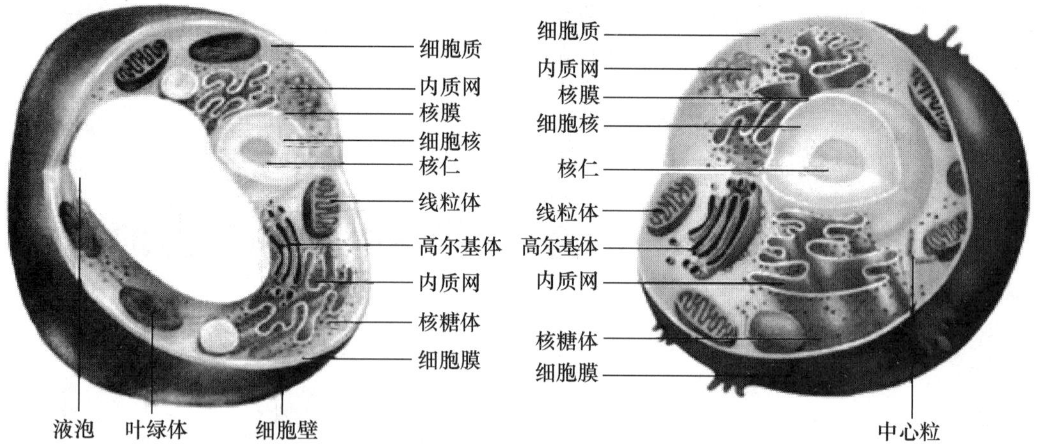

图 2-2　植物和动物细胞结构对比模式图

2.2　染色体

染色体(chromosome)是指在细胞分裂期出现的一种能被碱性染料强烈染色,并具有一定形态、结构特征的复合物质。染色体与细胞间期细胞核中的染色质(chromatin)的组成成分是一致的,二者是同一复合物在细胞周期的不同时期所表现出来的不同存在形式。

2.2.1　染色体的形态和类型

在细胞分裂过程中的不同时期,染色体的形态是不同的,会表现出一系列规律性的变化。其中以有丝分裂中期染色体的表现最为明显和典型,因为这个时期染色体收缩到最粗最短的程度,并且从细胞的极面上观察,可以看到它们分散地排列在赤道板平面上,所以通常都以中期染色体形态进行认识和研究。

2.2.1.1　染色体的形态

根据细胞学观察可知,有丝分裂中期的染色体是由 2 条相同的染色单体(chromatid)构成的,它们彼此以着丝粒相连,互称为姐妹染色单体(sister chromatid)。姐妹染色单体是在细胞分裂间期经过复制形成的,它们携带相同的遗传信息。在形态上染色体一般由着丝粒(centromere)、主缢痕(primary constriction)、染色体臂(arm)、次缢痕(secondary constriction)、随体(satellite)等几部分组成(图2-3)。

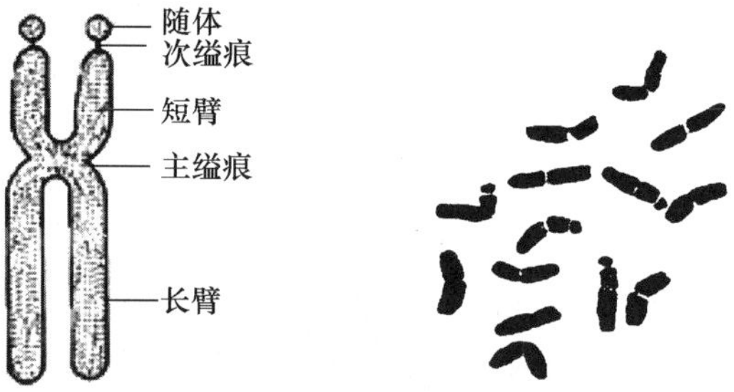

染色体模式图　　大麦 ($2n$=14) 根尖细胞有丝分裂中期染色体

图 2-3　染色体中期形态图

中期染色体经过碱性染料染色处理后,在光学显微镜下可以看到着色浅并表现缢缩的部分,称为主缢痕。着丝粒是位于主缢痕处,将两条姐妹染色单体连接在一起的,由高度重复的异染色质组成的结构。着丝点(spindle fiber attachment)位于着丝粒外侧的蛋白复合体,是细胞分裂时纺锤丝(spindle fiber)附着的区域。每条染色体都有一个位置恒定的着丝粒,这个区域富集了卫星 DNA,也就是短的 DNA 串联重复序列。着丝粒对细胞分裂过程中染色体向两极的正确分配具有决定性作用。如果某一染色体发生断裂而形成缺失了着丝粒的断片,则将不能正常地随细胞分裂而分向两极,经常会丢失。但具有着丝粒的断片将不会丢失。

染色体臂是指由着丝粒将染色体分成的两个臂,通常称为长臂(q)和短臂(p)。长短臂之比称为臂比(q/p)或臂率(arm rate)。不同染色体的染色体臂的大小、形态和臂比各不相同,因此根据这些特征可识别不同染色体。

次缢痕是指在某些染色体的一个或两个臂上存在的另外的缢缩部位,着色较淡。次缢痕的位置和范围，也与着丝粒一样都是相对恒定的，通常在短臂的一端。次缢痕与核仁的形成有关，在细胞分裂时，它与核仁紧密相连，因此又称为核仁组织中心。例如，玉米第 6 对染色体的次缢痕就明显地连着一个核仁，而人的第 13、14、15、21 和 22 对染色体的短臂上都各连着一个核仁。

随体是指染色体的次缢痕末端的圆形或略呈长形的染色体节段。随体的有无和大小形态等也是某些染色体所特有的识别特征。

端粒是染色体两臂末端的一小段 DNA-蛋白质复合体，它与端粒结合蛋白一起构成了特殊的“帽子”结构，作用是防止染色体间相互融合，或被核酸酶降解，以保持染色体的完整性。正常细胞每分裂一次，染色体的端粒就会变短一些。当端粒缩短至关键长度后，细胞的衰老加速，走向凋亡。因此，端粒被科学家们称为“生命时钟”。而在有些细胞(如人类生殖细胞中)存在一种能够合成端粒、维持端粒长度的端粒酶，特别是恶性肿瘤细胞中具有高活性的端粒酶。对端粒结构的研究发现，端粒是由特定的 DNA 重复序列及一些结合蛋白组成的特殊结构。所有染色体末端都存在着富含鸟嘌呤(G)的短的串联重复非转录序列，其通式为：5′- T1-4 - A0-1 - G1-8 - 3′。例如，人类为 TTAGGG，原生动物嗜热四膜虫为 TTGGG，拟南芥为 TTTAGGG。端粒的具体结构还有待于进一步研究。

2.2.1.2 染色体的大小

不同物种的染色体或同一物种的不同染色体之间大小差异都较大。同一物种的染色体在宽度上大致相同，因此染色体的大小主要是指长度而言。一般染色体长度为 0.2～50.0 μm，宽度为 0.2～2.0 μm。在高等植物中，一般单子叶植物的染色体比双子叶植物的染色体大些。但双子叶植物中牡丹属(*Paeonia*)和鬼臼属(*Dysosma*)例外，具有较大的染色体。玉米、小麦、大麦和黑麦的染色体比水稻的大，棉花、苜蓿和三叶草等植物的染色体较小。

2.2.1.3 染色体的类型

各个染色体着丝粒的位置是恒定的，而这直接关系到染色体的形态表现，因此，根据着丝粒的位置，可以将染色体分为以下几种类型(图 2-4，图 2-5)。

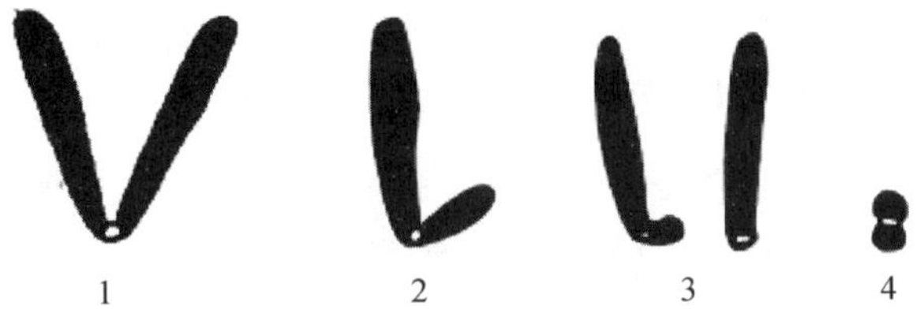

1.“V”形染色体　2.“L”形染色体
3. 棒状染色体　4. 粒状染色体

图 2-4　后期染色体的形态示意图

(引自季道藩等，1989)

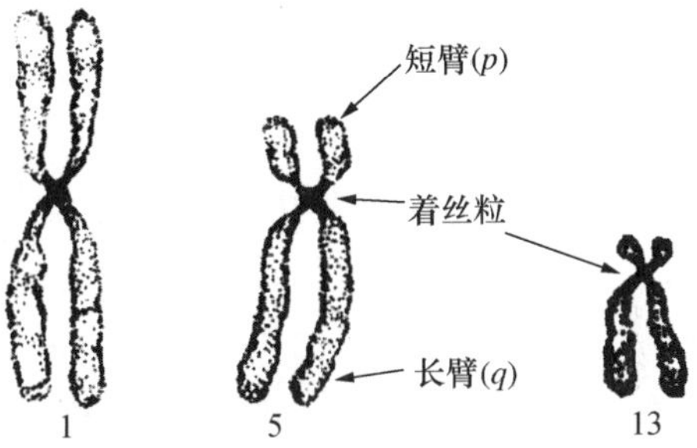

1. 中间着丝粒染色体　5. 近中着丝粒染色体
13. 近端着丝粒染色体

图 2-5　人类第 1、5、13 条染色体

(引自王亚馥等，2016，有改动)

(1) 中间着丝粒染色体(metacentric chromosome，M)　着丝粒基本上在染色体的中部，两臂大致等长，臂比为 1.00～1.67。在细胞分裂后期，当染色体由纺锤丝向两极牵引时表现为“V”形，因此也称为“V”形染色体。

(2) 近中着丝粒染色体(sub-metacentric chromosome，SM)　着丝粒略偏离染色体的中部，两臂长度不等，臂比为 1.68～3.00。在细胞分裂后期，当染色体由纺锤丝向两极牵引时表现为“L”形，因此也称为“L”形染色体。

(3) 近端着丝粒染色体(acrocentric chromosome，ST)　着丝粒远离染色体中部，两臂长短差异很大，臂比为 3.01～7.00。在细胞分裂后期，当染色体由纺锤丝向两极牵引时表现为近似“I”形，因此称为棒状染色体。

(4) 端着丝粒染色体(telocentric chromosome，T)　着丝粒在染色体的一端，臂比在 7.00 以上。由于只有一条臂，故也称为棒状染色体。

(5) 粒状染色体　两臂都非常粗短，染色体呈颗粒状。

2.2.2 染色体的结构

2.2.2.1 染色质的类型

根据染色反应，可将间期细胞核中的染色质分为常染色质（euchromatin）和异染色质（heterochromatin）两种。对碱性染料着色浅且着色均匀、螺旋化程度低、处于较为伸展状态的染色质为常染色质，是构成染色体 DNA 的主体；对碱性染料着色深、螺旋化程度较高、处于凝集状态的染色质为异染色质。据电镜观察，常染色质和异染色质在结构上是连续的。在同一条染色体上既有常染色质又有异染色质，或者说既有染色浅的区域（解螺旋而呈松散状态）又有染色深的区域（高度螺旋化而呈紧密卷缩状态），这种差异表现称为异固缩（heteropycnosis）现象（二维码 2-1）。构成常染色质的 DNA 主要是单一序列 DNA 和中度重复序列 DNA，其基因具有转录和翻译的功能，是活性区域。异染色质一般不编码蛋白质，是惰性区域，只对维持染色体结构的完整性起作用。放射自显影的试验证明，异染色质的复制时间总是迟于常染色质。

二维码 2-1 异固缩现象

异染色质又可分为结构异染色质（组成型异染色体）（constitutive heterochromatin）和兼性异染色质（功能型异染色质）（facultative heterochromatin）。

结构异染色质就是通常指的异染色质，它是一种永久性异染色质，在染色体上的位置和大小都较恒定，常出现在端粒、次缢痕、着丝粒附近或染色体臂内某些节段处。在细胞周期中，结构异染色质除复制阶段以外均处于螺旋化状态，染色很深，主要由相对简单、高度重复的 DNA 序列构成，比常染色质具有较高比例的 G、C 碱基。结构异染色质可以构成染色体的一部分，也可以组成整条染色体，例如果蝇的 Y 染色体和第 4 染色体（点状染色体）就几乎完全由结构异染色质组成。

此外，在某些动植物细胞核中除正常染色体（称为 A 染色体）外，还有一类数目不定的染色体，称为 B 染色体或超数染色体（supernumerary chromosome）或副染色体（accessory chromosome）。遗传学研究者已在 1 000 多种植物和 300 多种动物甚至人类中报道了 B 染色体的存在。有研究表明，大多数动物的 B 染色体由结构异染色质所组成。关于 B 染色体的来源和功能，目前尚不甚了解。

兼性异染色质，又称 X 性染色质，它起源于常染色质，具有常染色质的全部特点和功能，其复制时间、染色特征与常染色质相同。但在特殊情况下，在个体发育的特定阶段，兼性异染色质可以转变成异染色质，而一旦发生这种转变，则获得了异染色质的属性，如发生异固缩、迟复制、原有的基因失活等变化。例如，在哺乳动物和人类胚胎发育早期的雌性体细胞的两条 X 染色质中的任一条出现异染色质化现象，就称为 X 染色质失活，这条失活的 X 染色质就属于兼性异染色质。

2.2.2.2 染色质的结构

现已证明，细胞有丝分裂中期染色体的每条染色单体就是由一条染色质线折叠压缩而成的。20 世纪 70 年代，Olins（1974，1978）、Kornberg（1974，1977）和 Chambon（1978）等通过电子显微镜的观察和研究，提出了染色质结构的串珠模型（图 2-6）。这个模型认为，染色质的基本结构单位是核小体（nucleosome）、连接丝（linker）和一个分子的组蛋白 H_1。每个核小体的核心是由 H_{2A}、H_{2B}、H_3 和 H_4 4 种组蛋白各 2 个分子组成的八聚体，其形状近似于扁球形，DNA 双螺旋分子就盘绕在这 8 个组蛋白分子的表面。连接丝把 2 个核小体串联起来，它是 2 个核小体之间的 DNA 双链。组蛋白 H_1 位于连接丝和核小体的接合部位，影响连接丝与核小体结合的长度，并锁住核小体 DNA 的进出口，从而稳定了核小体的结构。据测定，一般一个核小体及其连接丝含有 180～200 个碱基对（base pair，bp）的 DNA，其中约 146 bp 按照左手螺旋方向盘绕在核小体表面 1.75 圈，其余碱基对则为连接丝，其长度变化很大，从 8～114 bp 不等。

关于染色质如何进一步螺旋化形成染色体，人们曾提出不同的模型。目前被认为比较合理的是 Bak（1977）等提出的四级结构模型（图 2-7）。

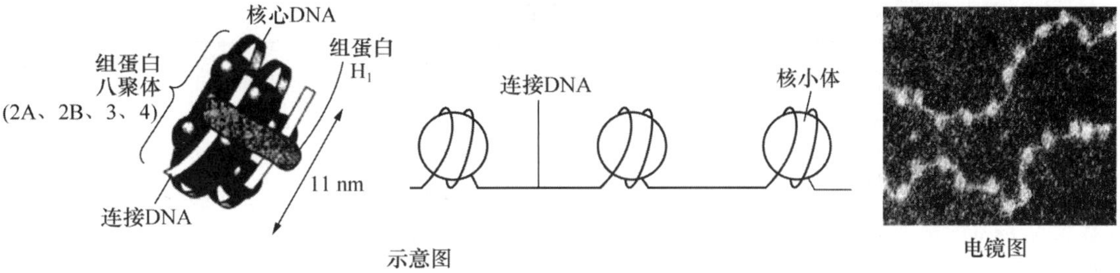

图 2-6 串珠式的染色质线和核小体结构

（引自 Winter 等，1999，有改动）

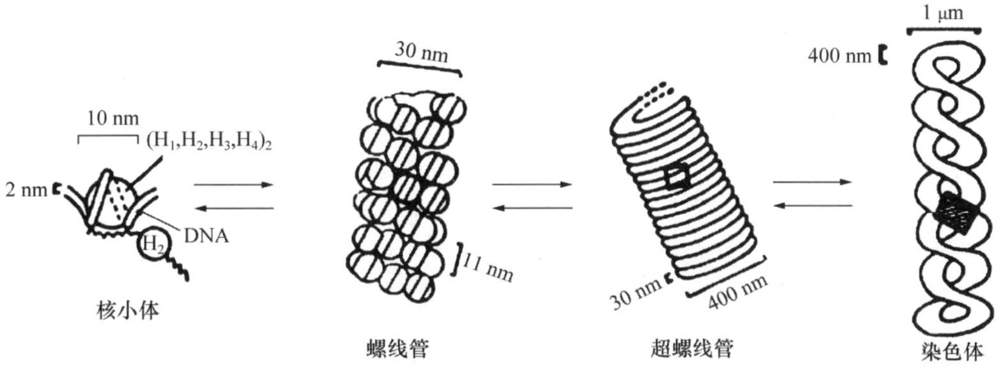

图 2-7 由染色质到染色体的四级结构模型

（引自季道藩等，1989）

按照这个模型，核小体组成的串珠式染色质线是染色体的一级结构。直径为 10 nm 的染色质线进一步螺旋化，每一圈包含 6 个核小体，形成了外径 30 nm、内径 10 nm、螺距 11 nm 的螺线管（solenoid），这是染色体的二级结构。螺线管再螺旋化，形成直径为 400 nm 的圆筒状超螺线管（super solenoid），这是染色体的三级结构。超螺线管再次折叠盘绕和螺旋化，形成直径约 1 μm 的染色体。在这一过程中，DNA 分子的长度经过一级、二级、三级和四级结构分别被压缩了 7 倍、6 倍、40 倍和 5 倍，则 DNA 分子的长度总体被压缩了 $7\times6\times40\times5=8\ 400$ 倍。所以，经过 4 次压缩后，染色体中的 DNA 双链分子最初的长度被压缩了 8 000～10 000 倍。例如，人类最长的一条染色体，其 DNA 分子伸展时长 85 mm，中期时染色体直径为 0.5 μm，长度为 10 μm，长度大约缩短了 8 500 倍。

2.2.3 染色体的数目

各种生物的染色体不仅形态结构是相对稳定的，而且数目也是恒定的。染色体在体细胞中成对，在性细胞中成单。体细胞中成对的染色体形态、结构和遗传功能相似，一个来自母本，一个来自父本，称为同源染色体（homologous chromosomes）。对于同一物种，每个个体的染色体数目是相同的，不同的物种之间染色体的数目差异很大，少的只有一对，多的可达数百对。例如，动物中线虫类的一种马蛔虫（*Ascaris spo*）的变种只有 1 对染色体，而有一种蝴蝶（*Lysandra*）的染色体数目为 191 对；在被子植物中，有一种菊科植物（*Haplopappus gracillis*）也只有 2 对染色体，但瓶尔小草属（*Ophioglossum*）的一些物种却含有 400～600 对及以上的染色体。通常情况下，被子植物比裸子植物的染色体数目多。但染色体数目的多少与该物种的进化程度一般并无关系。某些低等生物可比高等生物具有更多的染色体，或者相反。但是染色体的数目和形态特征对于鉴定系统发育过程中物种的亲缘关系，特别是对于近缘物种的分类，具有重要意义。

通常用 $2n$ 代表生物的体细胞染色体数目，n 代表性细胞染色体数目，例如，水稻 $2n=24$，$n=12$；小麦 $2n=42$，$n=21$；人类 $2n=46$，$n=23$。表 2-1 列出了部分动植物的染色体数目。

表 2-1　一些生物的染色体数目

物种名称	染色体数目(2*n*)	物种名称	染色体数目(2*n*)
水稻 *Oryza sativa*	24	西瓜 *Citrullus vulgaris*	22
小麦属 *Triticum*		黄瓜 *Cucumis sativus*	14
一粒小麦 *T. monococcum*	14	南瓜 *Cucubita pepo*	40
二粒小麦 *T. dicoccum*	28	萝卜 *Raphanus sativus*	18
普通小麦 *T. aestivum*	42	番茄 *Lycopersicum esculentum*	24
大麦 *Hordeum sativum*	14	洋葱 *Allium cepa*	16
黑麦 *Secale cereale*	14	松 *Pinus* spp.	24
燕麦 *Avena sativa*	42	白杨 *Populus alba*	38
玉米 *Zea mays*	20	人 *Homo sapiens*	46
高粱 *Sorghum vulgare*	20	猕猴 *Macaca mulatta*	42
粟 *Setaria italica*	18	金丝猴 *Rhinopithecus roxellanae*	44
大豆 *Glycine max*	40	猪 *Sus scrofa*	38
蚕豆 *Vicia faba*	12	马 *Equus calibus*	64
豌豆 *Pisum sativum*	14	驴 *Equus asinus*	62
花生 *Arachis hypogaea*	40	黄牛 *Bos taurus*	60
马铃薯栽培种 *Solanum tuberosum*	48	水牛 *Bobalus buffelus*	48
甘薯 *Ipomoea batatas*	90	山羊 *Capara hircus*	60
甘蔗 *Saccharum officinarum*	80,126	绵羊 *Ovis aries*	54
糖用甜菜 *Beta vulgaris*	18	狗 *Canis familiaris*	78
烟草 *Nicotiana tabacum*	48	猫 *Felis domesticus*	38
向日葵 *Hilianthus annuus*	34	小白鼠 *Mus musculus*	40
芸薹属 *Brassica*		大家鼠 *Rattus norvegicus*	42
白菜型油菜 *B. campestris*	20	水貂 *Mustela vison*	30
芥菜型油菜 *B. juncea*	36	兔 *Oryctolagus cuniculus*	44
甘蓝型油菜 *B. napus*	38	家鸽 *Columba livia domessticus*	80
大白菜 *B. pekinensis*	20	鸡 *Gallus domesticus*	78
甘蓝 *B. olericea* var *capitata*	18	火鸡 *Miliagris gallopavo*	80
棉属 *Gossypium*		鸭 *Anas platyrhyncho*	80
亚洲棉 *G. arboreum*	26	家蚕 *Bombyx mori*	56
陆地棉 *G. hirsutum*	52	家蝇 *Musca domestica*	12
大麻 *Cannabis sativa*	20	果蝇 *Drosophila melanogaster*	8
茶 *Thea sinensis*	30	蜜蜂 *Apis mellifera*	雌 32,雄 16
桑 *Morus alba*	14	蚊 *Culex pipiens*	6
拟南芥 *Arabidopsis thaliana*	10	佛蝗 *Phlaeoba infumata*	雌 24,雄 23
月见草 *Oenothexa biennis*	14	蛙 *Rana nigromaculata*	26
金鱼草 *Antirrhinum majus*	16	蟾蜍 *Bufo bufo*	22
香蕉 *Musa sapientum*	22,33	爪蟾 *Xenopus laevis*	36
苹果 *Malus pumila*	34	蝾螈 *Salamandra salamandra*	24
巴梨 *Pyrus communis*	34	蚯蚓 *Perichaeta communissima*	32
桃 *Prunus persica*	16	文昌鱼 *Amphioxus lanceolatus*	24
甜橙 *Citrus sinensis*	18,36	链孢霉 *Neurospora crassa*	$n=7$

2.2.4 染色体的核型和核型分析

研究表明，每一生物染色体的形态特征和数目的多少都是特定的，这种特定的染色体组成称为染色体组型或核型(karyotype)。按照染色体的数目、大小和着丝粒位置、臂比、次缢痕和随体等形态特征，对生物细胞核内的染色体进行配对、分组、归类、编号和分析的过程称为染色体组型分析或核型分析(karyotype analysis)。在进行核型分析的过程中，可根据各染色体特征将其绘制成图，称为核型模式图(idiogram)。随着染色体显带技术的建立(Casperson，1968)和发展，可以利用特殊染料进行处理的方法，使染色体在不同的部位呈现出大小和颜色深浅不同的带纹，所形成的带型不仅具有种、属特征，而且相对稳定。因而根据带型，结合染色体的其他形态特征，能更确切地区分细胞内的各条染色体。如果染色体特定的带型发生了变化，则表明该染色体的结构发生了改变。

染色体核型分析技术已在医学上得到广泛应用，可用来诊断由于染色体异常而引起的遗传性疾病。该技术在动植物育种、研究物种间的亲缘关系、探讨物种进化机制、鉴定远缘杂种、追踪鉴别外源染色体或染色体片段等方面都具有十分重要的利用价值。

为便于研究，目前国际上已根据染色体的形态特征和带型，将人类染色体统一划分为A、B、C、D、E、F和G 7个组，并分别予以排序、编号，该核型分析结果如表2-2所示。图2-8显示正常男性染色体形态特征的核型，图2-9显示正常男性染色体的带型。

表2-2 人类染色体核型的分类

类别	染色体编号	染色体长度	着丝粒位置	随体
A	1～3	最长	中间，近中	无
B	4～5	长	近中	无
C	6～12，X	较长	近中	无
D	13～15	中	近端	有
E	16～18	较短	中间，近中	无
F	19～20	短	中间	无
G	21～22，Y	最短	近端	有

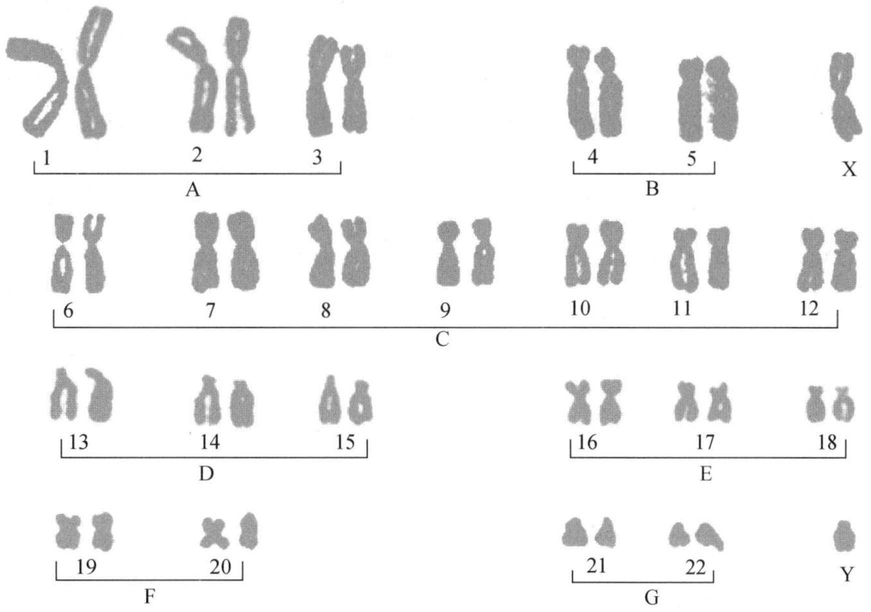

图2-8 正常男性染色体的核型

(引自Russell，2000)

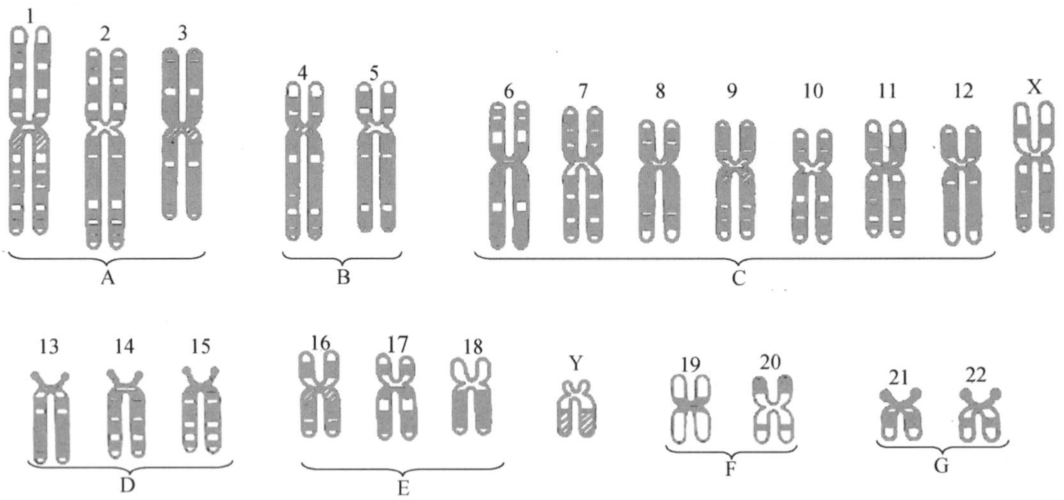

图 2-9　正常男性染色体的带型

（引自杨业华，2006）

2.2.5　特化染色体

前面介绍的是一般染色体，其普遍存在于生物细胞。另外还有一些特殊的染色体，其只存在于某些生物的特定组织或某些群体，这些染色体称为特化染色体。特化染色体大体上可以分为两类，一类是暂时性的，另一类是永久性的。暂时特化染色体与正常染色体之间存在着严格的对应关系，它们只是正常染色体的临时性结构和形态的变化，如多线染色体（polytene chromosome）和灯刷染色体（lampbrush chromosome）。永久特化染色体是一种特殊类型的染色体，是生物在进化过程中适应特殊的遗传功能而分化出来的，或是因具备某种特殊的传递机制而保留在群体中的一类染色体，如性染色体（sex chromosome）和超数染色体等。关于性染色体和超数染色体，在介绍异染色质时已经提到，这里只介绍多线染色体和灯刷染色体。

2.2.5.1　多线染色体

1881 年，意大利细胞学家 Balbiani 首先在双翅目摇蚊幼虫的唾腺细胞中发现了多线染色体，以后，陆续在黑腹果蝇和其他一些双翅目昆虫幼虫的唾腺和神经细胞以及蚊子幼虫的肠细胞中也观察到了这种巨大的染色体。其长度是体细胞染色体的 100 倍以上，比一般染色体粗 1 000～2 000 倍。研究发现，黑腹果蝇的这种巨型染色体是体细胞分裂间期染色体的存在形式。多线染色体与其他体细胞染色体的主要区别有两点：一是同源染色体发生紧密联会；二是两条同源染色体的染色质线都进行过多次复制，但复制后的染色质线彼此不再分开，而是形成 1 024 条或 2 048 条的多线体（polyteny）。这种巨型多线体在整个长度上并不是匀质的，染色特性也不相同，因而形成许多染色深浅不同的横带。这种带纹对每一条染色体来讲具有相对的特异性和稳定性，所以具有鲜明的个体性。化学分析表明，染色深的带纹区，其 DNA 和组蛋白的含量比浅带区要高。

图 2-10 是果蝇的唾腺细胞多线染色体，包括一条非异染色质的 X 染色体臂、Ⅱ号和Ⅲ号染色体的左右两臂，另外还有一个非常短的Ⅳ号染色体臂。多线染色体上的基因并非都处于活化状态，只有少数基因活化，大部分都处于失活状态，而且随着幼虫发育阶段的不同，活化的基因座位也不相同。

多线染色体也能在其他动物或植物中观察到，只不过不像双翅目昆虫那样典型，一般不存在同源染色体联会，横带也不那样清楚。多线染色体通常发生在营养组织的细胞，例如菜豆（*Phaseolus vulgaris*）的胚柄细胞，以及若干种植物胚囊中的反足细胞等。

利用多线染色体既可鉴别染色体结构和数目的变化，又可研究个体发育中的基因调控现象等，因此，它具有重要的遗传研究价值。

2.2.5.2　灯刷染色体

灯刷染色体是处于双线期具有特殊形态的染色体，因其外形呈绒毛状，类似灯刷而得名。1882 年，

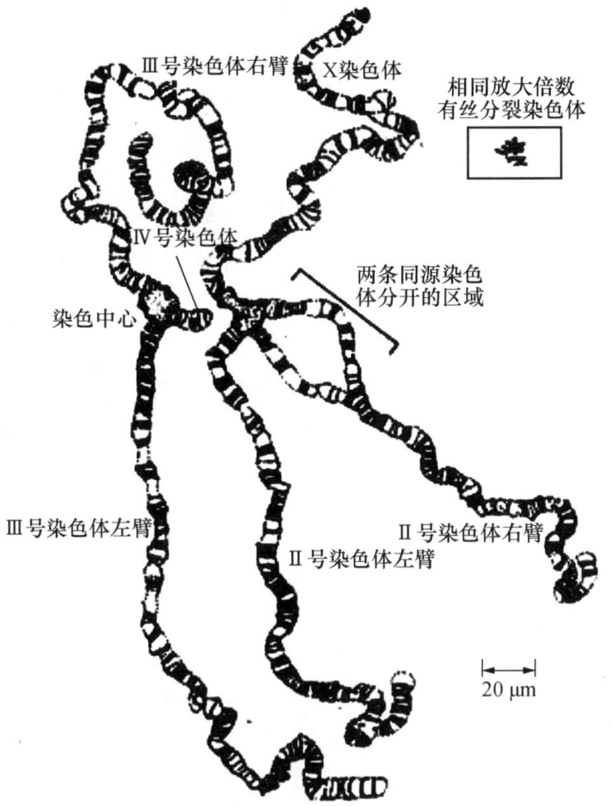

图 2-10 果蝇唾腺细胞多线染色体

（引自杨业华，2006）

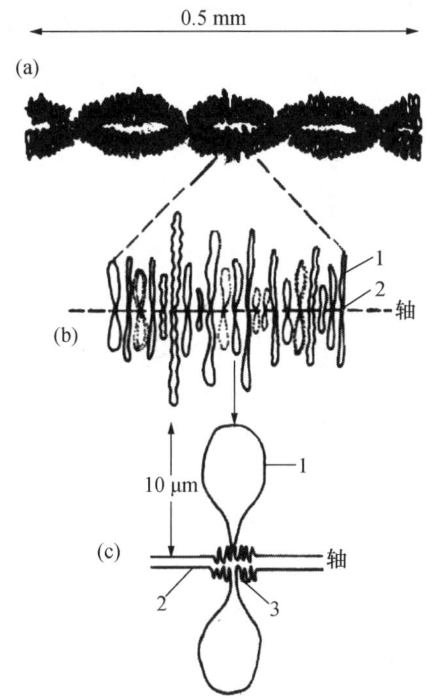

(a)配对的灯刷染色体 (b)单条染色体区域：
1. 环；2. 染色粒
(c)姐妹染色单体的染色体小区：1. 侧环中伸展的染色质；
2. 邻近染色粒的染色质；3. 染色粒（由高度凝缩的染色质组成）

图 2-11 灯刷染色体结构图解

（引自杨业华，2006）

Flemming 在研究美西螈卵巢切片时首次报道了灯刷染色体；1892 年，Rukert 在研究鲨鱼卵母细胞时才对其正式命名。之后，在许多动物，如鱼类、鸟类、两栖类、爬行类以及一些无脊椎动物的卵母细胞中也发现了这类染色体。其中两栖类动物卵母细胞中的灯刷染色体最为典型，研究也最为深入。在植物中，如玉米和垂花葱（*Allium cernruum*）减数分裂中有时也可出现不典型的灯刷染色体；在大型单细胞的地中海伞藻（*Acetabularia mediterranea*）中也观察到了典型的灯刷染色体。

灯刷染色体的形态看起来像是在细胞分裂间期，实际上同源染色体间早已进行了联会和交换，停留在双线期。在卵细胞成熟之前，染色体的这种状态可以长时间得到保持。例如，在人类母腹中发育 6 个月的女婴，其卵母细胞就达到这种状态。到女孩降生，长大成人，直至她的最后一个卵子成熟，这种状态可持续长达 40 余年。适应于卵细胞和受精卵发育的需要，这类染色体有着特殊的转录功能和生化活性，其长度可以扩展数百倍，而且有着明确的形态特征。其结构见图 2-11。

2.3 细胞分裂与生殖

细胞分裂是生物实现生长与繁殖的必要方式。在细胞分裂过程中，作为遗传物质主要载体的染色体通过一系列有规律的变化使自己得到合理分配，保证遗传物质能从母细胞精确地传递给子细胞，从而保证生物的正常生长、发育和物种的连续性和稳定性。染色体在细胞分裂过程中承担着关乎生物遗传与变异的主要角色，因此染色体在细胞分裂过程中的形态与行为、数量与质量等变化特点及其所带来的结果是本节关注的核心内容，这也是理解掌握遗传学基本规律的重要基础。

细胞分裂的方式包括无丝分裂（amitosis）和有丝分裂（mitosis）。减数分裂（meiosis）是特殊的有丝分裂。

无丝分裂又称为直接分裂（direct division）。当细胞生长到一定程度后，细胞核开始拉长，渐渐缢裂成两部分，接着细胞质也分裂，从而成为 2 个子细胞（图 2-12）。因为在整个分裂过程中看不到纺锤丝，所以被称为无丝分裂。

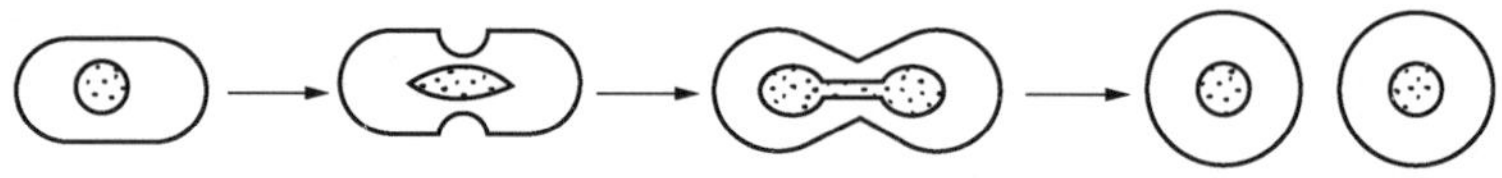

图 2-12　无丝分裂过程模式图

（引自张建民，2005）

研究表明，无丝分裂不但是原核生物（如细菌）主要的细胞分裂方式，而且在高等生物的多种组织中也有发现。如植物的薄壁组织细胞、木质部细胞、绒毡层细胞、愈伤组织以及小麦的分蘖节、胚乳细胞等都发现过无丝分裂的发生；动物的胎膜、填充组织和肌肉组织以及一些肿瘤和愈伤组织等也经常可以观察到无丝分裂的发生。

无丝分裂不像有丝分裂那样经过染色体有规律、准确的分裂过程，因此，无丝分裂的结果可能会使遗传物质不能平均分配，从而导致细胞间的稳定性较差。

2.3.1　有丝分裂

2.3.1.1　有丝分裂的过程

高等生物的细胞增殖和个体生长是通过细胞的多次有丝分裂完成的。从细胞上一次分裂结束到下一次分裂完成的整个过程称为细胞周期（cell cycle）。细胞周期是一个连续的动态变化过程，但为了便于描述，可以人为地将其划分为一个分裂间期（interphase）和一个分裂期（mitosis，M）。

细胞有丝分裂的周期见图 2-13。两次连续有丝分裂之间的时期为分裂间期。在间期，用光学显微镜进行观察，可以看到活体细胞的细胞核是均匀一致的，看不见染色体，这是因为此时染色体伸展到最大程度，处于高度水合的、膨胀的凝胶状态，折射率大体上与核液相似。这时从细胞外表来看似乎是静止的，但实际上，通过细胞生理生化的研究证明，细胞核在间期进行着染色体的 DNA 复制和组蛋白的加倍合成。同时，核在间期的呼吸作用很低，有利于在分裂期到来之前储备足够多的易于利用的能量。此外，细胞在间期进行生长，使核体积和细胞质体积的比例达到最适的平衡状态，有利于细胞的分裂。

根据间期 DNA 的合成特点，可将间期划分为 G_1、S、G_2 三个时期。G_1 期为 DNA 合成前期（pre-DNA synthesis，1st Gap），是细胞分裂周期中的第一个间隙期，主要进行细胞生长，合成各种大分子物质和多种蛋白质等，为 DNA 的复制做准备。不分裂的细胞就停留在 G_1 期，也称为 G_0 期。有的细胞可在 G_1 期合成一种抑制素，它与细胞停留在 G_1 期有关。S 期是 DNA 的合成期（period of DNA synthesis），或称染色体复制期。此期进行 DNA 的复制，使 DNA 的含量加倍。G_2 期是 DNA 合成后期（post DNA synthesis，2nd Gap），是从 DNA 合成后到细胞开始分裂前的间隙期，可合成某些蛋白质，引导细胞进入分裂期。这三个时期持续时间的长短因物种、细胞种类和生理状态的不同而不同。一般 S 期的时间较长，且较稳定；G_1 和 G_2 期的时间较短，变化也较大。

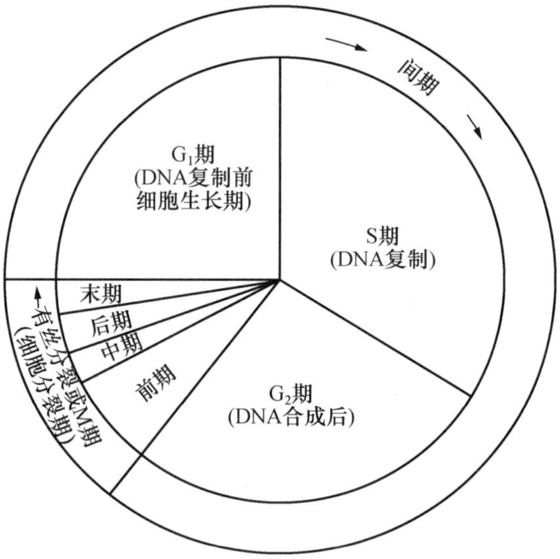

图 2-13　细胞有丝分裂的周期示意图

（引自埃尔罗德等，2004）

在整个细胞周期中，细胞大部分时间都处于间期，分裂期占的时间很短。无论是在体内还是在体外，只有 5%～10% 的细胞处于分裂期。表 2-3 列出了几种生物的细胞周期中每一时期的持续时间。

细胞有丝分裂是一个连续的过程，但是为了便于描述，一般根据染色体与核分裂的变化特征，将分裂期分为前期（prophase）、中期（metaphase）、后期（anaphase）和末期（telophase）4 个时期（二维码 2-2）。

表 2-3 几种生物的细胞周期时间 h

生物类别	G_1	S	G_2	M	合计
蚕豆根尖细胞(19 ℃)	4.9	7.5	4.9	2.0	19.3
洋葱根尖细胞(21 ℃)	3.3	12.0	3.7	4.0	23.0
紫鸭跖草根尖细胞	1.0	10.5	2.5	3.0	17.0
小鼠成纤维细胞	9.1	9.9	2.3	0.7	22.0
中国仓鼠成纤维细胞	2.7	5.8	2.1	0.4	11.0
小鼠皮肤上皮细胞	>22 d	30.0	6.5	3.8	>22 d
人宫颈癌细胞(H)	8.0	6.0	4.5	1.5	20.0
骨髓单核细胞性白血病停滞期细胞	47.7	31.0	7.3	0.7	86.7
哺乳动物离体培养细胞	10.0	9.0	4.0	1.0	24.0

二维码 2-2 细胞有丝分裂

1. 前期

细胞核内出现细长而卷曲的染色体，逐渐缩短变粗。每条染色体有 2 条染色单体，互称为姐妹染色体或子染色体，但染色体的着丝粒还没分裂。核膜、核仁逐渐模糊，变得不明显。植物细胞的两极出现纺锤丝；动物细胞中的中心粒分裂为二，并分开向两极移动，每个中心粒周围出现星射线，在前期的最后阶段逐渐形成丝状的纺锤丝。核膜、核仁的解体消失标志着前期的结束。

2. 中期

细胞中形成纺锤体(spindle)，每一条染色体的着丝粒都与纺锤丝相连。接着，染色体开始向赤道板移动，最后染色体的着丝粒整齐地排列在赤道板上。中期染色体卷缩得最短、最粗，且分散排列在赤道板上，因此，这是进行染色体鉴别和计数的最佳时期。

3. 后期

每一条染色体的着丝粒纵向分裂为二，染色单体各自成为一条独立的染色体。由于纺锤丝的牵引，子染色体分别向两极移动，所以两极各具有与母细胞同样数目的染色体。

4. 末期

当子染色体到达两极，便进入末期。染色体的螺旋化结构逐渐消失，又变得松散细长，核膜、核仁重新出现，于是在一个母细胞中形成了 2 个子核。接着细胞质也分裂，由 2 个子核中间赤道板区域残留的纺锤丝等形成细胞板，将细胞质一分为二。植物细胞在细胞板两侧还会积累多糖，最后形成细胞壁。一个母细胞变成了两个子细胞，分裂结束。每个子细胞又处于下一个细胞周期的间期状态。

细胞有丝分裂的整个过程示意图和真实分裂象分别见图 2-14 和图 2-15。

细胞有丝分裂过程中各时期所经历的时间长短，因物种和外界环境条件不同而不同。一般前期最长，可持续 1～2 h，中期、后期和末期都较短，为 5～30 min。

2.3.1.2 有丝分裂中的特殊情况

1. 多核细胞

细胞核进行多次重复分裂，而细胞质却不分裂，因而形成具有许多游离核的细胞，称为多核细胞。医学上在白血病患者的血样中可观察到多核的瘤细胞。

2. 核内有丝分裂

核内有丝分裂有两种情况：①核内染色体复制后分裂，但细胞核本身不分裂，结果数目加倍了的这些染色体都留在一个核里。这种情况在组织培养的细胞中较为常见，植物花药的绒毡层细胞中也有发现。②核内染色体中的染色线连续复制后，其染色体并不分裂，仍紧密聚集在一起，形成前面已经介绍过的多线染色体。

2.3.1.3 有丝分裂的遗传学意义

有丝分裂的主要特点是：染色体复制一次，细胞分裂一次，染色体精确地分配到两个子细胞的细胞核中，使子细胞含有与母细胞质量和数量相同的遗传信息。因此，有丝分裂既维持了个体的正常生长和发育，也保证了物种的连续性和稳定性。植物由无性繁殖所获得的后代能保持其母体的遗传性状，就在于它们是通过有丝分裂而产生的。

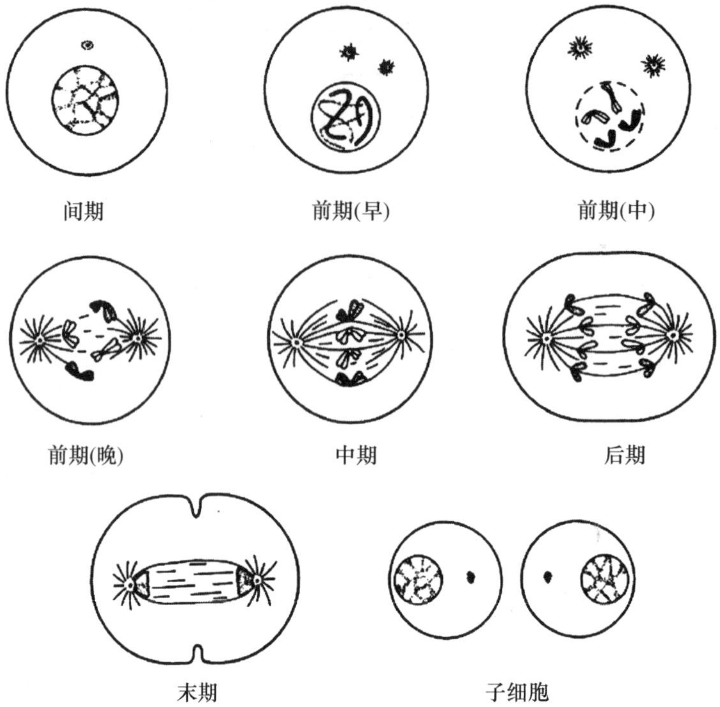

图 2-14　动物细胞有丝分裂模式图($2n=4$)

染色体:深色来自母本,浅色来自父本　　同源染色体:一对是中间着丝粒,另一对是近中着丝粒

(引自埃尔罗德等,2004)

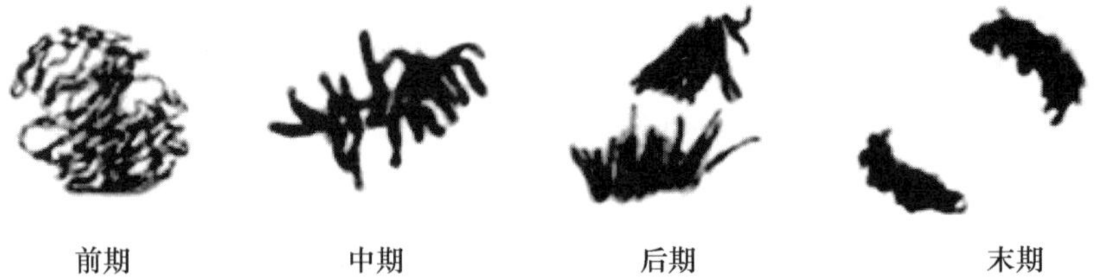

图 2-15　黑麦($2n=14$)根尖细胞有丝分裂的分裂象

对于细胞质来说,在有丝分裂过程中,虽然线粒体和叶绿体等细胞器也能通过复制而增殖数量,但它们在细胞质中的分布是不均匀的,数量也不恒定,因而在细胞分裂时它们是随机且不均等地分配到两个子细胞中去。因此,任何由线粒体、叶绿体等细胞器所决定的遗传表现,是不可能与染色体所决定的遗传表现具有同样规律性的。它们属于细胞质遗传(核外遗传),将在第 6 章中讲述。

2.3.2　减数分裂

减数分裂又称为成熟分裂(maturation division),是性母细胞成熟后所发生的一种特殊方式的有丝分裂。染色体复制一次,而细胞连续分裂两次,结果细胞染色体数目由 $2n$ 减为 n,故称为减数分裂。经过减数分裂形成的子细胞,将发育成性细胞(配子)。

减数分裂持续的时间要比有丝分裂长许多倍,从十几个小时(矮牵牛),到十几天(小贝母),到数月(落叶松),直至数年(人的卵母细胞)。

2.3.2.1　减数分裂的过程

性母细胞进行减数分裂之前也有一个间期,称为减数分裂前间期(premeiosis interphase)。减数分裂前间期与有丝分裂前间期很相似,也划分为 G_1、S 和 G_2 三个时期,但其 S 期比有丝分裂的 S 期长。

减数分裂过程包括两次连续的细胞分裂:第一次分裂是减数的,比较复杂;第二次分裂是等数的,相似于一次简单的有丝分裂(二维码 2-3)。

二维码 2-3 细胞减数分裂

1. 减数第一次分裂

减数第一次分裂分为前期Ⅰ、中期Ⅰ、后期Ⅰ和末期Ⅰ四个时期。

(1)前期Ⅰ(prophase Ⅰ) 持续时间最长,约占全部减数分裂时间的一半。这一时期染色体的变化十分复杂,可进一步分为5个亚时期。

①细线期(leptotene):也称为凝线期或花束期。细胞核内出现染色体,细长如线,盘绕成团,每条染色体包括两条染色单体,由一共同的着丝粒连在一起,但在光学显微镜下看不出是由两条染色单体组成的。

②偶线期(zygotene):又称为合线期。染色体进一步缩短变粗,同源的染色体对应部位相互靠拢,两两准确配对,称为联会(synapsis)。联会过程中,在同源的染色体之间出现联会复合体(synaptonemal complex),其主要成分是自我集合的蛋白质,具有固定同源染色体的作用。联会的一对同源染色体称为二价体(bivalent),每个二价体实际上包含4条染色单体,其中由同一着丝粒连接的2条染色单体互称为姐妹染色单体,由不同着丝粒连接的染色单体互称为非姐妹染色单体。联会的完成是偶线期结束的标志。

③粗线期(pachytene):二价体逐渐缩短加粗,同源染色体联会得很紧密,在非姐妹染色单体之间发生某些节段的交换(crossing over),造成遗传物质的重组,从而产生遗传变异(二维码 2-4)。

二维码 2-4 染色体交换机制

④双线期(diplotene):染色体继续缩短变粗,联会的同源染色体因非姐妹染色单体之间的相互排斥而分离,联会复合体开始解体。但由于非姐妹染色单体在粗线期的交换,使不同二价体的不同部位出现数目不等的交叉(chiasma),同源染色体在交叉处仍然维持在一起。交叉是交换的结果。交叉数目的多少因染色体的长度而异,一般较长的染色体的交叉数较多。交叉现象的出现,是进入双线期的一个明显标志。

⑤终变期(diakinesis):又称为浓缩期。染色体螺旋化程度更高,更加浓缩粗短,出现交叉端化(terminalization)现象,即二价体中的交叉随着同源染色体的相斥分离而沿着染色体向端部移动,交叉数目减少,且逐渐接近末端的过程。终变期因二价体在核内较均匀地分散开,所以是鉴定性母细胞染色体数目的最佳时期。

核膜、核仁消失,标志着前期Ⅰ结束,进入中期Ⅰ。

(2)中期Ⅰ(metaphase Ⅰ) 核膜崩溃,核仁消失,出现纺锤体。各二价体排列在赤道板上,但不像有丝分裂中期染色体排列得那样整齐。每个二价体的两个着丝粒分别朝向细胞的两极。二价体中的每条染色体在赤道板上的定位取向是随机的,因而决定了同源染色体的两个成员将要分向细胞两极的去向也是随机的。

(3)后期Ⅰ(anaphase Ⅰ) 由于纺锤丝的牵引,各二价体的两条同源染色体分别被拉向细胞的两极,每一极只分到每对同源染色体中的一条,即每一极只获得了 n 条染色体,染色体数目减少了一半。但每条染色体仍包含2条染色单体,因为着丝粒未分裂,所以DNA量并未减少。

(4)末期Ⅰ(telophase Ⅰ) 染色体到达两极后便进入了末期Ⅰ,染色体松散变为细丝状,核膜、核仁重新出现,逐渐形成子核,同时细胞质也分为两部分,形成2个子细胞,称为二分体(dyad)。但有些生物这时细胞质并不发生分裂,实际上只是核进行了一次分裂。例如芍药属(*Paconia*)植物,在末期Ⅰ细胞质就不分裂,而是在减数第二次分裂完成后才进行分裂。

从末期Ⅰ结束到减数第二次分裂开始前,一般有一个短暂的间期,但不进行DNA复制,称为减数分裂间期或中间期(interkinesis)。有些生物几乎没有中间期,而是在末期Ⅰ后紧接着就进入减数第二次分裂。

2. 减数第二次分裂

减数第二次分裂与有丝分裂过程十分相似,分为前期Ⅱ、中期Ⅱ、后期Ⅱ和末期Ⅱ 4个时期。分裂后,每个细胞核内的DNA含量又减少了一半,变成了单倍体核(n)。

(1)前期Ⅱ(prophaseⅡ) 染色体又开始浓缩，每条染色体有 2 条染色单体，由同一着丝粒连接在一起，但染色单体间比较松散。前期Ⅱ晚期，核膜再次解体，纺锤体逐渐形成。

(2)中期Ⅱ(metaphaseⅡ) 每条染色体的着丝粒整齐地排列在细胞的赤道板上，着丝粒开始分裂。

(3)后期Ⅱ(anaphaseⅡ) 着丝粒分裂为二，每条染色单体由纺锤丝分别拉向两极，子染色体成为独立的染色体。当此期结束时，每一极都具有 n 条染色体。

(4)末期Ⅱ(telophaseⅡ) 染色体到达两极并再次松散变为细丝状，核膜、核仁再现。随后细胞质发生分裂，结果产生了 4 个染色体数为 n 的子细胞，称为四分体(tetrad)或四分子(quartet)或四分孢子(tetraspore)。

细胞减数分裂整个过程的示意图解见图 2-16，真实分裂象见图 2-17。

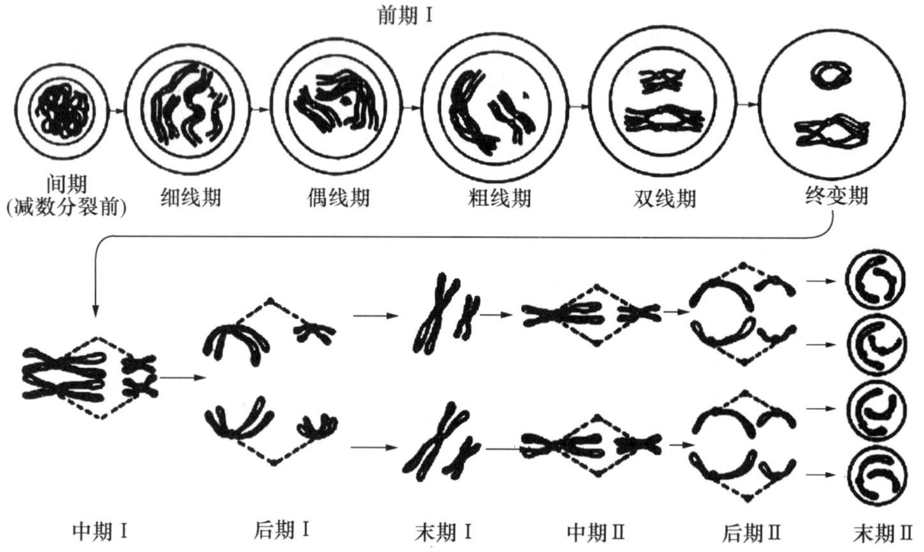

图 2-16 减数分裂过程示意图

(引自王亚馥等，2016)

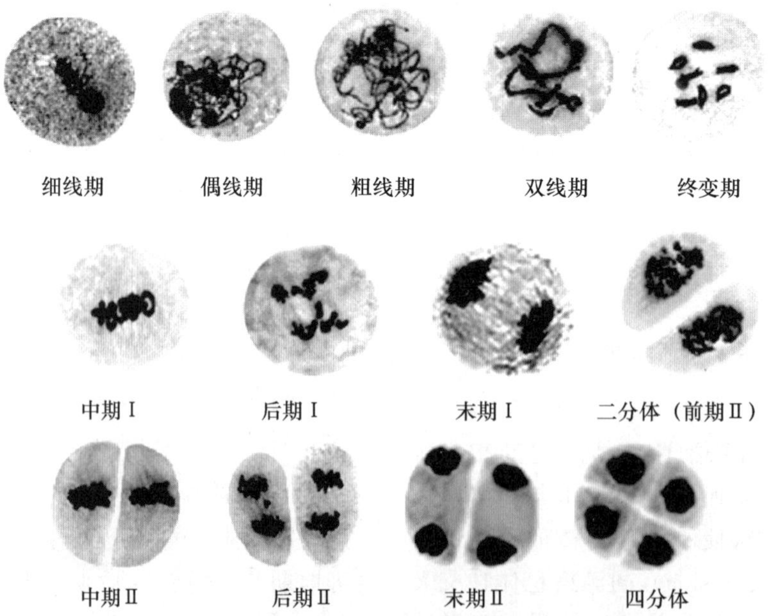

图 2-17 黑麦($2n=14$)花粉母细胞减数分裂的分裂象

2.3.2.2 减数分裂的遗传学意义

在生物的生活周期中，减数分裂是配子形成过程中的必要阶段，在遗传学上具有重要的意义。

首先，每个性母细胞通过减数分裂产生 4 个染色体数目减半(n)的子细胞，再进一步发育成雌、雄性细胞，即配子。雌、雄配子受精后，产生的合子及由合子发育成的个体又恢复为 $2n$ 的染色体数，从而保证了亲代与子代之间染色体数目的恒定性，为后代的正常发育和性状遗传提供了物质基础，同时保证了物种遗传的相对稳定性。

其次，在减数分裂过程中，各对同源染色体中的哪一条在后期Ⅰ分向两极中的哪一极是随机的，非同源染色体在后期Ⅰ的组合方式也是随机的，因此导致了不同子细胞或配子中染色体组合方式的多样性，使配子受精后得到的子代群体产生多样性变异。有 n 对染色体，就可能有 2^n 种组合方式，产生 2^n 种不同的配子。例如，水稻 $n=12$，经过减数分裂就可能产生 $2^n=2^{12}=4\ 096$ 种染色体组成不同的配子；人有 23 对染色体，可能产生 $2^n=2^{23}=8\ 388\ 608$ 种不同的配子。受精时，再由配子随机结合，后代的生物类型就可能有 $2^n \times 2^n$ 种，这就是生物产生遗传变异的主要原因之一。

最后，在减数分裂过程中，同源染色体的非姐妹染色单体间会发生交换(二维码 2-5)，导致染色体节段及其遗传物质的重新组合，进一步增加了配子中遗传差异的多样性，使生物后代出现更多的变异类型。这不仅有利于生物的适应及进化，也为动植物育种提供了更丰富的变异材料。

二维码 2-5　同源染色体联会与交换

2.3.3 有性生殖

生物的生殖包括无性生殖(asexual reproduction)和有性生殖(sexual reproduction)两种基本方式。

无性生殖是不经过生殖细胞结合，直接由母体产生子代的生殖方式。它有几种不同的表现形式：一是如细菌分裂产生的子细胞即是它的后代；二是如红色面包霉的菌丝体能产生分生孢子，分生孢子萌发又形成新的菌丝体；三是如酵母长出芽体，芽体长大后脱离母体而成为独立的个体；四是如有些植物利用块根、块茎、鳞茎、球茎、芽眼和枝条等营养体产生后代。植物组织培养也属于无性生殖。无性生殖或无性生殖产生的后代称为“克隆”。

有性生殖是通过亲本的雌雄配子(gametes)受精(fertilization)而形成合子，再由合子进一步分裂、分化和发育产生后代的生殖方式。有性生殖是最普遍、最重要的生殖方式，大多数动植物都进行有性生殖。而且在一定条件下，进行无性生殖的生物也能进行有性生殖。

2.3.3.1 雌雄配子的形成

1. 高等动物的配子形成(以哺乳动物为代表)

高等动物都是雌、雄异体，其生殖细胞分化很早，在胚胎发生过程中就已经形成。这些细胞藏在生殖腺中，待个体发育成熟时，才开始进行减数分裂，形成配子。

雄性个体的生殖腺(睾丸)的生精小管中的生殖上皮细胞(二倍体的原生细胞)，经过反复的有丝分裂，形成一群精原细胞(spermatogonia)。通过生长，精原细胞可以分化为二倍体的初级精母细胞(spermatocyte)，它能够进行减数分裂，结果形成 4 个精细胞(spermatid)。精细胞在成熟过程中几乎全部的细胞质挤成一条鞭状长尾，细胞转化为成熟的雄配子，即精子(sperm)。精子形成过程见图 2-18(a)。

雌性个体的生殖腺(卵巢)的生殖上皮中的卵原细胞(oogonium)(二倍体的原生细胞)，经过多次有丝分裂，转化为二倍体的初级卵母细胞(oocyte)，它能够进行减数分裂，结果形成 1 个充满卵黄的卵细胞和 3 个次级极体(又称第二极体)。通过进一步的生长和分化，卵细胞成为成熟的雌配子，即卵子(ovum)或卵细胞(egg cell)。卵子形成过程见图 2-18(b)。

2. 高等植物的配子形成(以被子植物为代表)

高等植物不存在早期便分化了的生殖细胞，而是到个体发育成熟后，生殖细胞才从体细胞中分化形成。高等植物有性生殖的全部过程都是在花器里进行的(图 2-19)。由雌蕊和雄蕊内的孢原细胞经过一系列的有丝分裂和分化，最后经过减数分裂产生大、小孢子，再进一步发育成为雌性配子(卵细胞)和雄性配子(精子)。

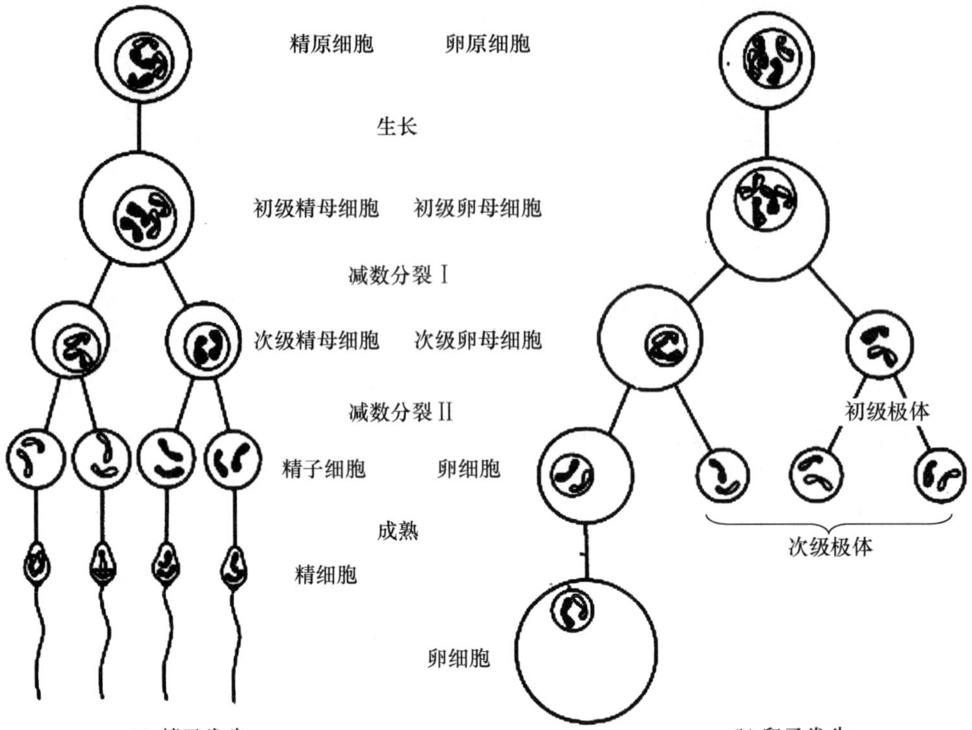

(a) 精子发生　　(b) 卵子发生

图 2-18　动物的雌雄配子形成

(引自埃尔罗德等,2004)

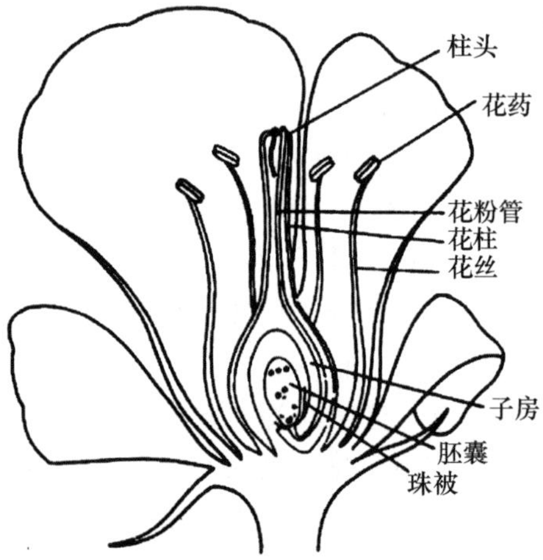

图 2-19　花的雌雄蕊图解

(引自埃尔罗德等,2004)

被子植物的雄性配子是在雄蕊的花药里产生的。由花药里的孢原组织细胞($2n$)分化出花粉母细胞(pollen mother cell)($2n$),也称为小孢子母细胞(microspore mother cell)。每个花粉母细胞经过减数分裂形成染色体数目减半(n)的 4 个小孢子(microspore),并进一步发育成 4 个单核的花粉粒。之后,每个单核花粉粒再进行一次没有胞质分裂的有丝分裂(核分裂),形成双核花粉粒,通常此阶段就可以散粉了。花粉管萌发后,双核中的一个成为生殖细胞核,并再次进行没有胞质分裂的有丝分裂(核分裂),形成两个精子核(sperm nucleus)(n);另一个核不分裂,成为管核(tube nucleus)(n),也称为花粉管核或营养核(vagetative nucleus)。三个核在遗传上应该完全相同。这样一个成熟的花粉粒称为雄配子体(male gametophyte)(图 2-20)。

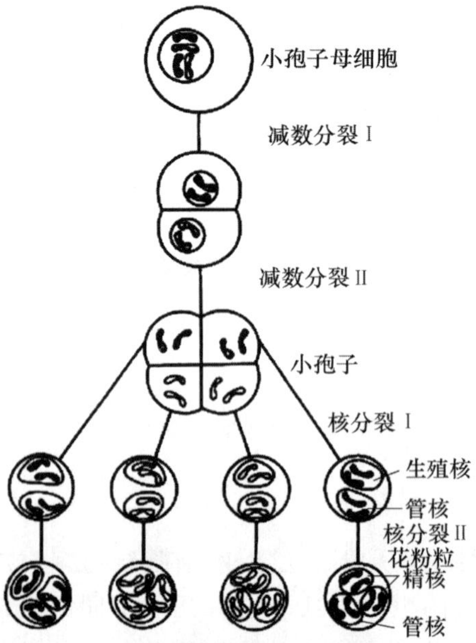

图 2-20　高等植物雄配子体的形成过程

(引自埃尔罗德等,2004)

被子植物的雌性配子是在雌蕊的子房里产生的。子房里着生胚珠，在胚珠的珠心组织里分化出胚囊母细胞（embryo sac mother cell）（$2n$），也称为大孢子母细胞（megaspore mother cell）。由一个胚囊母细胞经过减数分裂形成 4 个直线排列的染色体数目减半的大孢子（megaspore）（n），即四分孢子。其中 3 个大孢子发生退化而自然解体，养分被吸收利用，只有远离珠孔端的大孢子继续发育，进行 3 次没有胞质分裂的有丝分裂（核分裂），形成一个具有 8 个单倍体核的大细胞（未成熟的胚囊）。8 个核中的 3 个核定位于珠孔端附近，其中的 1 个发育成卵核（egg nucleus），另 2 个变成能分泌吸引花粉管物质的助细胞（synergid）；还有 3 个核移至相反的一端，变为 3 个反足细胞（antipodal cell）；剩余的 2 个核称为极核（polar nucleus），移至胚囊的中心附近并融合，形成一个二倍体的融合核（fusion nucleus）。此时的胚囊被称为雌配子体（megagametophyte）（图 2-21），已经为受精做好了准备。

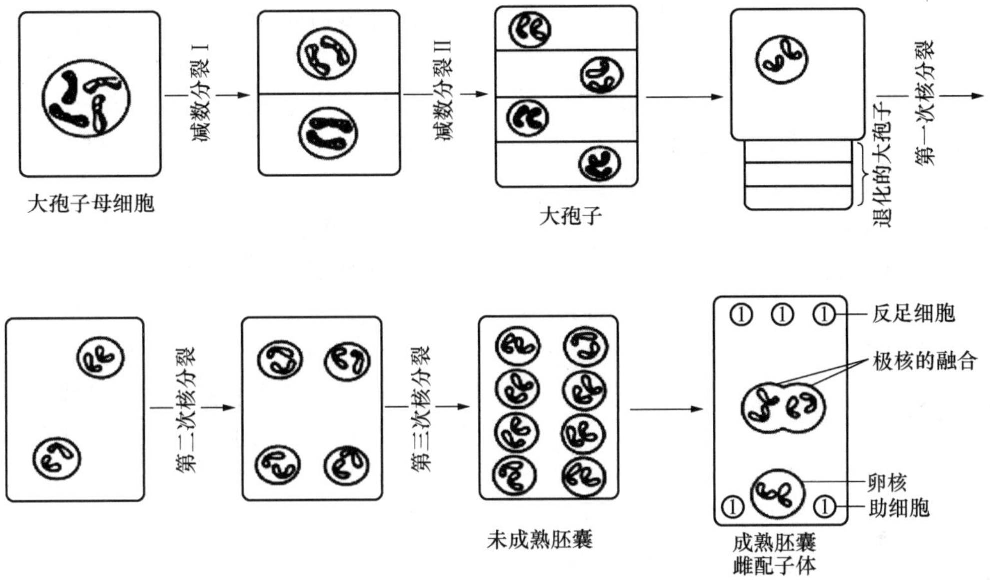

图 2-21　高等植物雌配子体的形成过程

（引自埃尔罗德等，2004）

2.3.3.2　受精

雌雄配子融合成一个合子的过程称为受精。对于植物来说，有一个授粉（pollination）的过程，并且为双受精（double fertilization）。

花粉粒从花药中释放出来传递到雌蕊柱头上的过程称为授粉。授粉后，花粉粒在柱头上萌发，形成花粉管；花粉管穿过花柱、子房和珠孔，进入胚囊。花粉管延伸时，营养核走在两个精核的前端。一旦接触到助细胞，花粉管就破裂，助细胞也同时解体。2 个精核进入胚囊，一个与卵细胞结合形成合子（$2n$），以后发育成种子胚；另一个与两个极核（$n+n$）结合形成胚乳核（$3n$），将来发育成胚乳。这一过程称为双受精。

胚（$2n$）、胚乳（$3n$）和种皮（$2n$）组成了种子。胚和胚乳是受精的产物，而种皮却不是。种皮（或果皮）是由母本花朵的营养组织，如胚珠的珠被、子房壁等发育而来的。因此从遗传组成上来讲，一个正常的种子是受精产物的胚（$2n$）、胚乳（$3n$）和母体（$2n$）组织 2 世代 3 部分密切结合的嵌合体。

2.3.3.3　直感现象

如果在 $3n$ 胚乳的性状上由于精核的影响而直接表现父本的某些性状，这种现象称为胚乳直感（xenis）或花粉直感。一些单子叶植物的种子常出现这种现象。例如，将黄粒玉米的花粉授给白粒玉米，当代所结籽粒就表现父本的黄粒性状。如果种皮或果皮组织在发育过程中，由于花粉影响而表现父本的某些性状，则称为果实直感（metaxenia）。例如，棉花纤维是由种皮细胞延伸的，在一些杂交试验中，当代棉籽的发育常因父本花粉的影响而使纤维长度、纤维着生密度表现出一定的果实直感现象。

胚乳直感和果实直感虽然由于花粉是否参与受精而有明显的区别，但是，它们都同样是由花粉影响而引起的直感现象。

2.4 生活周期

生活周期(life cycle)就是指个体发育的全过程。不同的生物会有不同的生活周期。一般有性生殖的动植物的生活周期是指从合子到个体成熟再到个体死亡所经历的一系列发育阶段。大多数植物的生活周期都有 2 个显著不同的世代,即二倍体的孢子体世代(sporophytic)和单倍体的配子体世代(gametophytic)。孢子体世代也称无性世代,配子体世代又叫有性世代。无性世代和有性世代交替发生,称为世代交替(alternation of generations)。在低等植物如苔藓类中,配子体是十分明显且独立生活的世代,孢子体小且依赖于配子体。在高等植物(蕨类、裸子植物、被子植物)中,情况恰好相反,孢子体是独立、明显的世代,而配子体则不明显。裸子植物和被子植物的配子体,则是完全寄生的世代。例如,被子植物中雄配子体已缩小为一个三核花粉粒,雌配子体也仅为一个八核胚囊,周围由子房组织包围并提供营养。

2.4.1 低等植物的生活周期

现在以红色面包霉为例说明低等植物的世代交替(图 2-22)。红色面包霉属于子囊菌(*Ascomycetes*),是丝状的真菌。它一方面能进行有性生殖,并且具有像高等动植物那样的染色体,另一方面又能像细菌那样具有相对较短的世代周期。红色面包霉的单倍体世代($n=7$)是多细胞的菌丝体和分生孢子,由分生孢子发芽形成新的菌丝,这是它的无性世代。一般情况下,它都循环进行这样的无性繁殖。红色面包霉的有性世代有 2 种情况:①有时会产生不同生理类型的正(+)、负(−)两种接合型菌丝,类似于雌雄性别,通过菌丝融合和异型核的接合而形成二倍体的合子($2n=14$);②正、负两种接合型的菌丝都可以产生原子囊果和分生孢子。若原子囊果相当于高等植物的卵细胞,则分生孢子相当于精细胞,那么当正接合型(n)与负接合型(n)受精融合后,便形成二倍体的合子($2n$)。无论采用哪种方式,红色面包霉在子囊果(perithecium)里的子囊菌丝细胞中的合子形成后,立即进行减数分裂,产生单倍体的 4 个核,称为四分孢子。四分孢子中每个核进行一次有丝分裂,最后形成 8 个子囊孢子(ascospore),按顺序排列在子囊中。这 8 个孢子中,有 4 个为正接合型,另 4 个为负接合型,二者呈 1∶1的比例分离。

一般真菌和单细胞生物的世代交替与红色面包霉基本上一致,不同点在于这些真菌的二倍体合子经过减数分裂后形成 4 个孢子,之后不再进行有丝分裂,且这 4 个孢子是分散在一个子囊内,而不是按顺序排列。

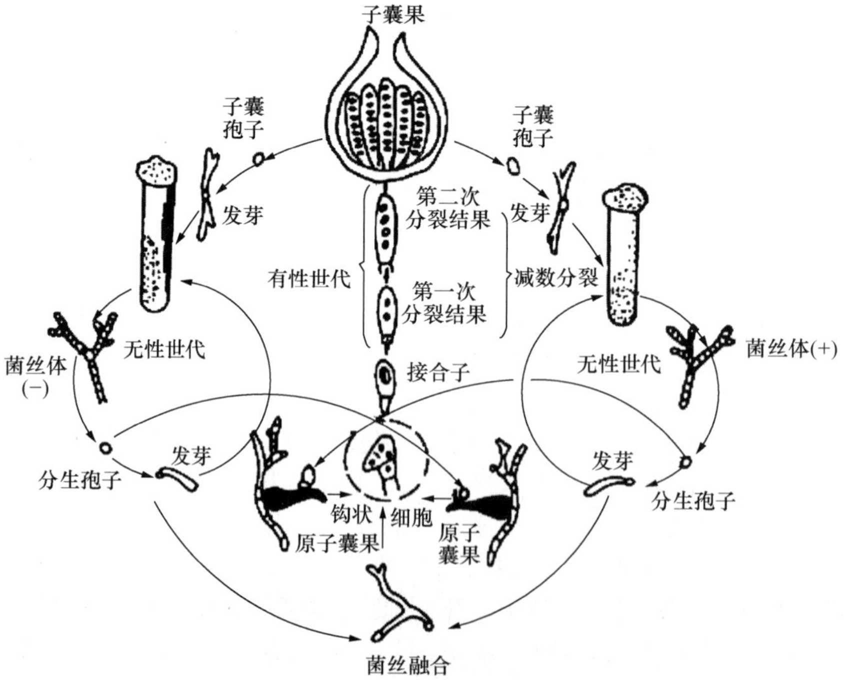

图 2-22 红色面包霉的生活周期

(引自季道藩等,1989)

2.4.2 高等植物的生活周期

高等植物的生活周期是从这代种子胚到下代种子胚的发生发育全过程，包括无性世代和有性世代两个阶段。现以玉米为例，说明高等植物的生活周期(图 2-23)。

玉米是一年生的禾本科(Gramineae)植物，雌雄花序同株异花。由受精卵发育成一棵完整的植株(孢子体)，这是它的无性世代，孢子体中体细胞的染色体数为二倍体($2n$)。孢子体发育到一定程度后，分化出雌雄花序，在胚珠和花药内发生减数分裂，产生染色体数目减半的大小孢子(n)，这是有性世代的开始。大小孢子经过有丝分裂，形成雌雄配子体。雌雄配子受精结合形成合子后，有性世代随即完成，又进入无性世代，开始下一轮的生活周期。

由此可见，高等植物的配子体世代是很短暂的，而且是在孢子体内度过的。生命越是向高级形式发展，它们的孢子体世代就越长，繁殖方式也越复杂，繁殖器官和繁殖过程也越能受到更好的保护。

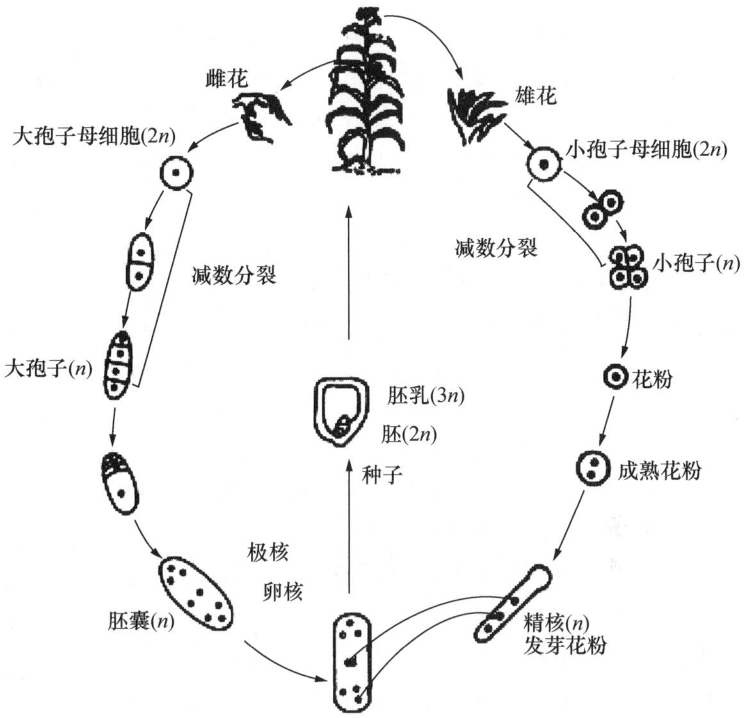

图 2-23 玉米的生活周期

(引自张建民，2005，略有改动)

2.4.3 高等动物的生活周期

高等动物都是雌雄异体的，卵子和精子都是在雌雄个体的性原细胞中经过减数分裂产生，然后通过交配使精子和卵子结合而成为受精卵，并逐步发育成子代个体。高等哺乳动物以及人类的受精卵是在母体内发育成为个体的，属于胎生；而果蝇等昆虫的卵受精后就脱离母体独立进行发育，属于卵生，从受精卵发育为成虫的过程中还需要经过幼虫和蛹的变态阶段。

果蝇属于双翅目(Diptera)昆虫，由于它的生活周期短(25 ℃下，12 d 一个周期)，繁殖率高，饲养方便，且变异类型丰富，染色体数目少($2n=8$)，有利于观察研究，所以，它一直是遗传学研究的好材料。图 2-24 为果蝇的生活周期示意图。

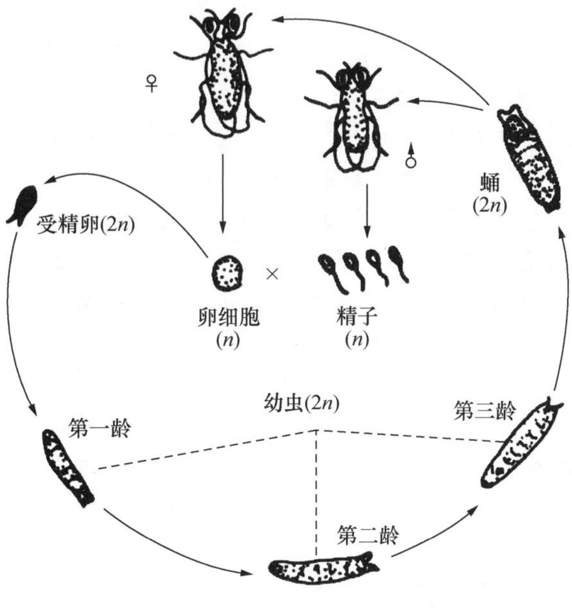

图 2-24 果蝇的生活周期

(引自季道藩等，1989)

内容提要与思维导图

细胞分裂是生物实现生长与繁殖的必要方式。染色体在细胞分裂过程中承担着关乎生物遗传与变异的主要角色，染色体在细胞分裂过程中的形态与行为、数量与质量等变化特点及其所带来的结果是本章关注的核心内容。

遗传物质的分布：真核生物的细胞核包含生物的绝大部分遗传物质DNA，所含遗传信息量大，构成生物起主导作用的细胞核遗传体系。真核细胞的线粒体和叶绿体等细胞器还存在少量以裸露DNA分子形式存在的遗传物质，构成细胞质遗传体系。

染色体：染色体是指在细胞分裂期出现的一种能被碱性染料强烈染色，并具有一定形态、结构特征的复合物质。通常以中期进行染色体形态的认识和研究。染色体的形态可以依据其长度、着丝粒位置、次缢痕和随体的有无等加以描述；用 $2n$ 和 n 表示体细胞和性细胞染色体数。染色体的形态和数目是不同生物的遗传属性。染色体数目的多少与该物种的进化程度一般并无关系。按照染色体的数目、大小和着丝粒位置、臂比、次缢痕和随体等形态特征，对生物细胞核内的染色体进行配对、分组、归类、编号和分析的过程称为染色体核型分析，它广泛应用于诊断遗传性疾病，鉴定物种间的亲缘关系、探讨物种进化机制等方面。除一般染色体外，还有一些只存在于某些生物的特定组织或某些群体的特化染色体，大体上可以分为两类：一类是暂时特化染色体，如多线染色体和灯刷染色体；另一类是永久特化染色体，如性染色体和超数染色体等。

染色质的基本结构单位由核小体、连接丝和1分子的组蛋白 H_1 构成。每个核小体的核心是由 H_{2A}、H_{2B}、H_3 和 H_4 4种组蛋白各2分子组成的扁球形八聚体，DNA分子就盘绕在这8个组蛋白分子的表面。1个核小体及其连接丝含有180～200个碱基对的DNA，其中约146 bp按照左手螺旋方向盘绕在核小体表面1.75圈。由核小体组成的串珠式染色质线再经过3级螺旋化压缩，形成光学显微镜下可观察到的染色体。

细胞分裂与生殖：有丝分裂是体细胞产生体细胞的分裂。有丝分裂时染色体复制1次，细胞分裂1次，染色体精确地分配到两个子细胞的细胞核中，使子细胞含有在质量和数量上与母细胞完全相同的遗传信息。减数分裂是体细胞产生性细胞的细胞分裂。减数分裂时染色体复制1次，细胞分裂2次，产生染色体数减半、彼此遗传组成可能不同的4个子细胞。在减数分裂过程中，在染色体联会的基础上，粗线期发生的非姐妹染色单体间片段交换和后期Ⅰ非同源染色体的随机组合，可以导致染色体片段重组和染色体重组带来的遗传重组，形成不同遗传组成的配子，使生物后代出现各种变异。这不仅有利于生物的适应及进化，也为动植物育种提供了丰富的变异材料。

雌雄配子融合成一个合子的过程称为受精。植物的花粉粒从花药中释放出来传递到雌蕊柱头上的过程称为授粉。植物受精时，两个精核进入胚囊，一个与卵细胞结合形成合子（$2n$），以后发育成种子胚；另一个与两个极核（$n+n$）结合形成胚乳核（$3n$），将来发育成胚乳，这一过程称为双受精。胚（$2n$）、胚乳（$3n$）和种皮（$2n$）组成了植物种子。胚和胚乳是受精的产物。种皮（或果皮）是由母本花朵的营养组织，如胚珠的珠被、子房壁等发育而来的。因此从遗传组成上来讲，一个正常的种子是受精产物的胚（$2n$）、胚乳（$3n$）和母体（$2n$）组织2世代3部分密切结合的嵌合体。

生活周期：有性繁殖植物的生活周期是指从合子到个体成熟的全过程，包括孢子体世代和配子体世代。高等植物，例如玉米，孢子体世代发达；低等植物，例如红色面包霉，则配子体世代发达。

二维码2-6　本章思维导图

复习思考题

1. 解释下列名词：原核细胞　真核细胞　染色体　姐妹染色单体　单倍体　二倍体　细胞周期　无丝分裂　有丝分裂　同源染色体　联会　多线染色体　灯刷染色体　B染色体　胚乳直感　果实直感　生活周期　世代交替。

2. 与遗传相关的细胞器主要有哪些？它们有什么结构特点？

3. 一般染色体的外部形态包括哪几部分？有

哪些类型？

4. 试述染色体的结构。

5. 科学家曾用特定的核酸内切酶消化染色质DNA，结果所产生的DNA片段长度都大约是200个碱基对或是它的倍数。试解释这种现象。

6. 真核生物体细胞染色体数目通常记作 $2n$，核DNA含量记作 $2c$；而其性细胞染色体数目记作 n，核DNA含量记作 c。试指出：减数分裂间期，DNA复制后的染色体数目、染色体DNA分子数目、核DNA含量；减数第一次分裂完成后产生的子细胞的染色体数目、染色体DNA分子数目、核DNA含量；减数第二次分裂完成后产生的子细胞的染色体数目、染色体DNA分子数目、核DNA含量。

7. 比较有丝分裂和减数分裂的异同点，说明有丝分裂和减数分裂的遗传学意义。

8. 植物的10个花粉母细胞可以形成(　)个花粉粒，(　)个精核，(　)个管核；10个卵母细胞可以形成(　)个胚囊，(　)个卵细胞，(　)个极核，(　)个助细胞，(　)个反足细胞。

9. 黑麦体细胞中有14条染色体，写出其下列各组织细胞中的染色体数目：(1)根；(2)茎；(3)叶；(4)胚；(5)胚乳；(6)卵细胞；(7)助细胞；(8)反足细胞；(9)花药壁；(10)花粉管核；(11)大孢子母细胞；(12)种皮。

10. 某生物有2对同源染色体，其中一对为中间着丝粒染色体，另一对为近端着丝粒染色体。请画出以下各期的模式图：(1)有丝分裂中期；(2)减数第一次分裂中期；(3)减数第二次分裂中期。

11. 假定一个杂种细胞里含有3对染色体，其中A、B、C来自父本，A′、B′、C′来自母本，通过减数分裂能形成几种配子？写出各种配子的染色体组成。

12. 某植物，当染色体组型为aa的个体给染色体组型为AA的个体授粉后，其种子将有什么样染色体组型的胚和胚乳？

第3章 遗传物质的分子基础

◆内容提示

介绍核酸作为遗传物质的化学属性，展示遗传信息的储藏、复制，遗传信息由DNA碱基序列到构成蛋白质的氨基酸序列的实现过程。

◆教学目标

了解证实核酸是遗传物质的实验设计，掌握并了解DNA和RNA分子的主要区别及与其分子稳定性之间的联系，掌握遗传信息流向的中心法则及其发展内容，重点掌握DNA和RNA合成过程的区别和联系。

3.1 遗传物质的确定

3.1.1 DNA是主要遗传物质的证据

1903年，萨顿(Walter Sutton)和博韦里(Theoder Boveri)在各自独立的研究中，发现孟德尔遗传因子(或基因)的传递行为与减数分裂中染色体的行为有着精确的平行关系。他们认为基因是染色体的一部分，并初步确立了遗传的染色体学说(the chromosome theory of heredity)。当时人们已知染色体含有脱氧核糖核酸(DNA)，但并没有办法证明DNA携带遗传信息，相反，当时人们认为DNA仅仅是一种分子支架，支撑某种尚未发现的专门携带遗传信息的蛋白质。这一难题直到20世纪40年代才得以解决。

3.1.1.1 肺炎双球菌转化实验

1928年，英国医生格里费斯(Frederick Griffith)进行了肺炎双球菌(*Streptococcus pneumoniae*)转化实验，首次将肺炎双球菌R_{II}转化为S_{III}，实现了细菌遗传性状的定向转化(图3-1)。实验方法是先将少量无毒的R_{II}型肺炎双球菌注入家鼠体内，再将大量有毒但已加热(65 ℃)杀死的S_{III}型肺炎双球菌注入。结果引起小鼠发病死亡，并在其体内检测出活的S_{III}型肺炎双球菌。非致病肺炎双球菌和热灭活肺炎双球菌混合后，出现了致病的细菌，这种转化表明了遗传的改变。Griffith最初认为是接种物中的死细菌可能提供了某些活性物质促成了R_{II}型细菌的转变，但当时并不知道这种物质是什么。

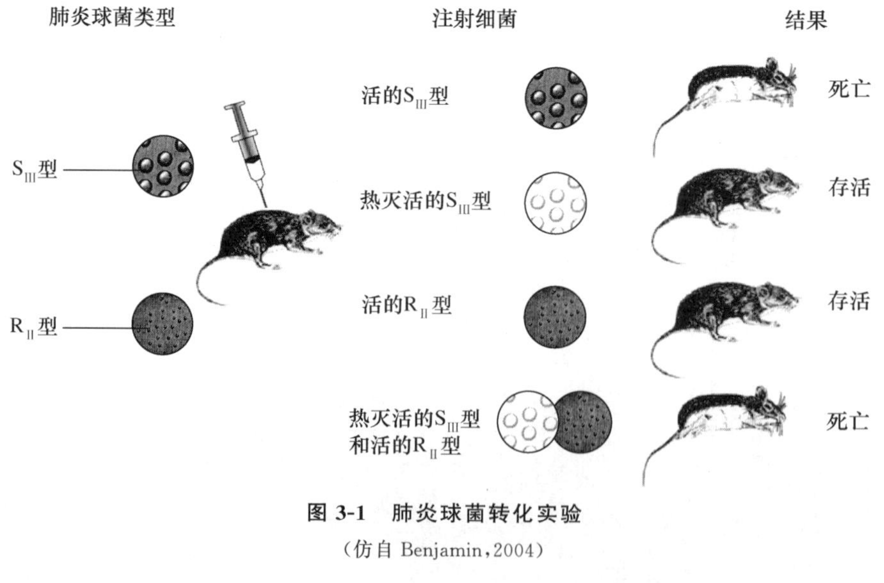

图3-1 肺炎球菌转化实验

(仿自 Benjamin，2004)

16 年后的 1944 年，美国微生物学家阿委瑞(Oswald T. Avery)及其合作者用生物化学方法证明在转化实验中具有活性的遗传物质是 DNA，而不是蛋白质或其他大分子。

他们先重复了上述实验，然后将 S_{III} 细菌加热杀死后，分离出多糖、脂类、RNA、蛋白质和 DNA，再分别单独加到 R_{II} 型细菌的培养基中进行培养。结果只有加入了 S_{III} 细菌 DNA 的 R_{II} 型细菌发生了转化。他们又进一步使用不同酶处理杀死的 S_{III} 细菌提取液，结果发现仅在加入一种能使 DNA 降解的酶时才会使转化不能发生，而加入使其他物质降解的酶类时转化仍可进行(图 3-2)。

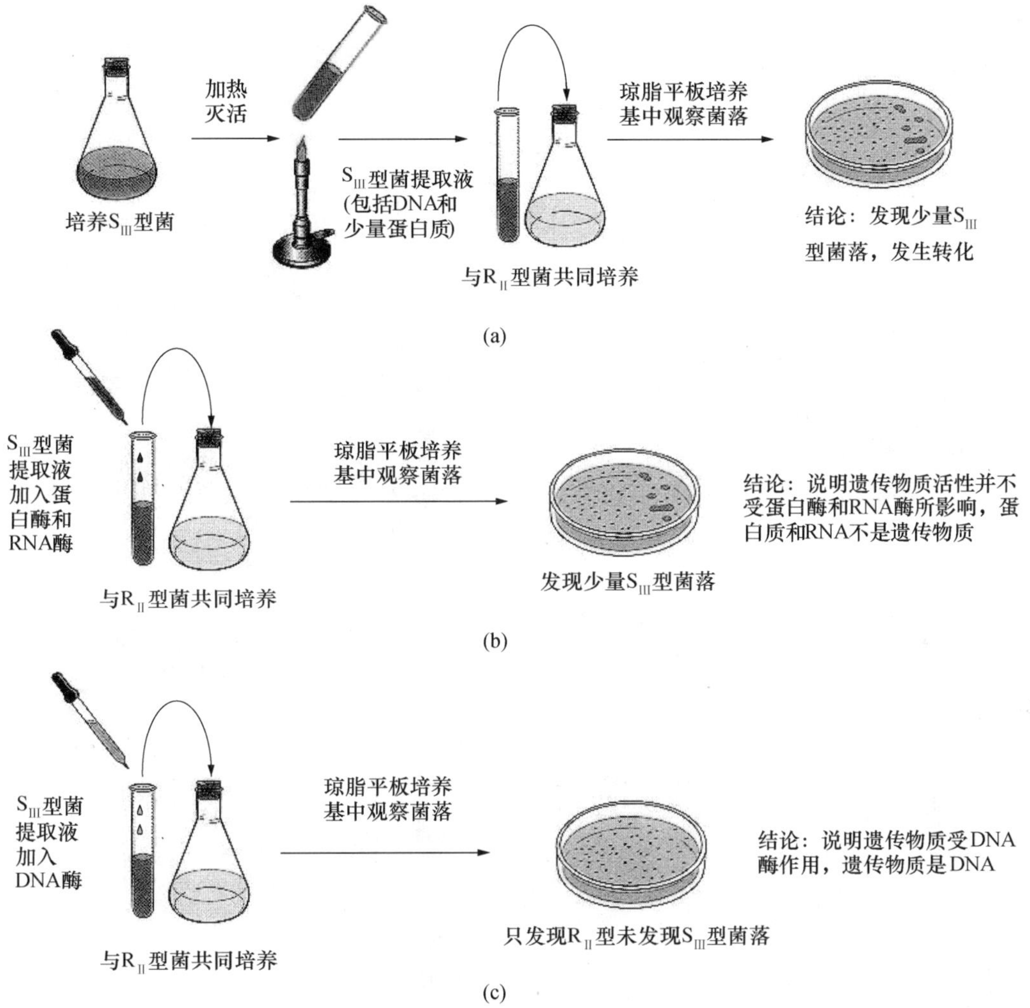

图 3-2 Avery 等肺炎球菌转化实验

(仿自 Hartl 和 Jones，1998)

Avery 等的实验证明：使细菌发生转化的物质为 DNA，但当时人们仍不能相信这一结论。直到 1952 年，Hershey-Chased 实验结果发表后，人们才相信这一事实。

3.1.1.2 噬菌体感染实验

1952 年，赫尔歇(Alfred D. Hershey)和蔡斯(Martha Chase)以大肠杆菌的 T_2 噬菌体为材料进行实验(图 3-3)。他们用 ^{32}P 和 ^{35}S 分别标记 T_2 噬菌体的 DNA 与蛋白质(图 3-4)。T_2 噬菌体由蛋白质外壳和内部的 DNA 组成，蛋白质中含硫不含磷，DNA 中含磷不含硫。首先 T_2 噬菌体侵染分别在含有 ^{32}P 和 ^{35}S 的培养基中生长的两组 *E. coli*。细胞裂解后分别收集裂菌液，经标记后再分别感染无放射性元素的 *E. coli*。感染后培养 10 min，用搅拌器剧烈搅拌使吸附在细胞表面的噬菌体脱落下来。经离心分离，细菌在沉淀中，游离的噬菌体悬浮在上清液中。经同位素测定，^{35}S 大部分见于上清液中，而 ^{32}P 的情况正好相反，大部分见于沉淀中。细菌裂解后释放的噬菌体检测发现，A 中释放含有 ^{32}P 标记的噬菌体，而 B 中未发现 ^{35}S 标记的噬菌体。由实验得出的结论是：只有 DNA 进入细菌细胞产生了下一代噬菌体，完成整个感染过程。因此确定 DNA 是具有连续性的遗传物质。

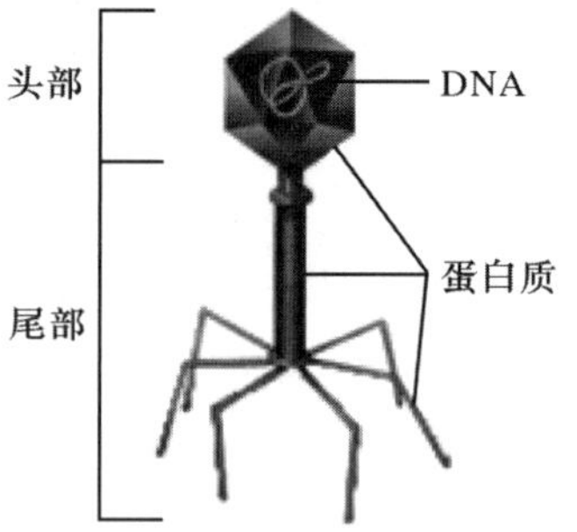

图 3-3　T_2 噬菌体模式图

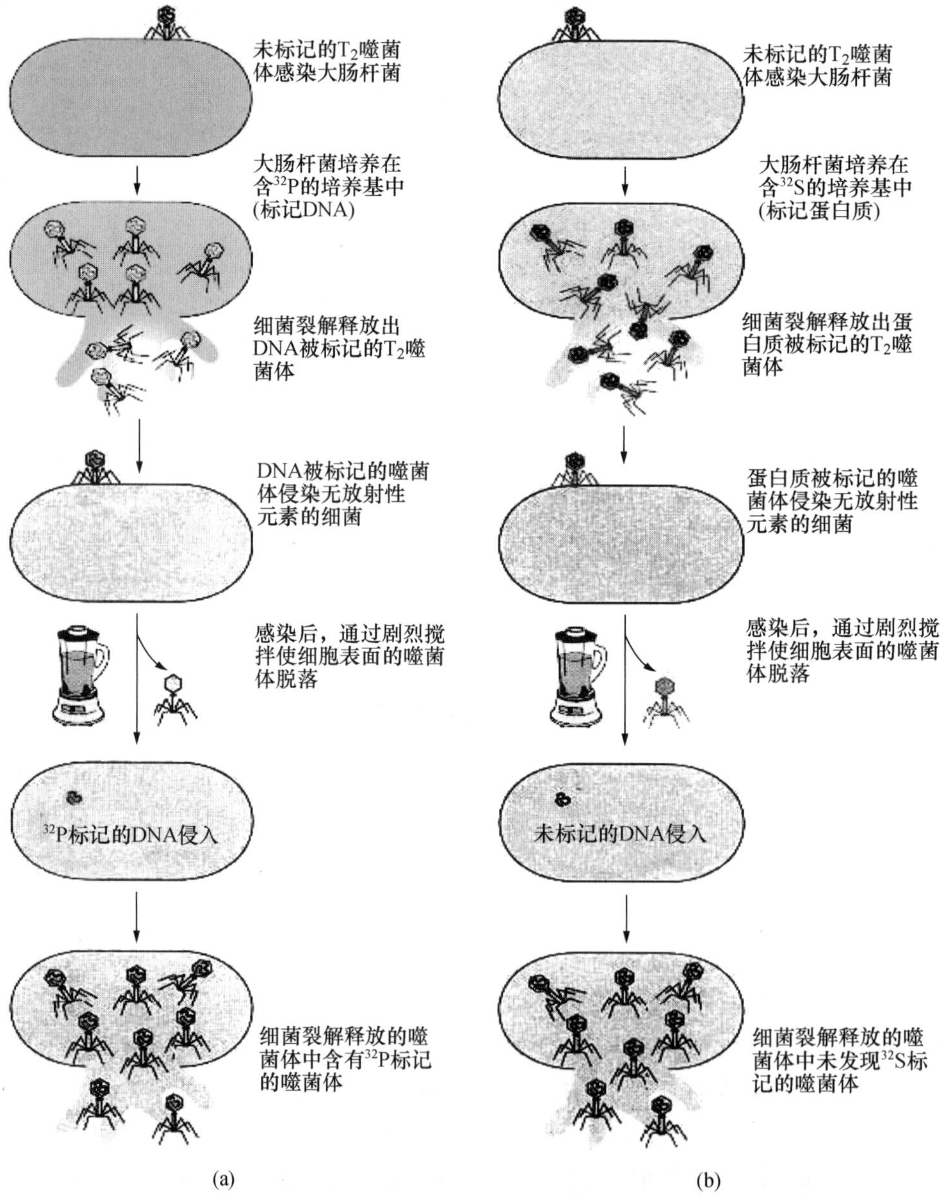

(a) ^{32}P 标记 DNA　(b) ^{35}S 标记蛋白质

图 3-4　T_2 噬菌体标记感染 *E. coli* 实验

(引自 Hartl 和 Jones，1998)

3.1.2 RNA 是无 DNA 生物遗传物质的证据

前面已证明 DNA 是遗传物质,但在不含有 DNA 的生物中遗传物质是什么呢?

1956 年,吉尔(A. Gierer)和施拉姆(G. Schramm)发现从烟草花叶病毒(tobacco mosaic virus,TMV)中分离的 RNA 也能侵染植物,初步证明 TMV 中的遗传物质是 RNA。

1957 年,美国的 Heinz Fraenkel-Conrat 和 B. Singre 选用 TMV 的 A、B 两个品系作为试验材料。首先把两个品系的蛋白质和 RNA 分开,在重建时将两种病毒蛋白质外壳互换,重建成为重组 TMV,然后再观察重组后的 TMV 感染烟草的症状。结果发现,不同重组 TMV 感染烟草后的症状与提供 RNA 的原 TMV 品系的感染症状相同,而蛋白质外壳的不同并无影响(图 3-5)。由此说明 TMV 的遗传物质是 RNA 而非蛋白质,即在少数只有 RNA 而无 DNA 的病毒中,遗传物质的角色由 RNA 来担当。

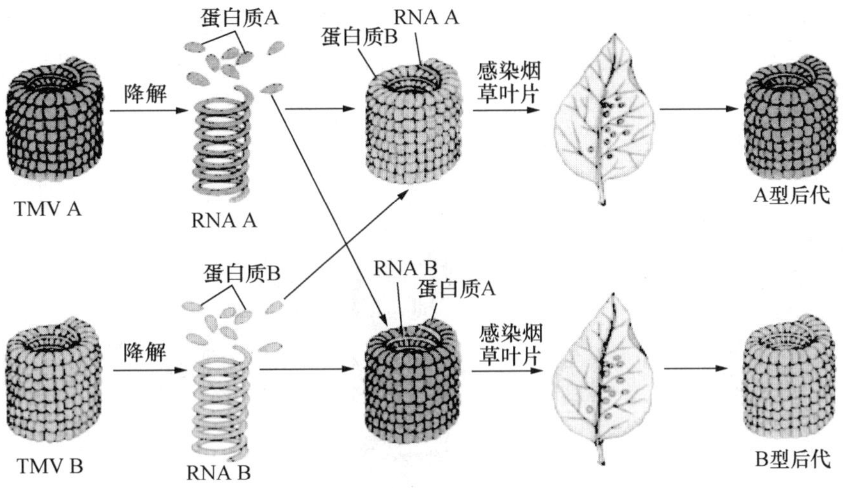

图 3-5 烟草花叶病毒 A 型与 B 型重建实验

(引自 Klug 等, 2016)

3.2 DNA 和 RNA 的化学结构与性质

3.2.1 DNA 与 RNA 的化学组成

DNA(脱氧核糖核酸)与 RNA(核糖核酸)都是由基本构成单元核苷酸形成的多聚体。每个核苷酸包括 3 个部分:五碳糖、磷酸和环状的含氮碱基。两个核苷酸之间由 3′ 和 5′ 位的磷酸二酯键相连。DNA 与 RNA 主要化学区别为:构成 DNA 核苷酸单元的五碳糖是脱氧的核糖,而 RNA 的则为核糖。两者的差别只在于脱氧核糖中与第 2 位碳原子连接的是氢原子,而核糖中与第 2 位碳原子连接的是羟基。该羟基容易与核酸其他基团发生反应导致核酸大分子的裂解。一个氧原子的差别使 DNA 分子在化学上比 RNA 稳定得多。DNA 碱基组成为 A(腺嘌呤)、G(鸟嘌呤)、C(胞嘧啶)和 T(胸腺嘧啶)。RNA 碱基组成为 A、G、C 和 U(尿嘧啶),有 3 种碱基与 DNA 相同,只有其中的 T 被 U 代替。

3.2.2 DNA 的化学结构

3.2.2.1 DNA 的分子结构

DNA 的一级结构(primary structure)是指 DNA 分子中核苷酸的排列顺序。DNA 是由脱氧核糖核苷酸通过 3′,5′-磷酸二酯键连接起来的线形或环形的多聚体[图 3-6(a)]。大多数天然 DNA 分子长链两端总是一端为 5′-磷酸,另一端为 3′-羟基,前者称为 5′端,后者称为 3′端。DNA 链的方向就是从 5′端到 3′端(二维码 3-1)。

二维码 3-1 DNA 分子结构

DNA 一级结构蕴藏了丰富的遗传信息,生物的遗传信息通过核苷酸不同的排列顺序储存在 DNA

分子中。DNA 分子 4 种核苷酸千变万化的排列顺序造就了物种的丰富多样性。

DNA 的二级结构是指脱氧核苷酸大分子的空间构型。1953 年，沃森(James Watson)和克里克(Francis Crick)提出了 DNA 的双螺旋结构模型(double helix model)。DNA 双螺旋模型有以下特点。

(1)主链　脱氧核糖核苷酸之间通过 3′,5′-磷酸二酯键连接，成为螺旋的骨架。两条脱氧核苷酸链反向平行，绕同一中心轴相互缠绕，组成双螺旋。两条链均为右手螺旋。主链位于螺旋外侧，碱基处于螺旋内侧，核糖平面与螺旋轴平行。

(2)碱基配对　两条核苷酸链之间形成氢键。A 与 T 配对形成两个氢键；G 与 C 配对形成三个氢键。这样的碱基配对规律称为碱基互补。碱基平面与螺旋轴基本上是垂直的。

(3)螺旋参数　DNA 双螺旋的直径为 2 nm。任意一条链的螺距为 3.4 nm，其中包含 10 个核苷酸，因此每两个相邻碱基平面之间的垂直距离为0.34 nm。上下相邻碱基绕螺旋轴旋转的角度为 36°。

(4)大沟与小沟　由于碱基对占据空间的不对称，碱基并没有充满双螺旋的空间。沿螺旋轴的方向观察，双螺旋的表面形成两条沟，一条宽(2.2 nm)，称为大沟(major groove)；另一条窄(1.2 nm)，称为小沟(minor groove)。大沟中碱基的差异很易于被识别，是蛋白质结合特异 DNA 序列的位点，对于蛋白质识别 DNA 螺旋结构上的特异信息非常重要[图 3-6(b)和(c)]。

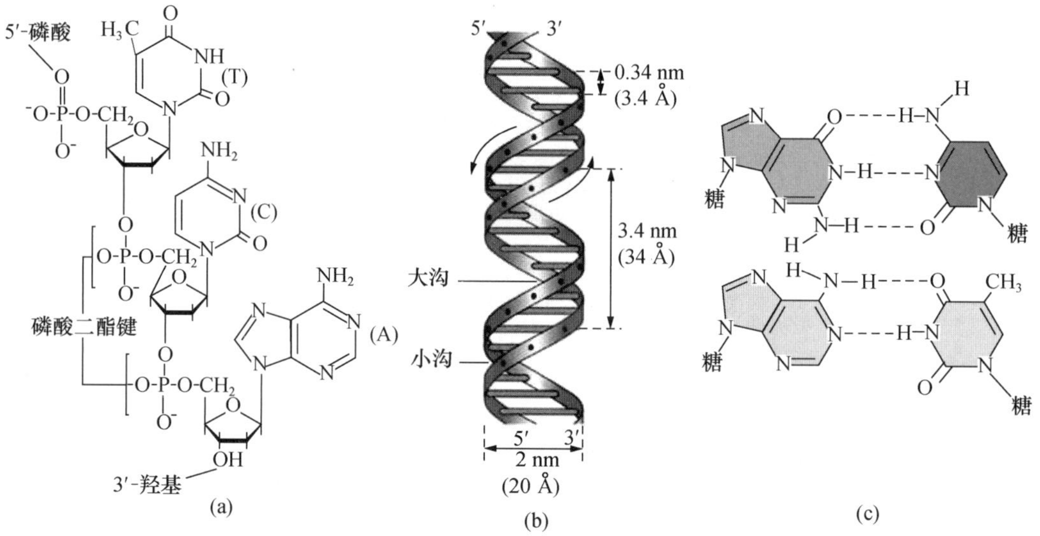

(a)3′,5′-磷酸二酯键　(b)DNA 二级结构　(c)碱基配对的氢键

图 3-6　DNA 的分子结构

3.2.2.2　维持 DNA 双螺旋结构的作用力

DNA 二级结构是一种很稳定的化学结构，维持这种稳定性的因素主要有以下几种。

1. 氢键

在双螺旋中嘧啶与嘌呤之间的距离正好与一般氢键的键长(0.27 nm)相一致。碱基堆积使供体原子、氢原子和受体原子三者在一条直线上，这样的结构非常利于形成强的氢键。在 DNA 双螺旋中，A 与 T 之间形成 2 个氢键，G 与 C 之间形成 3 个氢键，而且严格互补配对。因此，在 DNA 双螺旋中，只要有一条链的核苷酸顺序确定后，即可推算出另一条互补链的核苷酸顺序。

2. 碱基堆积力

碱基堆积力指相邻碱基对之间的非特异性作用力。DNA 的主链部分是亲水的，碱基外围的氨基与酮基也是亲水的，但嘧啶和嘌呤本身带有一定程度的疏水性。因此在水溶液中，这些疏水基团自发聚集。从热力学角度，DNA 双螺旋结构是非常有利于主链上的磷酸基团与水的最大程度的接触，而使碱基与水的接触减少到最小程度，从而使相邻碱基相互聚集。

3. 范德华力

范德华力(van der Waals force)是指中性分子或原子间随距离增大而迅速减小的吸引力。在双螺旋中相邻碱基对的间隔是 0.34 nm，而范德华力的半径恰好平均为 0.17 nm。这样范德华力就加强了碱基之间的聚集，加强了疏水作用力。

以上三种作用都属于维持 DNA 结构稳定的力。

4. 磷酸根的静电斥力

核苷酸的磷酸基团上都带有一个负电荷。双链之间这种强有力的静电斥力有驱使两条链彼此分开的作用。在同一条链内虽然也存在这种静电斥力，但由于有链内的共价键，这种静电斥力并不重要。当有盐类加入时，这些带负电的磷酸基团可以被正离子(如 Na^+)所中和，可以有效地屏蔽磷酸之间的静电斥力。在生理盐浓度(0.2 mol/L)下就发生这种屏蔽作用，DNA 结构趋于稳定。当离子浓度降低时，屏蔽作用减弱，斥力在增大，双螺旋结构不稳定，Tm 值降低。纯蒸馏水中的 DNA 在室温下就会发生变性。在超过生理盐浓度时，高浓度下碱基溶解性降低增加疏水作用，使双螺旋结构更稳定，Tm 值升高。

5. 碱基分子内能

当温度等因素使碱基分子内能增加时，碱基的定向排列会遭到破坏，从而削弱碱基之间的氢键结合力和碱基堆积力，使 DNA 双螺旋结构受到破坏。

综合可知，在 DNA 双螺旋结构中，互补碱基之间的氢键和相邻碱基间的碱基堆积力有利于双螺旋构型的形成和稳定，而磷酸基的静电斥力和碱基分子内能则会促使双螺旋链打开。DNA 的双螺旋结构就是在各种因素的共同作用下维持其动态平衡的结构状态。

3.2.3 RNA 的化学结构与性质

RNA 与 DNA 相比，核糖代替了脱氧核糖，尿嘧啶核苷酸 U 代替了胸腺嘧啶核苷酸 T。绝大多数 RNA 以单链形式存在，少数病毒含双链 RNA，单链 RNA 中可能因局部碱基互补而形成发夹(hairpin)形状双链。

3.3 遗传物质的复制

3.3.1 DNA 复制的一般模式

沃森(James Watson)和克里克(Francis Crick)提出了 DNA 的双螺旋结构模型之后，随即提出了 DNA 的半保留复制模型(semiconservative replication model)。半保留复制是指 DNA 复制时，双螺旋的一端逐渐解开双链，以两条单链各自作为模板按照碱基互补的原则合成新的单链，新合成的单链与原来的模板相互盘绕在一起逐渐形成新的双螺旋。这样，新 DNA 分子中一条链来自原来亲本的 DNA 分子，另一条链来自新合成的 DNA 分子(图 3-7)。DNA 在活体内的半保留复制性质已被大量实验所证实。

应该指出，由于 DNA 聚合酶不能催化以母链的第一个碱基作为模板开始合成互补链，所以 DNA 合成时必须有一个单股核酸片段(即引物，primer)先结合到模板上，引导在其 3′端延伸合成。因此，需要引物是线形 DNA 复制的重要特征。此外，DNA 合成结束前引物会被去除，于是在新链 5′端会形成缺失。生物体需要有专门的机制解决这个新链 5′端缺失问题，从而保证 DNA 复制的完整性。

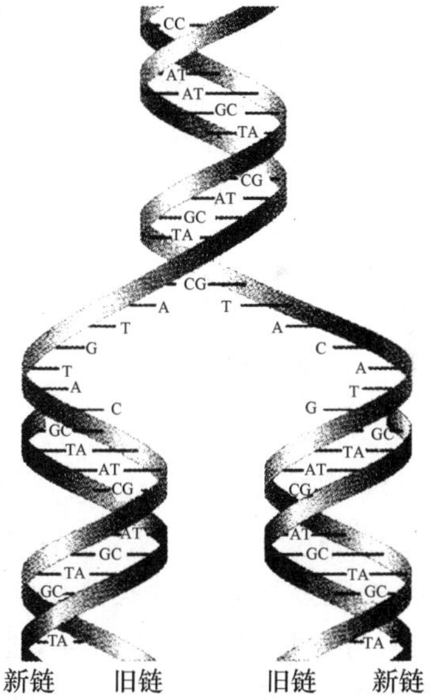

图 3-7　DNA 半保留复制模式图

(引自 Klug 等，2016)

3.3.2 DNA 复制的特殊模式

3.3.2.1 滚环式复制

某些双链环状 DNA(或单链环状 DNA 通过复制合成互补链形成双链环状 DNA)在复制时，首先在亲本环状 DNA 双链上，由序列特异的核酸内切酶在起始点产生一个切口。其 5′端常与特殊的蛋白质相连接，而在 3′端不断地由 DNA 聚合酶催化并以未切断的一条环形链为模板，加上新的核苷酸。随着3′端的共价延伸，环状模板链继续滚动，5′端则不断地甩出。其过程好像中间的一个环在不断地滚动一样，因而称为滚环复制(图 3-8)。因其形状像希腊字母σ，因此又称σ复制。被甩出的链可以通过切割和重新环化产生单链子代DNA(该生物本身为单链环状DNA)，也可以通过单链尾巴作为模板不连续合成互补链，再切割和重新环化产生双链DNA。这样复制方式常会得到一种具有原来DNA分子的若干倍的中间产物，称为连环分子(concatemer)。

显然，这里的滚环式复制不需要引物。滚环式复制在某些噬菌体DNA的复制、细菌交配和真核生物的基因扩增中占有重要的位置。

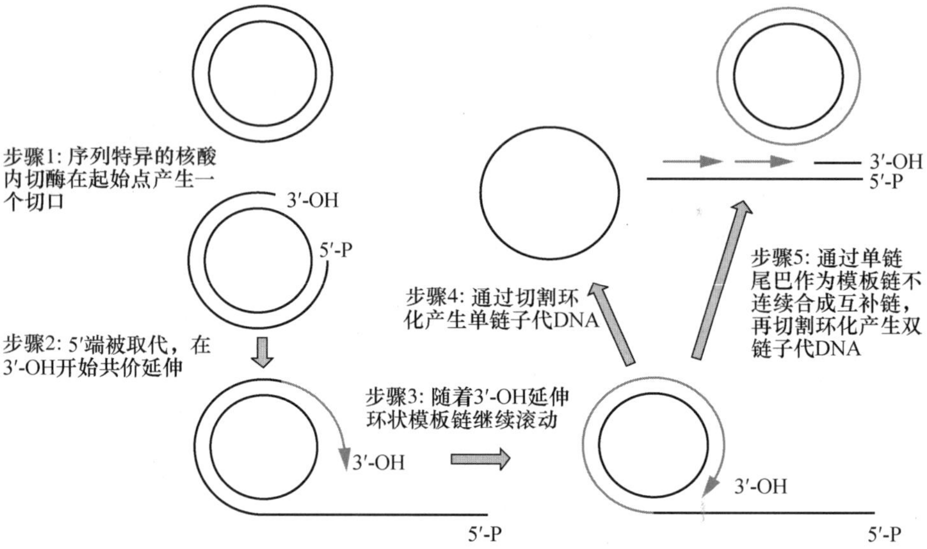

图 3-8　DNA 滚环式复制

(仿自 Snustad 和 Simmons，2012)

3.3.2.2　末端复制和端粒酶

真核生物染色体DNA是线性分子，组织结构复杂，染色体两端具有端粒(telomere)结构。研究发现，真核生物染色体的端粒DNA含有许多串联且富含G(G-rich)的重复序列。这些重复序列能够以特殊的G-G配对方式稳定末端的DNA，进而造成端粒顶端回折而形成发夹型结构。端粒DNA和非组蛋白结合后形成复合体，构成染色体(或染色质)的天然末端。参与真核生物DNA末端复制的酶不是依赖于DNA的DNA聚合酶，而是一种依赖于RNA的DNA聚合酶(逆转录酶)，称为端粒酶(telomerase)。端粒酶先对已有的3′末端进行识别和结合，然后以自身RNA为模板，逆转录出互补的DNA链。端粒DNA的G-rich链经过端粒酶"自主性"地延长几个重复单位，新合成的GT股回折配对形成发夹结构，成为合成互补AC股3′引物，再由DNA聚合酶催化回折后互补链的合成。这样DNA复制时新链5′端缺失就可以得到补齐，实现DNA复制的完整性(图 3-9)。

有3位美国科学家(Elizabeth Blackburn，Carol Greider 和 Jack Szostak)，由于他们发现了端粒和端粒酶的结构与作用，揭示了细胞分裂时染色体是如何完整地自我复制从而免于退化的机制，分别被授予2009年诺贝尔生理学或医学奖。

3.3.3　原核生物DNA的复制

3.3.3.1　与复制相关的酶

与DNA复制相关的酶主要包括DNA聚合酶(DNA polymerase)、连接酶(ligase)、解旋酶(helicase)、拓扑异构酶(topoisomerase)等。

在大肠杆菌中分离得到3种DNA聚合酶，DNA聚合酶Ⅰ、DNA聚合酶Ⅱ和DNA聚合酶Ⅲ。DNA聚合酶Ⅰ和DNA聚合酶Ⅱ合成DNA速度较慢，DNA聚合酶Ⅲ是活体内真正控制DNA合成的复制酶。3种DNA聚合酶都只有5′→3′聚合酶的功能，都没有直接起始合成DNA的功能，只有在引

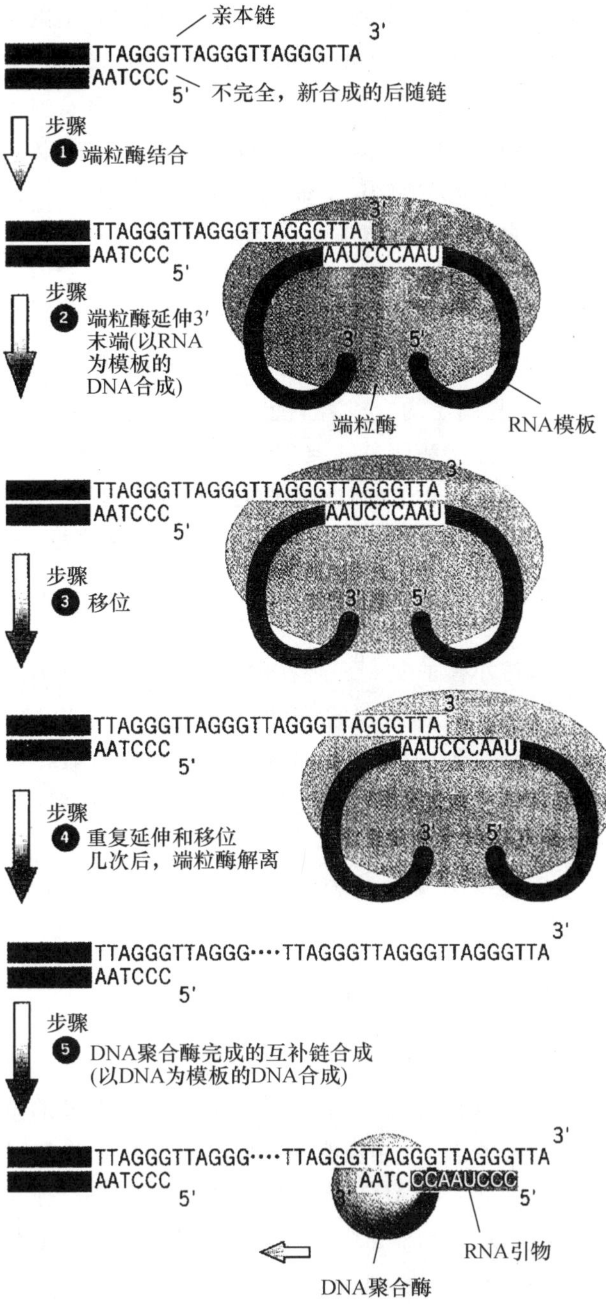

图 3-9 染色体端粒复制

(引自 Snustad 和 Simmons，2012)

物存在下才能进行链的延伸，因此 DNA 的合成必须有引物引导；3 种聚合酶都有核酸外切酶的功能，可对合成过程中发生的错误进行校正，从而保证 DNA 复制的高度准确性。

DNA 连接酶可以催化 DNA 链末端间形成共价连接。DNA 连接酶只催化双链 DNA 切口处的 5′-磷酸基和 3′-羟基生成磷酸二酯键。

解螺旋酶的作用是打断互补碱基对的氢键，以 500～1 000 bp/s 的速率沿 DNA 链解旋 DNA 双螺旋。

DNA 双链解旋过程中使复制叉前面获得巨大的张力而产生正超螺旋，这种张力由 DNA 拓扑异构酶来消除。DNA 拓扑异构酶可以将 DNA 双链切开一个口子，使一条链旋转一周，然后再将其共价连接，从而消除张力。目前发现有两种类型的 DNA 拓扑异构酶：DNA 拓扑异构酶Ⅰ，只对双链 DNA 中的一条链进行切割，产生切口(nick)，每次切割只能去除一个超螺旋，此过程不需要能量；DNA 拓扑异构酶Ⅱ，可以对 DNA 双链同时切割，每次切割去除两个超螺旋，需要 ATP 提供能量。

3.3.3.2 DNA 复制过程

DNA 复制从特定位置起始，这一位点称复制起点(replication origin，常用 ori 表示)。DNA 中发生复制的独立单位称为复制子(replicon)，是 DNA 复制从一个 DNA 复制起点开始，最终由这个起点起始的复制叉完成的片段。原核生物染色体只有一个复制起点，真核生物的每条染色体都有多个复制子。绝大多数原核生物的 DNA 复制是双向等速进行，复制区的形状类似眼睛，也被称为复制眼(replicative eye)，正在复制的地方称为复制叉(replication fork)。也有生物的 DNA 复制并不以双向等速，如枯草杆菌是双向不等速的，T_2 噬菌体的复制是单向的。

DNA 的复制包括起始、延伸和终止 3 个过程。

1. DNA 复制的起始

DNA 复制的起始包括 4 个步骤。①首先是专一识别复制起点序列的蛋白质结合在复制起点上；②接着 DNA 双链在解旋酶作用下解螺旋；③DNA 双链解开后，单链 DNA 结合蛋白(single-strand DNA binding protein，SSB protein)马上结合在分开的双链上，保持其伸展状态；④引发酶(primase)以解旋的单链 DNA 为模板，根据碱基配对原则，合成一段引物，提供 3′端自由的羟基(—OH)。

2. DNA 复制的延伸

DNA 聚合酶Ⅲ把新生链的第一个核苷酸加到引物的 3′羟基上，按照碱基互补配对原则，开始新链的延伸合成过程。DNA 双链是反向平行的，一条是 5′→3′，另一条是 3′→5′。由于 3 种 DNA 聚合酶只有 5′→3′聚合酶功能，而没有 3′→5′聚合酶功能，因此，DNA 双链中一条链的合成是连续的，称为前导链(leading strand)；另一条链的合成是不连续的，称为后随链(lagging strand)。这一现象是日本学者冈崎等人发现的,故后随链沿 5′→3′方向合成的 DNA 不连续单链小片段被称为冈崎片段(Okazaki fragment)。前导链上 DNA 引发酶只在起始点合成一次引物 RNA,DNA 聚合酶就连续合成 DNA;而在后随链上,每个冈崎片段合成前都需要先合成一段引物 RNA。DNA 聚合酶Ⅰ利用其 5′→3′端核酸外切酶的功能,将前一个冈崎片段的引物 RNA 切除;同时利用其 5′→3′聚合酶功能,合成 DNA 以置换切除 RNA 引物区域链;再由 DNA 连接酶将冈崎片段连接起来,形成一条完整的新链(图 3-10)。

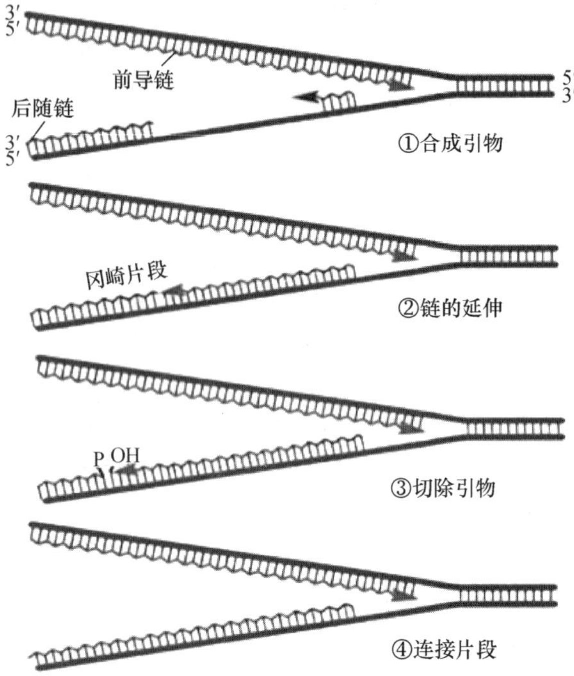

图 3-10　DNA 复制中的前导链、后随链及冈崎片段

3. DNA 复制的终止

DNA 双链一般具有终止区域,可结合终止蛋白,使复制停止。

3.3.4　真核生物 DNA 的复制

真核生物 DNA 复制过程与原核生物基本相同,但真核生物 DNA 含量大,有核小体、端粒等特殊结构,因此更为复杂,主要表现出如下特点。

(1)DNA 复制只发生在细胞周期的特定时期。真核生物 DNA 复制只发生在 S 期。

(2)真核生物的 DNA 聚合酶多。目前已知,在真核生物中,有 5 种不同的 DNA 聚合酶,它们是 α、β、γ、δ 和 ε。其中 γ 是线粒体酶,其他位于核中。在这几种聚合酶中,对 DNA 合成起作用的主要是聚合酶 α 和 δ,而聚合酶 β 和 ε 可能与 DNA 的修复功能有关。聚合酶 ε 控制前导链的合成,聚合酶 α 则控制不连续的后随链的合成,所以其两条链的复制是在两种不同的 DNA 聚合酶的控制下完成的。

(3)真核生物的复制是多起点的,并且无终止位点或区域。真核生物的 DNA 含量大,但 DNA 聚合酶活性比原核生物 DNA 聚合酶活性低,真核生物中前导链的合成是以半连续的方式,由一个复制起点控制一个复制子的合成直到另一个复制子的起点为止,最后由连接酶将其连接成一条完整的新链。

(4)真核生物 DNA 复制中合成的冈崎片段比原核生物的短。原核生物中冈崎片段长度为 1 000～2 000 个核苷酸,而真核生物中只有 100～150 个核苷酸。

(5)核小体的复制。现在的研究表明,染色体上的 DNA 是半保留复制的,而组蛋白八聚体是以全保留的方式传递给子代的,即亲本的组蛋白八聚体在复制过程中并不解离,而新组蛋白的 8 个亚基则完全是重新合成的。

(6)真核生物染色体有前面提及的末端端粒酶的特殊复制方式。

3.3.5　RNA 的复制

作为遗传物质的 RNA 复制是在 RNA 聚合酶作用下,先以自身 RNA 作为模板合成一条互补的单链,通常称原有的、起模板作用的 RNA 分子为"＋"链,新复制的 RNA 分子为"－"链,然后"－"链从"＋"链模板上释放出来,它也以"－"链为模板复制出一条新的"＋"链,从而完成复制。

RNA 除以自身为模板合成 RNA 外,还可以合成 DNA,这一现象称为逆转录。

逆转录是以 RNA 为模板,在逆转录酶的作用下以 dNTP 为底物,以 RNA 为模板,以 tRNA(主要是色氨酸 tRNA)为引物,在 tRNA 3′末端上,按 5′→3′方向,合成一条与 RNA 模板互补的 DNA 单链,这条 DNA 单链称为互补 DNA(complementary DNA,cDNA),它与 RNA 模板形成 RNA-DNA 杂交体;随后又在反转录酶的作用下,水解掉 RNA 链,再以 cDNA 为模板合成第二条 DNA 链。至此,完成由 RNA 指导的 DNA 合成过程。

3.4 遗传信息的转录

3.4.1 三种 RNA 分子

3.4.1.1 转移 RNA

转移 RNA(transfer RNA，tRNA)是具有携带并转运氨基酸功能的一类小分子核糖核酸。tRNA 分子含有 74～95 个核苷酸，其中部分序列可互补配对，形成 tRNA 特有的三叶草(cloverleaf)结构(图 3-11)。该三叶草由一系列称为臂的茎-环(stem-loop)结构组成，它们包括以下结构。

(1)氨基酸接纳臂(acceptor arm) 由 tRNA 的 5′端和 3′端碱基配对形成。其中 3′端有一段 CCA 序列没有配对，是氨基酸的结合位点，也称为氨基酸臂(amino acid arm)/ 接纳茎(acceptor stem)。

(2)二氢尿嘧啶臂(D 或 DHU arm) 包含二氢尿嘧啶。

(3)反密码子臂(anticodon arm) 识别并结合 mRNA 中的密码子。

(4)额外臂(可选择臂或可变臂，extra/optional/variable arm) 只在部分 tRNA 中存在。它可以很小，只包含 2～3 个核苷酸(Ⅰ型 tRNA)；或者大一些，包含 13～21 个核苷酸，其中在茎上最多可形成 5 个碱基对(Ⅱ型 tRNA)。

(5)TΨC 臂(TΨC arm) 包含 TΨC 序列，其中 Ψ 是一种被修饰的核苷酸，称为假尿嘧啶。

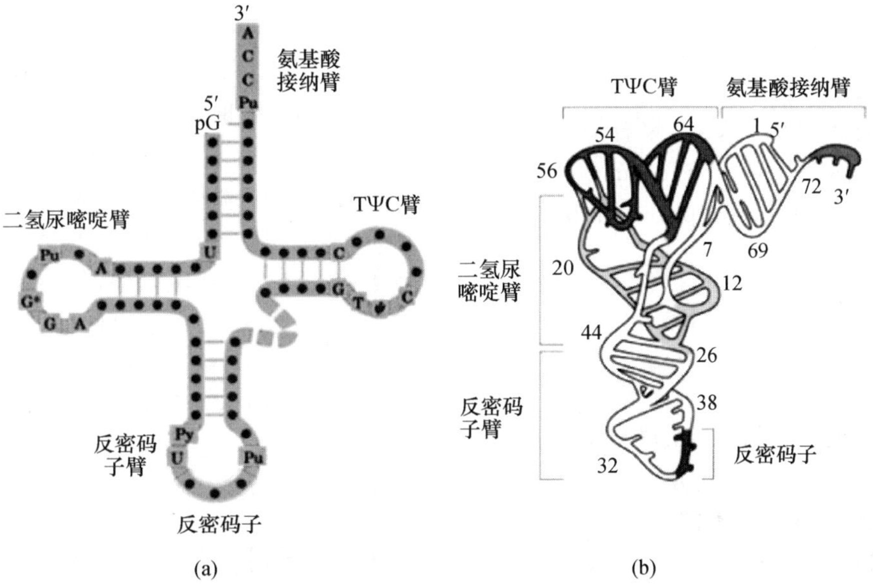

图 3-11 tRNA 结构

(a)tRNA 的三叶草结构 (b)tRNA 晶体三级结构)

3.4.1.2 核糖体 RNA

核糖体 RNA(ribosomal RNA，rRNA)是与蛋白质结合构成核糖体的核酸。核糖体是合成蛋白质的场所，它与 mRNA 结合将 DNA 上的信息翻译成蛋白质上的氨基酸顺序。每个核糖体都由两部分组成，分别称为大亚基和小亚基(large and small submit)。在原核生物中，核糖体的沉降系数为 70S，由 50S 和 30S 两个亚基组成。在真核生物中，核糖体的沉降系数为 80S，由 60S 和 40S 两个亚基组成。

3.4.1.3 信使 RNA

信使 RNA(messenger RNA，mRNA)是蛋白质合成的模板，它是在 RNA 聚合酶Ⅱ的作用下，由基因转录而来的。

3.4.2 RNA 合成的一般模式

RNA 合成实质为 RNA 的转录，可以通过与 DNA 复制相比较总结出 RNA 合成的一般模式，详见表 3-1。

表 3-1 RNA 合成与 DNA 复制的比较

项目	RNA 合成	DNA 复制
原料	核苷三磷酸	脱氧核苷三磷酸
模板	1 条 DNA 链	2 条 DNA 链
引物	不需要引物	需要引物
酶	RNA 聚合酶	DNA 聚合酶

在合成 RNA 时用一条链作为模板，这条 DNA 链称为模板链(template strand)，另一条则称为非模板链(nontemplate strand)。非模板链的序列与转录的 mRNA 序列一致(只是其 T 替代 U)，因此也被称为编码链(coding strand)，或称为正链和意义链(sense strand)；模板链则被称为非编码链、负链和反意义链(antisense strand)。由于 RNA 的转录只在 DNA 的任一条链上进行，所以把 RNA 的合成称为不对称转录。

RNA 的合成也是按照碱基互补配对原则从 5′→3′端进行的，此过程由 RNA 聚合酶(RNA polymerase)催化，不需要引物。RNA 聚合酶在一些起始蛋白质分子的协助下与启动子(promoter)部位的 DNA 结合，形成转录泡(transcription bubble)，并开始转录。

3.4.3 原核生物 RNA 的合成

3.4.3.1 RNA 聚合酶

大肠杆菌中催化转录的 RNA 聚合酶是一个由多蛋白亚基组成的复合酶。其分子质量约为 480 kDa，含有 α、β、β′、ω 和 σ 5 种不同的多肽，其中 α 为两个分子，全酶(holoenzyme)的组成是 $\alpha_2\beta\beta'\omega\sigma$。σ 亚基与全酶结合疏松，容易脱落，把 σ 脱落后的部分称为核心酶(core enzyme)。α 亚基与 RNA 聚合酶的四聚体核心($\alpha_2\beta\beta'\omega$)形成有关；β 亚基具有核苷三磷酸结合的位点；β′ 亚基含有 DNA 模板结合的位点；σ 亚基有多种不同的类型，它们参与全酶的组装和识别不同的启动子，一旦转录开始 σ 亚基将脱落下来，链的延伸由核心酶催化。

3.4.3.2 启动子

启动子是 DNA 分子链上与 RNA 转录启动有关的序列。研究发现大肠杆菌的启动子有 4 个区域：转录起始点、－10 区、－35 区、－10 区与－35 区之间的序列。这些位点的序列与 RNA 转录的启动、起始位点的识别及转录效率有很大关系。

3.4.3.3 终止子

在 RNA 转录过程中，提供转录终止信号的序列称为终止子(terminator)。大肠杆菌有 2 类终止子：一类为内在终止子(intrinsic terminator)，只要核心酶与终止子结合就足以使转录终止，不依赖其他辅助因子；另一类终止子必须在 ρ 因子(ρ factor)的存在下核心酶才能终止转录，因此称为依赖 ρ 因子的终止子(ρ dependent terminator)。这两类终止子具有共同的特征：一是形成发夹结构，二是发夹结构末端紧跟着连续的 U 串。

3.4.3.4 RNA 的转录

RNA 转录起始的第一个碱基称为转录起始点，起始点前面即 5′方向的序列称为上游(upstream)，后面即 3′方向的序列称为下游(downstream)，起始点位置为＋1，上游的第一个核苷酸为－1，依此类推。

RNA 转录可分为起始、延伸、终止及释放。RNA 聚合酶在 σ 亚基的作用下结合于 DNA 启动子部位，在 RNA 聚合酶催化下 DNA 双链解开，形成转录泡，按照碱基互补配对原则，结合核苷酸，并在核苷酸之间形成磷酸二酯键，形成 RNA 新链。新 RNA 链延伸到 8～9 个核苷酸后 σ 亚基被释放，然后由核心酶催化链的延伸，核心酶不断解开双链，形成新 RNA 链后又闭合双链，转录泡不断前移，当遇到终止信号(termination signal)时，转录复合体解体，新合成的 RNA 链被释放出来。在原核生物中，RNA 转录、蛋白质翻译以及 mRNA 的降解可以同时进行(图 3-12)。

3.4.4 真核生物 RNA 的合成转录与加工

3.4.4.1 真核生物 RNA 转录的特点

真核生物与原核生物 RNA 的转录过程大致相同，但更为复杂，主要有以下区别。

(1)真核生物 RNA 在核内转录完毕后必须运送到细胞质才能进行蛋白质的翻译，因此其存在的时间就比原核生物的长，可达数小时。

(2)真核生物 mRNA 分子一般只编码 1 个基因，而原核生物的 1 个 mRNA 通常编码多个基因。

(3)真核生物 RNA 聚合酶较多，每一种 RNA 聚合酶转录不同的 RNA，但都不能独立转录 RNA，需要有另外的启动蛋白结合在启动子后，才能启动转录。

(4)真核生物的启动子比原核生物复杂。

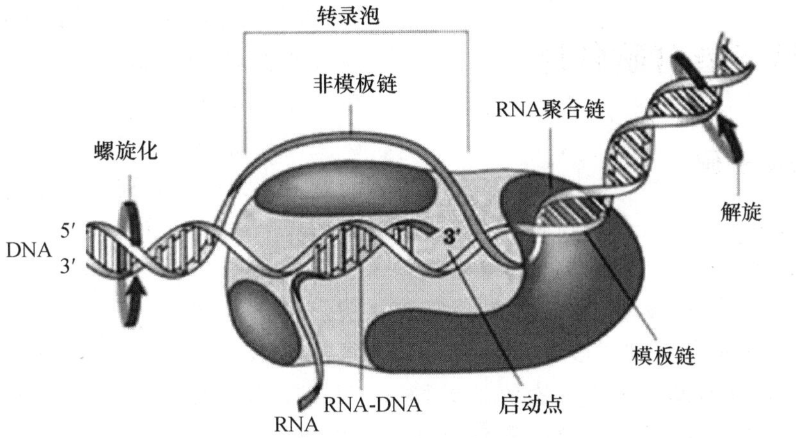

图 3-12　大肠杆菌 RNA 合成示意图

3.4.4.2　真核生物 RNA 的转录后加工

1. rRNA 转录后加工

真核生物有 4 种 rRNA，即 5S rRNA、5.8S rRNA、18S rRNA 和 28S rRNA。rRNA 甲基化是重要的加工过程，甲基化多数在细胞核内完成，少量被运送到细胞质中进行。甲基化可能会增加 rRNA 在细胞中的稳定性。前体 rRNA 还需要去掉一些不需要的序列，过程与 mRNA 的剪接类似。

2. mRNA 转录后加工

在真核生物中，几乎所有的成熟 mRNA 在其 5′端都有 7-甲基鸟嘌呤核苷的帽子(cap)结构，多数还有 3′端的多聚腺苷酸——poly(A)尾巴，没有内含子。这些结构都是转录后经过修饰的结果，mRNA 只有通过修饰加工才能运输到细胞质进行蛋白质的翻译。

当 RNA 链合成到大约 30 个核苷酸后，就在其 5′端加上一个 7-甲基鸟嘌呤核苷的帽子。它含有 2 个甲基和稀有的 5′-5′三磷酸键，其作用是为核糖体识别 mRNA 提供信号和增加 mRNA 稳定性，有时可能与某些 RNA 病毒的正链 RNA 合成有关。

真核生物中的 mRNA 的 poly(A)尾巴并不是由 DNA 所编码，而是在转录完成后，由一种叫 RNA 末端腺苷酸转移酶(RNA terminal riboadenylate transferase)催化，以 ATP 为前体，添加到 mRNA 的 3′端。poly(A)尾巴对增加 mRNA 的稳定性以及其从细胞核向细胞质内运输具有重要的作用。

真核生物中合成的 hnRNA(mRNA 前体)，比实际的 mRNA 要长一些，一般存在许多非编码序列。一般将一个基因中出现在成熟 mRNA 上用于编码蛋白质合成的序列称为外显子(exon)，而未出现在成熟 mRNA 上的非编码序列称为内含子(intron)。一个基因的外显子和内含子共同转录在一条转录链上，然后将内含子去除，把外显子连接起来形成成熟的 RNA 分子，这一过程称为 RNA 的剪接(RNA splicing)(图 3-13)。

真核细胞和原核细胞的遗传信息处理比较见二维码 3-2。

二维码 3-2　真核细胞和原核细胞的遗传信息处理比较

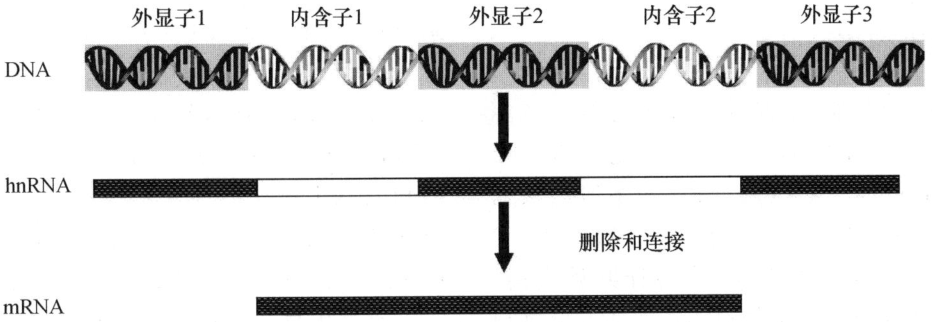

图 3-13　RNA 的剪接

3.5 遗传密码与蛋白质翻译

3.5.1 遗传三联体密码

遗传密码用于描述在蛋白质合成过程中如何将碱基序列翻译成不同的氨基酸。连续的 3 个碱基形成一个密码子，编码一种氨基酸，称为三联体密码。DNA 和 RNA 的 4 种碱基能够组合形成 $4^3=64$ 种密码子，负责编码 20 余种氨基酸。由于密码子的种类多于氨基酸的种类，所以，除了甲硫氨酸和色氨酸外，每种氨基酸都由一种以上的密码子编码，这种现象被称为遗传密码的简并性（degeneracy）或冗余（redundancy）。编码同一种氨基酸的各个密码子，称为同义密码子。遗传密码的简并性可以减少突变的影响。AUG 是翻译的起始密码子，UAG、UGA 和 UAA 是蛋白质合成的终止信号，称为终止密码子（termination codon 或 stop codon）。从一个起始密码子开始，以一个终止密码子结束的一段连续密码子组成一个开放阅读框（open reading frame，ORF）。遗传密码在不同生物中基本一致，少数例外（表 3-2）。

表 3-2 生物密码子列表

第 1 个位置（5′端）	第 2 个位置 U	第 2 个位置 C	第 2 个位置 A	第 2 个位置 G	第 3 个位置（3′端）
U	UUU 苯丙氨酸 Phe	UCU 丝氨酸 Ser	UAU 酪氨酸 Tyr	UGU 半胱氨酸 Cys	U
	UUC 苯丙氨酸 Phe	UCC 丝氨酸 Ser	UAC 酪氨酸 Tyr	UGC 半胱氨酸 Cys	C
	UUA 亮氨酸 Leu	UCA 丝氨酸 Ser	UAA 终止密码子	UGA 终止密码子	A
	UUG 亮氨酸 Leu	UCG 丝氨酸 Ser	UAG 终止密码子	UGG 色氨酸 Trp	G
C	CUU 亮氨酸 Leu	CCU 脯氨酸 Pro	CAU 组氨酸 His	CGU 精氨酸 Arg	U
	CUC 亮氨酸 Leu	CCC 脯氨酸 Pro	CAC 组氨酸 His	CGC 精氨酸 Arg	C
	CUA 亮氨酸 Leu	CCA 脯氨酸 Pro	CAA 谷氨酰胺 Gln	CGA 精氨酸 Arg	A
	CUG 亮氨酸 Leu	CCG 脯氨酸 Pro	CAG 谷氨酰胺 Gln	CGG 精氨酸 Arg	G
A	AUU 异亮氨酸 Ile	ACU 苏氨酸 Thr	AAU 天冬酰胺 Asn	AGU 丝氨酸 Ser	U
	AUC 异亮氨酸 Ile	ACC 苏氨酸 Thr	AAC 天冬酰胺 Asn	AGC 丝氨酸 Ser	C
	AUA 异亮氨酸 Ile	ACA 苏氨酸 Thr	AAA 赖氨酸 Lys	AGA 精氨酸 Arg	A
	* AUG 甲硫氨酸 Met	ACG 苏氨酸 Thr	AAG 赖氨酸 Lys	AGG 精氨酸 Arg	G
G	GUU 缬氨酸 Val	GCU 丙氨酸 Ala	GAU 天冬氨酸 Asp	GGU 甘氨酸 Gly	U
	GUC 缬氨酸 Val	GCC 丙氨酸 Ala	GAC 天冬氨酸 Asp	GGC 甘氨酸 Gly	C
	GUA 缬氨酸 Val	GCA 丙氨酸 Ala	GAA 谷氨酸 Glu	GGA 甘氨酸 Gly	A
	* GUG 缬氨酸 Val	GCG 丙氨酸 Ala	GAG 谷氨酸 Glu	GGG 甘氨酸 Gly	G

* 同时为起始密码子。

3.5.2 蛋白质翻译

蛋白质翻译是指细胞合成蛋白质的过程。在翻译过程中，mRNA 分子中的编码信息决定了蛋白质中氨基酸的排列顺序。在按照 mRNA 序列向核糖体运送氨基酸的过程中，tRNA 起到了关键作用，它确保氨基酸以正确的顺序连接。在翻译开始之前，氨基酸与相应的 tRNA 共价结合，随后 tRNA 再识别 mRNA 上与氨基酸对应的密码子。氨基酸与 tRNA 的结合被称为氨基酸酰化（aminoacylation）或负载（charging）。氨基酸与 tRNA 接纳臂的末端共价结合，该末端碱基序列是 5′-CCA-3′。在氨基酸的羧基和 tRNA 接纳臂的末端嘌呤的 3′-羟基之间形成化学键，负载过程由氨酰 tRNA 合成酶（aminoacyl tRNA synthetase）催化，并需要 ATP 水解供能。

真核生物与原核生物的翻译过程可以分为 3 个

阶段：起始(initiation)、延伸(elongation)和终止(termination)。起始是指核糖体与mRNA的结合，延伸是指氨基酸的反复加入，终止是指新肽链的释放。

翻译的第一步是核糖体小亚基与mRNA结合。翻译通常由AUG序列开始，该序列编码甲硫氨酸，是翻译的起始密码子。核糖体的小亚基在AUG上游的某个特定位点与mRNA结合。在原核生物中，这一位点称为SD序列(Shine-Dalgarno sequence)(5′-AGGAGGU-3′)，位于mRNA的起始位点附近。小亚基一旦结合到这个部位，即沿着mRNA 3′方向移动，直至找到位于下游大约10个核苷酸处的起始密码子AUG。在真核生物中，小亚基识别mRNA 5′端的帽子结构，然后向下游移动，直至遇到第一个AUG，有时也会识别靠后面的AUG。载有甲硫氨酸的tRNA与核糖体小亚基定位的AUG结合($tRNA^{fmet}$)。在细菌中，甲硫氨酸的氨基被加上了一个甲酰基(—CHO)，这样就屏蔽了这个氨基基团，使其不会形成肽键，从而保证了多肽链只能从氨基酸羧基方向聚合。mRNA、小亚基和$tRNA^{fmet}$组成的复合物被称为起始复合体(initiation complex)。有两种tRNA可识别AUG并携带甲硫氨酸，其中一种用于起始($tRNA^{fmet}$)，另一种则用于识别内部的AUG。只有起始tRNA才能结合到起始复合体上。

起始复合物形成后，核糖体大亚基结合上去。完整的核糖体含有两个tRNA分子的结合位点。第一个位点是P位点或肽基位点(peptidyl site)，该位点被与AUG配对的$tRNA^{fmet}$占据；第二个位点是A位点或氨酰基位点(aminoacyl site)，位于第二个密码子处。延伸阶段起始于tRNA进入A位点并与第二个密码子进行碱基配对。当两个位点都被负载的氨酰tRNA占据时，在甲硫氨酸的羟基与第二个氨基酸的氨基之间形成肽键。这个反应由肽基转移酶(peptidyl tansferase)催化，该酶是一个可能包含一些不同的核糖体蛋白的复合物。肽键转移酶与tRNA脱酰酶(tRNA deacylase)共同起作用，后者可在肽键形成后将甲硫氨酸与tRNA之间的连接切断。肽键形成后，核糖体转移到下一个密码子。与第二个tRNA结合的新形成的二肽(aa-aa-tRNA)移至P位点，逐出空载的tRNA，于是A位点被空出来。第三个负载的氨酰tRNA进入A位点，如此延伸周期反复进行下去。在翻译过程中，mRNA可被多个核糖体同时翻译，形成一串核糖体，称为多聚核糖体(polysome)的结构。

终止密码子进入A位点标志着翻译的结束。没有tRNA可以结合在终止密码子上。一种称为释放因子(release factor)的蛋白质进入A位点，导致完整的多肽链被释放。

翻译完成后，新合成的多肽在成为有功能的蛋白质之前有可能经历一系列的修饰，主要包括化学基团的共价结合和多肽链的切割。

3.5.3 中心法则及其发展

3.5.3.1 信息流与中心法则

1956年，克里克(F. H. C. Crick)把遗传信息由DNA→mRNA→蛋白质传递的流动方式称为中心法则(central dogma)。克里克认为遗传信息只能从核酸传递给核酸，或核酸传递给蛋白质，而不能从蛋白质传递给蛋白质，或从蛋白质传回核酸。之后，沃森(J. D. Watson)对中心法则给出了更具体的描述(图3-14)。

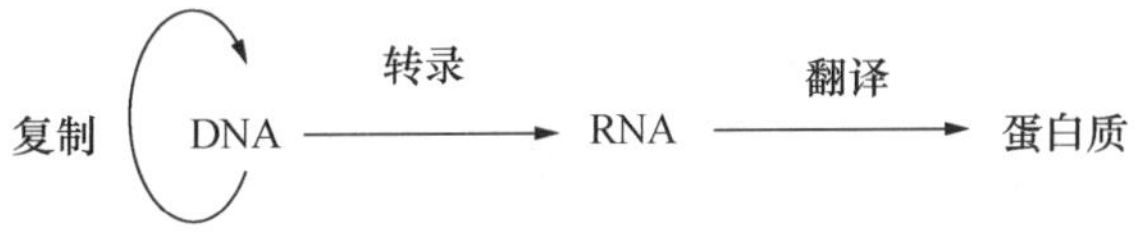

图3-14 沃森对中心法则的解释

图3-14中箭头表示遗传信息传递的方向。环绕DNA的箭头代表DNA是自我复制的模板。DNA与RNA之间的箭头表示RNA的合成(转录)是以DNA为模板的。相应的蛋白质合成(翻译)是以RNA为模板的。沃森指出，更为重要的是，后两个箭头表示的过程只能是单方向存在，也就是说，不能由蛋白质模板合成RNA，也很难想象由RNA模板合成DNA。

3.5.3.2 中心法则的发展

中心法则的提出对于遗传物质的理解更加完整，明确指出了DNA控制蛋白质合成的途径。随着一些新现象的发现，中心法则也做了相应的调整。

1970年，特明(H. M. Temin)和巴尔的摩(D. Baltimore)分别在RNA病毒中发现了逆转录酶(reverse transcriptase)，从而证实了从RNA至DNA的逆转录，DNA以mRNA为模板来合成。当病毒RNA进入寄主细胞后，在逆转录酶的催化下，以mRNA为模板合成一段DNA，并以RNA-DNA双螺旋结构存在；然后新合成的DNA再转录合成病毒 RNA，翻译蛋白质，并装配成新的病毒。

接着还有一些研究显示，一些 RNA 病毒，如 R17、f2、MS2 等可以以 RNA 为模板直接复制出新的 RNA。另外，麦克斯（McCarthy）和荷勒（Holland）发现在他们的实验体系中加入抗生素等条件下，变性的单链 DNA 在离体情况下可以直接与核糖体结合，指导合成蛋白质。

所有这些实验都使中心法则得到了进一步的发展。1970 年，克里克重新修订了中心法则，增加了中心法则的信息流向，丰富了中心法则的内容。图 3-15 中虚线表示的是新的发展。

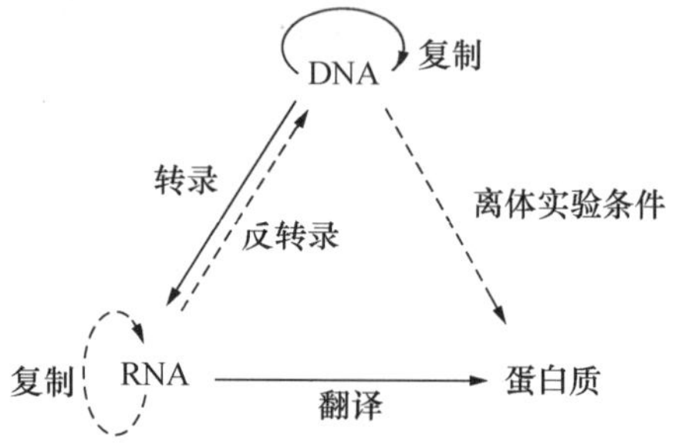

图 3-15　克里克对中心法则的修正

内容提要与思维导图

生物界的核酸有两大类，即 DNA 与 RNA。核糖（脱氧核糖）和碱基组成的核苷（脱氧核苷），核苷与磷酸组成的单核苷酸，单核苷酸通过 3′，5′-磷酸二酯键连接形成核酸。DNA 是主要的遗传物质，RNA 是无 DNA 生物的遗传物质。DNA 以双链形式存在，而大多数 RNA 以单链形式存在。

DNA 复制的基本模式是半保留复制，以两条单链各自作为模板按照碱基互补的原则合成新的单链，新合成的单链与原来的模板相互盘绕在一起形成新的双螺旋。RNA 合成时可以用任一条 DNA 链作为模板，这条 DNA 链称为模板链，另一条则称为非模板链。非模板链的序列与转录的 mRNA 序列一致，也被称为编码链，模板链则被称为非编码链。DNA 合成不能从头开始，需要单链核酸作为引物；RNA 合成不需要引物。

RNA 在遗传信息表达过程中起关键的作用。RNA 类型多样，最常见的 RNA 有 tRNA、rRNA 和 mRNA。携带遗传信息的 DNA 序列转录形成 mRNA，再经过加工形成成熟 mRNA，成熟 mRNA 序列通过密码子翻译系统形成蛋白质，从而行使生物功能。

二维码 3-3　本章思维导图

复习思考题

1. 解释下列名词：中心法则　逆转录和逆转录酶　前导链与后随链　密码的简并性　同义密码子　有意义链　模板链　不对称转录。

2. 真核生物和原核生物的 DNA 复制过程有何异同？

3. 试比较转录与复制的区别。

4. 简述三种 RNA 在蛋白质生物合成中的作用。

第4章 孟德尔遗传

◈内容提示

通过展示孟德尔的豌豆杂交试验的材料方法、试验结果和结果分析，介绍遗传的分离和独立分配规律。

◈教学目标

使学生掌握关于性状、表型、基因型等遗传学的基本概念，掌握分离规律和独立分配规律的内容和细胞学实质，理解基因互作与性状表现的关系，了解统计学原理在遗传学中的应用方法。

18 世纪下半叶到 19 世纪上半叶，以拉马克、达尔文、魏斯曼为代表的科学家开始对生物遗传变异现象进行系统研究，但他们都是从整个生物体来观察分析，往往陷入生物性状的多样性和复杂性困境，无法正确认识遗传变异现象的本质规律。孟德尔另辟蹊径，采用单因子分析法，即先把复杂性状区分为一对对简单的相对性状进行分析，在获得简单性状规律的基础上，再综合多个性状进行更深入的分析。同时，孟德尔的正确选材也是他获得成功的关键。他选用自花授粉而且是闭花授粉的豌豆作为杂交试验的材料，保证了杂交试验从纯种出发以得到真正的杂种。此外，孟德尔有数学和统计学的专业知识，对杂交试验的子代性状进行了分类、计数及数学归纳等定量统计分析，从大量的数据中，洞察并深刻认识到 1∶1，3∶1等数字中所隐藏的意义和规律，最终发现了分离规律(law of segregation)和独立分配规律(law of independent assortment)或称自由组合规律。

4.1 分离规律

4.1.1 一对性状的杂交试验

生物体所表现的形态特征和生理特性，在遗传学上统称为性状(character)。孟德尔在研究豌豆性状的遗传时，把每一种性状作为一个研究对象，称为单位性状(unit character)，如豌豆的花色、种子形状、子叶颜色等。不同个体在单位性状上有不同表现，如豌豆的红花和白花、种子的圆粒和皱粒、子叶的黄色和绿色等。遗传学中将同一单位性状的相对差异称为相对性状(contrasting character)。

下面以红花品种×白花品种的杂交组合为例，说明孟德尔的试验(图 4-1)。

P	红花♀×白花♂	
	↓	
F_1	红花	
	↓⊗	
F_2	红花	白花
株数	705	224
比例	3.15 ∶	1

图 4-1 豌豆花色的遗传

在图 4-1 中，P 表示亲本(parent)，♀表示母本，♂表示父本，×表示杂交。在豌豆杂交时，先完全摘除母本的雄蕊，称为去雄，再将父本的花粉授到母本柱头上，称为人工授粉(二维码 4-1)。去雄和人工授粉后的母本花朵仍然套袋隔离，防止其他植株通过昆虫传粉。F(filial generation)表示杂种后代，F_1 即表示杂种第一代，指杂交当代所结的种子及由它所长成的植株。⊗表示自交(selfing)，是指雌雄配子来源于同一植株或同一花朵的繁殖方式。F_2 表示杂种第二代，是指由 F_1 自交产生的种子及由它所长成的植株，依此类推。

二维码 4-1 豌豆杂交方法

由图 4-1 可见，红花株(♀)×白花株(♂)所产生的 F_1 都是红花株；F_2 群体中红花株和白花株分别为 705 株和 224 株，两者比例接近 3∶1。孟德尔还做了反交，即白花株(♀)×红花株(♂)的杂交，所得结果与正交组合完全一致。孟德尔在豌豆的其他 6 对相对性状的杂交试验中，都获得同样的试验结果(表 4-1)。

表 4-1　孟德尔豌豆一对相对性状杂交试验的结果

性状	杂交组合	F_1表现的显性性状	F_2显性性状数量/株	F_2隐性性状数量/株	F_2显性∶隐性
花色	红花×白花	红花	705 红花	224 红花	3.15∶1
种子形状	圆粒×皱粒	圆粒	5 474 圆粒	1 850 皱粒	2.96∶1
子叶颜色	黄色×绿色	黄色	6 022 黄色	2 001 绿色	3.01∶1
豆荚形状	饱满×不饱满	饱满	882 饱满	299 不饱满	2.95∶1
未熟豆荚色	绿色×黄色	绿色	428 绿色	152 黄色	2.82∶1
花着生位置	腋生×顶生	腋生	651 腋生	207 顶生	3.14∶1
植株高度	高的×矮的	高的	787 高的	277 矮的	2.84∶1

引自季道藩(1989)。

从以上 7 对相对性状的杂交结果中，孟德尔发现有 3 个共同点。①F_1一致表现其中一个亲本的性状。这样表现出来的性状称为显性性状(dominant character)，如红花、圆粒、黄子叶等；F_1未表现出来的性状称为隐性性状(recessive character)，如白花、皱粒、绿子叶等。②F_2植株分别表现两个亲本的性状，这种现象称为性状的分离现象(character segregation)。③显性性状个体与隐性性状个体在F_2群体中的分离比例大致是 3∶1。

4.1.2　性状分离现象的解释

孟德尔提出了遗传因子的分离假说，很好地解释了杂交试验中的分离现象。他的分离假说经过后人的修改补充后成为遗传学的分离规律，现概括如下。

(1)性状由遗传因子(inherited factor)决定，每个单位性状为一对因子所控制。孟德尔所说的“遗传因子”后来被 W. L. Johannsen(1909)定名为“基因”。例如豌豆植株内有一对基因控制花色，有一对基因控制种子形状，控制其他性状的基因，依此类推。

(2)基因在体细胞内成对存在。F_1植株的细胞存在的一对基因中，一个是控制显性性状的显性基因，另一个是控制隐性性状的隐性基因。这些成对基因称为等位基因(allele)，即位于同源染色体的同一基因位点，控制同一单位性状的基因。而位于非同源染色体上的基因，以及位于同源染色体不同位点上的基因则称为非等位基因(nonallele)。

(3)生物体在形成配子时，成对的基因彼此分开分配到不同的配子中。每个配子(精子或卵细胞)中只含有成对基因中的一个。

(4)F_1产生的带有显性或隐性基因的雌雄配子，在受精过程中随机结合。

以豌豆红花株与白花株的杂交试验为例来解释性状分离现象。若以 *C* 表示显性的红花基因，*c* 表示隐性的白花基因。红花亲本具有一对红花基因 *CC*，白花亲本具有一对白花基因 *cc*。红花亲本产生含有 *C* 基因的配子，白花亲本产生含有 *c* 基因的配子。受精时，雌雄配子结合形成的F_1的基因组成是 *Cc*。由于 *C* 对 *c* 具有显性作用，所以F_1植株表现 *C* 基因决定的红花。在F_1植株形成配子时，由于等位基因 *C*-*c* 分配到不同的配子中去，所产生的雌雄配子均有 2 种：一种具有 *C* 基因，另一种具有 *c* 基因，两种配子比例相等。F_1自交时雌雄配子的结合如图 4-2 所示。

P　　红花 *CC* × 白花 *cc*

↓

配子　　*C*　　*c*

F_1　　红花 *Cc*

↓⊗

F_2

♂ \ ♀	1/2 *C*	1/2 *c*
1/2 *C*	1/4 *CC*	1/4 *Cc*
1/2 *c*	1/4 *Cc*	1/4 *cc*

基因组合方式：　1*CC*∶2*Cc*∶1*cc*

性状表现：　3 红∶1 白

图 4-2　孟德尔对分离现象的解释

(引自刘祖洞，1979，略有改动)

因此，F_2群体的植株按基因的组合方式来说有 3 种，即 *CC*∶*Cc*∶*cc*＝1∶2∶1；但其中 *CC* 和 *Cc* 都开红花，所以F_2群体表现为红花株∶白花株＝3∶1。

等位基因的组合方式，如 *CC*、*Cc* 和 *cc* 等，遗传学上称为基因型(genotype)，它表示性状的遗传基础，不能直接观测到，需要根据杂交试验的结果进行推断。其中将等位基因同质构成的基因型，例如 *CC* 或 *cc*，称为纯合基因型(homozygous genotype)，简称为纯合体(homozygote)，其中 *CC* 个体为显性纯合体(dominant homozygote)，*cc* 个体为隐性纯合体

(recessive homozygote)。等位基因异质构成的基因型，例如 Cc，称为杂合基因型(heterozygous genotype)，简称为杂合体(heterozygote)。若某基因型是 $AAbb$，虽然有不同的显性和隐性(大写和小写)基因，但等位基因都相同，也称为纯合体；若某基因型是 $AABb$，由于有一对基因是杂合的，也称为杂合体。

豌豆的红花和白花，圆形种子和皱缩种子，黄子叶和绿子叶等，都是可以直接观测到的性状表现，遗传学上称为表型(phenotype)。表型为显性性状(如开红花)时，其基因型有可能是纯合的(如 CC)或者是杂合的(如 Cc)。表型为隐性性状(如开白花)时，其基因型必定是纯合的(如 cc)。

4.1.3 分离规律的验证

分离规律实质上基于这样一种假设：F_1 植株是杂合体，其等位基因在配子形成过程中彼此分离，互不干扰，每个配子只具有该等位基因中的一个，即含有一对杂合基因的杂合体会产生比例相等的 2 种配子。为了证明这一假设的真实性，可以采用以下几种方法进行验证。

4.1.3.1 测交法

孟德尔提出了遗传因子的分离假设后，首创了测交法来验证他的假说。所谓测交(testcross)，就是用隐性纯合体作测验种，同需要测验的个体杂交。因为隐性纯合体的隐性基因对杂种形成的配子基因不起遮盖作用，从而使测交子代(F_t)能直接反映 F_1 杂种形成配子的类型和比例。

如图 4-3 所示，孟德尔采用隐性纯合体与开红花的 F_1 植株进行测交。如果该 F_1 的基因型是 Cc，将形成比例相等的 C 和 c 两种配子；而作为测验种的白花株 cc 只形成 c 一种配子，所以该雌雄配子结合产生的后代，预期表现应为 1 红花 Cc ∶1白花 cc。孟德尔的试验结果与这种预期一致，于是，F_1 杂合体的 C-c 基因彼此分离，产生比例相等两种配子的假设得到证实。

F_1　　红花 Cc × 白花 cc

↓

F_t

♀ \ ♂	c
1/2 C	1/2 Cc
1/2 c	1/2 cc

F_t 表现：　1 红花 Cc ∶ 1 白花 cc

图 4-3　豌豆红花 F_1 植株的测交

(引自刘祖洞，1979，略有改动)

4.1.3.2 自交法

孟德尔验证试验的自交法(selfing)，是让 F_2 植株自交产生后代，然后根据后代的性状表现，证实他所推论的 F_2 基因型。

按照 F_1 植株是杂合体 Cc 的假设，可推论图 4-2 中的 F_2 红花植株应有 1/3 的 CC 纯合体和 2/3 的 Cc 杂合体。那么，如何用试验证实这一点呢？孟德尔将 F_2 的 100 个开红花植株分别自交，并按单株脱粒，然后以单株来源的种子为单位分别播种成 100 行，每一行称为一个株系。结果其中 36 个株系，每个株系都一致表现为红花株；另外的 64 个株系，每个株系都出现红花株与白花株的分离。即 F_2 红花植株的后代中，表现一致的株系约占 1/3，表现分离的株系约占 2/3。由此证实，F_2 红花植株确实有 1/3 的 CC 纯合体和 2/3 的 Cc 杂合体。从而，也进一步证实了杂合体 F_1 的 Cc 基因彼此分离，产生比例相等两种配子的假设。

孟德尔还将自交法应用于研究其他 6 对性状，得到了和花色性状相同的结论(表 4-2)，甚至连续自交 4～6 代都没有发现和他的结论不相符合的情况。

表 4-2　豌豆 F_2 表现显性性状的个体分别自交后的 F_3 表型种类及其比例

性状	在 F_3 表现显性∶隐性＝3∶1的株数及其比例	在 F_3 完全表现显性性状的株数及其比例	F_3 株系总数
花色	64(1.80)	36(1)	100
种子形状	372(1.93)	193(1)	565
子叶颜色	353(2.13)	166(1)	519
豆荚形状	71(2.45)	29(1)	100
未熟豆荚色	60(1.50)	40(1)	100
花着生位置	67(2.03)	33(1)	100
植株高度	72(2.57)	28(1)	100

引自季道藩(1989)。

4.1.3.3 F_1花粉鉴定法

孟德尔以上两种验证方法的共同点是根据后代表型推论杂种的等位基因发生分离。在孟德尔之后，又有人通过观察花粉粒的表现，更为直接地了解F_1形成的配子携带基因的情况，从而进一步验证分离规律。

例如，玉米的籽粒有糯性和非糯性两种，已知它们受一对等位基因控制，分别控制着籽粒及其花粉粒中的淀粉性质。非糯性的以直链淀粉为主，由显性基因 *Wx* 控制；糯性的以支链淀粉为主，由隐性基因 *wx* 控制。以稀碘液处理糯性的花粉或胚乳，呈红棕色反应；以稀碘液处理非糯性的花粉或胚乳，则呈蓝黑色反应。当用稀碘液处理玉米糯性×非糯性的 F_1植株（*Wxwx*）的花粉时，可在显微镜下看到两种不同染色反应的花粉粒，红棕色的和蓝黑色的大致各占一半，表明 F_1形成具有 *Wx* 基因和具有 *wx* 基因的两种配子，且数目相等（二维码 4-2）。

二维码 4-2　碘液处理的玉米 F_1（*Wxwx*）花粉粒

4.1.4　经典分离比例实现的条件

分离规律的核心内容是等位基因的分离。由于等位基因的分离，研究一对相对性状的个体间杂交产生的 F_1植株，自交后代（F_2）分离比例应为 3∶1，测交后代（F_t）分离比例应为 1∶1。但这些分离比例的出现必须满足以下条件。

（1）所研究的生物是二倍体真核生物，具有成对的同源染色体和成对的等位基因。如果生物染色体数目异常，则后代分离比例可能随之改变。

（2）所研究的真核基因位于染色体上。如果真核基因位于细胞质中，则不均等分离，不出现一定比例。

（3）F_1个体形成的两种配子的数目相等或接近相等，并且两种配子的生活力相同，受精时随机结合。

（4）不同基因型的合子及由合子发育的个体，均具有相同或大致相同的存活率。如果某种基因型在被观察前发生早期死亡，分离比例也会相应地发生改变。

（5）所研究的相对性状差异明显，容易区分。

（6）杂种后代都处于相对一致的条件下，而且试验中的研究群体比较大。

这些条件在一般情况下是具备的，所以大量的试验结果都能符合这个基本遗传规律。

4.1.5　分离规律的应用

4.1.5.1　分离规律的理论意义

分离规律从本质上阐明了控制生物性状的遗传物质是以基因为单位存在的。作为遗传单位的基因具有高度的独立性，在体细胞中是成双的，在形成配子时它们彼此独立地分离，再通过受精结合发生基因重组，在子代继续表现各自的作用。分离规律阐明了生物杂交产生分离的原理，指出了纯合体稳定遗传、杂合体经过有性繁殖性状表现分离的遗传规律。

4.1.5.2　分离规律在农业实践中的应用

1. 鉴定品种的基因型纯合度

如果某一优良品种在种植过程中接受了外来花粉，则其后代必然分离出各种类型，导致产量、品质或抗性降低。为此有必要检验品种的纯合度。检验时常用自交法，只鉴定几个典型性状即可。如以鉴定小麦的抗病性为例，假设抗病对感病是显性，如果样品自交的后代都表现抗病，可认为样品为纯合体，该品种可以推广；若后代出现抗病和感病个体的分离，则认为样品为杂合体，该品种不能推广。

2. 确定杂交育种的选择世代

根据分离规律，性状的分离是从 F_2代开始，因此，选择优良性状个体一般也应从 F_2代开始。但如果杂交亲本是杂合体（如果树、马铃薯、甘薯等无性繁殖植物），则杂交的 F_1即发生分离，可开始选择。

3. 重视育种选择中表型和基因型的区别

选择显性性状时，选到的显性个体有可能是杂合体，必须经过自交鉴定，自交后代中不分离的株系才是纯合体。选择隐性性状时，隐性个体一旦表现就能稳定遗传。

4.2　独立分配规律

4.2.1　两对相对性状的杂交试验

孟德尔选取具有两对相对性状差异的纯合亲本进行杂交。一个亲本是黄色子叶、圆粒种子，另一个亲本是绿色子叶、皱粒种子。杂交后得到的 F_1种子全部表现黄色子叶、圆粒，这表明黄色子叶和圆粒都是显性性状。由母本植株摘下这些 F_1 种子，分别播种，得到 15 株豌豆 F_1 植株，让这些植株进行自交，得到 556 粒 F_2 种子（结在 F_1 植株上）。收获时发现该 556 粒 F_2 种子可分为 4 种表型，其中 2 种和亲本相同，分别表现黄色子叶、圆粒，绿色子叶、皱粒，称为亲型；另 2 种是亲本性状的重新组合，分别表现黄色子叶、皱粒，绿色子叶、圆粒，称为重组型。这 4 种表型之间存在着一定的比例关系（图 4-4）。

P　　黄色、圆粒×绿色、皱粒

↓

F_1　　黄色、圆粒

↓⊗

F_2	黄、圆	黄、皱	绿、圆	绿、皱	总数
实得粒数	315	101	108	32	556
理论比例	9 :	3 :	3 :	1	16
理论粒数	312.75	104.25	104.25	34.75	
差　数	+2.25	−3.25	+3.75	−2.75	

图 4-4　豌豆两对性状的杂交试验

（引自杨业华，2006）

如果将以上结果分别按一对性状进行分析，则 F_2 代中：

黄色∶绿色 ＝（315＋101）∶（108＋32）＝ 416∶140≈3∶1

圆粒∶皱粒 ＝（315＋108）∶（101＋32）＝ 423∶133≈3∶1

即每对相对性状的 F_2 分离仍然符合 3∶1的比例。如果将两对性状的分离，按照两个独立事件同时发生的概率来综合考虑，则 F_2 4 种表型分离的理论比例应该是：

（黄色子叶 3 ∶ 绿色子叶 1）

×（圆粒种子 3 ∶ 皱粒种子 1）

（黄、圆）9 ∶（黄、皱）3 ∶（绿、圆）3 ∶（绿、皱）1

所得实际结果与该比例推算的理论数值基本一致。

4.2.2　独立分配现象的解释

孟德尔针对杂交试验 F_2 出现 9∶3∶3∶1的分离比例，提出了遗传因子的独立分配和自由组合假说，即决定两对性状的遗传因子是彼此独立的，各自按照 1∶1 的比例分离，在形成配子时，不同对基因的成员可以随机地进行自由组合。孟德尔假设显性基因 Y 和隐性基因 y 分别决定子叶黄色和绿色，显性基因 R 和隐性基因 r 分别决定种子圆粒和皱粒，因此黄色子叶、圆粒纯合亲本的基因型为 $YYRR$，绿色子叶、皱粒的基因型为 $yyrr$，F_1 植株的基因型是 $YyRr$。F_1 形成配子时，同一对等位基因 Y 与 y 或 R 与 r 各自独立分离，不同对的非等位基因之间自由组合进入配子中，因而形成数目相等的 4 种配子，分别是 YR、Yr、yR 和 yr。在这 4 种配子中，YR 和 yr 称为亲型配子，Yr 和 yR 称为重组型配子。雌雄配子随机结合，使得 F_2 群体共有 9 种基因型。因为 Y 对 y 为显性，R 对 r 为显性，所以 F_2 中只有 4 种表型，（黄、圆）∶（黄、皱）∶（绿、圆）∶（绿、皱）＝9∶3∶3∶1（二维码 4-3）。

二维码 4-3　豌豆两对性状独立分配现象的解释

从细胞学的角度来解释，是 Y 和 y 这对基因位于一对同源染色体上，R 和 r 这对基因位于另一对同源染色体上。在减数分裂过程中，Y 和 y 随所在同源染色体的分离而分离，R 和 r 也随所在同源染色体的分离而分离。非同源染色体之间会发生自由组合，所以 Y 与 R、r 进入同一配子的机会相等，y 与 R、r 进入同一配子的机会相等，由此形成相等比例的 4 种配子。相等比例的 4 种雌雄配子的随机结合便产生 9∶3∶3∶1的分离比例（图 4-5）。

通过以上分析，我们可归纳出独立分配规律的内容：控制两对相对性状的两对等位基因分别位于不同的同源染色体上；在减数分裂形成配子时，等位基因随同源染色体彼此分离，非等位基因随非同源染色体进行自由组合，结果杂种产生 4 种比例相等的配子。

4.2.3　独立分配规律的验证

4.2.3.1　测交法

孟德尔采用测交法验证他对独立分配现象的解释。试验以双隐性纯合体为测验种，对 F_1 植株的基因型进行杂交检测。试验结果表明，测交子代出现 4 种表型，（黄、圆）∶（黄、皱）∶（绿、圆）∶（绿、皱）＝1∶1∶1∶1，因此证实了基因型为 $YyRr$ 的 F_1 形成了 YR、Yr、yR 和 yr 比例相等的 4 种配子（图 4-6），也就证明孟德尔对独立分配现象的解释成立。

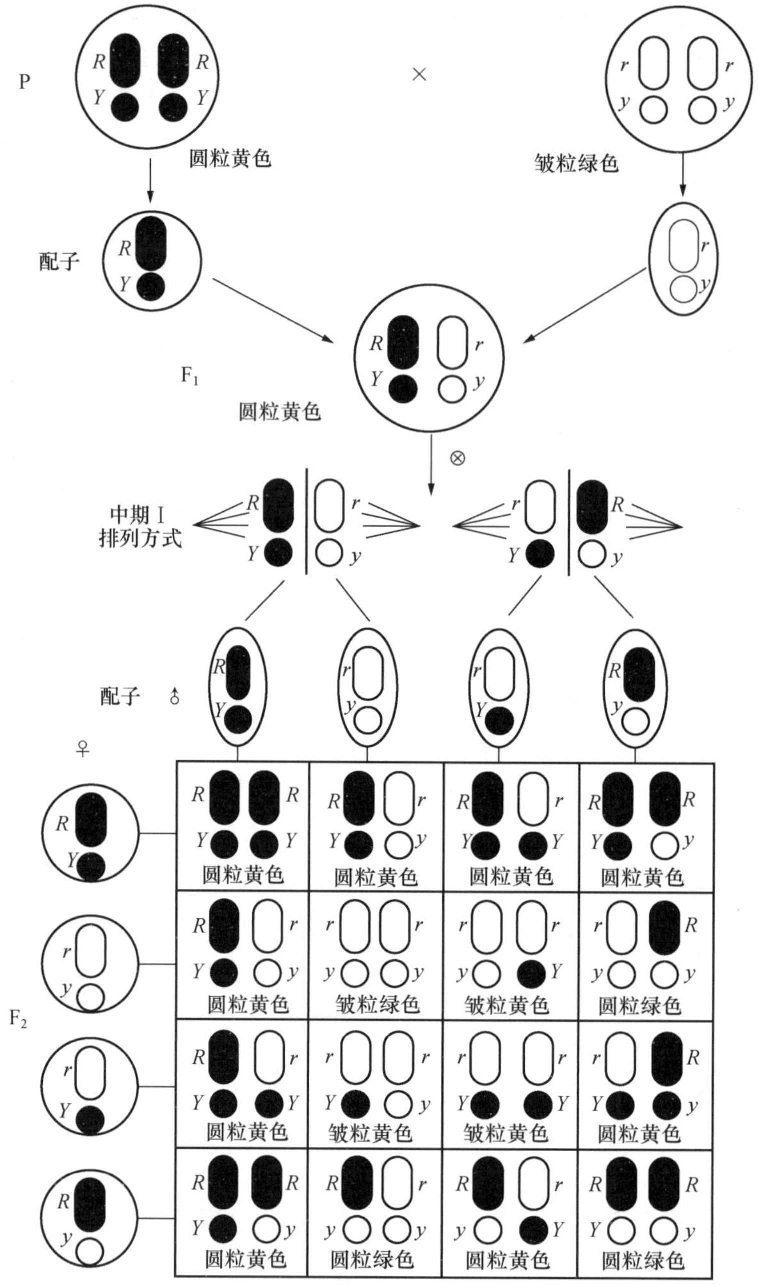

图 4-5　两对同源染色体及载荷基因的自由组合

（引自季道藩，1989，有改动）

F_1　黄色、圆粒 *YyRr* × 绿色、皱粒 *yyrr*

↓

F_t	分项	♂ 配子	*YR*	*Yr*	*yR*	*yr*
		♀ 配子	*yr*	*yr*	*yr*	*yr*
	测交后代	基因型	*YyRr*	*Yyrr*	*yyRr*	*yyrr*
		表形种类	黄色、圆粒	黄色、皱粒	绿色、圆粒	绿色、皱粒
	期望比例	表形比例	1	1	1	1
	孟德尔的实测值	F_1为母本	31	27	26	26
		F_1为父本	24	22	25	26

图 4-6　豌豆两对性状的测交结果

4.2.3.2 自交法

孟德尔还采用自交法验证他对自由组合现象的解释。试验将全部 529 个 F_2 植株分别自交，检测从 F_2 植株收获的 F_3 籽粒的性状表现，根据 F_3 籽粒的性状分离表现，证实他对 F_2 植株基因型的推断。试验结果如下。

38 株：所结籽粒全部为黄色、圆粒，没有分离，说明植株基因型为 $YYRR$（占 1/16）。

35 株：所结籽粒全部为绿色、圆粒，没有分离，说明植株基因型为 $yyRR$（占 1/16）。

28 株：所结籽粒全部为黄色、皱粒，没有分离，说明植株基因型为 $YYrr$（占 1/16）。

30 株：所结籽粒全部为绿色、皱粒，没有分离，说明植株基因型为 $yyrr$（占 1/16）。

65 株：所结籽粒全部为圆粒，子叶颜色为 3 黄∶1 绿，说明植株基因型为 $YyRR$（占 2/16）。

68 株：所结籽粒全部为皱粒，子叶颜色为 3 黄∶1 绿，说明植株基因型为 $Yyrr$（占 2/16）。

60 株：所结籽粒全部为黄色，籽粒形状为 3 圆∶1 皱，说明植株基因型为 $YYRr$（占 2/16）。

67 株：所结籽粒全部为绿色，籽粒形状为 3 圆∶1 皱，说明植株基因型为 $yyRr$（占 2/16）。

138 株：所结籽粒发生分离：9（黄色、圆粒）∶3（黄色、皱粒）∶3（绿色、圆粒）∶1（绿色、皱粒），说明植株基因型为 $YyRr$（占 4/16）。

以上试验结果与图 4-5 所示的对自由组合现象的解释完全一致，所以该解释成立。

4.2.4 多对基因的遗传

当具有 3 个或 3 个以上相对性状差异的植株杂交时，只要控制各个性状的基因分别位于非同源的染色体上，则它们的遗传都符合独立分配规律。可以先将多对基因杂种的每对基因的分离比例分解开来，而后用分支法再按事件同时发生的概率进行综合，从而简便地求得杂种产生的各类配子种类和比例、F_2 代基因型种类与比例、F_2 代表型种类与比例。

例如：$AaBbCc \times AaBbCc$

①杂种 F_1 产生的配子种类：

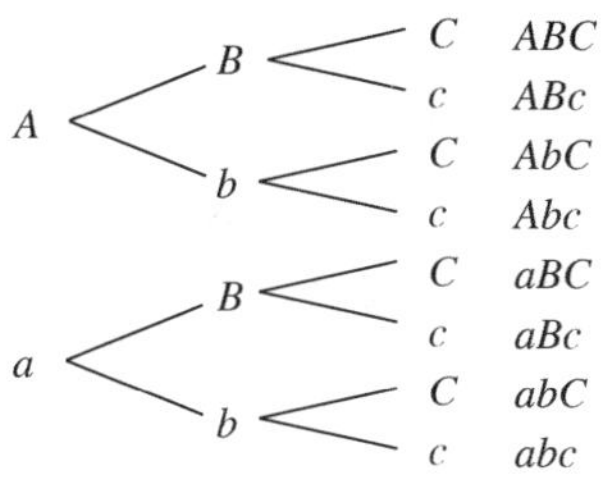

配子种类是 2^n 种 $=2^3=8$ 种，n 是杂合基因对数 8 种配子比例相等，各占 1/8。

②F_2 代基因型种类和比例：

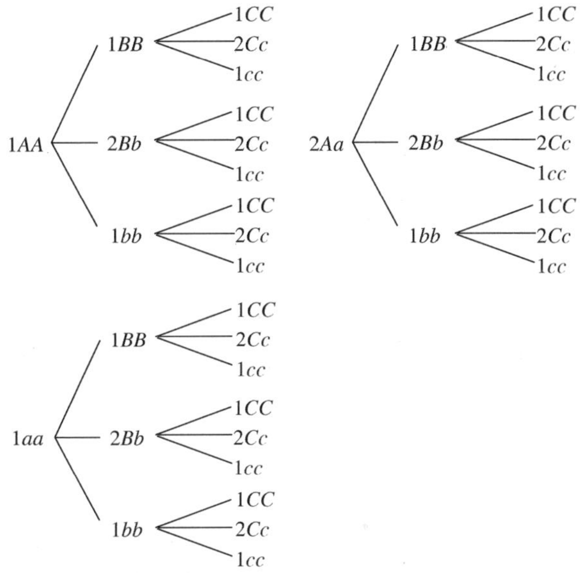

基因型种类是 3^n 种 $=3^3=27$ 种，各种基因型的比例是 3 对基因各自基因型比例的乘积。

③F_2 代表型种类和比例：

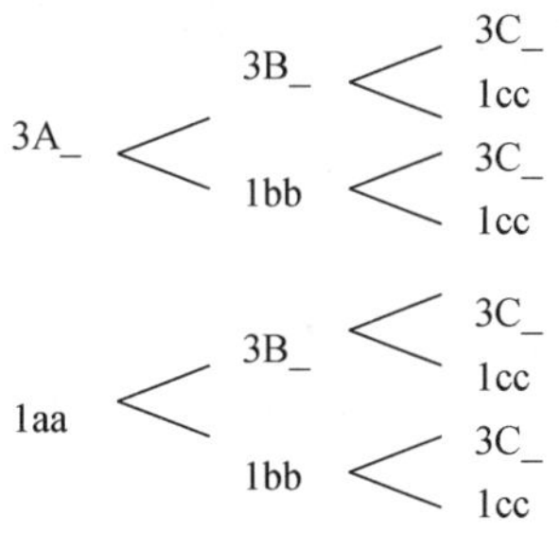

表型种类是 2^n 种 $=2^3=8$ 种，每种表型比例是 3 对基因各自表型分离比例的乘积，即 27∶9∶9∶9∶3∶3∶3∶1。

由此可以推论，只要控制各个性状的基因分别位于不同的同源染色体上，杂种后代表现就会服从独立分配规律，性状的分离就有一定的规律可循。在一对等位基因的基础上，等位基因增加到 n 对时，

F_1形成的不同配子种类就增加为 2 的指数，即 2^n；F_2的基因型种类就增加为 3 的指数，即 3^n；F_1配子可能的组合数就增加为 4 的指数，即 4^n。其他依此类推（表 4-3）。

表 4-3　杂种杂合基因对数与 F_2表型和基因型种类的关系

F_1杂合的基因对数	F_1形成的配子种类	F_2雌雄配子组合数	F_2基因型种类	F_2纯合基因型种类	F_2杂合基因型种类	F_2完全显性时表型种类	F_2表型比例
1	2	4	3	2	1	2	$(3:1)^1$
2	4	16	9	4	5	4	$(3:1)^2$
3	8	64	27	8	19	8	$(3:1)^3$
4	16	256	81	16	65	16	$(3:1)^4$
⋮	⋮	⋮	⋮	⋮	⋮	⋮	⋮
n	2^n	4^n	3^n	2^n	3^n-2^n	2^n	$(3:1)^n$

4.2.5　独立分配规律的应用

4.2.5.1　预测杂种后代产生遗传变异的种类

通过杂交和非同源染色体自由组合产生的基因重组，是生物产生遗传变异的重要原因。按照独立分配规律，在完全显性的条件下，亲本间有 2 对基因差异时，F_2有 $2^2=4$ 种表型；有 4 对基因差异时，F_2有 $2^4=16$ 种表型。若 2 个亲本有 20 对基因的差别，而这些基因都是独立遗传的，则 F_2 将有 $2^{20}=1\,048\,576$ 种不同的表型。至于 F_2的基因型数目就更为复杂了。由此可见，亲本间差异越大，杂种的杂合基因位点数就越多，杂种后代形成的遗传变异类型也就越丰富。丰富的变异类型可以广泛适应于各种不同的自然条件，有利于生物的自然进化；更可以提供育种上的选择，进行人工进化，选育出符合人类需要的新品种。

4.2.5.2　判断亲本或杂种后代基因型和表型及其比例

例：设小麦红皮（R）对白皮（r）显性，无芒（A）对有芒（a）显性，高株（T）对矮株（t）显性，3 对基因独立遗传。当以红皮、无芒矮株与红皮、有芒高株两类亲本杂交时，后代可出现 8 种表型，请推导亲本基因型、子代基因型和表型的比例。

解：（1）据题意可初步确定亲本基因型如下。

$R\_\_$　$A\_\_$　tt　×　$R\_\_$　aa　$T\_\_$

红皮　无芒　矮株　　红皮　有芒　高株

由题可知，后代出现了 8 种表型，故红皮与白皮、有芒与无芒、高株与矮株均存在，据分离规律分别推导如下：

①红皮×红皮→子代有红皮和白皮表型分离，说明该位点双亲都是杂合状态。

$Rr\times Rr\rightarrow 1RR:2Rr:1rr$　即 3/4 红∶1/4 白

②无芒×有芒→子代中出现有芒和无芒，则无芒亲本必为杂合的 Aa。

$Aa\times aa\rightarrow 1Aa:1aa$　1/2 无∶1/2 有

③矮株×高株→子代中出现高株和矮株，则高株亲本为杂合的 Tt。

$tt\times Tt\rightarrow 1Tt:1tt$　1/2 高∶1/2 矮

综合以上三点，可知亲本基因型为 $RrAatt\times RraaTt$。

（2）子代基因型种类和比例如下。

由确定亲本基因型 $RrAatt\times RraaTt$，可知子代 3 对基因各自基因型的比例是（$1RR:2Rr:1rr$）、（$1Aa:aa$）和（$1Tt:1tt$），3 对基因各自基因型比例的乘积即是子代各种基因型的比例：

$1RRAaTt$，$1RRAatt$，$1RRaaTt$，$1RRaatt$，

$2RrAaTt$，$2RrAatt$，$2RraaTt$，$2Rraatt$，

$1rrAaTt$，$1rrAatt$，$1rraaTt$，$1rraatt$。

（3）子代表型种类和比例如下。

根据亲本基因型 $RrAatt\times RraaTt$，可知子代 3 对基因各自表型的分离比例是（3 红皮∶1白皮）、（1 无芒∶1有芒）和（1 高株∶1矮株），3 对基因各自表型分离比例的乘积即是子代表型的比例：

3 红皮无芒高株，3 红皮无芒矮株，3 红皮有芒高株，3 红皮有芒矮株，

1 白皮无芒高株，1 白皮无芒矮株，1 白皮有芒高株，1 白皮有芒矮株。

4.2.5.3 确定杂交育种分离群体的规模

在杂交育种工作中，根据独立分配规律，可以有目的地组合两个亲本的优良性状，并预测在杂交后代中优良性状组合个体出现的概率，从而确定分离群体的规模。例如，水稻某品种无芒、感病，另一品种有芒、抗病。已知有芒(A)对无芒(a)为显性，抗病(R)对感病(r)为显性。欲选出无芒抗病品种，可将有芒、抗病($AARR$)与无芒、感病($aarr$)杂交，再自交。F_2分离出的纯合无芒抗病植株($aaRR$)将占1/16。因此，如果希望在F_3获得10个稳定遗传的无芒、抗病($aaRR$)株系，F_2群体至少要种植160株。

4.3 统计学原理在遗传学中的应用

孟德尔在试验中看到，多种分离比例如1∶1、3∶1等都是子代个体数较多时才比较接近；子代个体数不多时，实测比例与理论比例常表现明显的波动。到20世纪初期，孟德尔的遗传规律被重新发现以后，人们通过大量的遗传试验资料的统计分析，才认识到概率原理和统计学分析在遗传研究中的重要性和必要性。

4.3.1 概率原理的应用

根据概率原理和孟德尔规律，如果已知亲代的表型和基因型，就可迅速推算出子代的基因型和表型的种类及比例。具体方法有如下2种。

4.3.1.1 庞纳特方格法

庞纳特方格法(Punnett square)是先把亲本产生雌雄配子种类和比例列成表头，一行在上，一列在左，然后绘成棋盘格，得到子代的基因组合，最后归纳整理出子代的基因型和表型的种类及比例。

例： 玉米的籽粒黄色(Y)对白色(y)为显性，非甜粒(Su)对甜粒(su)显性，这两对基因分别位于两对染色体上。请计算$YYSusu \times YySusu$杂交子代的表型种类和比例各是多少？

解： 由题可知，母本$YYSusu$产生(YSu 、Ysu)配子，父本$YySusu$产生(YSu 、Ysu 、ySu 、ysu)配子，相互结合后杂交子代的基因型如表4-4所示。

表4-4 玉米两对性状的杂交结果

♀	♂			
	YSu	Ysu	ySu	ysu
YSu	$YYSuSu$	$YYSusu$	$YySuSu$	$YySusu$
Ysu	$YYSusu$	$YYsusu$	$YySusu$	$Yysusu$

归纳表格中基因型，可知杂交子代表型分离比例是黄色非甜粒∶黄色甜粒＝3∶1。

4.3.1.2 分支法

在多对基因杂交时，使用庞纳特方格法计算后代的基因型和表型概率非常烦琐，此时可以应用分支法(process of branching)。具体操作步骤是，把每对基因杂交后代的基因型和表型分别成列，将后代的各对基因的概率相乘，再进行归纳，最后总结出后代分离的基因型和表型的种类及比例，如本章的“多对基因的遗传”中所示。

4.3.2 χ^2检验

在遗传学试验中，由于不同因素影响，从分离群体实际获得的各项数值与理论上的期望值常具有一定的偏差。一般来说，如果试验条件控制得严格，群体较大，试验结果的实际数值就会接近预期的理论值。如果两者出现偏差，究竟属于试验误差造成的，还是真实的差异，这通常用卡方检验(χ^2检验或Chi平方检验)，也叫适合性检验进行判断。

卡方检验公式为：

$$\chi^2 = \sum \frac{(\text{实测值} - \text{理论值})^2}{\text{理论值}}$$

求出χ^2值后，要确定自由度。自由度用df表示，等于表型种类数减1。子代为3∶1、1∶1的情况，自由度是1；子代为9∶3∶3∶1或1∶1∶1∶1时，自由度是3。由χ^2表(表4-5)可查出对应的概率P值。P值是指由于试验误差引起实测值与理论值存在差异的概率。若χ^2值对应的概率$P \geqslant 0.05$，则认为实测值和理论值的差异是由试验误差造成的，实测值和理论值之间不存在本质差异，实测值与理论值符合；若P值<0.05，则认为实测值和理论值之间存在真实差异，即实测值与理论值不符合。

例：孟德尔豌豆杂交试验的 F_2 中圆粒 5 474，皱粒 1 850。问这个比例是否符合 3∶1？

解：由题可知总粒数为 7 324，按 3∶1理论比例应是圆 5 493，皱 1 831。

$$\chi^2=(5\,474-5\,493)^2/5\,493+(1\,850-1\,831)^2/1\,831$$
$$=361/5\,493+361/1\,831$$
$$=0.065\,7+0.197\,1$$
$$=0.262\,8$$

查 χ^2 表，当自由度 $df=2-1=1$，$\chi^2=0.262\,8$ 时，P 值位于 0.50～0.70 之间，说明实测值与理论值差异不显著，观察结果的圆粒 5 474∶皱粒1 850 符合 3∶1比例。

表 4-5　χ^2 表

df	P										
	0.99	0.95	0.90	0.80	0.70	0.50	0.30	0.20	0.10	0.05	0.01
1	0.000 16	0.040	0.016	0.064	0.148	0.455	1.074	1.642	2.706	3.841	6.635
2	0.020 1	0.103	0.211	0.446	0.713	1.386	2.408	3.219	4.605	5.991	9.210
3	0.115	0.352	0.584	1.005	1.424	2.366	3.665	4.642	6.251	7.815	11.345
4	0.297	0.711	1.064	1.649	2.195	3.357	4.878	5.989	7.779	9.488	13.277
5	0.554	1.145	1.610	2.343	3.00	4.351	6.064	7.269	9.236	11.070	15.086
6	0.872	1.635	2.204	3.070	3.828	5.354	7.231	8.588	10.645	12.592	16.812
7	1.239	2.167	2.833	3.822	4.671	6.346	8.783	9.803	12.017	14.067	18.475
8	1.646	2.733	3.490	4.594	5.527	7.344	9.524	11.303	13.362	15.507	20.090
9	2.088	3.325	4.168	5.380	6.393	8.343	10.656	12.242	14.684	16.919	21.666
10	2.558	3.940	4.865	6.179	7.627	9.342	11.781	13.442	15.987	18.307	23.209

注：表内数字是 χ^2 值，P 是在一定自由度下 χ^2 大于表中数值的概率，df 表示自由度。

4.4　孟德尔规律的扩展

孟德尔通过豌豆的杂交试验发现了基因的分离和自由组合两大遗传规律，然而自然界中却有许多性状的遗传并不如此简单，如针对某一对等位基因在 F_2 中不呈现正常的 3∶1关系。这就是孟德尔遗传规律的扩展问题。

4.4.1　等位基因间的互作

4.4.1.1　完全显性

具有相对性状差异的纯合亲本杂交，F_1 只表现亲本之一的性状，这称为完全显性(complete dominance)。如豌豆 7 对性状的杂交中 F_1 只表现一个亲本性状，就属于此类。

完全显性的本质在于：一对基因（A 和 a）控制着一种酶的合成，只要有一个 A 基因，由它控制合成的酶就足以使性状发育完全。但在 AA 个体中，可能不需产生两份同样的酶，往往采取反馈控制的方法，减少细胞内酶的含量。如豌豆红花和白花受 C 和 c 一对基因控制，基因 C 控制色素合成，在 CC 和 Cc 个体中均能产生使色素正常合成的酶，所以均表现红花；而在 cc 个体中，无控制色素合成的酶，也无色素产生，所以表现白花。

4.4.1.2　不完全显性

若具有相对性状差异的纯合亲本杂交，F_1 呈现双亲性状的中间型，这称为不完全显性(incomplete dominance)。如紫茉莉(*Mirabilis jalapa*)花色的遗传，红花亲本(RR)和白花亲本(rr)杂交，F_1(Rr)的花色不是红色，也不是白色，而是粉红色，是介于双亲的中间类型。F_2 群体的基因型分离为 1RR∶2Rr∶1rr，表型是 1/4 的植株开红花，2/4 的植株开粉红花，1/4 的植株开白花。因此，在不完全显性时，表型和基因型是一致的。

4.4.1.3　共显性

如果具有相对性状差异的纯合亲本杂交，F_1 同时表现双亲本性状，则称为共显性(codominance)或并显性。例如，正常人红细胞呈碟形，镰状细胞贫血症患者的红细胞呈镰刀形。这种贫血症患者和正常人结婚所生的子女，其红细胞既有碟形，又有镰刀形，这就是共显性的表现。

4.4.1.4 镶嵌显性

具有相对性状差异的纯合亲本杂交，F_1镶嵌表现双亲本性状，即同一个体不同部位表现出双亲性状，这种现象称为镶嵌显性(mosaic dominance)。如我国遗传学家谈家桢教授对异色瓢虫(*Harmonia axyridis*)色斑遗传进行研究，他用黑缘型鞘翅($S^{Au}S^{Au}$)瓢虫(鞘翅前缘呈黑色)与均色型鞘翅($S^{E}S^{E}$)瓢虫(鞘翅后缘呈黑色)杂交，子一代杂种($S^{Au}S^{E}$)既不表现黑缘型，也不表现均色型，而出现一种新的色斑类型，即鞘翅上下缘均呈黑色(二维码4-4)。在植物中，如玉米花青素的遗传、番茄浆果颜色的遗传也有类似的现象。

二维码4-4　异色瓢虫的鞘翅色斑遗传

4.4.2 非等位基因间的互作

按照独立分配规律，如果决定两对性状的基因分别位于非同源的染色体上，则用具有这两对性状差异的纯合亲本杂交，将在其F_2出现9∶3∶3∶1的表型分离比例。然而，这是在一对等位基因决定一种性状的条件下发生的。如果两对(或两对以上)独立遗传等位基因共同决定一种性状，则两对等位基因的自由组合未必出现9∶3∶3∶1的分离比例，这是因为非等位基因之间存在着基因互作(gene interaction)的结果。下面介绍两对独立遗传等位基因共同决定一种性状条件下，存在基因互作时的分离比例。基因互作的方式分为互补、积加、重叠、显性上位、隐性上位、抑制等6种，在F_2表现出各种9∶3∶3∶1分离比例的变型，而基因型在世代间传递时仍然遵循独立分配规律。

4.4.2.1 互补作用

两对独立遗传基因都有显性基因存在时决定某种性状表现，当只有一对基因有显性或两对基因都是隐性时决定另一种性状表现，这种基因互作称为互补作用(complementary effect)。互补作用的F_2表型分离比例为9∶7。

例如，香豌豆(*Lathyrus odoratus*)中有两个白花品种，二者杂交产生的F_1开紫花。F_1植株自交，F_2群体分离为紫花9/16，白花7/16。对照独立分配规律，可知该杂交组合涉及两对基因的分离。如果紫花涉及的两个显性基因为C和P，就可以确定杂交亲本、F_1和F_2各种表型的基因型。

P　　白花 $CCpp$ × 白花 $ccPP$

↓

F_1　　紫花 $CcPp$

↓⊗

F_2　　9紫花($C\_P\_$)∶7白花($3C\_pp+3ccP\_+1ccpp$)

上述试验中，F_1和F_2的紫花植株表现其野生祖先的性状，这种现象又称为返祖遗传(atavism)。野生香豌豆的紫花性状决定于两种显性基因(C和P)的互补。在进化过程中，如果显性基因C突变成隐性基因c，可产生一种白花品种；如果显性基因P突变成隐性基因p，又可产生另一种白花品种。当这两个品种杂交后，两对显性基因共同存在，于是出现了祖先的紫花性状。

互补作用在很多动物和植物中都有发现。已知人类的听力正常取决于40个以上的基因，但其主基因只有2个：D和E。它们共存时，听力正常；若其中一个隐性纯合(dd或ee)，就表现先天性聋哑。假定现有一对聋哑症夫妇生了一个听力正常的孩子，那么这对夫妇的基因型应当是怎样的呢？我们可以根据互补作用的原理进行分析：既然孩子听力正常，这个孩子的基因型必是$DdEe$，因此父母不可能同时具有dd和ee基因型，只能一个人具有其中的一对隐性基因，所以判断这对夫妇的基因型应为$D_ee \times ddE_$。

4.4.2.2 积加作用

两种显性基因分别存在时，具有相同的性状决定作用；两种显性基因共同存在时，积加出新的性状；无显性基因时表现隐性性状，这种基因互作称为积加作用(additive effect)。积加作用的F_2表型有3种，分离比例为9∶6∶1。

例如，南瓜(*Cucurbita pepo*)有不同的果形：扁盘形、圆球形和长圆形。当两种圆球形品种杂交时，F_1为扁盘形，F_2出现3种果形：9/16扁盘形、6/16圆球形、1/16长圆形。这种遗传行为分析如下：

P　　圆球形 $AAbb$ × 圆球形 $aaBB$

↓

F_1　　扁盘形 $AaBb$

↓⊗

F_2　　9扁盘形($A\_B\_$)∶6圆球形($3A\_pp+3aaB\_$)∶1长圆形($aabb$)

可见，基因 A 和基因 B 同时存在时，表现扁盘形；显性基因 A 或基因 B 分别存在时，表现圆球形；基因型为 $aabb$ 时，表现长圆形。

4.4.2.3 重叠作用

两种显性基因分别存在与共同存在均决定相同的性状；无显性基因时，表现隐性性状，这种基因互作称为重叠作用（duplicate effect）。重叠作用的 F_2 表型分离比例为 15∶1。

例如，荠菜（*Capsella bursa-pastoris*）中常见的植株是三角形蒴果，极少数植株是卵形蒴果。将这两种植株杂交，F_1 全是三角形蒴果，F_2 分离为 15/16 三角形蒴果和 1/16 卵形蒴果。试验中 F_2 出现 15∶1 的比例，实际上也是 9∶3∶3∶1比例的变型，只是前 3 种表型没有区别。这是由于任意一个显性基因都可使蒴果表现为三角形果，只有两对基因都是隐性时，才表现为卵形蒴果。

P　三角形蒴果 $T_1T_1T_2T_2$ × 卵形蒴果 $t_1t_1t_2t_2$

↓

F_1　三角形蒴果 $T_1t_1T_2t_2$

↓⊗

F_2　15 三角形蒴果（$9T_1\_T_2+3T_1\_t_2t_2+3t_1t_1T_2\_$）∶1 卵形蒴果（$t_1t_1t_2t_2$）

当杂交试验涉及 3 对独立重叠基因时，则 F_2 的分离比例将相应地为 63∶1，其余类推。在这里它们的显性基因作用虽然相同，但并不表现累加的效应。

4.4.2.4 显性上位作用

两对基因各自都有性状决定作用，其中一对基因对另一对基因的表现有遮盖作用，起遮盖作用的基因称为上位基因。上位基因处于显性状态时对另一对基因起遮盖作用，称为显性上位作用（dominance epistasis）。上位基因为隐性时，另一对基因的作用正常表现。显性上位作用的 F_2 表型分离比例为 12∶3∶1。

例如，在燕麦（*Avena sativa*）中，黑颖品系和黄颖品系杂交，F_1 全是黑颖，F_2 出现性状分离，黑颖∶黄颖∶白颖＝12∶3∶1。

P　黑颖 $BByy$ × 黄颖 $bbYY$

↓

F_1　黑颖 $BbYy$

↓⊗

F_2　12 黑颖（$9B\_Y\_+3B\_yy$）∶3 黄颖（$bbY\_$）∶1 白颖（$bbyy$）

这里显性基因 B 是上位基因，控制黑色素的合成；Y 是下位基因，控制黄色素的合成。在基因型 $B\_Y\_$ 个体中，两种色素均能产生，但黑色素遮盖黄色素的表现，结果外颖黑色；在基因型 B_yy 个体中，仅有黑色素，当然表现黑色；在基因型 $bbY\_$ 个体中，显性上位基因不存在，下位基因 Y 才得以表现，合成黄色素，外颖黄色；但在基因型 $bbyy$ 个体中，由于无法合成色素，故表现白色。

4.4.2.5 隐性上位作用

隐性上位作用（recessive epistasis）与显性上位作用的互作方式类似，同样是两种基因共同决定一个性状的表现，只是起上位作用的为隐性基因。当上位基因处于隐性纯合状态时，对下位基因起遮盖作用，下位基因的作用不表现；当上位基因处于显性杂合或纯合状态时，下位基因作用表现。隐性上位作用的 F_2 表型分离比例为 9∶3∶4。

例如，玉米胚乳蛋白质层颜色的遗传，当上位基因为隐性纯合体 cc 时，不能合成基本色素，而且对基因 Pr 起上位作用，使得 Pr 和 pr 都不能表现其性状，只能为白色。当上位基因为显性时，另一对基因 Pr 和 pr 都能表现各自的作用，即 Pr 使蛋白质层表现紫色，pr 使蛋白质层表现红色。

P　红色胚乳蛋白质层 $CCprpr$ × 白色胚乳蛋白质层 $ccPrPr$

↓

F_1　紫色 $CcPrpr$

↓⊗

F_2　9 紫色（$9C\_Pr\_$）∶3 红色（C_prpr）∶ 4 白色（$3ccPr\_+1ccprpr$）

4.4.2.6 抑制作用

两对基因中有一对本身不控制性状的表现，但它对另一对基因的表现起抑制作用（inhibiting effect），称其为抑制基因。当抑制基因处于显性纯合或杂合状态时，能抑制另一种显性基因的作用。抑制作用的 F_2 表型分离比例为 13∶3。

例如，玉米胚乳蛋白质层颜色的遗传，当基本色泽基因 C 存在时，表现有色；若没有 C 基因（cc），则表现白色。如果抑制基因 I 存在时，基因 C 被抑制，不能表达，胚乳的蛋白质层也表现白色。

P　白色蛋白质层 $CCII$ × 白色蛋白质层 $ccii$

↓

F_1　白色 $CcIi$

↓⊗

F_2　13 白色($9C\_I\_+3ccI\_+1ccii$) ∶ 3 有色(C_ii)

抑制作用和上位作用不同,抑制基因本身不能决定性状,而显性上位基因除遮盖其他基因的表现外,本身还能决定性状。现代遗传学的研究结果表明,玉米的抑制基因是一种能够跳跃的 DNA 片段,所到之处的邻近基因将失去表达功能。

以上介绍了两对独立基因决定同一性状表现的各种情况,它们都是在两对独立基因分离比例 9∶3∶3∶1的基础上演变而来的。由于基因互作,两对独立遗传基因杂交后代表型分离类型和比例与孟德尔遗传规律的比例不同,但各种基因型及其比例依然符合孟德尔基本规律。基因互作并不限于两对非等位基因。如果决定同一性状的基因对数更多,则后代分离比例将更加复杂。

4.4.3　多因一效和一因多效

一个单位性状的遗传并不都是受一对基因的控制,而经常受到许多对基因的影响。许多基因影响同一单位性状的现象称为"多因一效"(multigenic effect)。在生物界,多因一效现象很普遍,例如:玉米糊粉层的颜色涉及 7 对等位基因;玉米叶绿素的形成至少涉及 50 对等位基因;果蝇眼睛的颜色受 40 多对基因的控制。

另外,一个基因也可以影响许多性状的发育,称为"一因多效"(pleiotropism)。孟德尔在豌豆杂交试验中就曾发现,开红花的植株同时结灰色种皮的种子,叶腋上有黑斑;开白花的植株结淡色种皮的种子,叶腋上没有黑斑。在杂交后代中,这三种性状总是连在一起出现,仿佛是一个遗传单位。可见决定豌豆红花或白花的基因不但影响花色,而且也控制种子颜色和叶腋上黑斑的有无。水稻的矮生基因也常有多效性的表现,它除表现矮化的作用以外,一般还有提高分蘖力、增加叶绿素含量和扩大栅栏细胞的直径等作用。

从基因对性状表现的作用方式不难理解"多因一效"和"一因多效"。基因的作用是通过具体的生化过程实现的,一个性状的形成是由多个基因控制的多个生化过程共同作用的结果,从而表现"多因一效"。同时,一个基因的改变影响一个生化过程,也会影响与之相联系的其他生化过程,导致多个性状的变化,从而形成"一因多效"。

内容提要与思维导图

分离规律指出,一对基因的杂合体(Aa)在减数分裂时,等位基因 A-a 彼此分离,形成比例相等的两种配子。用隐性亲本与杂合体杂交,得到的测交子代(F_t)表型分离比例(1∶1)可以验证杂种产生配子的比例。杂合体(Aa)自交子代(F_2)基因型分离比例为 AA∶Aa∶aa＝1∶2∶1,在完全显性情况下,显性表型和隐性表型的比例为 3∶1。

在不完全显性、共显性、镶嵌显性情况下,F_t 或 F_2 的表型分离比例,均与基因型分离比例一致。

分离规律从本质上阐明了控制生物性状的遗传物质是以基因为单位存在的,从理论上揭示了纯合体稳定遗传、杂合体后代发生分离的实质。在分离规律指导下,在育种实践中可以根据自交后代的表现鉴定良种的纯合度;通过自交鉴定的方法选到显性纯合体;通过自交分离的方法得到隐性纯合体。

独立分配规律指出,具有两对独立遗传基因的杂合体($AaBb$)在减数分裂时,等位基因(A-a,B-b)彼此分离,非等位基因自由组合,形成(AB、Ab、aB、ab)4 种比例相等的配子。杂合体与双隐性基因型植株的测交子代(F_t),表型分离比例为 1∶1∶1∶1,与杂合体产生的配子比例一致;自交子代(F_2)表型分离比例为 9∶3∶3∶1。用 χ^2 检验法可以检验分离群体实测比例与理论比例是否符合。

多对独立遗传基因的自由组合是产生广泛遗传变异的重要原因之一。在独立分配规律指导下,能够根据后代表现判断亲本的基因型,或根据亲本基因型预测后代的基因型、表型的分离比例。

在两对独立基因共同决定一种性状时,杂合体($AaBb$)自交产生的各种基因型及其比例与独立分配规律完全一致,但由于两对基因间存在相互作用,自交子代(F_2)只出现两种或三种表型,呈现 9∶3∶3∶1的变型分离比例。不同的基因互作类型使 F_2 呈现不一样的分离比例:互补作用的为 9∶7,积加作用的为 9∶6∶1,重叠作用的为 15∶1,显性上位作用的为 12∶3∶1,隐性上位作用为 9∶3∶4,抑制作用为 13∶3。

二维码 4-5　本章思维导图

复习思考题

1. 分离规律的实质是什么？遗传方式遵循分离规律的性状，在 F_2 代的表型分离比例是否都应该是 3∶1？为什么？

2. 已知柿子椒果实圆锥形（A）对灯笼形（a）为显性，红色（B）对黄色（b）为显性，辣味（C）对甜味（c）为显性，假定这 3 对基因独立分配。现有以下 4 个纯合亲本：

亲本	果形	果色	果味
甲	灯笼形	红色	辣味
乙	灯笼形	黄色	辣味
丙	圆锥形	红色	甜味
丁	圆锥形	黄色	甜味

问：(1) 利用以上亲本进行杂交，F_2 能出现灯笼形、黄色、甜味果实的植株的亲本组合有哪些？(2) 在上述亲本组合中，F_2 出现灯笼形、黄色、甜味果实植株比例最高的组合是哪一个，请写出其基因型。这个组合的 F_1 的基因型和表型如何？这个组合的 F_2 出现的全部表型有哪些，其中灯笼形、黄色、甜味果实的植株所占的比例是多少？

3. 番茄紫茎、缺刻叶纯合植株（$AACC$）与绿茎、马铃薯叶植株（$aacc$）杂交，F_2 表型如下：紫茎、缺刻叶 247 株，紫茎、马铃薯叶 90 株，绿茎、缺刻叶 83 株，绿茎、马铃薯叶 34 株。试问上述 F_2 表型的比例是否符合独立分配规律？为什么？

4. 孟德尔的豌豆杂交试验中，黄色子叶的籽粒和绿色子叶的籽粒的比例为 3∶1。试问这是统计哪一代植株所结的籽粒的结果？请说明你的理由。

5. 甲、乙两株玉米各自自交，后代均分离出 1/4 白化苗和 3/4 绿苗；让绿苗株再自交，则发现有的自交后代仍能分离出 1/4 白化苗和 3/4 绿苗。若让甲系某株与乙系某株杂交，F_1 全为绿苗，令其自交，F_1 自交后代呈 9/16 绿苗和 7/16 白苗的分离。试分析该性状的遗传性质；甲、乙两株系的基因型及二者杂交生成的 F_1 基因型。

6. 某地配制杂交高粱时，以白色种皮的纯合体为母本，以红色种皮的纯合体为父本。将所得 F_1 杂交种播种于生产田时，看到种子种皮都是白色的，而长出的植株都结红色种皮的籽粒。试解释这种遗传现象。

7. 某农户用的小麦品种本是无芒的。有一年看到生产田里出现一部分有芒的杂株，于是将杂株全部拔掉之后才留种。但是第二年又出现许多有芒的杂株。已知小麦无芒对有芒是显性，试解释上述现象，并提出就地解决的方法。

第 5 章

连锁遗传

◈内容提示

介绍连锁遗传性状的表现特点和内在遗传规律，阐述基因连锁作图的原理和方法。

◈教学目标

理解基因连锁交换的机理，掌握交换值计算和三点测验方法，了解分子标记作图与一般性状连锁作图方法之间的联系，掌握在动植物育种中，利用基因连锁群资料确定育种试验规模的方法，了解性别决定的类型及与性别相关的遗传现象，阐述基因连锁作图的原理和方法。

自 1900 年孟德尔遗传规律被重新发现后，许多生物学家以更多的动植物为材料进行杂交试验，进一步证实了分离规律和独立分配规律；但一部分试验并没有取得两对性状自由组合的预期结果。摩尔根通过果蝇杂交试验确定了这种例外现象属于另一类遗传，即连锁遗传(linkage)，并提出了遗传信息传递的第三个基本规律——连锁遗传规律。摩尔根还根据自己的研究结果创立了基因论(theory of the gene)，将抽象的基因概念落实在具体的染色体上。连锁遗传规律的发现和基因论的创立，是遗传学发展史上一个重要的里程碑。

5.1 连锁与交换

5.1.1 性状连锁遗传的发现

1906 年，贝特森(Bateson)和普纳特(Punnett)在香豌豆两对性状的杂交试验中首次发现了连锁遗传现象。选用紫花、长花粉粒和红花、圆花粉粒亲本，杂交 F_1 表现紫花、长花粉粒，由此可知紫花和长花粉粒是显性，红花和圆花粉粒是隐性。该 F_1 自交产生的 F_2 代，按花色区分表现紫∶红＝3∶1的分离，按花粉粒形状区分表现长∶圆＝3∶1的分离，都符合分离规律。但同时分析该两对性状时，F_2 代中(紫、长)∶(紫、圆)∶(红、长)∶(红、圆)并不等于 9∶3∶3∶1，不符合独立分配规律。F_2 代的这 4 种表型中，亲本类型(紫花、长花粉粒和红花、圆花粉粒)所占比例分别超过按 9∶3∶3∶1比例的理论值 9/16 和 1/16，重组类型(紫花、圆花粉粒和红花、长花粉粒)所占比例都低于理论值 3/16(图 5-1)。

P　　紫花、长花粉粒 × 红花、圆花粉粒

　　PPLL ↓ *ppll*

F_1　　紫花、长花粉粒 (*PpLl*)

↓⊗

F_2	紫、长	紫、圆	红、长	红、圆	总数
	*P_L_*	*P_ll*	*ppL_*	*ppll*	
实际个体数	4831	390	393	1 338	6 952
按9∶3∶3∶1比例的理论值	3 910.5	1 303.5	1 303.5	434.5	6 952

图 5-1　香豌豆相引相两对性状的连锁遗传

(引自季道藩，1989)

与此同时，贝特森等又做了紫花、圆花粉粒与红花、长花粉粒的杂交，取得了基本相同的结果，即 F_2 代 4 种表型的分离不符合孟德尔 9∶3∶3∶1的比例，其中两个亲本类型(紫圆和红长)个体数多于理论值，而两个重组类型(紫长和红圆)个体数少于理论值(图 5-2)。

P　紫花、圆花粉粒 × 红花、长花粉粒

$PPll$ ↓ $ppLL$

F_1　紫花、长花粉粒（$PpLl$）

↓⊗

F_2	紫、长	紫、圆	红、长	红、圆	总数
	$P\_L\_$	P_ll	$ppL\_$	$ppll$	
实际个体数	226	95	97	1	419
按9∶3∶3∶1比例的理论值	235.8	78.5	78.5	26.2	419

图 5-2　香豌豆相斥相两对性状的连锁遗传

（引自季道藩，1989）

上述两个试验结果都表明，原来为同一亲本所具有的两个性状，在 F_2 代存在联系在一起遗传的倾向，即表现性状连锁遗传现象。贝特森等将图 5-1 中甲、乙两个显性性状联系在一起，而甲、乙两个隐性性状联系在一起的杂交组合，称为相引相或相引组（coupling phase）；将图 5-2 中甲显性性状与乙隐性性状联系在一起，而甲隐性性状与乙显性性状联系在一起的杂交组合称为相斥相或相斥组（repulsion phase）。

贝特森和普纳特虽然通过以上试验首次发现了连锁遗传现象，但他们并没有给出科学的解释。

5.1.2　连锁遗传的解释

摩尔根及他的同事们做了大量的果蝇杂交试验，也发现了性状连锁遗传现象。例如，在黑腹果蝇中，灰体（B）对黑体（b）显性，长翅（V_g）对残翅（v_g）显性。用灰体、长翅（BBV_gV_g）果蝇与黑体、残翅（bbv_gv_g）果蝇杂交，F_1 雌、雄蝇都是灰体、长翅（BbV_gv_g）。如果从 F_1 选取雄蝇，以黑体、残翅（bbv_gv_g）雌果蝇进行测交，则 F_t 只出现灰体、长翅和黑体、残翅两种亲本类型，各占 50%。如果从 F_1 选雌蝇与黑体、残翅雄蝇测交，则 F_t 出现 4 种表型，分别是灰体、长翅和黑体、残翅两种亲本类型，比例分别为 0.42 和 0.42。还有灰体、残翅和黑体、长翅两种重组类型，比例分别为 0.08 和 0.08。

摩尔根对性状连锁遗传现象的解释是：控制体色和翅长的两对基因位于同一对同源染色体上，本实验中 B 与 V_g 同处于一条染色体，b 与 v_g 同处于同源染色体的另一条染色体上。这种处于同一条染色体上的基因总是联系在一起遗传的现象称为连锁（linkage）。从 F_1 选取灰体、长翅雄蝇测交，F_1 杂合体中连锁的两个基因 100% 联系在一起遗传给下一代，只产生两种比例相等的 BV_g 和 bv_g 配子，因此测交后代只出现灰体、长翅和黑体、残翅两种亲本类型（图 5-3）。这种连锁基因在传递过程中完全不发生重组的现象，称为完全连锁（complete linkage）。

P　♀灰体、长翅 × 黑体、残翅 ♂

BBV_gV_g　　bbv_gv_g

↓

F_1　♂灰体、长翅 × 黑体、残翅♀

BbV_gv_g　　bbv_gv_g

↓

F_t　灰体、长翅　　黑体、残翅

BbV_gv_g　　bbv_gv_g

图 5-3　雄果蝇完全连锁遗传

如果从 F_1 选取灰体、长翅雌蝇测交，F_1 杂合体减数分裂形成配子时，一部分孢母细胞在两个连锁基因间，同源染色体的非姐妹染色单体发生了交换（crossing over），产生了两种 BV_g 和 bv_g 亲型配子和两种 Bv_g 和 bV_g 重组型配子，因此测交子代有 4 种类型，亲型远多于重组型（图 5-4）。这种同源染色体在连锁基因之间发生非姐妹染色单体交换，产生亲型配子和重组型配子的遗传现象称为不完全连锁（incomplete linkage）。大量实验资料表明，不完全连锁现象广泛存在于生物界，而完全连锁现象很少存在，目前仅在雄果蝇和雌蚕中发现，而且机理尚不清楚。

P　♀灰体、长翅 × 黑体、残翅 ♂

BBV_gV_g　　bbv_gv_g

↓

F_1　♀灰体、长翅 × 黑体、残翅♂

BbV_gv_g　　bbv_gv_g

↓

F_t　灰体、长翅　黑体、残翅　灰体、残翅　黑体、长翅

BbV_gv_g　bbv_gv_g　Bbv_gv_g　bbV_gv_g

图 5-4　雌果蝇不完全连锁遗传

根据以上分析，连锁和交换规律（law of linkage and crossing-over）可以概括为：位于同一染色体上

的基因连锁在一起，以该染色体为单位进行传递，形成亲型配子；同源染色体的非姐妹染色单体之间的对应片段也可以发生交换，产生重组型配子。

5.1.3 连锁和交换规律的验证

摩尔根提出了连锁交换理论，圆满地解释了性状连锁遗传现象，同时他还选用位于 X 性染色体上的两对基因进行遗传试验以验证他的论点。

当时已知果蝇红眼对白眼为显性，用 W，w 表示；褐体对黄体为显性，用 B，b 表示。两对基因都位于 X 染色体上，Y 染色体不存在它们的等位基因。

(1) 相引组试验　摩尔根用白眼黄体雌蝇($X^{wb}X^{wb}$)与红眼褐体雄蝇($X^{WB}Y$)杂交，结果子一代雌蝇都是红眼褐体($X^{wb}X^{WB}$)，雄蝇都是白眼黄体($X^{wb}Y$)。再让 F^1 雌、雄蝇交配(相当于测交)，杂合体红眼褐体 $X^{wb}X^{WB}$形成配子时，W 和 B 连锁，w 和 b 连锁，以染色体为单位进行传递，形成亲型配子 X^{wb}，X^{WB}；少部分孢母细胞中，非姐妹单体间交换，产生重组类型 X^{wB}，X^{Wb}。结果测交子代(F_t)出现 4 种类型：红眼褐体、白眼褐体、红眼黄体、白眼黄体，比率分别为 49.45％、0.55％、0.55％、49.45％。分两大组，红眼褐体和白眼黄体两种亲本类型为亲本组，白眼褐体和红眼黄体两种重组类型为重组组。组内 1∶1，组间不等，亲本组远多于重组组(图 5-5)。

P　♀白眼、黄体 $X^{wb}X^{wb}$　×　♂红眼、褐体 $X^{WB}Y$

配子　X^{wb}　↓　X^{WB}, Y

F_1　♀红眼、褐体 $X^{wb}X^{WB}$　×　♂白眼、黄体 $X^{wb}Y$

↓

配子　X^{wb}, X^{WB}, X^{wB}, X^{Wb}　　X^{wb}, Y

F_t	红眼褐体	白眼褐体	红眼黄体	白眼黄体
	$X^{WB}X^{wb}$	$X^{wB}X^{wb}$	$X^{Wb}X^{wb}$	$X^{wb}X^{wb}$
	$X^{WB}Y$	$X^{wB}Y$	$X^{Wb}Y$	$X^{wb}Y$
	49.45%	0.55%	0.55%	49.45%

图 5-5　果蝇相引组两对性状杂交试验

(2) 相斥组试验　摩尔根用白眼褐体雌蝇($X^{wB}X^{wB}$)与红眼黄体雄蝇($X^{Wb}Y$)杂交，结果子一代雌蝇都是红眼褐体($X^{wB}X^{Wb}$)，雄蝇都是白眼褐体($X^{wB}Y$)。再让 F_1 红眼褐体雌蝇与白眼黄体雄蝇测交，杂合体红眼褐体 $X^{wB}X^{Wb}$形成配子时，w 和 B 连锁，W 和 b 连锁，以染色体为单位进行传递，形成亲型配子 X^{wB}和 X^{Wb}；同时也因为非姐妹单体间的交换产生少部分重组类型 X^{wb} 和 X^{WB}。结果测交子代(F_t)也出现 4 种类型，分亲本组和重组组，亲本组远多于重组组(图 5-6)。

P　♀白眼、褐体 $X^{wB}X^{wB}$　×　♂红眼、黄体 $X^{Wb}Y$

配子　X^{wB}　↓　X^{Wb}, Y

F_1　♀红眼、褐体 $X^{wB}X^{Wb}$　×　♂白眼、黄体 $X^{wb}Y$

配子　X^{wB}, X^{Wb}, X^{wb}, X^{WB}　↓　X^{wb}, Y

F_t	白眼褐体	白眼黄体	红眼褐体	红眼黄体
	$X^{wB}X^{wb}$	$X^{wb}X^{wb}$	$X^{WB}X^{wb}$	$X^{Wb}X^{wb}$
	$X^{wB}Y$	$X^{wb}Y$	$X^{WB}Y$	$X^{Wb}Y$
	49.45%	0.55%	0.55%	49.45%

图 5-6　果蝇相斥组两对性状杂交试验

由以上两组杂交、测交结果证实，在 F_1 杂合体进行减数分裂时，位于同一条染色体上的连锁基因大部分以染色体为单位进入配子。至此，摩尔根证实了基因的连锁传递，从而使他对于性状连锁遗传现象的解释得以成立。

5.1.4 交换

比利时的细胞学家詹生斯(Janssens)根据他对两栖类和直翅目昆虫减数分裂的观察研究，在 1909 年提出了一个交叉型假说(chiasmatype hypothesis)，其要点是：在减数分裂的前期Ⅰ，联会的染色体在某些点上出现的交叉(chisma)，是同源染色体间对应片段发生过交换(crossing over)的地方(图 5-7)，即交叉是交换的结果。如果染色体的交换发生在连锁的两个基因之间，则将导致这两个连锁基因的重组(recombination)。这个假说中关于染色体交换导致基因重组的论点，后来在 McClintock (1931)的玉米遗传试验中得到了证实。

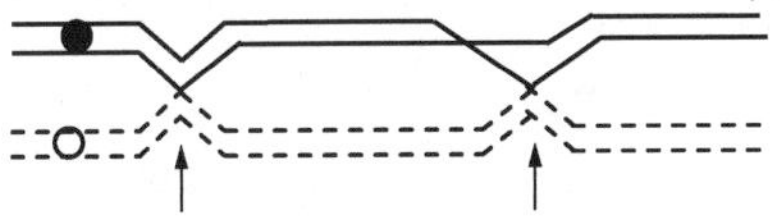

图 5-7　配对的一对同源染色体有两个交叉表示非姐妹染色单体间发生过交换

(引自刘祖洞，1979)

现在以玉米 9 号染色体上的 Cc 和 $Shsh$ 两对基因为例，说明连锁基因之间的染色体区域交换是怎样导致重组型配子形成的。

图 5-8 中的 F_1 为两对不完全连锁基因的杂合体。在减数分裂时，如果 F_1 的某孢母细胞在 sh 和 c 基因之外发生交换，则将形成 ShC 和 shc 两种亲型

配子；如果孢母细胞在 *sh* 和 *c* 基因之间发生交换，则形成 4 种类型配子：亲型配子 *ShC* 和 *shc*，重组型配子 *Shc* 和 *shC*，其中亲型配子和重组型配子各占 50%。通常情况是一部分孢母细胞发生两个连锁基因之外的交换，另外一些孢母细胞发生两个连锁基因之间的交换。由于前者产生的配子全部是亲本型的，后者产生的配子只有一半是重组的，所以重组型配子所占的百分率一般总是低于 50%。

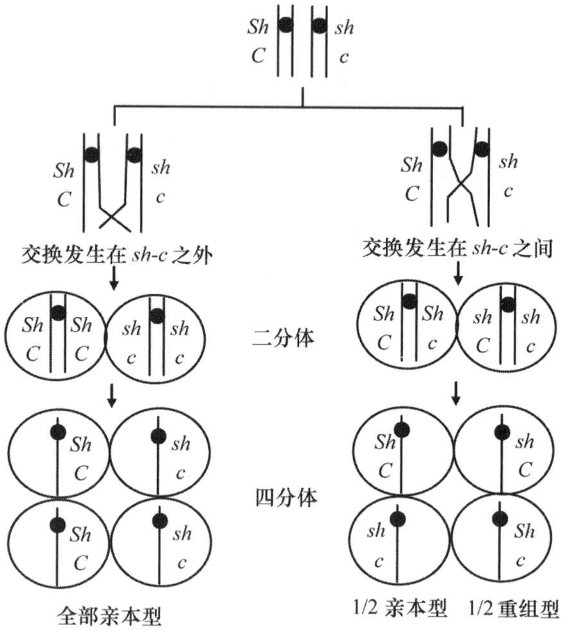

图 5-8 交换与重组型配子的形成

如果在 100 个孢母细胞内，有 7 个孢母细胞在连锁基因 *sh* 和 *c* 之间发生了交换，则发生交换的孢母细胞所占的比例为 7%，其余的 93 个孢母细胞在这两个基因间没有发生交换。可以算出，在产生的 400 个配子中有 7×4/2＝14 个重组型配子，重组型配子的比例是 3.5%，是在连锁基因之间发生交换孢母细胞比例的一半。

如果有 100%的孢母细胞在连锁基因之间发生了交换，则重组型配子所占比例将是 50%。这种情况一般不会发生，但也有例外的。当连锁的两对基因相距很远时，由于交换几乎都发生在它们之间，所以重组率有可能达到 50%，即杂合体测交子代的表型比例接近 1∶1∶1∶1，出现类似自由组合的假象。例如孟德尔研究过的豌豆 7 对性状中的花色与粒色，后人证明(Lamprecht，1968)它们的基因实际上位于第一对染色体的两端。

5.2 交换值及其测定

5.2.1 交换值

所谓交换值(crossing over value，COV)，是指孢母细胞在连锁基因之间的染色体区域发生交换的频率。交换可以形成重组型配子。将杂合体产生的重组型配子占该杂合体产生的全部配子的百分率，称为重组率(recombination frequency，RF)。就一个很短的染色体片段来说，连锁基因间的染色体交换频率就等于产生的交换型配子的频率，即交换值等于重组率。通常利用重组率估算交换值[图 5-9 (a)]。

估算交换值的公式是：

$$交换值(\%)=重组率(\%)=\frac{重组型配子数}{全部配子数}\times 100\%$$

应该指出，在较大的染色体区段内由于可能发生染色体间的双交换，而双交换并不导致产生重组型配子[图 5-9(b)]，故在这种情况下，交换值就等于重组率加上双交换值。有关双交换值的计算方法将在本章 5.3 节介绍。

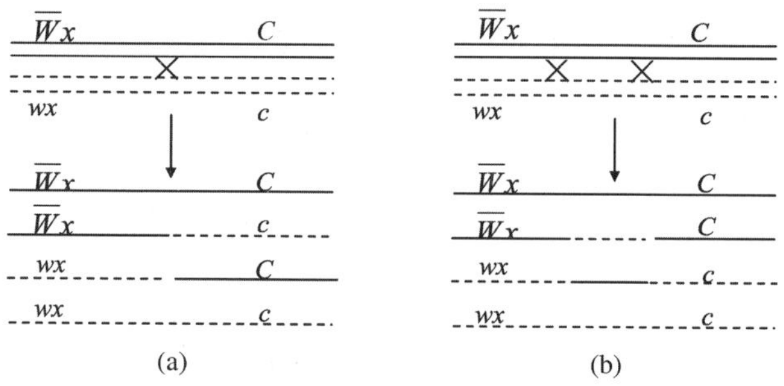

(a)连锁基因间单交换产生重组型配子

(b)连锁基因间双交换未产生重组型配子

图 5-9 连锁基因交换产生的配子

5.2.2 交换值的测定

5.2.2.1 测交法

由于测交子代表型的种类和比例正好反映被测个体所产生配子的种类和比例，所以测交子代重组类型所占比率就等于被测个体产生重组型配子所占比率。

测交法计算交换值的公式：

$$交换值=\frac{测交子代重组类型数}{测交子代总个体数}\times 100\%$$

例：玉米绿色花丝（*Sm*）对橙红色花丝（*sm*）为显性，正常植株（*Py*）对矮小植株（*py*）为显性，已知这两对基因连锁，求它们之间的交换值。

解：以该两对性状存在差异的纯合亲本杂交，然后对所得 F_1 杂合体进行测交：

Sm Sm Py Py × *sm sm py py*

↓

Sm sm Py py ×*sm sm py py*

↓

Sm sm Py py	*Sm sm py py*	*sm sm Py py*	*sm sm py py*
绿花丝正常株	绿花丝矮小株	橙红花丝正常株	橙红花丝矮小株
903	105	95	897

$$交换值(sm\text{-}py)=重组率=\frac{105+95}{2\ 000}\times 100\%=\frac{200}{2\ 000}\times 100\%=10\%$$

5.2.2.2 自交法

对一些自花授粉的植物来说，由于测交需要进行的去雄和授粉操作比较困难，所以这些植物测定交换值时往往采用自交法。估算交换值的自交法很多，这里只介绍利用 F_1 自交所得 F_2 群体中双隐性纯合个体的比率进行估算的方法。

举例：在贝特森相引相的香豌豆试验中，F_2 群体中双隐性纯合个体 *ppll* 出现的比率为1 338/6 952＝0.192。而 *ppll* 个体完全是由基因型为 *pl* 的雌、雄配子随机结合而成，假设 F_1 杂合体 *PpLl* 产生 *pl* 配子的概率为 a，则 $a\times a=a^2=0.192$，$a=\sqrt{0.192}\approx 0.44$，即 44％。在相引相中，*pl* 配子是亲型配子，理论上它和另一亲型配子 *PL* 出现的概率相等，均为 44％。两种亲型配子占总配子的比率为 44％×2＝88％，那么两个重组型配子 *Pl*、*pL* 总的比率为 1－88％＝12％，即 *p* 和 *l* 这两对基因间的交换值为 12％。据此分析，可以得到自交法计算相引相试验中交换值的公式：

$$交换值(相引相)=1-2\sqrt{\frac{双隐性个体数}{F_2\ 群体总数}}\times 100\%$$

同理，在贝特森相斥相的香豌豆试验中，F_2 群体中双隐性纯合个体 *ppll* 出现的比率为 $a^2=1/419=0.002\ 386$，$a=\sqrt{0.002\ 386}=0.04\ 885\approx 4.9\%$。在相斥相中，*pl* 配子是重组型配子，理论上它和另一重组型配子 *PL* 出现的概率相等，均为 4.9％，则两种重组型配子占总配子的比率为 4.9％×2＝9.8％，即 *pl* 基因间的重组率为 9.8％。类似地也可以得到自交法计算相斥相试验中交换值的公式：

$$交换值(相斥相)=2\sqrt{\frac{双隐性个体数}{F_2\ 群体总数}}\times 100\%$$

交换值一般变动在 0～50％。基因间相距越远，发生交换的孢母细胞越多，基因的连锁强度越小，交换值越大；基因间相距越近，发生交换的孢母细胞越少，基因的连锁强度越大，交换值越小。

在正常条件下，交换值具有相对稳定性，可用来表示连锁的两个基因在染色体上的相对距离，也称遗传距离（genetic distance）。将交换值的“％”去掉，表示两个基因遗传距离的数量单位称为图距单位（map distance）。后人为了纪念细胞遗传学的奠基人摩尔根，将图距单位称为“厘摩”（centimorgan，cM），1 cM ＝1 个图距单位。如贝特森相引相的香豌豆试验中，*p* 和 *l* 两对基因间的交换值为 12％，表示两个基因在染色体上相距 12 个遗传距离，即 12 cM。

5.3 基因定位与遗传图

5.3.1 基因定位

生物体的各对基因在染色体上的位置是相对稳定的。基因定位（gene localization）就是确定基因的位置，包括基因间的距离和排列顺序。基因间的遗传距离用交换值来表示。因此遗传学上传统的基因定位方法就是通过估算交换值来确定基因在染色体上的相对位置。下面介绍两种常用的基因定位方法。

5.3.1.1 两点测验

两点测验(two point test cross)是基因定位的一种基本方法。它在确定 3 对基因的顺序和距离时,需要经过 3 组杂交和 3 组测交,分别计算每个组合的交换值。

例如,已知玉米胚乳的有色(C)对无色(c)显性,饱满(Sh)对凹陷(sh)显性,非糯(Wx)对糯性(wx)显性,这 3 对基因位于一对同源染色体上。确定 3 对基因在染色体上的顺序和距离的具体过程和结果如下。

(1) P　　有色、饱满 $CCShSh$ × 无色、凹陷 $ccshsh$

↓

F_1　　$CcShsh \times ccshsh$

↓

F_t	$CcShsh$	$Ccshsh$	$ccShsh$	$ccshsh$	总数
	4 032	149	152	4 035	8 368

利用重组率估算交换值,得

$$\text{交换值:RF}(c\text{-}sh)=\frac{149+152}{8\ 368}\times 100\%=\frac{301}{8\ 368}\times 100\%=3.6\%$$

(2) P　　糯性、饱满 $wxwxShSh$ × 非糯、凹陷 $WxWxshsh$

↓

F_1　　$WxwxShsh \times wxwxshsh$

↓

F_t	$WxwxShsh$	$Wxwxshsh$	$wxwxShsh$	$wxwxshsh$	总数
	1 531	5 885	5 991	1 488	14 895

同理得

$$\text{交换值:RF}(wx\text{-}sh)=\frac{1\ 531+1\ 488}{14\ 895}\times 100\%=\frac{3\ 019}{14\ 895}\times 100\%=20\%$$

从计算的交换值知道,c-sh 距离为 3.6 个遗传单位,wx-sh 距离为 20 个遗传单位,它们在染色体上排列就有如下两种可能:

①

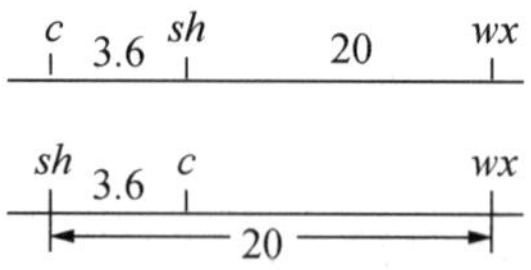

②

如果是第一种排列,则 c-wx 距离为 23.6 个遗传单位;如果是第二种排列,则 c-wx 距离为 20－3.6＝16.4 个遗传单位。为了确定其中哪一种排列是正确的,还需要测定 c-wx 距离,于是进行以下第 3 组杂交、测交。

(3) P　　非糯、有色 $WxWxCC$ × 糯性、无色 $wxwxcc$

↓

F_1　　$WxwxCc \times wxwxcc$

↓

F_t	$WxwxCc$	$Wxwxcc$	$wxwxCc$	$wxwxcc$	总数
	2 542	739	717	2 716	6 714

同理得

$$交换值:RF(c\text{-}wx)=\frac{739+717}{6\ 714}\times100\%=\frac{1\ 456}{6\ 714}\times100\%=22\%$$

这里 c-wx 距离为 22 个遗传单位，与第一种排法所推论的 23.6 个遗传单位比较接近，与第二种排法所推论的 16.4 个遗传单位相差比较大，因而可以确认第一种排法符合这 3 对基因之间连锁关系的实际情况，即：

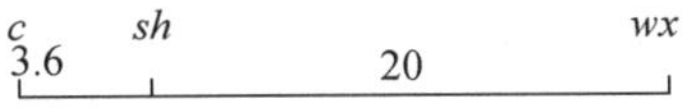

用同样的方法和步骤，还可把 4 对、5 对及更多对基因位置关系确定下来。但两点测验法进行基因定位在操作上很繁杂，确定 3 个基因位置必须进行 3 次杂交和 3 次测交；而且在基因距离超过 5 个遗传单位时难免发生的双交换被忽略，准确度差，因而，它的使用存在局限性。

5.3.1.2 三点测验

三点测验(three point test cross)是 3 对连锁基因定位最常用的方法。具体测验方法是选用 3 对相对性状均有差异的两纯合亲本进行一次杂交，然后用所得杂种 F_1 与隐性纯合个体进行一次测交，根据测交子代不同类型在群体中的百分数，同时确定 3 对基因在染色体上的位置。

现仍以玉米 Cc、$Shsh$ 和 $Wxwx$ 3 对基因为例，说明三点测验的具体做法。

(1)先杂交。再测交，获得测交子代。以籽粒有色、凹陷、非糯性的玉米纯合体与籽粒无色、饱满、糯性的玉米纯合体杂交，得到有色、饱满、非糯性杂种 F_1，再使该 F_1 与无色、凹陷、糯性的隐性纯合体测交，得到了测交子代 6 708 个籽粒(结在杂种 F_1 植株上)。

(2)分类统计测交子代表型数据，推知 F_1 产生配子的基因型和来源类型。根据测交子代不同表型籽粒数，可以看出 F_1 产生 8 种类型配子，可以分成 4 组，每组内两种类型比例接近 1∶1，4 组间比例不等。其中数量最多的应是亲本型，最少是应是双交换型，位于中间的是两组单交换型。这种比例特征是典型的 3 对基因连锁遗传的表现。如果 3 对基因是独立遗传的，测交子代应是 8 种表型 1 种比例，每种表型所占比例相等；如果 3 对基因中，两对连锁、一对独立遗传，则杂合体测交子代应是 8 种表型 2 种比例，每种比例的 4 种表型比例相等。为表述方便，将配子基因组合中的显性基因用"＋"表示，本例结果如表 5-1 所示。

表 5-1 三点测验结果

测交子代的表型	F_1 产生配子的基因型			粒 数	配子类型(根据来源)
饱满、糯性、无色	＋	wx	c	2 708	亲型
凹陷、非糯性、有色	sh	＋	＋	2 538	亲型
饱满、非糯性、无色	＋	＋	c	626	单交换Ⅰ型
凹陷、糯性、有色	sh	wx	＋	601	单交换Ⅰ型
凹陷、非糯性、无色	sh	＋	c	113	单交换Ⅱ型
饱满、糯性、有色	＋	wx	＋	116	单交换Ⅱ型
饱满、非糯性、有色	＋	＋	＋	4	双交换型
凹陷、糯性、无色	sh	wx	c	2	双交换型
总 数		6 708			

(3)确定 3 对基因的顺序。要确定 3 对基因在染色体上的顺序，主要依赖于 F_1 产生配子中的亲型和双交换型的对比。前述分析表明，亲型配子为＋ wx c 和 sh ＋ ＋，双交换型配子为＋ ＋ ＋和 sh wx c 。根据两种亲型配子的基因组成可以假设 F_1 杂合体 3 对连锁基因的顺序有 3 种可能。

第 1 种：wx 基因在 sh 和 c 基因之间，即$\frac{sh\ \ +\ \ +}{+\ \ wx\ \ c}$

第 2 种：sh 基因在 wx 和 c 基因之间，即$\frac{+\ \ sh\ \ +}{wx\ \ +\ \ c}$

第 3 种：c 基因在 sh 和 wx 基因之间，即$\frac{sh\quad +\quad +}{+\quad c\quad wx}$

其中只有第 2 种可能，即 sh 基因位于 wx 和 c 基因之间时，经过双交换产生＋ ＋ ＋和 sh wx c 两种双交换型的配子，与实际双交换配子相同。据此可以确定本例 3 对连锁基因中 sh 基因位于中间。

通过一次杂交和测交试验，只能确定 3 对连锁基因中哪个基因位于中间，而两侧基因的先后顺序需要其他杂交和测交试验来确定。

(4)计算交换值，确定基因之间的距离。由于双交换包括两个单交换，因此估算两基因交换值时，应将单交换和双交换产生的交换值都包含在内。本例中，wx 与 sh 基因间交换值包括两部分，wx 和 sh 基因之间的单交换产生的 sh wx＋和 ＋ ＋ c 两种重组型配子(相应测交后代的粒数分别为 601 和 626)所占百分数，还要加上双交换型配子占总配子的百分数，在本例中是[(4＋2)/6 708]×100%＝0.09%。因此，wx-sh 交换值：

$$\mathrm{COV}(wx\text{-}sh)=\frac{601+626}{6\ 708}\times 100\%+0.09\%=18.4\%$$

同理，sh 和 c 基因交换值包括 sh 和 c 基因之间的单交换将产生 sh ＋ c 和 ＋ wx ＋ 两种重组型配子(相应测交后代的粒数分别为 113 和 116)所占百分数加上双交换值两部分。因此，sh-c 交换值：

$$\mathrm{COV}(sh\text{-}c)=\frac{113+116}{6\ 708}\times 100\%+0.09\%=3.5\%$$

这样，3 对基因在染色体上的顺序和距离就可以确定下来了，图示如下：

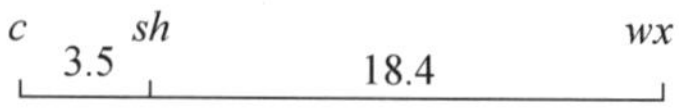

比较两点测验和三点测验方法，我们可看出三点测验只需一次杂交和一次测交就可以确定 3 对基因的相对位置，田间工作量大大减轻，也减小了试验误差。同时，由于能够将双交换值也估算进去，所以准确性更高。但是，三点测验法所使用的两个纯合亲本之间，必须具有 3 对性状差别。

5.3.1.3 干扰与符合

理论上讲，沿着染色体的任何一点都有发生交换的可能，但是一个单交换的发生是否影响到邻近另一个单交换的发生呢？根据概率定律，如果两个事件是独立事件，那么，这两个事件共同发生的概率应当是它们各自概率的乘积。也就是说，如果同一染色体上邻近两个单交换是独立的，互不影响地发生，那么，它们的双交换值理论上应等于两个单交换值的乘积。但实际上并非如此，在上面例子中，wx-sh 单交换值为 18.4%，sh-c 单交换值为 3.5%，理论上的双交换值＝18.4%×3.5%＝0.64%，但实际的双交换值为 0.09%。这说明一个单交换发生后，在它邻近发生第二次单交换的机会就会减少，这种现象称为干扰(interference)。对于双交换干扰的程度，可用符合系数或并发系数(coefficient of coincidence)来表示：

$$符合系数=\frac{实际双交换值}{理论双交换值}$$

依公式，本例的符合系数＝0.09/0.64＝0.14。符合系数经常变动在 0～1 之间，符合系数越接近 1 时，干扰程度越小；符合系数越接近 0 时，干扰程度越大。当符合系数等于 1 时，表示两个单交换独立发生，完全没有干扰；当符合系数等于 0 时，表示发生了完全干扰，即一点发生交换，其邻近点就不会再发生交换。

5.3.2 连锁遗传图

根据连锁遗传理论，生物的每对染色体上都存在着许许多多的基因，遗传学上把位于同一对染色体上的所有基因称为一个连锁群(linkage group)。研究表明，一个生物连锁群的数目和其染色体的对数是一致的。也就是说，某生物有 n 对染色体，那么它就有 n 个连锁群，例如水稻染色体 $2n=24$，有 12 对染色体，所以水稻有 12 个连锁群。在具有两条不同的性染色体的两性生物中，两条性染色体所携带的基因不同，所以，这类生物的连锁群数等于其染色体对数加 1，例如果蝇 $2n=8$，有 4 对染色体，连锁群则有 5 个。

把一个连锁群上的各个基因按确定了的顺序和相对距离标示出来，所构成的图形即是连锁遗传图，又称为遗传图(genetic map)。

玉米连锁遗传图中的部分基因表示于图 5-10。在识读遗传图时有几点要注意：①人们看到的遗传图仅反映了人们目前已经认识的部分基因，而绝大多数基因还没有被认识，或者正在被认识，一个遗传图并不全面反映这一染色体上的所有基因；②基因在遗传图上有一定的位置，这个位置称为座位，在绘制和识读遗传图时，一般以最先端的基因位置为0，但随着研究的进展，发现有基因在更先端位置时，则把0点让给新的基因，其余的基因位置做相应的移动；③交换值在0～50%之间，但遗传图上，可以出现50个单位以上的图距，这是因为遗传图上的图距是累加值，要从图上的数值知道基因间的交换值只限于邻近的基因。

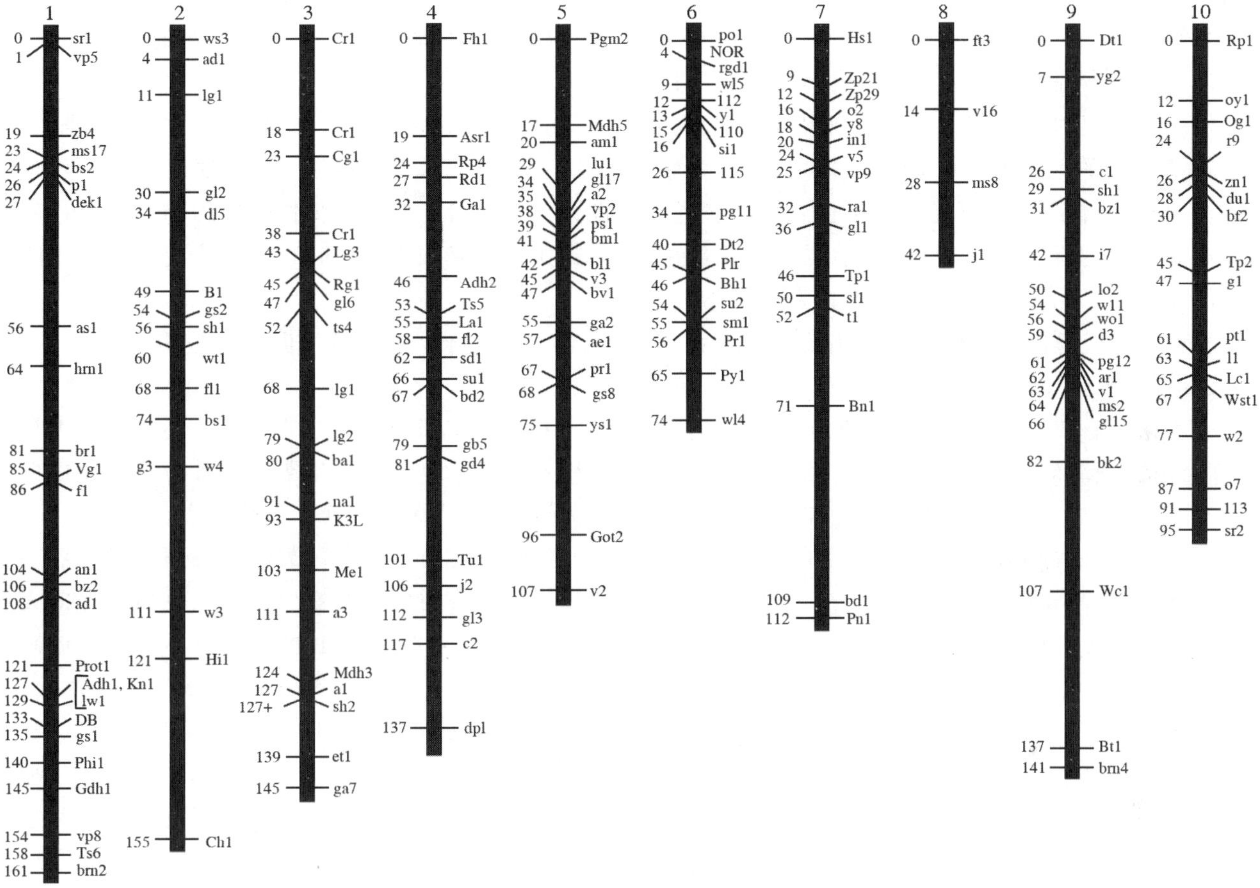

图 5-10　玉米的遗传图

（引自 Gardner 等，1991）

图5-10中连锁群上方的数字1、2、…10表示玉米染色体序号，每个连锁群左边的数字是基因间的累计距离，右边是基因符号。

制作连锁遗传图时可以将决定性状的基因以交换值为距离的度量尺度标注到染色体上，就像上述对玉米籽粒性状基因的定位过程那样。但由于已知的基因数目有限，由它们绘出的遗传图往往不够饱满，所以还可以将其他可进行遗传跟踪和容易识别的遗传记号标注上去，就像在一条尚未十分了解却又十分漫长的路径上画上记号，以方便在这些记号附近寻找有用的基因。遗传学上将那些可以跟踪和识别并以等位基因形式分离的遗传记号称为遗传标记(genetic marker)。

广义的遗传标记具体包括形态学标记(morphological marker)、细胞学标记(cytological marker)、生物化学标记(biochemical marker)、分子标记(molecular marker)等4种类型。

形态学标记是指生物外部的特征，一般指用肉眼观察到的一些表型特征，如植株的高矮、花色、粒型等。形态学标记可以延伸到一些生理特性，如植物的抗病虫等特性。形态学标记的主要优点是简单直观、经济方便、容易观察记载，缺点是标记数量少。许多决定形态性状基因的表达与否和表达程度还受环境和基因型的影响，在遗传作图中的应用受到限制。

细胞学标记是指由染色体数目的变异（如单体、缺体、三体、四体）和染色体结构的变异（如缺失、易位、倒位、重复）而引起的生物某些表型的异常。另外，染色体核型（如染色体数目、大小、随体有无、着丝粒位置等）和带型（如C带、N带、G带等）分析同样可以用来测定基因所在的染色体及相对位置，它们都可作为一种细胞学标记来利用。细胞遗传学创造的一大批遗传材料，如番茄三体、烟草单体、玉米易位系等，都可以作为细胞学标记来利用。细胞学标记的优点是能够直接在显微镜下被观察到，可以克服形态学标记的某些不足。但是细胞学标记材料需要花费较大的人力和较长的时间来培育，很多物种还由于染色体异常而表现发育不良或育性较差，因而难以较好地保存。同时，细胞学观察需要细胞学技术检测手段和具有丰富经验的技术人员参与。上述种种因素使得细胞学标记的利用较为困难并受到一定的限制。

生物化学标记主要包括贮藏蛋白和同工酶标记，通过电泳能简便地识别这些蛋白谱带差异，分析其表型分离比例，确定有关蛋白质和同工酶的基因位置。生物化学标记鉴定通过采集组织、器官等少量样品进行分析，直接反映基因产物的差异，受环境影响较小，并具有共显性表达的特点。但它们同样数目有限，因而也不能满足目前构建高密度连锁图的需求。

分子标记是基于DNA序列差异的遗传标记，也称DNA标记，是狭义的遗传标记。由于个体或家系间DNA碱基序列差异的数量在理论上是无穷多的，所以分子标记具有数量丰富、多态性强的特点；同时，分子标记因为不受基因表达与否的影响等而表现“中性”，还往往表现“共显性”，使基因型和表型一致，容易识别。所有这些特点，使分子标记成为目前在遗传作图上使用最多的遗传标记。

最早的分子标记是限制性片段长度多态性（RFLP）技术。其基本操作程序是：获得生物的总DNA后用限制性内切酶进行酶切，然后将酶切后的不同DNA片段进行琼脂糖凝胶电泳，经过变性处理后，将凝胶上的DNA转移到尼龙支持膜上，再用经过放射性同位素或非放射性同位素标记的DNA探针与膜上的DNA片段杂交，洗去膜上的非特异性结合的探针后，用X射线放射自显影检测杂交信号。如果转移的膜上具有与杂交探针相同或部分同源的序列，则放射自显影后就会检测到杂交信号。这些信号就可以作为一个标记，根据连锁遗传分析原理，被定位在染色体的某一位置上。自1974年Grodzicker等创立RFLP技术以来，DNA分子标记技术的发展十分迅速，有数十种名称各异的分子标记技术相继问世。除了基于酶切及DNA杂交技术的RFLP之外，还有基于PCR技术的RAPD、AFLP、SSR和基于DNA测序技术的SNP分子标记等。

目前，在很多生物群体里，包括水稻、小麦、玉米等主要作物以及人类都建立了高密度分子标记遗传图谱。有关分子标记遗传作图原理和方法的内容详见第13章“基因组学”的第13.4节“基因组作图”。

5.4 真菌类的连锁与交换

真菌是生物界一个大的类群，有性过程也存在基因连锁和交换，可用于遗传作图。现以红色面包霉为例，说明真菌类的连锁遗传分析。

红色面包霉属于真菌类的子囊菌，是真核生物，可以进行无性生殖和有性生殖。红色面包霉的无性世代是单倍体，染色体上每个基因不论显性或隐性都可从其表型上直接表现出来，便于观察和分析。

在红色面包霉的有性生殖过程中，正（+）和负（－）两个接合型（n）通过接合受精，在子囊果里形成二倍体的合子（$2n$）。这个合子立即进行2次减数分裂，产生4个单倍体的子囊孢子，即称四分孢子或四分子。对四分子进行遗传分析，称为四分子分析（tetrad analysis）。红色面包霉的四分子再经过一次有丝分裂，形成8个子囊孢子，它们按严格顺序直线排列在子囊里。因此，通过四分子分析，可以直接观察其分离比例，计算某一基因与着丝粒间的交换值，进行以着丝粒为参照位点的着丝粒作图（centromere mapping）。

红色面包霉在基本培养基上正常生长的野生型子囊孢子，成熟后呈黑色。由于基因突变而产生的一种不能自我合成赖氨酸的菌株，称为赖氨酸缺陷型，它的子囊孢子成熟较迟，呈灰色。用赖氨酸缺陷型（记作lys^-或－）与野生型（记作lys^+或＋）进行杂交，在杂种子囊中的8个子囊孢子将按黑色和灰色的排列顺序，可出现下列6种排列方式或6种类型（图5-11）。

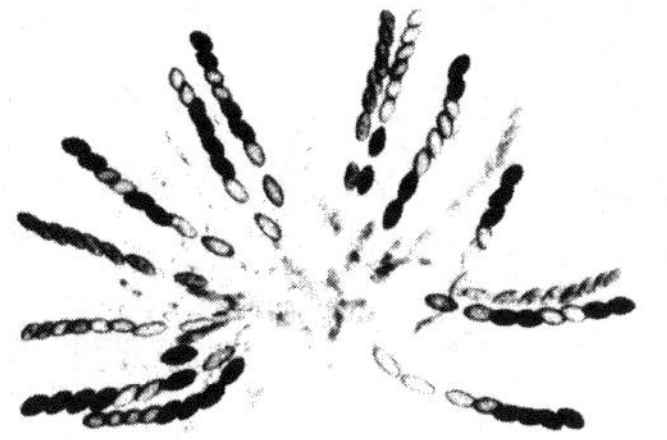

(1)++++----

(2)----++++

(3)++--++--

(4)--++--++

(5)++----++

(6)--++++--

图 5-11　红色面包霉子囊中 8 个子囊孢子的排列方式和种类

（引自 Gardner 等，1991）

根据子囊中子囊孢子的排列顺序，可以推定(1)、(2)两种子囊类型中的等位基因 lys^{+}/lys^{-} 是在减数分裂的第一次分裂时分离的，属于第一次分裂分离(first division segregation)，这说明同源染色体的非姐妹染色单体在着丝粒与等位基因之间没有发生交换，产生的子囊孢子都是亲型，这种子囊孢子称为亲型子囊或非交换型子囊。在(3)、(4)、(5)、(6)四种子囊类型中的等位基因 lys^{+}/lys^{-} 是在减数分裂第二次分裂时分离的，属于第二次分裂分离(second division segregation)，说明着丝粒与等位基因之间发生了交换，产生亲型和重组型子囊孢子，比例为 1∶1，这样的子囊类型称为交换型子囊(图 5-12)。

着丝粒与等位基因之间每发生 1 次交换，就会产生 1 个交换型子囊，每个交换型子囊中只有半数子囊孢子是重组型的，因此着丝粒与等位基因之间的交换值应该是交换型子囊比率的一半。交换值应按下式估算：

$$交换值=\left(\frac{交换型子囊数}{交换型子囊数+非交换型子囊数}\right)\times 100\%\times\frac{1}{2}$$

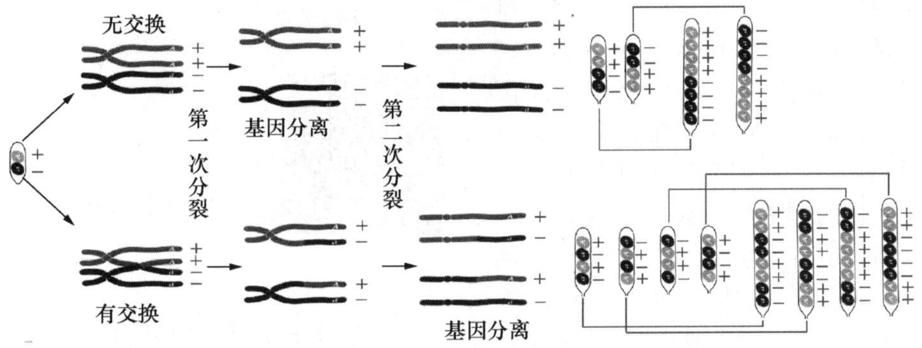

图 5-12　红色面包霉的第一次分裂分离和第二次分裂分离

例如，有人统计了一个赖氨酸缺陷型杂合体(lys^{+}/lys^{-})的 1 000 个子囊，结果有 156 个是交换型子囊，其余的是非交换型子囊。根据该试验结果计算的 lys 基因与着丝粒间的距离为：

$$交换值=\frac{156}{1\,000}\times 100\%\times\frac{1}{2}=7.8\%$$

也就是说，lys 基因距离着丝粒 7.8 cM。用这种方法可以将基因定位在真菌的染色体上。

5.5　性别决定与性连锁

5.5.1　性别决定

5.5.1.1　性染色体与常染色体

性别是生物最明显的相对性状，绝大多数生物都有雌性和雄性的个体区别，其中许多生物的性别是由性染色体决定的。1891 年，德国细胞学家 Henking 在半翅目昆虫的精母细胞减数分裂中发现了一种特殊的染色体，在一半的精子中带有这种染色体，另一半没有，当时对这一染色体的性质不理解，就称为"X 染色体"，更未将它和性别联系起来。1902 年，美国的 C. E. McClung 根据研究第一次把 X 染色体和昆虫的性别决定联系起来。1905 年，E. B. Wilson 研究发现在半翅目和直翅目的多种昆虫中，雌性个体具有 2 套普通的染色体和 2 条 X 染色体，而雄体个体也有 2 套普通染色体，但只有 1 条 X 染色体。1908 年，N. M. Stevens 发现果蝇的精母细胞中除有一条 X 染色体之外，还有一条和它同源的 Y 染色体。遗传学上把两性生物体细胞成对染色体中，直接与性别决定有关的一对或一条染色体称为性染色体(sex-chromosome)，而把生物体细胞内除了性染色体以外的其他普通染色体称为常染色体(autosome，用 A 表示)。例如，果蝇雌性体细胞有 3 对常染色体和 1 对 XX 性染色体，雄性果蝇体细胞有 3 对常染色体和 1 对 XY 性染色体(图 5-13)。

图 5-13　果蝇的常染色体和性染色体

(引自朱军，2018)

5.5.1.2　性别决定的类型

1. 性染色体决定性别

由性染色体决定性别的类型主要有以下 2 种。

(1)XY 型　XY 型是生物界两性生物中较为普遍的性别决定类型，如哺乳类、某些两栖类、鱼类、某些昆虫和雌雄异株植物(如大麻)等的性别决定。雌性个体是同型配子性别(homogametic sex)XX，只产生一种带有 X 染色体的雌配子；雄性个体是异型配子性别(heterogametic sex)XY，能产生含有 X 染色体和 Y 染色体的两种雄配子。因此，当雌雄配子结合受精时，含 X 染色体的卵细胞和含 X 染色体的精子结合成 XX 受精卵，将发育为雌性；含 X 染色体的卵细胞和含 Y 染色体的精子结合成 XY 受精卵，将发育为雄性；雌性和雄性的比例一般为 1∶1。由于这类性别决定类型中，雄性个体性染色体是杂合的，所以也称为雄杂合型。人类是 XY 型性别决定，在人类的 46 条染色体中，22 对是常染色体，另一对 XX 或 XY 是性染色体。人类的性别遗传如下：

男性　22对+XY　——　女性　22对+XX
配子：22个+X　　　　配子：22个+X
　　　22个+Y

22对+XY　　22对+XX
男性　　　　女性

与 XY 型相似的还有 XO 型性别决定，它的雌性个体的性染色体为 XX，雄性个体的性染色体只有一条 X 染色体，没有 Y 染色体，能产生含 X 和不含 X 的两种雄配子。蝗虫、蟋蟀及某些植物(如花椒)等属于这一类。

(2)ZW 型　ZW 型性别决定与 XY 型性别决定相反，雄性个体是同型配子性别 ZZ，只产生一种含 Z 的雄配子；雌性个体是异型配子性别 ZW，产生 Z 和 W 两种配子。雌雄配子结合，所形成的雌雄性比同样是 1∶1。由于这一类型中雌性个体是杂合的，所以也称雌杂合型。家蚕、鸟类、蛾类、蝶类及某些植物(如草莓)等属于这一类型。与 ZW 型相似的还有 ZO 型，鳞翅目昆虫中的少数个体为这一性别决定类型，它的雄性个体的性染色体仍然是 ZZ，而雌性个体只含有一条 Z 染色体，能产生含 Z 和不含 Z 的两种雌配子。

2. 染色体倍数决定性别

蜜蜂和蚂蚁没有性染色体的分化，其性别由其染色体的倍数和环境决定。在蜜蜂中，蜂王与雄蜂交配后，雄蜂死亡，蜂王得到了一生需要的精子。在它产的每窝卵中，有少数没有受精，发育成雄蜂，只有 16 条染色体；而含有 32 条染色体的受精卵，幼虫阶段仅食用 2～3 d 蜂王浆，然后改吃蜂蜜和花粉将发育成工蜂；若一直食用蜂王浆则将发育成蜂王(二维码 5-1)。

二维码 5-1　蜜蜂染色体组倍数决定性别

3. 基因决定性别

玉米性别由基因决定：*Ba-ba* 决定雌花发育，*Ba* 形成雌花序，*ba* 不形成雌花序；*Ts-ts* 决定雄花发育，*Ts* 形成雄花序，*ts* 使雄花序发育成雌花序。不同基因型的植株，其花序发育不同。*Ba_Ts_* 为正常雌雄植株，*Ba_tsts* 顶部和叶腋均为雌花序，*babaTs_* 仅有雄花序，*babatsts* 仅顶部有雌花序(图 5-14)。

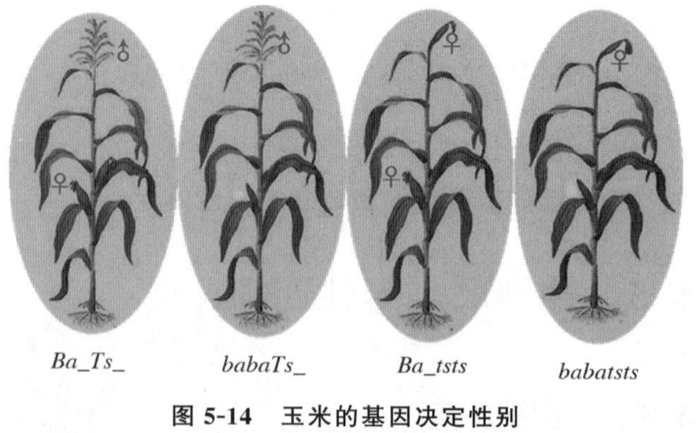

图 5-14　玉米的基因决定性别

5.5.1.3　性别决定的畸变

性别决定的畸变即性别畸形，是两性生物中由于性染色体的增加、减少或其他因素影响使性别表现不正常的现象。人类性别畸形主要是由于性染色体的增加或减少、性决定的机制受到干扰而引起的。例如 XXY 综合征(克兰费尔特综合征),其染色体组型为 XXY(47 条),多一条 X 染色体,外貌男性,身体比一般男性高,睾丸发育不全,不育;性腺发育障碍(特纳综合征),其染色体组型 XO(45 条),缺一条 X 染色体,外貌女性,无生育能力,身体一般较矮,第二性征发育不良;XYY(47 条)个体,其多一条 Y 染色体,外貌男性,比普通人高,性情粗暴孤僻,有的智力较高,多数不育;多 X 染色体女性,其 X 染色体在 3 条以上,又称超雌体,组合为 XXX(47)和 XXXX(48),体形正常,除智力较差和有心理变态外,无其他症状,能正常生育;多 X 染色体男性,其染色体组型为 XXXY(48)和 XXXXY(49),智力发育不良,眼距较宽,鼻梁扁平,无生育能力。

果蝇性别的畸变是由性染色体 X 与常染色体组数平衡的变化引起的。当 XX∶AA=2∶2=1 时为正常雌性果蝇,当 X∶AA=1∶2=0.5 时为雄蝇,当 XXX∶AA=3∶2=1.5 时为超雌蝇,当 X∶AAA=1∶3=0.33 时为超雄蝇,当 XX∶AAA=2∶3=0.67 时为中间型。

5.5.1.4 环境对性别分化的影响

性别分化是指受精卵在性别遗传决定的基础上,进行雄性或者雌性性状分化和发育的过程,它既受遗传因素控制,也受环境因素影响。如家鸡中“牝鸡司晨”的性反转现象。家鸡的性别是由性染色体决定的,但是在性别发育的过程中还受到性激素的控制。研究表明,正常生蛋的母鸡因卵巢患病或创伤而退化,促使已经退化为痕迹状态的精巢又发育起来,产生雄性激素,甚至还会产生精子,结果母鸡出现打鸣、羽毛艳丽等雄鸡的表征,甚至能和正常母鸡交配使后者产蛋并孵出小鸡,但鸡的性染色体没有改变而只是性器官发生了改变。其试验证据如下。

母鸡 ZW × ZW 性反转后的母鸡

↓

ZZ　　ZW ZW　　WW

1　∶　2　　死亡　　雄∶雌=1∶2

在许多植物中,环境可直接影响雌雄分化。栽培黄瓜、西瓜、南瓜时,在早期提供较多的氮肥,可以有效提高雌花数量;南瓜的某些品种在花形成期,若夜间温度降到 10 ℃左右时,可提高雌花的数量。光照对黄瓜雌雄花的分化影响很大,连续光照几乎全是雄花,缩短光照则雌花多于雄花。

5.5.2 性连锁

1910 年,摩尔根等从黑腹果蝇的群体中发现了一只白眼雄蝇,进一步研究发现,控制白眼性状的基因位于 X 性染色体上,表现伴性遗传。通常将位于性染色体上的基因所控制的某些性状总是伴随性别而遗传的现象,称为性连锁(sex-linked),也称为伴性遗传(sex-linked inheritance)。

5.5.2.1 果蝇的伴性遗传

果蝇许多性状如红眼与白眼、褐体与黄体等都是伴性遗传的。摩尔根用白眼突变雄蝇与野生型的红眼雌蝇进行杂交试验,获得了以下结果(图 5-15)。

P　　红眼雌蝇 × 白眼雄蝇

↓

F_1　　红眼(雌蝇、雄蝇)姊妹交

↓

F_2　　红眼∶白眼　3∶1

其中:　雌蝇全为红眼;雄蝇中,红眼∶白眼=1∶1

图 5-15 果蝇眼色性状的伴性遗传试验

在这一杂交试验中,F_1 代为红眼,F_2 代红眼与白眼表现 3∶1的分离比率,说明果蝇红、白眼色性状是一对基因决定的遗传。但与一般孟德尔比率不同的是,F_2 雌蝇全部是红眼,没有白眼,而雄蝇的红眼和白眼各占一半,表明果蝇红、白眼色性状遗传与性别有关。

摩尔根对这一现象的解释是,控制果蝇白眼性状的基因(w)在 X 染色体上,并且是隐性的,Y 染色体上没有这个基因的等位基因,因而白眼雄蝇亲本的基因型为 X^wY;与白眼雄蝇交配的红眼雌蝇是一个纯合体,基因型为 $X^{\overline{W}}X^{\overline{W}}$;决定白眼、红眼性状的 w、$\overline{W}$ 基因随着性染色体的分离而分离,因此亲代中雌蝇产生一种基因型的卵子 $X^{\overline{W}}$,而雄蝇形成两种基因型的精子 X^w 和 Y,子一代的基因型为 $X^{\overline{W}}X^w$ 和 $X^{\overline{W}}Y$,雌雄个体均表现为红眼,所以 F_1 姐妹交产生的 F_2 中,雌个体全为红眼,雄个体的一半为红眼,一半为白眼,白眼全部是雄性(图 5-16)。

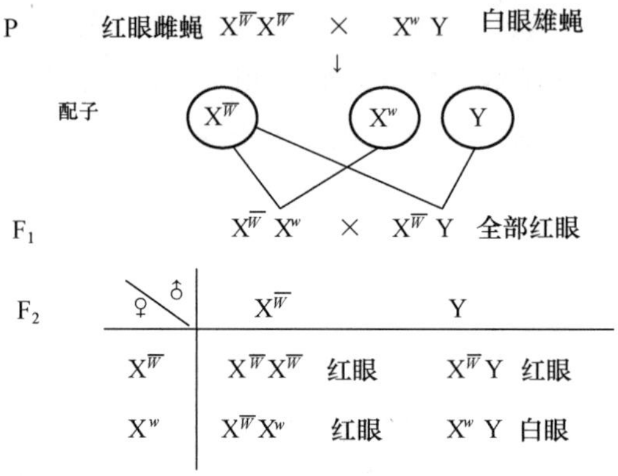

图 5-16 果蝇眼色性状伴性遗传试验的解释

根据摩尔根的解释，白眼雌蝇应是一个基因型纯合的个体，与红眼雄蝇交配产生的子代中，雌蝇应该全部是红眼，雄蝇应该全部是白眼，即父亲将其性状传给了女儿，母亲的性状传给了儿子，表现交叉遗传现象(图 5-17)。摩尔根这个试验的结果和预期的完全相同。

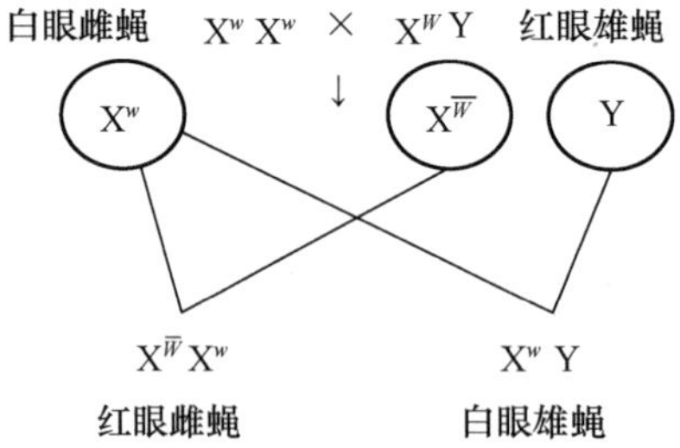

图 5-17 果蝇眼色性状的交叉遗传

摩尔根这一工作的意义不仅揭示了果蝇的伴性遗传规律，而且第一次把一个特定的基因定位在一个特定的染色体上。

5.5.2.2 人类的伴性遗传

在人类中，有 100 多个与性别无关的基因存在于 X 染色体上，它们的遗传方式与果蝇伴性遗传方式相同。最典型的例子是红绿色盲的伴性遗传，红绿色盲患者不能分辨红色和绿色，该性状由隐性突变基因 b 决定，基因 B 表现正常，B、b 基因位于 X 染色体上。在女性中，基因型为 X^BX^b 和 X^BX^B 的个体都表现正常，而只有纯合 X^bX^b 个体表现为色盲。男性由于 Y 染色体上没有对应的等位基因，所以 X^BY 个体表现正常，X^bY 个体患病。这种伴性遗传的病例中，男性多于女性，而不同的婚配方式产生不同的效果。

如果一个正常女性和一个红绿色盲男性婚配(图 5-18)，其子女都是正常的，但女儿是红绿色盲基因的携带者；若女儿与正常男子婚配，外孙一半患病，一半正常，外孙女均表现正常，但一半是色盲基因的携带者，总体表现为隔代遗传现象。

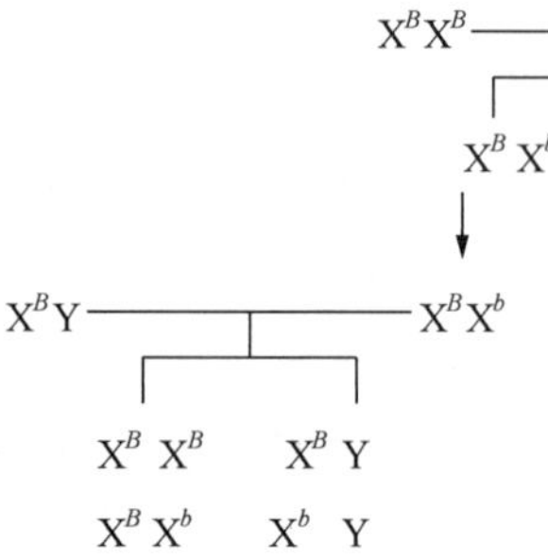

图 5-18 人类色盲性状的隔代遗传

如果一个红绿色盲女性和一个正常男性婚配，其儿子是红绿色盲患者，女儿正常但为红绿色盲基因的携带者；若子女均与正常个体婚配，孙子正常，孙女正常但为携带者，外孙一半患病，一半正常，外孙女全部正常，但一半为携带者(图 5-19)。

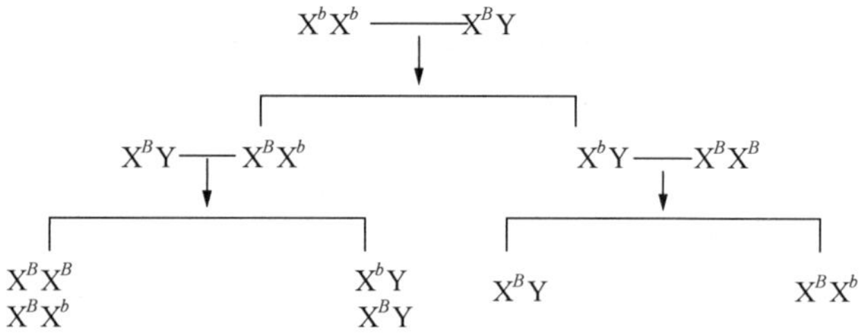

图 5-19 人类色盲的伴性遗传

5.5.2.3 鸡的伴性遗传

在家鸡中，芦花色的羽毛性状是伴性遗传。芦花基因 B 对非芦花基因 b 为显性。如用芦花的母鸡与非芦花的公鸡杂交，子代产生非芦花母鸡和芦花公鸡，表现为交叉遗传(图 5-20)。

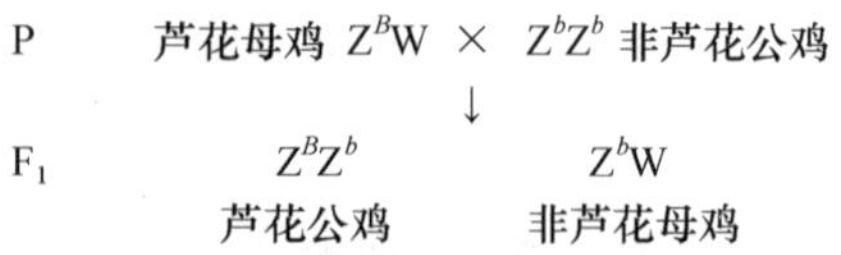

图 5-20 家鸡羽毛性状的伴性遗传(1)

若用非芦花的母鸡与芦花的公鸡杂交，子一代公、母鸡全为芦花鸡；子一代公、母鸡交配后，子二代中公鸡全为芦花，母鸡的一半是芦花，一半为非芦花，非芦花全部是母鸡(图 5-21)。

P	非芦花母鸡	$Z^bW \times Z^BZ^B$	芦花公鸡
		↓	
F_1		$Z^BZ^b \times Z^BW$	全部芦花
		↓	
F_2	Z^BZ^B　Z^BZ^b	Z^BW	Z^bW
	芦花公鸡	芦花母鸡	非芦花母鸡

图 5-21 家鸡羽毛性状的伴性遗传(2)

P	有角雌羊 HH	×	hh 无角雄羊
		↓	
F_1		Hh (雌性无角,雄性有角)	
		↓ 同胞交配	
F_2	$1HH$	$2Hh$	$1hh$
雌性:	有角	无角	无角
雄性:	有角	有角	无角

图 5-22 绵羊角的从性遗传

5.5.3 限性遗传和从性遗传

限性遗传(sex-limited inheritance)是指那些只在某一种性别中表现的性状遗传。这类性状的遗传,有一部分是由于基因位于雌雄的一方所特有的性染色体(Y 或 W 染色体)上。例如,人类的耳郭多毛症,属于 Y 染色体上基因决定的性状。经系谱调查,毛耳性状只能由父亲传给儿子,不传给女儿,所以在人群体中,凡是毛耳者都是男性。人类鱼鳞皮病也属限雄遗传。

还有一部分限性遗传则是基因位于常染色体上,但受生物体性别、年龄等内在环境影响,因而只在一种性别的个体上表现。例如,奶牛的泌乳量和产仔数、家鸡的产蛋量等基因决定的性状,就只在雌性中表现,实际上这些基因在雄体中同样存在。

从性遗传(sex-conditioned inheritance)是指在两个性别中都表现的、由常染色体上的基因决定的性状,受内分泌等因素影响,在一种性别表现显性,在另一种性别表现隐性。例如,人类的早秃基因,男性中秃顶对非秃顶为显性,而在女性中则为隐性,所以杂合体男性表现为秃顶,女性则正常(二维码 5-2)。在动物中,某些绵羊角的遗传属于从性遗传,受常染色体上的一对基因(H 和 h)控制。基因型为 HH 的羊,雌雄个体均有角,基因型为 hh 的羊,雌雄均无角。用一只有角的雌羊 HH 与一只无角的雄羊 hh 交配,子一代 Hh 雌性无角,雄性有角。子二代中,雌性有角与无角之比为 1∶3,而雄性的有角与无角之比为 3∶1,由此可见,在雌羊中无角是显性,在雄羊中有角是显性(图 5-22)。

二维码 5-2 从性遗传
——人类秃发遗传

5.6 连锁遗传规律的应用

5.6.1 交换值与育种群体规模确定

在育种工作中,根据连锁基因间的距离(或交换值),可以估计杂种后代各性状重组个体出现的概率。交换值大的性状之间,发生重组的可能性大,后代选择所需群体小,育种工作量小;而交换值小的性状,重组个体出现机会少,后代选择需要较大的群体。如果连锁紧密、重组机会更少,为获得重组类型,往往需要采用辐射、回交等方法增加重组类型出现的机会。在杂交育种过程中,育种家可以根据基因间的连锁程度、涉及的基因对数等估算理想类型出现的概率,确定选择群体规模,提高育种工作预见性。

例:在 4 对优良基因的选择中,假设杂交两亲本的基因型为 $AABBccdd$ 和 $aabbCCDD$,从连锁图上得知 a、b 基因在一个连锁群上,交换值为 20%;c、d 基因在另一连锁群上,交换值为 10%。育种要求在 F_3 代形成基因型为 $AABBCCDD$ 的优良株系 5 个,问 F_2 至少应种植多大群体?

解:为在 F_3 代形成基因型 $AABBCCDD$ 的 5 个株系,则 F_2 代至少需要获得该基因型的个体 5 株。而 F_2 代中的该基因型个体是由 F_1 代产生的 $ABCD$ 雌、雄配子结合而成。由 $ABCD$ 配子的概率能估算出 $AABBCCDD$ 出现的概率,进而估算出 F_2 应种植的群体。

已知 a、b 基因的交换值为 20%,亲型的 AB 产生的概率应为 $(1-20\%)\times 1/2=40\%$;c、d 基因的交换值为 10%,亲型的 CD 产生的概率应为 $(1-10\%)\times 1/2=45\%$。两者自由组合,则 $ABCD$ 配子的概率为 $40\%\times 45\%=18\%$。所以 $AABBCCDD$ 出现的概率为 $18\%\times 18\%=3.24\%$,为获得该基因型个体 5 株,至少需要种植 $5/3.24\%=154$(株)。

5.6.2 连锁与间接选择

对于连锁比较紧密的性状，利用性状间的遗传相关进行间接选择，可以大大提高育种效率。例如，大麦抗秆锈病基因与抗散黑穗病基因有紧密的连锁关系，只要注意选择抗秆锈病的个体，就有很大可能同时得到抗散黑穗病的个体。

5.6.3 性连锁理论的应用

家养动物的价值有时因性别不同而不同，控制性别有时会产生更大的经济效益。例如，雄蚕吐的丝，品质和产量都比雌蚕的高，所以蚕农喜欢养雄蚕。育种家用X射线处理蚕蛹，使蚕第二染色体上载有斑纹基因的片段易位到W染色体上，因雌蚕为ZW型，故有斑纹者为雌蚕，而雄蚕为白色，使蚕农可以在幼蚕期将雄蚕挑出来饲养。

内容提要与思维导图

连锁遗传的表现：位于同一染色体上的基因常有连锁在一起传递的现象。杂合体的两对基因完全连锁时只产生两种比例相等的亲型配子；不完全连锁时产生4种配子，包括两种比例相等的亲型配子和两种比例相等的重组型配子，亲型配子远多于重组型配子。

交换值：反映孢母细胞在连锁基因之间的染色体区域发生交换的机会，包括单交换和双交换。就一个很短的染色体片段来说，连锁基因间交换值就等于重组率，在较大的染色体区段内由于可能发生染色体的双交换，交换值就等于重组率加上双交换值。

基因定位：是指确定基因在染色体上相对位置，通过两点测验和三点测验可对3对或3对以上的连锁基因进行基因定位。

两点测验在确定3对基因的位置时，需进行3次杂交和3次测交，分别计算两两基因间的交换值，再通过比较各基因间交换值的大小，确定基因的排列顺序。两点测验在基因距离超过5个遗传单位时难免发生的双交换被忽略，准确度略低。

三点测验在确定3对基因的位置时，只进行1次杂交和1次测交。先根据测交子代所反映的亲型配子和双交换型配子的基因型差异，确定位于中间的基因。再根据重组率和双交换值估算相邻基因间的交换值。三点测验减少了环境对试验的影响，同时能够将双交换也估计进去，因而准确性高。

遗传图：同一染色体的连锁基因构成一个连锁群，将各个连锁群的基因顺序和相对距离标示出来，即构成遗传图。两个基因在遗传图上的距离称为图距，图距单位为“厘摩”(cM)，1 cM相当于1%的交换值。

性别决定：性别决定是两性生物性别分化的遗传基础，包括性染色体决定性别，基因决定性别和染色体倍数决定性别。性染色体决定性别的常见类型有XY型和ZW型，前者称为雄性异配子型，后者称为雌性异配子型。

性连锁：性染色体上还存在着许多与性别无关的其他基因，这些基因决定的性状与性别之间表现连锁遗传，称为性连锁或伴性遗传。X或Z染色体上基因决定的性状在两种性别个体上均可表现，但机会不同；Y或W染色体上的基因决定的性状只在一种性别个体上表现。

二维码 5-3 本章思维导图

复习思考题

1. 解释下列名词：完全连锁 不完全连锁 相引相 相斥相 交换值 重组率 基因定位 符合系数 干扰 连锁群 连锁图 着丝粒作图 常染色体 性染色体 雄杂合型 雌杂合型 伴性遗传 交叉遗传 限性遗传 从性遗传。

2. 试述完全连锁和不完全连锁遗传的特点及规律。

3. 简述两对基因连锁遗传和独立遗传的表现特征。

4. 重组率、交换值、遗传距离的关系是什么？

5. a、b两基因位点的染色体距离为10个遗传单位，假定有1 000个孢母细胞的基因型为Ab/aB，试求在减数分裂中，有多少个孢母细胞可能在a、b两基因之间发生交换，能形成哪几种配子？其比例如何？

6. 在玉米中，茎秆红色(G)对绿色(g)显性，高秆(H)对矮秆(h)显性，用纯合的红色、高秆品系与纯合的绿色、矮秆品系杂交，F_1为红色、高秆，F_1与纯合隐性亲本绿色、矮秆品系测交，得到下列子代：

红色、高秆265株；绿色、矮秆275株；

红色、矮秆31株；绿色、高秆29株。

问：(1)这两对基因是否连锁？若连锁，交换值是多少？(2)若红色、高秆的F_1代自交，F_2代中出现纯合的红色、矮秆个体的概率是多少？

7. 已知连锁遗传的基因t、r的交换值为20%。(1)写出杂合体Tr/tR与隐性纯合个体测交，测交子代的基因型和比例；(2)杂合体Tr/tR自交，自交子代中$TTRR$个体出现的概率。

8. 家鸡的羽色只要有c和o基因两者纯合或任何一个处于纯合状态就表现白色，有色要有两个显性基因C和O同时存在。今有一基因型为$CCoo$的雌性个体与一基因型为$ccOO$的雄性个体交配，子一代为有色个体，子一代与双隐性个体$ccoo$测交，测交子代中有色个体68只，白色个体204只，问o-c基因之间有连锁吗？

9. 番茄的三个突变基因o(扁圆果实)、p(茸毛果)、s(复合花序)位于第二染色体上，用这三对基因完全杂合的杂种F_1个体与三对基因隐性纯合的个体进行测交，得到了1 000个测交子代的群体，包含8种表型，各种表型的株数如下：

+ + +	73	+ + s	348
+ p s	96	+ p +	2
o p s	63	o p +	306
o + +	110	o + s	2

(1)确定这三个基因在第二染色体上的顺序和距离；(2)计算符合系数。

10. 已知连锁遗传杂合体Abc/aBC中，a、b基因之间的交换值为20%，b、c基因之间的交换值为10%，在无干扰情况下，杂合体自交产生8种类型的配子。问：(1)a、b基因之间的单交换将产生哪两类配子？(2)三对基因间双交换将产生哪两类配子？(3)在无干扰情况下，a、b基因之间的单交换产生两类配子占总配子的比例如何？在符合系数0.5时，a、b基因之间的单交换产生两类配子占总配子的比例如何？

11. 基因型为$AABBDD$的个体与基因型为$aabbdd$的个体杂交，F_1杂合体再与三隐性亲本测交，根据测交子代表型推断F_1产生的配子类型和比例为：

ABD 20，abd 20，abD 20，ABd 20，Abd 5，aBD 5，aBd 5，AbD 5

据此推断abd基因是否连锁，若连锁，交换值是多少？

12. 已知某生物的连锁群如下图，假设基因型为$AAbbCCdd$的个体与基因型为$aaBBccDD$的个体杂交，问：(1)杂种F_1个体可产生哪些基因型的配子？比例如何？(2)F_2产生基因型为$aabbCCDD$个体的概率多大？

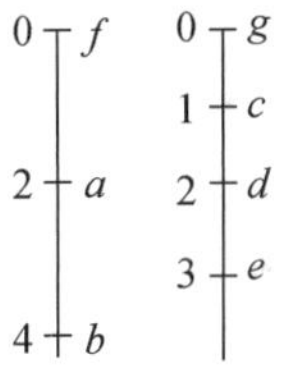

13. 果蝇的长翅(V_g)对残翅(v_g)显性，灰体(B)对黑体(b)显性，两对基因均位于果蝇2号染色体上，v_g与b基因相距18个遗传单位。用长翅灰体的纯合雌蝇与残翅黑体的纯合雄蝇杂交，杂种F_1雌、雄蝇全为长翅灰体。问：(1)取F_1长翅灰体雌蝇与残翅黑体雄蝇测交，测交子代基因型、表型的种类与比例如何？(2)取F_1长翅灰体雄蝇与残翅黑体雌蝇测交，测交子代基因型、表型的种类与比例如何？

14. 要识别刚孵化小鸡的性别是困难的，但很容易区分它们的羽毛是芦花的还是非芦花的，利用芦花性状是位于Z染色体上显性基因(B)这一事实，试提出一个能在孵化后就可以鉴别出小鸡性别的杂交方案。

15. 果蝇的灰体(E)对黑檀体(e)是显性，该基因位于果蝇的3号染色体上；红眼(W)对白眼(w)显性，该基因位于X染色体上。用红眼灰体双杂合雌蝇与白眼黑檀体纯合雄蝇交配，后代基因型、表型如何？

16. 人的色盲基因(c)和血友病基因(h)都在X染色体上，它们之间的重组率大约是10%，利用一无害基因与致病基因的连锁关系可以进行遗传诊断。下图给出的是某个系谱的一部分，方框表示男，圆圈表示女，黑色的符号表示该个体患有血友病，叉号表示该个体患有色盲症。问个体III_4和III_5的儿子患有血友病的概率有多大？

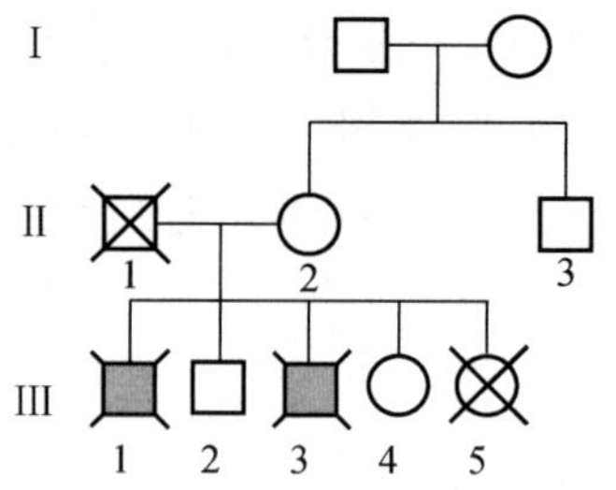

第6章

细胞质遗传

◆内容提示

介绍细胞质遗传的概念和细胞质基因决定性状的遗传规律；介绍线粒体、叶绿体、质粒等细胞器和遗传颗粒的遗传特点；介绍雄性不育遗传的原理和类型；说明不同雄性不育类型在植物育种上的应用原理。

◆教学目标

了解细胞质遗传的发现过程，掌握细胞质遗传的概念和表现特点及其与母性影响和基因组印记的区别，重点掌握植物雄性不育的类别、特点及在植物育种上的应用原理。

真核生物的细胞结构由细胞核和细胞质组成。细胞核包含了绝大部分的遗传物质，主要是存在于染色体上的基因，这些基因是生物遗传信息的主体，构成细胞核遗传体系。细胞质中的各类细胞器，如叶绿体、线粒体等功能结构中也存在遗传物质，包含了一些功能基因，控制某些性状的遗传，构成了细胞质遗传体系。细胞核基因和细胞质基因两者相互独立且相互影响，构成了完整的真核生物遗传体系。细胞质基因在遗传本质上与核基因相同，但在遗传表现形式上存在自己的特点和规律，是生物遗传的重要组成部分。

6.1 细胞质遗传的概念和特点

6.1.1 细胞质遗传的概念

细胞质中有叶绿体、线粒体、中心粒、动粒、膜体系等细胞器，也有质粒、共生体等非细胞器，它们有各自的基因。遗传学上把由细胞质基因所决定的遗传现象和遗传规律称为细胞质遗传(cytoplasmic inheritance)，又称非染色体遗传(non-chromosomal inheritance)、非孟德尔遗传(non Mendelian inheritance)、核外遗传(extra-nuclear inheritance)、母体遗传(maternal inheritance)。与之相对，由细胞核染色体基因所决定的遗传现象和遗传规律称为细胞核遗传。

6.1.2 细胞质遗传的发现

细胞质遗传现象最早是在1909年柯伦斯(Carl Correns)研究紫茉莉(*Mirabilis jalapa*)枝条颜色遗传时发现的。紫茉莉又称胭脂花，因花瓣可以提取胭脂而得名。在自然界中，紫茉莉的枝条颜色有3种：一种是白色，一种是绿色，一种是白绿相间的花斑色，3种枝条上都可以开花结实。柯伦斯分别以3种枝条上的花为母本，以3种枝条上不同花为父本进行两两杂交实验(二维码6-1)。试验结果是，同一杂交组合正反交F_1表现不同，F_1表现母本性状，与父本枝条颜色表现无关。具体的情况是，以白色枝条上的花作为母本时，无论父本花来自哪一种枝条，F_1均表现白色枝条；以绿色枝条上的花作为母本时，F_1均表现绿色枝条；当以花斑枝条上的花作为母本时，F_1中会出现白色、绿色和花斑3种类型，且3种比例没有规律(图6-1)。显然，紫茉莉枝条颜色的遗传表现不符合孟德尔遗传规律。

二维码6-1 紫茉莉不同颜色枝条杂交实验

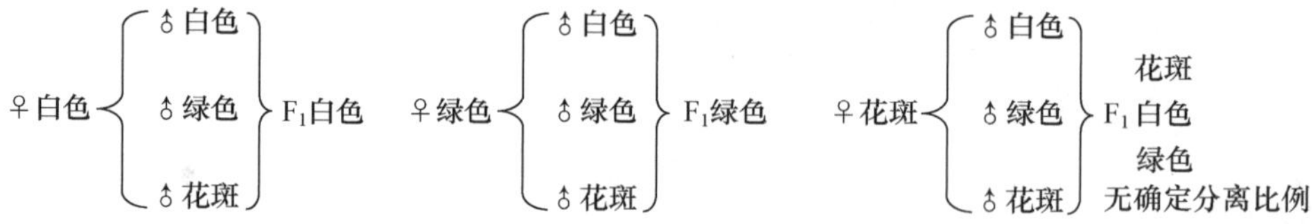

图 6-1　紫茉莉花斑植株不同类型枝条杂交的 F_1 表现

据分析，这是母本卵细胞中的叶绿体和白色体在受精卵分裂和个体发育过程中不均等分配的缘故。用显微镜检查，绿色叶片或花斑的绿色部分细胞中含有正常叶绿体，白色部分细胞内缺乏正常的叶绿体，而含有无色颗粒称为白色体。花斑枝条或叶片中白色和绿色并无明显分界，在白绿两者交界的地方细胞内则同时含有叶绿体和白色体（二维码 6-2）。

二维码 6-2　紫茉莉不同颜色枝条杂交实验遗传解释

根据有性生殖原理，细胞质几乎全部来自母体，因此细胞质中的叶绿体也随细胞质一起遗传给后代，使后代表现母体细胞质性状。于是，白、绿枝条母本杂交后代分别表现为白色和绿色，花斑枝条作为母本如果卵细胞只含有叶绿体则后代均为绿色，只含有白色体则后代均为白色，如果既含有叶绿体又含有白色体，则后代为花斑。细胞质中的叶绿体和白色体在细胞分裂时并不像细胞核基因那样发生准确有规律的分离，所以花斑枝条杂交后代才不表现有规律的分离比例。

6.1.3　细胞质遗传的特点

真核生物有性生殖过程中，细胞核基因来自雌雄双方，而绝大部分细胞质基因只来自卵细胞，精细胞没有或极少提供细胞质基因（图 6-2），因此在受精卵分裂、发育过程中由核基因控制的性状由双亲基因型共同决定，而由细胞质基因控制的性状只由来自母体的细胞质基因决定。

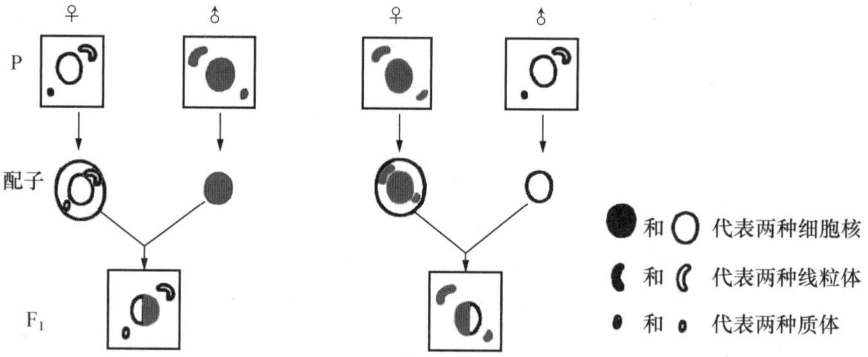

图 6-2　细胞质正反交遗传差异模式图

因此，细胞质基因决定的性状遗传方式有着自己特有的规律和特征：

（1）正反交后代表现不同，F_1 通常只表现母本性状。

（2）遗传方式属于非孟德尔式的，杂交后代不表现一定比例的分离。

（3）通过连续的回交能将母本的细胞核基因全部置换掉，但母本细胞质基因控制的性状仍不消失（二维码 6-3）。

二维码 6-3　核代换原理

（4）由附加体或共生体决定的性状，往往表现类似病毒的转导或感染。

6.2 母性影响与基因组印记

在自然界中有些遗传现象需要同细胞质遗传加以区别。这里要说明的是母性影响和基因组印记两种情况。

6.2.1 母性影响

母性影响(maternal effect)是指由于母本细胞核基因型的影响,使子代表现母本性状的现象,又称前定作用(predetermination)。母性影响有 2 种,一种是持久的母性影响,其作用影响整个世代;另一种是短暂的母性影响,其作用只影响子代个体的幼龄阶段。

6.2.1.1 椎实螺外壳旋转方向的遗传

持久的母性影响的一个典型的例子是椎实螺外壳旋转方向的遗传。椎实螺(*Lymnaea peregra*)是一种雌雄同体的软体动物,通常是异体受精繁殖,也可以通过自体受精繁殖。

椎实螺外壳的旋转方向有左旋和右旋之分。用不同旋转方向的椎实螺进行杂交,如果以左旋的作为母本,F_1表现左旋,F_1自交得到F_2全部表现右旋,F_3出现右旋和左旋 3∶1分离;如果以右旋作为母本,F_1表现右旋,F_2全部表现右旋,F_3出现右旋和左旋 3∶1分离。正反交 F_1 外壳的旋转方向都与各自的母体一样,类似于细胞质遗传,但无论正反交 F_2 却全部都为右旋,到 F_3 世代都出现右旋和左旋 3∶1分离(图 6-3)。

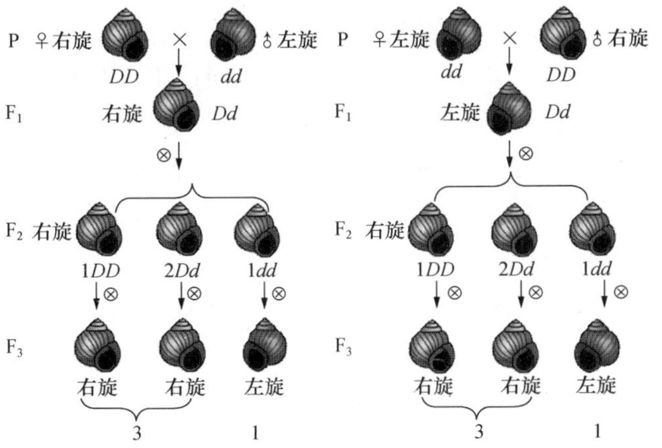

图 6-3 椎实螺外壳旋转方向的遗传

(仿自 Klug 等,2000)

椎实螺外壳旋转方向受一对核基因控制,右旋(D)对左旋(d)为显性。个体的表型并不是由自身核基因型直接决定,而是由母本的核基因决定。无论正反交 F_1 的基因型都是 Dd,但两者旋转方向不同,其方向取决于其母本基因型。右旋(DD)作为母本,F_1为右旋,左旋(dd)作为母本,F_1为左旋。因为无论正反交 F_1 基因型都为 Dd,所以正反交 F_2 都表现右旋,尽管其基因型呈现 1∶2∶1分离。F_2中的 DD 和 Dd 自交产生的 F_3表现右旋,dd 自交的 F_3表现左旋。所以,3∶1的分离出现在 F_3,比正常的孟德尔分离晚一代。因此母性影响又称为延迟遗传(delayed inheritance)。

母本基因型是如何影响子代椎实螺外壳旋转方向的呢?研究发现,螺类受精卵的卵裂是螺旋式的,椎实螺外壳旋转方向是由受精卵第一次和第二次分裂时的纺锤体分裂方向所决定的(图 6-4)。它的第一次卵裂的纺锤体排列的方向不是垂直的,左螺旋的方向倾向左侧约 45°,右旋者则倾向右侧约 45°,之后的卵裂以及随之躯体和外壳的分化便向左旋或右旋。整个发育决定于第一次和第二次卵裂,纺锤体的这种分裂行为是由受精前的母体基因型决定的。所以椎实螺外壳旋转方向归根到底决定于母本的基因型和这种基因型所影响的卵母细胞。

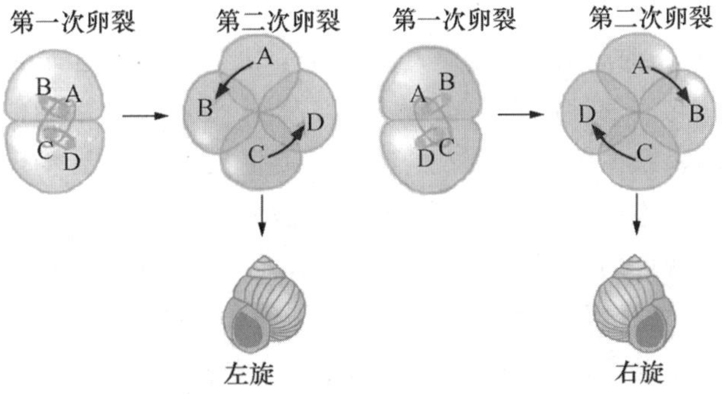

图 6-4 椎实螺的受精卵卵裂方式及它的外壳旋转方向

应该指出,母性影响遗传中表现的正反杂交子代表型不一样,子代与母体表型相同。这都和细胞质遗传十分类似,但它不是由细胞质基因组决定的,而是由于核基因的产物在卵细胞中积累决定的,属于细胞核遗传范畴。母性影响遗传性状的分离比例符合孟德尔规律,只是表现分离的时间比典型的孟德尔遗传晚一个世代。

6.2.1.2 欧洲麦蛾色素的遗传

欧洲麦蛾色素的遗传表现暂时母性影响作用。欧洲麦蛾(*Ephestia kuhuniella*)正常幼虫的皮有色素,成虫复眼棕褐色。色素是由犬尿氨酸(kynurenine)所形成的，由一对基因（Aa）控制。有色个体（AA）与无色个体（aa）正反杂交，子一代都是有色的。当用子一代 Aa 与 aa 测交时，由于测验种（Aa）作为父本或是母本，测交子代出现了不同的性状分离情况。当 Aa 作为父本时，测交子代表现一半幼虫皮有色、成虫复眼棕褐色，另一半幼虫皮不着色、成虫复眼红色，与正常测交分离比例一样。但是如果 Aa 作为母本，所得测交后代幼虫皮都是有色、眼棕褐色，成虫时其中半数为有色皮、棕褐色眼，半数为无色皮、红色眼。这些结果既不同于一般测交，也与伴性遗传的方式不符（图 6-5）。

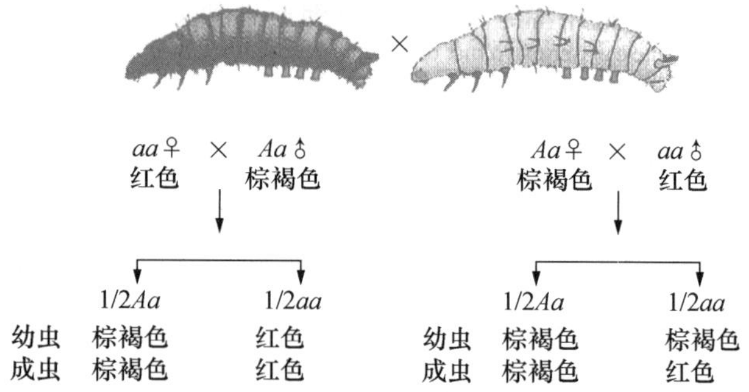

图 6-5 欧洲麦蛾色素（眼色和皮色）的母性影响

为什么会产生上述结果呢？这是由于基因 A 使幼虫着色。当卵母细胞中有 A 基因存在（Aa 为母本测交）时，经减数分裂产生的卵，不论基因型是 A 或 a，它们的细胞质中都含有 A 基因产物，即色素的前体以及由前体所合成的色素。而测交所得的受精卵其细胞质多来自卵子，所以它们的后代中，aa 基因型幼虫的皮是着色的。不过，这种母性的影响只是暂时的，因缺少 A 基因，不能自身合成色素，随着个体的发育，色素逐渐消耗，成虫时皮色消失，复眼已成为红色。

由此可见，前述的母性影响是通过母体细胞质起作用的，但仍然属于核基因遗传，因为母体细胞质中的色素物质是核基因型决定的。

6.2.2 基因组印记

在研究中发现，还有一类遗传现象类似细胞质遗传和母性影响，但遗传本质却不同于两者。例如，小鼠的一种矮小性状遗传。小鼠 *Igf2* 编码胰岛素生长因子-2，促进小鼠的生长发育，如果 *Igf2* 基因突变会使小鼠身体矮小（*Igf2m*）。当以雌性正常的小鼠与雄性矮小鼠杂交时，F_1 代为矮小鼠，如果反交，则 F_1 表现为正常鼠，如下：

♀*Igf2Igf2*×♂*Igf2mIgf2m*　　♀*Igf2mIgf2m*×♂*Igf2Igf2*
正常小鼠　矮小小鼠　　矮小小鼠　正常小鼠
↓　　↓
F_1　*Igf2Igf2m*　　*Igf2Igf2m*
矮小小鼠　　正常小鼠

上述现象与细胞质遗传不同，其杂交后代表现父本性状；与母性影响也不同，因为杂交后代小鼠体内胰岛素生长因子-2 受后代本身 *Igf2* 基因控制，与亲代基因型无关。经研究发现，产生这种现象的原因是 F_1 小鼠体内基因只有来自父本基因组的 *Igf2* 基因表达，而来自母本的基因处于沉默状态。虽然上面提到的正反交实验 F_1 小鼠的基因型都是 *Igf2*、*Igf2m*，但两者的基因来源不同，第一种情况下突变基因（*Igf2m*）来自父本，第二种情况下突变基因来自母本。*Igf2*-*Igf2m* 等位基因是否发挥作用，受到基因组来源的影响。在同一生物体内不同来源的等位基因活性不同的现象称为基因组印记（genomic imprinting）。基因组印记有的是父源基因可以转录表达，母源基因处于失活的沉默状态；有的是父源基因沉默而母源基因表达。把父系来源基因无转录活性的现象称为父系印记（paternal imprinting），把母系来源基因无转录活性的现象称为母系印记（maternal imprinting），这种亲缘差异性表达的基因称为印记基因（imprinted gene）。

基因组印记不是由 DNA 碱基序列差异引起的，而是由相同的 DNA 结构、不同的修饰导致基因表达的沉默，如 DNA 甲基化、组蛋白乙酰化等。来自父母双方配子内的等位基因具有不同的甲基化模式，在合子内有特定的识别系统，可以分辨不同来源的基因组印记，使不同来源基因差异性表达。基因组印记属于基因型未发生改变而表型发生可遗传变化的现象，这类现象统称为表观遗传变异（epigenetic variation），基因组印记属于其中的一种。

6.3 叶绿体遗传

6.3.1 叶绿体遗传的表现

前已述及，紫茉莉花斑叶色的遗传属于典型叶绿体遗传。下面的玉米叶片埃型条纹是叶绿体遗传的另一个例子。1943年，罗兹(Rhoades)发现，玉米的第7染色体上有一个控制白色条纹的基因(ij)，该基因纯合时细胞质中部分质体不能产生叶绿素，使叶片产生绿白相间的条纹或形成不能长期存活的白化苗。这是由细胞核基因控制产生的白色体通过细胞质遗传给后代的遗传现象。

用条纹株与正常绿色株进行正反杂交，当以绿色植株为母本，条纹叶植株作为父本时[图6-6(a)]，F_1全部表现正常绿色，F_2出现绿色与白化(或条纹)3∶1的分离，纯合隐性($ijij$)个体表现白化或条纹，表明绿色与非绿色受一对基因控制，属于遵循孟德尔遗传方式的核遗传。当以条纹植株作为母本时[图6-6(b)]，F_1会出现正常绿色、条纹和白化3种植株，并且没有一定的比例。如果将后代中的条纹植株作为母本与正常绿色植株连续回交，后代仍然出现比例不定的3种植株。这说明，隐性核基因 ij 引起了叶绿体的变异，导致条纹或白化性状。变异一经发生，便能以细胞质遗传的方式传递，且一直被持续下去，它的保持不再需要隐性基因 ij 的存在。显然质体具有一定程度的遗传自主性，同时表明核基因也能影响某些细胞质性状的遗传。

P　♀$IjIj$绿色×♂$ijij$条纹
↓
F_1　$Ijij$绿色
↓ 自交
F_2　1$IjIj$　2$Ijij$　1$ijij$
3绿色∶1条纹(或白化)

(a)

♀$ijij$条纹×♂$IjIj$绿色
↓
$Ijij$(白色、绿色、条纹)
♀$Ijij$×♂$IjIj$绿色
↓
绿色、白色、条纹(表型分离无规律)

(b)

(a)玉米条纹叶的孟德尔遗传表现　(b)玉米条纹叶的非孟德尔遗传表现

图6-6　玉米条纹叶的叶绿体遗传

6.3.2　叶绿体基因组

叶绿体是绿色植物细胞质基因存在的主要场所之一，通常将存在于叶绿体的所有基因统称为叶绿体基因组。叶绿体DNA(chloroplast DNA，cpDNA)通常是一个裸露的环状双链分子，其大小一般为120～200 kb。一个叶绿体中可含有一至多个cpDNA分子。高等植物中每个叶绿体内可含有30～60个cpDNA拷贝，多数植物每个细胞含有几千个拷贝；某些藻类中每个叶绿体内约有100个拷贝。单细胞的鞭毛藻中约含有15个叶绿体，每个叶绿体内约有40个cpDNA拷贝，一个鞭毛藻中约含600个拷贝。据估计，叶绿体DNA占细胞总DNA的2%～4%。

高等植物cpDNA碱基成分与核DNA没有明显区别，但单细胞藻类则有明显区别。如衣藻cpDNA的G、C含量为36%，其核DNA的G、C含量为67%。目前，人们对很多植物的叶绿体基因组都完成了测序，从而对叶绿体的基因组特征有了更深入的了解。例如，主要的禾本科作物玉米、水稻、小麦、高粱、大麦、燕麦、黑麦等都完成叶绿体基因组测序，这些禾本科作物叶绿体基因组一般为115～150 kb，其中高粱叶绿体基因组最大(140 752 bp)，黑麦的最小(114 843 bp)，禾本科作物叶绿体基因组中G、C含量均在38%左右。

大多数植物的叶绿体DNA序列有两个反向重复序列(inverted repeat，IR)。它们之间由两段大小不等的非重复序列所隔开。这两个大小不等的非重复序列分别称为大单拷贝区(large single-copy region，LSC)和小单拷贝区(small single-copy region，SSC)。不同植物中大、小单拷贝区的长度不一。在蚕豆、豌豆等一些豆类叶绿体DNA中，至今尚未检测出重复序列，在裸藻叶绿体DNA中含有多个串联排列的重复序列。

叶绿体基因组能够独立地复制、转录以及合成蛋白质。从已测定的叶绿体基因组序列看，叶绿体基因组能编码120个左右的蛋白质。叶绿体基因组在遗传上有一定的独立性，但与此同时，叶绿体的自身结构和生理活动都需要核基因的参与并受其控制。

水稻叶绿体基因组中基因数量最多，为162个。禾本科植物叶绿体基因组含有许多功能基因(110～130个)，主要是与光合作用有关的基因，包括光系统Ⅰ、Ⅱ类基因、NAD(P)H 脱氢酶类基因、细胞色素类基因、ATP 合成酶类基因等；自我复制相关的基因，包括核糖体 RNA 类基因、转运 RNA 类基因、RNA 聚合酶类基因、编码核糖体蛋白类基因等；参与叶绿体中生物合成有关的基因，包括成熟酶基因、乙酰辅酶 A 羧化酶基因、蛋白酶基因、包膜蛋白基因、细胞色素 c 合成基因和翻译起始因子基因等。

6.4 线粒体遗传

6.4.1 线粒体遗传的表现

线粒体是细胞质中重要的细胞器，也随卵细胞传递给后代，因而线粒体基因控制的性状表现细胞质遗传特点。

红色面包霉学名粗糙链孢霉(*Neurospora crassa*)，属于子囊菌(Ascomycetes)。红色面包霉可以产生原子囊果和分生孢子，原子囊果可以与相对接合型的分生孢子结合受精。原子囊果相当于一个卵细胞，它除了细胞核还带有细胞质；分生孢子包括一个单倍体的细胞核，一般不包含细胞质，在受精过程中相当于精子。

红色面包霉有一种生长迟缓的突变，称为 poky。它在正常繁殖条件下能很稳定地遗传下去，即使通过多次接种移植，它的遗传方式和表型都不发生改变。

当 poky 突变型的原子囊果与野生型的分生孢子结合受精时，所有子代都是突变型的[图 6-7(a)]；在反交情况下，所有子代都是野生型的[图 6-7(b)]。当生长迟缓性状被原子囊果携带时，就能传给所有子代；但如果由分生孢子携带，这个结果与核基因决定的腺嘌呤缺陷型 ad^- 的遗传显然不相同，不论是正交还是反交所产生的子囊孢子中，基因型 ad^+ 和 ad^- 的子囊孢子各占一半。

poky 突变型线粒体结构不正常，不含细胞色素 a 氧化酶和细胞色素 b 氧化酶，但细胞色素 c 氧化酶的含量超过正常值，而细胞色素氧化酶是线粒体上的电子传递蛋白，与能量转换有密切相关，有关基因可能存在于线粒体中，呈现细胞质遗传。

6.4.2 线粒体基因组

线粒体 DNA(mitochondrial DNA，mtDNA)是裸露的双链分子，多为闭合环状结构。高等动植物

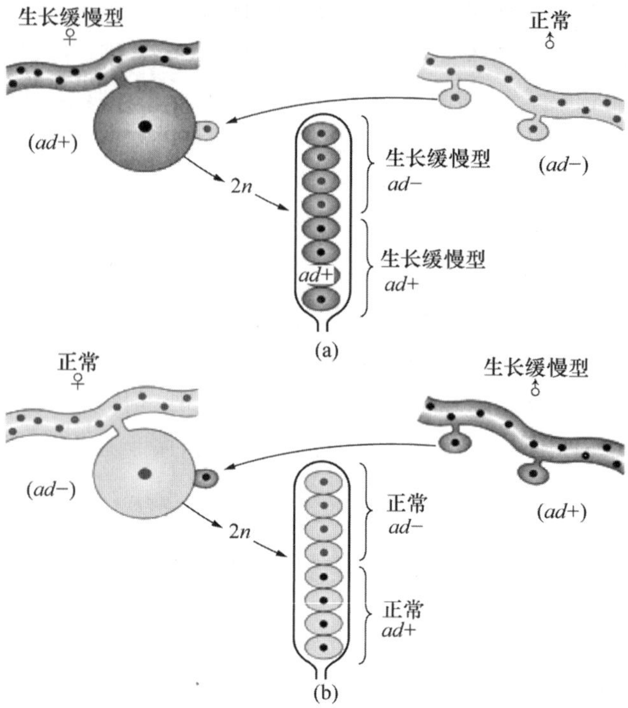

图 6-7　链孢霉的生长缓慢型

(引自 Griffiths 等，2000)

线粒体 DNA 为环形，一些低等真核生物线粒体 DNA 为线性。

线粒体 DNA 的大小差异较大。动物一般为 14～39 kb，真菌类 17～176 kb，植物的线粒体基因组比动物的大 15～150 倍，大小可为 200～2 500 kb。

真核生物每个细胞内含众多的线粒体，每一线粒体又可能具有多个 mtDNA 分子。通常线粒体越大，所含的 DNA 分子拷贝数越多。二倍体酵母约含 100 个拷贝，哺乳动物的每个细胞中含 1 000～10 000 个拷贝。人的 HeLa 细胞(一种子宫颈癌组织的细胞株)的每个细胞中约含 800 个线粒体，每个线粒体中约含 10 个拷贝。

植物线粒体基因组的大小差异很大，基因组大小为 100～1 000 kb 不等。研究表明，线粒体基因组大小与其编码的基因数量不成比例。例如，苔藓类植物地钱线粒体基因组为 187 kb，编码 74 个基因；双子叶植物西葫芦线粒体基因组为 983 kb，报道的编码基因只有 54 个，所以线粒体基因组大，基因数目不一定更多。另外，同一物种的不同亚种间线粒体基因组也存在一定差异。例如，玉米不同亚种间的线粒体基因组大小为 540～570 kb，基因数目为 50～70 个，玉米 C 型不育系比玉米 T 型不育系的线粒体基因组要大近 40%。高等植物的线粒体发育绝

大部分是受核基因调控，线粒体仅编码部分必需基因，这些基因包括必要的蛋白质编码基因和非蛋白质编码基因。蛋白质编码基因主要编码与电子传递和氧化磷酸化有关的蛋白，如编码部分呼吸链复合体亚基蛋白，植物线粒体基因组还存在编码核糖体蛋白亚基基因。非蛋白质编码基因主要是 rRNA 和 tRNA 的基因，其中 rRNA 包括 5S rRNA、18S rRNA 和 26S rRNA。

动物线粒体基因组大小一般介于 14～20 kb，通常编码 37 个基因，包括 13 个与氧化磷酸化相关的蛋白质编码基因(如 NADH 脱氢酶亚基、细胞色素 c 氧化酶亚基、ATP 合成酶亚基、细胞色素 b 脱氢辅酶)、22 个 tRNA(分别对应 20 种氨基酸)和 2 个 rRNA(12S 和 16S rRNA)。

线粒体 DNA 与核 DNA 有明显的不同。mtDNA 没有重复序列，碱基成分中 G、C 的含量比 A、T 少。mtDNA 的两条单链的密度不同，嘌呤较多的一条称为重链(H 链)，另一条称为轻链(L 链)。

线粒体基因组能够独立地复制并转录合成与自身结构和功能相关的部分蛋白质。大部分蛋白质依赖于核基因编码输入。所以，线粒体属于半自主性的细胞器，与核遗传体系处于相互依存之中。

6.5 共生体和质粒决定的遗传

6.5.1 共生体的遗传

在某些生物的细胞质中除了质体和线粒体等必不可少的成分外，还有一些细胞生存着某些非必需的、以共生形式存在的颗粒，被称为共生体(symbiont)。这种共生体颗粒能够自我复制，或在寄主细胞核基因组的作用下进行复制，连续地保持在寄主细胞中，并对寄主的表现产生一定的影响。很多类似于细胞质遗传的性状与共生体颗粒的存在有关。因此，共生体颗粒也是细胞质遗传研究的重要对象。

最常见的共生体颗粒的遗传事例是草履虫(*Paramecium aurelia*)(图 6-8)的放毒型遗传。

草履虫是一种常见的原生动物。每种草履虫都含有两种细胞核，即大核和小核。大核是多倍体，主要负责营养；小核是二倍体，主要负责遗传。草履虫既能进行无性生殖，又能进行有性生殖。有性生殖采取接合的方式，分自体接合和异体接合。

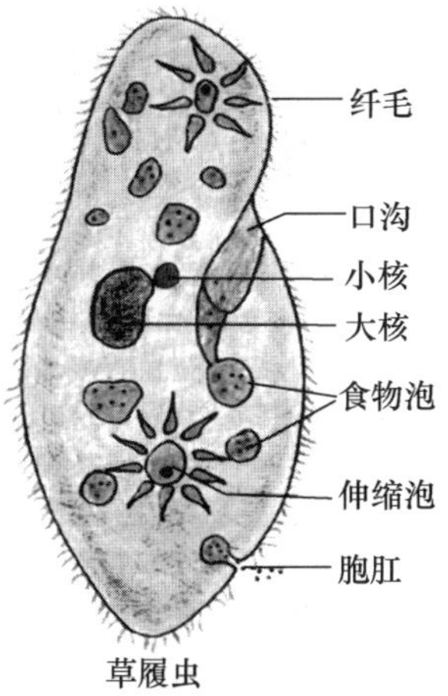

图 6-8 草履虫结构示意图

自体接合也称自体受精。自体接合时，先是大核消失，2 个二倍体小核各自经过减数分裂，形成 8 个小核，之后随机地只留下一个单倍体小核，这个小核再经有丝分裂形成 2 个单倍体核，2 个小核融合，回复到二倍体状态，并进行 2 次有丝分裂，形成 4 个二倍体核，其中 2 个小核变成 2 个大核，另外 2 个小核再各自进行一次有丝分裂，最后细胞分裂，形成 2 个基因型纯合的二倍体个体(图 6-9)。

草履虫异体接合时，先大核消失，2 个小核各进行一次减数分裂，形成 8 个小核，其中 7 个随机退化，余下的 1 个单倍体小核有丝分裂产生 2 个小核，两个细胞相互交换 1 个小核，接合的细胞分开，随后每个细胞的 2 个小核融合形成 1 个杂合二倍体核，杂合的二倍体核连续两次有丝分裂，形成 4 个杂合二倍体小核，其中 2 个小核变成 2 个大核，另外 2 个小核再各自进行一次有丝分裂，最后细胞分裂，形成 2 个基因型杂合二倍体个体(图 6-10)。

在草履虫中有一个特殊的放毒型品系，它的体内含有卡巴粒(kappa particle)。含有卡巴粒的个体都能分泌一种毒素，即草履虫素，能杀死其他无毒的敏感型品系。卡巴粒对放毒型草履虫本身无影响，且对其他卡巴粒的毒害有免疫作用。在接合过程中，敏感型草履虫对毒素有抵抗作用，所以放毒型草履虫与敏感型草履虫可以完成接合。

研究表明，草履虫的放毒型稳定遗传必须有 2 种因子同时存在：一是细胞质里的卡巴粒，二是核内的显性基因 *K*。*K* 基因本身并不产生卡巴粒，也不携带编码草履虫素的信息，它的作用是使卡巴粒在细胞质内增殖并持续存在。

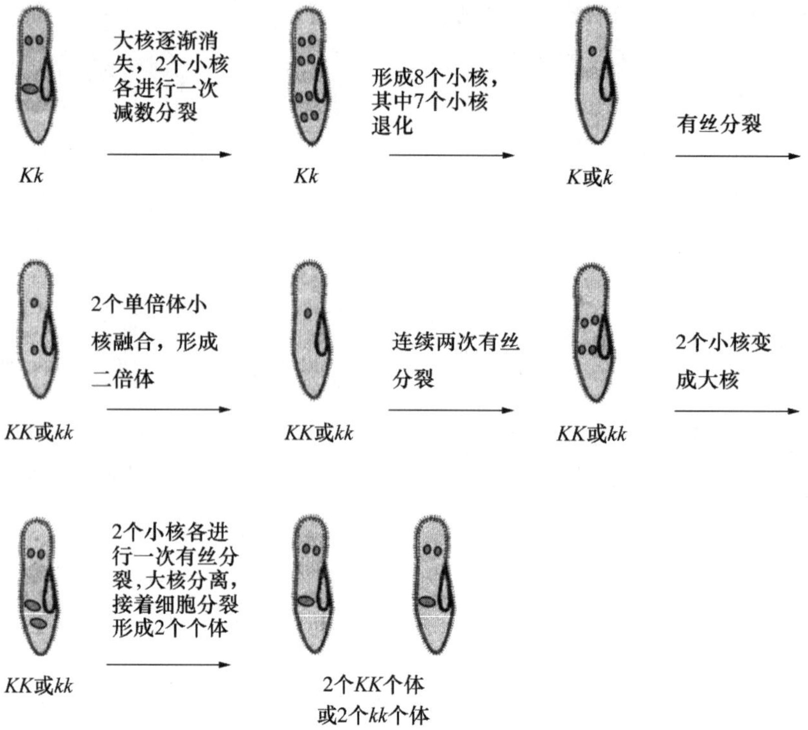

图 6-9　草履虫自体受精示意图

（引自 Tamarin，2001）

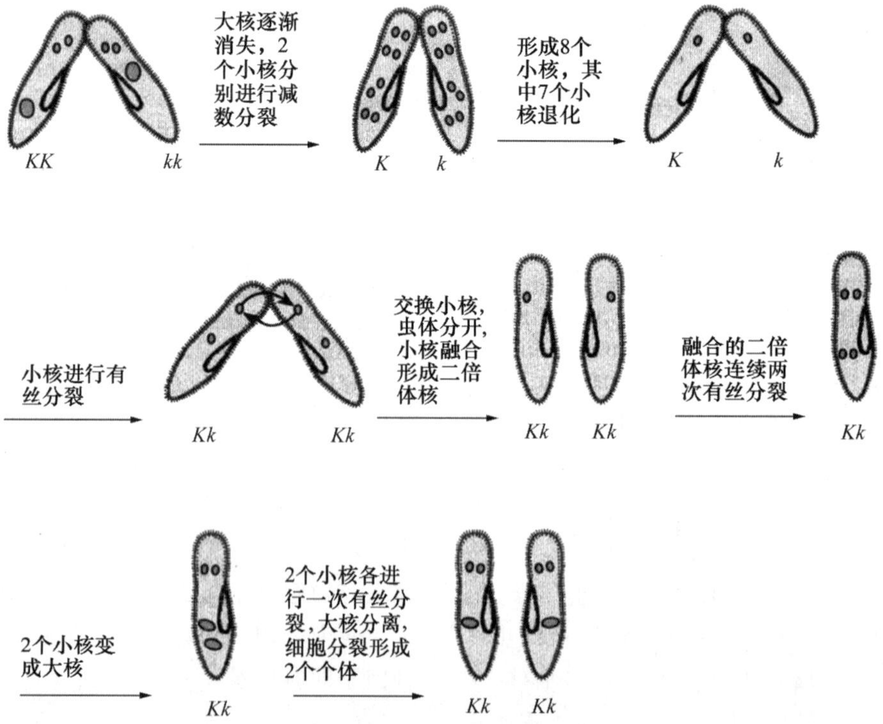

图 6-10　草履虫异体接合示意图

（引自 Tamarin，2001）

纯合放毒型(KK、卡巴粒)与敏感型(kk、无卡巴粒)的草履虫接合时,两个亲本各自交换2个小核中的一个,然后亲本自己的小核与换来的小核在体内相结合,交换后的两个亲本的基因型都是Kk。但是,接合后的细胞质则可能出现两种情况:①两种接合型接合时间较短,两个亲本只有小核的交换而没有细胞质和卡巴粒的交换,两亲本基因型均变为Kk,放毒型的亲本仍保持放毒特性;敏感型没有卡巴粒,仍为敏感型。这两个个体如再进行自体受精,经过减数分裂,以后又分别产生1KK∶1kk的纯合后代。结合后Kk杂合的放毒型自体受精后代中,KK个体仍为放毒型;kk个体开始能保持放毒特性,但经过多代无性繁殖后,由于没有K基因,卡巴粒逐渐减少而成为敏感型[图6-11(a)]。Kk杂合的敏感型自体受精的后代中,无论是KK个体还是kk个体,由于体内不含卡巴粒,不能产生毒素,仍然保持敏感型的特性。②放毒型和敏感型接合的时间较长,两亲本发生了K和k核基因的互换,同时也有部分细胞质和卡巴粒进行互换,接合后代都能放毒,它们的自交后代,不管是KK还是kk基因型,也都能放毒。但经若干代无性繁殖后,KK个体仍保持放毒特性,kk个体体内卡巴粒逐渐消失,变为敏感型[图6-11(b)]。

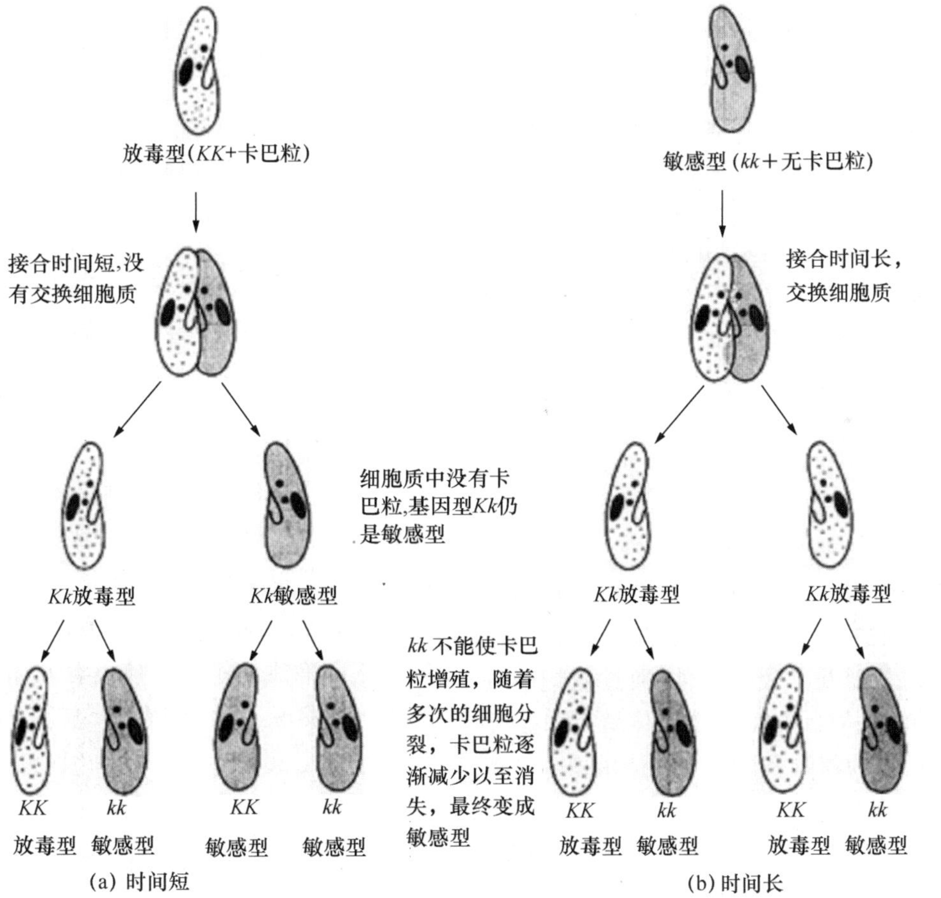

图6-11 草履虫放毒型的遗传

(引自Atherly等,1999)

放毒型的毒素是由细胞质中的卡巴粒产生的,但卡巴粒的增殖有赖于核基因K的存在。如果没有K基因,kk个体中的卡巴粒经5～8代的分裂,就会消失而变为敏感型。卡巴粒一经消失,就不能再生,除非再从另一放毒型中获得。另外,如果细胞质内没有卡巴粒,即使K基因存在,也不能无中生有地产生卡巴粒,仍然保持敏感型。

6.5.2 质粒的遗传

质粒(plasmid)是指存在于细胞中能独立进行自主复制的染色体外遗传因子。质粒一般以独立于染色体的形式存在,但有些质粒能够与染色体结合,随寄主染色体的复制而复制，这种质粒称为附加体(episome)。目前已普遍认为质粒仅指细菌、酵母和放线菌等生物中染色体以外的单纯DNA分子。

质粒广泛存在于细菌细胞中，并且决定细菌的某些性状，其遗传具有类似细胞质遗传的特征。大肠杆菌的F因子是最早发现的质粒，又称致育因子，有附加体的性质，可以通过接合在细菌细胞间传递。大肠杆菌的Col质粒是能产生大肠杆菌素的质粒，大肠杆菌素能结合到敏感型细菌的细胞壁上，抑制敏感细菌的细胞分裂、转录或能量代谢。Col质粒通过类似DNA转化的途径进行自我转移。

R质粒是在痢疾志贺菌(*Shigella dysenteriae*)中发现的质粒。它的主要特征是使寄主细胞获得对各类真菌抗生素的抗性，是一种抗药性质粒，可以自我转移。大部分R质粒由相邻的两部分组成：一部分称抗性转移因子(resistance transfer factor, RTF)，这组基因具有调控质粒本身的复制和转移等功能；另一部分是抗性决定因子(resistance determinant factor, RDF)，包括编码某些酶的基因。这些酶可对几乎所有抗生素及磺胺类药物、Hg^{2+}等元素的杀菌剂进行生物化学修饰，使之钝化。

土壤农杆菌(*Agrobacterium tumefaciens*)是一种能诱发某些双子叶植物产生肿瘤的土壤细菌。引起肿瘤的原因是该细菌中存在一种质粒，这种质粒称为致瘤(tumor inducing, Ti)质粒。当Ti质粒整合到宿主细胞染色体中，就会诱发出肿瘤。Ti质粒既可以在细菌之间转移，又可以在细菌和植物细胞之间转移。经过改造的Ti质粒除去了非必需区域，可以载荷上目的基因及其控制元件，通过农杆菌侵染转化给受体植物，使目的基因在受体植物中整合表达。Ti质粒已成为植物基因工程中使用最多的载体(详见第16章“基因工程”)。

质粒在真核生物中不及在细菌中普遍。质粒一般与核基因组没有联系，遗传方式和细胞器基因类似。例如，在玉米的研究中曾发现线粒体内的两个线性质粒S_1和S_2，它们与玉米的雄性不育有关，作用机制还不清楚，但已知它们可以和线粒体基因组发生重组。

6.6 植物雄性不育的遗传

在细胞质基因所决定的性状中，实践上最重要的一个性状就是有花植物的雄性不育(male sterility)。

植物的雄性不育是指雄蕊发育不正常，不能产生具有正常功能的花粉，但雌蕊发育正常，能接受正常花粉而受精结实的现象。

植物界普遍存在雄性不育现象，迄今已在18个科的110多种植物中发现了雄性不育性的存在。在研究比较多的水稻雄性不育中，已发现有关基因共有100多个，其中有60多个已被定位或克隆。

根据发生的遗传机制不同，可将雄性不育分为核不育型和质核互作不育型两种类型。质核互作不育型在农作物的杂种优势利用上具有重要的价值。利用质核互作不育材料，在杂交种生产过程中就可以省去人工去雄环节，从而节约人力，降低种子生产成本，并保证种子纯度。目前在水稻、玉米、高粱、圆葱、蓖麻、甜菜和油菜等作物已经广泛应用雄性不育性进行杂交种子的生产。

6.6.1 雄性不育的类别及其遗传特点

由遗传原因所引起的雄性不育，可以分为核不育型和质核互作不育型两种类型。

6.6.1.1 核不育型

核不育型是指由核内染色体上基因所决定的雄性不育类型。现有的核不育型很多都是自然发生的变异。这类变异在水稻、小麦、大麦、玉米、谷子、番茄和圆葱等许多作物中都有发现。已知番茄中有30多对各自单独起作用的核不育基因，玉米的7对染色体上已发现了14个核不育基因，水稻核不育基因中已有超过20个隐性不育基因被克隆。

1. 隐性核不育

遗传试验证明，多数核不育型受简单的一对基因(*Ms-ms*)所控制。纯合体(*msms*)表现雄性不育，用雄性可育植株(*MsMs*)与之杂交，这种不育性能被相对显性基因*Ms*所恢复。F_1杂合体(*Msms*)雄性可育，F_2代植株的育性呈3∶1可育与不育株分离，测交子代呈现1∶1可育和不育株分离(图6-12)。隐性核不育通常得不到保持系，但容易得到恢复系。

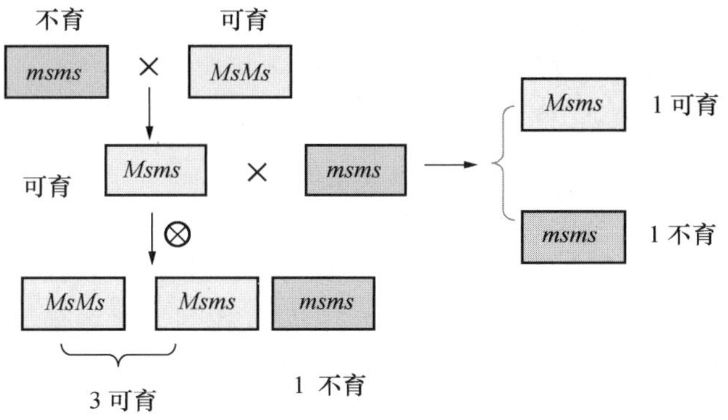

图 6-12　隐性核不育遗传

2. 显性核不育

在棉花、小麦、莴苣、谷子、马铃薯和亚麻等植物中还发现了显性核不育。显性雄性不育植株（*MsMs* 或 *Msms*）不能产生正常花粉，它的卵细胞都有受精能力。显、隐性纯合体杂交，F_1 表现不育，F_1 自交（可以产生少量种子）产生的 F_2 呈现 3∶1的不育和可育株分离，测交呈现 1∶1不育和可育株分离（图 6-13）。显性核不育株接受任何基因型的花粉，后代都不能完全可育，所以单基因控制的显性核不育找不到恢复系。20 世纪 70 年代末在我国的山西省太谷县就发现了由单基因控制的显性核不育小麦，水稻中也发现了单基因控制的显性核不育材料。

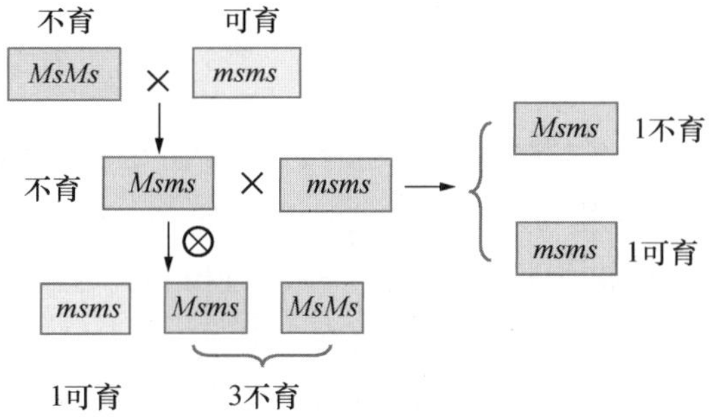

图 6-13　显性核不育遗传

常见的隐性核不育型材料败育过程发生得早，发生于花粉母细胞减数分裂期间，不能形成正常花粉。由于败育过程发生较早，所以败育得十分彻底，杂交分离群体中的可育株和不育株有明显的界线。用普通遗传学的方法不能使整个群体均保持这种不育性。隐性核不育型材料的育性容易恢复但不容易保持，是核不育材料的一个重要特征。正是由于这一点，隐性核不育型材料的利用受到限制。

3. 环境诱导核不育

1973 年，石明松在湖北省沔阳县原种场的粳稻品种农垦 58S 中发现了自然不育株。研究发现，该材料的不育性受细胞核内一对隐性主基因控制，而且这种不育性需要一定的光周期条件才能表现。具体情况是，在长日照条件下进入发育阶段表现为雄性不育，在短日照条件下则雄性正常可育，可以自交结实，该材料称为光敏型核不育（农垦 58S）。光敏核不育属于细胞核隐性遗传，自然条件下只要育性正常的就具有细胞核显性恢复基因，容易得到恢复系。由于不育系在短日照条件下可以自交结实，所以可以将其一系两用，即通过播种期调节使这些材料在不同日照长度下发育，长日照下作为不育系（母本），短日照下自交繁殖作为保持系，这样光敏核不育材料就非常容易实现三系配套，用于杂种优势育种的杂交种生产。

然而，自从发现农垦 58S 以后，又发现了十多种类似的受环境诱导的雄性不育材料。进一步研究发现，这些核不育材料的育性表现不仅受光周期作用，还受温度条件的影响，它们对温度和光周期的反应方向甚至也不同。于是将环境诱导型核不育又分成了光敏、温敏和光温互作 3 种类型。具体的区分是，在一定的温度范围内有明显的育性光周期反应的不育系为光敏型不育系，分长日不育（光敏）和短日不育（反光敏）两类；而将育性主要受温度控制的不育系称为温敏型不育系，分高温不育（温敏）和低温不育（反温敏）两类；光温互作型的育性变化是由光照和温度共同决定的。事实上，温度和光照都是引起不育系育性转换的因素，纯光敏或纯温敏类型少见。对于大多数籼型不育材料，温度对育性起主导作用；而对于晚粳型不育材料，育性的表达以光敏为主。

在光照和温度两个因素中，光照长度很好把握而温度较难控制。因此，光温敏型核雄性不育水稻的研究已进行了多年，并开始在生产上进行试种和推广，但种植面积还是未能像三系法杂交水稻那样广泛。

6.6.1.2　质核互作不育型

质核互作不育型是指由细胞质基因和核基因共同控制的雄性不育类型，简称质核型，又称为胞质不育型（cytoplasmic male sterility，CMS）。胞质不育在小麦、水稻、玉米、高粱等作物中均有发现。

质核型不育的花粉败育比核型发生得晚，多发生在减数分裂以后的雄配子形成期，故败育往往不彻底，杂交分离群体中的可育株和不育株界线不够明显。

在质核型不育类型中，决定育性的细胞质基因用 N 和 S 表示，N 代表正常的细胞质育性基因，S 代表细胞质的不育基因；核的育性基因用 R 和 r 表示，可育 R 对不育 r 为显性。无论是细胞质还是细胞核，只要存在可育基因，个体就表现可育。只有当细胞质和核育性基因都不正常时 $S(rr)$，个体才表现雄性不育。如果以不育个体 $S(rr)$ 为母本，分别与各种可育植株杂交，根据各种杂交组合的子代育性表现（图 6-14），可以归纳为 3 种情况。

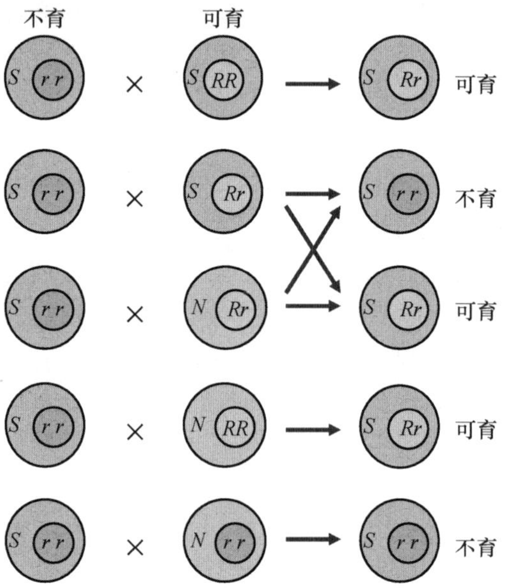

图 6-14　质核互作型不育性遗传的示意图

（1）$S(rr) \times N(rr) \rightarrow S(rr)$　F_1 表现全部不育，说明 $N(rr)$ 具有保持母本不育性在世代间稳定遗传的能力，故称为保持系（B 系）。$S(rr)$ 个体不育性由于能够被 $N(rr)$ 个体所保持，其后代全部为稳定不育的个体，故称为不育系（A 系）。育种上成型的 A 系和 B 系由于长期连续成对杂交繁殖，不育系的细胞核已经被保持系所代换，A 系、B 系两个系间只有细胞质中决定育性的基因存在不同，细胞核完全相同，因此除了育性表现以外，其他性状表现完全一致。

（2）$S(rr) \times N(RR)$ 或 $S(RR) \rightarrow S(Rr)$　F_1 全部正常可育。$N(RR)$ 或 $S(RR)$ 个体具有恢复育性的能力，故称为恢复系（R 系）。

（3）$S(rr) \times N(Rr)$ 或 $S(Rr) \rightarrow$ S(Rr) 和 S(rr)　根据图 6-14 所得，F_1 表现育性分离。$N(Rr)$ 或 $S(Rr)$ 对 $S(rr)$ 具有杂合的恢复能力，故称为恢复性杂合体（二维码 6-4）。

二维码 6-4　质核互作雄性不育遗传表现

从上述分析可以看出，质核型不育既可以找到保持系使不育性得到保持，又可以找到恢复系使育性恢复正常，从而实现三系配套。

6.6.2　质核型不育性的多样性

雄性不育利用的育种实践和理论研究表明，质核型不育的遗传往往比较复杂，表现出不同的特点，可区分不同的类型。

6.6.2.1　孢子体不育和配子体不育

孢子体不育是指花粉的育性受孢子体（植株）基因型控制，而与花粉本身所含基因无关。例如，由 $S(rr)$ 植株产生的花粉（r）全部败育，$S(RR)$ 植株产生的花粉（R）是全部可育，$S(Rr)$ 产生的两种花粉（r）、（R）也都是可育的；自交后代育性表现株间分离。玉米的 T 型不育、水稻野败型的珍汕 97A、岗型的岗 46A、D 型的 D 汕 A 和矮败型协青早 A 等均属于孢子体不育。孢子体不育的花粉败育发生的时期相对较早，发生在单核花粉粒形成后期，呈现典型败育特征，简称典败。

配子体不育是指花粉育性直接由雄配子体（花粉）本身的基因决定。在这种情况下，由 $S(rr)$ 植株产生的花粉（r）全部败育，$S(RR)$ 植株产生的花粉（R）是全部可育的。但杂合基因型 $S(Rr)$ 产生的（R）花粉可育，而（r）花粉却是不育的，育性表现为穗上的分离。这种不育型的杂合体自交后代无不育株出现，可育株中有一半植株的花粉是半不育的（图 6-15）。玉米的 M 型不育属于这种类型，水稻的红莲型粤泰 A、BT 型黎明 A、滇型滇 3A 都属于配子体不育。配子体不育花粉败育发生得较晚，一般发生在二核期或三核期，呈现圆败或染败（二维码 6-5）。

二维码 6-5　孢子体不育和配子体不育遗传

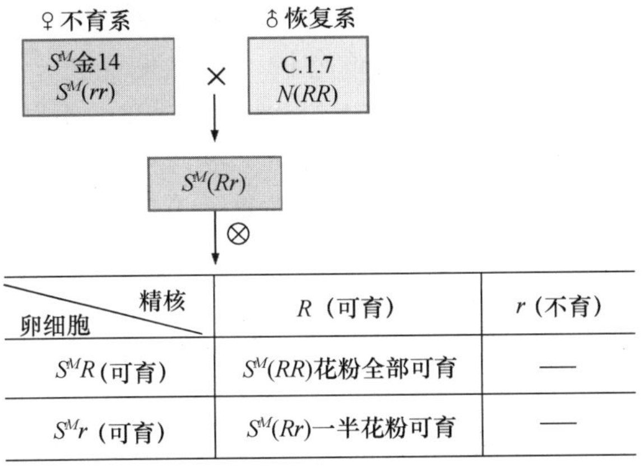

图 6-15　配子体不育遗传示意图

6.6.2.2　胞质不育基因的多样性与核育性基因的对应性

同一种植物内可以有多种质核不育类型。它们虽然都属于质核互作型，但是由于胞质不育基因和核基因的来源和性质不同，所以表现在育性特征和恢复性反应上具有明显的差别，这种情况在玉米、水稻、小麦等作物中都有发现。玉米有 38 种不同来源的质核型不育材料，根据它们对不育系的恢复性反应，大体上可分成 T、S 和 C 三组。用不同的自交系进行测定，发现有些自交系对三组不育型都能恢复；有的自交系对这三组不育型全部保持；还有一部分自交系能恢复其中两组或一组（表 6-1）。

表 6-1　玉米自交系对三组雄性不育细胞质的恢复性反应

自交系名称	细胞质组别			按恢复性能分类
	T	C	S	
Ayx187y-1	恢复	恢复	恢复	能恢复 3 组
Oh43	不育	恢复	恢复	能恢复 2 组
NyD410	恢复	不育	不育	能恢复 1 组
Co150	不育	恢复	不育	能恢复 1 组
Oh51A	不育	不育	恢复	能恢复 1 组
SD10	不育	不育	不育	保持 3 组

在对水稻的质核型不育材料的观察中，也经常会看到某个特定的可育系对来源不同的不育系的恢复和保持关系完全不同的情况。用胞质不育基因的多样性与核育性基因的对应性可以解释这种现象。同一种植物可能存在多种不同的细胞质不育基因，每一不育胞质基因在细胞核中又具有与它相对应的育性基因。例如，不育胞质基因可以是 S_1、S_2、S_3…S_n；核内染色体上又具有相对应的不育基因 r_1、r_2、r_3…r_n，或相对应的恢复基因 R_1、R_2、R_3…R_n。如果不育系的胞质和核基因是 $S_1(r_1r_1)$，则带有 R_1R_1 基因的可育系才能将其育性恢复，核中带有 R_2R_2 基因的则不能将其育性恢复，而是保持。

6.6.2.3　单基因不育性和多基因不育性

核不育多表现为单基因控制，质核型不育常分为单基因控制和多基因控制。单基因控制是指 1～2 对核基因与对应的不育胞质基因决定的不育特性。多基因不育性是指多对核基因与对应的胞质基因共同决定不育性。多基因控制下有关的基因有较弱的表型效应，但它们彼此间往往有累加的效应。所以，当不育系与恢复系杂交时，F_1 的育性表现常因恢复系所携带的恢复因子的多少而表现出不同，F_2 的分离也较复杂，常常出现从育性好到接近不育等许多过渡类型。已知小麦的 T 型不育系和高粱的 3197A 不育系就是属于这种类型。

6.6.3　雄性不育的遗传机理

6.6.3.1　关于质核不育型的假说

1. *质核互补控制的假说*

这个假说认为，细胞质不育基因存在于线粒体中，在正常情况下，线粒体 DNA 携带可育的遗传信息，正常转录 mRNA，合成各种正常的蛋白质或酶，从而保证雄蕊发育过程中的全部代谢活动正常进行，发育形成功能正常的花粉。当线粒体 DNA 的某个位点发生变异使可育的胞质基因突变为 S 时，线粒体 mRNA 不能翻译成正常的蛋白质或酶，从而影响花粉形成的正常代谢过程，最终导致花粉败育。

单一的线粒体不育基因不能完全控制花粉育性，花粉育性受质核基因互补影响。一般情况下，只要质、核双方有一方携带可育性遗传信息，无论是 N 或 R 都能形成正常育性花粉，R 可以补偿 S 的功能缺陷，N 可以补偿 r 的功能缺陷，只有 S 与 r 共存时，由于不能互相补偿，所以表现不育。如果 N 与 R 同时存在，由于 N 同时有调节基因的作用，线粒体 DNA 能控制产生某种抑制物质，使 R 处于沉默状态，所以不会在细胞质中形成多余的物质而造成不必要的浪费。如果 S 与 R 同时存在，S 不产生抑制物质，因此 R 基因能执行正常的功能，从而导致花粉可育。

2. *能量供求假说*

这个假说认为，线粒体是细胞质雄性不育性基因的重要载体，植物的育性与线粒体能量转化效率的高低有密切关系。进化程度低的野生种或栽培品种的线粒体能量转换率低，供能低，耗能也低，供求平衡，所以雄性能育；而进化程度较高的栽培品种，线粒体能量转换率高，供能高，耗能也高，供求平衡，因此雄花育性也是正常的。在核置换杂交时会出现以下两种情况：①低供能的作为母本，高耗能的作为父本，得到的核质杂种由于能量供求不平衡，因而表现雄性不育。其原因在于，母本提供的细胞质包含低供能的线粒体，而核接受了父方的高耗能的基因，即供能低而耗能高，因此后代呈现耗能要求大于供给的不平衡状态，表现不育。②高供能的作为母本，低耗能的作为父本，由于杂种的供能高而耗能低，因而育性正常。由此可以看出，这个假说是假定供能水平的高低取决于线粒体基因，而耗能水平的高低则取决于核基因。

3. 亲缘假说

这个假说是根据水稻三系育种的实践从个体水平上加以推论的，认为遗传结构的变异引起个体间生理生化代谢上差异的大小，与个体间亲缘关系的远近正相关，两亲本间亲缘差距越大，杂交后的生理不协调程度也越大，当这种不协调达到一定程度时，就会导致植株代谢水平下降，合成能力减弱，分解大于合成，使花粉中的生活物质如蛋白质、核酸减少，最终导致花粉的败育。因此，两个正常品种或品系进行远缘杂交，或远距离的不同生态型间杂交，可能导致雄性不育。

6.6.3.2 胞质不育基因的载体

由于细胞质雄性不育属于母性遗传，所以其遗传机理的研究主要集中在线粒体和叶绿体与雄性不育的关系上。

早期研究结果证明，不育系的叶绿体基因组与其相应的保持系叶绿体基因组 DNA 序列存在明显的差异，而且叶绿体蛋白质、叶绿体超微结构之间均存在差异，因此认为植物的细胞质雄性不育与叶绿体 DNA、叶绿体蛋白质及其超微结构之间存在某些联系。但具体哪些叶绿体基因与雄性不育有关还没有得到直接证据。

由于线粒体 DNA 具有复杂性和易变性，并且线粒体 DNA 与核 DNA 之间存在着广泛的信息交流，人们认为线粒体 DNA 是绝大多数雄性不育突变的来源，线粒体基因组(mtDNA)是雄性不育基因的载体，这在水稻、小麦、玉米、高粱、油菜和烟草等植物中都有报道。早在 20 世纪 60 年代已发现玉米不育株的线粒体亚显微结构与保持系有明显的不同，近年来随着分子生物学的发展，形成两种雄性不育机理假说。一种假说认为细胞质雄性不育基因的产物能与特定组织的未知化合物，如绒毡层产生的未知因子“X”相互作用，激发连锁式的有害反应，最终引起小孢子的败育，其实验证据来自对玉米 T 型不育系的研究(Wies 等，1999a)。另一种假说(Lvenigs，1993)认为细胞质雄性不育基因的产物通过干扰部分线粒体多肽及序列的功能，导致线粒体呼吸作用或 ATP 合成的效率降低，致使能量供给不足，小孢子发育受阻，花粉败育。这两种假说都与雄性不育线粒体基因组含有某个嵌合基因有关，已在玉米、高粱、水稻等植物中先后发现与雄性不育有关的嵌合基因。

目前已经在水稻 3 种不育胞质中克隆了 4 个与雄性不育相关的线粒体基因，其中野败型克隆了 2 个基因，包台型和红莲型雄性不育各克隆了 1 个(*orfH79* 和 *orf79*)。这后两个基因几乎具有相同序列，编码区只有 5 个碱基的差异，都是与其他基因共转录的嵌合基因，都编码一个细胞毒素肽，并已证实包台型水稻的异常线粒体开放阅读框 *orf79* 与加倍的 *atp6* 基因共转录，编码一个细胞毒素肽，有毒多肽在小孢子中特异积累，导致配子体的雄性不育。

6.6.4 雄性不育的利用

雄性不育性主要应用于植物的杂种优势育种中。杂交种母本获得了雄性不育性，就可以免去大面积繁育制种时的去雄工作，并保证杂交种子的纯度。在水稻、高粱等自花授粉或常异花授粉作物的杂种优势利用上，雄性不育性的应用是必不可少的。目前在水稻杂交种生产中应用雄性不育主要有两种模式，一种是利用质核型不育的三系法；另一种是利用光照和温度敏感的核不育的两系法。

6.6.4.1 三系法模式

三系法模式是雄性不育最先用于杂种优势育种的模式。三系法杂交水稻的推广始于 1976 年。三系法的一般原理是：先将杂交组合的母本转育成不育系，转育过程要经历原始不育系与被转育母本杂交和多代回交，成对产生母本不育系和其核代换保持系；该保持系除了带有正常细胞质育性基因、能自交结实外，其他性状与不育系母本完全相同；同时，将组合的父本转育上恢复基因，成为父本恢复系，这样就构建成了一个优良组合的三系。运用三系生产杂交种的过程是：在亲本繁殖田以不育系和保持系相邻种植，使不育系接受保持系花粉异交结实产生不育系，繁殖母本供下年制种田使用；在杂交制种田以不育系和恢复系相邻种植，使不育系接受恢复系父本花粉异交结实产生具有高优势杂交种，这就是所谓的三系两田繁种制种（图 6-16）。

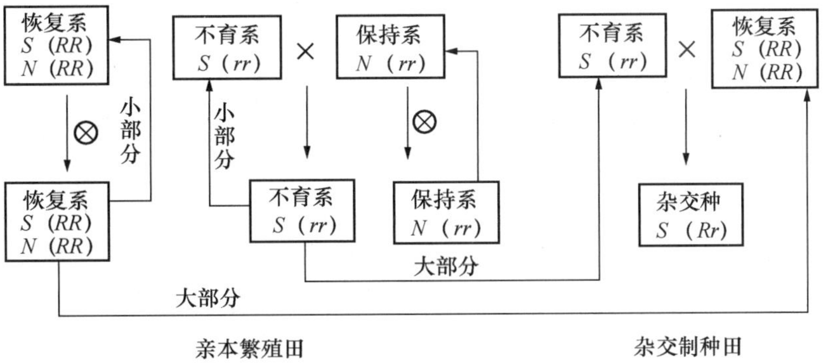

图 6-16　三系法生产杂交种示意图

6.6.4.2　两系法模式

这里的两系是指两用系（兼作不育系和保持系）和恢复系。1995 年两系法杂交水稻配套技术趋于成熟，进入推广阶段。两系法利用的是光温敏核不育类型（二维码 6-6）。核不育类型的恢复容易获得，只要正常环境下表现可育的材料都带有恢复基因。所以，育种上光（温敏）核不育利用可以省去父本恢复基因转育环节，只需将优势组合的母本转育上环境转换稳定的核不育基因就可进行一系两用，完成组合构建。光敏型核不育两系法杂交种子的生产过程是：在亲本繁殖田，通过播种期调节，让不育系在短日照条件下进入发育阶段进行自交繁殖；在杂交制种田，不育系和恢复系相邻种植，同样通过播种期调节，使不育系的发育阶段处在长日照环境下，表现雄性不育，不育系接受恢复系父本花粉异交结实产生杂交种（图 6-17）。通常，光敏不育系在夏季长日照条件下表现不育，可用来与恢复系杂交生产杂交种；在秋季或在海南春季短日照条件下恢复育性，可以自交繁殖。

二维码 6-6　水稻两系法制种体系

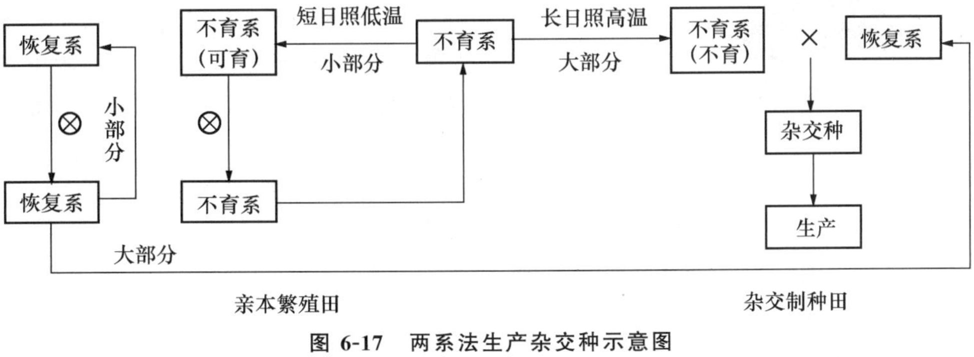

图 6-17　两系法生产杂交种示意图

内容提要与思维导图

细胞质基因所决定的遗传方式称细胞质遗传。同核基因相比，细胞质遗传的表现具有一些特殊性：第一，正交和反交的遗传表现不同，F_1 通常只表现母本的性状；第二，遗传方式是非孟德尔式的，杂交后代一般不表现一定比例的分离；第三，通过连续回交能将母本的核基因几乎全部置换掉，但母本的细胞质基因及其所控制的性状仍不消失。

母性影响是指子代某一性状的表现由母体的核基因型所决定，而不受本身基因型支配，导致子代表型与母本表型相同、正反交 F_1 表现不同等与细胞质遗传类似的现象。母性影响遗传属于细胞核遗传，遗传方式遵循孟德尔定律，只是典型分离比例的出现比正常表现延迟一代。

基因组印记是指控制某一表型的等位基因依亲缘、父源或母源不同而呈现差异性表达。正反交结果不同，F_1 杂合体的表现取决于父本或母本的基因哪个具有转录活性。

植物雄性不育是指高等植物中的雄配子败育、雌配子正常，可以接受外来花粉正常结实的现象。根据遗传基础将植物雄性不育分成两种类型：由细胞核基因决定的核不育型、由细胞核与细胞质基因共同决定的质核互作雄性不育类型。对于质核互作不育型而言，当细胞质和细胞核育性基因都不正常时 $S(rr)$ 表现雄性不育，而其他情况无论细胞质还是细胞核存在正常育性基因时均表现雄性可育。质核互作不育型容易实现三系配套，即不育系 $S(rr)$ A 系、保持系 $N(rr)$ B 系、恢复系 $S(RR)$ 或 $N(RR)$C 或 R 系，进而用于作物杂交种子生产。核不育类型中存在环境诱导表现不育类型。其中光敏核不育型在长光照条件下表现雄性不育，可作为母本用于杂交种子生产；短光照表现可育，可以自交繁殖不育系，做到一系两用。

二维码 6-7　本章思维导图

复习思考题

1. 解释下列名词：细胞质遗传　细胞质基因　母性影响　基因组印记　表观遗传变异　核质互作雄性不育　孢子体不育　配子体不育。

2. 母性影响和细胞质遗传有什么不同？

3. 细胞质基因和核基因有何异同？

4. 向日葵 *Tsm* 基因突变（*tsm tsm*）产生双茎（twised stems）。♀双茎×单茎♂→子一代全为双茎，子二代却全为单茎。♀单茎×双茎♂→子一代全为单茎，但子二代仍全为单茎。(1)请解释上述实验结果的遗传机制。(2)推测上述两个杂交试验中 F_3 的基因型和表型。(3)在上述两个杂交试验所得的 F_1 分别用双茎植株的花粉进行回交，推测回交一代、回交二代的基因型及表型。

5. 酵母菌的“小菌落”的遗传方式同时受线粒体 DNA 和核基因的控制，隐性的突变核基因造成线粒体的功能缺陷而成小菌落；当线粒体 DNA 缺陷时也形成小菌落。一种小菌落具有纯合、正常的核基因，但线粒体 DNA 缺陷；另一种小菌落具有正常的线粒体 DNA，但核基因为纯合隐性突变基因。如果将这两种小菌落杂交，那么：(1)二倍体的 F_1 的表型如何？(2)二倍体个体产生的子囊孢子发育而成的单倍体个体的表型如何？

6. “遗传上分离的”小菌落酵母菌在表型上跟我们讲过的“细胞质”小菌落酵母菌相似。当一个遗传上分离的小菌落酵母菌与一个正常酵母菌杂交，二倍体细胞是正常的，以后形成子囊孢子时，每个子囊中两个孢子是正常的，两个孢子产生小菌落酵母菌。用图说明这些结果，并注明相应的基因型。

7. 一个雄性不育植株，用对育性恢复基因 *Rf* 是纯合的花粉授粉，F_1 的基因型怎样？表型怎样？F_1 植株作为母本，用一正常植株（*rfrf*）的花粉测交，测交的结果应该怎样？写出基因型和表型，注明细胞质种类。

8. 一个 *Dd* 的椎实螺自交，子代的基因型和表型怎样？如子代个体自交，它们的下一代表型又怎样？本题中开始做实验所用的 *Dd* 椎实螺的表型是怎样的？

9. 正反交在 F_1 往往得出不同的结果。这可能由于：(1)基因组印记；(2)细胞质遗传；(3)母性影响。如果你得到这样的一种结果，怎样用实验方法来确定是属于哪一种范畴？

10. 何谓雄性不育利用的三系和两系？三系法和两系法在杂交种生产中怎样使用？

第7章 细菌和病毒遗传

◈内容提示

介绍细菌和病毒的培养技术、性状表现、遗传重组的原理和遗传分析方法。

◈教学目标

了解细菌和病毒的结构及其在遗传研究中的优越性；理解病毒重组的作图原理和方法；掌握细菌遗传分析的原理和基本方法，重点掌握细菌的转化、转导、接合和性导四种细菌间遗传物质转移方式的联系与区别。

在遗传学的发展历史中，有关基因化学属性的证实、DNA 的半保留复制证实、阐明基因的精细结构、基因重组、基因工程、基因组编辑、发现基因的表达与调控机制等研究工作，都是首先利用细菌和病毒进行的，因此细菌和病毒的遗传成为遗传学研究中的重要领域。但同时，由于细菌和病毒的遗传物质存在形式和繁殖过程不同于真核生物，所以其性状表现和对应的研究方法都具有自己的特殊性。

7.1 细菌和病毒的结构

7.1.1 细菌的结构及培养技术

细菌是单细胞生物。其细胞包括细胞膜、拟核、细胞质和细胞壁。部分细菌还有某些特殊结构，如鞭毛、伞毛、荚膜、芽孢和气泡等。不同细菌的大小不一，长度为 1～2 μm，宽约 0.5 μm。常见的细菌细胞的形状有杆状、球状和螺旋状，其中以杆状最为常见。细菌无真正的细胞核，只是在菌体中央有一个主体遗传物质 DNA 所在的核区，称为拟核（nucleoid），拟核无核膜和核仁。

细菌的遗传物质比较简单，其 DNA 是一个共价闭合环状双链分子，只携带数千个基因。细菌的 DNA 没有与组蛋白结合，不形成真核生物所特有的核小体结构。除了主体 DNA（主染色体，main chromosome）外，有些细菌含有数个质粒。质粒大小差异很大，可以携带数个至数百个基因，决定细菌某些遗传特性，如细菌的接合或致育性、抗药性、产毒特性、致病性以及产生抗生素和色素等次生代谢产物或形成芽孢的基因。目前，细菌质粒被广泛用作基因工程的载体。

培养细菌的方法主要有两种，即只需供给基本营养成分的液体培养基培养和固体表面培养。两种培养方法经常结合使用。进行遗传研究时，将细菌培养在液体培养基中，细菌通过分裂呈几何级数增殖时，用移液器吸取这种液体培养物，滴加到含有琼脂的固体培养基表面上，用无菌玻璃棒涂匀，让细菌在固体培养基上分裂繁殖。由于细胞在琼脂凝胶上不能移动，每个细胞的子细胞都成群地聚集在一起。当单个细胞分裂繁殖达到 10^7 个细胞时，就成为肉眼可见的菌落，也称无性繁殖系（colony）。这种培养方式称为平板培养（plating）（图 7-1）。

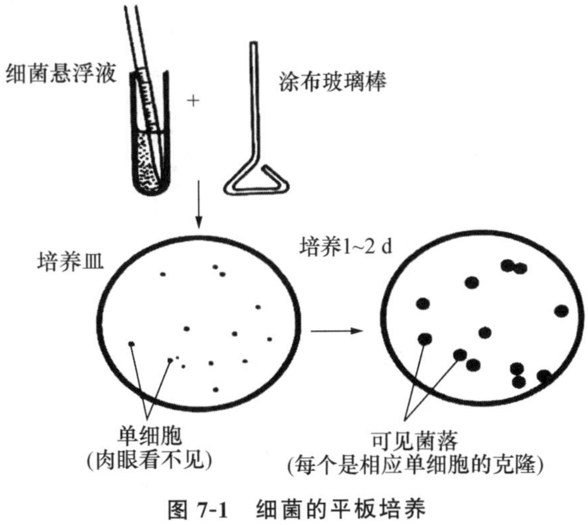

图 7-1 细菌的平板培养

（引自朱军，2018）

细菌有许多特征如菌落形态特征、抗药性和营养缺陷型等，容易进行直接观察或简单的化学测验判断其表型类型。各种表型是由形成该无性系的原初细胞的基因型决定的。由于偶然发生的突变会产生各种变异类型，通过不同培养基的培养可以将它们分离和鉴定。只含有无机盐类、碳源、水等基本营养成分的培养基称为基本培养基(minimal medium)。能够在基本培养基生长的细菌，即野生型细菌称为原养型(prototroph)。如果细菌因为发生突变丧失了某种物质的合成能力，则必须在培养基中加入这种物质后细菌才能生长，这样的细菌就是营养缺陷型(auxotroph)。含有任何营养缺陷型细胞生长所需的全部营养物质(氨基酸、维生素等)的培养基称为完全培养基(complete medium)。

影印培养法(replica plating)是由黎德伯格(Ledenberg)等于1952年设计的，是微生物遗传研究的常用方法。该方法先把长有许多菌落的母培养皿倒置于包有灭菌丝绒布的圆木柱上，或将包有灭菌丝绒布的圆木柱印在母板(master plate)上，然后把这一"印章"上的细菌一次接种到一系列选择培养基(selective medium)平板上。经培养后，通过对各培养皿相同位置上的菌落进行对比，就可选出适当的突变型(图7-2)。

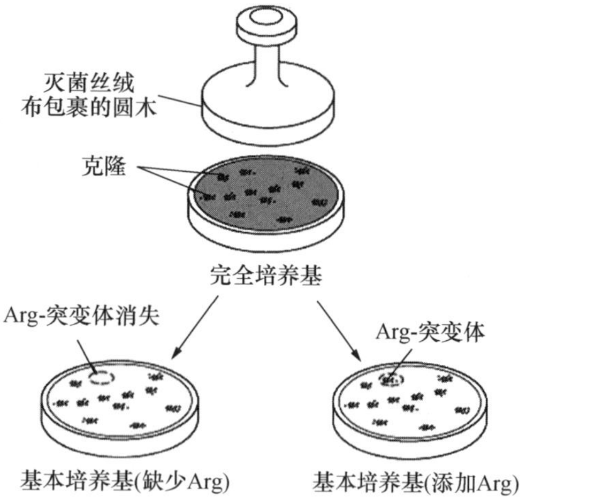

图7-2 细菌的影印培养法

(引自Klug，2002)

7.1.2 病毒的结构与类型

病毒是非细胞形态的生命体，不具有完整的细胞结构，只能在活细胞内利用宿主细胞的代谢进行繁殖。病毒和其他微生物相比极其微小，只能借助电子显微镜才能观察到。病毒的结构很简单，它们只含一种核酸，DNA或者RNA。核酸位于病毒粒子中心，构成它的核心(core)或基因组，四周为蛋白质组成的壳体所包围。蛋白质外壳保护遗传物质，并参与感染宿主细胞的过程。根据宿主种类将病毒分为菌类病毒、植物病毒以及动物病毒。感染细菌的病毒又称噬菌体(bacteriophage，简写为phage)，是目前研究得比较清楚的病毒。依其遗传物质的性质，可以将噬菌体分为单链DNA、单链RNA、双链DNA和双链RNA四种类型；依其与宿主细胞的相互关系，可以将之分为烈性噬菌体(virulent phage)和温和性噬菌体(temperate phage)。

病毒形态多样，有杆状、螺旋状、二十面对称体状、卵圆状、球形和丝状等。2020年全球暴发的新型冠状病毒SARS-CoV-2是一类呈球形、表面凸起形似冠状的病毒，直径75～160 nm，内含线性单链RNA(ssRNA)。另外，遗传学中应用最广泛的是大肠杆菌的T噬菌体系列(T_1～T_7)。它们的结构类似，一般呈蝌蚪状。例如，T_4噬菌体由头、颈和尾丝三部分构成(图7-3)，头部是二十面体蛋白质包裹着的遗传物质双链DNA，颈部是中空的管状结构，尾丝部分负责与宿主细胞壁吸附侵染。

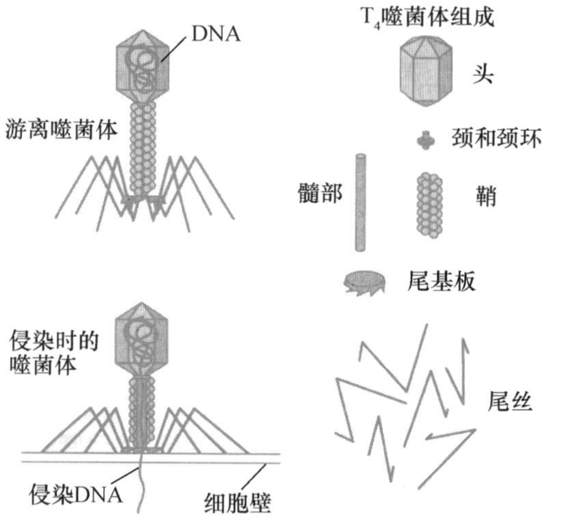

图7-3 T_4噬菌体的结构与组成

(引自Klug，2002)

7.1.3 细菌和病毒在遗传研究中的优越性

细菌和病毒作为遗传研究材料的优越性主要表现在以下几个方面。

(1)世代周期较短　细菌和病毒的世代周期以分钟或小时为单位。例如，大肠杆菌每20 min即可繁殖一代，病毒每1 h可繁殖数百个病毒粒子。因此，将细菌和病毒培养1 d便可得知实验结果，极大地缩短了实验周期。

(2)易于管理和储藏　每支试管可以储存数以亿计的细菌和病毒，因此对于菌株或毒株的储存和管理操作简单，成本低廉。

(3)便于基因突变的研究　细菌和病毒只具有一个主染色体，类似于真核生物中的单倍体，不存在基因的显、隐性的问题，一旦基因发生突变就可以马上表现出来。通常情况下，基因突变的频率很低，但在快速繁殖的细菌和病毒中则极易检出。如采用影印培养法便可以有效地鉴定营养缺陷型及抗药性突变体。

(4)便于基因功能的研究　在基因功能的研究上，往往要用到营养缺陷型，也常常需要对代谢产物或基因本身进行化学分析。细菌代谢旺盛、繁殖速度快，短期内可积累大量代谢产物，为化学分析提供了条件。

(5)便于基因精细结构的研究　研究基因的精细结构，必须获得某一基因内的大量不同位点的突变型，然后通过重组分析测定其位置。由于这些突变发生在同一基因座位内，它们的位置极为接近，必须观察大量的子代才能发现数量极少的重组子，只有以细菌和噬菌体作为材料，才可以在短时间形成大规模群体，再应用选择性培养的方法才能做到。

(6)便于进行遗传操作　由于细菌和病毒的染色体上不具备完善的核小体结构，没有组蛋白和大量非组蛋白的结合，所以更适于遗传工程的操作。以细菌和质粒作为载体，已成为高等动植物分子遗传学研究和生物工程研究的重要工具。

除了上述这些优越性以外，细菌和病毒作为遗传学研究的材料还有很多方便之处，如便于建立纯系、便于研究基因的功能和调控等。

7.2　噬菌体的遗传分析

噬菌体是在 20 世纪初期被发现的，到 20 世纪 40 年代它已经是遗传分析的重要材料。德尔布鲁克(M. Delbrück)、赫尔歇(A. Heshey)和罗特曼(R. Rotman)揭示了噬菌体的一个拟有性过程，通过这个过程可以发生遗传物质的重组，这一重大发现极大地促进了噬菌体应用于遗传学基础性研究领域。

7.2.1　噬菌体的生活周期

7.2.1.1　烈性噬菌体

烈性噬菌体的增殖包括吸附、侵入、核酸复制与蛋白质合成、组装以及释放共五个阶段(图 7-4)。吸附在细胞壁上的烈性噬菌体借助尾丝收缩，经过尾管把 DNA 注入细菌细胞质中，蛋白质外壳则留在菌体外。噬菌体 DNA 进入细胞后，随即破坏宿主细胞的遗传物质，并转而合成噬菌体的遗传物质和蛋白质，组装成许多新的子噬菌体，接着使细菌裂解(lysis)，即发生溶菌，释放出数百个子噬菌体。

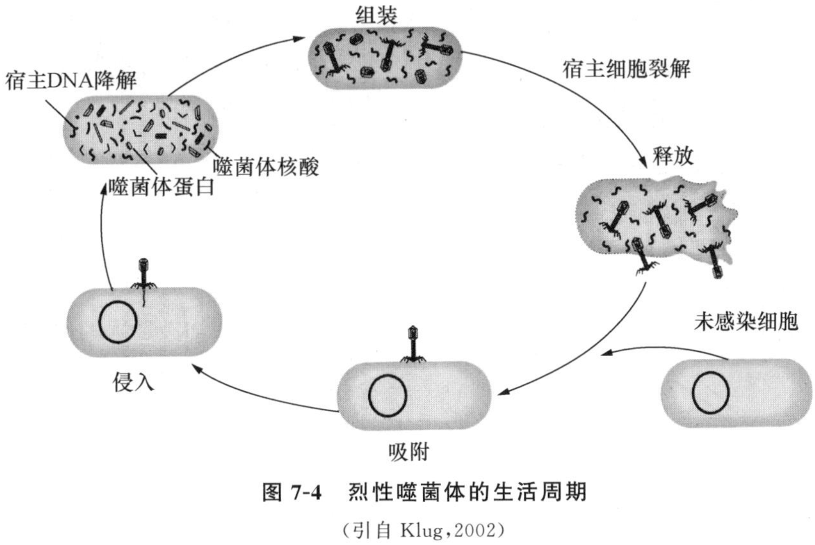

图 7-4　烈性噬菌体的生活周期

(引自 Klug，2002)

7.2.1.2 温和噬菌体

温和噬菌体侵染细菌后，细菌并不裂解，具有溶源性（lysogeny），这时的细菌称为溶源性细菌（lysogenic bacteria），它会阻止其他同种噬菌体的超数感染。超数感染（super infection）是指一个细菌受一个以上噬菌体感染的现象。

噬菌体在溶源性细菌中有两种不同状态：一种是游离在细菌细胞质中，如 P_1 噬菌体；另一种是通过交换整合在细菌染色体上，如 λ 噬菌体。整合在细菌染色体上的噬菌体称为原噬菌体（prophage）。不论是哪一种状态，噬菌体 DNA 都随细菌染色体 DNA 同步复制，使细菌的溶源性稳定遗传。

然而，细菌的溶源性是由噬菌体决定的。当受到某些外界的物理或化学因素（如紫外线、丝裂霉素 C 等）的作用，原噬菌体会脱离寄主染色体，产生烈性反应而进入溶菌阶段，即噬菌体 DNA 大量复制，噬菌体蛋白质合成，形成大量子代噬菌体，并裂解寄主释放（图 7-5）。在自然情况下溶源性细菌也会偶尔发生裂解反应。

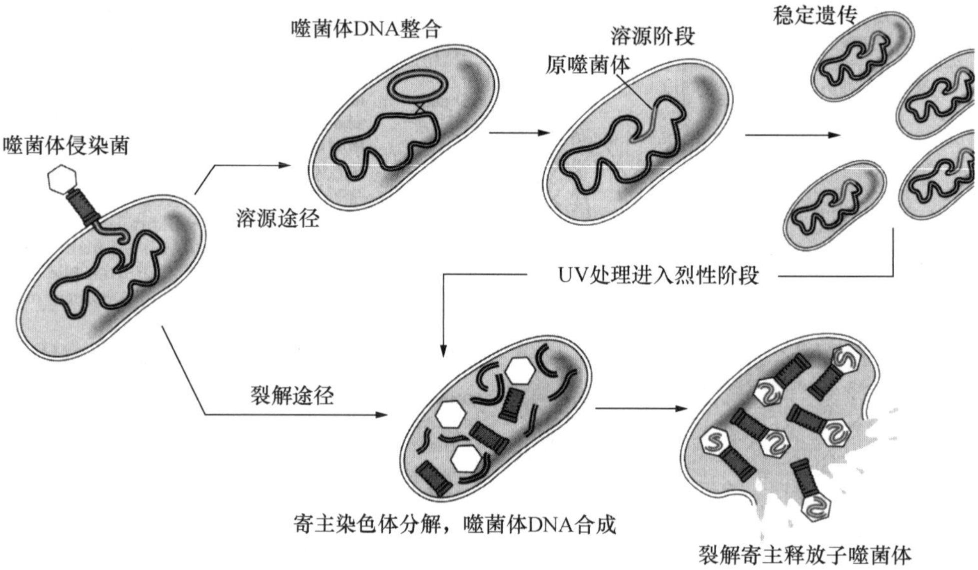

图 7-5 温和噬菌体的生活周期

（仿自 Atherly，1999）

7.2.2 噬菌体的基因重组

7.2.2.1 噬菌体的遗传性状

噬菌体的性状可以通过观察噬菌斑（plaque）的表现特征来鉴别。噬菌斑是噬菌体感染宿主细胞后，在细菌平板培养基上形成的肉眼可见的透明圈。一个噬菌斑大约含有 10^7 个噬菌体，它们起源于同一个噬菌体，是噬菌体反复侵染、裂解细菌后产生的噬菌体后代，因此有着相同的基因型。

噬菌体的性状分为两类：一类是噬菌斑的形态，包括噬菌斑的大小、边缘特征等。例如大肠杆菌正常的 T_2 噬菌体（r^+）产生的噬菌斑小而边缘模糊，其突变体（r）的噬菌斑比野生型大 2 倍且边缘清楚。另一类是宿主范围（host range），即噬菌体感染和裂解细菌菌株的能力。例如野生型 T_2 噬菌体（h^+）只能感染和裂解大肠杆菌 B 菌株，而不能感染和裂解大肠杆菌 B/2 菌株；其突变体（h）则能感染和裂解上述两种菌株。所以，若把野生型噬菌体（h^+）接种在 B 和 B/2 混合的菌苔上，野生型噬菌体就会发生溶源性反应，B/2 细菌不被裂解，留在噬菌斑里，所以形成的噬菌斑是半透明的。突变型噬菌体（h）接种在该菌苔上，则使两种细菌都发生裂解，进而形成透明的噬菌斑。

7.2.2.2 T_2 噬菌体的基因重组

噬菌体上述 r 和 h 基因连锁在同一条染色体（DNA）上。它们之间的重组率可以通过混合感染细菌实验得到（二维码 7-1）。噬菌体混合感染（mixed infection），也称双重感染（double infection），是指用两种不同基因型的噬菌体同时感染一种细菌，也称噬菌体杂交。

二维码 7-1 噬菌体的遗传重组

用 T_2 噬菌体的两种突变体 h^-r^+ 和 h^+r^- 同时感染大肠杆菌 B 菌株(图 7-6)，再把混合感染释放出来的子代噬菌体接种到同时长有大肠杆菌 B 和 B/2 菌株的培养基上，可以看到 4 种不同类型的噬菌斑。在这 4 种组合中，h^+r^+ 噬菌体产生小而半透明的噬菌斑，h^+r^- 噬菌体产生大而半透明的噬菌斑，h^-r^+ 噬菌体产生小而透明的噬菌斑；h^-r^- 噬菌体产生大而透明的噬菌斑(图 7-7)，其中 h^+r^+ 和 h^-r^- 为重组型。

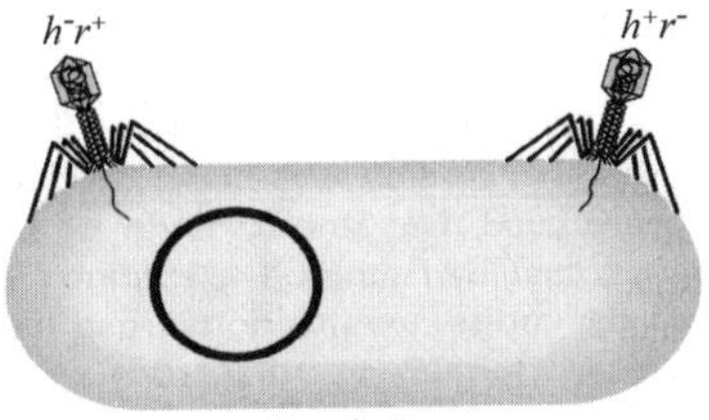

图 7-6 T_2 噬菌体的双重感染

(引自 Klug，2002)

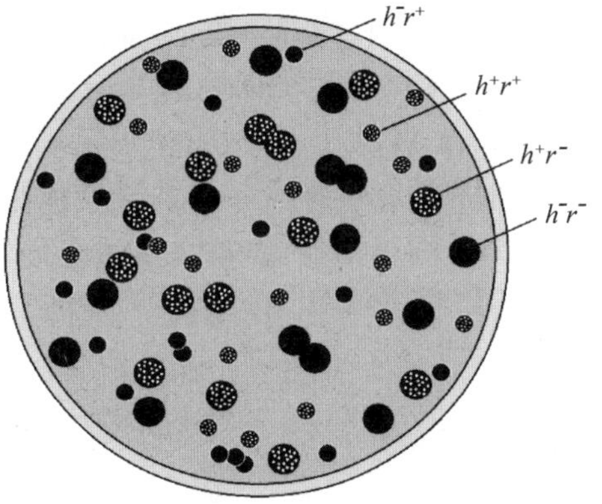

图 7-7 双重感染后产生的 4 种噬菌斑

(引自 Atherly，1999)

基因之间的重组率可以用下式计算：

$$重组值=\frac{重组噬菌斑数}{总噬菌斑数}\times 100\%$$

$$=\frac{(h^+r^+)+(h^-r^-)}{总噬菌斑数}\times 100\%$$

以下是 3 种不同的 r 突变型，分别以 r_a、r_b 和 r_c 表示，每一突变都发生在不同基因之内，用 $r^-h^+\times r^+h^-$，获得的试验结果列于表 7-1。

表 7-1 用 $r^-h^+\times r^+h^-$ 所得的 4 种噬菌斑数及算得的重组值

杂交组合	每种基因型的百分率				重组值
	r^-h^+	r^+h^-	r^+h^+	r^-h^-	
$r_a^-h^+\times r^+h^-$	34.0	42.0	12.0	12.0	24.0%
$r_b^-h^+\times r^+h^-$	32.0	56.0	5.9	6.4	12.3%
$r_c^-h^+\times r^+h^-$	39.0	59.0	0.7	0.9	1.6%

根据表 7-1 结果，可以分别作出 r_a、r_b、r_c 与 h 的 3 个连锁图：

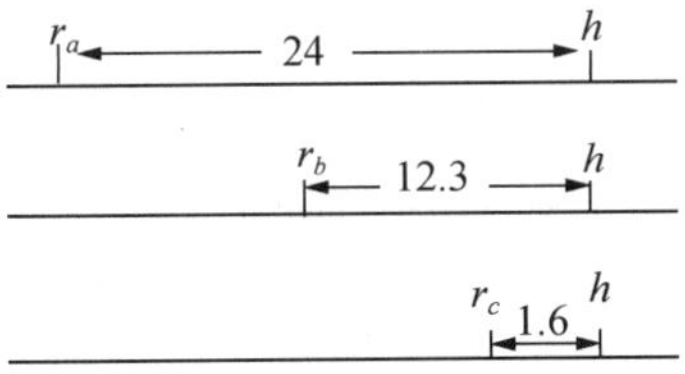

由于 3 个 r 突变分别位于 3 个不同基因位点，根据表 7-1 结果，它们与 h 基因在 T_2 噬菌体染色体上有以下 4 种可能的排列顺序。

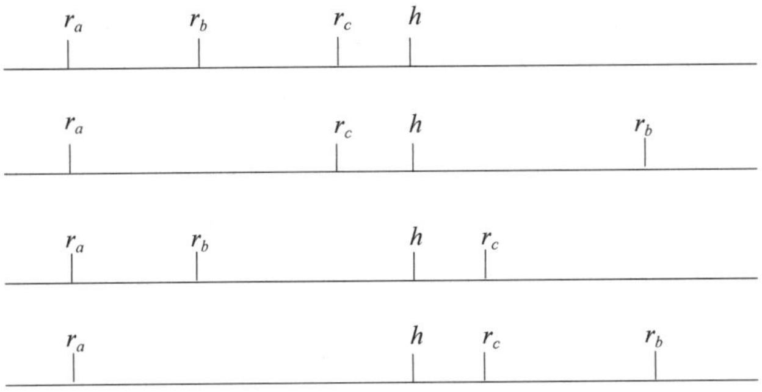

为了确定以上排列顺序哪些是正确的，可先只考虑 r_b、r_c 及 h 来确定是 r_chr_b 还是 hr_cr_b。为此还需进行 $r_c^-r_b^+\times r_c^+r_b^-$ 杂交，测得其重组值为 14%。将其重组值 14% 与 r_bh 之间的距离 12.3% 进行比

较，据此可知 h 应位于 r_b 和 r_c 之间，所以排列顺序应是 $r_c h r_b$。至于 r_a 在 h 的哪一边，是靠近 r_b 还是靠近 r_c？上述资料并未给予明确回答。由于 T_2 噬菌体的染色体是环状的，所以 $r_a\,r_c\,h\,r_b$ 和 $r_c\,h\,r_b\,r_a$ 这 2 种排列顺序都是正确的。可将这 4 个基因用环状连锁图表示(图 7-8)。

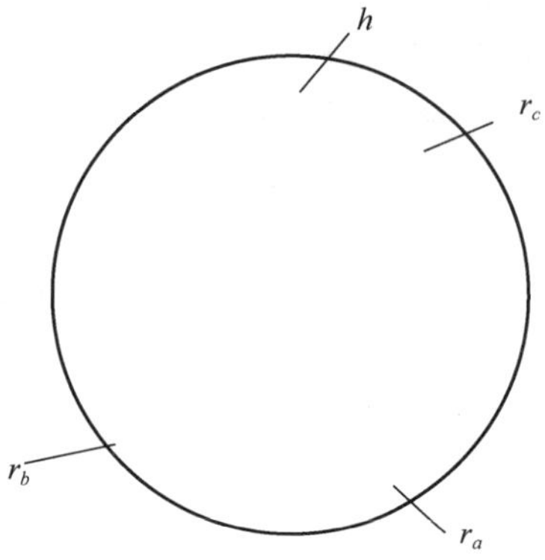

图 7-8　T_2 噬菌体的环状连锁图

7.2.2.3　λ 噬菌体的基因重组

凯泽(Kaiser)于 20 世纪 50 年代进行了 λ 噬菌体的重组作图试验。他用紫外线辐照处理，得到 5 个 λ 噬菌体突变系，每一个突变系产生一种变异的噬菌斑表型。s 系产生小噬菌斑，mi 系产生微小噬菌斑，c 系产生完全清亮的噬菌斑，co_1 系产生除了中央一个环之外其余部分都清亮的噬菌斑，co_2 系产生比 co_1 系更浓密的中央环噬菌斑。

凯泽用 $s\ co_1\ mi \times +\ +\ +$ 杂交，得到 8 种类型的后代，比例为 4 个不同的 1∶1，其中数目最少的 1∶1 是双交换的结果，数目最多的 1∶1是亲本类型，其余的两个 1∶1是单交换的结果。杂交结果和分析见表 7-2。

表 7-2　λ 噬菌体 $s\ co_1 mi \times +\ +\ +$ 杂交结果

类型	基因型	数目	占总数/%
亲本类型	$+\ +\ +$	975	
	$s\ co_1 mi$	924	
单交换型Ⅰ	$s\ +\ +$	30	2.90
	$+\ co_1 mi$	32	
单交换型Ⅱ	$s\ co_1 +$	61	5.30
	$+\ +\ mi$	51	
双交换型	$s\ +\ mi$	5	0.86
	$+\ co_1 +$	13	

比较双交换型与亲本型可知，co_1 位居中间，s 与 co_1 之间的图距为 2.90＋0.86＝3.76 cM；co_1 与 mi 之间的图距为 5.30＋0.86＝6.16 cM；s 与 mi 之间的图距为 3.76＋6.16＝9.92 cM。三个基因的连锁图如下：

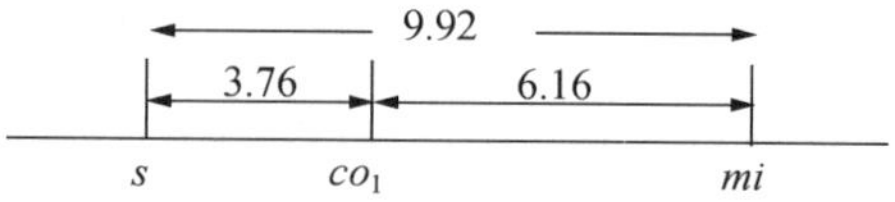

7.3　细菌的遗传分析

生物繁殖的有性过程是实现遗传物质重组的基本途径。真核生物的有性过程通过减数分裂形成配子时的染色体交换、分离和自由组合产生遗传物质重组。细菌和病毒不具备真核生物那样的雌雄配子融合过程，但它们可以通过类似有性的过程将遗传物质从一个细胞传递到另一个细胞，并形成重组体。实际上，细菌获取外源遗传物质有 4 种形式：转化(transformation)、接合(conjugation)、性导(sexduction)和转导(transduction)。这 4 种形式的共同特点是：细胞基因转移是单方向的；产生部分二倍体；外来基因只有整合到细菌环状染色体上才能稳定地遗传。

7.3.1　转化

7.3.1.1　转化的概念

转化是指细菌通过其细胞膜直接摄取周围供体(donor)游离的外源 DNA 片段，并将此外源 DNA 片段通过重组整合到自己染色体组的过程。只有当整合的 DNA 片段产生新的表型时，才能检测得知转化的发生。

细菌转化的现象是 1928 年由格里费斯(Griffith)在研究肺炎双球菌中首先发现的。1944 年阿委瑞(Avery)及其同事证实转化因子是细菌的 DNA。这个重要的发现不仅证实遗传物质是 DNA，而且表明转化是细菌遗传物质重组的方式之一。

大部分种类的细菌都可以发生转化重组，但有的细菌，如肺炎双球菌(*S. pneumoniae*)、枯草杆菌(*B. subtilis*)在培养中比较容易发生转化；而另一些细菌，如野生型大肠杆菌就不容易转化。随着对转化机制的了解及 DNA 重组技术的建立，人们可以对那些不容易进行自然转化的细菌、真菌乃至高等生物细胞进行人工处理来实现转化。

7.3.1.2 转化的机制

1. 供体DNA与受体细胞间的接触与相互作用

转化中接受外源遗传物质的一方称为受体(receptor)。转化的第一步是使供体DNA与受体细胞接触并发生相互作用,影响它们之间互作的因素包括:转化片段的大小、形态、浓度和受体细胞的生理状态。

适当大小的外源DNA片段才能够进行转化。转化肺炎双球菌的DNA片段至少要有800个核苷酸对;枯草杆菌最少需要16 000个核苷酸对。用于转化的外源DNA分子必须是双链。对某一个特定基因来说,存在供体DNA分子数目与细胞转化率呈正相关的关系。但用高浓度DNA转化时,只有一部分DNA进入受体细胞。例如,从一个抗链霉素细菌菌株中提取DNA转化链霉素敏感的细胞,在每个细胞具有10个DNA分子以前,抗性转化子的数目与供体DNA分子数目成正比。这是因为在细菌的细胞壁或细胞膜上有一定数量的DNA接受位点,一旦达到饱和,再增加DNA也不能提高转化子数量。

并非所有的细菌细胞都能被转化。只有处于感受态(competence,即适宜从环境中吸收DNA分子的特殊生理状态)的细胞才能进行转化。细胞感受态的出现主要受一类小分子蛋白的影响。这类小分子称为感受态因子。感受态因子可以使细胞出现感受态,并从感受态细菌传递到非感受态细菌,使后者变成感受态。一般认为自然生长的细菌的感受态出现在细菌对数生长后期。通过某些处理过程,如高Ca^{2+}、温度及电击处理等,能够改变膜的通透性,诱导或加强细胞感受态。这种方法已经成为基因工程转化的常规技术。

2. 转化过程

遗传转化过程包括供体DNA的结合、穿入、联会、整合及转化细胞的形成。

(1)供体DNA与受体的结合　当细菌细胞处于感受态时,几个双链DNA分子可结合在受体细胞表面的几个受体位点上。最初的结合是可逆的,结合的DNA可被DNA酶降解或被冲洗掉。这个可逆阶段很短,有时仅4～5 s。只有具备一定长度的、但不一定具有亲缘关系的DNA才能与受体结合。一旦受体细胞上的受体位点饱和后,将阻止其他双链DNA的结合。

(2)供体DNA的穿入　稳定结合在受体位点上的DNA,随后纵向地被细菌所摄取,这个过程是不可逆的。此时,供体DNA不会再受到培养基中DNA酶的破坏。在摄取供体DNA时,由外切酶或DNA移位酶(translocase)降解其中的一条链,并利用降解这条链产生的能量将另一条DNA链拉进细胞中,这个过程可能因不同物种而有差异。

(3)联会　供体的单链DNA片段一旦进入细胞,各个不同位点将与其相应的受体DNA片段联会。联会也可以发生在异种DNA之间,这主要取决于种间亲缘关系的远近。亲缘关系越远,联会的可能性越小,转化的可能性也小,反之则大。

(4)整合　单链的供体DNA与受体DNA对应位点的置换,从而稳定地渗入(incorporate)到受体DNA中(图7-9),整合或DNA重组对同源DNA具有特异性。视供体DNA的亲缘关系,有可能发生不同频率的整合。

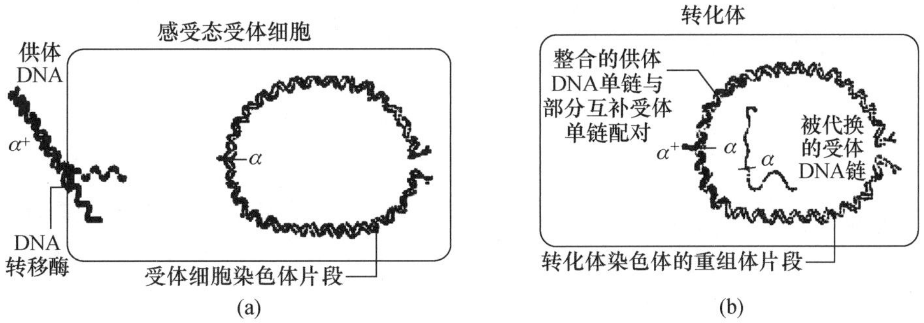

(a)穿入　(b)整合

图7-9　肺炎双球菌转化的两个主要步骤

(引自朱军,2018)

7.3.1.3 转化基因重组作图

外源 DNA 片段进入受体细胞之后，可以和受体染色体发生重组。由于 DNA 是以小片段的形式进入受体的，所以两个基因如果距离很远就很难同时存在于一个片段中同时被转化。但是，当两个基因间距离较近时，它们就有机会包含在同一个 DNA 片段中同时被转化，即并发转化（co-transformation）；依据转化发生的重组体的数量可以计算连锁基因的重组率，将细菌的不同基因定位在它的染色体上，构成转化遗传图。例如，黎德伯格等用枯草杆菌的一个菌株 $trp_2^+ his_2^+ tyr_1^+$ 作为供体，提取其 DNA 向受体 $trp_2^- his_2^- tyr_1^-$ 菌株进行转化，结果见表 7-3。

表 7-3 $trp_2^+ his_2^+ tyr_1^+$（供体）×$trp_2^- his_2^- tyr_1^-$（受体）的转化子类型及重组值计算

基因	转化子类别						
trp_2	+	−	−	−	+	+	+
his_2	+	+	−	+	−	−	+
tyr_1	+	+	+	−	−	+	−
	11 940	3 660	685	418	2 600	107	1 180

基因间的重组	亲型（++）	重组型（+−）和（−+）	重组值（重组体数/总数）
trp_2-his_2	11 940+1 180=13 120	2 600+107+3 660+418=6 785	6 785/19 905=0.34
trp_2-tyr_1	11 940+107=12 047	2 600+1 180+3 660+685=8 125	8 125/20 172=0.40
his_2-tyr_1	11 940+3 660=15 600	418+1 180+685+107=2 390	2 390/17 990=0.13

计算 trp_2 和 his_2 之间的重组值时，685 个 $trp_2^- his_2^-$ 表型代表 trp_2 和 his_2 这两个基因间没有交换的细胞数，因此不能计算在内。同理，计算 trp_2 和 tyr_1 之间的重组值时，不能统计 418 个 $trp_2^- tyr_1^-$ 表型细胞；计算 his_2 与 tyr_1 之间重组值时，不能统计 2 600 个 $his_2^- tyr_1^-$ 表型细胞。转化时基因重组只发生在供体和受体的同源区域之间。转化子包含了供体 3 个基因同时转化的和其他各种交换类型，相反的重组体，即 3 个基因同时来自受体基因的，由于它们被交换到片段上而不能存活，故不存在。

应该指出，供体片段与受体 DNA 之间发生单数交换是没有意义的。因为单数交换使环状染色体打开，产生一个线性染色体，这种细胞是不能成活的。只有双交换或偶数的多次交换才能保持重组后细菌染色体的完整，形成重组子（二维码 7-2）。

二维码 7-2 细菌转化中多个基因的重组形式

从表 7-3 可以看出，转化子中数目最多的是 3 个基因同时被转化的类型，这说明所研究的 trp_2、his_2 和 tyr_1 是连锁的，其中 his_2 和 tyr_1 连锁紧密，这是因为它们并发转化的频率最高。根据重组值计算结果，可知 trp_2-his_2 的重组值为 34%，trp_2-tyr_1 的重组值为 40%，his_2-tyr_1 的重组值为 13%，因此，trp_2、his_2 及 tyr_1 的排列顺序为：

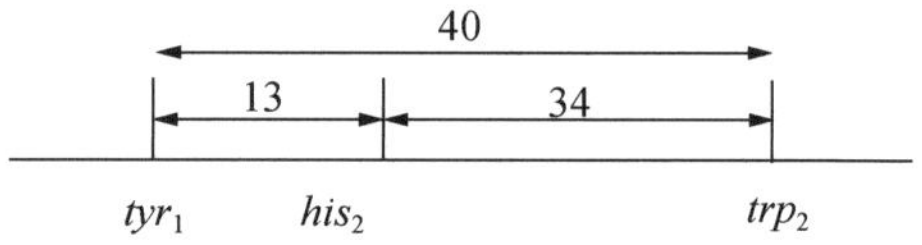

7.3.2 接合

7.3.2.1 接合定义及其发现

接合是指遗传物质通过细胞的直接接触，实现由供体转移到受体的过程，也称为细菌的杂交。这种细菌之间基因重组的方式是黎德伯格和塔特姆（E. Tatum）于 1946 年在耶鲁大学发现的。他们选用大肠杆菌 K_{12} 的两种不同营养缺陷型菌株，即甲硫氨酸（met^-）、生物素（bio^-）的营养缺陷型和苏氨酸（thr^-）、亮氨酸（leu^-）、硫胺素（thi^-）的营养缺陷型。“+”代表原养型，“−”代表营养缺陷型。两种菌株的基因型分别是：

A 菌株：$met^- bio^- thr^+ leu^+ thi^+$

B 菌株：$met^+ bio^+ thr^- leu^- thi^-$

A 菌株需要在基本培养基上补充甲硫氨酸和生物素，B 菌株需要在基本培养基上补充苏氨酸、亮氨酸和硫胺素。将菌株A和B分别接种于基本培养基上都不能生长。若将它们混合后，经离心洗涤，除去完全培养基，再制成悬液以对照组相同的浓度接种于基本培养基，结果获得了野生型（met^+ bio^+ thr^+ leu^+ thi^+）的菌落，其出现的频率为 10^{-7}（二维码7-3）。

二维码 7-3　黎德伯格和塔特姆接合（杂交）试验

当时对这个试验结果可以给出的解释有如下几种：①亲本细菌发生了回复突变。大肠杆菌很多生化突变型回复突变的频率为 10^{-7}。两个基因同时发生回复突变的频率应该是 $10^{-7}\times10^{-7}=10^{-14}$，3个基因同时突变的频率为 10^{-21}。显然，该试验的结果排除了发生回复突变的可能。②发生营养互补，是指营养缺陷型通过共同培养交换营养物质，相互补充对方的不足得以在基本培养基上生长。③转化，是指试验中一种亲本细菌在处理过程中可能发生裂解释放出DNA片段，被另一亲本吸收、转化产生原养型菌落。

为了确定以上的②和③两种可能性，戴维斯（B. Davis）在1950年设计了U形管试验。在这个U形管中，左右两臂分别放入A菌株和B菌株的液体培养物，底部中间用滤片把A、B两种培养物机械地隔开。滤片的孔很小，可以通过 0.1 μm 以下的颗粒，故大分子（包括DNA）可以自由通过，但是细菌细胞无法通过（图7-10）。

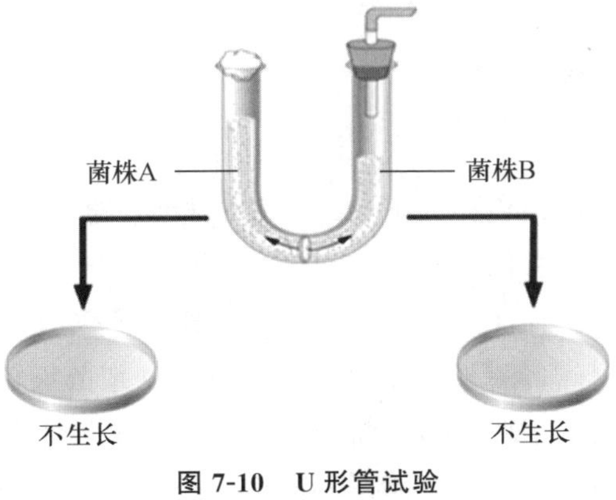

图 7-10　U形管试验

（引自 Klug，2002）

在U形管的一端交替地抽气或加压，使滤片两侧液体及大分子双向流动、相互混合。培养一段时间后，取出两端的细菌并分别涂布于基本培养基上，结果都没有任何原养型菌落出现。这个试验结果说明，A菌株和B菌株细胞之间的直接接触是出现原养型的必要条件，转化或营养物质互补都不是产生上述原养型细菌的原因。

1952年，海斯（W. Hayes）和卡瓦里-斯弗所（Cavali-Sforza）在重复上述试验时进一步研究发现，大肠杆菌两种不同菌株是通过接合过程实现遗传物质重组的，并且遗传物质转移是单向的，即从供体菌株转移到受体菌株。这里的供体可以看作"雄性"，受体看作"雌性"，接合过程相当于细菌间的杂交。

7.3.2.2　F因子及其作用

海斯曾推测大肠杆菌两个菌株之间的遗传物质转移，是通过致育因子（fertility factor）介导产生的，致育因子简称F因子。人们通过分析发现，F因子实际上是一种质粒，是存在于大肠杆菌细胞中的一种小的环状DNA，它既可以游离状态，又可以整合到菌体染色体上（二维码7-4）。构成F因子的环状DNA主要有3个区域：配对区（pairing region）、复制原点区（origin，简称为"*O*"）和致育基因（fertility gene）区（图7-11）。致育基因有控制性伞毛形成的作用。性伞毛是含有F因子细胞表面伸出的一种附属物，容易和无F因子细胞发生联系，一旦两种细胞相互接触，性伞毛就变成了两个细胞间的通道，也称接合管（图7-12）。

二维码 7-4　质粒的整合和切除

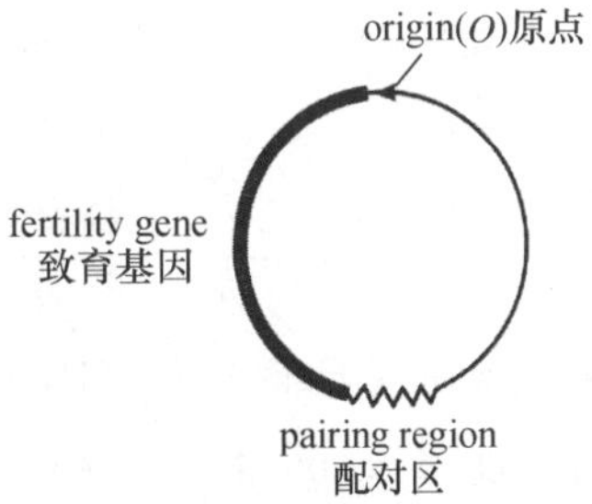

图 7-11　F因子的三个区域

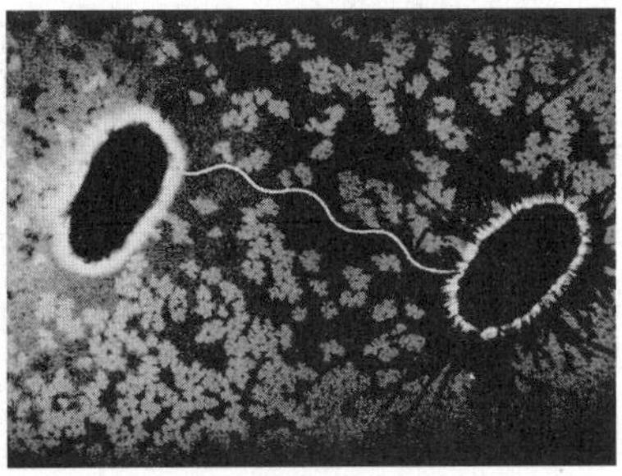

图 7-12　细菌接合（$F^+\times F^-$）的电镜图

（引自 Klug，2002）

根据F因子的有无和存在状态，将大肠杆菌分为3种类型：①没有F因子的细胞，即F^-细胞；②包含一个游离状态的F因子的细胞，即F^+细胞；③包含一个整合到自己染色体组内的F因子的细胞，即高频率重组(high frequence recombination，Hfr)细胞(图7-13)。

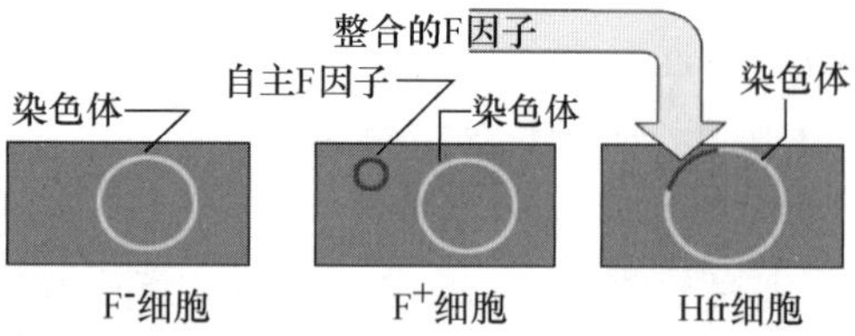

图7-13　大肠杆菌F因子的3种状态

7.3.2.3　接合过程

1. F^+向F^-的转移($F^+\times F^-$)

F^+细胞的F因子由接合管向F^-传递，使F^-受体变成F^+。接合时，F因子双链中的一条链被内切酶切开，这切开的链从5′端先进入受体F^-，在F^-中从5′→3′的方向复制形成一个完整的F因子。另一条没有切口的完整链留在供体内作为模板进行复制，也形成一个完整的F因子。在接合中，F因子传递和复制的过程是按DNA复制的滚环模型进行的。两个接合的产物，都是F^+，各具备一个F因子(图7-14)。

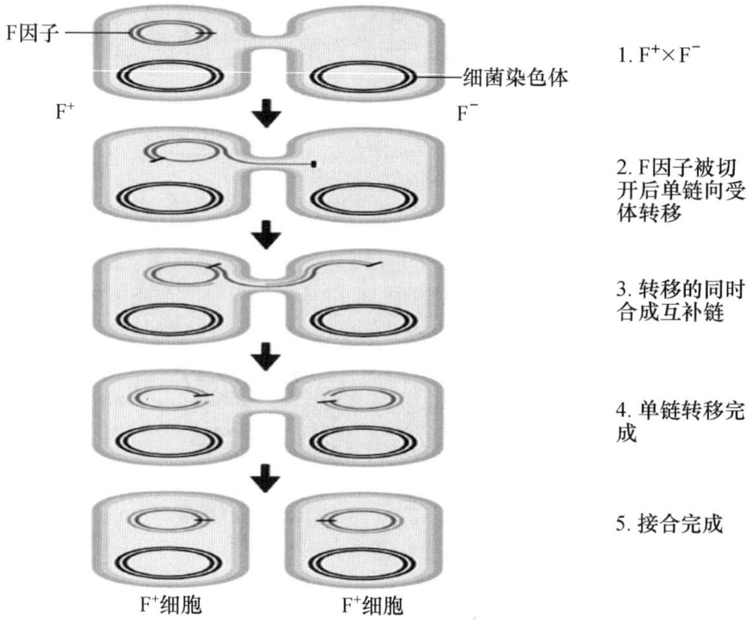

图7-14　$F^+\times F^-$示意图

(引自Klug,2002)

2. Hfr菌株及其染色体转移(Hfr×F^-)

F因子可以偶然地(0.01%频率)整合到细菌染色体中去。在整合状态下的接合就可能引起细菌染色体的转移，导致基因发生高频率重组，基因重组频率可增加千倍之多。因此将F因子整合到染色体上的细菌称为高频重组(Hfr)菌株。

接合时，Hfr菌株在F因子整合点附近的一条链形成切口(图7-15)，并开始滚环式复制，借助于DNA滚环复制的动力，带切口的链5′端进入接合管。这种转移方式与F^+向F^-转移相似，所不同的是细菌的染色体和F因子转移链相连，随着进入F^-细胞。转移的链进入受体后，立即按5′→3′方向进行复制。在Hfr×F^-接合开始，F因子仅有一部分进入F^-细胞，剩下部分基因只有等到细菌染色体全部进入F^-细胞之后才能进入。然而，该转移过程常常中断，所以F^-细胞得到的仅仅是F因子的一部分而不是全部，故还是属于F^-细胞。如果全部染色体转移了，F^-就可以得到完整的F因子，取得Hfr的性质，变成Hfr细胞，但这种情况是很罕见的。

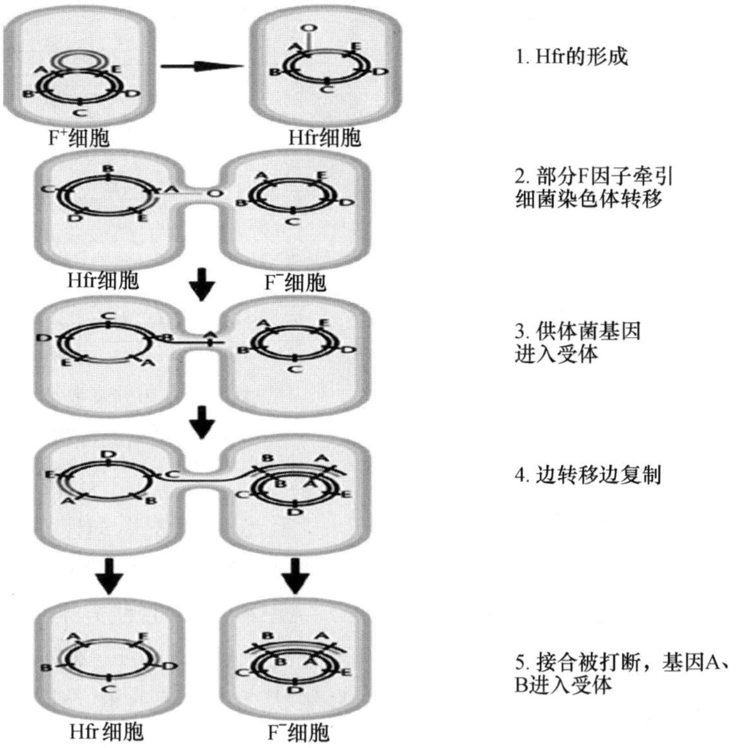

图 7-15　Hfr×F⁻ 示意图

（引自 Klug，2002）

接合中供体并不丧失它的 F 因子或染色体，因转移的是供体遗传物质的拷贝。受体细胞常常只接受部分的供体染色体，这些供体染色体称为供体外基因子（exogenote），而受体的完整染色体则称为受体内基因子。在接合后的一个短时间内，供体外基因子与受体内基因子形成一段二倍体的 DNA，这样的细菌称为部分二倍体（partical diploid）或部分合子（merozygote）。细菌接合后的重组就是在 F⁻ 内基因子与供体外基因子之间进行的[图 7-16(a)]。

部分二倍体的重组与真核生物中完整的二倍体之间的重组不同，而与细菌转化的情况类似。第一，部分二倍体中发生单数交换是没有意义的，因为单数交换会使细菌染色体开环，这种细胞是不能成活的[图 7-16(b)]，只有双交换或偶数的多次交换才能保持重组后细菌染色体的完整[图 7-16(c)]。第二，重组后的游离 DNA 片段只带有部分基因组，不能单独复制和延续下去，最终消失。这样，重组后 F⁻ 细胞不再是部分二倍体，而是单倍体，得到的重组体类型只有一个，而不是两个，相反的重组体不存在。

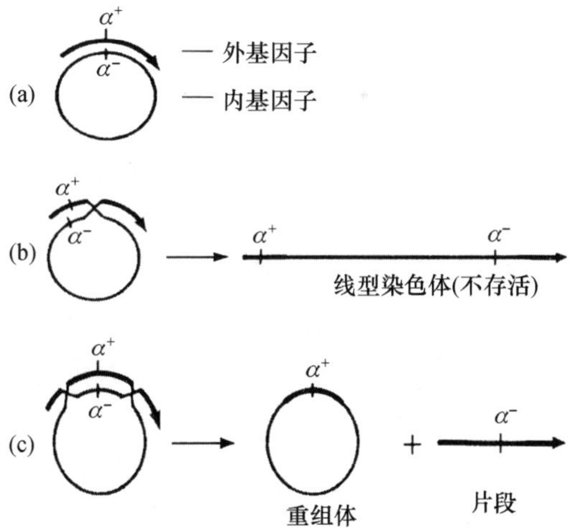

图 7-16　细菌基因重组的方式

（引自朱军，2018）

7.3.2.4　中断杂交作图

中断杂交作图是基因从 Hfr 细胞按次序转入 F⁻ 细胞，根据供体基因进入受体细胞的顺序和时间绘制连锁图的技术（二维码 7-5）。这样的遗传图谱实际上是一个基因转移顺序图。

二维码 7-5　中断杂交实验原理

为了证明接合时遗传物质从供体到受体细胞的转移是直线式进行的，1957 年雅各布(F. Jacob)和沃尔曼(E. Wollman)设计了一个著名的中断杂交试验(interrupted mating experiment)。他们采用的菌株基因型如下。

Hfr：$thr^{+}\ leu^{+}\ azi^{r}\ ton^{r}\ lac^{+}\ gal^{+}\ str^{s}$

F^{-}：$thr^{-}\ leu^{-}\ azis^{s}\ ton^{s}\ lac^{-}\ gal^{-}\ str^{r}$

这里，*thr*、*leu*、*lac*、*gal* 分别代表苏氨酸、亮氨酸、乳糖和半乳糖，"+"代表原养型或发酵型，"−"代表营养缺陷型或不发酵型；*azi* 和 *ton* 分别代表叠氮化纳和 T_1 噬菌体；*str* 表示链霉素，*r* 代表抗性，*s* 代表敏感。

将 Hfr 和 F^{-} 两种细胞同时加入装有完全培养基的大试管中混合培养，每隔一定时间取样，把取出的菌液放在搅拌器内搅拌，使接合的细胞分开，以中断杂交。将中断杂交的培养物洗涤除去完全培养基，然后稀释菌液，将其涂布在含有链霉素的几种不同培养基上，测定形成了什么样的重组体(链霉素可杀死所有的 Hfr 供体细胞)。例如，检查 F^{-} 细胞是否得到 thr^{+}，可用不加苏氨酸而含有亮氨酸和链霉素的培养基，在这里，只有 $thr^{+}\ str^{r}$ 才能生长，能长的细胞就是供体 thr^{+} 已经进入受体并发生了重组的细胞。

结果表明，接合 8 min 后 thr^{+} 最先进入 F^{-} 细胞，出现了重组体；leu^{+} 随后半分钟出现；azi^{r} 在 9 min 时出现。在 11 min 时 ton^{r} 首次在重组体中出现，18 min 后出现 *lac* 原养型细菌，表明 lac^{+} 已经进入 F^{-} 细胞；25 min 后出现 *gal* 原养型，表明 gal^{+} 进入 F^{-} 细胞(图 7-17)。

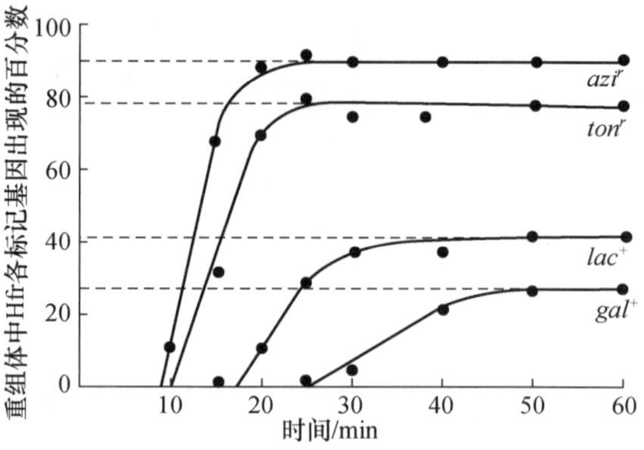

图 7-17　中断杂交试验重组体中供体遗传性状处出现的时间和频率

(引自朱军，2018)

上述试验说明，Hfr 菌株的基因是按一定的线性顺序依次进入 F^{-} 菌株的，也就是说，染色体从原点 *O* 开始，是以直线方式进入 F^{-} 细胞的。基因位点离原点愈近，进入 F^{-} 细胞愈早，反之则晚。由于在自然状态下没有搅拌器搅拌也经常能中断杂交，因此距离 *O* 点愈远的基因进入 F^{-} 菌株的机会也愈少。根据中断杂交试验，用 Hfr 基因在 F^{-} 细胞中出现的先后顺序，可以作出大肠杆菌的遗传连锁图(图 7-18)。

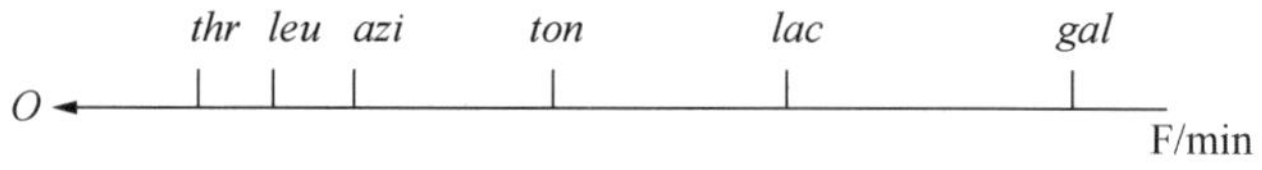

图 7-18　根据中断杂交试验作出的大肠杆菌直线连锁图

(注：O 是原点，F 是 F 因子)

用不同的 Hfr 菌株进行中断杂交试验所作出的大肠杆菌基因连锁图，其基因向 F^{-} 细胞转移的顺序大不相同，每个菌株的基因转移顺序都有所不同。仔细分析可以看出，基因转移的顺序并不是随机的。例如，所有的 *thr* 基因都是 *leu* 在一边，*thi* 在另一边。其他基因也是如此，除非它们在连锁群的另一端(表 7-4)。

表 7-4　中断杂交试验确定的几个 Hfr 菌株的基因顺序

Hfr 类型	基因转移的顺序							
H	*thr*	*leu*	*azi*	*ton*	*pro*	*lac*	*gal*	*thi*
1	*leu*	*thr*	*thi*	*gal*	*lac*	*pro*	*ton*	*azi*
2	*pro*	*ton*	*azi*	*leu*	*thr*	*thi*	*gal*	*lac*
7	*ton*	*azi*	*leu*	*thr*	*thi*	*gal*	*lac*	*pro*

所看到的基因转移顺序的差异是由于各 Hfr 菌株间转移的原点(*O*)和转移的方向不同所致。这个试验进一步说明 F 因子和细菌染色体都是环状的，而 Hfr 细胞染色体的形成，是因 F 因子插入环状染色体的不同位置而形成了不同的转移原点和转移方向(图 7-19)。

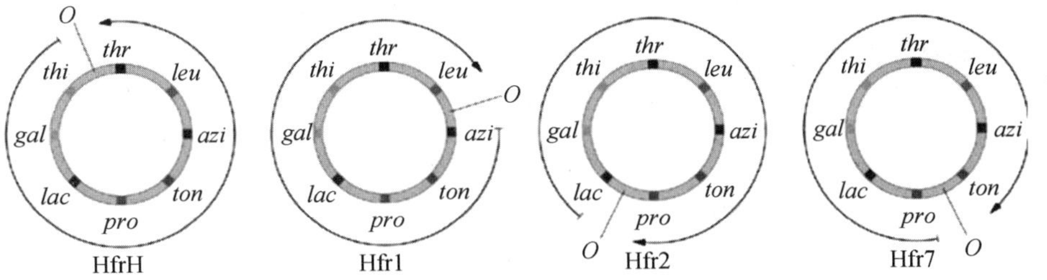

图 7-19 各 Hfr 菌株不同的转移原点(*O*)和转移的方向

(引自 Klug,2002)

7.3.2.5 重组作图

在中断杂交试验中，根据基因转移的先后顺序，以时间"分钟"为单位表示基因间的距离。如果两个基因间的转移时间小于 2 min，用中断杂交法所得的图距不太可靠，应采用传统的重组作图法(recombination mapping)。

例如，有两个紧密连锁的基因：lac^+(乳糖发酵)和 ade^-(腺嘌呤缺陷型)，为了求得这两个基因间的距离，可采用 Hfr $lac^+ ade^+ \times F^- lac^- ade^-$ 的杂交试验。用完全培养基但不加腺嘌呤，可以选出 $F^- ade^+$ 的菌落。由于 *ade* 进入 F^- 细胞的顺序较 *lac* 为晚，因此，lac^+ 自然也已经进入。如果选出 ade^+，同时也是 lac^+，说明 *lac* 与 *ade* 间没有发生过交换；如果是 lac^-，说明两者之间发生过交换(图 7-20)。

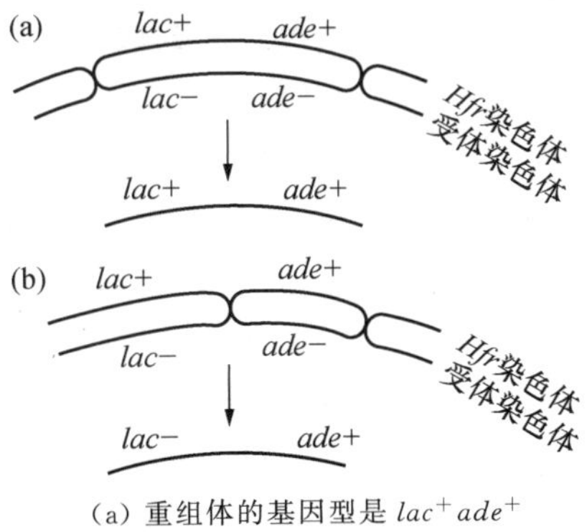

(a) 重组体的基因型是 $lac^+ ade^+$

(b) 重组体的基因型是 $lac^- ade^+$

图 7-20 ade^+ 重组的两种形式

(引自朱军,2018)

两基因间的重组频率为：

$$重组值=\frac{lac^- ade^+}{lac^- ade^+ + lac^+ ade^+}\times 100\%$$

中断杂交试验结果表明，这两个位点间的时间单位约为 1 min，用重组作图法算出的重组率约等于 22%。因此，1 个时间单位(分钟)大约相当于 20%的重组值。用重组频率与中断杂交法所测得的基因距离是大致符合的。

7.3.3 性导

性导(sex-duction)是指接合时由 F′因子携带的外源基因转移到受体细菌染色体的过程。F 因子整合到宿主细菌染色体的过程是可逆的，当发生环出(looping out)时，F 因子又重新离开宿主细菌的染色体，Hfr 菌株变回 F^+ 菌株。但 F 因子在环出时不够准确，会携带宿主细菌染色体的一些相邻基因，这种带有部分宿主基因的 F 因子称为 F′因子(F′ factor)。1959 年，阿代尔伯格(E. A. Adelberg)和伯恩斯(S. N. Burns)首先鉴定了这种修饰的 F 因子。

例如，在一个 Hfr 菌株中，F 因子是插入基因 *ton* 和 lac^+ 之间的，F 因子环出时错误地把 lac^+ 基因包括进去了，结果形成了 F′-lac^+(图 7-21)。F′因子携带的细菌染色体片段大小不受限制，可以是单个基因，也可以是半个细菌染色体。

同 $F^+ \times F^-$ 接合的机理一样，F′因子能够转移到 F^- 受体中。F′因子以极高的频率转移它所携带的基因，如同 F^+ 细菌以极高的频率转移它的 F 因子那样。另外，F′因子以极高的自然整合率，整合到细菌染色体特定的座位上，因为它有与细菌染色体的同源区段。这与正常 F 因子随机插入细菌染色体不同座位形成对比。

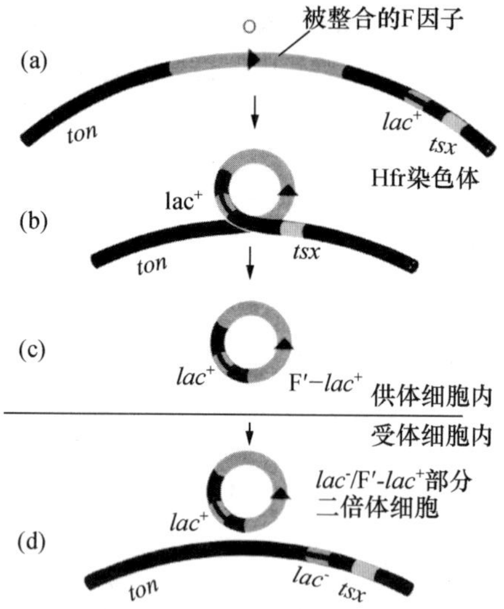

(a) 在一个 Hfr 菌株中 F 因子插入基因 *ton* 和 lac^+ 之间

(b) F 因子不规则剪切把 lac^+ 基因包括进去

(c) 形成了 F′-lac^+

(d) lac^+ 转移到 F^-，形成 F′lac^+ / F^- lac^- 部分二倍体。

图 7-21 F′因子的形成

(仿自朱军，2018)

性导在大肠杆菌的遗传学研究中具有重要作用。这种部分二倍体如果不发生重组，那么 F′因子自主复制，可在细菌细胞中延续下去。不同的 F′因子带有不同的细菌 DNA 片段，利用不同的 F′的性导可以测定不同基因在一起转移的频率，利用不同基因在一起的并发性导的频率来作图是建立遗传图谱的重要途径。此外，观察由性导形成的杂合部分二倍体中某一性状的表现，可以确定这一性状的等位基因的显隐性关系。还有，性导所形成的部分二倍体可用作不同突变型之间的互补测验，以确定这两个突变型是属于同一个基因还是不同基因。部分二倍体中也会出现重组，即 F′因子所携带的供体 DNA 与受体染色体之间的同源重组。如果发生单交换，F′因子就整合到细菌染色体中形成 Hfr 菌株；如果发生双交换，F′因子所携带的供体 DNA 与染色体上的等位基因发生互换，会形成新的 F′品系。

7.3.4 转导

转导是指以噬菌体为媒介所进行的细菌遗传物质重组的过程。它是细菌遗传物质传递和交换的另一种重要方式。转导与上述的转化、接合及性导的主要不同之处，在于它是以噬菌体为媒介的。在这一过程中，细菌的一段染色体被错误地包装在噬菌体的蛋白质外壳内，并通过感染而转移到另一个受体细菌内。

7.3.4.1 转导的发现

1952 年，黎德伯格和津德(N. Zinder)首先在鼠伤寒沙门氏菌(*S. typhimurium*)中发现转导现象。他们用沙门氏菌的两个营养缺陷型菌株 LA-2 和 LA-22 杂交。LA-22 不能合成苯丙氨酸、色氨酸(phe^- trp^-)，LA-2 不能合成甲硫氨酸和组氨酸(met^- his^-)，结果在基本培养基上发现原养型的菌落(phe^+ trp^+ met^+ his^+)。从表面上看，沙门氏菌也发生了接合，因为原养型菌落出现的频率是 10^{-5}，这样高的频率不可能是回复突变的结果。

为了进一步确定沙门氏菌是否发生了接合，他们将上述两种菌株分别放在戴维斯 U 形管的两臂内，中间用玻璃滤板隔开，以防止细胞直接接触受体，但可以允许比细菌小的物质通过，结果竟然也获得了野生型重组体(图 7-22)。这样，就排除了沙门氏菌的基因重组是接合的结果。可能的结论是，这种重组是通过一种过滤性因子(filterable agent，FA)而实现的。

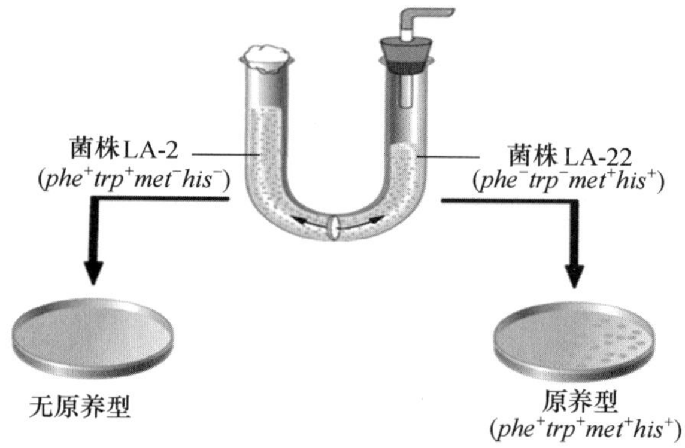

图 7-22 转导的 U 形管试验

(引自 Klug，2002)

由于 FA 不受 DNA 酶的影响，这样就消除了转化作用的可能性。进一步研究证明，在两个菌株之间传递遗传物质的因子是沙门氏菌中的一种温和噬菌体，称为 P_{22}。支持这个结论的证据有三：一是如果 U 形管中间的孔径小到噬菌体不能通过的孔径，FA 也不能通过，FA 的大小和质量与 P_{22} 相同；二是免疫学试验证实 FA 可以被 P_{22} 抗血清灭活；三是如果用 LA-2 的 P_{22} 抗性品系来代替原来的 LA-2 菌株，那么在 U 形管两端都不出现野生型的重组体了。这样，科学家们确定了与转化、接合不同的细菌遗传物质发生重组的另一种途径：转导(二维码 7-6)。根据转导载体的性质和转导发生的特点，可将之分为普遍性转导和特殊性转导。

二维码 7-6　噬菌体转导过程原理

7.3.4.2　普遍性转导

普遍性转导(generalized transduction)是指噬菌体可以转移细菌染色体任何部分的转导。在噬菌体感染的末期,细菌染色体被断裂成许多小片段,在形成噬菌体颗粒时,偶尔(0.1%的概率)少数噬菌体错误地把细菌染色体片段包装在它们自己的噬菌体蛋白质外壳内,其中并不包含噬菌体的遗传物质,形成的这种假噬菌体称为转导噬菌体(transducing phage)。由于噬菌体的吸附和注入 DNA 的能力取决于它的蛋白质外壳,所以转导噬菌体可以吸附到细菌上。这种转导噬菌体既然不携带噬菌体基因,对受体细菌也就没有有害的影响。当转导颗粒将它的内含物注入受体细菌后,形成一个部分二倍体,导入的基因经过重组,整合到宿主的染色体上(图 7-23),由此形成的具有重组遗传结构的细菌细胞称为转导体(transductant)。由于在这个过程中噬菌体可以转导细菌染色体组的任何不同部分,所以称为普遍性转导。

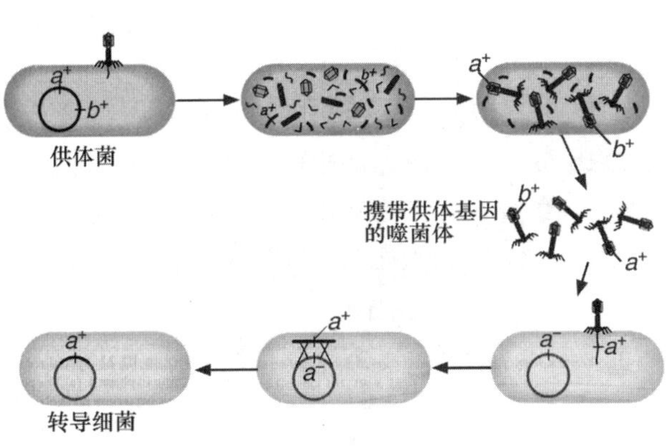

图 7-23　普遍性转导的过程

(引自 Klug,2002)

转导的细菌 DNA 片段大约为一个噬菌体基因组的大小。细菌染色体比噬菌体的染色体大得多,在转导过程中,被错包进去的究竟哪一段是随机的。而且,能装入噬菌体头部的 DNA 仅为一个噬菌体基因组大小。如果细菌的两个基因之间的距离大于噬菌体的染色体长度,一般不能同时转导。如果两个基因一起转导,称为并发转导或共转导(co-transduction)。如果并发转导的频率较高,说明两基因连锁强度较大,基因之间距离较近。相反,如果并发转导频率很低,说明两基因之间距离较远。正是利用这一原理,可将转导应用于细菌染色体基因作图。

通过观察两个基因的转导,即两因子转导(two-factor transduction),计算并比较每两个基因之间的并发转导频率,就可以确定这些基因在染色体上的排列顺序。若要分析 3 个基因,则需要做 3 次双因子转导试验,才能确定 3 个基因在染色体上的排列顺序。例如,a 基因和 b 基因的并发转导频率很高,a 基因和 c 基因的并发转导频率也很高,而 b 基因和 c 基因很少或完全不在一起转导,则这 3 个基因的次序就应为 bac。

如果研究三因子转导(three-factor transduction),则只需分析一个实验的结果就可以推出 3 个基因的次序。举个例子,供体大肠杆菌具有基因型 $a^+b^+c^+$,受体的基因型为 $a^-b^-c^-$。供体用 P_1 噬菌体感染,P_1 的后代再用来感染受体细胞,然后把受体细胞接种在选择培养基上。如果通过中断杂交已知 3 个基因中的 1 个,如 a 不在中间,就可对 a^+ 进行选择,即在对 a^+ 进行选择的选择培养基上把可以生长的 a^+ 细胞选出来。然后,把被选择的受体细胞重复接种在其他对 b^+ 或 c^+ 进行选择的选择培养基上,检查 a^+ 细胞是否同时具有 b^+ 和 c^+。通过三因子转导可以得到不同类型的转导子及其频率。最少的一类转导体应当代表最难于转导的情况,这种转导体是同时发生交换次数最多的一类。这种转导体的两边应为供体基因,而中间为受体基因。如果正确次序为 abc,最少的转导体就应为 $a^+b^-c^+$(图 7-24)。假定由试验得到的最少的转导体类别为 $a^+b^+c^-$,那么这 3 个基因的正确次序应当是 acb 或 bca,而不是 abc,即 c 基因位于另两个基因之间。

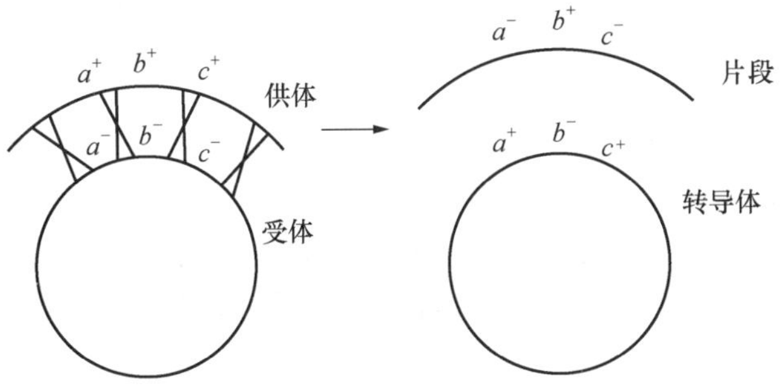

图 7-24　转导颗粒与受体染色体之间通过四交换形成转导体

(引自刘庆昌,2015)

当知道 3 个基因的每两个基因的并发转导频率后,可根据这一频率推算出 3 个基因之间的物理距离。如果两个基因紧密连锁，则其并发转导频率接近于1；如果两个基因从来或几乎不包含在同一转导DNA中，则其共转导频率接近于0。利用这种关系，可用以下公式求出同一染色体上两个基因之间的物理距离：

$$d = L(1-\sqrt[3]{X})$$

式中，d 为同一染色体上两个基因之间的物理距离；L 为转导DNA的平均长度；X 为两个基因并发转导频率。

下面举例说明利用并发转导进行细菌基因重组作图的具体方法。利用普遍性转导 P_1 噬菌体先在大肠杆菌 $leu^+ thr^+ azi^R$ 供体菌株中生长，P_1 的后代再侵染受体菌 $leu^- thr^- azi^S$，然后将受体细菌进行特定的培养，以测定该3个基因的连锁关系。把受体细菌培养在一种可以选择1～2个标记基因而不选择其余标记基因的培养基上。例如，把受体细菌放在没有叠氮化钠（*azi*），没有亮氨酸（*leu*），但含有苏氨酸（*thr*）的基本培养基上培养，于是 *leu* 就成为选择的标记基因，因为在该培养基上只有 leu^+ 细胞才能生长。*thr* 和 *azi* 是未选择的标记基因，因为当培养基内有 *thr* 时，其标记基因可能是 thr^+ 或 thr^-；当培养基内无叠氮化钠时，其标记基因可能是 azi^R 或 azi^S。对每个选择的标记基因进行多次实验，便可以确定其未选择标记基因出现的频率。对 leu^+ 的细胞按同理进一步进行涂布培养，用以测试它们是 azi^R 或 azi^S，还是 thr^+ 或 thr^-，这将提供它们相对的连锁强度。三个实验的结果见表7-5。

表7-5　用 P_1 噬菌体普遍性转导大肠杆菌的实验结果

实验	选择的标记基因	未选择的标记基因
1	leu^+	$50\%azi^R$，$2\%thr^+$
2	thr^+	$3\%leu^+$，$0\%azi^R$
3	$leu^+ thr^+$	$0\%azi^R$

实验1以 leu^+ 为选择标记基因时，与 azi^R 的并发转导频率为50%，与 thr^+ 的并发转导频率为2%，说明 *leu* 和 *azi* 相距较近，而 *leu* 和 *thr* 则相距较远。基于这个分析，3个基因的排列有下面两种可能：

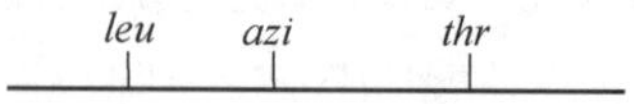

或

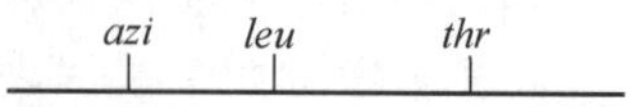

实验2说明 *leu* 比 *azi* 更接近 *thr*。因为 leu^+ 和 thr^+ 有3%的时间是并发转导的，但 azi^R 和 thr^+ 则没有发生过并发转导，因此可以肯定这3个基因的顺序应是：

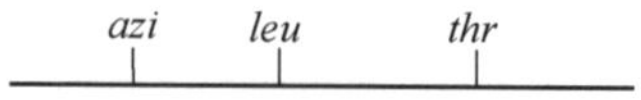

实验3说明这个顺序是正确的，因为 $leu^+ thr^+$ 片段从未携带有 azi^R。

应用普遍性转导作图是比较精确的，是中断杂交作图所不容易办到的。但是，普遍性转导作图仅仅是在对某个基因的位置有某些了解的前提下才能进行。所以当一个新的突变基因发现以后，首先是用中断杂交法对它进行粗略的定位，接着才用普遍性转导等方法进行精确定位。

7.3.4.3　特殊性转导

特殊性转导（specialized transduction）又称局限性转导（restricted transduction），是指一些温和噬菌体只能转移细菌染色体某些特定基因的转导。

特殊性转导是黎德伯格和他的学生于1952年首先在λ噬菌体中发现的。λ噬菌体属于温和噬菌体，有附加体的性质，它既可以自主状态存在，也可以整合到细菌染色体中。多数噬菌体当整合在细菌染色体上时都占有一个特定的位置（图7-25）。特殊性转导与性导非常类似，它依赖于原噬菌体环出时的差错。λ噬菌体在大肠杆菌DNA的整合位点两侧，一边是半乳糖操纵元基因 *gal*，另一边是生物素合成基因 *bio*。λ噬菌体环出时偶尔错误地形成携带有大肠杆菌 *gal* 基因的缺陷噬菌体，就形成了特殊转导颗粒。这种有缺陷的λ噬菌体去感染非溶源性

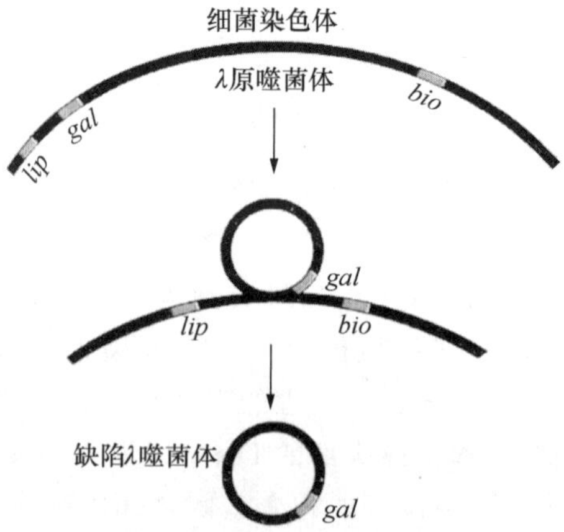

图7-25　λ噬菌体的环出与携带大肠杆菌 *gal* 位点缺陷噬菌体的形成

（引自刘庆昌，2015）

的品系，就能将细菌的基因由一个细胞转递到另一个细胞。这种转导不像普遍性转导那样将宿主DNA片段随机地包装进噬菌体外壳进行转导，只是转导供体基因组中的噬菌体整合点附近的基因，所以称为特殊性转导或局限性转导。特殊性转导尚未被证明对细菌染色体作图有多大用途。

通过中断杂交技术、基因重组作图、转化和转导等多技术相结合，可获得大肠杆菌非常详细的染色体连锁遗传图。早在1963年，人们对大肠杆菌就已定位了近100个基因(图7-26)。

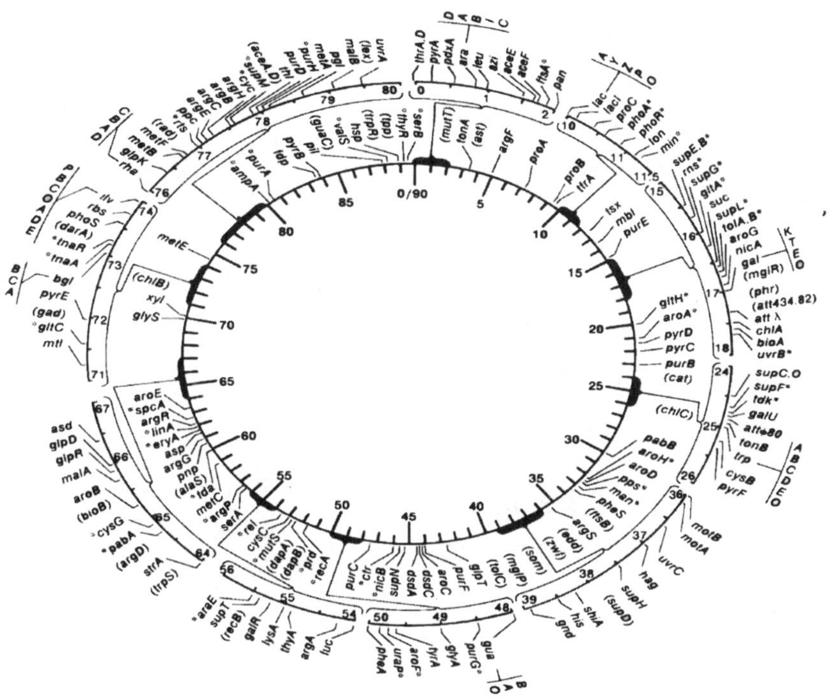

图7-26　大肠杆菌的遗传连锁图(单位是min，起点处为0 min)

(引自Russell，2000)

1997年完成了大肠杆菌基因组测序工作，共含有4 639 221对碱基，编码4 288个基因，大部分基因的功能已基本了解。

内容提要与思维导图

细菌和病毒的遗传结构：细菌属于单细胞生物，在拟核区有共价闭合环状双链DNA分子，一般不与蛋白质复合；病毒为非细胞结构，必须寄生在活细胞中，遗传结构简单，包含一种核酸(DNA或者RNA)及核酸周围的蛋白质外壳；细菌和病毒作为重要的遗传研究材料具有很多方面的优越性。

噬菌体的遗传分析：噬菌体基因重组通过不同的病毒颗粒双重感染一个细菌，其遗传物质在细菌体内交换重组实现。根据重组型菌斑数占总噬菌斑数的比率可以算得噬菌体连锁基因的重组率。

细菌的遗传分析：细菌获取外源遗传物质形成重组体有4种方式：转化、接合、性导和转导。这四种形式的共同特点是：基因的单方向转移，产生部分二倍体，外来基因只有整合到环状染色体DNA上才能稳定地遗传。

转化是指细菌细胞直接摄取周围游离的外源DNA片段，并将此外源DNA片段通过重组整合到自己染色体DNA的过程。当供体有2个或2个以上基因紧密连锁时，它们就有较多的机会包含在同一个DNA片段中一起被转化，即共转化。连锁基因间在共转化时发生重组，根据连锁基因的重组率(交换值)，将细菌的不同基因定位在它的染色体上，构成转化遗传图。

接合是指遗传物质通过细胞的直接接触，实现由供体转移到受体的过程，也称为细菌的杂交。接合是通过F因子，即致育因子介导的。在Hfr×F^-时可以高频率地将Hfr菌株的基因转移至F^-菌株。F^-内基因子与供体外基因子之间可以形成部分二倍体DNA，只有双交换或偶数的多次交换可以形成重组体。中断杂交作图是在Hfr×F^-杂交中，供体染色体按一定方向，以均匀速度逐渐进入F^-细胞。在不同时间，人为地中断Hfr×F^-杂交，然后测定受体菌的选择标记基因及非选择标记基因的重组子。根据基因进入受体细胞的先后顺序确定基因在染色体DNA上的排列顺序及时间距离，以绘制连锁图。1 min大约相当于20%的重组率。

性导是指接合时由F'因子携带的外源基因转移到受体细菌染色体的过程。性导形成的部分二倍体DNA之间发生交换也可以形成重组体。

转导是指以噬菌体为媒介所进行的细菌遗传物质重组的过程。供体细菌染色体DNA片段被错误地包装在噬菌体蛋白质外壳内，通过感染转移到另一个受体细菌内，并发生基因重组，形成重组体。普遍性转导是指噬菌体可以转移细菌染色体任何部分的转导。如果两个基因一起转导，称为并发转导或共转导。并发转导频率越高，那么这两个基因距离较近；并发转导频率很低，说明两基因之间距离较远，利用这一原理可以对细菌染色体基因作图。特殊性转导与性导非常类似，它依赖于原噬菌体环出时的差错，将整合点附近的细菌基因携带出来形成有缺陷的重组噬菌体，这种噬菌体能将细菌的特定基因由一个细胞传递到另一个细胞。

二维码7-7　本章思维导图

复习思考题

1. 解释下列名词：F^-菌株　F^+菌株　Hfr菌株　性导　中断杂交作图　溶源性细菌　烈性噬菌体　温和噬菌体　部分二倍体　转导　普遍性转导　特异性转导。

2. 试比较转化、接合、转导、性导在细菌遗传物质传递上的异同。

3. 用一野生型菌株提取的DNA来转化一个不能合成丙氨酸（*ala*）、脯氨酸（*pro*）和精氨酸（*arg*）的突变型菌株，产生不同转化类型的菌落，其数如下：

8 400 $ala^+\ pro^+\ arg^+$　　840 $ala^+\ pro^-\ arg^-$

2 100 $ala^+\ pro^-\ arg^+$　　1 400 $ala^+\ pro^+\ arg^-$

420 $ala^-\ pro^+\ arg^+$　　840 $ala^-\ pro^+\ arg^-$

840 $ala^-\ pro^-\ arg^+$

问：（1）这些基因间的图距是多少？（2）这些基因的顺序如何？

4. 在中断杂交试验中，为何首先筛选重组子，而后才测定基因顺序和距离？

5. 在Hfr×F^-杂交中，已知leu^+是转移的标记基因，但是其他一些标记基因的转移顺序是不清楚。如果一个表型是野生型Hfr与F^-杂交中，在leu^+重组子中，有27%是ile^+，13%是mal^+，82%是chr^+，1%是trp^+，则基因的排列顺序是怎样的？

6. 在细菌重组作图试验时，如果将亲本Hfr $met^+\ arg^+\ leu^+\ str^s$×$F^-$ $met^-\ arg^-\ leu^-\ str^r$中的$str^s$与$str^r$互换，则试验将出现什么情况？为什么？

7. 来自同一大肠杆菌F^+菌株的5个不同Hfr菌株（A、B、C、D、E）与F^-中断杂交试验，结果如下：

Hfr菌株	基因进入受体菌株的顺序以及所需的时间/min									
A	mal^+	1	str^+	11	ser^+	16	ade^+	36	his^+	51
B	ade^+	13	his^+	28	gal^+	38	pro^+	44	met^+	70
C	pro^+	3	met^+	29	xyl^+	32	mal^+	37	str^+	47
D	pro^+	10	gal^+	16	his^+	26	ade^+	41	ser^+	61
E	his^+	7	gal^+	17	pro^+	23	met^+	49	xyl^+	52

根据上述资料：（1）绘出F^+菌株的遗传图，标明基因的位置和距离；（2）指出F因子在每一Hfr菌株中插入的位点和方向。

8. 在大肠杆菌Hfr $met^+\ thi^+\ pur^+$×F^- $met^-\ thi^-\ pur^-$杂交中。中断杂交试验表明，met^+最后进入受体。所以把met^+首先作为选择标记，然后再检测met^+重组子中是否含有thr^+和pur^+基因，结果如下：

$met^+\ thi^+\ pur^+$ 320 $met^+\ thi^+\ pur^-$ 0

$met^+\ thi^-\ pur^+$ 6 $met^+\ thi^-\ pur^-$ 52

(1) 确定3个基因的顺序。(2)这些基因的图距是多少?(3) 这里为什么没有出现基因型 $met^+\ thi^+\ pur^-$ 的个体?

9. 在大肠杆菌中有3个突变基因,由于紧密连锁而不能用中断杂交试验的方法进行精确定位。因此,我们可采用人工转化的方法,确定这3个基因的顺序以及遗传距离。基因型是 $mar^+\ bar^+\ car^+$ 为供体,以 $mar^-\ bar^-\ car^-$ 为受体进行转化,转化结果如下:

基因	转化子类型							
mar	+	+	−	+	−	−	+	
bar	+	−	+	−	+	−	+	
car	+	−	+	+	−	+	−	
数目	5 000	300	600	1 300	1 800	200	50	9 250

问:这3个基因的顺序和距离如何?

10. 4个来自同一 F^+ 的 Hfr 菌株(1、2、3、4)按以下顺序转移标记基因:

Hfr 菌株	基因转移顺序
1	*A D F C J E*
2	*F D A M L K*
3	*D F C J E K*
4	*K L M A D F*

问:(1)这些 Hfr 菌株的原始菌株的基因顺序如何?(2)为了得到一个最高比例的 Hfr 重组子,接合后在该受体中选择哪个供体标记基因?

11. 用 T_2 噬菌体的两个品系感染大肠杆菌,一个品系是 *cat dag fly*,另一个品系对这3个标记都是野生型(+++)。把这种感染的溶菌产物涂布平板,并分类如下:

基因型	噬菌斑数
cat dag fly	3 520
+ + +	3 896
cat dag +	945
+ + *fly*	854
cat + *fly*	155
+ *dag* +	167
+ *dag fly*	567
cat ++	602
	10 706

问:(1) 你认为这3个基因的连锁序列怎样?(2)确定这3个基因的连锁距离。(3)计算符合系数。

12. 在普遍性转导中,大肠杆菌供体基因型是 $tolC^+\ met^+\ edg^+$,受体细菌的基因型是 $tolC^-\ met^-\ edg^-$,转导结果见下表:

选择标记	非选择标记基因型	所占的比例
$tolC^+$	$met^+\ ebg^+$	2
	$met^+\ ebg^-$	18
	$met^-\ ebg^+$	30
	$met^-\ ebg^-$	50
met^+	$tolC^+\ ebg^+$	1
	$tolC^+\ ebg^-$	34
	$tolC^-\ ebg^+$	0
	$tolC^-\ ebg^-$	65

(1)$tolC^+$ 和 met^+ 基因以及和 ebg^+ 基因间的共转导频率是多少?(2)met^+ 和 $tolC^+$ 基因以及和 ebg^+ 基因间的共转导频率是多少?(3)确定这3个基因的顺序。

13. 供体菌株为 Hfr $arg^-\ leu^+\ azi^s\ str^s$,受体菌株 $F^-\ arg^+\ leu^-\ azi^r\ str^s$。为了检出和收集重组体 $F^-\ arg^+\ leu^+\ azi^r$,应用下列哪一种培养基可以完成这一任务,为什么其他的培养基不可以?(1)基本培养基加链霉素;(2)基本培养基加叠氮化钠和亮氨酸;(3)基本培养基加叠氮化钠;(4)在选择培养基中不加精氨酸和亮氨酸,加链霉素;(5)基本培养基加链霉素和叠氮化钠。

14. 假定你欲证明过去一个从未描述过的细菌中发生的遗传重组,比如使 a^-b^+ 菌株与 a^+b^- 菌株混合培养,形成了 a^+b^+、a^-b^- 的重组类型,试说明将采取哪种方式来确定这种重组是转化、转导还是接合的结果。

第8章

数量性状遗传

◆内容提示

介绍以方差分析为基础的经典数量性状遗传分析的原理与方法；解释以QTL定位为主要内容的现代数量性状分析的原理与方法；介绍近亲繁殖与杂种优势的概念，阐述近亲繁殖与杂种优势表现的关系。

◆教学目标

了解数量性状的表现特征和遗传基础，掌握数量性状遗传分析方法及其结果在育种实践上的应用原则；理解掌握QTL的概念与QTL定位的原理和方法；了解QTL分析在动植物育种上的用途；理解掌握近亲繁殖的概念和近亲繁殖的遗传效应，了解纯系学说的基本内容和遗传学意义，掌握杂种优势的表现和理论。

8.1 数量性状的特性

生物的遗传性状可以分成两类：一是个体间差异明显、呈现不连续变异的性状，如植物开红花与开白花、籽粒的糯性与非糯性、果蝇的残翅与完全翅等，称为质量性状（qualitative trait）；二是个体间差异微小、呈连续变异的性状，如作物的单株产量、棉花的纤维长度、牛的泌乳量等，称为数量性状（quantitative trait）（二维码8-1）。实际上，动植物育种所涉及的性状绝大多数属于数量性状，因此数量性状的遗传是动植物育种的重要理论基础。

二维码8-1　数量性状和质量性状的遗传方式比较

8.1.1 数量性状的表现特征

数量性状的第一个特点是变异呈连续性。个体间的差异体现为量上的或程度上的，需要用重量或长度等度量单位来表示。如果将许多具有某一数量性状差异的个体按照表型依次排列起来，则在两个极端值个体之间会形成一个连续变异链，而不能划分成几组变异，这同质量性状的变异可以明确分组归类有明显不同。例如，一个千粒重35 g的大粒水稻品种与一个千粒重25 g的小粒水稻品种杂交，杂种一代表现两亲本中间型，杂种二代及以后各世代的个体就会有广泛类型出现，形成从大粒到小粒之间的连续变异，甚至会出现千粒重低于25 g和超过35 g的超亲类型。因此，我们不能像分析质量性状那样根据个体的表型来确定分离比例、推知亲本的基因型。

数量性状的第二个特点是易受环境的影响而产生变异。同种基因型会因年份和地点等环境因素的不同形成差别很大的表型。例如，在玉米的纯系或两个纯系杂交产生的相同杂合基因型的杂种一代群体里，个体间在株高、穗位高和单株粒重等性状的表现会有一定差异，这种差异完全是环境引起的。F_2群体表现出的差异则既有基因型分离造成的遗传差异，又有环境影响造成的环境变异。结果是表型相同的个体可能拥有相同的基因型，也可能有着不同的基因型。所以，不能根据某一个体的表型准确地判断其基因型，从而也不能依据个体的表型进行准确的遗传分析。

8.1.2 数量性状的遗传基础

8.1.2.1 多基因假说

毫无疑问，数量性状也是由基因决定的。但数量性状在表现上有别于质量性状，这就意味着它具有与质量性状不同的遗传机制。对此，Nilsson-Ehle（1908）提出多基因假说（multiple-factor hypothesis）来对数量性状的遗传进行解释。

Nilsson-Ehle是根据对小麦籽粒（种皮）颜色遗

传的研究提出多基因假说的。他发现，在若干个红粒与白粒的杂交组合中，F_2 籽粒可分为红色籽粒和白色籽粒两组。有的组合表现 3∶1分离，有的则表现 15∶1分离或 63∶1分离。进一步研究发现，有 3 对作用相同、位于不同染色体上的基因决定小麦种皮的颜色。这 3 对基因中的任何一对单独分离时都可以产生 3∶1的分离比例，而 3 对基因同时分离则产生 63∶1的分离比例。在上述杂交 F_2 的红粒中又呈现各种程度的差异。

在 3∶1分离中分为：1 红∶2中红∶1白。

在 15∶1分离中分为：1 深红∶4中深红∶6中红∶4淡红∶1白色。

在 63∶1分离中分为：1 极深红∶6深红∶15 次深红∶20 中红∶15 中淡红∶6淡红∶1白色。

从上述各类红色的分离比例可以看出，红色深浅程度的差异与具有的红色基因数目有关，而与基因的种类无关。如果设 *Aa*、*Bb*、*Cc* 三对基因决定种皮的颜色，大写基因表示对红色有效，小写基因对红色无效，则上述杂交 F_2 呈 63∶1分离的组合的遗传图解应为：

P　　*AABBCC*（红）　×　*aabbcc*　（白）

↓

F_1　　　　*AaBbCc*（中红）

F_1 产生 8 种雌配子和 8 种雄配子，各种雌雄配子的随机结合构成了 F_2 合子，每种合子包含的有效基因数及相应表型可用下面的棋盘格图表示（图 8-1）。

	ABC	*ABc*	*AbC*	*aBC*	*Abc*	*aBc*	*abC*	*abc*
ABC	6	5	5	5	4	4	4	3
ABc	5	4	4	4	3	3	3	2
AbC	5	4	4	4	3	3	3	2
aBC	5	4	4	4	3	3	3	2
Abc	4	3	3	3	2	2	2	1
aBc	4	3	3	3	2	2	2	1
abC	4	3	3	3	2	2	2	1
abc	3	2	2	2	1	1	1	0

图 8-1　3 对加性效应基因组成的 7 种表型棋盘格图

图 8-1 显示，F_2 种皮颜色可分成 7 种类型，分别带有 0、1、2、3、4、5、6 个有效基因，其比例分别为 1∶6∶15∶20∶15∶6∶1。其中与亲本之一相同的带有 6 个有效基因的 *AABBCC* 占 1/64，与另一亲本相同的 *aabbcc* 也占 1/64，这与上面的结果完全一致。后来，对小麦籽粒颜色生化基础的研究结果表明，种皮红色品种带有的基因转录的 mRNA，翻译成催化红色素形成的酶蛋白；带有的有效基因越多，转录的 mRNA 量越大，产生的酶和色素的量也就越多，表现的籽粒颜色就越深。

如果以 n 表示决定数量性状的杂合基因对数，上述 F_2 分离比例刚好是杨辉三角形 $2n+1$ 层的系数，共同的分母是 4^n。杨辉三角形如下图：

$$
\begin{array}{c}
1\\
1+1\\
1+2+1\\
1+3+3+1\\
1+4+6+4+1\\
1+5+10+10+5+1\\
1+6+15+20+15+6+1
\end{array}
$$

若是两对基因，则 $2n+1=5$，第 5 层的系数是 1，4，6，4，1；三对基因则 $2n+1=7$，第 7 层的系数是 1，6，15，20，15，6，1。两对基因的分母是 $4^2=16$；三对基因的分母是 $4^3=64$。

Nilsson-Ehle 根据上述试验结果提出了数量性状多基因假说，该假说的要点是：

（1）数量性状由许多对效应微小的多基因（polygene）或微效基因（minorgene）控制。

（2）微效基因的效应相等且可累加，故又称为累加基因。

（3）微效等位基因之间无显性。

（4）微效基因对环境敏感，单个基因的作用常常被环境影响所遮盖，因而难以对个别基因的作用加以识别。

（5）微效基因与控制质量性状的主效基因（major gene）一样都处于细胞核的染色体上，并且有分离、重组、连锁等性质。

用微效多基因假说可以解释数量性状的超亲遗传（transgressive inheritance）现象。例如两个水稻品种，一个早熟、一个晚熟，杂种一代表现中间型，生育期介于两亲本之间，但其后代可能出现比早熟亲本更早熟或比晚熟亲本更晚熟的植株。设水稻生育期由 3 对独立遗传的基因控制，早熟亲本基因型为 $a_1a_1a_2a_2A_3A_3$，晚熟亲本基因型为 $A_1A_1A_2A_2a_3a_3$，其中大写字母表示对生育期延长有效的基因。两者杂交的 F_1 基因型为 $A_1a_1A_2a_2A_3a_3$，带有生育期延长的有效基因数介于双亲之间，表型是比晚熟亲本早、比早熟亲本晚的中间型。由于基因的分离重组，F_2 群体的基因型在理论上有 27 种，其中基因型为 $A_1A_1A_2A_2A_3A_3$ 的个体将比晚熟亲本更晚，基因型为 $a_1a_1a_2a_2a_3a_3$ 的个体将比早熟亲本更早。

数量性状在表现特征和遗传基础上都不同于质量性状，故其在研究方法上也有自己的特点。

(1)需将研究单位从个体扩大到群体。杂交后代的分离比例不能准确观察，个体所能提供的信息满足不了需要，所以必须调查大量个体，才能获得对其遗传动态的认识。

(2)需将遗传学理论同生物统计的方法结合起来。来自群体的数据需要用统计学的方法加以整理描述，分析其平均效应、方差和协方差等参数，及各种遗传组分所占的比重，从中发现遗传规律。每个性状的度量以群体的平均数表示，群体内个体间的差异以方差表示，亲属间的相似性以遗传率、相关、回归等概念来表示。

8.1.2.2 主基因-多基因模型

在数量性状研究中发现，有一些性状它们在分离世代有时可以明显分组，有时又连续分布，呈现组间界线模糊的现象，此类性状的遗传有时由质量性状基因控制，有时好像由微效多基因控制。其实多数性状都不是单一的只由质量性状基因或是数量性状基因控制，一般两类基因都存在，呈现什么样的分离主要取决于两亲本的遗传差异。如果两亲本存在质量性状基因的差异，后代则表现出可以分组的趋势，类似质量性状遗传；如果双亲只存在微效多基因的差异，后代则表现出连续变异。因此，此类数量性状可以称为质量-数量性状，后来也被称为主基因-多基因混合遗传的数量性状。传统数量遗传研究的对象为数量性状，在分离世代中，数量性状的表型近似正态分布，而主基因-多基因混合遗传控制的数量性状，主基因相同的分离群体将呈现连续性的正态分布，主基因不同的分离群体则表现出平均数不同的多个正态分布，即多峰分布。对主基因-多基因混合遗传的数量性状遗传分析的方法与传统数量性状分析方法不同，需要利用数学统计的方法建立分析模型，分别鉴定主基因和多基因的存在以及确定其遗传效应等。

8.2 数量性状遗传分析的基本统计参数

数量性状遗传常用的一些统计参数，在遗传学的选修课生物统计学中已有所涉及，在此仅以备忘形式进行简要介绍。

8.2.1 平均数

平均数(mean)是某一性状许多观察值的平均，是表示一组数据集中性的度量。可用公式表示如下：

$$\bar{x}=\frac{x_1+x_2+x_3+\cdots+x_n}{n}=\frac{\sum x_i}{n} \quad (8\text{-}1)$$

式中：$\bar{x}$ 表示平均数；x_i 表示资料中每一个观察数，也称变量；n 表示观察值的总个数。

还可利用变量的频率计算平均值：

$$\bar{x}=f_1x_1+f_2x_2+f_3x_3+\cdots+f_nx_n=\frac{\sum f_ix_i}{\sum f_i} \quad (8\text{-}2)$$

式中：f_i 为某一观察值出现次数 n_i 占观察总个数(N)的比率，即 $f_i=\frac{n_i}{N}$。

由于 $\sum n_i=N$，$\sum f_i=1$，所以 $\bar{x}=\sum f_ix_i$

例如，测量某爆裂玉米品种的果穗 57 个，得 57 个观察值，其中穗长 5 cm 的 4 个，6 cm 的 21 个，7 cm 的 24 个，8 cm 的 8 个。这 57 个观察值平均数 $\bar{x}$ 是：

$$\bar{x}=\frac{5+5+5+5+6+\cdots+8}{57}=6.63(\text{cm})$$

或 $\bar{x}=\frac{4}{57}\times5+\frac{21}{57}\times6+\frac{24}{57}\times7+\frac{8}{57}\times8=6.63(\text{cm})$

8.2.2 方差与标准差

方差(variance)是变量与平均数离差平方和的平均数。标准差(standard deviation)为方差的算术平方根值。两者均为表示一组变量分散程度的参数，不过标准差有单位而方差无单位。通常以 S 或 σ 记作标准差，以 V、S^2 或 σ^2 记作方差。

$$S=\sqrt{\frac{\sum(x-\overline{x})^2}{n-1}}$$
$$V=\frac{\sum(x-\overline{x})^2}{n-1} \tag{8-3}$$

为计算上的方便,方差还可用下列公式求得:

$$V=\frac{\sum x^2-\frac{(\sum x)^2}{n}}{n-1} \tag{8-4}$$

当 $n>30$ 时属于大样本,上式分母可用 n 代替 $n-1$。

例如,还是上面的爆裂玉米穗长的数据,其方差和标准差计算如下:

$$\sum x^2=5^2+5^2+5^2+5^2+6^2+\cdots+8^2=2\ 544$$
$$\sum x=5+5+5+5+6+\cdots+8=378$$
$$V=\frac{\sum x^2-\frac{(\sum x)^2}{n}}{n-1}=\frac{2544-\frac{378^2}{57}}{57}=0.653$$
$$S=\sqrt{V}=\sqrt{0.653}=0.528(\text{cm})$$

8.2.3 简单相关系数

简单相关系数简称相关系数(correlation coefficient),是度量两个变数协同变化程度的统计参数。将观察到的一组成对数据按下式计算可得到相关系数:

$$r_{xy}=\frac{\sum(x-\overline{x})(y-\overline{y})}{\sqrt{\sum(x-\overline{x})^2\sum(y-\overline{y})^2}} \tag{8-5}$$

在此 r_{xy} 是 x 与 y 两个变数间的相关系数,分母中的 $\sum(x-\overline{x})^2$ 与 $\sum(y-\overline{y})^2$ 分别为 x 的平方和与 y 的平方和,分子 $\sum(x-\overline{x})(y-\overline{y})$ 为 x、y 的乘积和。乘积和的平均是两系数的协方差(covariance)记作 COV_{xy},即:

$$COV_{xy}=\frac{\sum(x-\overline{x})(y-\overline{y})}{n} \tag{8-6}$$

所以相关系数又可表示为:

$$r_{xy}=\frac{COV_{xy}}{S_xS_y} \tag{8-7}$$

8.2.4 回归系数

回归系数是描述依变数 y 对自变数 x 依存关系的度量,记作 b_{yx}。

$$b_{yx}=\frac{\sum(x-\overline{x})(y-\overline{y})}{\sum(x-\overline{x})^2}=\frac{COV_{xy}}{s_x^2} \tag{8-8}$$

凡有亲缘关系的家系或个体,由于在遗传上的相似而表现出的共同变化可以用相关系数来描述。亲子之间的关系是直接的因果关系,所以还可用回归系数来度量。

8.3 数量性状遗传分析的基本模型

8.3.1 表型值的分解

研究数量性状遗传的基本思路是从性状的群体表型出发,进而找出性状内在的遗传规律。我们知道,数量性状表现的突出特征是易受环境影响,这就需要将环境的影响与基因型的作用区分开。设环境与基因型对表型的作用是独立的,则表型值可以写成:

$$P=G+E \tag{8-9}$$

这就是数量性状分析的基本数学模型。式中的 P 为表型值(性状的观察值),G 是基因型值,E 为环境离差。尽管这一等式并非完全符合实际情况,因为基因型与环境往往存在相互作用,但目前的数量遗传学理论都是建立在该线性模型基础上的。

在一个群体内,环境对个体施加影响,使个体的表型值偏离基因型值,所以将环境的作用称为离差。在一个大的群体内,环境对个体的作用方向是随机的,可以正负相互抵消,所以其平均离差可以取为零,因此表型值实际上就等于基因型值。也就是说,在基因型一致的大群体内,正常环境下测得的表型平均值就等于该基因型的基因型值,即 $\overline{P}=\overline{G}$,个体的基因型值即取此值,个体表型值离开此值的程度可作为环境的估计。

举例:设有 1 亩(1 亩≈667 m^2)水稻,其平均单株产量为 30 g,这是表型平均数。由于水田的环境容易控制得一致,属于正常环境,所以可假定每株水稻单株产量的基因型也是 30 g。在这 1 亩水田中发现了 1 株水稻的单株产量为 60 g,这是表型值。假定水稻单株产量中由遗传决定的成分占 40%,环境效应占 60%,计算出这株水稻的基因型值。

基因型值=30+(60−30)×40%=42(g)

环境效应值则为：60－42＝18(g)

这 18 g 就是环境效应产生的偏离基因型值的量。

这里只不过是举个例子说明表型值的分解。在具体的数量性状分析中，表型值的分解要依照特定的环境设计和相应的统计分析模型来进行。

8.3.2 基因型值的分解

基因型值还可以进一步剖分为如下 3 个部分。

(1)基因的加性效应(additive effect)，用 A 表示，是指上下代遗传中可以固定的分量，在实践上又称为"育种值"，是在动植物育种工作中实际能够得到的效应。

(2)显性离差(dominance deviation)，或称显性效应，用 D 表示，是指等位基因之间互作产生的效应，表示基因结合成对形成基因型时所产生的效应，也是两个等位基因单独考虑时不能解释的效应，属于非加性效应组成部分。它是能遗传而不能固定的遗传因素，因为随着基因在不同世代中的分离和重组，基因间的关系会发生变化，例如自交或近亲交配引起后代中杂合体减少，显性效应也逐代减少。

(3)互作离差或上位效应(interaction 或 epistatic effect)，用 I 表示，是指由于非等位基因之间相互作用，对基因型值所产生的效应，也是属于非加性的基因作用。

上述三项用式子表示就是：

$$G=A+D+I$$

如果将基因的累加效应 A 列为一项，把显性离差、上位效应及环境效应列为另一项，称为剩余值(residual value)，用 R 表示，则有：

$$R=D+I+E$$

$$P=A+R \quad (8\text{-}10)$$

这是模型(8-9)的另一种表达方式。

8.3.3 群体基因型值的平均数

8.3.3.1 基因型的理论值

为了推出群体基因型值的平均数，需要了解群体中各种基因型的基因型值。在此对每种基因型指定一个理论值，首先考虑的是 1 对基因 A-a 所构成的 3 种基因型 AA、Aa、aa 的情况。设 A 对性状有增效作用，a 对性状有减效作用，3 种基因型指定理论值分别为 a、d、$-a$。显然，两亲本的中间值 m 为：$\frac{a+(-a)}{2}=0$(图 8-2)。

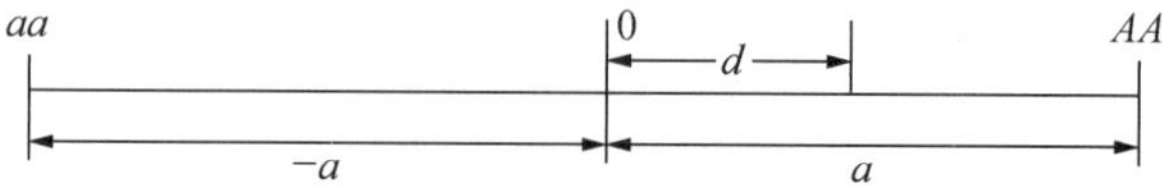

图 8-2 1 对基因 A-a 的加性-显性效应模型

(引自季道藩，1989)

这种设定被称为加性-显性模型。按照这一模型，3 种基因型值即为距离中亲值的离差。a 表示距离中亲值正向或负向的基因型加性效应理论值，d 表示由显性效应引起的与中亲值的离差。d 值的大小决定于显性程度。如果无显性存在，则 $d=0$；若 A 为显性时，则 $d>0$，即 d 为正值；若 a 为显性，则 $d<0$，即 d 为负值；当完全显性时，$d=\pm a$，杂合体与纯合体之一完全相同；存在超显性时，$d>a$ 或 $d<-a$。

举例：有一种侏儒型小鼠($pgpg$)出生后 6 周平均体重为 6 g，正常小鼠纯合体($PgPg$)同样周龄平均体重 14 g，杂合体($Pgpg$)的平均体重是 12 g。这些小鼠都是在正常环境下成长的。计算中亲值 m，基因加性效应值 a 和显性离差 d。

平均体重的表型值可以当作体重的基因型值，由此可计算出：

$$m=(14+6)/2=10(\text{g})$$

$$a=14-10=4(\text{g})$$

$$d=12-10=2(\text{g})$$

8.3.3.2 群体基因型值的平均数

有了基因型值，再将基因型频率结合起来就能计算群体的基因型值平均数了。

设随机交配群体中 A、a 的基因频率为 p 和 q，且 $p+q=1$，则 AA、Aa、aa 三种基因型的频率为 p^2、$2pq$、q^2。群体基因型平均数估算如表 8-1 所示。

表 8-1 群体平均数的估算

基因型	频率(f)	基因型值(x)	频率×基因型值(fx)
AA	p^2	a	p^2a
Aa	$2pq$	d	$2pqd$
aa	q^2	$-a$	$-q^2a$

设群体的平均数为 μ，根据平均数公式，则：

$$\mu=\frac{\sum fx}{\sum f}=\frac{p^2a+2pqd+(-q^2a)}{p^2+2pq+q^2}$$

$$=a(p^2-q^2)+2pqd=a(p+q)(p-q)+2pqd$$

因为：$p+q=1$，故 $\mu=a(p-q)+2pqd$ (8-11)

8.3.3.3 基因频率对群体平均数的影响

从群体平均数公式(8-11)看出，任何位点对群体平均数的贡献均可分为两部分：一项是 $a(p-q)$，属于纯合体累加效应；另一项是 $2pqd$，属于杂合体的显性效应。两部分的大小都直接与基因频率有关。

当无显性时，$d=0$，则：

$$\mu=a(p-q)=a(1-q-q)=a(1-2q)$$

群体平均数正比于群体的基因频率。

当完全显性时，$d=a$，则：

$$\begin{aligned}\mu&=a(p-q)+2pqd\\&=a(1-2q^2)\end{aligned}$$

群体平均数正比于基因频率的平方。

当不完全显性时，$d<a$，群体平均数取决于等位基因间的频率差异。二者差异越大，纯合体比例越大；差异越小，杂合体比例越大。当 $p=q=1/2$ 时，纯合体效应正负抵消，群体平均数为：

$$\mu=a\left(\frac{1}{2}-\frac{1}{2}\right)+2\,\frac{1}{2}\cdot\frac{1}{2}d=\frac{1}{2}d$$

上面讨论的是以1对基因为例分析群体平均数大小。当有 n 对基因同时作用于同一性状时，假定各基因效应是线性可加的，无连锁和上位效应作用，则其联合效应所得的群体平均数为：

$$\mu=\sum_{i=1}^{n}a(p_i-q_i)+2\sum_{i=1}^{n}p_iq_id_i$$

对于任何位点的每个基因型可以假定为固定值，这样我们应该看到，群体基因型平均数是基因频率的函数，任何基因频率的改变都将引起基因型值平均数的改变，也必将引起群体表型平均值的改变。

举例：假设玉米穗粒重与1对基因作用有关，AA 粒重 200 g，Aa 粒重 160 g，aa 粒重 100 g。计算 $p=0.9$、$q=0.1$ 与 $p=0.1$、$q=0.9$ 时的群体平均值。

$$m=(AA+aa)\times\frac{1}{2}=(200+100)\times\frac{1}{2}=150(\text{g})$$

$$a=(AA-aa)\times\frac{1}{2}=(200-100)\times\frac{1}{2}=50(\text{g})$$

$$d=(Aa-m)=160-150=10(\text{g})$$

$p=0.9$，$q=0.1$ 时，群体平均值：

$\mu=a(p-q)+2pqd=50\times(0.9-0.1)+2\times0.9\times0.1\times10=41.8$

该平均数是离开中亲值的相对值。群体平均数的绝对值为：

$$m+\mu=150+41.8=191.8(\text{g})$$

$p=0.1$，$q=0.9$ 时，群体平均值为：

$\mu=a(p-q)+2pqd=50\times(0.1-0.9)+2\times0.1\times0.9\times10=-38.2$

群体平均数的绝对值为：

$$m+\mu=150-38.2=111.8(\text{g})$$

8.4 数量性状的方差分析

变异是数量性状遗传研究的核心，只有通过追踪变异的动态才能系统地说明遗传问题。变异通常用方差表示，所以方差分析被用作数量性状遗传分析的基本方法。方差分析的基本思路是将群体总方差按照变异原因分解成若干个方差分量，了解各组分所占比重，从而分析各世代的遗传性质。

方差分析要以一定的遗传模型为基础。数量性状分析的通用模型是 $P=A+D+I+E$，但通常上位性效应难分解，一般只有证明加性-显性模型不适合时才分析上位效应组分。本节以加性-显性模型为基础，介绍数量性状遗传分析常用的几种群体的方差和协方差组成，为下一节的遗传率估算奠定基础。

8.4.1 不分离世代的方差

群体内个体间基因型相同的世代称为不分离世代。例如纯合体亲本，P_1 和 P_2 及它们的杂种一代 F_1 都属于不分离世代。不分离世代群体内个体间无遗传差异，所表现出的不同都是环境因素引起的。因此，不分离世代的基因型方差为零。表型方差即为环境方差 V_E，于是：

$$V_{P_1}=V_{E_1}\qquad V_{P_2}=V_{E_2}\qquad V_{F_1}=V_{E_3}$$

因此，在数量性状分析中常把从不分离世代估算的表型方差近似地作为环境方差的估计值。

8.4.2　F_2代的方差

根据加性-显性模型，F_2群体除了由环境差异引起的环境方差之外，还有由基因分离与组合引起的遗传方差，这部分又分为基因的加性效应与显性效应引起的加性方差与显性方差，群体总基因型方差即为这两项之和：

$$V_G = V_A + V_D$$

群体总基因型方差为各基因型值与群体总平均离差平方和的加权平均值。根据 F_2 的遗传组成分析，可计算出在 1 对等位基因 A-a 情况下，群体的总平均为：

$$\frac{1}{4}a+\frac{1}{2}d+\frac{1}{4}(-a)=\frac{1}{2}d$$

于是基因型方差：

$$V_{(G)F_2}=\frac{1}{4}\left(a-\frac{1}{2}d\right)^2+\frac{1}{2}\left(d-\frac{1}{2}d\right)^2+\frac{1}{4}\left(-a-\frac{1}{2}d\right)^2=\frac{1}{2}a^2+\frac{1}{4}d^2$$

若控制性状有 k 对基因差异，假定这些基因间无上位效应和连锁，则 F_2总基因型方差为：

$$V_{(G)F_2}=\sum_{i=1}^{k}\left(\frac{1}{2}a_i^2+\frac{1}{4}d_i^2\right)=\frac{1}{2}\sum a^2+\frac{1}{4}\sum d^2$$

令 $V_A=\sum a^2$，$V_D=\sum d^2$，则

$$V_{(G)F_2}=\frac{1}{2}V_A+\frac{1}{4}V_D$$

加上环境方差，F_2的表型方差为：

$$V_{F_2}=\frac{1}{2}V_A+\frac{1}{4}V_D+V_E \qquad (8\text{-}12)$$

式(8-12)中的 $\frac{1}{2}V_A$ 和 $\frac{1}{4}V_D$ 分别表示 F_2方差构成中的加性方差与显性方差，而不是这两部分方差的 $\frac{1}{2}$ 和 $\frac{1}{4}$ 。V_A和 V_D前面的系数由群体的遗传组成决定。

8.4.3　F_3代方差及以后各世代的方差

由 F_2自交产生 F_3混合种植，其群体的遗传组成是 $\frac{3}{8}AA+\frac{1}{4}Aa+\frac{3}{8}aa$，平均数是：

$$\frac{3}{8}a+\frac{1}{4}d+\frac{3}{8}(-a)=\frac{1}{4}d$$

F_3群体的基因型方差为：

$$V_{(G)F_3}=\frac{3}{8}\left(a-\frac{1}{4}d\right)^2+\frac{1}{4}\left(d-\frac{1}{4}d\right)^2+\frac{3}{8}\left(-a-\frac{1}{4}d\right)^2=\frac{3}{4}a^2+\frac{3}{16}d^2$$

存在多基因差异且无上位效应和连锁时，F_3的表型方差为：

$$V_{F_3}=\frac{3}{4}V_A+\frac{3}{16}V_D+V_E \qquad (8\text{-}13)$$

按照如上同样假设，不难推出 F_4代的方差为：

$$V_{F_4}=\frac{7}{8}V_A+\frac{7}{64}V_D+V_E$$

并可得出第 r 代方差的一般公式：

$$V_{F_r}=\frac{2^{r-1}-1}{2^{r-1}}V_A+\frac{2^{r-1}-1}{4^{r-1}}V_D+V_E \qquad (8\text{-}14)$$

可见随着自交代数的增加，群体基因型方差中的可固定遗传变异加性效应方差的比重逐渐加大，而不可固定的显性效应方差比重逐渐减小。

8.4.4　F_2个体与 F_3家系间的协方差

为了研究亲子代间的相关性，需要估算 F_2代个体表型值与其衍生的 F_3家系平均值间的协方差 COV_{F23}。

基因型为 AA 和 aa 的 F_2个体表型值与其 F_3家系平均值相同，分别为 a 和 $-a$。基因型为 Aa 的 F_2个体表型值为 d，其 F_3家系平均数与 F_2群体相同，为 $\frac{1}{2}$d。F_3群体的平均数为 $\frac{1}{4}$d。因此，A-a 基因对 F_2个体值和 F_3家系平均值的协方差贡献为：

$$COV_{F23}=\frac{1}{4}\left(a-\frac{1}{2}d\right)\left(a-\frac{1}{4}d\right)+\frac{1}{2}\left(d-\frac{1}{2}d\right)\left(\frac{1}{2}d-\frac{1}{4}d\right)+\frac{1}{4}\left(-a-\frac{1}{2}d\right)\left(-a-\frac{1}{4}d\right)=\frac{1}{2}a^2+\frac{1}{8}d^2$$

在有 k 对基因差异时，按前述假定，则：

$$\begin{aligned}\text{COV}_{F23} &= \sum_{i=1}^{k}\left(\frac{1}{2}a_i^2+\frac{1}{8}d_i^2\right)\\ &= \frac{1}{2}\sum a^2+\frac{1}{8}\sum d^2\\ &= \frac{1}{2}V_A+\frac{1}{8}V_D \qquad (8\text{-}15)\end{aligned}$$

这里需要注意的是，在亲代与子代间环境因素不相关的条件下，协方差中无环境分量。这在植物遗传试验里容易满足，只需将 F_2 个体和 F_3 家系均随机种植，使得亲子代不具有共同的家系环境即可。但在动物上较困难，因为亲子间的哺乳不能随机进行。

8.4.5 回交世代的方差

对于基因 *A-a* 有两个回交世代：

$$B_1=F_1\times P_1=Aa\times AA\rightarrow\frac{1}{2}AA+\frac{1}{2}Aa$$

$$B_2=F_1\times P_2=Aa\times aa\rightarrow\frac{1}{2}Aa+\frac{1}{2}aa$$

两个回交世代的基因型平均值：

$$\bar{B}_1=\frac{1}{2}a+\frac{1}{2}d \qquad \bar{B}_2=\frac{1}{2}d-\frac{1}{2}a$$

两个回交世代的基因型方差应为：

$$\begin{aligned}V_{GB_1} &= \frac{1}{2}\left[a-\left(\frac{1}{2}a+\frac{1}{2}d\right)\right]^2+\frac{1}{2}\left[d-\left(\frac{1}{2}a+\frac{1}{2}d\right)\right]^2\\ &= \frac{1}{4}a^2+\frac{1}{4}d^2-\frac{1}{2}ad\end{aligned}$$

$$\begin{aligned}V_{GB_2} &= \frac{1}{2}\left[d-\left(\frac{1}{2}d-\frac{1}{2}a\right)\right]^2+\frac{1}{2}\left[-a-\left(\frac{1}{2}d-\frac{1}{2}a\right)\right]^2\\ &= \frac{1}{4}a^2+\frac{1}{4}d^2+\frac{1}{2}ad\end{aligned}$$

上述两个方差相加可将加性效应与显性效应分离开来，结果是：

$$V_{GB_1}+V_{GB_2}=\frac{1}{2}a^2+\frac{1}{2}d^2$$

在有多基因差异、无连锁和上位时，两个回交一代群体基因型方差之和为：

$$V_{GB_1}+V_{GB_2}=\frac{1}{2}\sum a^2+\frac{1}{2}\sum d^2=\frac{1}{2}V_A+\frac{1}{2}V_D$$

现在估算两个回交一代的环境方差：

$$B_1\text{ 的环境方差}=\frac{1}{2}V_{P_1}+\frac{1}{2}V_{F_1}$$

$$B_2\text{ 的环境方差}=\frac{1}{2}V_{F_1}+\frac{1}{2}V_{P_2}$$

将 B_1 和 B_2 的环境方差相加得：

$$\frac{1}{2}(V_{P_1}+V_{F_1})+\frac{1}{2}(V_{P_2}+V_{F_1})=2\left(\frac{1}{4}V_{P_1}+\frac{1}{2}V_{F_1}+\frac{1}{4}V_{P_2}\right)=2V_E$$

所以两个回交一代表型方差之和是：

$$V_{B_1}+V_{B_2}=\frac{1}{2}V_A+\frac{1}{2}V_D+2V_E \qquad (8\text{-}16)$$

8.5 遗传率的估算及其应用

8.5.1 遗传率的概念

遗传率(heritability)又称遗传力，是群体中遗传方差与表型方差的比率，是表示遗传因素与环境影响对数量性状表现相对重要性的指标。在理论上，遗传率的数值范围为 0～1。遗传率高意味着群体性状表现的差异主要是由遗传因素决定的，反之则表示环境作用对性状表现的差异起主要作用。由于对遗传变异的分解和测定方法的不同，遗传率的定义分为广义遗传率(broad sense heritability)、狭义遗传率(narrow sense heritability)及现实遗传率(realized heritability)。

8.5.1.1 广义遗传率

广义遗传率是指基因型方差与表型方差的比率，记为 h_B^2，其公式为：

$$h_B^2=\frac{\text{基因型方差}}{\text{表型方差}}=\frac{V_G}{V_G+V_E}=\frac{V_G}{V_P}$$

式中的遗传率写成“h^2”代表遗传率本身，并不表示遗传率的平方。若写成 h，则是表示遗传率的平方根值。

8.5.1.2 狭义遗传率

狭义遗传率的概念只将表型方差分解成遗传因素引起的变异和环境因素引起的变异两部分。如果从基因作用的角度来分析，基因型方差可进一步分解成 3 个组成部分。

V_A：基因加性方差，是指由基因累加效应引起的遗传变异，是能稳定遗传的方差组分。

V_D：显性方差，是由等位基因互作效应引起的遗传变异，是产生杂种优势的主要方差组分。

V_I：上位方差，是由非等位基因互作效应引起的遗传变异，被认为是能部分遗传的方差组分。

所以基因型方差可以表示为：

$$V_G=V_A+V_D+V_I$$

表型方差的组成可进一步写成：

$$V_P=V_A+V_D+V_I+V_E$$

由于构成基因型方差的 3 个组分中只有基因加性方差是可固定的遗传变量，它在上下世代间可稳定传递，因此这部分变量对动植物的育种更为重要，于是将基因加性方差与表型方差的比率定义为狭义遗传率，记为 h_N^2，其公式为：

$$h_N^2=\frac{\text{基因加性方差}}{\text{表型方差}}=\frac{V_A}{(V_A+V_D+V_I)+V_E}=\frac{V_A}{V_P}$$

显然，狭义遗传率比广义遗传率要小。

8.5.1.3 现实遗传率

现实遗传率是从选择结果估计的群体遗传方差所占的比率，记为 h_R^2，以选择前后群体性状平均值变化表示：

$$h_R^2=\frac{(\bar{y}-\mu)}{(\bar{x}-\mu)}=\frac{GS}{i}$$

式中，$\bar{x}$ 为亲代入选个体的平均值，$\bar{y}$ 为入选个体子代的平均值，μ 是原始群体总平均。$GS=\bar{y}-\mu$，称为选择响应或遗传进展；$i=\bar{x}-\mu$，称为选择差。

8.5.2 遗传率的估算

8.5.2.1 广义遗传率的估算

1. 方差分析法

对于以基因型(品种)差异为唯一试验因素的随机区组试验结果，可用于求出广义遗传率。先估计各变异原因的方差和期望方差，从中得出品种或家系间方差；然后以品种间方差作为遗传方差，求出品种间方差占总方差的比率，即为广义遗传率，见表 8-2。

表 8-2 单因素设计的方差分析

变异原因	自由度(df)	均方(MS)	期望均方(EMS)
重复	$r-1$	—	—
基因型	$n-1$	M_1	$\sigma_e^2+r\sigma_g^2$
随机误差	$(r-1)(n-1)$	M_2	σ_e^2

用 σ_e^2 进行环境方差的估计，σ_g^2 进行基因型方差的估计。由期望均方 EMS 的构成可知：

$$V_E=\sigma_e^2=M_2$$

$$V_G=\sigma_g^2=\frac{M_1-M_2}{r}$$

则广义遗传率为：

$$h_B^2=\frac{V_G}{V_G+V_E}=\frac{(M_1-M_2)/r}{\frac{M_1-M_2}{r}+M_2}$$

$$=\frac{M_1-M_2}{M_1+(r-1)M_2}$$

此方法适于自花授粉作物品种或无性系品种试验材料的分析，因为如果是异花授粉作物，$\sigma_g^2=\frac{M_1-M_2}{r}$ 则相当于 $\frac{1}{4}V_A$。

举例：某自花授粉作物 10 个品系 4 次重复的随机区组试验，得单株产量方差分析结果，见表 8-3，计算广义遗传率。

表 8-3 单株产量的方差分析

变异原因	df	MS	EMS
区组间	3	2.28	—
品系间	9	14.66**	$\sigma_e^2+4\sigma_g^2$
随机误差	27	1.76	σ_e^2

F 检验表明品系间差异极显著，说明品系间单株产量存在真实差异，可作进一步的遗传分析。

$$V_E=\sigma_e^2=1.76$$

$$V_G=(14.66-1.76)/4=3.225$$

$$V_P=V_G+V_E=1.76+3.225=4.985$$

$$h_B^2=\frac{V_G}{V_P}=\frac{3.225}{4.985}=0.647$$

2. 不分离世代对比法

利用基因型一致的世代，如纯系亲本，或纯系间杂交产生的 F_1 群体，估计环境方差；然后从 F_2 群体总方差中减去环境方差，得到基因型方差；再求出基因型方差占总方差的比率。具体计算时，一般用 P_1、P_2 及 F_1 这 3 个基因型一致世代的加权平均值来估计 V_E，即：

$$V_E = \frac{1}{4}V_{P_1} + \frac{1}{2}V_{F_1} + \frac{1}{4}V_{P_2}$$

也可用两个亲本表型方差的平均值，或 F_1 表型方差进行环境方差的估计。

举例：在同一环境下，测得玉米穗长的 P_1、P_2、F_1 和 F_2 方差分别为 0.666、3.561、2.307 和 5.072，估算广义遗传率。

$$V_E = \frac{1}{4}V_{P_1} + \frac{1}{2}V_{F_1} + \frac{1}{4}V_{P_2} = \frac{1}{4}\times 0.666 + \frac{1}{2}\times 2.307 + \frac{1}{4}\times 3.561 = 2.210$$

$$V_G = V_{F_2} - V_E = 5.072 - 2.210 = 2.862$$

$$h_B^2 = \frac{V_G}{V_G + V_E} = \frac{V_G}{V_{F_2}} = \frac{2.862}{5.072} = 0.564$$

用上述估计环境方差的方法是基于这样的假设：所有供试基因型在不同条件下反应相同，即不存在基因型与环境互作。这对异花授粉作物如玉米是不适合的，因为自交系亲本与杂种一代在生活力方面差异显著，以 F_1 群体估算的环境方差值往往偏低，结果会导致估算的遗传率偏高；由自交系亲本估算的环境方差值往往偏高，结果会导致估算的遗传率偏低。此外，一个遗传分离的群体（F_2），同一个基因型一致的群体（P_1、P_2、F_1），对环境的反应也不相同。可见，这种方法尽管简便易行，却比较粗放。

8.5.2.2 狭义遗传率的估算

狭义遗传率的估算依交配设计不同而异，在此介绍两种方法。

1. 自交-回交法

这种方法是将杂交得到的 F_1 自交的 F_2 群体，同时 F_1 分别与两个亲本回交得到两个回交群体 B_1 和 B_2，然后分别从 P_1、P_2、F_1、F_2、B_1 和 B_2 6 个群体抽取样本，经方差计算得到 V_{P_1}、V_{P_2}、V_{F_1}、V_{F_2}、V_{B_1} 和 V_{B_2} 6 个群体的表型方差值，再根据这些方差计算狭义遗传率。

经前面推导知道，两回交一代表型方差之和是：

$$V_{B_1} + V_{B_2} = \frac{1}{2}V_A + \frac{1}{2}V_D + 2V_E$$

F_2 表型方差为：

$$V_{F_2} = \frac{1}{2}V_A + \frac{1}{4}V_D + V_E$$

将 V_{F_2} 乘以 2 再减去两个回交一代表型方差之和可解出加性方差项：

$$2V_{F_2} - (V_{B_1} + V_{B_2}) = 2\times\left(\frac{1}{2}V_A + \frac{1}{4}V_D + V_E\right) - \left(\frac{1}{2}V_A + \frac{1}{2}V_D + 2V_E\right) = \frac{1}{2}V_A$$

当 $V_I = 0$ 时，加性方差占 F_2 表型方差的比率即为狭义遗传率。

$$h_N^2 = \frac{\frac{1}{2}V_A}{\frac{1}{2}V_A + \frac{1}{4}V_D + V_E} = \frac{2V_{F_2} - (V_{B_1} + V_{B_2})}{V_{F_2}} \tag{8-17}$$

此方法不必用不分离世代估算环境方差，特别适合用于估算玉米等异花授粉作物的遗传率，因为这些作物用自交系作为亲本，而自交系对环境敏感往往使环境方差估计值偏高。

举例：今有一小麦抽穗期统计资料，见表 8-4，估算狭义遗传率。

表 8-4　小麦抽穗期及其方差

世代	平均抽穗期（从某一日期开始）	表型方差
P_1（红玉 3 号）	13.0	11.04
P_2（红玉 7 号）	27.6	10.32
F_1	18.5	5.24
F_2	21.2	40.35
B_1	15.6	17.35
B_2	23.4	34.29

将表中数据代入式(8-17)得：

$$h_N^2 = \frac{2\times 40.35 - (17.35 + 34.29)}{40.35} = \frac{29.06}{40.35} = 0.72$$

还可同时计算广义遗传率：

$$h_B^2 = \frac{V_{F_2} - V_{F_1}}{V_{F_2}} = \frac{40.35 - 5.24}{40.35} = 0.87$$

计算结果说明，在该 F_2 群体里，小麦抽穗期的变异有 87% 是由遗传原因引起的，13% 是由环境造成的。在 87% 的遗传变异中有 72% 是加性效应引起的，15% 由等位基因的显性作用与非等位基因的上位性作用共同产生的。

2. 亲子回归相关法

遗传率可以用子女对亲代的回归系数表示。具体地，自交作物一般用 F_3 家系平均值对 F_2 个体的回归或相关表示，而异交作物和动物则以子代对双亲之一或子代对双亲平均值的回归来计算。

亲子回归与相关法在理论上是以 F_3 家系与 F_2 单株的协方差作为加性效应的估计进行遗传率估算的。由本章 8.4 的方差分析可知 F_3 家系与 F_2 单株的协方差组成为：

$$COV_{F_{23}}=\frac{1}{2}V_A+\frac{1}{8}V_D$$

而 F_2 表型方差为：

$$V_{F_2}=\frac{1}{2}V_A+\frac{1}{4}V_D+V_E$$

于是，F_3 平均对 F_2 的回归系数为：

$$b_{F_3/F_2}=\frac{COV_{F_{23}}}{V_{F_2}}=\frac{\frac{1}{2}V_A+\frac{1}{8}V_D}{\frac{1}{2}V_A+\frac{1}{4}V_D+V_E} \quad (8\text{-}18)$$

令 $COV_{F_{23}}$ = 基因加性方差，则：

$$b_{F_3/F_2}=\frac{\text{基因加性方差}}{\text{表型方差}}=h_N^2$$

用相关系数 r_{F_3/F_2} 作为遗传率时，

$$r_{F_3/F_2}=\frac{COV_{F_{23}}}{S_{F_2}\cdot S_{F_3}} \quad (8\text{-}19)$$

令 $S_{F_2}\cdot S_{F_3}=V_{F_2}$，则：

$$r_{F_3/F_2}=\frac{\text{基因加性方差}}{\text{表型方差}}=h_N^2$$

从式(8-18)和式(8-19)可以看出，F_2 个体与 F_3 平均的回归或相关系数可以作为狭义遗传率的估计，但分子部分比加性方差的 $\frac{1}{2}V_A$ 多了个 $\frac{1}{8}V_D$。因此，用 b_{F_3/F_2} 表示的遗传率比其 h_N^2 大，比其 h_B^2 小，其差异大小取决于显性方差的相对量。用 r_{F_3/F_2} 表示遗传率时，由于 F_3 家系平均值的方差在理论上总比 F_2 方差小，所以用相关法估计的遗传率比用回归法估计的遗传率大些。

需要指出的是，异交作物和动物以子代对亲本之一的回归系数估算遗传率时，回归系数的 2 倍才等于狭义遗传率，即：$h_N^2=2b_{op}$；而子代对双亲平均值的回归系数则等于狭义遗传率，即：$h_N^2=b_{o\bar{p}}$。

8.5.3 遗传率的性质

8.5.3.1 遗传率的数值范围

遗传率一般是一个大于 0 而小于 1 的正数。若遗传率大于 1 或为负值（如亲子间负相关），则往往是由试验误差大，或试验的杂交亲本取材不适宜（如亲本间的差异不显著）所致。在这种情况下获得的遗传率信息是不真实的。

8.5.3.2 遗传率的特异性

一个数量性状的遗传率不仅是性状本身独有的特性，同时也是群体结构与群体所处环境的一个综合体现。一般而言，控制性状的基因加性效应越大，h^2 越高；反之 h^2 就越低。但同一性状的遗传率还因产生供试群体的品种组合、繁殖方式的不同而不同。采用的估算方法不同时，遗传率也会有变化。就同一个群体而言，试验环境控制得好，均匀一致，环境变异小，性状的遗传率就高；反之遗传率则低。如果对群体进行了连续多代选择，个体间遗传差异变小，群体的遗传率也会改变。严格地讲，从某一个群体测得某性状的遗传率只能说明在特定环境下该群体的遗传变异状态，而不能直接推广到别的群体上。因此，在说明遗传率时，应指明试验群体的来源、性质及所处的环境。但经验也证明，即使在不同的群体中，如果群体的历史和环境条件没有很大的差别，遗传率的数值也可在不同育种场所之间借用参考，因而这个遗传参数仍然有一定的普遍性。

应当注意的是，遗传率是指群体中遗传差异所占的比重，而不是群体上下代性状表现的一致性。例如，纯系群体的个体间没有遗传差异，遗传率为零，但纯系群体上下代表现的一致性却是最高的。

8.5.3.3 遗传率的变化规律

试验结果表明，遗传率的变化有如下规律。

(1)与自然适应性关系密切的性状（如产量性状、存活率等）的遗传率较低；与自然适应性关系不大的性状（如株高、叶型等）的遗传率较高（表8-5）。

(2)对环境敏感的性状、变异系数高的性状，遗传率较低；不易受环境影响的性状、变异系数低的性状，遗传率较高。

表 8-5 部分生物性状的遗传率

种类	性状	遗传率
乳牛	泌乳量	0.30
	乳脂量	0.60
	体重	0.37
猪	每窝仔数	0.15
	180 d 体重	0.30
	体长	0.55
鸡	产卵量	0.05
	成活率	0.10
	蛋重	0.60
玉米	产量	0.20
	株高	0.70
	株直径	0.70
小麦	粒重	0.10
烟草	株高	0.50
	叶型	0.70
黑腹果蝇	胸长	0.47
	翅长	0.45
	产卵量	0.18
人	身高	0.50
	出生时体重	0.50

(3)性状差距大的两亲本间杂交后代一般表现高的遗传率。

(4)对自花授粉作物来说,在不进行选择的情况下,遗传率随杂种世代的增加有升高的趋势,这种变化也可从不同世代群体遗传方差构成得到理论上的证明(式 8-14)。

(5)在农作物中,遗传率较高的性状有:植株高度、抽穗期、开花期、成熟期、每荚粒数、油分含量、棉纤维的衣分等;具有中等遗传率的性状有:千粒重、抗倒性、每穗粒数;具有低遗传率的性状有:穗数、果穗长度、每行粒数、每株荚数及产量。

8.5.4 遗传率的应用

8.5.4.1 确定杂种后代育种的选择方法及育种策略

对育种工作者来说,制订一个有效的选择方案,取得理想的选择效果是非常重要的,遗传率在此方面有重要作用。

一方面,遗传率可作为杂种后代选择时的参考。若性状遗传率高,说明在群体中表现出的差异主要是由基因型不同造成的,或者说基因型与表型一致程度高,按表型选择在下一代就可以得到相应表现。在杂种后代可按表型进行混合选择,就是根据育种目标把表型符合要求的个体选出来混在一起,构成下一代群体。这种选择可以从早世代(如 F_2 世代)开始进行。如果性状的遗传率低,说明个体间的差异主要是环境引起的,表型相同的个体基因型不一定相同,表型不同的个体基因型又可能相同,在这种情况下不能采用表型选择的方法,而需要采用以基因型为依据的单株选择,也就是将各种表型的单株或单穗单独收获,下一代建立株系,根据株系的平均表现确定产生株系的基因型的优劣,决定相应株系的取舍,从优良的株系中选单株再建立株系。基因型选择可以消除环境作用对选择效果的影响。此外,由于遗传率可以随世代增加而提高,所以在较晚世代选择那些在早世代遗传率较低的性状可以改善选择效果,如从 F_5 以后再进行选择。

另一方面,遗传率分析能帮助了解数量性状的变异性质。数量性状的方差分析可以将遗传方差分解为加性方差、显性方差和上位方差的各个分量。了解各部分方差的组成对性状表现的相对重要程度,对制定育种策略有指导意义。如果分析证明加性方差普遍存在,并占有重要地位,对该性状的遗传改良则应采取组合育种的策略;若某些性状的显性作用较显著,还发现有上位效应存在,则说明对这些性状来说,走改良的杂种优势利用的途径是可取的。

8.5.4.2 估计选择的预期进展

选择的结果是亲代和子代的群体平均数发生改变,这种改变称作遗传进展(GS),群体的遗传率可以估算选择得到的预期遗传进展,其公式是:

$$GS = ih^2$$

式中,i 是选择差,即亲代群体平均值与亲代入选个体平均值之差,也是预期遗传进展的最大值。不难理解,在选择差一定的前提下,遗传率高低决定了在多大程度上能实现最大遗传进展。如果 $h^2=0$,则选择后子代平均数与亲代相同,GS=0;若 $h^2=0.5$,则最大遗传进展实现 50%,$GS=\frac{1}{2}i$;若 $h^2=1$,则最大遗传进展实现 100%,$GS=i$。

由于亲代群体平均数不易得到,难以计算真正

的选择差 i，故在实际应用中采用另一种方式估计遗传进展，就是将选择差除以群体表型标准差，得到选择强度，即：

$$\frac{i}{\sigma_p}=k，则：i=\sigma_p k$$

选择强度 k 值与留种率 P 有关，留种率确定后可从留种率与选择强度的统计换算表（表 8-6）中查得，于是遗传进展的实用公式为：

$$GS = k\sigma_p h^2 \quad (8\text{-}20)$$

为了表示遗传进展与选择前群体平均值的相对变化，可用相对遗传进展表示选择的效果，其公式是：

$$相对遗传进展\%=\frac{GS}{\mu}\times 100$$

式中，μ 是选择前群体的平均值。

表 8-6　留种率与选择强度换算表

留种率 P/%	1	2	3	4	5	10	20	30
选择强度/k	2.67	2.47	2.27	2.15	2.06	1.75	1.40	1.16
留种率 P/%	40	50	60	70	80	90	100	—
选择强度/k	0.97	0.80	0.64	0.50	0.35	0.19	0.00	—

举例：一个群体平均粒重 $\mu=25.45$，$h^2=0.42$，粒重的表型标准差 $\sigma_p=3.85$。欲在 1 000 株群体中选 50 株高粒重的个体留种，求相对遗传进展。

由 $P=5\%$ 查表得：$k=2.06$

所以，$GS = k\sigma_p h^2=2.06\times3.85\times0.42=3.33(g)$

$$相对遗传进展\%=\frac{GS}{\mu}\times100=\frac{3.33}{25.45}\times100=13.1\%$$

计算结果说明选择后子代群体的粒重将比选择前群体增加 13.1%。

遗传进展的公式可以进一步表示为：

$$GS=k\sigma_p h^2=k\sigma_p\frac{\sigma_g\sigma_g}{\sigma_p\sigma_p}=k\sigma_g h \quad (8\text{-}21)$$

由此可以看出，遗传进展可解释为选择强度、遗传标准差、遗传率根值三项的乘积。据此在育种实践中欲取得理想的选择效果，应从三方面入手：一是增加试材的遗传变异，如搜集品种资源、引入近缘种、野生种基因和轮回选择等，提高 σ_g 和 h；二是提高性状的 h^2，方法是加强试验设计和田间管理，降低环境差异；三是提高选择强度。前两个方面更为重要，因为选择强度的提高是有限度的，种质资源的引用开发则可以有巨大潜力。

8.6　数量性状的基因定位与关联分析

8.6.1　数量性状的基因定位

8.6.1.1　经典遗传学对数量性状基因数目的估计

决定性状的基因数目是遗传学研究的基本问题之一，也是与动植物育种关系密切的问题，因为它直接关系到杂种后代群体的规模设计，因此一直受到关注。

对于杂种后代性状分离可明显分组的性状，如本章 8.1 提到的小麦籽粒颜色，可以采取质量性状分析的方法，根据 F_2 世代亲本类型出现的频率推测影响性状的等位基因数目。如果这类个体出现频率高，则表示基因数目少；如果亲本类型个体不易出现或出现频率极低，则认为基因数目较多。具体的是应用某一亲本类型的频率$=\left(\frac{1}{4}\right)^k$来估计，$k$ 是决定性状的基因对数。例如：F_2 群体中某一亲本类型出现频率为 $\frac{1}{16}$ 即 $\left(\frac{1}{4}\right)^2$，则 $k=2$；若该频率为 $\frac{1}{256}$，即 $\left(\frac{1}{4}\right)^4$，则 $k=4$。但这种方法在数量性状研究中往往不能应用，因为 F_2 代性状分离一般呈连续分布，环境因素的干扰也很大，不容易估计亲本类型个体出现的频率。

Wright（1934）提出了根据亲代、F_1、F_2 的方差估算决定基因数目的方法。该方法假定决定数量性状的基因等效，无连锁和上位效应作用，并且亲本的基因朝同一方向分布（即一亲本带有全部的增效基因，如 $A_1A_1A_2A_2A_3A_3\cdots$，另一亲本带有全部的减效基因，如 $a_1a_1a_2a_2a_3a_3\cdots$），基因型与环境间无互作。其推导过程如下。

若以 α 表示每一基因对性状表现的平均效应，二倍体生物有 $2k$ 个基因，两个亲本平值的差为 D，则：

$$\alpha=\frac{D}{2k}$$

F_2 中，每对基因方差为 $\frac{1}{2}\alpha^2$（由来略），k 对基因的方差则等于 $\frac{k}{2}\alpha^2$，即：

$$\sigma_G^2=\frac{k\alpha^2}{2}，换言之，\sigma_{F_2}^2-\sigma_{F_1}^2=\frac{k\alpha^2}{2}$$

将 α 值代入上式得：

$$\sigma_{F_2}^2-\sigma_{F_1}^2=\frac{k}{2}\left(\frac{D}{2k}\right)^2=\frac{D^2}{8k}$$

解出 k 得：

$$k=\frac{D^2}{8(\sigma_{F_2}^2-\sigma_{F_1}^2)}=\frac{(\bar{P}_1-\bar{P}_2)^2}{8(\sigma_{F_2}^2-\sigma_e^2)} \qquad (8\text{-}22)$$

举例：已知玉米的短穗品种穗长及其标准差为（6.632±0.816）cm，长穗品种为（16.802±1.887）cm，F_1 的标准差为 1.519，F_2 的标准差为 2.252，估算决定穗长的基因对数。

将上述数值代入式（8-22）得：

$$k=\frac{(16.802-6.632)^2}{8(2.252^2-1.519^2)}=\frac{103.42}{8\times 2.764}=4.7\approx 5$$

结果说明玉米穗长是由 5 对独立基因控制的。

实际上亲本的基因很少完全朝同一方向分布，加之存在基因间的连锁，所以这种估算结果只能当作基因的最少数目。

8.6.1.2　QTL 的概念

尽管经典遗传学认为数量性状由多基因控制，但它的理论却是将这些基因当作一个整体来分析，研究多基因的综合效应，而无法阐明单个基因的行为和效应。对控制数量性状基因数目的估计值也只有抽象的概念上的含义，并不能提供基因的实际位置和功能上的信息。进入 20 世纪 80 年代以后，随着分子遗传学的发展，一些相关技术特别是分子标记技术被应用到数量性状分析上，这使得对一些涉及基因的数目、位置、效应甚至 DNA 分子序列等数量性状实质的问题有了深入的认识，极大地深化和发展了数量遗传学的基因理论，并形成了又一遗传学的分支——分子数量遗传学。分子数量遗传学的核心内容是 QTL 研究。

QTL 是数量性状基因座（quantitative trait locus）的英文缩写，是位于染色体上影响数量性状的一些区域，其位置可以通过数量性状与遗传标记的连锁分析来确定。

8.6.1.3　QTL 作图原理和步骤

一个数量性状往往受多个 QTL 影响，这些 QTL 分布于整个基因组的不同位置。利用特定的遗传标记可以确定影响某一性状的 QTL 在染色体上的数目、位置及其遗传效应，这就是 QTL 作图（QTL mapping），也称为 QTL 定位。

1. QTL 作图原理

QTL 作图的基本原理，是利用特定遗传分离群体中的遗传标记及相应的数量性状观察值，分析遗传标记和性状之间的连锁关系。如果分析结果证明某个遗传标记与性状连锁，则可认定在该标记附近存在一个或几个 QTL。分析一个性状与已知连锁图的一系列标记之间的连锁关系，即可确定存在多少个 QTL，以及这些 QTL 在标记图谱上的位置。需要注意的是，QTL 作图中的连锁分析与质量性状的不同，不能直接计算遗传标记和 QTL 之间的重组率，而是采用统计上的方法计算它们之间连锁的可能性，并根据这种可能性是否达到某个阈值，来判断遗传标记和 QTL 是否连锁，进而确定其位置和效应（二维码 8-2）。

二维码 8-2　QTL 定位原理过程示意

2. QTL 作图的过程

QTL 作图一般包括以下步骤。

（1）构建作图群体　适于 QTL 作图的群体应该是待测数量性状存在广泛变异，多个标记位点处于分离状态的群体。这样的群体，一般是由亲缘关系较远的亲本间杂交，再经自交、回交等方法进行人工构建的。常用的群体有 F_2 群体、回交（BC）群体、双单倍体（doubled haploids, DH）群体（即加倍的单倍体群体）、重组近交系（recombinant inbred line, RIL，由 F_2 连续多代单粒传自交产生）群体等。其中 DH 群体和 RIL 群体的分离单位是品系，品系间存在遗传差异而品系内个体间基因型相同，自交不分离，可以永久使用；F_2 群体和回交群体内的每个个体基因型不同，且存在杂合基因位点，经繁殖后每个个体的后代会产生分离，因此属于临时的分离群体。

（2）确定和筛选遗传标记　遗传标记是指一些可以直接或间接观察到的、反映个体遗传组成差异的特性特征，包括形态标记、细胞学标记、蛋白质（酶）分子标记和 DNA 分子标记。通常意义的分子标记都是指 DNA 分子标记（详见第 13 章“基因组学”）。理想的作图标记应具有 4 个方面的特征：一是数量丰富，以保证足够的标记覆盖整个基因组；二是多态性好，以保证亲本间或分离群体的个体间有不同的基因组合；三是中性，涉及某一标记位点的各种基因组合都有相同的适应性，以避免不同基因型间的生存能力差异引起的试验误差；四是共显性，便于直接识别同一基因位点上的各种基因型。在各种遗传标记中，DNA 分子标记容易具备如上 4 个特征，因此已成为目前应用最广泛的作图标记。常用的分子标记有限制性片段长度多态性（restriction fragment length polymorphism，RFLP）、扩增片段长度多态性（amplified fragment length polymorphism，AFLP）、随机扩增多态性 DNA（random amplified polymorphismic DNA，RAPD）、可变数目串联重复（variable number tandem repeat，VNTR）、简单序列重复（simple sequence repeat，SSR）和单核苷酸多态性（single nucleotide polymorphism，SNP）等。

（3）检测和记录标记基因型，制作标记遗传图谱　从作图群体中抽样提取 DNA 做分子标记检测，记录每个被测个体的标记基因型。若标记的遗传图谱未知，还需要先依据各标记基因型分离资料制作标记的连锁图。由于各种分子标记最后显示的都是电泳分离的带谱，所以个体的标记基因型需要将每个标记的带纹与亲本比较并赋值来记录。例如，在共显性情况下，两个纯合亲本各显示一条带，杂合体同时显示双亲的两条带（图 8-3）。作图群体中应含有 P_1、P_2 和杂合型三种带型，这三种带型即代表某一分子标记的三种基因型。如果将含有 P_1 带型的个体赋值为 1，P_2 带型赋值为 3，杂合体赋值为 2，即可得到数据化的分子标记基因型值。在此基础上才能进行分子标记遗传图谱的制作和 QTL 图谱制作。

（4）测量数量性状　对作图群体的同一样本的每个个体在做遗传标记检测的同时，测定其数量性状值。将每个个体的数量性状表型值和分子标记基因型值按顺序列表（表 8-7），就形成了后续分析的基本数据。

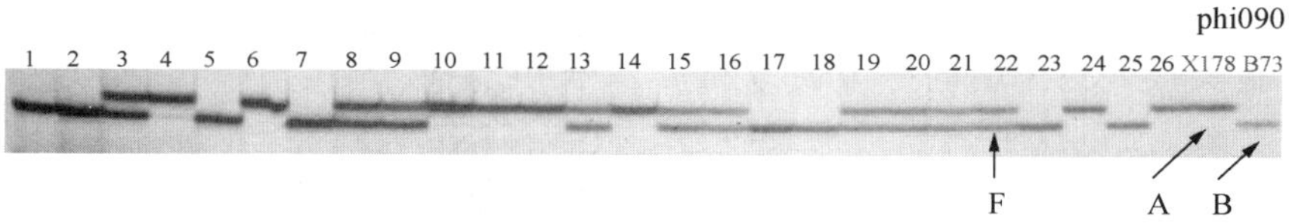

图 8-3　用 SSR 引物 phi090 扩增的 F_2 群体分离带谱图

（F 及 A 与 B 箭头为杂合型和两亲本带型）

表 8-7　水稻窄叶青 8×京系 17 F_2 群体部分数量性状值与 RFLP 标记基因型值

株号	性状			RFLP 标记*					
	生育期	株高	颖花数	RG573	RG13	RZ70	RG697	RG474	RG435…
1	126	115	129	1	1	3	1	1	1
2	107	127	356	2	2	2	3	3	3
3	112	123	341	2	1	1	2	1	1
4	95	117	202	1	1	3	1	2	1
5	115	121	285	3	3	1	3	2	3
6	110	127	311	2	2	1	2	1	2
7	101	103	126	3	3	2	2	1	2
8	119	116	237	2	2	2	0	3	3
9	118	112	217	1	2	3	0	2	2
10	115	111	186	3	3	3	0	3	3

续表 8-7

株号	性状			RFLP 标记*					
	生育期	株高	颖花数	RG573	RG13	RZ70	RG697	RG474	RG435…
11	104	115	330	2	3	3	0	2	2
12	109	106	162	2	2	3	2	2	2
13	107	115	270	2	2	2	0	2	2
14	114	123	314	3	3	2	3	3	3
15	123	97	146	1	1	3	0	1	1
⋮	⋮	⋮	⋮	⋮	⋮	⋮	⋮	⋮	⋮

*：标记基因型值中的 0 表示带纹不清或其他原因造成的数据缺失。

(5)统计分析　用统计方法分析数量性状值与标记基因型值之间是否存在关联，判断 QTL 与标记之间是否存在连锁，确定 QTL 在标记遗传图谱上的数目、位置，估计 QTL 的效应。

8.6.1.4　QTL 作图的统计方法

QTL 作图统计方法的运算过程都比较复杂，实际应用中需要相应计算软件由计算机来完成，在此简要介绍几种分析方法的基本原理。

1. 单标记分析

单标记分析就是检测一个标记与性状是否连锁，并估计二者重组率，分析其遗传效应。若分子标记与性状完全连锁或部分连锁，就意味着标记本身就是 QTL，或在标记附近存在 QTL。在这种情况下，分离群体中不同标记基因型的个体携有某种 QTL 基因型的概率就不相等，因此不同标记基因型个体的性状值就会有差异，按标记基因型分组去比较组间性状值差异是否显著即可判断连锁是否存在。

例如，以 M_1-M_2 表示一对分子标记等位基因，Q_1-Q_2 表示一对 QTL 等位基因。如果标记与 QTL 之间的连锁重组率为 r，则 $M_1M_1Q_1Q_1 \times M_2M_2Q_2Q_2$ 的 F_2 群体中各种标记基因型的性状值及其在群体中出现的概率如表 8-8 所示。

表 8-8　单标记与 QTL 连锁时 F_2 群体中多种基因型的理论值和出现频率

标记基因型	频率	QTL 基因型	QTL 基因型值	M-Q 频率	基因型均值
M_1M_1	$\frac{1}{4}$	Q_1Q_1	a	$(1-r)^2/4$	$a(1-2r)/4+2dr(1-r)$
		Q_1Q_2	d	$r(1-r)/2$	
		Q_2Q_2	$-a$	$r^2/4$	
M_1M_2	$\frac{2}{4}$	Q_1Q_1	a	$r(1-r)/2$	$d[(1-r)^2+r^2]$
		Q_1Q_2	d	$1/2-r+r^2$	
		Q_2Q_2	$-a$	$r(1-r)/2$	
M_2M_2	$\frac{1}{4}$	Q_1Q_1	a	$r^2/4$	$-a(1-2r)/4+2dr(1-r)$
		Q_1Q_2	d	$r(1-r)/2$	
		Q_2Q_2	$-a$	$(1-r)/4$	

注：a、d 分别为 QTL 的加性和显性效应基因型值。

容易计算出，当 $r=0.5$ 时，即标记与 QTL 间无连锁时，各种基因型值相等，为 $\frac{1}{2}d$。

根据以上原理，检测单标记与 QTL 连锁的常见统计方法有以下几种。

(1)t 检验　理论上 $r=0.5$ 时，每种标记基因型性状值相等，故可对不同标记基因型性状平均值之差等于 0 进行 t 检验，若差异显著，说明该标记与 QTL 连锁。

(2)方差分析　按标记基因型将个体分组，进行单向分组的方差分析，若F检验表明组间差异显著，说明该标记与QTL连锁。

(3)回归或相关分析　对个体的性状值和标记基因型值进行回归或相关分析，若性状值对标记基因型值回归（相关）显著，说明标记与QTL连锁。

若标记与QTL连锁，可利用标记基因型性状平均值及各组内方差估计重组率和QTL的效应，也可采用矩估计和最大似然法等方法计算重组率和QTL的效应。

单标记分析一次只能分析一个标记，需要经多个标记的多次分析才能确定QTL的位置。

2. 双分子标记分析

双分子标记是一次分析两个相邻标记，以确定两个标记之间是否存在QTL的方法。双分子标记主要是Lander和Botstein首先提出的区间估计法。这一方法使用最大似然法和LOD值的概念，对此先作简要解释。

似然(likehood)是指某种观察结果出现的可能性。如果所做的n次观测是独立的，以$P(x_i,q)$代表第i次观察结果的可能性或似然值(q是一个不确定概率，称为参数)，则n次观察的联合概率或似然函数为各次观测结果出现概率的多项乘积，表示为：

$$L(q)=P_{(x_1,q)}P_{(x_2,q)}P_{(x_3,q)}\cdots P_{(x_n,q)}=\prod P_{(x_i,q)}$$

最大似然法以满足其估计值在观察结果中出现的概率最大为条件。似然值的最大化是通过似然函数求导并令其等于零来计算，求得的解即为参数q的最大似然估计值。一般来说，最大似然函数由已知参数（群体平均数、方差）和未知参数（重组率）两部分组成。应用中是给未知参数设定不同的测试值，由似然函数与各参数之间的关系式反复计算每一测试值的似然函数值L，使L值最大的测试值即是未知参数的最大似然估计值。

LOD是似然比L/L_0的常用对数。LOD服从χ^2分布，可用于做显著性检验。L为测试计算的最大似然值，L_0是不存在QTL条件下计算的似然值。当LOD达到某一阈值，如2或3时，即最大似然值与零假设条件似然值之比达到100或1 000时，认定在检测区间QTL效应显著，存在QTL。

区间定位法假定亲本P_1和P_2的基因型分别为：$M_{a1}M_{a1}Q_1Q_1M_{b1}M_{b1}$和$M_{a2}M_{a2}Q_2Q_2M_{b2}M_{b2}$。$M_a$和$M_b$代表染色体上两个相邻标记位点。在这两个标记位点所在区间内的QTL与M_a和M_b的图距分别为r_a和r_b，M_a与M_b之间的图距为r_b。F_2群体有9种可能标记基因型，每种标记基因型有3种QTL基因型。各种基因型概率之和为1。利用群体期望基因型频率（表8-9）可以计算出每种标记基因型的各类QTL基因型概率。作图群体中全部个体或品系的似然值为：

$$L=\prod_{i=1}^{n}\sum_{q=1}P_{mq}f_q(y)$$

式中，n为作图群体包含的个体或品系数；q为可能基因型数；P_{mq}为QTL基因型概率，它取决于标记基因型和重组率；$f_q(y)$是表型平均值为μ_q、方差为σ_q^2的正态概率密度函数。

表8-9　F_2群体的基因型频率

基因型	Q_1Q_1	Q_1Q_2	Q_2Q_2
$M_{a1}M_{a1}M_{b1}M_{b1}$	$r_a^2r_b^2$	$2r_a(1-r_a)r_b(1-r_b)$	$(1-r_a)^2(1-r_b)^2$
$M_{a1}M_{a1}M_{b1}M_{b2}$	$2r_a^2r_b(1-r_b)$	$2r_a(1-r_a)[r_b^2+(1-r_b)^2]$	$2(1-r_a)^2r_b(1-r_b)$
$M_{a1}M_{a1}M_{b2}M_{b2}$	$r_a^2(1-r_b)^2$	$2r_a(1-r_a)r_b(1-r_b)$	$(1-r_a)^2r_b^2$
$M_{a1}M_{a2}M_{b1}M_{b1}$	$2r_a(1-r_a)r_b^2$	$2[r_a^2+(1-r_a)^2r_b(1-r_b)]$	$2r_a(1-r_a)(1-r_b)^2$
$M_{a1}M_{a2}M_{b1}M_{b2}$	$4r_a(1-r_a)r_b(1-r_b)$	$2[r_a^2+(1-r_a)^2]\times[r_b^2+(1-r_b)^2]$	$4r_a(1-r_a)r_b(1-r_b)$
$M_{a1}M_{a2}M_{b2}M_{b2}$	$2r_a(1-r_a)(1-r_b)^2$	$2[r_a^2+(1-r_a)^2r_b(1-r_b)]$	$2r_a(1-r_a)r_b^2$
$M_{a2}M_{a2}M_{b1}M_{b1}$	$(1-r_a)^2r_b^a$	$2r_a(1-r_a)r_b(1-r_b)$	$r_a^2(1-r_b)^2$
$M_{a2}M_{a2}M_{b1}M_{b2}$	$2(1-r_a)^2r_b(1-r_b)$	$2r_a(1-r_a)[r_b^2+(1-r_b)^2]$	$r_a^2r_b(1-r_b)$
$M_{a2}M_{a2}M_{b2}M_{b2}$	$(1-r_a)^2(1-r_b)^2$	$2r_a(1-r_a)r_b(1-r_b)$	$r_a^2r_b^2$

$$LOD = \log \frac{L(\mu_q, \sigma_q^2, y_1, y_2, \cdots, y_n)}{L_0(\mu_p, \sigma_p^2, y_1, y_2, \cdots, y_n)}$$

式中，L 为最大似然函数值；L_0 是 $M_a \sim M_b$ 无 QTL 效应条件下的似然值。

用 LOD 值可以系统地搜索染色体上每两个相邻标记区间，判断各区间存在 QTL 的可能性与相对位置。具体结果以 LOD 值为纵坐标，以遗传距离（厘摩，cM）为横坐标表示（图 8-4）。

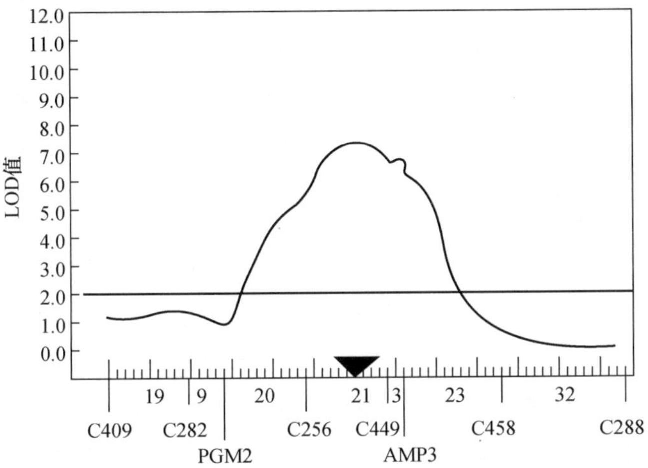

图 8-4　玉米 5 号染色体上影响产量的 QTL 位置与 LOD 值曲线图

（引自盛志廉等，1999）

图 8-4 是利用著名的玉米自交系 B73×Mo17 的 F_1 与 Mo17 回交群体进行产量 QTL 定位研究的结果，共有 8 个连锁标记。用 x 轴表示它们的位置，距离单位是 cM。三角形所指的位置是具有最大 LOD 值的 QTL 位置，也就是 QTL 最可能所处的位置。LOD 为 2 的水平线是整个试验显著性阈值（$\alpha=0.05$）。该图表明在标记 C256 和 C449 之间存在一个影响玉米产量的 QTL。

区间作图法检测 QTL 存在与否的可靠性有赖于标记基因的密度，因为标记之间距离较大时有可能存在不止一个 QTL。不仅如此，由于双分子标记一次用到的标记数少，在标记区外附近存在 QTL 或一条染色体上存在两个 QTL 都会影响被测区间的检测结果。多分子标记分析可以克服这一缺陷。

3. 多分子标记分析

多分子标记分析是同时用多个标记进行 QTL 分析。由于同时在多个标记位置检测 QTL 涉及多维空间，在数学上不易实现，所以可行的方法是在分析一个标记区间时利用其他标记信息。

（1）复合区间作图（composite interval mapping，CIM）　Zeng（1994）提出复合区间作图方法。该方法首先对所有标记进行多元回归分析，然后通过引入标记协变量消除检测区间以外 QTL 对检测结果的影响，即进行遗传背景控制。复合区间作图可以检测一条染色体上的多个 QTL，分析时利用所有标记信息，每次只检测一个区域，将针对多个 QTL 的多维检测简化到一维检测，这样提高了作图的准确度，并提供了相应的作图软件 QTL Cartographer，应用广泛。但在这种算法中，当前被检测区域移动到新的标记区间时，每个标记的回归系数都要发生变化，故这种算法可能会导致当前检测位置的效应被背景标记吸收，从而造成 QTL 效应的偏估。

（2）完备区间作图（inclusive composite interval mapping，ICIM）　完备区间作图的基本思路与复合区间作图相似，该方法通过一个“两步策略”实现 QTL 定位。首先利用所有标记的信息，通过逐步回归选择重要的标记变量并估计其效应，然后利用逐步回归得到的线性模型校正表型数据，并利用校正后的数据进行全基因组的一维和二维扫描。完备区间作图策略简化了复合区间作图中控制背景遗传变异的过程。通过模拟研究和实际数据的分析表明完备区间作图法有效地降低抽样误差，作图效率较高，有 QTL 的区域和没有 QTL 的区域 LOD 值差异非常显著。另外，完备区间作图可以用于上位效应作图分析，可同时检测有加性效应 QTL 间的互作和没有明显加性效应的 QTL 之间的互作。

8.6.1.5　QTL 的性质

1. QTL 与基因

QTL 是通过连锁检验确定位于遗传标记附近的染色体区域，这一区域涉及的 DNA 实际长度是未知的，可能很长，也可能较短，因此，发现的 QTL 可能是一个基因，也可能包含多个基因。

2. QTL 的数目与效应

运用 QTL 作图法对部分性状进行遗传分析表明，植物株高、籽粒重等数量性状受为数不多（4～8 个）、效应不等的几个 QTL 影响。少数位点对性状变异的贡献很大，其余的作用微小，如对胰岛素依赖型糖尿病起主要作用的位点只有一个，是编码胰岛素的启动子（promoter），跟着的几个位点作用逐渐减小。可见，QTL 与微效多基因假说关于数量性状的基因数目与效应的假定是有区别的。

3. QTL 群体特征

不同群体由于遗传背景不一样,同一性状的 QTL 在其中发生分离的位置和数目不完全相同,根据不同群体确定的 QTL 会有差异。因此,实际应用中要把 QTL 与具体的群体相联系。

4. QTL 有统计学特征

QTL 的位置和效应是通过抽样测量和统计估计获得的,受试验误差、抽样误差、检验方法和检验标准的影响。统计分析确定的 QTL 的位置也并非物理上的位置。所以 QTL 位置与效应均有概率上的含义。

8.6.1.6 QTL 分析的应用

QTL 分析的应用主要有三个方面。第一,由 QTL 定位得到的遗传图谱可以进一步转换成物理图谱,对 QTL 进行克隆和序列分析,在 DNA 分子水平上研究决定数量性状基因的结构和功能,进而应用基因工程的手段来操纵 QTL。第二,在动植物育种上,利用标记与 QTL 的连锁,在实验室内对数量性状变异提早进行识别与选择,不必等到基因完全表达的时期再进行选择。经鉴定为不良基因型的可立即淘汰,为优良基因型的则用来繁殖下一代,可以提高选择效率和精度。与传统方法相比,标记辅助选择对回交育种引入隐性有利基因,剔除非轮回亲本不利连锁基因更为快速有效,可以较少世代数完成目的基因的转育。第三,利用标记与 QTL 连锁分析可以提供与杂种优势有关的信息,鉴定与优势有关的标记位点,确定亲本在 QTL 上的差异,可能更有效地预测杂种优势。

需要指出,数量遗传学中阐述的各种遗传参数,包括遗传率、遗传相关及各种回归与相关系数的估计值在应用中都需要进行显著性检验。具体方法读者可以查阅参考书的有关章节。

8.6.2 全基因组关联分析

8.6.2.1 全基因组关联分析的特点

QTL 定位在很大程度上能够检测到数量性状相关的遗传位点,但该方法存在一定的局限性。首先,QTL 定位需要构建作图群体,建立分子标记的遗传图谱,前期准备工作耗时耗力;其次,QTL 作图主要依赖少数几个亲本杂交后代群体,群体遗传背景相对狭窄,不能有效利用更多的种质资源和更广泛的遗传多样性。

2005 年,R. J. Klein 等采用全基因组关联分析(genome-wide association study, GWAS)的方法,鉴定了影响年龄相关性视网膜黄斑变异的重要遗传位点,开启了利用 GWAS 揭示复杂性状遗传基础的研究热潮,这种方法被广泛地用来研究和分析人类和动植物的常见疾病和复杂性状。全基因组关联分析是借助覆盖整个基因组的 SNP 位点,利用数学算法在全基因组范围内对表型和 SNP 进行关联分析,找到与表型变异显著相关的遗传标记位点。

全基因组关联分析与传统的 QTL 定位相比具有以下优点:①可以直接利用自然群体或种质资源群体进行分析,不需要专门构建作图群体;②自然群体基因重组率高,定位的解析率高,定位精确;③作图群体为自然群体,遗传基础宽,不受双亲遗传背景的限制;④可以同时检测多个复等位基因。

8.6.2.2 全基因组关联分析的原理

全基因组关联分析是以标记与复杂性状基因间的连锁不平衡(linkage disequilibrium, LD)为基础的关联分析。典型的 GWAS 主要采用两种试验设计:一种是基于无关个体样本的对照设计,假设受试个体来源于单一群体,且个体之间互不相关;另一种是基于有亲缘关系的群体设计,假设受试个体来源于不同群体,在同一群体内的个体之间存在一定的亲缘关系。

GWAS 以连锁不平衡(LD)为基础,LD 可以表示不同基因之间遗传关联程度。连锁不平衡是指两个或两个以上基因座位的等位基因同时出现在一条染色体上的概率高于随机出现的频率,也就是说,位于某一座位的特定等位基因与另一座位的某一等位基因同时出现的概率大于群体中因随机分布两个等位基因同时出现的概率。因此,只要两个基因不是完全独立地遗传,就会表现出某种程度的连锁。连锁不平衡可以是同一条染色体上的不同区域,也可以是不同染色体上的基因位点。当相邻的基因处于高度连锁不平衡区域时,它们会以一个整体的方式遗传给后代,不会因重组而分离。GWAS 就是利用连锁不平衡原理,通过统计分析方法获得与表型相关的表现出连锁不平衡的 SNP 标记。GWAS 中的 SNP 通常是导致变异区域的标签 SNP(tag SNP),即一个高 LD 区域内选择的具有代表性的 SNP,而非直接导致功能变异位点本身。

8.6.2.3 全基因组关联分析的方法

传统全基因组关联分析主要使用单位点检测方法，即对每一个 SNP 位点与性状之间的关联性进行检测。性状表型根据其取值可以分为离散型与连续型。针对质量性状数据如疾病-对照数据，单位点检测常见方法有基于等位基因频率的对比检验、卡方检验、基于哈迪-温伯格不平衡的对比检验、Fisher's 精确检验以及逻辑回归检验等。单位点检测方法存在明显的缺陷：①单位点检测方法忽略了位点之间的关联性，效应较低的位点无法被检测到；②对多个 SNP 位点进行多次独立的单位点关联性检验，需要进行多重检验校正，但是该校正过于保守，使单位点检测方法的功效降低，造成大量假阳性结果。

针对单位点检测的不足，学者们开始在 GWAS 中使用多位点检测策略。多位点检测就是对多个位点进行联合建模。在进行多位点关联分析时，通常是单核苷酸多态性位点数目远大于样本量，属于高维数据小样本问题，因此提出大量方法用于解决此类问题，如岭回归(ridge regression)分析、偏最小二乘(partial least squares, PLS)回归、主成分(principal component regression，PCR)回归等。后来又逐渐开发出贝叶斯法、似然函数法和混合线性模型等方法，使检测精度不断提升。

8.6.2.4 全基因组关联分析群体结构影响的控制

在进行 GWAS 时，对目标群体有一定的要求，群体的遗传背景应尽量一致或者相似。然而实际分析中，群体并不是严格的随机交配，它们来源于不同组别、群体或者地理区域，其个体存在遗传差异，会导致群体之间的等位基因频率不同，表现为群体分层和亲缘关系差异，即存在不同的群体结构。在进行关联分析时，如果忽略了群体结构的影响，将可能导致分析结果出现偏差，增加假阳性错误的产生风险。

在进行全基因组关联分析时，出现了许多处理群体结构的 GWAS 方法，主要分为 4 种，分别为基因组控制法、分层分析法、主成分分析法和混合线性模型分析法。

1. 基因组控制法

在基因组控制法中，引入膨胀因子(λ)这个参数。基因组膨胀因子大小由群体结构控制，同时也受样本数量影响，可以用来衡量群体结构对关联分析的影响程度。基因组膨胀因子 λ 可以通过基因组数据进行估测，分析中通过对原始的关联统计量统一除以 λ 得到新的统计量，可以实现对群体结构的校正。基因组控制法在一定程度上能够减小群体结构对结果的影响，但同时由于对原始统计量的校正也在一定程度上降低了检验的功效，特别是当群体结构对结果的影响较大时，基因组控制法作用就大打折扣了。

2. 分层分析法

在进行 GWAS 时样本群体往往因来源不同可能存在不同的亚群，亚群可以根据地理来源、形态特征、生态类型等来进行划分，然而这种划分方法不够客观，有时不能准确反映真正的群体结构。在分层分析法中首先对样本进行聚类分析，为了避免样本群体的遗传差异分界不明显，造成受试个体可能会被聚类到多个亚群中的问题，其采用了贝叶斯方法中的最大似然估计进行优化，从而提高了计算效率。

3. 主成分分析法

主成分分析法是将大量相关的初始变量转换成一组很少的不相关的主成分变量，通过主成分尽可能多地解释初始变量的变异程度。在 GWAS 中，先根据全基因组等位基因频率构建亲缘关系矩阵，并计算亲缘关系矩阵的特征值和特征向量，特征向量可以表示样本中的非随机成分——群体结构；然后根据特征值的大小选择几个特征向量作为主成分；最后用主成分特征向量对初始基因型和表型进行校正，对校正后的基因型和表型进行关联分析。分层分析法更适合容易聚类的含有多个亚群的群体，而主成分分析法适用于亚群分界不明显的样本群体，更能反映个体间遗传差异的连续性。

4. 混合线性模型分析法

基因组控制法、分层分析法和主成分分析法主要是校正群体分层对关联分析的影响，但是对于亲缘关系的影响上述 3 种方法都存在不足。混合线性模型分析法在兼顾各种固定因素和随机因素的效应的情况下，可以直接将两两个体之间的亲缘关系整合到模型中。在 GWAS 中混合线性模型可以定义为：$y = X\beta + Zu + e$。其中，y 为表型值；β 为固定效应，包括群体均值、SNP 的效应和其他混杂因素的效应；u 为多基因效应；e 为残差效应；X 和 Z 为相应的设计矩阵。混合线性模型可以很好地控制亲缘关系的影响，从而降低假阳性关联的出现并保持较好的检验效果。

8.6.2.5 全基因组关联分析的应用

GWAS是经典的遗传理论的拓展，开辟了基因研究的新方法。全基因组关联方法首先在人类医学领域的研究中得到了极大的重视和应用，尤其是其在复杂疾病研究领域中的应用，使得许多重要的复杂疾病的研究取得了突破性进展。2005年，Klein等利用GWAS第一次成功鉴定了影响年龄相关性视网膜黄斑变异的重要遗传因子，之后陆续出现了对冠心病、肥胖、糖尿病、精神分裂症、抑郁症等的相关研究。随着基因组学研究以及基因芯片技术的发展，人们已通过GWAS方法发现并鉴定了大量与复杂性状相关联的遗传变异。近年来，这种方法在动植物重要性状主效基因的筛查和鉴定中得到了应用。与人基因组的GWAS研究不同，植物的许多性状能够通过控制杂交个体进行可重复的定向变异，并利用产生的特异作图群体对特异性状或QTL进行关联分析。例如，利用水稻品种资源和SNP芯片基因型鉴定结果，采用GWAS方法定位了控制中胚轴长度的QTL（翟媛等，2021）。该全基因组关联分析使用Tassel 5.2.51软件进行，使用199份水稻资源的44K SNP基因型鉴定数据，结合199份材料的中胚轴长度表型值，采用混合线性模型（mixed linear model，MLM）进行关联分析，以显著性概率 $P<0.001$ 为标准，判定与中胚轴长度显著关联的SNP标记，绘制关联分析曼哈顿（Manhattan）图和Q-Q图（分位数图，quantile-quantile plot）（图8-5）。曼哈顿图横坐标表示SNP标记在水稻的12条染色体上的分布，纵坐标表示SNP标记与表型的相关联的显著性概率，不同颜色的点表示SNP标记在水稻12条染色体上的分布情况，红色虚线表示关联显著性的临界值（$P=0.001$）。当概率值小于0.001时，认为SNP标记（图中红色虚线以上的点）与目标表型存在显著关联，标记附近可能存在控制目标性状的基因或QTL。Q-Q图纵坐标表示SNP标记与观测值相关联的概率，横坐标表示SNP标记与期望值相关联的概率，当SNP标记与目标表型没有关联时，概率值就呈随机分布，此时观测值的概率符合期望值分布（图中红线），即图中黑色点与红色线重合；当SNP标记与目标表型存在关联时，观测值的概率就会偏离随机分布，也就是图中的黑色点偏离红线，并且这种偏离越明显说明某些SNP标记与目标表型相关联越显著。根据图8-5显示的分析结果可知，共检测到48个与水稻中胚轴长度显著关联的SNP位点，这48个SNP位点可以整合为21个QTL位点。其中，第5染色体6个，第1、2、3、4、6和10染色体对应的QTL数目分别为2、3、3、1、5和1个。以第5染色体上的QTL为例，5个QTL命名为*qMEL*5-1、*qMEL*5-2、*qMEL*5-3、*qMEL*5-4、*qMEL*5-5和*qMEL*5-6，QTL的贡献率为5.97%～7.32%（表8-10）。

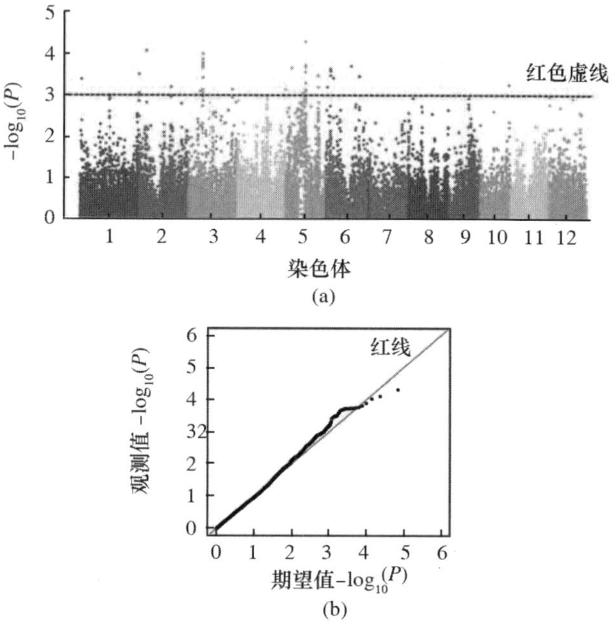

（a）曼哈顿图；（b）Q-Q图

图8-5 水稻中胚轴长度性状全基因组关联分析

（引自翟媛，2021）

目前，随着基因组测序的不断发展，在主要的农作物中广泛地开展了GWAS研究，许多作物的重要性状都通过GWAS的方法获得了相关的分子标记、QTL甚至是控制基因，如水稻的抽穗期、株高、粒形、耐盐性、耐冷性等，小麦的抗病性、千粒重、分蘖数等，玉米的株高、开花期、耐旱、穗形等，大豆的株高、花期、抗病性、耐盐性等。GWAS是一种高效的将表型和基因型进行关联分析，从而确定相关性状候选基因的方法，可同时对多个复杂性状进行多个等位基因的检测，具有分辨率高和通量大的特点。但是，由于群体性质、分析方法等因素的限制，GWAS分析结果容易出现假阳性、候选基因确定精度不高等问题。但随着相关领域科技的发展，GWAS必将在揭示生物复杂性状的分子机理和动植物分子育种中发挥更大的作用。

表 8-10 全基因组关联分析定位在第 5 号染色体上的中胚轴长度的 QTL

染色体	QTL 名称	关联 SNP 标记	P 值	贡献率/%
5	*qMEL*5-1	id5002305	2.13×10^{-4}	7.26
5	*qMEL*5-2	id5005213	8.70×10^{-4}	6.45
5	*qMEL*5-3	id5005783	8.02×10^{-4}	5.97
5	*qMEL*5-4	id5005920	2.06×10^{-4}	7.32
5	*qMEL*5-5	id5005976	7.24×10^{-4}	6.02
5	*qMEL*5-6	id5010627	3.25×10^{-4}	6.83

引自翟媛(2021)

8.7 近亲繁殖与杂种优势

动植物繁殖的普遍形式是有性生殖，根据交配个体的亲缘关系和遗传组成的不同，可将交配分为多种形式，它们的后代遗传动态有明显差异。19 世纪 60 年代，达尔文提出“异花授粉一般对后代有利，而自花授粉对后代有害”，这就是所说的杂种优势和自交衰退，人类通过生产实践早已认识这些现象，并已经加以利用。在孟德尔的遗传规律被重新发现以后，近亲繁殖和杂种优势成为遗传领域研究的一个重要方面，同时也是近代育种工作的一项重要手段，在生产上取得了很大进展。

8.7.1 近亲繁殖及其遗传效应

8.7.1.1 近亲繁殖的概念和近交系数

1. 近亲繁殖的概念

近亲繁殖(inbreeding)也称近交，是指血缘或亲缘关系相近的个体间的交配繁殖。近亲繁殖按亲缘关系的远近程度不同，一般分为亲表兄妹(first cousins)、半同胞(half-sib)、全同胞(full-sib)以及亲子交配(回交)等。植物的自花授粉和动物的自体受精即自交(selfing)，是近亲繁殖中的极端方式。与近交相对应的是不同基因型个体之间的交配即杂交(hybridization)，或亲缘关系较远个体间的交配即异交(outbreeding)。近交常对后代表现有害，杂交则能表现杂种优势。

2. 近交系数

近交系数(inbreeding coefficient)是度量近亲繁殖程度的一个参数，用 F 表示。近交系数的定义是：一个合子的两个等位基因来自双亲共同祖先某一基因的概率。F 变动于 0～1。近交系数愈大，表示近交程度愈高。$F=0$ 表示产生合子的亲本间无亲缘关系；$F=1$ 表示亲本基因型完全相同，相当于自交。

近交系数可以通过系谱调查进行推算。从图 8-6 可以看出，互为表兄妹的双亲 E 和 F 的共同祖先是祖父 A 和祖母 B，A 和 B 各有两个等位基因，设它们为 a、b、c、d。祖父 A 所具有的基因 a 和 b，其中 a 传给 C 的概率为 1/2。同样，C 具有的两个基因一定有一个传给 E。因此，a 经过 C 传给 E 的概率为 $1/2\times1/2$，a 由 E 再传到 I 的概率则为 $1/2\times1/2\times1/2=1/8$。同理，$a$ 传给 D 的基因的概率为 1/2，它再传到 F、I 的概率也分别是 1/2，因此 I 接受 a 基因的概率也是 $1/2\times1/2\times1/2=1/8$，所以 I 的两个等位基因 α、β 均为 a 的概率是 $1/8\times1/8=1/64$。同理，I 的 α、β 均为 b 的概率也是 1/64，为 c 或 d 的概率也分别为 1/64。所以，I 的两个等位基因来自共同祖先同一个基因的概率为 $1/64\times4=1/16$。即表亲结婚后代 I 的近交系数 $F=1/16$。

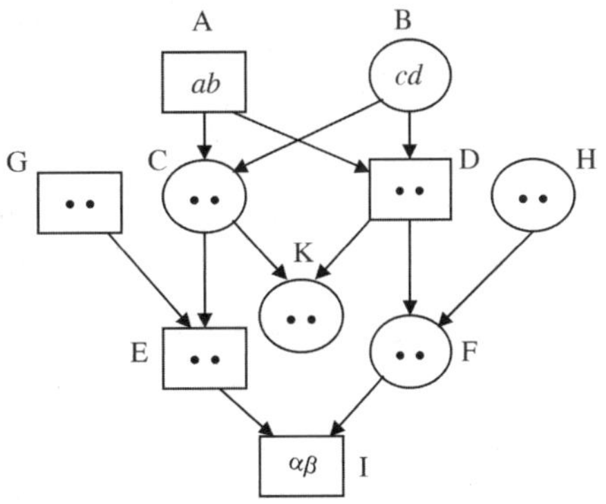

图 8-6 表亲及同胞结婚系谱

图 8-6 中，如果同胞 C、D 结婚，则后代 K 的近交系数为 $(1/2\times1/2)\times(1/2\times1/2)\times4=1/4$。

图 8-7 中,K 只有 1 个共同祖先和 2 个等位基因 a、b,所以半同胞结婚后代 K 的近交系数为 $(1/2\times1/2)\times(1/2\times1/2)\times2=1/8$,半表亲结婚后代 I 的近交系数为 $(1/2\times1/2\times1/2)\times(1/2\times1/2\times1/2)\times2=1/32$。

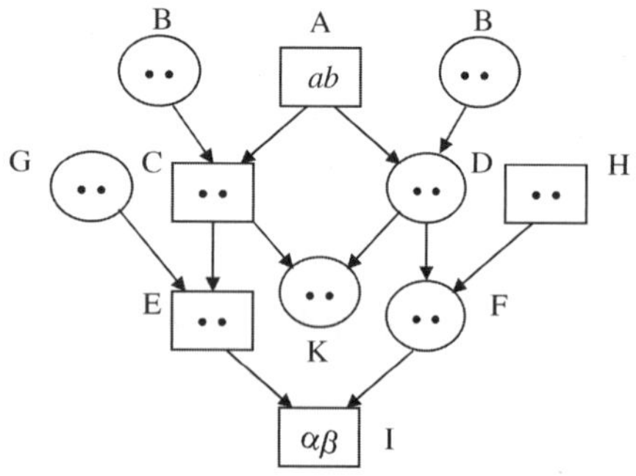

图 8-7　半同胞及半表亲结婚系谱

计算个体 I 近交系数的通用公式为:

$$F_I=\sum\left(\frac{1}{2}\right)^n(1+F_A) \qquad (8\text{-}23)$$

式中,n 为通过共同祖先把双亲连接起来的基因通道上所包含的个体数(含双亲),F_A 是共同祖先 A 的近交系数。如果共同祖先的双亲之间无血缘关系,则 $F_A=0$。当共同祖先为复数时,或有几个途径通向共同祖先时,需要把每个共同祖先各配子通道所得的值累计起来,所以要进行求和计算。在进行这个计算时,对于连接双亲的中间个体可以不计近交系数。例如,图 8-8 中的 I 从父亲到母亲有 3 条通道,即 CADF、CBEF 和 CBDF,每个通道上都有 4 个成员,故个体 I 的近交系数是:

$$F_I=\sum\left(\frac{1}{2}\right)^4=3\times\left(\frac{1}{2}\right)^4=\frac{3}{16}$$

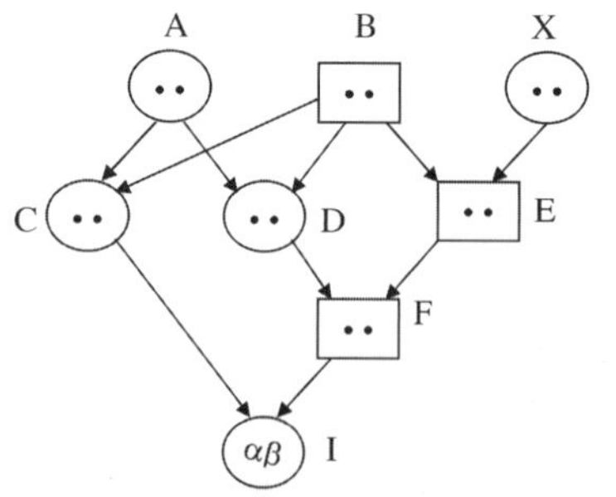

图 8-8　1 个三基因通道的近亲结婚系谱

表 8-11 列出了常见近亲交配所生子女的近交系数。

表 8-11　几种近亲繁殖类型子代的近交系数*

近交类型	基因通道上的个体数(n)	子女近交系数
亲子	2	$F_I=\left(\frac{1}{2}\right)^2=\frac{1}{4}$
全同胞	3,3	$F_I=\left(\frac{1}{2}\right)^3+\left(\frac{1}{2}\right)^3=\frac{1}{4}$
半同胞	3	$F_I=\left(\frac{1}{2}\right)^3=\frac{1}{8}$
祖孙	3	$F_I=\left(\frac{1}{2}\right)^3=\frac{1}{8}$
叔侄	4,4	$F_I=\left(\frac{1}{2}\right)^4+\left(\frac{1}{2}\right)^4=\frac{1}{8}$
表(堂)亲	5,5	$F_I=\left(\frac{1}{2}\right)^5+\left(\frac{1}{2}\right)^5=\frac{1}{16}$
重表(堂)亲**	7,7	$F_I=\left(\frac{1}{2}\right)^7+\left(\frac{1}{2}\right)^7=\frac{1}{64}$

* 共同祖先的近交系数为 0,** 指无论是从父方还是从母方算都是表亲。

8.7.1.2　自交的遗传效应

杂合体连续自交可以导致后代纯合基因型比例迅速增加。以 1 对基因为例,$AA\times aa$ 其 F_1 是 100% 杂合体。F_1 自交产生 F_2,将分离为 $1/4AA$、$1/2Aa$、$1/4aa$,纯合体(AA 和 aa)占 1/2。如果继续自交,纯合体后代产生纯合体,杂合体又产生 1/2 纯合体。这样,连续自交 r 代,其后代群体中杂合体将逐代减少为 $\left(\frac{1}{2}\right)^r$,纯合体将相应地逐代增加为:$1-\left(\frac{1}{2}\right)^r=\frac{2^r-1}{2^r}$,其中两种纯合体 AA 和 aa 各占纯合体的 1/2,见表 8-12。

如果有 n 对杂合基因,自交 r 代,即(F_{r+1} 世代),群体中各种基因型的数量可以用二项式 $[1+(2^r-1)]^n$ 的展开式表示。

举例:包含 3 对杂合基因位点的杂合体,经过 5 代自交,则上述展开式为:

$$\begin{aligned}[1+(2^r-1)]^n&=[1+(2^5-1)]^3\\&=1^3+3\times1^2\times31+3\times1\times31^2+31^3\\&=1+93+2\,883+29\,791\end{aligned}$$

此展开式表明,在 F_4 群体中,3 对基因均为杂合的个体数为 1,2 对基因杂合 1 对基因纯合的个体数为 93,1 对基因杂合 2 对基因纯合的个体数为 2 883,3 对基因均为纯合体的个体数为 29 791,群体总数为 $2^{15}=32\,768$。

由此可以求得群体的纯合体频率为 29 791/32 768＝90.91%，各种杂合体的频率为 9.09%。

表 8-12　1 对杂合基因(Aa)连续自交后代基因型比例的变化

世代	自交代数	基因型的比例数	杂合体(Aa)		纯合体($AA+aa$)	
			比例	%	比例	%
F_1	0	$1Aa$	1	100	0	0
F_2	1	$1/4AA$　$1/2Aa$　$1/4aa$	1/2	50%	1/2	1－1/2＝50
F_3	2	$3/8AA$ $1/4$ Aa　$3/8aa$	1/4	25%	3/4	1－1/4＝75
F_4	3	$7/16AA$　$1/8Aa$　$7/16aa$	1/8	12.5%	7/8	1－1/8＝87.5
F_5	4	$15/32AA$　$1/16Aa$　$15/32aa$	1/16	6.25%	15/16	1－1/16＝93.75
…		…　…　…	…	…	…	
F_{r+1}	r		$1/2^r$	$1/2^r$→0		$1-1/2^r$→100

为计算简便，自交后代群体的纯合率，可直接用下式计算：

$$X=\left(\frac{2^r-1}{2^r}\right)^n\times 100\% \tag{8-24}$$

将上述例子中的 $n=3$，$r=5$ 代入公式，同样可以计算出纯合率等于 90.91%。

自交后代群体中包含有 2^n 种纯合体，每种纯合体的频率为总纯合率的 $\left(\frac{1}{2}\right)^n$。

上例中纯合基因型种类是 $2^3=8$，每种所占比例为：90.91%×1/8＝11.36%。

采用以上公式必须具备的两个条件：一是 n 对基因独立遗传；二是各种基因型后代的繁殖能力相同。

从式(8-24)不难看出，当自交代数为一定值时，杂合体包含的杂合基因对数愈多，纯合体的频率愈低。同样道理，若要通过自交使群体达到一定纯合率，杂合体包含的杂合基因对数越多，需要经历的世代数就越长。这也是亲缘关系远的亲本间杂交，其后代达到遗传稳定需要的世代较长的原因。

8.7.1.3　回交的遗传效应

回交(back cross)是指 F_1 与亲本之一进行的杂交。用来连续回交的亲本称作轮回亲本(recurrent parent)，另一个亲本是非轮回亲本(non-recurrent parent)。

回交的遗传效应有以下两个方面。

1. 细胞核代换

通过连续回交，后代细胞核将被轮回亲本逐步取代，表型将趋于轮回亲本。

回交一代(BC_1)细胞核基因中，轮回亲本直接提供 1/2 的细胞核给 BC_1，由 F_1 传递给 BC_1 的核基因比例为 1/2×1/2 ＝1/4，BC_1 核中轮回亲本总比例是 1/2＋1/4＝3/4。同理到 BC_2，由轮回亲本再直接提供给 BC_2 1/2 的细胞核，加上来自 BC_1 的 1/2，总共是 1/2×3/4＋1/2＝7/8。当回交 r 个世代，轮回亲本的细胞核基因比例为 $1-\left(\frac{1}{2}\right)^{r+1}$。每当杂种与轮回亲本回交一次，非轮回亲本的基因比例减少原来的 1/2，轮回亲本的基因比例则相应增加，如果连续回交 4 代，BC_4 中轮回亲本的核基因比例达到 $1-\left(\frac{1}{2}\right)^{4+1}=\frac{31}{32}$。如此，后代细胞核基因几乎被轮回亲本所取代(图 8-9)，所以这种回交方式又称为核代换。

2. 基因型定向纯合

回交与自交均能使后代群体趋于纯合，但自交导致的纯合是多方向的，后代产生 2^n 种纯合基因型；而在回交中，后代基因型的纯合逐渐趋近于轮回亲本的基因型。纯合基因型增加的速度与自交的情况相同，纯合率公式仍为：

$$x=\left(\frac{2^r-1}{2^r}\right)^n\times 100\%$$

只不过式中的 r 为回交代数。

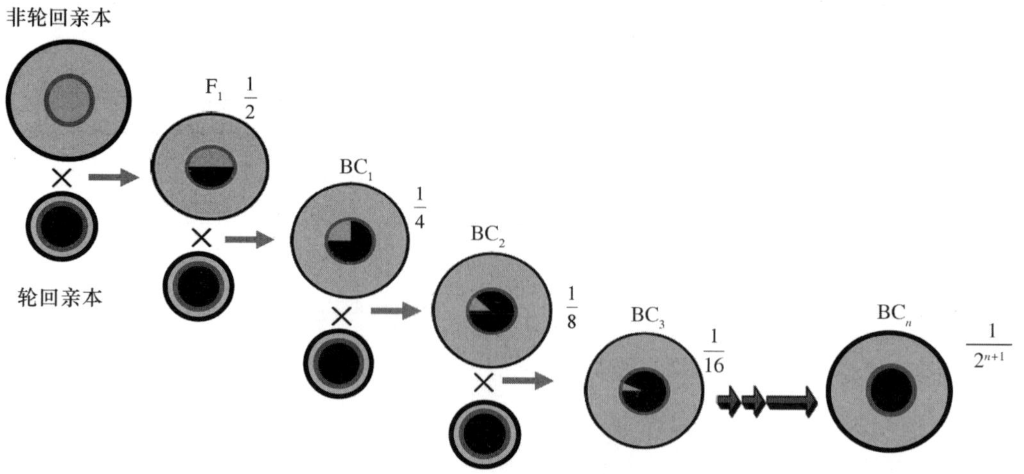

图 8-9 回交各代群体的双亲基因比例

设 $AA \times aa$，F_1 $Aa \times aa$，得到的回交 BC_1 代 Aa 与 aa，分别再与 aa 回交得 BC_2…如此连续回交得 BC_r。其效应与自交不同的是，杂合体 Aa 经 r 代与 aa（AA）回交，群体中的纯合体全部为 aa（或 AA），而不像连续自交群体中的纯合体中 AA 与 aa 各占一半。自交和回交的遗传效应比较可以参考表 8-13。

表 8-13 杂合体 *Aa* 自交和与 *AA* 亲本回交后代的遗传组成

世代	自交或回交代数	自交后代群体双亲本核基因组比例	回交后代轮回亲本核基因组比例	自交后代基因型频率		回交后代基因型频率	
				Aa	$AA+aa$	Aa	$AA+aa$
F_1	0	1/2	1/2	1	0	1	0
F_2	1	1/2	3/4	1/2	1/2	1/2	1/2
F_3	2	1/2	7/8	1/4	3/4	1/4	3/4
F_4	3	1/2	15/16	1/8	7/8	1/8	7/8
F_5	4	1/2	31/32	1/16	15/16	1/16	15/16
…	…	…	…	…	…	…	…
F_{r+1}	r	1/2	$1-(1/2)^{r+1}$	$(1/2)^r$	$1-(1/2)^r$	$(1/2)^r$	$1-(1/2)^r$

8.7.2 纯系学说

8.7.2.1 纯系学说

纯系学说（pure line theory）是丹麦遗传学家约翰森（W. L. Johannsen）根据菜豆（*Phaseolus vulgaris*）的粒重选种试验结果提出的一种理论。

约翰森从市场买到的一种名为“公主豆”（Prinzessbohne）的菜豆种子，按豆粒的轻重分别播种，从中选出 19 个单株。这 19 个单株的后代，即 19 个株系，在平均粒重上彼此具有明显的差异，而且是能够稳定遗传的。他又在 19 个株系中分别选择最轻和最重的两类种子分别种植，如此连续进行 6 年（表 8-14）。

由表 8-14 可见，在小粒株系中，由轻粒种子产生的后代平均粒重为 36.8 g/100 粒，由重粒种子产生的后代平均粒重为 37.4 g/100 粒。同样，在大粒株系中，它们的后代平均粒重分别为 66.7 g/100 粒和 66.2 g/100粒。同一株系内轻粒和重粒的后代平均粒重彼此都很少差异；而且在各年份里，同一株系内轻粒和重粒的后代平均粒重也几乎没有差异（二维码 8-3）。约翰森把像菜豆这样严格自花授粉植物的一个植株的后代，称为一个纯系。从遗传学的角度来说，纯系是指由一个纯合基因型个体自交繁殖的后代。

二维码 8-3 菜豆粒重纯系选择

于是约翰森提出纯系学说，认为在自花授粉植物的天然混杂群体中，可分离出许多基因型纯合的纯系。在一个混杂群体中选择是有效的。但是在纯系内个体所表现的差异，那只是环境影响的结果，是不能遗传的。所以，在纯系内继续选择是无效的。根据这一试验结果，他首次提出了基因型和表型两个不同的概念。

表 8-14　菜豆两个株系按粒重大小选择和种植的结果　　g/100 粒

收获年份	小粒株系				大粒株系			
	选择亲本种子平均重		后代种子平均重		选择亲本种子平均重		后代种子平均重	
	轻粒种子	重粒种子	轻粒种子	重粒种子	轻粒种子	重粒种子	轻粒种子	重粒种子
1902	30	40	35.8	34.8	60	70	63.2	64.9
1903	25	42	40.2	41.0	55	80	75.2	70.9
1904	31	43	31.4	32.6	50	87	54.6	56.9
1905	27	39	38.3	39.2	43	73	63.6	63.6
1906	30	46	37.9	39.9	46	84	74.4	73.0
1907	24	47	37.4	37.0	46	81	69.1	67.7
平均	27.8	42.8	36.8	37.4	51.7	79.2	66.7	66.2

纯系学说的基本内容是：自花授粉作物的天然混杂体群体是由不同的纯合基因型构成的，对其选择是有效的；由一个纯合基因型的个体自花授粉所产生的后代群体是一个纯系，纯系内的个体间基因型相同，个体间的表型的差异是由环境影响所致，是不可遗传变异的，因而对其进行选择是无效的。

纯系学说的重要意义在于区分了生物的两类变异，即遗传的变异和不遗传的变异，指出了在育种中选择遗传变异的重要性，为自花授粉作物的育种提供了理论依据。约翰森明确了基因型和表型的概念，这对后来推动遗传学在基因型、环境和个体发育间的相互关系等方面研究起到了很大的推动作用。

8.7.2.2　纯系学说的发展

约翰森在纯系学说中正确区分了生物的遗传变异与不遗传变异，并提出“纯系内选择在基因型上不产生新的改变”的论点，为自花授粉植物的纯系育种建立了理论基础。育种中应用的植物自交系和动物近亲繁殖系也是根据这个学说发展起来的。但是，纯系学说存在片面性。首先，纯系概念是建立在单一性状基础上，仅对一个性状或部分性状而言，纯系是有的，若从生物整体来看，完全纯合实际上是不存在的。其次，自然界中绝对的自花授粉也几乎是没有的，由于种种影响因素，总会出现某种天然杂交，导致基因重组。另外，自发突变也会改变基因的纯合。因此，所谓任何纯系的“纯”只是相对的，因为在任何一个纯系内，都存在着由于机械混杂、天然异交和基因突变而导致某种性状发生变异的可能性，而变异的出现就使纯系内的选择成为有效。约翰森本人似乎也意识到这一点，因为他曾提到“不应含有纯系将是绝对稳定的这样的意思”。在他生前发表的最后著作中，还指出“在纯系的某一后代中当基因型发生改变时，纯系可能分裂为几种基因型”。在实践中，尤其是对于那些经过长期种植和大面积推广的纯系品种，总会产生一些变异个体，因而可进行有效的再选择。例如，我国的稻、麦、棉中的许多优良品种就是通过连续选择而育成的。

8.7.3　杂种优势

8.7.3.1　杂种优势的表现

杂种优势(heterosis 或 hybrid vigor)是生物界的普遍现象，是指杂种第一代在一种或多种性状上表现优于两个亲本的现象。它是与近亲繁殖引起后代生活力下降完全相反的生物学现象。杂种优势涉及的性状大多为数量性状，优势表现程度通常以平均优势(heterosis over mean of parents)即 F_1 超过双亲平均值的百分数，或超亲优势(over-parent heterosis)即 F_1 超过双亲中较优亲本的百分数来表示。若 F_1 表型值低于亲本，则杂种优势为负值，这种现象称为杂种劣势。

杂种优势可以表现在 F_1 的生长势、生活力、繁殖力、抗逆性、产量、品质等多个方面。按照性状表现的性质，大致可以分成 3 种类型：一是杂种营养体发育较旺的营养型，如白菜、甘薯、烟草等；二是杂种生殖器官发育较盛的生殖型，如水稻、玉米、小麦等以种子生产为主的作物；三是对外界不良环境适应能力较强的适应型，如抗病性、耐旱性等。这 3 种类型的划分是相对的，只是按照优势明显的性状作为类型的标志，实际上它们的表现总是综合的。不论哪种类型 F_1 的优势表现都具有以下 4 个基本特点。

(1)杂种优势不是一两个性状单独地表现突出，而是许多性状综合地表现突出。许多禾谷类作物的杂种一代，在产量和品质上表现为多穗、大穗、多粒、大粒、高蛋白质含量等；生长势上表现为植株高、茎秆粗、叶片大、干物质积累快等；在抗逆性上表现为抗病、抗虫、抗寒、抗旱等。

(2)杂种优势的大小多数取决于双亲性状的相对差异和相互补充。大量实践证明，在一定范围内双亲间的亲缘关系、生态类型和生理特性上差异越大，双亲间的优缺点越能彼此互补，其杂种优势就越强；反之就越弱。例如，玉米的马齿型与硬粒型自交系间配成的组合比同类型自交系间的组合表现较强的杂种优势；在高粱杂交种的组配中，以起源于非洲的品种与原产于中国的品种杂交，其 F_1 优势往往高于同一地区品种间的组合。亲缘关系相对较远，意味着亲本间遗传差异较大，配出的杂种的杂合位点数就较多。由此可见，杂种基因型的高度杂合性是形成杂种优势的重要遗传根源。

(3)杂种优势的大小与双亲基因型的高度纯合具有密切关系。杂种优势一般指杂种群体的优势表现，只有在双亲基因型的纯合程度都很高时，F_1 群体的基因型才能具有整齐一致的异质性，才不会出现分离混杂，从而表现整齐一致的较高优势。玉米自交系间杂种优势总是高于品种间组合的优势，其原因也在于此。

(4)杂种优势的大小与环境条件的作用有密切关系。性状的表现是基因型与环境综合作用的结果。不同的环境条件对于杂种优势的表现程度有很大影响，同一杂交种品种在不同环境条件下产量不同，就是这个道理。但是一般地说，在同样不良的环境条件下，杂种总是比起亲本具有较强的适应能力，这种表型稳定性是由基因型的杂合性决定的。

具有杂种优势的 F_1 代一般都表现近交衰退(inbreeding depression)现象。根据遗传的基本规律，由于杂合体的基因分离和重组，F_2 群体必将出现基因型的分离和性状表现的分离。因此，F_2 与 F_1 相比，F_2 在生长势、生活力、繁殖力、抗逆性等方面都会表现下降。并且两个亲本的纯合程度愈高、性状差异愈大，F_1 表现的杂种优势愈强，F_2 的衰退现象也愈加明显。

8.7.3.2　杂种优势的遗传假说

关于杂种优势形成的遗传解释，迄今还没有完全明确的结论，尚停留在假说阶段，主要包括显性假说和超显性假说。

1. 显性假说

显性假说(dominance hypothesis)早期以布鲁斯(Bruce，1910)和琼斯(Jones，1917)等为代表。显性假说的核心是认为杂种优势源自杂种非等位基因的互补作用。他们认为多数显性基因比隐性基因更有利于个体生长发育，不同纯系(自交系)杂交，双亲的显性基因集中到了杂种中产生了互补作用，从而导致杂种优势。杂合体进行自交或近交会增加纯合体出现的机会，暴露出隐性基因所决定的有害性状，因而造成自交衰退。

假定有 5 对具有显隐关系的基因决定生长势，它们分别位于 2 条染色体上，每个隐性纯合基因型对性状发育的作用为 1，显性纯合和杂合基因型的作用为 2，这两个自交系杂交产生杂种优势可表示如下：

$$\text{P}\quad \frac{A\quad b\quad C}{A\quad b\quad C}\ \frac{D\quad e}{D\quad e}\quad \times \quad \frac{a\quad B\quad c}{a\quad B\quad c}\ \frac{d\quad E}{d\quad E}$$

$$(2+1+2+2+1=8)\qquad \downarrow \qquad (1+2+1+1+2=7)$$

$$\text{F}_1\quad \frac{A\quad b\quad C}{a\quad B\quad c}\ \frac{D\quad e}{d\quad E}$$

$$(2+2+2+2+2=10)$$

由此可见，由于显性基因的作用，杂种 F_1 比双亲表现出明显的杂种优势。

2. 超显性假说

超显性假说(superdominance hypothesis)也称基因异质结合假说，其最初是由肖尔(Shull)和伊斯特(Easter)于 1908 年分别提出的。超显性假说认为，杂种优势来源于双亲异质结合所引起的等位基因互作。根据这一假说，等位基因之间没有显隐性关系，杂合等位基因的相互作用大于纯合等位基因间的作用。

同样假定两个自交系有 5 对基因的差异，假设

a_1a_1、b_1b_1等纯合位点对生长发育的作用值为1个单位；a_1a_2和b_1b_2等杂合位点的作用值为2个单位。这两个自交系产生的杂种优势表示如下：

$$\text{P}\quad \frac{a_1\ \ b_1\ \ c_1}{a_1\ \ b_1\ \ c_1}\ \frac{d_1\ \ e_1}{d_1\ \ e_1}\quad\times\quad\frac{a_2\ \ b_2\ \ c_2}{a_2\ \ b_2\ \ c_2}\ \frac{d_2\ \ e_2}{d_2\ \ e_2}$$

$$(1+1+1+1+1=5)\qquad\downarrow\qquad(1+1+1+1+1=5)$$

$$\text{F}_1\quad \frac{a_1\ \ b_1\ \ c_1}{a_2\ \ b_2\ \ c_2}\ \frac{d_1\ \ e_1}{d_2\ \ e_2}$$

$$(2+2+2+2+2=10)$$

由于等位基因位点的异质结合，杂种表现出远远超出亲本的优势。

超显性假说与显性假说重要的差别是：显性假说认为，杂种的优势来源于非等位基因之间的互作；超显性假说认为，杂种的优势来源于等位基因之间的互作。两个假说的共同之处是认为杂种优势源自基因位点的杂合性。

这两种假说各自都有许多实验证据的支持，都能解释一部分杂种优势现象，但是它们都不能解释所有的杂种优势现象。显性假说只考虑了基因之间的显隐性关系和不同基因座位上显性基因之间的相互作用；超显性假说只考虑了等位基因之间的相互作用。事实上，等位基因间的互作和非基因间的互作都会对杂种优势产生影响，而且不同类型生物杂种优势的基因效应可能不同。

随着分子标记技术的应用，人们可以从分子层面探讨杂种优势的形成原因。从对玉米自交系间杂种优势的研究结果来看，双亲分子标记差异的多少，或者说F_1分子标记杂合位点的多少与杂种优势的高低并不完全一致，但与部分农艺性状紧密连锁标记分子间的杂合性与优势高低关系密切。利用分子标记和数量性状连锁分析的QTL定位研究显示，数量性状基因座(QTL)的作用方式与杂种优势有关，并得到了支持显性假说、超显性假说和上位效应假说的结论。因此，杂种优势这一复杂的遗传现象可能是多种功能基因位点综合作用的结果。

8.7.4 近亲繁殖与杂种优势在育种中的应用

8.7.4.1 近亲繁殖在育种中的应用

近亲繁殖是育种工作的重要方法之一，也是生产上的重要措施之一。通过自交可以使异质基因分离产生多种基因型，供作为育种的选择变异。同时，自交可以导致基因型的纯合，产生遗传稳定的后代群体，形成新的稳定遗传品种；通过自交可以保持推广品种和遗传资源的遗传稳定性。

自花授粉作物是天然自交的，因此在自花授粉作物的杂交育种的后代自交过程中，只要对杂种后代逐代种植，结合育种目标选择符合需要的分离个体，达到一定世代即可育成纯合稳定的优良品种。在自花授粉作物品种的繁育和推广时，为了保持品种纯度和品种特性也需要近亲繁殖，通常是根据品种的典型性选择单株或单穗在有一定隔离条件下自交繁殖，产生原始的繁殖群体。

异花授粉作物由于天然异交率高，所以无论出于何种目的的近亲繁殖，都需要人工控制授粉来实现。已经稳定的异花授粉作物纯系可以采用兄妹交或在隔离区混合授粉繁殖。

在杂种优势利用上，即选育杂交种品种时，不论是自花授粉作物还是异花授粉作物，都要求杂交亲本的纯合性。只有亲本都是纯合基因型的纯系，才能产生整齐一致的F_1群体，才能表现出整齐一致的高优势。玉米育种普遍采用自交系间的单交种，所以像玉米这样的异花授粉作物，杂种优势利用育种的第一步就是从变异群体中选单株并连续多代自交和选择分离自交系，然后再杂交测定自交系间的配合力，从而确定高产优质的杂交组合。

异花授粉作物的隐性基因长期以杂合状态存在于群体中，在对其群体进行遗传改良的过程中，需要交替进行自交选择和自由授粉。在这里，自交的目的是使不良隐性基因纯合并得以表现，通过淘汰不良隐性纯合基因型个体提高群体优良基因的频率。

与植物类似，动物的杂种优势利用同样需要通过近亲繁殖选择纯系作为亲本，再组配出高优势杂交种。只不过动物不能像植物那样自交，而是通过亲子交或兄妹交的方式来近亲繁殖。在动物育种中，当畜群中出现了特别优良的个体特别是公畜时，可通过其与后代杂交，来保持优良性状在种群中的延续。

8.7.4.2 杂种优势在育种中的应用

在农业生产上，杂种优势的利用已成为提高产量和改进品质的重要措施之一。已广泛开展杂种优势利用的有玉米、水稻、高粱、烟草、小麦、棉花、甘薯等大田作物，番茄、辣椒、茄子、黄瓜、甘蓝、白菜等蔬菜作物，果树、林木等多年生植物，以及家蚕、鸡和猪等饲养动物。我国在水稻的杂种优势利用上走在世界最前列，已经在大面积推广并取得了显著的增产效果。

由于繁殖方式的不同，作物杂种优势利用的途径有明显区别。对于像甘薯、马铃薯、甘蔗等主要通过无性繁殖方式繁殖的作物，只要通过各杂交选出了具有强优势的个体，就可以通过无性繁殖扩展群体，形成一个稳定的、可以连续使用的品种。

对于有性繁殖的作物来说，杂种优势在 F_1 表现最强，F_2 代以后优势逐渐下降，只能利用 F_1 杂种优势，需要年年配置杂种。因此，不论是哪种授粉方式，在选育高优势组合的基础上，必须将生产高纯度、高产量、低成本的杂交种生产技术同时配套出来，具体来说就是要解决母本去雄、异交产生杂交种的问题。有性繁殖作物杂交制种主要有以下 3 种方式。

(1)人工去雄生产杂种种子。对于繁殖系数高、花器大、去雄容易且用种量小的作物，可以采用人工去雄的方法生产杂种种子，如玉米、烟草和瓜类等。

(2)利用雄性不育性生产杂种种子。它是将植物雄性不育基因转移到杂交组合的母本上，使母本不能产生有功能的花粉，只能接受父本的花粉产生杂交种子。这种方法适合常异交作物和自花授粉作物，并已经在高粱、水稻等作物上获得成功并大范围推广。

(3)利用自交不亲和性生产杂种种子。这是让母本获得自交不亲和性。不亲和性是指母本的雌雄蕊发育都正常，但雌蕊不能接受同株或同花的花粉受精结实，只能接受异株的父本花粉结实的现象。自交不亲和性在十字花科的蔬菜杂交种制种上已广泛应用。

此外，还有用化学杀雄法生产杂种种子的。就是选用某种化学药剂，在作物生长发育的一定时期喷洒于母本，直接杀伤或抑制雄性器官发育，造成生理不育，达到去雄目的。化学杀雄在水稻杂种制种上有一定范围的使用。

内容提要与思维导图

数量性状的表现：数量性状表现连续变异。数量性状差异明显的亲本间杂交 F_1 表现介于双亲之间，F_2 群体可能分离出两种极端类型，每种极端类型占 F_2 群体的频率为 $1/4^n$，n 为杂合基因对数。F_2 群体各种类型呈正态分布。数量性状的表现容易受环境条件影响。

数量性状的遗传基础：根据微效多基因理论，数量性状受存在于核内的微效多基因控制，每个基因对性状表现的作用微小、等量、可加。微效基因的分离与重组符合孟德尔遗传。通常不能用分析质量性状的方法确定单个基因的效应与位置。

遗传率是群体中遗传方差与表型方差的比率，用 h^2 表示。遗传方差与总方差的比率是广义遗传率，即：

$$h_B^2 = \frac{V_G}{V_P}$$

广义遗传率的估算公式为：

$$h_B^2 = \frac{V_{F_2} - (\frac{1}{4}V_{P_1} + \frac{1}{2}V_{F_1} + \frac{1}{4}V_{P_2})}{V_{F_2}}$$

遗传变异中加性效应引起的变异与总变异之比率是狭义遗传率，即：

$$h_N^2 = \frac{V_A}{V_P}$$

狭义遗传率的估算公式为：

$$h_N^2 = \frac{2V_{F_2} - (V_{B_1} + V_{B_2})}{V_{F_2}}$$

遗传率与选择：遗传率大的性状可以在分离的早世代按表型选择；遗传率小的在分离的晚世代按基因型(家系表现)选择效果较好。

数量性状基因座(QTL)：QTL 是位于染色体上影响数量性状的一些区域，每个 QTL 的位置与效应通过数量性状与遗传标记的连锁分析确定。一个 QTL 可能是一个或多个影响数量性状的基因。不同 QTL 的效应不相等。

全基因组关联分析：是以标记与复杂性状基因间的连锁不平衡为基础的关联分析。此方法可以利用自然群体，采用单位点和多位点的检测方法，为校正群体结构对检测结果的影响，可采用基因组控制法、分层分析法、主成分分析法和混合线性模型分析法对群体结构进行控制。

近亲繁殖：是指亲缘关系相近的个体间的交配繁殖。近交系数是度量近亲繁殖程度的一个参数，用一个合子的两个等位基因来自双亲共同祖先某一基因的概率来表示。也可以用近交系数 $F_I=\sum\left(\frac{1}{2}\right)^n(1+F_A)$ 计算。植物主要的近亲繁殖形式是自交和回交。

近亲繁殖遗传效应：近亲繁殖导致后代群体杂合基因型减少，纯合基因型增加，含有 n 对独立遗传杂合基因的杂合体，令其自交能产生 2^n 种纯合基因型，每一种纯合基因型占 $(1/2)^n$。计算自交(回交)后代纯合基因型的频率的公式为：

$$x=\left(\frac{2^r-1}{2^r}\right)^n\times100\%$$

自交后代群体中双亲的细胞核基因组各占一半；回交后代遗传构成趋于轮回亲本的核基因组，纯合体基因型趋向轮回亲本的一种基因型。

近交常对后代表现有害，杂交则能表现杂种优势。

纯系学说的基本内容是：自花授粉作物的天然混杂体群体是由不同的纯合基因型构成的，对其选择是有效的；由一个纯合基因型的个体自花受粉所产生的后代群体是一个纯系，纯系内的个体间基因型相同，个体间的表型的差异是由环境影响所致，是不可遗传变异的，对其进行选择是无效的。

纯系学说的重要意义在于区分了生物的遗传的变异和不遗传的变异。

杂种优势是指杂种一代的性状表现优于两个亲本的现象。杂种优势涉及的性状大多为数量性状。杂种优势往往表现在生物生长的生活力、繁殖力和抗逆性等多个方面。亲本间遗传差异大的、性状互补的、双亲基因型纯合程度高的杂交组合，一般表现较高的杂种优势。

解释产生杂种优势的理论，主要是显性假说和超显性假说。显性假说认为杂种优势来自双亲显性基因的互补效应，超显性假说认为优势产生于杂种异质等位基因的互作效应。

二维码 8-4　本章思维导图

复习思考题

1. 解释下列名词：数量性状　质量性状　微效多基因假说　遗传率　QTL　DH 群体　RIL 群体　LOD 值　近亲繁殖　近交系数　纯系　杂种优势　显性假说　超显性假说。

2. 数量性状与质量性状有何区别？

3. 什么是广义遗传率和狭义遗传率？它们在育种实践中有何指导意义？

4. 遗传率变化有何规律？如何提高变异群体的遗传率，增进选择进展？

5. 根据下列资料估算广义遗传率和狭义遗传率。

水稻莲塘早(P_2)×矮脚南特(P_1)组合的 F_1、F_2、B_1、B_2 及亲本的生育期

世代	平均数($\bar{x}$)	方差(S^2)
P_1(矮脚南特)	38.36	4.685 2
P_2(莲塘早)	28.13	5.683 6
F_1	32.13	4.838 0
F_2	32.49	8.965 2
B_1	35.88	9.174 0
B_2	30.96	5.380 4

若在 F_2 群体中选留晚熟个体，留种率为 5%，估计下一代的生育期平均数。

6. 一个 F_2 玉米群体的平均穗长为 12.9 cm，表型方差为 5.072，它的两个亲本的表型方差分别为 3.561 和 2.307。如果在 F_2 群体内由 10 000 株里选 250 株留种，试分析计算当选的 250 株个体的下一代的平均穗长及相对遗传进展。如果对其中之一的纯系亲本进行穗长性状选择，下一代遗传进展又是多大？

7. 两亲本杂交的 F_2 群体中某性状出现了亲本表型，大约在总数 10 240 中出现 10 个，问该性状的遗传性质，并自设基因符号写出双亲本的基因型。

8. 如何确定 QTL 的存在？QTL 与数量性状基因有何区别？

9. 纯系学说的要点是什么？有何遗传学意义？

10. 怎样表示杂种优势的程度？杂种优势的大小与哪些因素有关？

11. 下图是一个给定的配子通道图，计算个体 A 的近交系数。

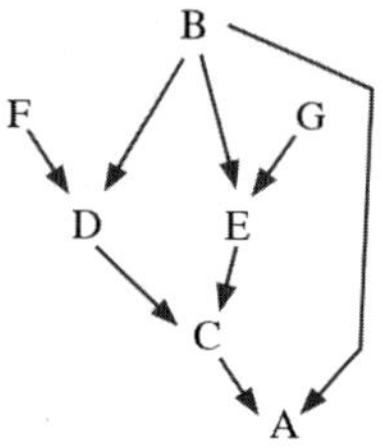

12. 下面是一个箭头式的家系：家系中 S 是 D 和 P 的子裔，D 是 C 和 B 的子裔。问：

(1)谁是共同祖先？(2)谁是近交子裔？计算这子裔的近交系数 F 值。

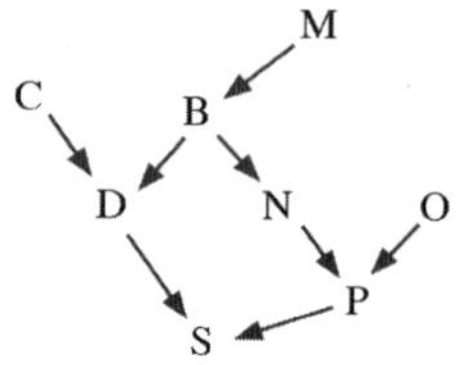

13. 由一个杂合子开始，假定杂合子涉及一个杂合位点，令其连续自交形成群体，需要经过多少世代才能得到大约 97% 的纯合子？

第 9 章

群体遗传与进化

◈内容提示

介绍群体的遗传和变异的机制，阐述物种及其形成方式。

◈教学目标

掌握群体的遗传组成即基因频率与基因型频率的概念与计算方法，理解群体遗传平衡定律的内容，掌握影响群体基因频率和基因型频率的因素与方式，重点掌握选择与群体基因频率改变的数学关系；掌握物种的概念，了解物种形成的主要方式。

以孟德尔遗传学原理为基础的遗传信息传递，不仅存在于个体和家系的世代之间，同样存在于群体的世代之间。群体的遗传和变异关乎一个物种繁衍的稳定机制和新物种的演化形成机制。因此，揭示群体遗传和变异规律是研究生物进化理论的基础，也是进行植物群体人工改良的理论依据。

9.1 群体的基本概念

9.1.1 群体的概念

遗传学上的群体(population)不是一般个体的简单集合，而是指有婚配关系的个体所构成的生物集团。婚配关系有两层含意，一是个体间的可交配性，二是杂交后代的可育性。如玉米×玉米，不但能交配产生子代，而且子代仍然可育。但玉米和高粱不能组成群体，因为两者不能杂交产生子代；马与驴组成的个体群也不能叫群体，因为它们的后代不能正常繁殖。存在婚配关系意味着群体内个体间有着共同的染色体组，个体间可以通过杂交相互交换基因。群体间的个体一般不能交换基因，这种群体在遗传上的相对独立性主要通过生殖隔离来实现。

9.1.2 孟德尔群体

占有共同的基因库并且个体间有随机婚配关系的群体称作孟德尔群体(Mendelian population)。孟德尔群体与一般群体的主要区别在于：群体内个体间能够随机婚配，而不是选型婚配。从这个意义看，几乎所有的动物和异花授粉植物群体都属于孟德尔群体，而自体受精动物及自花授粉植物构成的群体则只能是一般的群体或者称为非孟德尔群体。

9.1.3 基因库

基因库(gene pool)是指群体所包含的能够交换和重组的全部基因。在实践上，基因库通常是指某个物种供育种使用的全部材料。用育种手段可以根据预先制定的育种目标，将基因库中的某些有用基因重组在一起，培育出新品种。

9.2 群体的遗传组成

我们已经了解到，个体性状表现的遗传基础是个体的基因与基因组合，即基因和基因型。通过追踪基因与基因型在世代间的分离与组合，可以推断性状表现在个体与家系水平的遗传与变异规律。对于群体而言，性状表现的遗传基础则是基因频率和基因型频率。揭示群体的遗传与变异规律，要通过估算世代间群体的基因频率和基因型频率来实现。

9.2.1 基因频率与基因型频率的概念

基因频率(gene frequency)是指在一群体内，某特定基因占该位点基因总数的比率。例如一群体内，某一基因位点 A 基因与 a 基因总计 10 000 个，其中 a 基因 25 个，A 基因 9 975 个，则 a 基因的频率为 0.025，A 基因的频率为 0.997 5。

基因型频率(genotype frequency)是指群体内

某特定基因型个体占个体总数的比率。例如，一个包含100个个体的群体中，纯合显性基因型 AA 个体80个，杂合基因型 Aa 个体14个，纯合隐性基因型 aa 6个，则 AA、Aa 和 aa 三种基因型频率分别为0.80、0.14和0.06。

需要指出，在生物体繁殖过程中，并不能把个体的基因型传递给子代。对个体而言，上下代传递的是基因；对群体而言，上下代传递的是基因频率。因此，说基因频率是群体遗传组成的基本因素。

9.2.2 基因频率与基因型频率的计算

不论是基因还是基因型，都不能直接观察到，因此基因频率和基因型频率都无法直接计算。但是由基因型所表达出来的性状是可以观察和可以度量的，通过表型可以了解基因型，因此可以通过表型频率来计算基因型频率。

设在某二倍体生物由 N 个个体构成的群体中，有1对等位基因 A、a，其可能的基因型为 AA、Aa 和 aa 共3种。如果这3种基因型的个体数分别为 N_D、N_H 和 N_R，三者之和 $N_D+N_H+N_R=N$，则3种基因型的频率为：

$$AA:D=\frac{N_D}{N}$$

$$Aa:H=\frac{N_H}{N}$$

$$aa:R=\frac{N_R}{N}$$

显然，$D+H+R=1$。由于每个个体含有1对等位基因，所以群体的总基因数为 $2N$。若以 p 表示 A 的频率，则根据基因频率的定义可知 A 的频率为：

$$p=\frac{2N_D+N_H}{2N}=D+\frac{1}{2}\mathrm{H} \qquad (9\text{-}1)$$

同样，若以 q 表示等位基因 a 的频率，则 a 的频率为：

$$q=\frac{2N_R+N_H}{2N}=R+\frac{1}{2}H \qquad (9\text{-}2)$$

并且，$p+q=1$。

基因频率与基因型频率变动在0～1，不可能大于1，也不可能为负数。

在人类群体中，常染色体上有1对等位基因 T、t 决定对化合物苯硫脲(PTC)的尝味能力。T、t 构成的3种基因型与其决定的表型有对应关系，即 TT 表现为尝味者，Tt 为味觉杂合体，tt 为味盲。因此可以根据表型判断基因型，并进而计算出基因频率。

例如，某次抽样调查了中国汉族人群的1 000人，3种基因型的分布如表9-1所示。

表9-1 中国汉族人群中PTC尝味能力的分布

表型	基因型	人数	基因型频率
尝味者	TT	(N_D)490	(D)0.49
味觉杂合体	Tt	(N_H)420	(H)0.42
味盲	tt	(N_R)90	(R)0.09
总计		1 000	1

引自戴灼华等(2016)

用式(9-1)和式(9-2)可计算出 T 与 t 的基因频率：

$$p_{(T)}=D+\frac{1}{2}H=0.49+\frac{1}{2}\times0.42=0.7$$

$$q_{(t)}=R+\frac{1}{2}H=0.09+\frac{1}{2}\times0.42=0.3$$

并且有 $p+q=0.7+0.3=1$。

这是在未知群体是否处于平衡状态时计算基因频率的方法。

9.3 群体的遗传平衡定律

9.3.1 哈德-魏伯格定律

群体的遗传组成是指基因频率和基因型频率。在一定条件下基因频率和基因型频率在世代间可以保持不变，从而保持群体的性状表现遗传上的稳定，这就是群体的遗传机制。1908年英国的数学家哈德(G. H. Hardy)和德国医生魏伯格(W. Weinberg)分别独立地发现了这种遗传机制，因此该定律被称为Hardy-Weinberg定律，又称为群体的遗传平衡定律。

Hardy-Weinberg定律的要点如下。

(1)在一个大的随机交配的群体中，如果没有改变基因频率因素(如选择、突变和迁移)的干扰，群体的基因频率和基因型频率将保持不变。这样的群体称为平衡的孟德尔群体。

(2)群体处于平衡状态时，基因型频率和基因频率的关系是 $D=p^2$，$H=2pq$，$R=q^2$。

(3)在任何一个大群体内，不论基因频率和基因型频率如何，只要经过一代随机交配，这个群体就可以达到平衡。

下面我们就来验证 Hardy-Weinberg 定律的这三个基本要点。

1. 基因频率世代间保持不变

追踪世代间的基因频率可以从配子的类型与频率入手。还是考虑 1 对基因 A、a 频率分别为 p 和 q 的群体，它产生带有 A 和 a 的两种配子，其频率分别为 p 和 q。在随机交配的情况下，带 A 的雌配子和带 A 的雄配子结合产生 AA 合子。其概率为 $p\times p=p^2$。同样，带有 a 的雌雄配子结合产生 aa 合子，其频率为 q^2。带有不同基因的雌雄配子结合，产生杂合子 Aa。杂合子的形成有两种情形，即雌配子带 A 基因，雄配子带 a 基因；雌配子带 a 基因，雄配子带 A 基因，因此杂合体的频率为 $2pq$。根据子代的基因型频率，依照式(9-1)和式(9-2)，可得子代的 A 基因频率为：

$$p_1=p^2+\frac{1}{2}\cdot 2pq=p(p+q)=p$$

a 基因的频率为：

$$q_1=q^2+\frac{1}{2}\cdot 2pq=q(p+q)=q$$

子代的基因频率与亲代完全相同。

2. 基因型频率世代间保持不变

前已述及，随机交配群体中 1 对等位基因 A 和 a 的频率分别为 p 和 q，3 种基因型 AA、Aa 和 aa 的频率分别为 $D=p^2$、$H=2pq$ 和 $R=q^2$。让这些基因型随机交配，将有 9 种组合，共计 6 种(含反交)交配类型。各种交配类型的频率及所产生子代基因型的频率，见表 9-2。

表 9-2　单个位点随机交配群体的基因型频率

亲代交配类型	交配频率	子代基因型与频率		
		AA	Aa	Aa
$AA\times AA$	p^4	p^4	—	—
$AA\times Aa$	$4p^3q$	$2p^3q$	$2p^3q$	—
$AA\times aa$	$2p^2q^2$	—	$2p^2q^2$	—
$Aa\times Aa$	$4p^2q^2$	p^2q^2	$2p^2q^2$	p^2q^2
$Aa\times aa$	$4pq^3$	—	$2pq^3$	$2pq^3$
$aa\times aa$	q^4	—	—	q^4
总计	1	p^2	$2pq$	q^2

表 9-2 中"亲代交配类型"一列的第 2、3、5 行，因为包含正反交配的 2 种交配组合，"交配频率"一列对应行的频率就相应地乘以了 2；其余 3 行的交配频率直接由基因型频率的乘积得出。比如 $AA\times AA=p^2\times p^2=p^4$，$Aa\times Aa=2pq\times 2pq=4p^2q^2$。每列的总计是通过各项的相加、合并同类项、提取公因式和因式分解计算得出，其中交配频率一列之和可以因式分解成 $(p+q)^4$，所以该项总计为 1；子代基因型 AA 列之和可以写成 $p^2(p^2+2pq+q^2)=p^2(p+q)=p^2$，余类推。

从表 9-2 可以看出，经过亲代各种不同基因型的随机交配，产生的子代的 3 种基因型 AA、Aa 和 aa 的频率与亲代完全相同，仍然是 p^2、$2pq$ 和 q^2。

3. 群体实现遗传平衡需要一个世代

设在一个群体中，1 对等位基因 A、a 构成的 3 种基因型及其频率为：

AA	Aa	aa
D_0	H_0	R_0

由基因型频率可得 A 与 a 的基因频率。

$$p_0=D_0+\frac{1}{2}H_0 \qquad q_0=R_0+\frac{1}{2}H_0$$

经随机交配，下一代群体基因型频率与基因频率为：

$$D_1=p_0^2 \qquad H_1=2p_0q_0 \qquad R_1=q_0^2$$

$$p_1=D_1+\frac{1}{2}H_1=p_0^2+\frac{1}{2}\times 2p_0q_0=p_0(p_0+q_0)=p_0$$

$$q_1=R_1+\frac{1}{2}H_1=q_0^2+\frac{1}{2}\times 2p_0q_0=q_0(p_0+q_0)=q_0$$

再经一代随机交配，群体的基因型与基因频率为：

$$D_2=p_1^2=p_0^2 \qquad H_2=2p_1q_1=2p_0q_0 \qquad R_2=q_1^2=q_0^2$$

$$p_2=D_2+\frac{1}{2}H_2=p_0^2+\frac{1}{2}\times 2p_0q_0=p_0$$

$$q_2=R_2+\frac{1}{2}H_2=q_0^2+\frac{1}{2}\times 2p_0q_0=q_0$$

如此继续随机交配，不难推出，$D_3=D_4=D_5=\cdots=D_n=p_0^2$，$H_3=H_4=H_5=\cdots=H_n=2p_0\cdot q_0$，$R_3=R_4=R_5=\cdots=R_n=q_0^2$，$p_3=p_4=p_5=\cdots=p_n=p_0$，$q_3=q_4=q_5=\cdots=q_0$。

从上述推导过程可以看出，D_0 与 D_1、H_0 与 H_1、

R_0与R_1可能不等，但$D_1=D_2=D_3=\cdots=D_n$，$H_1=H_2=H_3=\cdots=H_n$，$R_1=R_2=R_3=\cdots=R_n$。基因频率的$p_1=p_2=p_3=\cdots=p_n$，$q_1=q_2=q_3=\cdots=q_n$。所以，只要经过一代随机交配，群体的基因型频率和基因频率就可保持不变，从而达到平衡状态。

举例：假设在一群体中，1 对等位基因 A 和 a 构成的 3 种基因型能够从表型上加以区分，亲代的基因型频率分别为：

AA	Aa	aa
D_0	H_0	R_0
0.68	0.04	0.28

根据式(9-1)和式(9-2)可以计算出 p_0 和 q_0：

$$p_0=D_0+\frac{1}{2}H_0=0.68\times\frac{1}{2}\times0.04=0.7$$

$$q_0=R_0+\frac{1}{2}H_0=0.28\times\frac{1}{2}\times0.04=0.3$$

经一代随机交配，子代群体的基因型频率与基因频率分别为：

$$D_1=p_0^2=0.7^2=0.49$$
$$H_1=2p_0q_0=2\times0.7\times0.3=0.42$$
$$R_1=q_0^2=0.3^2=0.09$$

$$p_1=D_1+\frac{1}{2}H_1=0.49+\frac{1}{2}\times0.42=0.7$$

$$q_1=R_1+\frac{1}{2}H_1=0.09+\frac{1}{2}\times0.42=0.3$$

可以推论，在 A、a 两种配子的频率分别保持 0.7 和 0.3 时，配子再随机结合产生子代的 3 种基因型频率与子一代完全相同：

AA	Aa	aa
p_0^2	$2p_0q_0$	q_0^2
0.49	0.42	0.09

因此可以得出结论，随机交配一代的群体已经达到平衡。

实际上，自然界许多群体都是很大的，个体间的交配在许多性状上，特别是那些中性性状上一般是接近随机的，所以 Hardy-Weinberg 定律有普遍的适用性。

9.3.2　平衡群体的特征

达到 Hardy-Weinberg 平衡的二倍体群体，基因型频率与基因频率之间，以及基因型频率与基因型频率之间，存在特定的数学关系。它们是：

$$D=p^2,p=\sqrt{D}$$
$$R=q^2,q=\sqrt{R}$$
$$H=2pq,H=2\sqrt{DR}$$

因此，$$\frac{H}{\sqrt{DR}}=2 \tag{9-3}$$

式(9-3)反映了群体的 3 种基因型间的关系，与群体的基因频率无关，该式可作为检验群体是否达到平衡状态的一个尺度。式(9-3)还可写成：

$$4DR=H^2$$

根据基因频率与基因型频率间的数学关系，可以用一个更简便的方法计算平衡群体的基因频率。由式(9-1)和式(9-2)计算基因频率时，至少要知道群体中某位点的杂合体及一种纯合体两种基因型的频率。这两种基因型有时不能从表型上加以区分(如完全显性时的显性纯合体与杂合体表现相同)，而隐性纯合体的基因型与表型总是一致的。因此，只要计算出隐性个体比率就可得到相应隐性基因型的频率。

$$\text{隐性基因型频率}(R)=\frac{\text{隐性个体数}}{\text{供试群体所含个体总数}}$$

隐性基因型频率为构成它的隐性基因频率的平方，所以计算隐性基因频率的公式可以写成：

$$q=\sqrt{R}=\sqrt{\text{隐性基因型频率}}$$

$$q=\sqrt{\frac{\text{隐性个体数}}{\text{供试群体所含个体总数}}} \tag{9-4}$$

因为 $p+q=1$，所以显性基因频率为：

$$p=1-q$$

例：设一经多代随机交配的群体，开白花的 25 株，开红花的 9 975 株。已知红花对白花为显性，计算该群体的基因频率与基因型频率。

解：$q=\sqrt{\frac{25}{9\ 975+25}}=0.05$

$p=1-0.05=0.95$

AA 频率$=p^2=0.95^2=0.902\ 5$

Aa 频率$=2pq=2\times0.95\times0.05=0.095$

aa 频率$=q^2=0.05^2=0.002\ 5$

9.3.3 群体平衡的检验

前已提及，判断一个群体是否实现了 Hardy-Weinberg 平衡可以直接将 3 种基因型值代入 $\frac{H}{\sqrt{DR}}=2$，如果等式成立，则群体是平衡的，否则是不平衡的。然而实际对群体基因型频率的调查结果并不能使上述等式两边完全相等，在这种情况下判断群体是否平衡，需要将基因型分布的观察频率与按 Hardy-Weinberg 平衡定律预计的频率进行 χ^2 检验。

举例：在我国某省汉族人群中检测了 1 050 人对化合物苯硫脲的尝味能力，其中尝味者（TT）410 人，味觉杂合体（Tt）500 人，味盲（tt）140 人。判断该抽样群体中的基因型频率是否符合 Hardy-Weinbarg 平衡。

先从实际观察值中计算出基因频率。

T 的基因频率：$p=\frac{410}{1\,050}+\frac{1}{2}\times\frac{500}{1\,050}=0.63$

t 的基因频率：$q=\frac{140}{1050}+\frac{1}{2}\times\frac{500}{1\,050}=0.37$

再将计算得到的基因频率代入表 9-3 计算 χ^2 值。

表 9-3 PTC 尝味能力的 χ^2 检验

项目	TT	Tt	tt	总计
观察值(o)	410	500	140	1 050
期望值(e)	416.7(p^2N)	489.5($2pqN$)	143.7(q^2N)	1 050(N)
$\frac{(o-e)^2}{e}$	0.108	0.225	0.095	0.428

引自戴灼华等(2016)

$\chi^2=0.428<\chi^2_{(df=1,p=0.05)}=3.841$，表明该样本群体 PTC 尝味的 3 种基因型频率符合 Hardy-Weinberg 平衡。也就是说，样本群体的 PTC 基因处于遗传平衡状态。应该指出，在此 χ^2 的自由度是 $3-1-1=1$，而不是 $3-1=2$，因为在计算期望值时要使用基因频率 p 的数值，而它是从样本中估计出来的，因此 χ^2 的自由度又少了一个。

9.4 群体遗传平衡的改变

群体的遗传平衡是相对的和暂时的，因为维持群体平衡是有条件的，当这些条件得不到满足时，遗传平衡就要被打破，群体的遗传组成就会发生改变。有 4 个因素可以改变群体基因频率，它们是基因突变、选择、遗传漂移和迁移。

9.4.1 基因突变

基因突变（mutation）对改变群体遗传组成的作用有两个方面。第一，它提供遗传变异的最原始材料，没有突变，则等位基因的重组和非等位基因的重组无从发生作用。第二，突变本身改变基因的频率。

设 1 对等位基因 A、a，其基因频率为 p 和 q，当 A 基因突变为 a 基因时，群体中 A 的频率就会减少，a 的频率则增加；反过来，当 a 基因突变为 A 基因时，群体中 A 的频率会增加，a 的频率则减少。当 $A\rightarrow a$ 的突变率为 u，$a\rightarrow A$ 的突变率为 v 时，每代有 $(1-q)u$ 的 A 基因突变为 a，qv 的 a 基因突变为 A。这里的 $(1-q)u$ 称为正突变压，qv 称为反突变压。若 $(1-q)u>qv$，则 a 基因频率增加；若 $(1-q)u<qv$，则 A 基因的频率增加。于是每代 a 基因频率的净改变量为：

$$\Delta q=(1-q)u-qv$$

经过足够多的世代，这两种相反的力量完全相互抵消，也就是正突变压和反突变压相等时，$\Delta q=0$，基因频率保持不变，群体处于平衡状态，则：

$(1-q)u=qv$，或 $pu=qv$，于是

$$q=\frac{u}{u+v} \tag{9-5}$$

$$p=\frac{v}{u+v} \tag{9-6}$$

上两式给出了在正反突变压的作用下，群体达到平衡状态时的基因频率。

假定 $u=1.5\times10^{-5}$，$v=1\times10^{-5}$，平衡时：

$$q=\frac{1.5\times10^{-5}}{1.5\times10^{-5}+1\times10^{-5}}=\frac{3}{5}=0.6$$

容易看出，若 $u=v$，则达到平衡状态群体的 p 和 q 值都等于 0.5。

基因突变对群体遗传组成的作用，还可以由经过一定世代基因频率的改变情况来了解。

设显性基因频率在某一世代是 p_0，群体中只发生 $A\rightarrow a$ 的突变，经过 n 个世代群体中显性基因 A 的频率为：

$$p_n=p_0(1-u)^n$$

若突变频率 u 很低，尽管 n 可能很大，但 $(1-u)^n$ 的值仍然会很接近于1，这样，p_n 与 p_0 之间的差值也将很小。如果知道突变前后显性基因频率的变化，就可以计算出突变经历的世代数，因为：

$$p_n = p_0(1-u)^n$$

$$(1-u)^n = \frac{p_n}{p_0}$$

$$n\lg(1-u) = \lg\frac{p_n}{p_0}$$

$$n = \frac{\lg p_n - \lg p_0}{\lg(1-u)}$$

还可表示为：

$$n = -\frac{1}{u}\ln\frac{p_n}{p_0}$$

也就是说，当 $A \to a$，并且不计反突变时，使显性基因频率降低到某一数值所经历的代数，与突变后和突变前基因频率之比的对数成正比，与其突变频率成反比。

在自然条件下，突变速率很小，一般都在 $10^{-7} \sim 10^{-4}$。因此，要想明显改变群体的基因频率，一定要经过许多世代。例如，当 $u=1\times10^{-5}$ 时，p 由0.6降到0.5，需要近2万世代。但某些生物（如微生物中的细菌）的世代很短，突变就可能成为改变群体基因频率的重要因素。

9.4.2 选择

选择(selection)是改变基因频率的最重要因素，也是生物进化的驱动力量。从基因频率改变的方向来看，选择分为两种：一种是淘汰显性个体，使隐性基因增加；另一种是淘汰隐性个体，使显性基因增加。前者能迅速改变群体的基因频率。例如，在一个包含开红花和开白花植株的群体中选留白花，只需经过一代就能从群体中消除红花植株，从而使红花基因的频率降低到0，白花基因的频率增加到1。

淘汰隐性个体保留显性个体的选择情况就比较复杂。因为选留的显性个体可能包含两种基因型，其中有一种是杂合体。杂合体的隐性基因因为不能被识别而保留下来。所以，这种选择方式只能使隐性基因频率逐渐变小，但不会降到0；显性基因频率虽然逐渐增加，但不会达到1。

设红花显性基因 A 选择前的频率为 p_0，隐性基因 a 的频率为 q_0，选择前 AA、Aa、aa 三种基因型的频率分别为 $D_0=p^2$、$H_0=2p_0q_0$、$R_0=q_0^2$。经过淘汰隐性个体后，群体中只留下 AA 和 Aa，在此基础上随机交配，繁殖产生下一代群体。现在我们只考虑隐性基因的变化情况。由于 aa 已被淘汰，下一代隐性基因频率 q_1 只有从杂合子的一半占整个群体的比例中求出。

$$q_1 = \frac{\frac{H_0}{2}}{D_0+H_0} = \frac{\frac{1}{2}\times 2p_0q_0}{p_0^2+2p_0q_0}$$

将 $p_0=1-q_0$ 代入上式得：

$$q_1 = \frac{q_0}{1+q_0}$$

下一代再淘汰白花植株并随机交配繁殖，则同理：

$$q_2 = \frac{q_1}{1+q_1} = \frac{\frac{q_0}{1+q_0}}{1+\frac{q_0}{1+q_0}} = \frac{q_0}{1+2q_0}$$

$$q_3 = \frac{q_2}{1+q_2} = \frac{\frac{q_0}{1+2q_0}}{1+\frac{q_0}{1+2q_0}} = \frac{q_0}{1+3q_0}$$

经过 n 代淘汰后，隐性基因频率为：

$$q_n = \frac{q_0}{1+nq_0} \tag{9-7}$$

式(9-7)中，q_0 为选择前隐性基因 a 的频率，可以表示为：

$$q_0 = \sqrt{\text{选择前隐性个体频率}} = \sqrt{\frac{\text{选择前群体隐性个体数}}{\text{选择前群体的总个体数}}}$$

根据式(9-7)可以推导出式(9-8)，以便计算达到某一基因频率所需要的世代数。推导过程如下：

$$q_n = \frac{q_0}{1+nq_0}$$

$$1+nq_0 = \frac{q_0}{qn}$$

$$nq_0 = \frac{q_0}{q_n} - 1$$

$$n = \frac{1}{q_n} - \frac{1}{q_0} \tag{9-8}$$

式(9-8)中，$q_n = \sqrt{\frac{\text{选择 } n \text{ 代后群体隐性个体数}}{\text{选择 } n \text{ 后代后群体的总个体数}}}$

举例：一个开白花和开红花的随机交配群体，在选择前群体中白花个体 625 株，红花个体 9 375 株。经过若干代淘汰白花个体之后，群体内开白花植株只有 25 株，开红花的 9 975 株，试分析经历的选择代数。

因为：$q_n=\sqrt{\dfrac{25}{9\,975+25}}=0.05$

$q_0=\sqrt{\dfrac{625}{9\,375+625}}=0.25$

所以：$n=\dfrac{1}{q_n}-\dfrac{1}{q_0}=\dfrac{1}{0.05}-\dfrac{1}{0.25}=16$（代）

当 $q_n=\dfrac{1}{2}q_0$ 时，$n=\dfrac{1}{q_0}$，这意味着隐性基因频率减至初始频率一半时所需的世代数是初始频率的倒数。

9.4.3 遗传漂移

在一个小群体内，由抽样误差造成的群体基因频率的随机波动现象，称为随机遗传漂移（random genetic drift）或遗传漂移（genetic drift）。遗传漂移也是影响群体平衡的重要因素，但与其他影响群体平衡的因素如突变、选择和迁移相比，其不同之处在于它改变群体基因频率的作用方向是完全随机的（二维码 9-1）。

二维码 9-1 遗传漂移的随机性

从群体抽样出来的小群体所包含的各种基因型个体的频率，不会刚好和原来的群体一样，因此基因频率势必要改变。现举例分析如下。

设每代只由 4 个雌配子和 4 个雄配子随机结合，产生 4 个个体组成的小群体，其中等位基因 A、a 的频率 $p=q=0.5$，则形成下一代的雌、雄各 4 个配子中所含 A 基因数有 0～4 共 5 个等级，其频率由二项式 $(1/2+1/2)^4$ 展开式的各项给出：

A 基因数目	0	1	2	3	4
频率	1/16	4/16	6/16	4/16	1/16

在雌、雄各 4 个配子随机结合而形成的子代 4 个个体包含的 8 个基因中，A 基因的数目有可能有 0～8 个共 9 种情况。4 个个体含有 A 基因数的 9 种情况各自所占频率为 $(1/2+1/2)^8$ 展开式的各项，各项的频率如表 9-4 所示。

表 9-4 4 个个体随机交配子代 A 基因频率与发生概率

A 基因数目	A 基因频率	发生概率
0	0.000	1/256＝0.004
1	0.125	8/256＝0.031
2	0.250	28/256＝0.109
3	0.375	56/256＝0.219
4	0.500	70/256＝0.273
5	0.625	56/256＝0.219
6	0.750	28/256＝0.109
7	0.875	8/256＝0.031
8	1.00	1/256＝0.004

引自戴灼华等（2016）

由表 9-4 可见，由这 4 个个体构成的群体中，A 基因频率与亲代群体相同（$p=0.5$）的概率仅为 27.3%，与亲代不同的概率为 72.7%。在各个不同于亲代基因频率的数值中，A 基因频率或增或减，增减的多少都是完全随机的。其中还有 A 基因消失 $p=0$ 的可能性，概率为 0.4%，A 基因固定的可能性也是 0.4%。由于随机漂移，一旦使某基因在一个小群体中消失，除非发生相同突变，否则该基因就会永远消失。相反，由于同样的原因也可使群体中某基因被完全固定。

遗传漂移的作用大小因样本群体的个体数不同而异。样本愈小，基因频率的随机波动愈大；样本愈大，基因频率改变的幅度愈小。用基因频率的标准差与样本大小的关系可以定量描述遗传漂移作用。如果在等位基因 A、a 的频率分别为 p、q 的群体中每次取 N 个个体作为繁殖下一代的样本亲本，则样本基因频率的标准差为：

$$\sigma=\sqrt{\frac{pq}{2N}}$$

式中的 $2N$ 表示样本群体中的基因数。

如果设 $p=q=0.5$，则：

$N=5$ 时，$\sigma=\sqrt{\dfrac{0.5\times0.5}{2\times5}}=0.158$

$N=100$ 时，$\sigma=\sqrt{\dfrac{0.5\times0.5}{2\times100}}=0.035$

上述计算结果表示：如果样本仅包含 5 个个体，则下一代群体基因频率变化幅度为（0.5－0.158）～（0.5＋0.158）；若样本容量增加到 100，则基因频率的变幅为（0.5－0.035）～（0.5＋0.035）。可见，样本愈小，抽样误差愈大。

利用计算机模拟实验，可证明随机遗传漂移效应在不同规模群体中的大小。

图 9-1 中的 3 个群体大小分别为 $N=25$、250、2 500，起始基因频率 $p=q=0.5$。可以看出，每代保持 $N=25$ 的小群体，经过漂移作用，群体的等位基因在 60 代前就已被固定了。而 $N=2\ 500$ 的群体，经过 150 代的随机漂移仍保持原来的频率，遗传漂移作用显然不及小群体。

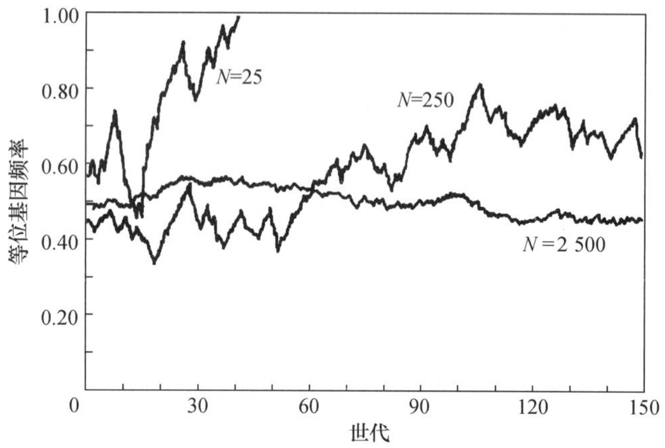

图 9-1　群体规模与遗传漂移

（引自戴灼华等，2016）

遗传漂移在小群体中的作用很强，它可以掩盖甚至违背选择所起的作用。没有适应意义的中性突变基因，或选择与之不利但尚未达到携带者致死程度的基因，都有机会因漂移作用而被固定。遗传漂移作用可以解释在远离大陆的孤岛上常出现大陆上所没有的物种的现象。这是因为，在被隔离的小群体里，一旦发生了某个位点的突变，经过若干代小群体繁殖，新产生的基因可以由漂移作用使其频率增加以至被固定下来，逐渐形成一个新类型或物种；而在随机交配的大群体里，尽管这种突变同样可以发生，但由于大群体随机交配产生的遗传平衡作用使新生成基因的频率没有机会被固定，也就没有机会表现出来。

需要指出，遗传漂移来自小样本留种的抽样随机误差，而不是群体内个体间的非随机交配作用，尽管小样本群体的近亲交配机会大于随机交配，这是小样留种的两种不同性质的遗传效应。

9.4.4　迁移

个体从一个群体迁入另一个群体，并参与后者的繁殖就是迁移(migration)。从植物育种和良种繁育上说就是混杂，包括机械混杂与生物学混杂（原有品种群体混入外来花粉产生的杂交）。混杂的结果会使群体的基因频率改变。

假设在群体内，每代有部分个体迁入，新迁入个体占重新组成群体的比例为 m，则 $(1-m)$ 就是原有个体的比例。若迁入的隐性基因频率为 q_m，原始群体的为 q_0，二者混合后群体的隐性基因频率是：

$$q_1 = mq_m + (1-m)q_0 = m(q_m - q_0) + q_0$$

隐性基因频率的变化是：

$$\Delta q = q_1 - q_0 = m(q_m - q_0)$$

可见，迁入后群体基因频率改变量，决定于迁移率与迁入群体和接纳群体基因频率之差两个因素。在迁入率一定时，基因频率的变化与两群体基因频率之差成正比。

9.5　群体的进化与物种形成

9.5.1　群体进化的因素

根据生物进化的理论，现代生存的生物都是过去的生物演变而来的，并且每一种生物一般是与它的生活环境相适应。这个理论已经被生物学中许多学科所证明。群体遗传学的理论可以解释生物进化的根本原因和历史进程。

从本质上讲，物种的形成和生物进化的单位是孟德尔群体，物种的形成就是群体遗传组成发生量变到质变的渐进过程。遗传稳定的平衡群体，可因基因突变、选择和遗传漂移等因素的作用而改变遗传组成。这种改变在隔离的条件下得到不断积累、强化和分化，形成变种、亚种等过渡类型。当新的群体与原始群体之间遗传差异增大到足以使两个群体成员相遇也不能成功交配时，新的物种就产生了。在这个过程中，变异、选择和隔离是不可缺少的 3 个因素。其中，遗传变异（基因突变、基因重组）是基础，选择是优胜劣汰的动力，隔离则是保存、巩固和发展变异的条件。

需要指出，在自然界的物种进化过程中，由于选择的作用主要体现在适应性，隔离的发生也具有随机性和偶然性，所以一个新物种的形成通常需要经历漫长的时间。在人工条件下，则可以主动地通过杂交等手段创造大量变异，并进行严格隔离和选择，因此，能在较短时间内创造新的类型或物种。动植物的新品种选育，本质上就是按照人的愿望，运用群体进化的原理，有目的地进行人工进化的过程。

9.5.2 物种的概念

物种(species)作为生物分类学的一个基本单元,是指具有一定形态和生理特征以及一定自然分布的生物类群。在遗传学上界定物种的主要标准是能否进行相互杂交繁殖。凡是能够杂交并且产生可育后代的种群或个体就属于同一个物种。不能相互杂交,或能够杂交但不能产生可育后代,即存在生殖隔离(reproductive isolation)的种群或个体,则属于不同的物种。这同经典分类学的形态学上的概念有所不同,但结果通常是一致的。

举例说明,水稻和小麦不能相互杂交产生杂种,故水稻和小麦属于不同的物种;水稻中的籼稻和粳稻可以杂交,但杂种表现部分不育,所以籼稻和粳稻属于不同亚种(subspecies)。又如马和驴能够相互杂交产生杂种骡子,但骡子不能生育,所以马和驴也属于不同的物种。由于骡子不具备繁殖能力,所以不能作为一个独立的物种存在。

对于非有性繁殖生物,难以应用相互杂交并产生后代的物种标准,通常采用形态结构上以及地理上的差异作为鉴定物种的标准。

9.5.3 隔离和生殖隔离的机制

物种进化过程中的隔离(isolation),是指阻止不同种群成员间的相互杂交和遗传物质交流。

在一个物种形成的最初阶段,通常是一个大群体的部分成员由于自然的变迁、生存环境的改变或迁移等,被隔离于不同的岛屿、湖泊、山峰等不同地域,从而失去了相互交配的机会。当分布在不同地域的群体间,遗传差异积累发展到形成群体间生殖隔离时,群体间的成员即便是有机会相遇,也不会发生交配和基因重组。于是,非遗传的地理隔离就发展为遗传的生殖隔离。

根据"进化综合理论"的创始人杜布赞斯基(Dubozhansky)的观点,生殖隔离的机制分为两大类。①合子前生殖隔离,指能阻止不同群体成员间交配或产生合子,包括防止不同物种间个体交配的环境、时间、行为、生殖结构和生理障碍。②合子后生殖隔离,指降低杂种生活力或繁殖力的一种生殖隔离(表9-5)。两类生殖隔离最终都阻止了群体间基因的交流和重组。实际上,自然界中类群间的基因交流和重组有可能被一种或几种生殖隔离机制所阻止。

合子后生殖隔离实际上是进化过程中遗传趋异的副产品,是配子和合子的浪费。实际上,自然选择机制趋向于扩展那些降低杂种形成的等位基因,从而产生合子前隔离机制。因此,合子后隔离在自然群体中比较少见。

表 9-5 生殖隔离机制的分类

隔离类型		隔离原因
合子前生殖隔离	生态隔离	群体占据同一区域,但占据不同的栖息地
	时间隔离	群体占据同一区域,但交配期或开花期不同
	行为隔离	动物群体雌、雄间不存在性吸引或性吸引很弱
	机械隔离	生殖结构不同,阻止交配或花粉传递
	生理隔离	雄配子在异性生殖道中或花的柱头上无生活力
合子后生殖隔离	杂种无生活力	杂种不能存活或不能达到性成熟
	杂种不育	杂种不能产生有功能的配子
	杂种后代衰败	杂种有活力并可育,但子二代或回交杂种生活力或生殖力降低

参考 Winter 等(2001)

9.5.4 物种的形成方式

根据生物发展史的事实,物种的形成可以概括为两种不同方式:一种是渐变式的,即在一段长时间内旧物种逐渐演变成为新物种,这是地球历史上物种形成的主要方式;另一种是爆发式的,即在短时间内以飞跃形式从一个种变成另一个种,这在高等植物,特别是种子植物形成中是一种比较普遍的形式。

1. 渐变式

渐变式形成是先经过地理隔离将群体分开,再逐渐演化到生殖隔离,又称地理的物种形成(geographic speciation)。渐变式的形成过程中经历亚种阶段。渐变式的物种形成中又可以分为两种方式,即继承式和分化式。

继承式是一个物种通过逐渐变异的方式，经历悠久的地质年代，由一系列的中间类型过渡到另一个新种，如马的进化历史就是这种方式。

分化式是指一个物种的两个或两个以上群体分化形成两个或两个以上的新种，其特点是由少数种变成多数种，中间也需要经过亚种阶段，如地理亚种或生态亚种，然后再变成不同的新种。例如棉属（*Gossypium*）中的草棉（*G. herbaceum*）和中棉（*G. arboreum*），中棉是由草棉分化出来的。

2. 爆发式

爆发式的形成方式不一定需要悠久的演变历史，在较短时间内就可形成新物种。爆发式一般也不经历亚种阶段，而是通过染色体变异、基因突变或远缘杂交和染色体加倍等方式，在自然选择的作用下逐渐形成新种。

远缘杂交结合多倍体化的物种形成方式主要见于显花植物。在栽培植物的进化中，这种方式显得尤为重要。据调查，栽培植物中的多倍体比例高于野生种。以下是几个重要农作物经由多倍体途径进化的实例。

根据小麦种属间远缘杂交试验分析，证明栽培的普通小麦种起源于两个不同的亲缘属，逐步通过属间杂交和染色体加倍，形成了异源六倍体普通小麦。科学上已经通过上述途径合成了与普通小麦近似的新种，其形成过程如图 9-2 所示。这种人工合成的斯卑尔脱小麦与现有的斯卑尔脱小麦表现相似，并可以相互杂交产生可育后代。已知普通小麦是由斯卑尔脱小麦通过一系列基因突变衍生的，因此这一事实充分证明了现有小麦的形成过程。

野生一粒小麦*AA*($2n$=14) × 拟斯卑尔脱山羊草*BB* ($2n$=14)
Triticum monococcum ↓ *Aegilops speltoid*
杂种*AB*
↓染色体加倍
野生二粒小麦*AABB*($2n$=28) × 方穗山羊草*DD*($2n$=14)
T. dicoccoides ↓ *Ae. sguarrosa*
杂种*ABD*
↓染色体加倍
斯卑尔脱小麦*AABBDD* ($2n$=42)
T. spelta

图 9-2 斯卑尔脱小麦的合成过程

（引自季道藩，1989）

棉属的一些种的形成也经历了多倍体途径。陆地棉（*G. hirsutum*，$2n=52$）和海岛棉（*G. barbadense*，$2n=52$）的染色体刚好是草棉（*G. herbacum*，$2n=26$）和中棉（*G. arboreum*，$2n=26$）染色体数的两倍。根据棉属内各属间的亲缘关系研究，陆地棉很可能是非洲草棉和美洲野生的雷蒙地棉（*G. raimondii*，$2n=26$）杂交后代的双二倍体。

细胞学检查发现，陆地棉的生殖细胞有 26 条染色体，可以区别为染色体大小不同的两个染色体组，每组 13 个。较大的一组与草棉相似，较小的一组则和美洲野生棉相似。由此可以证明陆地棉的两个染色体组是来源于这两个棉种。同时，由非洲草棉和美洲野生棉杂交获得的双二倍体，在很多特征上都和陆地棉相近似，亦可作为这个论断的证明。

烟草属（*Nicotiana*）在自然界大约有 60 个种，主要分布在美洲亚热带及温带和澳洲及其附近的一些岛屿。其中，仅有的两个栽培种普通烟草（*N. tabacum*，$2n=48$）和黄花烟草（*N. rustica*，$2n=48$），都是双二倍的四倍体。野生种里有四倍体和二倍体，大部分的染色体是 12 对，少数染色体是 9 对和 10 对。这两个栽培种的产生途径可能是分布在南美洲的二倍体发生了种间杂交，再经过染色体加倍产生的。现在已经发现，林烟草（*N. sylvestris*）和绒毛状烟草（*N. tomentosiformis*，杂交后人工合成的双二倍体，在形态上和生理上有许多特征与栽培的普通烟草相类似（二维码 9-2）。这个事实说明普通烟草的起源大致是和人工创造的烟草双二倍体程序是一致的。

二维码 9-2 普通烟草形成过程

芸薹属(*Brassica*)有 3 个基本种,即黑芥菜(*B. nigra*,$2n=16$)、甘蓝(*B. oleracea*,$2n=18$)和中国油菜(*B. campestris*,$2n=20$)。综合 3 个种的任何两个,即成为另一个多倍体种(图 9-3)。

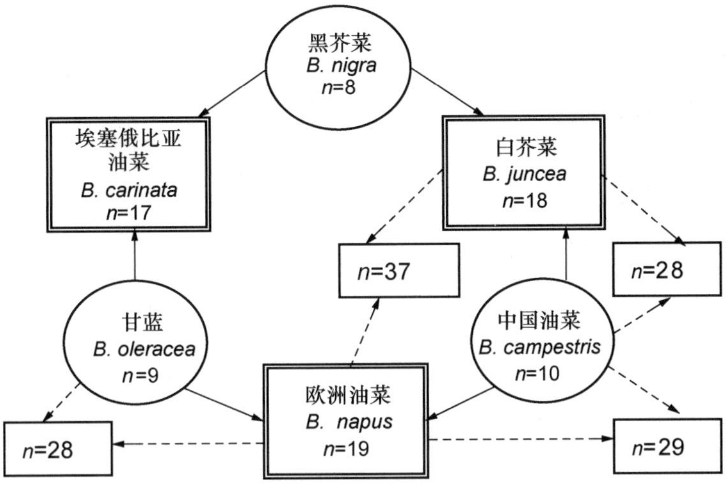

实线代表自然形成的种　虚线代表人工合成的种

图 9-3　芸薹属各物种的形成途径

(参考季道藩,1989)

图 9-3 不但揭示了芸薹属各栽培种的起源,而且经过细胞学分析,也证实了各个多倍体种和基本种之间的亲缘关系。例如,欧洲油菜(*B. napus*,$2n=38$)就是由甘蓝($2n=18$)和中国油菜($2n=20$)天然杂交和染色体加倍形成的双二倍体。又如,曾把中国油菜和欧洲油菜进行人工杂交,获得了一个有生活力的复合双二倍体新种(*B. napocampestris*,$2n=58$)。

内容提要与思维导图

有婚配关系的个体构成的生物集团称为群体。群体的遗传组成是指群体的基因频率和基因型频率。基因频率是群体遗传组成的基本因素。在一个大的群体内和在没有外来因素干扰情况下,只要个体间随机交配繁殖下一代,群体的基因频率和基因型频率将保持不变,这就是所谓的 Hardy-Weinberg 平衡,也是群体保持遗传稳定的内在机制。

平衡群体的基因频率和基因型频率:在二倍体生物的平衡群体中,若有 1 对等位基因的差异,则群体内该基因显性纯合体频率等于显性基因频率的平方,杂合体频率为显性基因与隐性基因频率乘积的 2 倍,隐性纯合体频率是隐性基因频率的平方,即 $D=p^2,H=2pq,R=q^2$。

影响群体遗传平衡的因素包括基因突变、选择、遗传漂移和迁移。这 4 个因素中,遗传漂移对群体基因型频率改变的方向是随机的,其余 3 个因素引起基因频率改变的方向可以按照一定方向估计。

选择是改变群体基因频率的重要因素。保留显性基因淘汰隐性基因的选择较复杂,选择前后的隐性基因频率及与选择代数之间的关系是:

$$q_n=\frac{q_0}{1+nq_0}\qquad n=\frac{1}{q_n}-\frac{1}{q_0}$$

式中,n 是连续选择的世代数;q_0 和 q_n 分别表示选择前和选择后群体内隐性基因的频率,它们分别等于选择前、后群体内隐性个体频率的平方根。

物种(species)作为生物分类学的一个基本单元,是指具有一定形态和生理特征以及一定自然分布的生物类群。在遗传学上界定物种的主要标准是能否进行相互杂交繁殖,凡是能够杂交并且产生可育后代的种群或个体就属于同一个物种。

物种的形成可以概括为两种不同方式:一种是

渐变式的，是在一个长时间内旧物种逐渐演变成为新物种；另一种是爆发式的，是在短时间内以飞跃形式从一个种变成另一个新种，这在高等植物，特别是种子植物形成中是一种比较普遍的形式。

远缘杂交结合多倍体化是栽培植物进化中的一种重要方式。作物中的普通小麦、陆地棉、普通烟草和芸薹属中的不同种都是以这种方式进化而来的。

二维码 9-3　本章思维导图

复习思考题

1. 解释下列名词：孟德尔群体　基因库　基因频率　基因型频率　遗传漂移　生殖隔离　地理隔离　物种。

2. 在某些交通不便，生产水平低下的偏僻山区，一些牲畜退化很严重，可是偶尔能发现发达地区所没有的类型，这是为什么？

3. 一个玉米群体和一个大豆群体有何不同？

4. 改变群体基因频率的因素有哪些？各自有何特点？近亲交配只影响群体的基因型频率而不改变群体的基因频率，所以近亲交配对群体遗传组成的影响是可以恢复的。这种说法对吗？

5. 在一个遗传平衡玉米群体内，矮化苗 dd 出现的频率为 1/25，求这个品种内纯合正常苗 DD 和杂合正常苗 Dd 的频率。若在苗期拔除全部矮化苗，问下一代各种基因型苗出现的频率。

6. 已知玉米芽鞘色泽差异是由 1 对基因决定的。在红芽鞘玉米自交系隔离区内发现绿芽鞘株率为 2.25%，而在绿芽鞘玉米自交系隔离区发现红芽鞘株率为 13%。试分析哪个自交系种子的混杂程度高。假定红芽鞘为显性，且 2 个自交系均为平衡群体。

7. 已知一个大的随机交配群体基因频率 $p=0.2, q=0.8$。从中抽取 100 个个体作样本群体进行随机交配繁殖。样本的各种基因型个体数为：

AA	Aa	aa	总计
6	46	48	100

试计算该样本群体的基因频率，并将其与原始群体的基因频率比较，说明产生差异的原因。若该样本群体继续随机交配繁殖，并且每代群体有足够大的规模，问各种基因型的频率会是怎样的？

第10章 染色体结构变异

◈内容提示

介绍4种染色体结构变异，即染色体的缺失、重复、倒位和易位变异的特点及其发生机理。展示各种结构变异的细胞学特征，阐明染色体结构变异产生的遗传效应，说明染色体结构变异在遗传研究和育种实践上的应用原理。

◈教学目标

了解4种染色体结构变异的类型和产生机理，掌握各种染色体结构变异的细胞学鉴别依据，重点掌握各种染色体结构变异的遗传效应及其与结构变异杂合体在减数分裂中染色体行为之间的联系，了解它们在遗传研究和育种实践中的应用原理。

染色体是基因的载体，它的稳定是生物表现遗传稳定的重要因素。然而在生物或理化等因素影响下，染色体可能发生断裂和断裂后重接。在染色体断裂和重接过程中，如果发生错误，会使基因间相互关系或基因剂量改变，导致生物性状发生遗传变异，这就是染色体结构变异。染色体结构变异主要有缺失、重复、倒位和易位4种形式。

10.1 缺失

10.1.1 缺失的类型及形成

缺失（deficiency/deletion）是指染色体丢失了原有的某一区段。1917年，布里奇斯（Bridges）首先发现染色体缺失现象。他在培养的野生型果蝇中偶然发现一只翅膀边缘有缺刻的雌蝇。研究证明，它的产生是由果蝇X染色体上一小段包括红眼基因在内染色体的缺失造成的。

10.1.1.1 顶端缺失

缺失的区段在染色体某臂末端，称为顶端缺失（terminal deficiency）（图10-1）。某染色体各区段的正常直线顺序是ab·cdef（·代表着丝粒），若缺失“ef”区段，变为ab·cd，就成为顶端缺失染色体。缺失的“ef”区段无着丝粒，称为断片（fragment）。染色体也可能缺失一个整臂，成为端着丝粒染色体（telocentric chromosome）。某个体的体细胞内同时含有正常染色体及其缺失染色体，称为缺失杂合体（deficiency heterozygote）；某个体的缺失染色体是成对的，称为缺失纯合体（deficiency homozygote）。

染色体在缺失了某臂的外端之后，就在该臂上留下断头。染色体没有愈合的断头有可能与缺失的顶端断片的断头重接，则重建的染色体仍是单着丝粒的，可以继续传递；也可能与另一个有着丝粒的染色体的断头重接，就成为双着丝粒染色体（dicentric chromosome）。染色体如果有了两个着丝粒，则两个着丝粒之间的区段在细胞分裂后期形成染色体桥，此区段受两个着丝粒向相反两极移动所产生的拉力作用而折断，再次造成结构的变异而不能稳定。再者，顶端缺失染色体的两个姐妹染色单体可能在断头上彼此接合，也能形成不稳定的双着丝粒染色体。因为顶端缺失染色体一般很难定型，所以比较少见。

10.1.1.2 中间缺失

如果一条染色体断裂两次，断裂重接时将中间区段排除在外，重建的染色体就缺失了中间的区段，成为中间缺失（intercalary/interstitial deficiency）染色体。如果某染色体各区段的正常直线顺序是ab·cdef，缺失“de”区段就成为ab·cf的中间缺失染色体（图10-1）。缺失的“de”区段为无着丝粒断片。中间缺失染色体没有断头外露，比较稳定，因而常见的缺失染色体多是中间缺失的。中间缺失的区段“de”可能联结成小环。无着丝粒的染色体片段或小环由于没有着丝粒的牵引，会在细胞分裂中遗失。

缺失杂合体一般是不会致死的，而且往往具有一定的生命力，但含缺失染色体的配子则严重败育，雄配子尤其如此，因此缺失染色体主要依靠少数的雌配子传递。

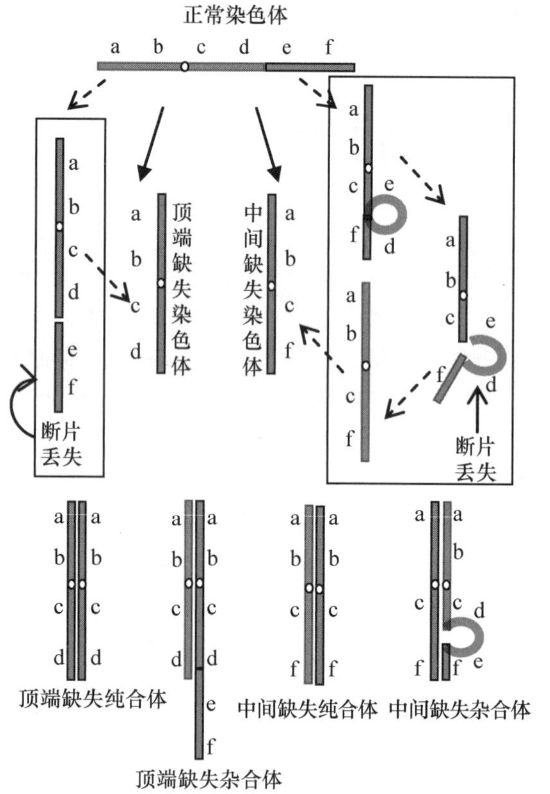

图 10-1　缺失的形成过程及其细胞学鉴定示意

（引自季道藩，1989）

10.1.2　缺失的细胞学鉴定

从细胞学上鉴别染色体的缺失，主要根据断片的有无和染色体配对情况决定。在最初发生缺失的细胞进行分裂时，无着丝粒染色体断片可能遗留在赤道板附近，随着细胞多次分裂，断片将从子代的细胞中消失。

如果缺失的区段足够长，顶端缺失杂合体在联会时使同源染色体末端无法配对，会出现交叉不完全端化的二价体及非姐妹单体的末端长短不等的现象。中间缺失的染色体上缺少了一个区段，缺失杂合体联会时使正常染色体上的相应部分被排斥在外，形成一个突出的环或瘤或缺失圈，而其他同源部分紧密联会（图 10-1，右下）。应该指出，细胞学鉴定微小的顶端缺失或中间缺失都是比较困难的。

顶端缺失和中间缺失纯合体因缺失导致着丝粒位置（臂比）改变，此染色体形态因而改变；减数分裂形成二价体长度小于正常二价体长度。

10.1.3　缺失的遗传效应

10.1.3.1　缺失对个体生长发育的有害影响

缺失染色体丢失了原来载在缺失区段上的那些基因，会导致缺失区段基因功能的丧失或表现异常，还会导致基因间相互作用关系与平衡被破坏，这对生物体的正常生长发育都是有害的。

缺失纯合体一般难以存活，缺失杂合体通常也表现生活力、繁殖力下降。例如人类的 5 号染色体短臂的一个很小的缺失，在杂合状态就给个体生长带来严重影响。患者头颅小，生长缓慢，智力低下，通常在幼儿期夭折。因为患者哭声如同猫叫，故被称为猫叫综合征（图 10-2）。在植物上，含有缺失染色体的配子育性下降或是败育的。含缺失染色体的花粉即使不败育，在授粉和受精过程中也竞争不过正常的雄配子。胚囊对缺失的耐性比花粉强些，因此缺失染色体主要通过雌配子传递给后代。缺失杂合体植株表现花粉败育和部分不实现象。

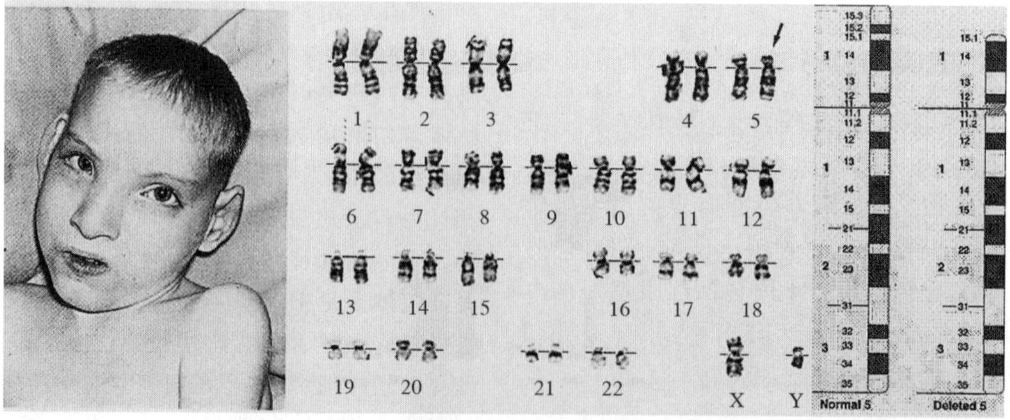

图 10-2　人类第 5 染色体短臂缺失（cri-du-chat，猫叫综合征）

（引自贺竹梅，2002）

10.1.3.2 假显性现象

缺失杂合体有时出现假显性(pseudo-dominance)现象。当两个具有相对性状的纯合基因型亲本杂交时,F_1本应表现显性性状。如果与隐性基因相对应的同源染色体上的显性基因缺失了,杂种F_1就会表现出隐性基因决定的性状,这种现象称为假显性。

1942年,麦克林托克(B. McClintock)曾做过一个试验(二维码10-1)。她以纯合绿茎玉米(*pl pl*)为母本同纯合紫茎玉米(*Pl Pl*)杂交,正常情况下得到的F_1代全部是紫茎。但是,在授粉前用紫外线照射父本花粉,F_1代出现少数绿茎植株(假显性)。进一步研究发现,*Pl*基因位于第6染色体外端,X射线照射可以导致部分花粉发生第6染色体外端缺失,使母本的基因呈半杂合状态,植株就表现出隐性基因决定的绿色。类似的情况还出现在玉米籽粒的甜与非甜性状上。以甜粒玉米(*susu*)植株作为母本,将非甜玉米(*SuSu*)植株的花粉经X射线照射后授粉,杂交穗出现少数甜粒玉米。从这少数甜粒玉米长出的植株中,检查出了花粉母细胞粗线期缺失杂合体配对现象,由此判断该假显性是由染色体缺失造成的(图10-3)。根据这种假显性现象,可以利用缺失杂合体的材料,结合细胞学检查,鉴定某些基因在染色体上的位置。

二维码10-1 玉米紫茎假显性遗传

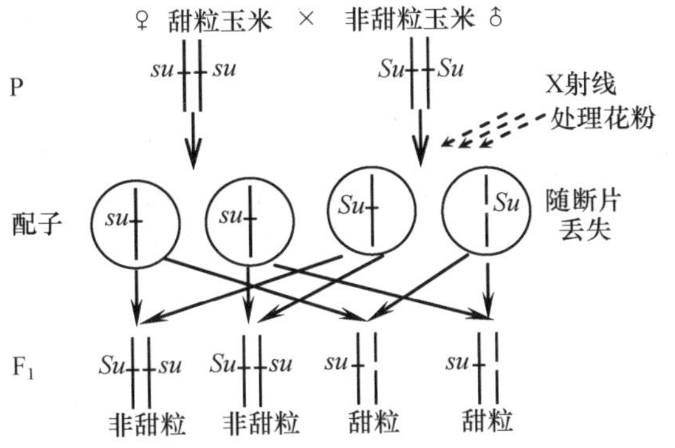

图10-3 玉米的假显性现象

(引自李构,1991)

10.2 重复

10.2.1 重复的类型及形成

重复(duplication)是指染色体多了自己的某一区段。重复可分为顺接重复和反接重复两个类型。

10.2.1.1 顺接重复

顺接重复(tandem duplication)又称串联重复,是指染色体按照正常直线顺序重复自己的某一区段(图10-4左侧)。例如,某染色体各区段的正常直线顺序是ab·cdef,假设"de"区段重复了,ab·cdedef即为顺接重复染色体。

10.2.1.2 反接重复

反接重复(reverse tandem duplication)又称倒位衔接重复或反向串联重复,是指重复基因的排列顺序按照染色体的线性方向相反的情况(图10-4右侧)。例如,某染色体各区段的正常直线顺序是ab·cdef,假设"de"区段重复了,ab·cdeedf即为反接重复染色体。

染色体片段的重复可以由同源染色体之间(或染色单体之间)非对等交换产生,或由一条染色体断裂形成的无着丝粒断片插入它的同源染色体中去形成。前一个重复形成过程发生2次染色体断裂和重接,后者需要3次断裂和重接。

重复和缺失总是伴随出现的。某染色体的一个区段转移给同源的另一个染色体之后,它自己就成为缺失染色体了。

10.2.2 重复的细胞学鉴定

重复染色体在细胞学检查时可以看到和缺失相似的情况。重复杂合体在染色体配对时可以看到重复区段形成的环或瘤。与缺失不同的是,缺失杂合体形成的环或瘤在正常染色体上,重复形成的环或瘤在重复的染色体上(图10-4,右下)。若重复区段极短,联会时重复区段略为收缩,同源染色体上的相对区段略为伸长,整个染色体配对,二价体就不会有突出的环或瘤,镜检时就很难察觉是否发生过重复。要区别究竟是缺失还是重复造成的杂合体染色体的环或瘤,需要非常熟悉染色体的形态特征(着丝粒位置、臂比等),同时还要结合染色体结构变异产生的遗传效应进行判断。

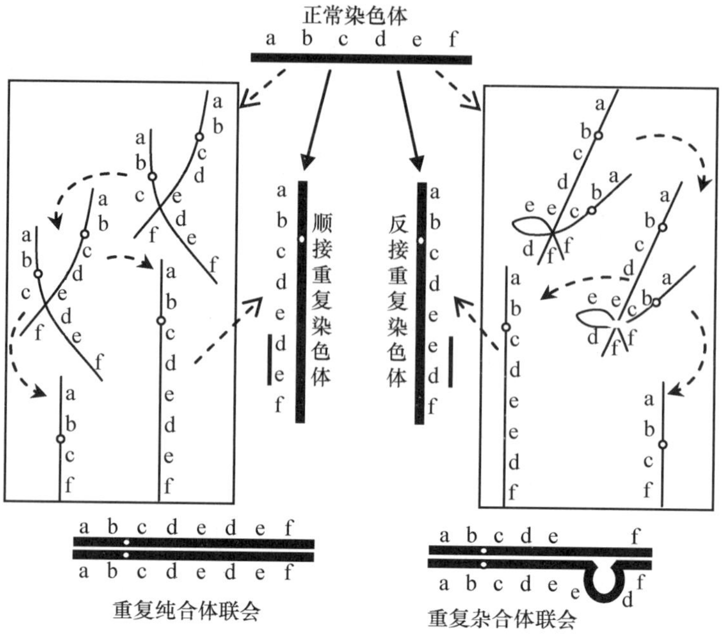

图 10-4　重复类型、形成过程及细胞学鉴定示意

（引自季道藩，1989）

10.2.3　重复的遗传效应

重复也会使生物个体的性状发生改变，但总体来说，染色体重复对生物的有害程度比起缺失要小得多，重复纯合体能较好地生长，含有重复染色体的配子也较少败育。但毕竟重复增加了个别基因的剂量，故有可能改变生物进化过程中长期形成的遗传平衡，产生相应的遗传效应。

10.2.3.1　重复的剂量效应

重复造成表型变异的最早和最突出的例子是果蝇的棒眼(bar)遗传。果蝇第一染色体(X 染色体)16 区 A 段的重复，表现出降低小眼数的剂量效应。野生型(*bb*)果蝇的每个复眼约由 780 个小眼组成，重复杂合体(*Bb*)的小眼数只有 358 个，这些小眼聚集在复眼当中呈棍棒状。重复纯合体(*BB*)的小眼数只有 68 个(图 10-5)。

剂量效应应用的另一个例子表现在果蝇的眼色遗传上。果蝇的眼色有朱红色(v)和红色(v^+)的差异，v^+ 为 v 的显性。(v^+v)基因型的眼色是红色。可是，基因型为(v^+vv)的重复杂合体的眼色却与(v)基因型一样是朱红色，就像基因型内没有 v^+ 一样。这里 2 个隐性基因的作用超过了它们的显性等位基因作用。

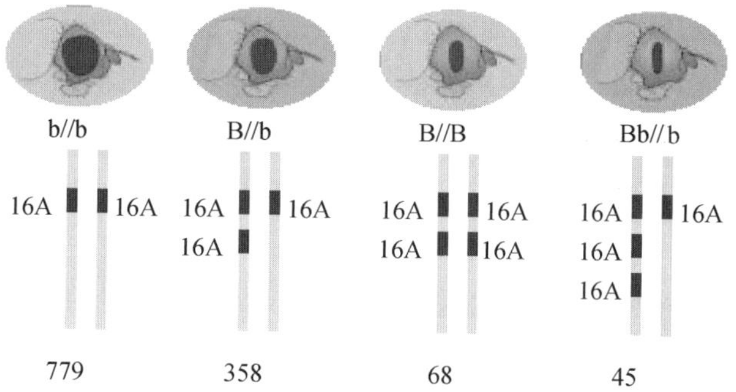

图 10-5　果蝇 X 染色体 16 区 A 段重复的遗传效应

（改自 Klug，2002）

10.2.3.2　重复的位置效应

位置效应(position effect)是指基因由于在染色体上的位置不同带来表型改变的现象。前已述及，果蝇复眼形状与 16A 区重复数目有关。同时还发现，在同样的重复剂量情况下，重复的位置不同会引起果蝇复眼中的小眼数的差异。这里以 b 代表 1 个 16 区 A 段，B 代表 2 个 16 区 A 段，Bb 表示 3 个 16 区 A 段。1 个 B//B 型雌蝇和 1 个 Bb//b 型雌蝇的 16 区 A 段数同样是 4 个，但前者小眼数是 68 个，后者小眼数却只有 45 个(图 10-5)。出现这种差异是因为 B//B 型雌蝇的 4 个 16 区 A 段平均分配在两个染色体上，而 Bb//b 型雌蝇的 4 个 16 区 A 段之中有 3 段在一个 X 染色体上，1 段在另一个染色体上。

10.3 倒位

10.3.1 倒位的类型及形成

正常染色体上发生两次断裂，中间区段倒转了180°又重新接上，这种染色体变异称作倒位（inversion）。倒位有臂间倒位（pericentric inversion）和臂内倒位（paracentric inversion）。臂间倒位是指倒位区段内包含着丝粒，即涉及染色体的两个臂的倒位；臂内倒位是指倒位区段在染色体的某一个臂的范围内。假设一条染色体各区段的正常直线顺序是abc·defgh，如果c·de区段以相反顺序重新连接，则形成abed·cfgh，即为臂间倒位染色体；如果ef区段以相反顺序重新连接，形成abc·dfegh的染色体，即为臂内倒位染色体。倒位发生的过程如图10-6(a)所示，染色体先扭曲成圈，在交叉处断裂，重接时断口不按原来顺序连接，而是断裂的区段倒转后重新接起来。减数分裂的细线期容易发生这种变化。

10.3.2 倒位的细胞学鉴定

倒位染色体上的基因总量没有改变，只是基因的排列顺序和原来的不同，因此整条染色体长度并不改变。臂间倒位纯合体一对染色体的着丝粒位置都发生改变，通过观察体细胞有丝分裂染色体臂比的变化，可以发现和判断这种染色体结构变异；臂内倒位纯合体着丝粒位置不变，无法从有丝分裂的染色体的形态进行鉴别。

对于倒位杂合体而言，由于倒位区段与其正常同源染色体对应区段方向相反，所以不能联会成正常的二价体。二价体的异常形态因倒位区段长短而异。如果倒位区段很短，则正常区段配对，倒位区段保持彼此分离[图10-6(b)，上]；若倒位区段很长，则倒位染色体反转过来与正常染色体的同源区段联会，倒位区段以外的部分保持分离[图10-6(b)，中]；如果倒位区段与两端区段长度适中，则全部染色体联会，倒位的部分形成倒位圈[图10-6(b)，下]。这里的倒位圈（inversion loop）不同于缺失杂合体和重复杂合体的环或瘤，缺失杂合体和重复杂合体是单条染色体环出形成的，倒位圈是一对同源染色体形成的（二维码10-2）。

在倒位圈内，同源区域联会正常，染色体之间能够进行交换。臂内倒位杂合体（二维码10-3）在倒位圈内发生单次非姐妹染色体交换，将形成双着丝粒染色体与无着丝粒断片，后期Ⅰ同源染色体相互分离时，两个着丝粒中间区段会形成跨越赤道板的“染色体桥”，也称后期Ⅰ桥（图10-7，左侧）。在光学显微镜下观察到染色体桥或无着丝粒断片，可以作为臂内倒位的细胞学鉴定依据。臂内倒位杂合体如果发生倒位圈内外多次交换，染色体桥可能出现在后期Ⅱ，称为后期Ⅱ桥。双着丝粒染色体桥将被拉断，形成缺失染色体进入子细胞核；无着丝粒染色体断片通常遗失在细胞之中而无法进入子细胞核，最终消失。

二维码10-2 倒位圈

二维码10-3 臂内倒位杂合体

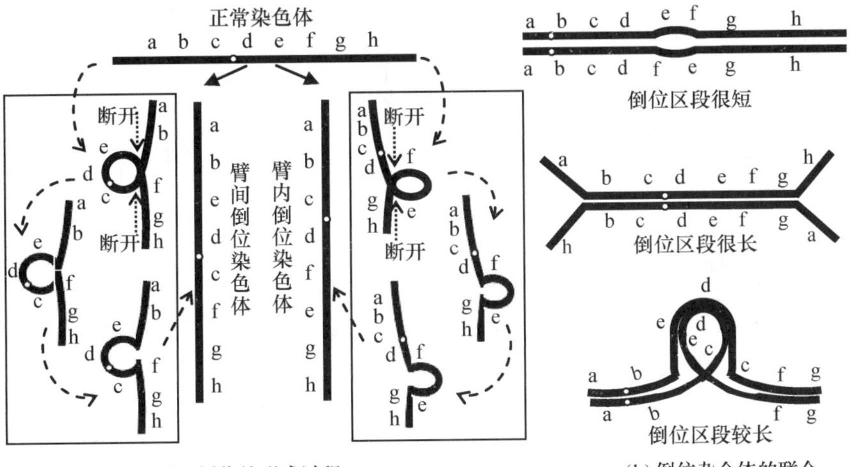

(a)倒位的形成过程

(b)倒位杂合体的联会

图10-6 倒位的形成及联会

（引自季道藩，1986）

臂间倒位杂合体的着丝粒在倒位圈内，倒位圈内无论发生单次或多次交换，都不会形成双着丝粒染色体和后期桥（图 10-7，右侧）。这是臂间倒位与臂内倒位的重要细胞学区别。

10.3.3 倒位的遗传效应

10.3.3.1 倒位杂合体部分配子不育

无论是臂内倒位还是臂间倒位，倒位圈内非姐妹染色单体间发生单次交换，都会产生带有正常染色体或倒位的染色体的可育配子，以及包含了有缺陷染色体的败育配子。具体来说，臂内倒位杂合体产生了包含缺失染色体的败育配子，臂间倒位杂合体产生了包含重复-缺失染色体败育配子（图 10-7），这是两种倒位类型配子败育原因的不同所在。通常并不是所有孢母细胞都在倒位圈内发生交换，所以倒位杂合体表现的是部分不育。理论上讲，雌雄配子有同等机会包含正常染色体或缺陷染色体，因而植物的胚囊和花粉也应该具有相近的不育率，表现结实率下降。但研究发现，植物臂内倒位杂合体（如玉米）雌配子败育率一般比花粉败育率要低得多，可能原因是 4 个大孢子呈直线排列的，带有“桥”和断片的细胞在第一次分裂后形成的 2 个子细胞一般位于中央，从而排除在能发育的孢子之外，第二次分裂形成的 2 个顶端细胞有较多的机会带有正常的或倒位的染色体，发育成功能正常的配子。另一个可能的原因是胚囊比花粉对染色体缺失具有更强的耐性。

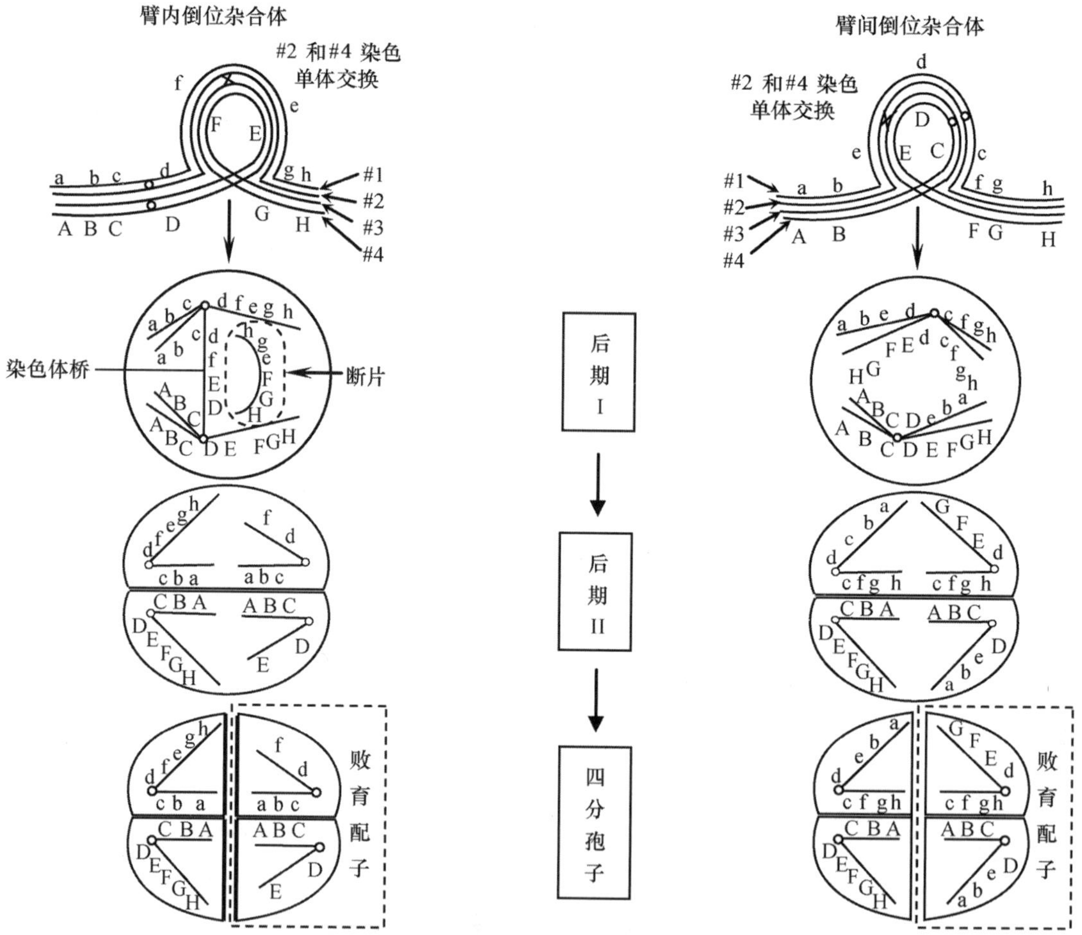

图 10-7 倒位圈内交换与配子败育的机制

（引自季道藩，1989，有改动）

10.3.3.2 倒位杂合体连锁基因重组率下降

倒位的另一个最明显的遗传效应是降低了倒位杂合体连锁基因的重组率。倒位杂合体的多数含交换染色单体的配子是不育的，它所产生的交换型配子数减少了，重组型配子所占的比例也自然地少了。

倒位杂合体重组率降低与倒位区段的长短有关，一般是倒位区段越短，重组率下降越多，有可能表现为完全连锁，因为当倒位区段很短时它就不与正常区段联会。联会是交换的前提，倒位区段既然不与它的正常区段联会，就不可能发生交换，也就不可能产生重组型配子。与倒位区段很短的情况相似，如果倒位区段较长，以致倒位圈内的非姐妹染色单体之间可以在许多点上自由地发生二线双交换，所形成的染色单体多数或全部是正常的和倒位的，很少或不能产生重组型配子，这样倒位杂合体的倒位圈内的一些基因也就表现为完全连锁。此外，倒位不仅降低倒位杂合体倒位区段内的连锁基因重组率，还会降低靠近倒位区段的正常顺序的一些连锁基因重组率。这是因为在倒位杂合体的孢母细胞内，正常染色体和倒位染色体之间的联会常常是不完全的，特别是在倒位圈外而又靠近倒位圈的那些正常区段往往不能联会，从而减少了该正常区段的非姊妹染色单体之间发生交换的可能性。例如，玉米 5 号染色体的 5a 倒位是长臂 0.67 到短臂 0 之间的倒位，包括从 *pr* 基因到着丝粒的长臂区段。长臂上的 *pr* 和 bt_1 两个基因在倒位区段之内，短臂上的 bm_l 和 a_2 两个基因在倒位区段之外。这 4 个有关基因在染色体上的顺序是 $pr\text{-}bt_1\text{-}bm_l\text{-}a_2$。$bt_1$ 与 *pr* 之间的正常重组率为 24%，与 bm_1 之间的正常重组率为 1%，与 a_2 之间的正常重组率为 8%，而 5a 倒位杂合体的这 3 个重组率分别下降到 0.4%、0 和 4.5%。

10.3.3.3 倒位染色体的传递

理论上，倒位杂合体产生的可育配子有一半带有正常染色体，另一半带有倒位染色体。如果以 *in* 表示带有正常染色体的配子，以 *In* 表示带有倒位染色体的配子，则倒位杂合体可以表示为 *In*/*in*，正常体为 *in*/*in*，倒位纯合体为 *In*/*In*。正常体(*in*/*in*)与倒位纯合体(*In*/*In*)杂交，F_1 全部为倒位杂合体(*In*/*in*)；以倒位杂合体和正常体杂交产生 1/2 正常体和 1/2 倒位杂合体；倒位杂合体自交，产生 1/4 正常体、2/4 倒位杂合体和 1/4 倒位纯合体。

10.3.3.4 倒位与物种进化

倒位改变了基因之间固有的相关关系，引起性状的遗传变异，遗传变异较大时，可逐渐形成新的变种，进一步形成新的物种。研究表明，一些物种之间的差异是一次又一次的倒位造成的。根据种间杂交种减数分裂时染色体的联会形象，可以分析亲本种的进化历史。例如，欧洲百合(*Lilium marlagon*)和竹叶百合(*Lilium hansonii*)是两个不同的种，都是 $n=12$。这 12 个染色体之中，2 个很大，以 M_1 和 M_2 代表；其余 10 个相当小，以 S_1、S_2…S_{10} 代表。研究发现，这两个种之间的分化就在于一个种的 M_1、M_2、S_1、S_2、S_3 和 S_4 等 6 个染色体，是另一个种的相同染色体发生臂内倒位形成的。在果蝇上，也存在一些具有不同倒位特点的种，分布在不同的地理区域。可见，倒位是物种进化的一个重要途径。

10.4 易位

10.4.1 易位的类型及形成

易位是指染色体的一个区段移接在非同源的另一个染色体上。这里介绍简单易位和相互易位。

10.4.1.1 简单易位

染色体某臂外端或中间断裂后，无着丝粒的染色体片段转移到另一条非同源染色体的臂内或末端上去，称为简单易位(simple translocation)或转移(shift)。如 ab·cde 和 wx·yz 是两条非同源染色体，若 ab·cde 的“d”插入 wx·yz 的 y-z 之间，则形成易位染色体 wx·ydz；另一条染色体 ab·ce 成为缺失染色体(图 10-8)。简单易位的情况比较少见，另一种被称作相互易位的更普遍，也是本节重点要讨论的易位类型。

10.4.1.2 相互易位

非同源染色体间发生的区段互换称作相互易位(reciprocal translocation)。相互易位形成过程是两个非同源染色体都发生断裂，紧接着两个折断了的染色体及其断片在断头处交互地错接起来。比如 ab·cde 和 wx·yz 是两个非同源染色体，它们分别在 c-d 之间和 y-z 之间发生折断，交互错接后形成的 ab·cz 和 wx·yde 就是两个相互易位染色体(图 10-8)。

染色体易位也有纯合体和杂合体之分。易位纯合体(translocation homozygote)是指两对染色体各由一对相同的易位染色体组成；易位杂合体(translocation heterozygote)是指两对染色体各由正常染色体和易位染色体组成。减数分裂时，易位纯合体联会正常，而易位杂合体将出现异常染色体行为，可以作为细胞学鉴定的依据。

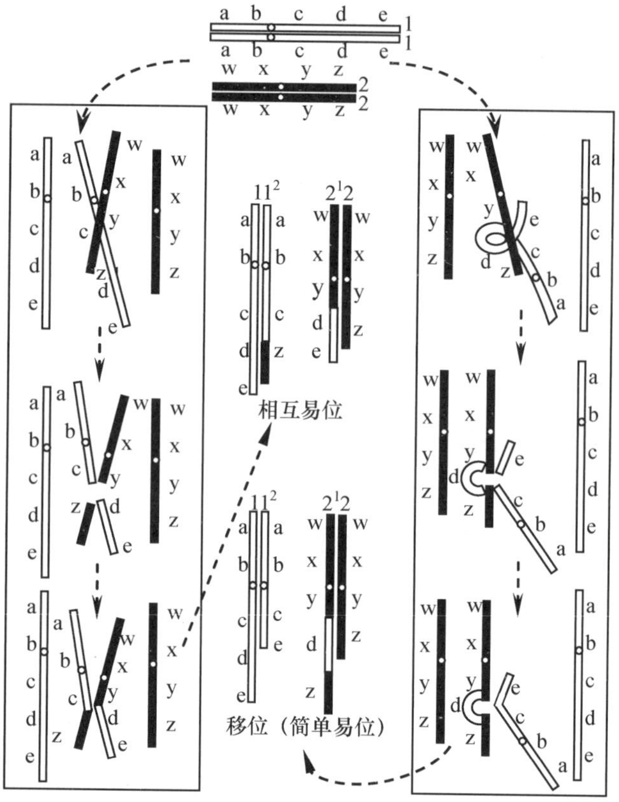

图 10-8 易位的类型及其形成过程

（引自季道藩，1989）

色体配对构型中，相间隔的两条染色体被拉向同一极，称为交替式分离（二维码 10-6），子细胞得到两条正常染色体 1 和 2，或得到两条易位染色体 1^2 和 2^1，两种子细胞的染色体都不缺失正常染色体的任何区段及其所载基因，因而发育成可育配子（图 10-9，下）。

二维码 10-4 易位杂合体联会

二维码 10-5 相邻式分离

二维码 10-6 交替式分离

10.4.2 易位的细胞学鉴定

易位杂合体在减数分裂时，易位的染色体与正常染色体联会，两对染色体相互协调在同源区段彼此配对，即在所有区段实现配对（二维码 10-4）。假设分别以 1 和 2 代表两个非同源的正常染色体，以 1^2 代表 1 染色体失去一小段，换得 2 染色体一小段的易位染色体，以 2^1 代表 2 染色体失去一小段，换得 1 染色体一小段的易位染色体。相互易位杂合体的两个正常染色体（1 和 2）与两个易位染色体（1^2 和 2^1）在联会时，会形成 1—1^2—2—2^1 的四重体（quadruple）的"十"字形象（图 10-9，上）。在减数分裂的粗线期可以观察到典型四重体的"十"字形象。易位染色体的联会区段与正常染色体一样可以发生交换。到了终变期，"十"字形象就会因交叉端化变为 4 个染色体构成的四体环或四体链。到了中期Ⅰ，染色体排列有两种形式：一种是四体环或四体链，后期Ⅰ分离时，4 条染色体配对构型中，相邻的两条染色体被拉向同一极，称为相邻式分离（二维码 10-5），子细胞包含重复缺失染色体，于是形成败育配子（图 10-9，中）；另一种呈"∞"字形，后期Ⅰ分离时，4 条染

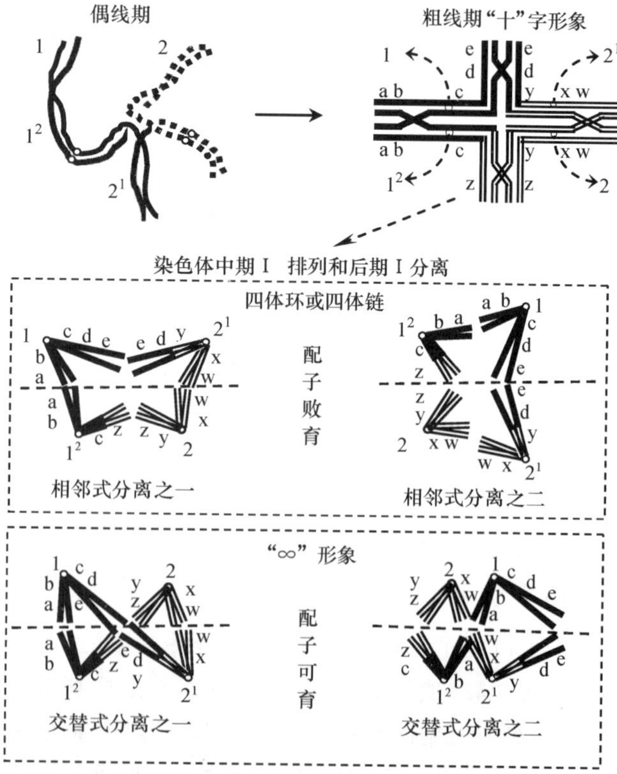

图 10-9 易位杂合体染色体联会和分离示意

（引自季道藩，1989，有改动）

易位杂合体如果涉及 3 对染色体的相互易位，则在终变期可以出现由 6 条染色体构成的更大的环或链；如果易位杂合体具有 2 个不同的独立易位，则可形成 2 个四体环或四体链。不涉及易位的染色体正常联会，终变期呈现正常大小的“O”状二价体。四体环或四体链等是典型易位杂合体所特有的染色体形态，在减数分裂终变期非常容易观察到。例如，在玉米的易位杂合体上，几乎所有处于终变期的花粉母细胞都可以观察到四体环或四体链（图 10-10）。

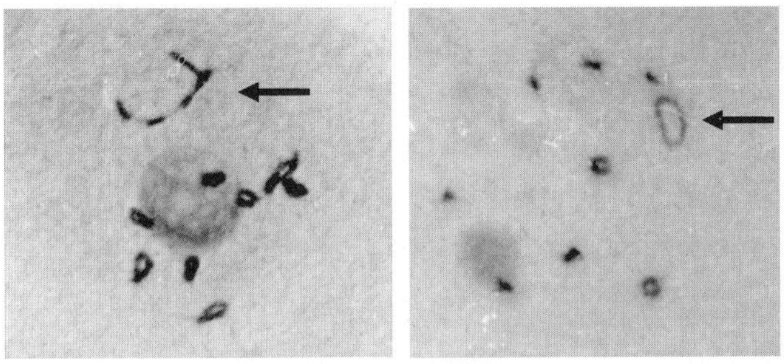

图 10-10　玉米相互易位杂合体终变期染色体照片

（箭头所指为四体链和四体环）

10.4.3　易位的遗传效应

10.4.3.1　易位杂合体表现半不育

在植物中有时会出现一种半不育（semi-sterility）的现象，即花粉有 50%是败育的，胚囊也有 50%是败育的，因而结实率只有 50%。研究得知，这种半不育性是易位杂合体的一个突出表现。半不育的产生与易位杂合体联会的四体环在中期Ⅰ排列和后期Ⅰ的分离方式密不可分。当发生相邻式分离和交替式分离的机会接近相等时，就会导致易位杂合体的半不育。由于两种染色体分离方式在大、小孢母细胞的减数分裂中同样进行，所以表现为花粉和胚囊同样半不育（图 10-11，图 10-12）。

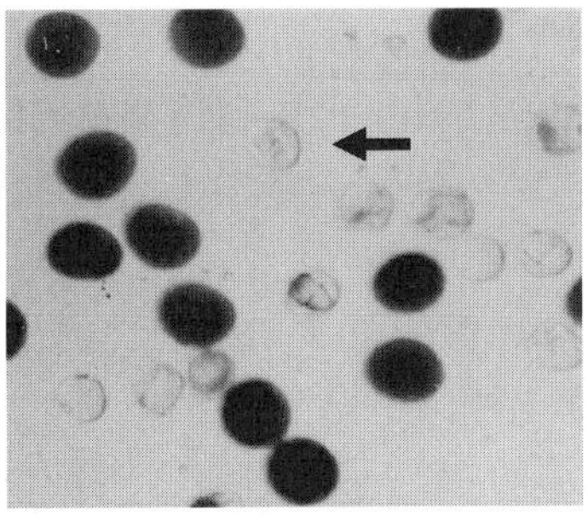

图 10-11　玉米相互易位杂合体的花粉

（箭头所指的是败育花粉）

图 10-12　玉米相互易位杂合体的自交果穗

（结实率约 50%）

实际上，还有些植物（包括豌豆、高粱、矮牵牛等）的相互易位杂合体染色体分离情况与玉米一样，称为玉米型，其相互易位杂合体都表现半不育；而另一些植物包括月见草、曼陀罗、风铃草、紫万年青等，其相互易位杂合体染色体分离全部呈交替式分离，配子全部可育，称为月见草型。

10.4.3.2　易位杂合体基因间重组率下降

易位杂合体靠近易位点的一些连锁基因间重组率下降，甚至可能不发生重组。例如，玉米 $T_{5\text{-}9a}$ 是第 5 染色体和第 9 染色体的一个易位，涉及第 5 染色体长臂的染色结外侧的一小段和第 9 染色体短臂包括 *wx* 位点在内的一大段（图 10-13），易位点紧邻 *wx* 基因。在正常的第 9 染色体上 *wx*-*sh*-yg^2 三个基因连锁，*wx* 与 *sh* 之间的重组率为 30%。*sh* 与 yg^2 之间的重组率为 23%，而 $T_{5\text{-}9a}$ 易位杂合体的这两个重组率，分别下降到 5%和 11%。连锁基因距易位点越近，重组率下降得越多。*sh* 与 *wx* 距易位点更近些，重组率由 30%降至 5%；yg^2 与 *sh* 距易位点较远，重组率由 23%降至 11%。通常易位杂合体的 2 条正常染色体和 2 条易位染色体的联会是相对松散的，离易位点很近的区段甚至不能联会，导致染色体间交换机会减少，这是易位杂合体重组率下降的原因所在。

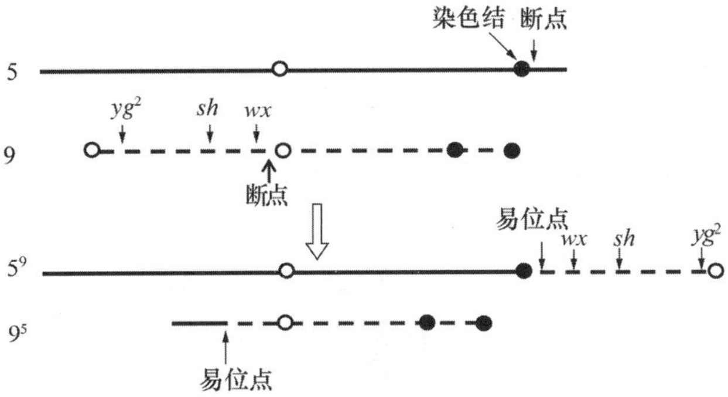

图 10-13　玉米 $T_{5\text{-}9a}$ 易位杂合体形成示意

（引自丁巨波，1991）

10.4.3.3 易位导致性状变异

植物中的易位纯合体一般都是正常的，可以稳定遗传。易位带来的基因连锁群改变可能导致更为显著的基因互作和位置效应，从而产生更明显的性状变异，甚至导致产生新物种。研究表明，易位是生物进化的一个重要途径。有许多物种的变种就是由染色体易位形成的。直果曼陀罗（*Datura stramonium*）的不同变异系就是不同染色体的易位纯合体。直果曼陀罗的 $n=12$，为了研究方便，曾任意选定一个变异系当作“原型 1 系”。将其 12 对染色体的两臂分别标以 1·2、3·4、5·6、7·8…23·24，“·”代表着丝粒。将不同变异系分别与原型 1 系杂交，通过观察 F_1 染色体联会情况判断易位发生在哪些染色体之间。结果发现，原型 2 系是 1·18 和 2·17 的易位纯合体；原型 3 系是 11· 21 和 12·22 的易位纯合体；原型 4 系是 3·21 和 4·22 的易位纯合体；原型 94 系是 1·14、2·17 和 13·18 的易位纯合体。已查明有近百个直果曼陀罗变异系都是易位纯合体，它们的外部形态都彼此不同。

10.4.3.4 独立基因的假连锁

在易位杂合体中，位于两对非同源染色体上的基因有可能表现连锁遗传，但这属于假连锁（pseudo-linkage）。例如，在玉米的 $T_{5\text{-}2}$ 易位杂合体中，*bt*（脆弱胚乳）基因仍然位于 5 号染色体，*b*（花青素加强）基因仍然位于 2 号染色体，本应该自由组合，可是测交子代中出现的重组个体不是占 50%，而只占 22.3%，即 *bt* 和 *b* 基因不表现自由组合，而表现不完全连锁。其原因是交替式分离总是将 5 号正常染色体和 2 号正常染色体组合在同一可育配子中，而将 5^2 易位染色体和 2^5 易位染色体组合在同一个可育配子中。如果测交对象的 *bt* 位于正常染色体，其等位基因 *Bt* 位于 5 号的易位染色体，*b* 位于 2 号正常染色体，其等位基因 *B* 位于 2 号的易位染色体，则可育配子的基因型只有 *bt*、*b* 和 *Bt*、*B* 两种，这就是导致假连锁的原因（图 10-14）。至于测交子代中出现的 22.3% 的重组型个体，则是易位杂合体发生交换的结果。

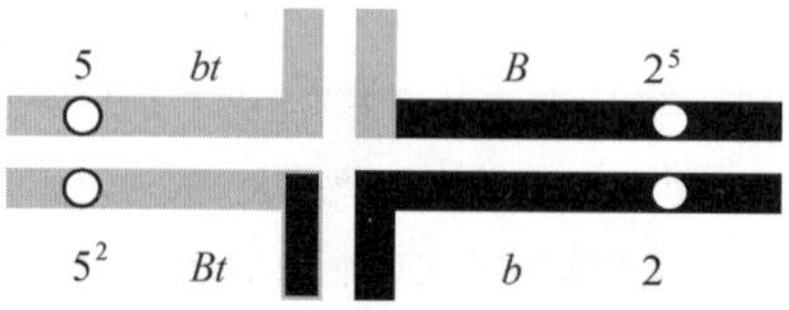

图 10-14 玉米 $T_{5\text{-}2}$ 易位杂合体 2 对基因的位置

10.4.3.5 染色体数减少

易位时，如果非同源染色体互换片段的大小存在严重不平衡，则会造成染色体数的减少。例如，相互易位发生在两对近端着丝粒染色体间，易位点分别在两条染色体长臂和短臂的近着丝粒处，易位纯合体的一对染色体包含原来两条染色体的长臂，另一对染色体只包含原来两条染色体的短臂，这种现象被称作罗伯逊易位（Robertsonian translocation）（图 10-15）。易位纯合体中一对易位的染色体很小，可能含有极少量基因，甚至不含基因。它们在细胞分裂过程中会丢失，其结果并不严重影响个体的生存与繁殖。减少了一对染色体的细胞就被保留下来成为新的生物类型。这种由两对染色体经过罗伯逊易位和染色体丢失变为一对染色体的过程称为染色体融合（chromosomal fusion）。研究表明，植物的还阳参属（*Crepis*）就是通过这样的途径形成了 $2n=6,8,10,12,14,16$ 等染色体数不同的种。

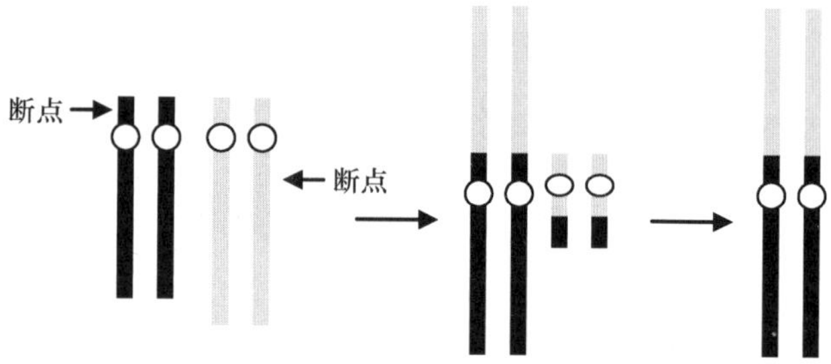

图 10-15 罗伯逊易位示意图

10.5 染色体结构变异的应用

染色体结构变异既可以用于遗传学基础研究，又可以用于动植物育种的实践。以下介绍几种有代表性的例子。

10.5.1 果蝇的 ClB 技术测定基因突变频率

ClB 技术（crossover suppressor-lethal-bar technique）是 Muller 于 1929 年利用果蝇倒位的交换抑制作用，测定 X 染色体上基因发生隐性突变频率的方法。

果蝇的 ClB 系是在 X 射线处理的果蝇子代群体内发现的，是一种倒位杂合体的雌蝇。它的一条 X 染色体是正常的，另一条 X 染色体是倒位染色体。C 是代表抑制交换的倒位区段；l 是代表该倒位区段内的一个隐性致死基因，可使胚胎在最初发育阶段死亡;B 是代表该倒位区段范围之外有一个 16 区 A 段的重复区段,其表型为显性棒眼性状,它能为倒位的 X 染色体存在于某个体提供表型识别标记。

在果蝇的群体内不可能存在纯合的 ClB∥ClB 型的雌蝇,也不可能存在 ClB∥Y 型的雄蝇,因为它们都受隐性致死基因 *l* 的影响,在胚胎发育的初期就死亡了。因此,ClB 系的 X 染色体只有当它与正常 X 染色体(X^+)杂合($ClB∥X^+$)时才能保存和传递。

ClB 测定基因突变频率的方法如下:①使正常的雄蝇接受 X 射线处理,使它的 X^+ 染色体上的基因发生突变(突变后的 X 以 X^- 代表)。②使该 $X^-∥Y$ 和 $ClB∥X^+$ 雌蝇杂交,由于 $ClB∥X^+$ 雌蝇受倒位区段(C)的抑制,不能产生交换配子,所以杂交子代能够成长为成虫者只有 $ClB∥X^-$ 雌蝇(棒眼)、$X^+∥X^-$ 雌蝇(正常眼)和 $X^+∥Y$ 雄蝇(正常眼)三种(图 10-16)。③最后一步是使子代群体内 $ClB∥X^-$ 雌蝇与没有受 X 射线处理的正常 $X^+∥Y$ 雄蝇杂交,同理,由于前者不产生交换配子,所以杂交子代群体内有 $ClB∥X^+$ 雌蝇(棒眼)、$X^+∥X^-$ 雌蝇(正常眼)和 $X^-∥Y$ 雄蝇三种成虫。倘若射线处理真的使 X 染色体上的某个或某些基因发生了突变,则该突变就能在 $X^-∥Y$ 雄蝇的个体发育过程中表现出来,因为 $X^-∥Y$ 雄蝇只有一条 X^- 染色体,而且这条 X^- 染色体上的各个基因从来没有因为交换而离开该染色体。如果 X 射线照射产生了突变,则所有 F_2 存活的雄蝇在表型上都将表现突变体性状。检测该群体中表现突变性状雄性个体占全部雄性个体的比例,即可得到 X 染色体上发生的基因隐性突变的频率(图 10-16)。

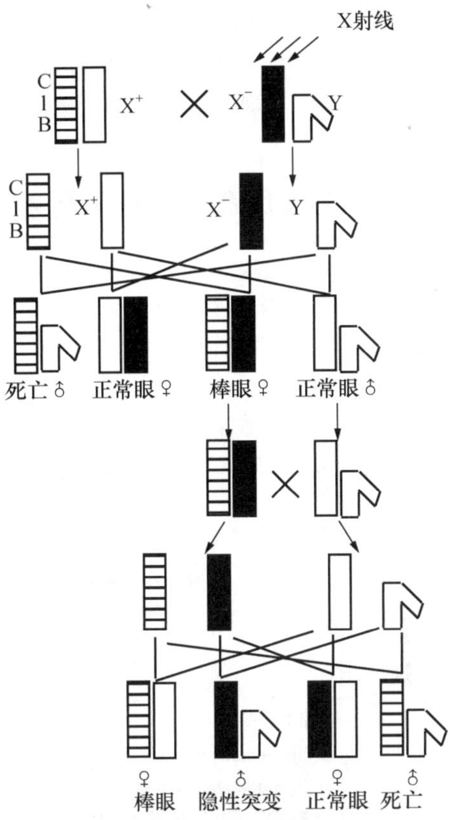

图 10-16 ClB 法检测果蝇 X 染色体上隐性突变频率

(引自李竞雄,1993)

10.5.2 基因定位

10.5.2.1 利用缺失进行基因定位

根据缺失的细胞学特征和假显性现象可以确定基因在染色体上的大致位置。前已述及,麦克林托克用 X 射线照射玉米花粉,诱发染色体缺失,引起基因假显性现象,就曾把决定玉米紫茎的基因 *Pl* 基因定位于第 6 染色体外端。还有,中间缺失杂合体的二价体上缺失圈显示了缺失区段在染色体上的位置,可以据此定位表现假显性现象的基因。果蝇的缺失区段可以结合唾腺染色体横纹观察进行更精确的鉴定,许多果蝇基因最初都是通过缺失确定其在染色体上的位置的。

10.5.2.2 利用易位进行基因定位

通常易位杂合体产生的可育配子有一半带有易位染色体,另一半带有正常染色体。易位杂合体自交会产生 1/4 易位纯合体、2/4 易位杂合体和 1/4 正常体。这意味着易位染色体的遗传也符合一对基因的遗传方式。由于易位杂合体表现配子半不育,所以可以将易位点当作一个半不育基因 *T*,正常染色体上的等位点相当于一个隐性基因 *t*,具有配子可育表型。尽管易位纯合体(*TT*)也表现为可育,但测交后代群体只有杂合体(*Tt*)和纯合体(*tt* 或 *TT*),所以根据配子的育性可以将两者区别。

通过两点或三点测验,可以测定某基因与易位点 *T-t* 是否连锁以及重组率,进一步还可以确定该基因位于与易位有关的哪条染色体上。例如,已知玉米长节间(正常)基因(*Br*)为短节间(矮生)基因(*br*)的显性,用某玉米株高正常、半不育植株与矮生、可育的正常品系杂交,再用 F_1 群体的株高正常、半不育株与矮化、可育品系测交,测交子代(F_t)为:株高正常、完全可育的 27 株;株高正常、半不育的 234 株;植株矮化、完全可育的 279 株;植株矮化,半不育的 42 株。结果说明，易位点 T 与 Br-br 位点连锁，重组率为 11.9%。假如该基因用 T_{1-10} 测交表现连锁，用 T_{6-10} 测交未发现连锁，则基因应该位于 1 号染色体上。

10.5.3 利用易位创造玉米核不育系的双杂合保持系

玉米雄性不育的核基因（ms_1）一般对其雄性可育的核基因（Ms_1）为隐性。纯合的雄性不育株（ms_1ms_1）与雄性可育株（Ms_1Ms_1）杂交，其 F_1 杂种（Ms_1ms_1）是雄性可育的，而不育系与杂合株杂交后代为一半可育株（Ms_1ms_1）和一半不育株（ms_1ms_1）的混合群，找不到与不育系杂交产生全部不育后代的保持系。曾有人提出利用易位创造玉米雄性不育双杂合保持系，以玉米 6 号染色体上的不育基因（ms_1ms_1）为例，其双杂合系为：育性基因杂合体（Ms_1ms_1）和 6 号染色体易位杂合体 $66^9 99$（包含 1 条正常的 6 号染色体和 1 条易位的 6 号染色体，并具有 1 对正常的 9 号染色体）。可育基因 Ms_1 位于 6^9 染色体上近易位点之处。这里的 9 号染色体也可以是任意其他染色体。这种双杂合保持系可以从 6-9 相互易位杂合体（$66^9 99^6$）与正常染色体、育性基因杂合体的杂交后代中筛选得到（图 10-17）。

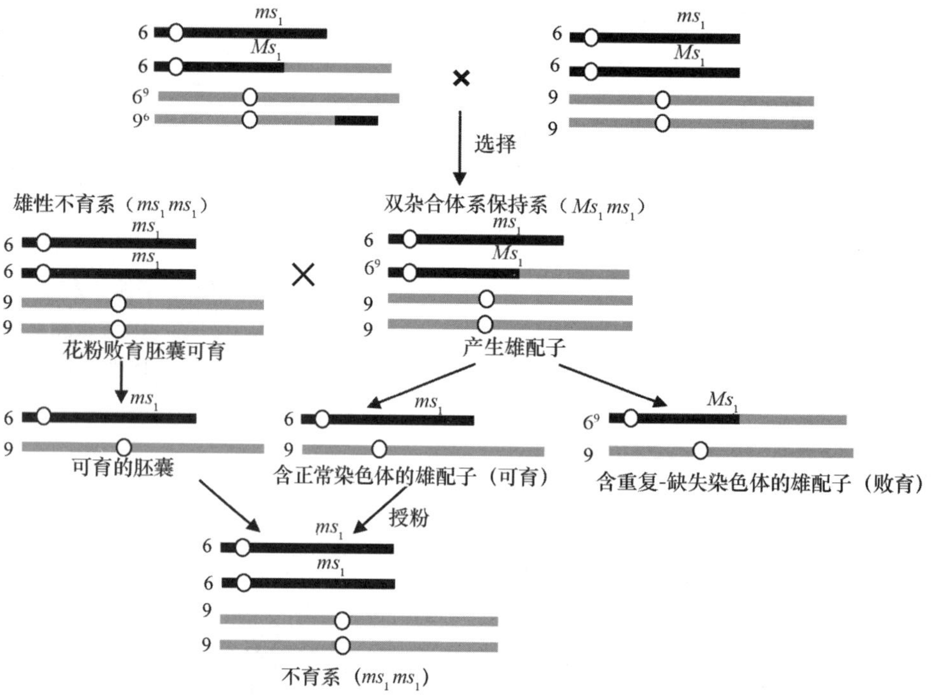

图 10-17　玉米细胞核雄性不育双杂合体保持系的获得和保持原理

由于带有 Ms_1 基因，所以双杂合保持系可以产生花粉，但在它产生的 2 种花粉中，一种是包含重复-缺失染色体并带有 Ms_1 基因，表现败育；另一种是正常染色体带有 ms_1 基因，表现可育。双杂合保持系与不育系杂交后代植株都是 ms_1ms_1 的不育株，雄性不育得到保持。重复-缺失染色体及其上的 Ms_1 基因可以通过胚囊传递给后代，所以保持系可以通过自交实现自身繁殖。

10.5.4 利用易位杂合体的半不育性为果树疏花疏果

利用易位杂合体的半不育性可以起到疏花疏果作用，改良植物品种。例如，美国的一个优良葡萄品种高产、糖分含量高、抗病，但果实比较小。为了增大果实，育种家诱发该葡萄品种产生易位，因表现半不育而起到疏果作用，使果实数量变少，果实体积增大。

10.5.5 利用易位鉴别家蚕的性别

养蚕业中，雄蚕的吐丝量比雌蚕高 20%～30%，并且质量好，因而多养雄蚕经济效益高。但要大规模地逐个鉴别雌雄是很困难的。遗传学家通过人工易位的方法，成功地培育出雌雄蚕卵自动鉴别品系，从而解决了生产上的问题。家蚕的性别由性染色体决定，属于雌性异配子型。性染色体是ZZ的为雄蚕，是ZW的为雌蚕。家蚕10号染色体上有一个使卵呈黑色的基因 B。遗传学家通过X射线处理，诱发 B 基因发生突变产生一个白色隐性等位基因(b)的突变体。该突变体(bb)的蚕卵是白色的，但与性别无关。为了使 B-b 基因与性别有关，遗传学家又用X射线处理杂合雌蚕，经过反复诱变，获得了携带有 B 基因的染色体片段易位到W染色体上的 W^B 突变体。这样一来，凡是 W^B 突变体的雌蚕卵都是黑色的，加以淘汰，而雄蚕卵都是白色的，加以保留(图10-18)。

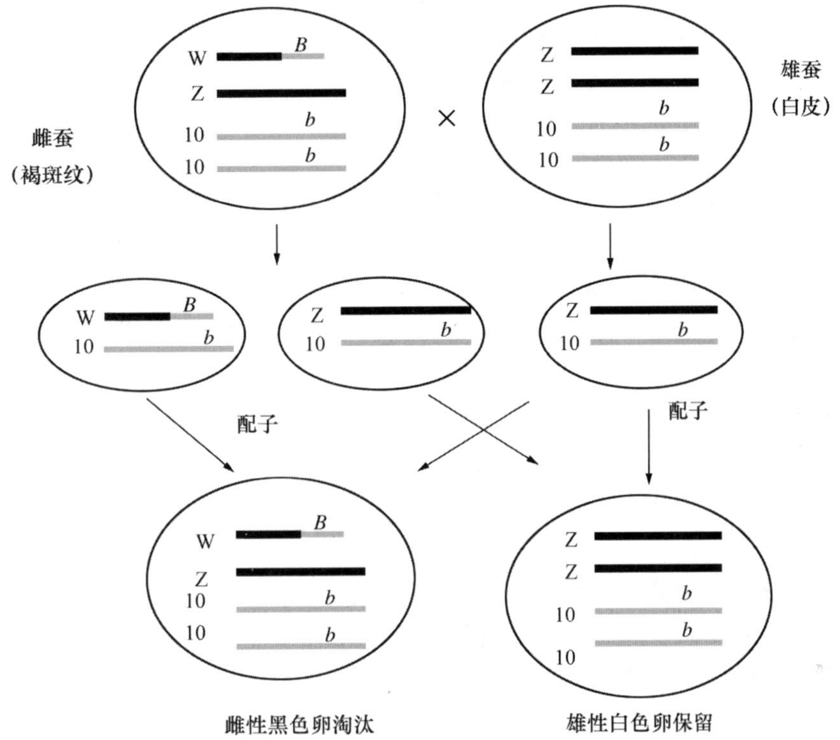

图 10-18　利用易位鉴别家蚕性别示意

10.5.6　利用易位控制害虫繁殖

用一定剂量的射线照射雄性害虫，使其染色体发生易位，易位的雄虫与自然群体中的雌虫交配，F_1 为易位杂合体，表现半不育，其中雌虫有50%左右的卵不能孵化，有利于控制虫口密度。此法曾用于柑橘果蝇和玉米螟的防治。

10.5.7　在医学疾病诊断中的应用

染色体结构变异在医学疾病诊断中的应用也较为广泛。通过核型分析，发现染色体缺失、重复、倒位和易位的变化会使基因功能发生变化，使正常生理活动遭到破坏，导致各种疾病甚至肿瘤的发生。例如人类常染色体或者性染色体的缺失和重复都会导致临床的不育症状。此外，人类多种疾病，如抑郁症、r 珠蛋白变异型和血红蛋白病、视色素基因和色觉的变异、周围神经病-腓神经萎缩病和遗传性神经病伴易患压力麻痹等疾病，都与染色体部分序列重复有关。研究不同染色体结构变异对疾病的影响，分析遗传病产生的原因，发现结构变异的标志片段，可为某些疾病的诊断、治疗提供参考依据。

内容提要与思维导图

染色体结构变异是可能与基因突变相伴发生但强度更大的遗传变异。发生染色体结构变异的机理是，在染色体断裂和重接过程发生错误，使基因间相互关系或基因剂量改变，导致生物性状发生遗传变异。主要的染色体结构变异类型有缺失、重复、倒位和易位。

各种结构变异的杂合体，在减数分裂联会时呈现不同的细胞学特征。缺失杂合体形成涉及一条正常染色体的缺失环或圈；重复杂合体形成涉及一条重复染色体的重复环或圈；倒位杂合体在联会时形成涉及一对染色体的倒位圈，在后期Ⅰ或后期Ⅱ形成由双着丝粒染色体构成的染色体桥；易位杂合体在联会时形成“十”字形结构，终变期形成四体环或四体链。

各种结构变异都产生相应的遗传效应。缺失杂合体可以产生假显性现象，染色体重复产生基因的剂量效应和位置效应。倒位杂合体在倒位圈内发生交换会形成败育配子，导致配子部分不育。臂内倒位杂合体产生败育配子的原因是配子包含了缺失的染色体；臂间倒位杂合体产生败育配子的原因是配子包含了重复-缺失染色体。

易位杂合体最突出的遗传表现是半不育，即花粉和胚囊都是50%败育的，结实率为50%。在减数分裂后期Ⅰ，若四重体的2对染色体发生交替式分离，配子将得到2条正常染色体或2条相互易位染色体，表现可育；若2对染色体发生相邻式分离，配子会得到重复-缺失染色体，表现败育。2对染色体发生交替式分离和相邻式分离的机会往往相等，所以易位杂合体表现半不育。无论是倒位杂合体还是易位杂合体，由于同源染色体联会异常妨碍了基因交换，或交换后产生的配子败育，都会使结构变异区段和与其邻近的基因重组率下降。倒位和易位都能引起明显的性状改变，是生物进化的途径。

染色体结构变异既可以用于遗传学基础研究，又可以用于动植物育种的实践。利用倒位的交换抑制作用可以测定果蝇X染色体上基因隐性突变的频率；根据易位杂合体的表现可以进行基因连锁关系定位和染色体定位；利用易位可以创造玉米核型雄性不育的双杂合保持系。在实践上，可以利用染色体易位区段上的基因标记鉴别家蚕性别；利用易位的半不育机制可进行果树的疏花疏果、控制害虫繁殖等；利用染色体结构变异的特征，可进行疾病的诊断。

二维码 10-7　本章思维导图

复习思考题

1. 解释下列名词：缺失　重复　倒位　易位　顶端缺失　中间缺失　双着丝粒染色体　染色体缺失环　假显性　顺接重复　反接重复　剂量效应　位置效应　染色体重复环　臂内倒位　臂间倒位　染色体倒位圈　染色体桥　简单易位　相互易位　罗伯逊易位　半不育　“十”字形联会　四体环　相邻式分离　交替式分离　双杂合体　ClB 测定。

2. 缺失有哪些遗传效应？

3. 易位杂合体为何会产生半不育的配子？可图示说明。

4. 为什么说倒位会降低倒位圈内基因的重组率？

5. 染色体结构变异同基因变异有何区别？

6. 鉴定染色体缺失、重复、倒位、易位的细胞学证据是什么？

7. 如果含有缺失染色体的配子都是不育的，那么括号中的杂合体（A · BCDEF // a · bedcf）只能产生两种可育配子，你认为对吗？为什么？

8. 果蝇的 e 基因位于第3号染色体70.7位点上，ee 型果蝇呈黑檀体，体色比基因型为 $++$ 或 $+e$ 的果蝇黑得多。如果 $++$ 和 ee 果蝇交配，产生极少数黑檀体果蝇，但频率却大于基因突变频率。这些黑檀体产生的可能原因是什么？怎样证实？

9. 如何利用染色体缺失进行基因定位？

10. 请分析和解释孢母细胞减数分裂时出现后期桥现象的原因。

11. 玉米的第6染色体上正常的连锁遗传图为：$P(4)$-$Y(13)$-$I(48)$-$S(57)$-$G(68)$（括号中的数字为基因的图距）。现有一杂交♀$+++++/pyisg$ ×♂ $pyisg/pyisg$，从其后代中测得交换值，p-y，9.2%；y-i，4.5%；i-s，1.2%；s-g，9.8%。如果母本是一个倒位杂合体，那么倒位发生在第6染色体哪一基因区段？

12. 将一倒位杂合体（ABCDE/ABDCE）与其倒位纯合体（ABDCE/ABDCE）杂交，问在下列情况下两亲本产生具有完整基因组的配子的比例如何？

（1）减数分裂时在倒位区段C和D之间没有发生交换。

（2）每一个减数分裂的细胞里C和D之间发生一次交换。

13. 某植物有3个不同的变种，各变种的某染色体区段顺序为：ABCDEFGHIJ，ABCHGFIDEJ，ABCHGFEDIJ。试论述这3个变种的进化关系。

14. 玉米第6染色体的一个易位点(T)距离黄胚乳基因(Y)较近，T与Y之间的重组率为20%。以黄胚乳的易位纯合体与正常的白胚乳纯系(yy)杂交，再以F_1与白胚乳纯系测交，试解答以下问题：(1)F_1和白胚乳纯系分别产生哪些可育配子？(2)测交子代(F_t)的基因型和表型(黄胚乳或白胚乳，完全可育或半不育)的种类和比例如何？

15. 假设在玉米中，第一染色体有ABCDEF的基因序列，第二染色体有MNOPQR的基因序列。一次相互易位得到以下的排列：ABCPQR和MNODEF。试对易位杂合体减数分裂的粗线期图像作图，并对可能预期的花粉育性加以描述。

16. 一株玉米品系是第2染色体和第5染色体相互易位杂合体，并且在未易位的第2和第5染色体上分别带有隐性无叶舌基因(lg)和隐性黄绿苗基因(u)。将此品系的显性杂合体为父本，与染色体正常而且是两个隐性基因纯合体的母本杂交，其后代表型如何(假设无交换发生)？

第11章 染色体数目变异

◆内容提示

介绍染色体组和各种染色体数目变异类型的概念及遗传效应；分析同源多倍体和超倍体的基因分离规律；说明染色体数目变异在遗传研究和育种实践上的应用原理。

◆教学目标

了解染色体倍数性变异的形态表现、形成及遗传方式，掌握染色体组及各种染色体数目变异类型的概念；理解同源多倍体和超倍体的染色体分离和基因分离规律；重点掌握整倍体在遗传研究和作物育种中的应用。

1901年，荷兰植物学家狄·费里斯（H. de. Vries）在普通月见草（*Oenothera lamarckiana*）中发现了一种组织和器官明显增大的变异型，将其命名为巨型月见草（*O. gigas*），当时以为是普通月见草发生了基因突变。但通过进一步的细胞学观察发现，这种巨型月见草的染色体数目是 $2n=28$，正好是普通月见草染色体数（$2n=14$）的2倍。这一发现使得人类开始认识到，染色体数目的变异也可以导致生物遗传性状的改变。

11.1 染色体组与染色体整倍性变异

11.1.1 染色体组的概念和特征

染色体组（genome）是指一种生物维持其生命活动所需要的一套基本的染色体。染色体组内各条染色体间在形态、结构和连锁基因群上彼此不同，载荷着该种生物体生长发育所需的全部遗传物质，构成一个完整而协调的体系，缺少任何一条染色体或其组成部分都会对生物体造成损害，导致性状变异、生活力降低、配子不育甚至个体死亡等，这就是染色体组的基本特征。

近年来，genome 这一词也称为基因组，是指一个配子的染色体所带有的全部基因或 DNA 分子。广义的基因组还应包括细胞器或病毒中所含的全部 DNA（或 RNA）分子。

通常用 x 表示一个染色体组。一般来说，x 所包含的染色体数就是一个属的染色体的基数。例如小麦属 $x=7$，表示该属的各个不同物种的染色体数目都是以7个染色体为基数变化的，如野生一粒小麦 $2n=2x=14$，野生二粒小麦 $2n=4x=28$，普通小麦 $2n=6x=42$。

一个染色体组所包含的染色体数在不同种属之间可能相同，也可能不同，如大麦属 $x=7$，高粱属 $x=10$，稻属 $x=12$，烟草属 $x=12$，棉属 $x=13$，葱属 $x=8$ 等。也有同属内不同种间染色体组包含的染色体数不同的，如芸薹属不同种的 $x=8$、$x=9$ 或 $x=10$。

11.1.2 染色体的整倍性变异

染色体数是染色体组 x 整倍数的个体或细胞称为整倍体（euploid）。具有 $2n=2x$ 的个体或细胞称为二倍体（diploid），$2n=4x$ 的称为四倍体（tetraploid），$2n=6x$ 的称为六倍体（hexaploid），依此类推。二倍体的配子内只有一个染色体组，所以是一倍体（monoploid）。四倍体与二倍体杂交（$4x\times 2x$）的子代是三倍体（$3x$，triploid），六倍体与四倍体杂交（$6x\times 4x$）的子代是五倍体（$5x$，pentaploid）。通常将三倍或三倍以上的整倍体统称为多倍体（polyploid）。

染色体组来自同一物种的多倍体称作同源多倍体（autopolyploid），同源多倍体一般是由二倍体经染色体数目加倍形成的。染色体组来自不同物种的多倍体称作异源多倍体（allopolyploid），一般是由不同种、属间的杂交种经染色体数目加倍形成的（图11-1）。异源多倍体来自不同物种的染色体组用不同的英文大写字母表示，例如，普通烟草的染色体构成可以表示为 $2n=4x=$ TTSS $=48$，代表它是四倍体，其染色体组来自 2 个物种；普通小麦的染色体构成可以表示为 $2n=6x=$ AABBDD $=42$，代表它是六倍体，其染色体组来自 3 个物种。

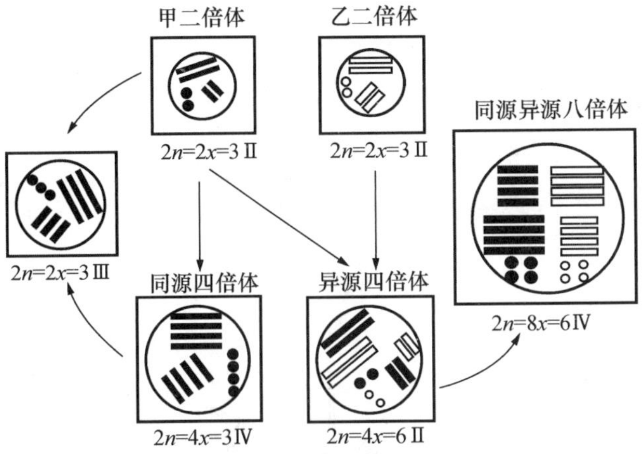

图 11-1 多倍体染色体组的组合示意

（引自朱军，2018）

11.2 多倍体

11.2.1 同源多倍体

11.2.1.1 同源多倍体的表现特征

同源多倍体由于染色体组数增加，导致基因剂量的增加，往往给生物带来一系列变异，与原来的二倍体不同，表现在部分器官增大、生长发育慢、低育或不育、次生代谢成分增加和抗逆性提高等特性。

在形态上，同源多倍体的细胞或组织器官表现出巨大性。一般情况下，同源多倍体的细胞核体积、细胞体积和部分器官变大。八倍体甜菜的气孔和保卫细胞大于四倍体甜菜的气孔和保卫细胞，四倍体甜菜气孔和保卫细胞又大于其二倍体的（图 11-2）。又如，同源三倍体甜菜块根大于二倍体甜菜的；同源四倍体草莓的果实大于二倍体的；有一种四倍体金鱼草，无论是植株的高度、叶片、花序，还是它的气孔、花粉粒等，均大于其二倍体（图 11-3）。

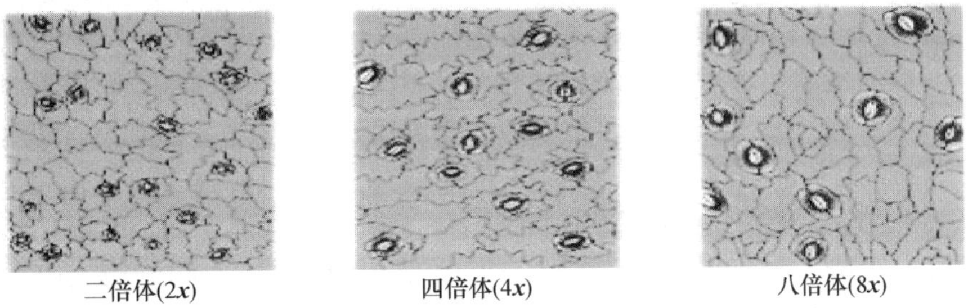

图 11-2 不同倍数甜菜叶片气孔大小的差异

图 11-3 二倍体（左）与四倍体金鱼草

大多数同源多倍体的叶片大小、花朵大小、茎粗和叶厚都随染色体倍数的增加而递增。然而，这样的递增并不是绝对的，当染色体倍数超过一定限度时，同源多倍体的器官和组织就不再随着增大了，如甜菜的最适同源倍数是三倍而不是四倍。甚至还有相反的情况，如玉米同源八倍体的植株比同源四倍体矮小。

有的植物由二倍体变为同源多倍体后出现一些特殊的表型变异，例如二倍体的西葫芦本来结梨形果实，成为同源四倍体以后，所结果实就变成了扁圆形。

在生理上，同源多倍体的基因剂量效应能增加细胞中的内含物。三倍体甜菜块根含糖量和产量都高于二倍体的；同源四倍体大麦籽粒蛋白质含量比二倍体原种增加 10%～12%；同源四倍体玉米籽粒的类胡萝卜素含量比二倍体约增加 43%；四倍体番茄的维生素 C 含量比二倍体大约多 1 倍。

同源多倍体在生理性状上的变异还表现为抗逆性和适应性增强，如耐辐射、耐紫外光、耐旱、耐寒等特性增强。例如，同源四倍体荞麦的抗辐射能力比二倍体强；同源四倍体黑麦的耐寒性高于二倍体，适合在高寒地区种植；多倍体杜鹃花的抗逆性强，多分布在我国西南山区，而二倍体杜鹃花只分布在平原地区。此外，多倍体对光周期的反应也会发生变化。例如，二倍体黑麦在冬季自然日照条件下可以正常开花结实，但加倍后的同源四倍体则表现雌花不育，因而完全不能结实，只有将光照增加到每天 17 个小时才能获得种子。

同源多倍体由于减数分裂时染色体联会和分离不正常，导致育性下降甚至完全不育。同源四倍体可以产生种子但结实率往往低于正常二倍体。同源三倍体几乎不能产生正常配子，表现高度不育，如三倍体的西瓜、香蕉、柑橘等都不结种子。

同源多倍体在动物中比较少见，其主要原因与动物的性别由性染色体决定有关。大多数动物是雌雄异体的，染色体稍微不平衡就会引起不育，甚至不能存活，即使能产生多倍体个体，通常也只能依靠孤雌生殖或无性生殖来维持其群体数量。例如，甲壳类丰年鱼的二倍体（$2n=2x=42$）可进行两性生殖，而四倍体（$2n=4x=84$）只能通过单性生殖来繁殖。在蝾螈、蛙及家蚕中，都发现过三倍体和四倍体，几乎都不能正常生存下去。但在某些动物的特定组织中存在着能进行正常生命活动的同源多倍体细胞，如人类的肝脏和肾脏组织。

11.2.1.2　同源三倍体的联会和分离

同源多倍体细胞中的同源染色体不是成对的而是成组的，这里将由 3 条或 3 条以上的同源染色体构成的一组染色体称为同源组。

联会时，每个同源组的 3 条染色体，在任何同源区段内只能有 2 条染色体联会，而将第 3 条染色体的同源区段排斥在外。由于存在局部联会，所以会发生不联会和三价体早解离现象。因此，3 条同源染色体有 2 种联会形式，并有几种分离的可能：一是 3 条染色体同时参与联会，形成三价体（Ⅲ），后期Ⅰ染色体进行 2/1 式的不均衡分离，即同源组中的 2 条染色体分向一极，另 1 条染色体分向另一极；二是 3 条染色体有 2 条先联会成二价体（Ⅱ），第 3 条染色体不参与联会，成为单价体（Ⅰ），后期Ⅰ可能以 2/1 式的不均衡分离，也有可能单价体消失在细胞质中，二价体以 1/1 式均衡地分向两极（图 11-4）。

联会方式	偶线期形象	双线期形象	终变期形象	后期Ⅰ分离
Ⅲ	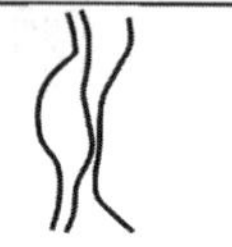			2/1
Ⅱ+Ⅰ				2/1或1/1 单价体丢失

图 11-4　同源三倍体每个同源组染色体的联会和分离

（引自季道藩，1989）

这只是一个同源组的情况，如果将几个同源组同时考虑，配子中染色体数不均衡现象就会更加严重。理论上估计，每个同源组都有 2 条染色体分配到一极，产生（$2n$）可育配子的概率只有$(1/2)^n$，每个同源组都有 1 条染色体分配到另一极，产生（n）可育配子的概率也是$(1/2)^n$。绝大多数情况是染色体的不均衡分离，形成染色体数目高度紊乱的各种败育配子，所以同源三倍体的个体表现出高度不育。由于同样的原因，奇倍数多倍体往往也是高度不育的，曼陀罗（$n=x=12$）同源三倍体（$2n=3x=36=12$Ⅲ）的染色体不均衡分离就是一个很好的例证（表 11-1）。

表 11-1　曼陀罗（$n=x=12$）同源三倍体（$2n=3x=36=12$Ⅲ）12 个同源组的分离

分离方式 %	12/24	13/23	14/22	15/21	16/20	17/19	18/18
大孢子母细胞	—	3.5	9.0	14.0	21.5	34.5	17.5
小孢子母细胞	0.8	4.5	8.5	14.5	22.9	30.8	18.0

引自刘庆昌(2007)

11.2.1.3　同源四倍体的联会和分离

1. 同源四倍体的染色体联会和分离

同源四倍体的每一个同源组有 4 个成员。在减数分裂时，同源组的任何区段只能有两条染色体配对，由于存在局部联会，也会发生不联会和四价体提早解离等现象，所以每个同源组的 4 条染色体在联会时可能出现 4 种形式，在此基础上形成后期Ⅰ不同形式的染色体分离(图 11-5)。具体情况是:①4 条染色体形成 1 个四价体(Ⅳ),减数分裂后期Ⅰ可能呈 2/2 式均衡分离,也可能呈 3/1 式不均衡分离;②4 条染色体中 3 条联会成三价体,另 1 条不联会,以单价体的形式存在(即Ⅲ+Ⅰ);在减数分裂后期Ⅰ染色体可能以 2/2 式均衡分离,也可能以 3/1 式或 2/1 式不均衡分离;③4 条染色体联会成两个二价体(Ⅱ+Ⅱ),减数分裂后期Ⅰ染色体只呈现 2/2 式均衡分离;④4 条染色体中有 2 条联会成二价体,另 2 条以两个单价体存在(Ⅱ+Ⅰ+Ⅰ);后期Ⅰ可能以 2/2 式均衡分离,也可能以 3/1 或 2/1 或 1/1 形式分离。

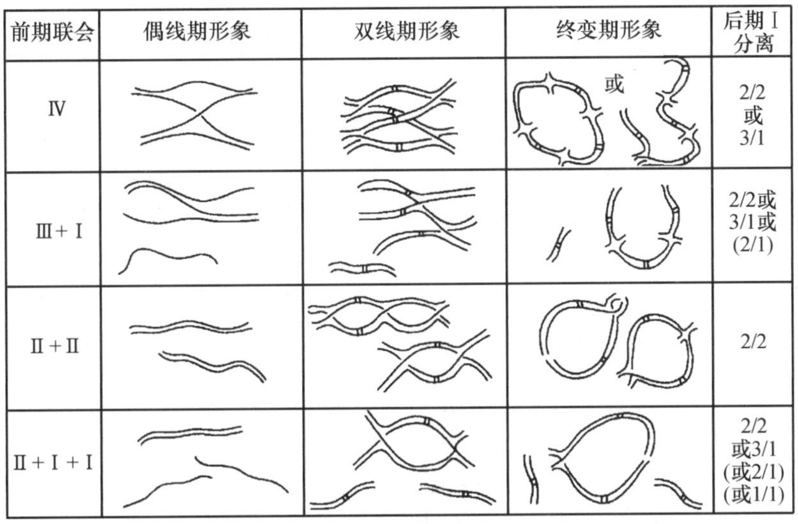

图 11-5 同源四倍体每个同源组的染色体联会和分离

(引自季道藩,1989)

如果每个同源组的 4 条染色体都发生多种形式的不均衡分离,就会造成同源四倍体配子染色体组成的不平衡,从而导致同源四倍体的部分不育及其子代染色体数的多样性变化。但在多数情况下,同源四倍体的联会以四价体(Ⅳ)和 2 个二价体(Ⅱ+Ⅱ)为主,后期Ⅰ分离也主要是 2/2 式的。根据对玉米同源四倍体($2n=4x=40=10$Ⅳ)小孢子母细胞的观察,每个同源组的联会主要是四价体(Ⅳ)和两个二价体(Ⅱ+Ⅱ),只有少数是其他形式的联会。由于Ⅱ+Ⅱ式的联会必然是 2/2 式分离,Ⅳ主要是 2/2 式分离,所以同源四倍体配子大部分是可育的。

同源四倍体的四价体联会在不同物种间出现的频率是有差别的。有些物种,如同源四倍体大麦(图 11-6)、大豆和庭荠(*Alyssum disertorum* Stapf.),大部分同源组都呈现四价体;而另外一些物种,如同源四倍体孜然芹(*Cuminum cyminum* L.)、萝卜(*Rophanus sativus* L.)、百脉根(*Lotus corniculatus*)等,很少形成四价体。还有一些种,如茄属植物(*Solanum* L.)和万寿菊(*Tagetes erecta*)等,它们的同源四倍体几乎完全不出现四价体。同源四倍体紫鸭跖草(*Commelina communis*)中有一半以上的染色体为链形四价体。

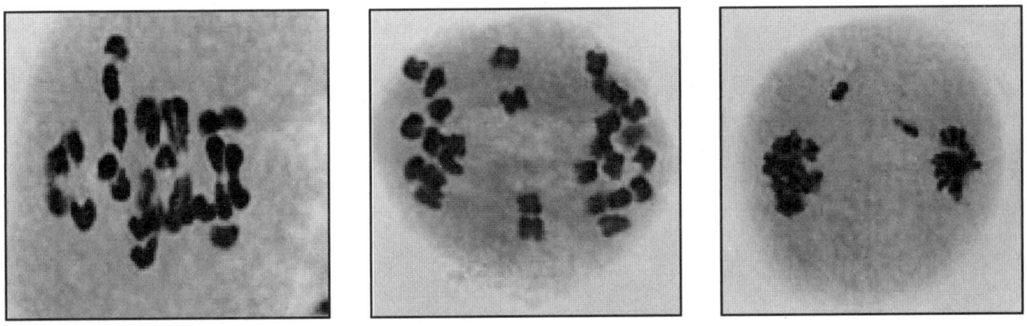

图 11-6 同源四倍体大麦减数分裂的染色体分离

2. 同源四倍体的基因分离

考虑到同源四倍体产生的配子多数是可育的，位于染色体上的基因能够通过配子传递到子代，就有必要进一步认识基因在染色体上的传递规律。

同源四倍体某一基因位点的基因，例如 *A-a*，可能有 *AAAA*（四式）、*AAAa*（三式）、*AAaa*（复式）、*Aaaa*（单式）和 *aaaa*（零式）共 5 种基因型，除了四式和零式外，其余三种为杂合体，在自交过程中会发生分离。

（1）染色体随机分离　如果基因（*A-a*）在染色体上距离着丝粒较近，以致基因与着丝粒间很难发生非姐妹染色单体交换时，则该基因就随着染色体的随机分离而分离，这种分离方式称为基因的染色体随机分离（random chromosome segregation）。

假设三式杂合体（*AAAa*）的 *A-a* 基因位于某同源组染色体上距离着丝粒较近处，基因与着丝粒之间不发生交换，同源组的第 1、2 和 3 染色体的 *A-a* 位点上是 *A* 基因，第 4 染色体的该位点为 *a* 基因，又假设同源组的 4 条染色体在后期 Ⅰ 的分离都是 2/2 式的，那么在减数分裂后期 Ⅰ 这 4 条染色体将有 3 种组合形式，即[(1,2)/(3,4)]、[(1,3)/(2,4)]和[(1,4)/(2,3)]，如图 11-7 所示，产生（*AA*）和（*Aa*）两种配子，其比例为 1∶1。假定这 2 种雌、雄配子能以相同的比例参与受精，则该同源四倍体的自交子代基因型种类和比例将是 $(1AA:1Aa)^2 = 1AAAA:2AAAa:1AAaa$，子代表型比例为 1 显性[A]∶0 隐性[a]，即没有隐性个体出现。同理可以推知，复式（*AAaa*）和单式（*Aaaa*）杂合体自交子代将出现显性与隐性 35∶1 和 3∶1 的表型分离。各种同源四倍体杂合体染色体随机分离产生的配子种类、比例以及自交子代的表型种类与比例列于表 11-2。

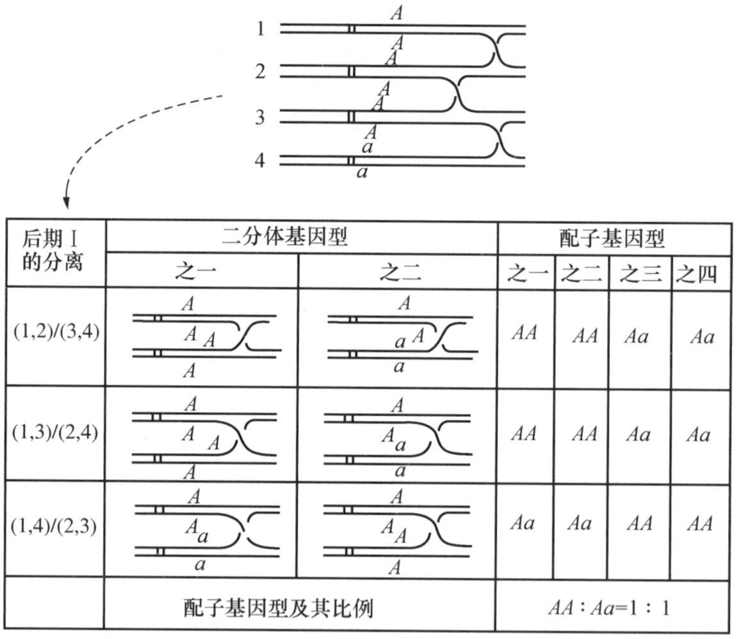

图 11-7　三式（*AAAa*）同源四倍体的染色体随机分离

（引自季道藩，1989）

表 11-2　同源四倍体某位点等位基因的染色体随机分离结果

杂合体基因型	配子种类和比例			自交子代基因型种类和比例					自交子代表型种类和比例	
	AA	*Aa*	*aa*	A^4	A^3a	A^2a^2	Aa^3	A^4	显性[A]	隐性[a]
AAAa	1	1	—	1	2	1	—	—	1	—
AAaa	1	4	1	1	8	18	8	1	35	1
Aaaa	—	1	1	—	—	1	2	1	3	1

(2)染色单体随机分离　如果 A-a 基因距着丝粒的距离较远，以致非姐妹染色单体在该基因与着丝粒之间容易发生交换，则该基因就随染色单体随机地分离，这种分离方式称为基因的染色单体随机分离(random chromatid segregation)。

假设三式杂合体($AAAa$)的 A-a 基因位于某同源组染色体上距离着丝粒较远处，基因与着丝粒之间容易发生交换，染色单体上的基因可以通过交换与其他非姐妹染色单体上的基因互换位置，并且这种交换在染色单体间是完全随机发生的。也就是说，同源组中的 8 条染色单体上的 8 个基因($AAAAAAaa$)中的任何 2 个成员都有可能被分配到一个配子中。因此，三式杂合体 $AAAa$ 形成的配子种类和比例为：

$$AA=C_6^2=6!/(6-2)!\ 2!\ =15$$
$$Aa=C_6^1C_2^1=(6!/5!)(2)!\ =6\times2=12$$
$$aa=C_2^2=1$$

即 AA∶Aa∶aa =15∶12∶1，这其中隐性纯合 aa 配子出现的概率为 1/28，与染色体随机分离的结果不同。假如雌配子和雄配子都以相同的比率参与受精，则自交子代基因型种类和比例理论上应为：$(15AA:12Aa:1aa)^2=225A^4:360A^3a:174A^2a^2:24Aa^3:1a^4$，表型的种类和比例为 783[A]∶1[a]。同理，推及复式($AAaa$)和单式($Aaaa$)杂合体基因的染色单体随机分离结果(表 11-3)。

表 11-3　同源四倍体等位基因的染色单体随机分离结果

杂合体基因型	配子种类和比例			自交子代基因型种类和比例					自交子代表型种类和比例	
	AA	Aa	aa	A^4	A^3a	A^2a^2	Aa^3	a^4	显性[A]	隐性[a]
$AAAa$	15	12	1	225	360	174	24	1	783	1
$AAaa$	3	8	3	9	48	82	48	9	20.8	1
$Aaaa$	1	12	15	1	24	174	360	225	2.44	1

根据对曼陀罗、玉米、番茄、苜蓿、水稻、菠菜等植物的同源四倍体的分析表明，多数基因的实际分离介于染色体随机分离比例和染色单体随机分离比例之间。一是由于某些孢母细胞同源组的四条染色体不是 2/2 分离；二是由于基因与着丝粒之间能否发生交换是相对的，在一些孢母细胞中发生染色体随机分离，而在另一些孢母细胞中则发生染色单体随机分离。

11.2.2　异源多倍体

异源多倍体是物种进化的一个重要途径。据分析，在中欧植物中的 652 个属中有 419 个属是异源多倍体。禾本科植物中偶倍数的异源多倍体约占 70%，如栽培的小麦、燕麦、甘蔗等。在果树中的苹果、梨、樱桃等，在花卉中的菊花、水仙、郁金香等都是异源多倍体。异源多倍体往往兼有不同原始物种的特征，但一般不表现巨大性。异源多倍体的遗传因所含染色体组的倍数不同而异。

11.2.2.1　偶倍数的异源多倍体

偶倍数的异源多倍体，指来自不同物种的各染色体组都是偶数的异源多倍体。自然界能够自繁的异源多倍体种几乎都是偶倍数的。这一类多倍体的同源染色体都是成对存在的，在减数分裂时同源染色体可以像正常二倍体一样联会和分离，从而形成正常的配子，受精后产生正常的合子，所以偶倍数异源多倍体一般表现与二倍体相同的性状遗传规律。

最简单的偶倍数异源多倍体是异源四倍体，例如普通烟草($2n=4x=TTSS=48=24\,\mathrm{II}$)就是个异源四倍体，它是由两个二倍体($2n=2x=TT=24=12\,\mathrm{II}$)绒毛状烟草(*N. tomentosiformis*)和二倍体($2n=2x=SS=24=12\,\mathrm{II}$)林烟草(*N. sylvestris*)合成的异源四倍体。科学家曾人工模拟该物种形成的过程，以两个原始烟草为亲本杂交，然后对 F_1 进行染色体加倍，所得的异源四倍体在形态上与普通烟草相似，从而验证了普通烟草的进化过程，具体过程如下：

绒毛状烟草($2n=2x=TT=24=12$ Ⅱ)×林烟草($2n=2x=SS=24=12$ Ⅱ)

↓

种间杂种 F_1($2n=2x=TS=24=12$ Ⅰ $+12$ Ⅰ)

↓染色体加倍

异源四倍体($2n=4x=TTSS=48=24$ Ⅱ)

由于普通烟草的细胞内包含两个二倍体物种的染色体组,即 TT 和 SS,故又称这种异源四倍体为双二倍体(amphidiploid)。

偶倍数异源多倍体的另一个典型例子是普通小麦。普通小麦是异源六倍体,其染色体组成是($2n=6x=AABBDD=42=21$ Ⅱ)。普通小麦的染色体组来自 3 个二倍体物种,即野生一粒小麦($2n=2x=AA=14=7$ Ⅱ)、拟斯卑尔脱山羊草($2n=2x=BB=14=7$ Ⅱ)和方穗山羊草($2n=2x=DD=14=7$ Ⅱ)。通过类似上述的过程,人们同样也揭示了普通小麦系的演化过程(详见第 9 章)。

在对异源六倍体小麦的深入分析之后,人们把来源于野生一粒小麦 A 染色体组的 7 个染色体分别命名为 1A、2A、3A、4A、5A、6A 和 7A,把来源于拟斯卑尔脱山羊草 B 染色体组的 7 个染色体分别命名为 lB、2B、3B、4B、5B、6B 和 7B;把来源于方穗山羊草 D 染色体组的 7 个染色体分别命名为 1D、2D、3D、4D、5D、6D 和 7D。编号相同时三组的染色体具有部分同源(homoeologous)的关系,例如,1A、1B 和 1D 是部分同源的,2A、2B 和 2D 是部分同源的,依此类推。也就是说,A、B 和 D 三个染色体组虽然是异源的,却可能有少数基因相同,因而在遗传作用上 1A、1B 和 1D 有时可以互相替代。例如,控制小麦粒色遗传的 R_1-r_1,R_2-r_2 和 R_3-r_3 等 3 对基因,就分别载在 3D、3A 和 3B 染色体上。普通小麦减数分裂时,正常情形是 1A 与 1A 联会、1B 与 1B 联会、1D 与 1D 联会,即同源联会(autosynpsis)。但在特殊情况下,比如在小麦单倍体中,由于每条染色体都是成单的,具有部分同缘关系的染色体之间就可能发生异源联会(allosynpsis),如 1A 可能与 1B 或 1D 联会等。

如果某异源多倍体的不同染色体组间有很高程度的部分同源关系,则该多倍体称为节段异源多倍体(segmental polyploid)。节段异源多倍体在减数分裂时,染色体的联会除了二价体外,还会出现或多或少的多价体,从而造成一定程度的育性下降。

在大多数异源多倍体物种中,不同染色组 x 所含的染色体数常常是相同的。例如上述的异源六倍体小麦的 A、B 和 D 染色体组都有 7 条染色体;普通烟草中的 T 和 S 各自都含有 12 条染色体。但也有些异源多倍体亲本染色体组 x 的染色体数不同,例如欧洲油菜是异源四倍体(*B. napus*,$2n=4x=38=9$ Ⅱ $+10$ Ⅱ),它由甘蓝(*B. oleracea*,$2n=2x=18=9$ Ⅱ)提供 $x=9$ 的染色体组,由中国油菜(*B. campestris*,$2n=2x=20=10$ Ⅱ)提供 $x=10$ 的染色体组。再如,异源四倍体白芥菜(*B. juncea*,$2n=4x=38=8$ Ⅱ $+10$ Ⅱ),它由黑芥菜(*B. nigra*,$2n=2x=16=8$ Ⅱ)提供 $x=8$ 的染色体组,由中国油菜提供 $x=10$ 的染色体组。

11.2.2.2 奇倍数异源多倍体

细胞内含有奇数个染色体组的异源多倍体称作奇倍数异源多倍体。奇倍数异源多倍体一般是偶倍数异源多倍体的种间杂交形成的。例如,异源六倍体普通小麦($2n=6x=AABBDD=42=21$ Ⅱ)与异源四倍体圆锥小麦($2n=4x=AABB=28=14$ Ⅱ)两个种的杂交子代就是异源五倍体($2n=5x=AABBD=35=7$ Ⅱ $+7$ Ⅱ $+7$ Ⅰ)。又如,普通小麦($2n=6x=AABBDD=42=21$ Ⅱ)与异源四倍体提莫菲维小麦(*T. timopheevii*,$2n=4x=AAGG=28=14$ Ⅱ)杂交子代也是异源五倍体($2n=5x=AABDG=35=7$ Ⅱ $+7$ Ⅰ $+7$ Ⅰ $+7$ Ⅰ)。

上述 2 个杂交子代虽然都是异源五倍体,但它们在减数分裂时会有不同的染色体联会表现。在普通小麦×圆锥小麦的 F_1 孢母细胞内将出现 14 个二价体和 7 个单价体(14 Ⅱ $+7$ Ⅰ,图 11-8),而在普通小麦×提莫菲维小麦的 F_1 孢母细胞内则形成 7 个二价体和 21 个单价体(7 Ⅱ $+21$ Ⅰ)。由于单价体的出现,奇倍数的异源多倍体都会表现不育,细胞中单价染色体个数越多,不育程度就会越严重。所以,奇倍数的异源多倍体很难自然地存在,通常只能依靠无性繁殖加以保存。

有一种奇倍数异源多倍体称为倍半二倍体(sesquidiploid),它的染色体组中有一个物种的染色体组是双倍存在的,另一个物种的染色体组是单倍存在的。例如,将普通烟草($4x=TTSS=48$)和黏毛烟草

($Nicotiana\ gluinosa$, $2x=GG=24$)的杂交的 F_1($3x=TSG=36$)加倍,创造出一个新生的异源六倍体($6x=TTSSGG=72$),再以普通烟草与这个新生的异源六倍体回交,产生异源五倍体的子代($5x=TTSSG=60$)。这种异源五倍体含有普通烟草的全部染色体组和黏毛烟草的一半染色体组。

图 11-8 普通小麦和硬粒小麦杂交形成的异源五倍体

($2n=5x=AABBD=14$ Ⅱ $+7$ Ⅰ,

减数分裂中期Ⅰ的联会情况)

11.2.3 多倍体的形成和应用

自然界中的各种逆境,如雷电、辐射、极端温度等是产生多倍体的重要条件,因而自然界中存在的多倍体主要在高纬度、高海拔地带或其他极端环境当中。

11.2.3.1 多倍体的形成

1. 未减数配子结合形成多倍体

在自然条件下,生物体在减数分裂过程中偶尔会产生未减数的配子,即配子染色体数与体细胞染色体数相同,都是 $2n$。如果是染色体组相同的未减数 $2n$ 配子受精结合,就会产生染色体数加倍的同源多倍体;倘若未减数的雌雄配子含有不同的染色体组,它们受精结合后,产生的就是异源多倍体。据报道,在玉米、高粱、棉花和小麦上存在不联会基因,使性母细胞不发生联会,产生不减数配子,从而形成多倍体。

1928 年,卡贝钦科(G. Karpechenko)利用萝卜($Raphanus\ sativus$, $2n=2x=RR=18$)和甘蓝($2n=2x=BB=18$)进行远缘杂交,并让其 F_1($2n=2x=RB=18$)自交,得到了一个新的异源四倍体($2n=4x=RRBB=36$),并称其为萝卜甘蓝(*Raphanobrassica*)。最初的设想是育成地上长甘蓝、地下长萝卜的新种,但结果却正好相反,新种长得叶像萝卜,根像甘蓝。

萝卜($2n=2x=RR=18=9$ Ⅱ) × 甘蓝($2n=2x=BB=18=9$ Ⅱ)

↓

F_1 ($2n=2x=RB=18=9$Ⅰ$+9$Ⅰ)

↓⊗

萝卜甘蓝 ($2n=4x=RRBB=36=9$ Ⅱ $+9$ Ⅱ)

在这个杂交中,由于萝卜染色体组(R)和甘蓝染色体组(B)的差异很大,在 F_1 的孢母细胞内($2n=2x=RB=18$ Ⅰ)的 18 条染色体都是单价体。于是,F_1 的配子染色体数和组成大多都十分混乱。据观察,F_1的大多数配子含有 6~12 条染色体,是败育的,但同时仍有少数配子含有全套 R 组和 B 组的 18 条染色体,即形成了未减数($n=2x=RB=18$ Ⅰ)的配子,它们相互结合后就得到了 $2n=4x=RRBB=36=9$ Ⅱ $+9$ Ⅱ 的可育个体,发展成可以稳定遗传的新种。

在其他植物中也曾发现由未减数的配子形成的多倍体。未减数的花粉粒一般都比减数的花粉粒大。有人从桃树($2n=2x=16=8$ Ⅱ)上筛选出体积较大花粉对正常的二倍体植株进行授粉,结果得到了桃的同源三倍体植株($2n=3x=24=8$ Ⅲ)。一般认为,多倍体的自然发生主要是通过未减数配子结合产生的。

2. 体细胞染色体数加倍

体细胞染色体数加倍是目前人工创造多倍体的主要途径。可以通过多种方法使体细胞的染色体数加倍,归纳起来有三类:一是生物学方法,如植物枝条切断伤口处偶尔会有多倍体的愈伤组织产生,又如胚乳培养、体细胞杂交等;二是物理学方法,如采用温度激变、机械创伤、非电离辐射、离心、超声波等处理;三是化学方法,如用秋水仙碱、富民隆、萘骈乙烷、异生长素等化学药剂处理。其中以化学方法最为有效,在各种化学方法中又以秋水仙碱处理的效果最好。秋水仙碱是从秋水仙植物的鳞茎和种子中提炼出来的一种生物碱。

在体细胞进行有丝分裂时,如果染色体复制并分裂,而细胞核与细胞质不分裂,则每个分裂的染色体就停留在一个细胞中,细胞的染色体数就加倍了。用秋水仙碱处理植物分生组织细胞就会产生类似的效果。秋水仙碱的作用是阻止分裂纺锤丝的形成和活动,但不妨碍染色体的复制和分裂。细胞分裂后期复制的染色体分裂,但两个姐妹染色单体不能被纺锤丝牵引到细胞的两极，不能形成2个子核而仍留在一个细胞内，细胞的染色体数目由此而加倍。当加倍了的分生细胞不再有秋水仙碱的渗入时，该分生细胞就又会恢复到正常的有丝分裂状态，最后成长为多倍体的植株。

此外，多精入卵也能产生多倍体，也就是一个以上的精细胞进入卵细胞。已在兰花中发现过这种现象。

11.2.3.2　多倍体的应用

人工诱导多倍体在育种中具有重要的应用价值，主要体现在4个方面，即克服远缘杂交的不孕性、克服远缘杂种的不育性、创造远缘杂交育种的中间亲本和育成植物新类型。

1. 克服远缘杂交不孕性

杂交不孕是指远缘杂交得不到种子。由于存在生殖隔离，亲缘关系较远的植物间杂交往往出现杂交不孕现象。例如，白菜(*Brassia pekinensis*，$2n=20=10$ Ⅱ)和甘蓝(*Brassia oleracea* var. *cupitata* Linn.，$2n=18=9$ Ⅱ)杂交时，无论正交还是反交都得不到F_1种子，但如果将甘蓝加倍成同源四倍体再与白菜杂交，则正反交都能得到种子。

2. 克服远缘杂种的不育性

远缘杂种不育是指远缘杂交的F_1代不能繁殖。在远缘杂交的情况下，亲本染色体组之间的差异悬殊，F_1植株减数分裂时孢母细胞会出现大量单价体，使染色体分离紊乱，形成败育配子，导致杂种不结实。如果将F_1植株加倍成异源多倍体，来自不同物种的染色体都加倍成对，就可以正常繁殖了。

3. 创造远缘杂交育种的中间亲本

在远缘杂交育种中，有时两个亲本直接杂交很难成功，无法实现亲本间的基因重组，但通过多倍体途径构建一个中间亲本，再与另一亲本杂交就可以克服这种困难。例如，以八倍体栽培草莓(*Fragaria ananassa*，$2n=8x=56$)和二倍体的欧洲森林草莓(*F. vesca*，$2n=14$)杂交，未成功。但是，将欧洲森林草莓加倍成四倍体，将其作为中间亲本再与八倍体的栽培种草莓杂交，则最终获得了新的六倍体草莓品种。又如，将伞穗山羊草(*Aegilops umbellulata*，$2x=CC=14=7$ Ⅱ)的抗叶锈病显性基因(R)转移给普通小麦($6x=AABBDD=42=21$ Ⅱ)的杂交过程。伞穗山羊草与普通小麦杂交不能产生有活力的种子，因而无法直接将伞穗山羊草的抗叶锈病基因转移给普通小麦。首先将伞穗山羊草与异源四倍体的野生二粒小麦($4x=AABB=28=14$ Ⅱ)杂交得到F_1($2n=3x=ABC=21$)；再将F_1的染色体数加倍成异源六倍体($6x=AABBCC=42=21$ Ⅱ)；将这个具有高抗叶锈病的异源六倍体作为中间亲本，再与普通小麦进行杂交和回交，最后得到具有伞穗山羊草抗叶锈病基因的普通小麦。

4. 育成植物新类型

在生产上，同源多倍体适合多年生、无性繁殖或以营养器官作为收获部位的植物类型新品种选育，异源多倍体适合以种子为收获部位的植物类型品种选育。迄今为止，已有许多品种或类型应用于农业生产，这些多倍体品种无论在产量上还是品质上都表现出了明显的优势。

在多年生植物里，选出了自然加倍抗寒性强的三倍体茶、四倍体大叶种茶和三倍体的樱花。三倍体毛白杨生长快(1年成树、3年成林、5年成材)、纤维长、白度高，是优质的造纸和胶合板原料，同时其抗性强，适应性广，已成为绿化、造纸等主要林用品种。日本把多倍体育种作为药用植物的重要育种方法并广泛应用，我国在当归、板蓝根等多种药材多倍体育种上取得了良好进展。在水仙、金鱼草、百合、百日菊、四季报春等花卉植物中，通过同源多倍体途径选育出花朵大、观赏价值高、耐储运的品种类型。目前，我国科技工作者在蔬菜、果树和一些农作物上利用同源多倍体技术也取得了可喜的成绩(图11-9，图11-10)。

图11-9　三倍体无籽西瓜

图 11-10　同源三倍体香蕉、葡萄

在农作物中,选育出的同源三倍体甜菜,其含糖量和产量大于其二倍体和四倍体,使同源四倍体甜菜作为母本与二倍体甜菜相间种植,杂交生产出大田所需要的三倍体种子;选育的同源四倍体荞麦的产量和耐性都高于其二倍体,并可以种子繁殖。

合成的异源多倍体在农业生产中的应用,突出的例子是小黑麦(*Triticale*)的育成。黑麦(*Secale cereale*,$2n=2x=RR=14=7Ⅱ$)的特点是抗病和抗逆性强,这些特点无法通过杂交转移给普通小麦,因为小麦与黑麦的杂种($4x=ABDR=28$)是不育的,但将它的染色体数加倍成为异源八倍体($8x=AABBDDRR=56=28Ⅱ$)就可育了,两个物种名称合在一起称其为小黑麦。小黑麦品种具有穗大、粒多、抗病和抗逆性强、生长优势强等优良特性,在高寒山区种植其产量明显高于小麦和黑麦。八倍体小黑麦(AABBDDRR)曾在贵州、甘肃、四川、青海和宁夏种植,作为粮食作物使用。目前在干旱和高寒地区种植的多为六倍体小黑麦(AABBRR),用作优质青贮饲草或草粉的原料。

11.3　单倍体

11.3.1　单倍体的类型

单倍体(haploid)是指具有配子染色体数(n)的个体或细胞。由二倍体植物产生的单倍体,体细胞中只含有一个染色体组,称为一倍体(monoploid),也称为一元单倍体。例如,水稻、玉米的单倍体是一倍体,其 $n=x$。由异源多倍体植物产生的单倍体,它的体细胞中含有 2 个或 2 个以上的染色体组,又称为多元单倍体(polyhaploid),其 $n\neq x$。例如,普通小麦单倍体是多元单倍体,包含 3 个染色体组,其 $n=3x=ABD=21$;普通烟草的单倍体也是多元单倍体,包含 2 个染色体组,其 $n=2x=TS=24$。

在多元单倍体中又可根据染色体组是否有相同的来源分为同源多元单倍体(monopolyhaploid)和异源多元单倍体(allopolyhaploid)。一倍体和异源多元单倍体中的全部染色体在形态、结构和遗传组成上彼此都存在差别。

11.3.2　单倍体的表现特征

单倍体的表现有 2 个特点。

第一,单倍体植株表现高度不育。玉米、水稻等产生的单元单倍体,只含有一个染色体组,全部染色体都成单存在,减数分裂时染色体不能联会,形成的配子一般不会包含完整染色体组,所以表现高度不育。由异源多倍体形成的单倍体,如普通烟草、普通小麦产生的多元单倍体,虽然具有多个染色体组,但这些染色体组之间一般不具有同源性或同源性较低,减数分裂时也不能正常联会,所以同样不能形成可育配子。但是,由同源四倍体如马铃薯产生的单倍体,具有 2 个相同的染色体组,减数分裂联会正常,因此可产生正常配子,表现可育。

第二,单倍体表现弱小。单倍体的细胞、组织、器官和植株一般都比相应的双倍体(amphiploid,即 $2n$)弱小。这是因为细胞中只含有正常 $2n$ 个体一半的染色体数和基因。

11.3.3　单倍体的产生

单倍体产生主要有 3 个途径。

一是由单性生殖产生。由未受精的雌、雄配子,甚至助细胞、反足细胞等直接发育成胚的生殖,这也高等植物自然形成单倍体的方式。某些化学药物能够刺激未受精的卵细胞发育产生单倍体。利用单倍体诱导系授粉可以产生单倍体。例如,玉米中的诱导系可以诱导产生 10%以上的单倍体,被证明是诱导玉米单倍体的有效方法。

二是花药离体培养诱导单倍体。通过花药或花粉的离体培养,直接从花粉产生单倍体植株,这种方法在很多植物包括水稻、玉米、烟草、小麦、甘蔗、甜菜和油菜等中获得成功,并得到广泛使用,目前是水稻诱导单倍体的常用方法。

三是通过远缘杂交产生单倍体。远缘杂交的合子在发育过程中往往出现其中一个物种染色体逐渐消失的现象。例如，栽培小麦和球茎大麦杂交后球茎大麦的染色体逐渐消失，最后产生只含有小麦染色体组的单倍体；以玉米的花粉授给普通小麦，杂交后玉米染色体消失，也可以诱导产生单倍体小麦。

11.3.4 单倍体的应用

单倍体植物具有高度不育的特性，这对自身的繁衍很不利，但它对遗传学理论研究和育种实践却有着非常重要的理论意义和实用价值。

11.3.4.1 遗传学基础研究应用

1. 研究基因作用和位置

由于单倍体的每个基因座上都有一个等位基因，不论它是显性还是隐性都可在个体发育中充分得以表达，因此单倍体是研究基因性质和作用的好材料。基于同样的原因，用单倍体材料通过标记探针原位杂交，确定基因在染色体上的位置时也很方便。

2. 研究染色体间的同源关系

单倍体孢母细胞的染色体一般都是成单的，减数分裂时不进行联会。如果某个或某些染色体与其他染色体存在部分同源性，则有可能发生异源联会。通过对单倍体孢母细胞减数分裂时异源联会情况的分析，可以分析各个染色体组之间的同源或部分同源关系。例如，马铃薯($2n=48$)最初被认为是二倍体或异源多倍体，但经过单倍体染色体分析，发现其染色体可联会成 12 个二价体($n=24=12$Ⅱ)，因此，可以确定马铃薯是同源四倍体($2n=4x=12$Ⅳ$=48$)。

3. 快速获得遗传纯系

单倍体加倍后称其为加倍的单倍体(doubled haploid,DH)。加倍的单倍体增加了和原来完全相同的一套染色体，不但育性恢复正常，而且每个成单的基因都因加倍变成一对相同的基因，因此 DH 就成了全部基因位点都是纯合状态的完全纯系。通过连续自交获得纯系需要很多个世代(一般 8～10 个世代)，而且理论上得不到完全纯系。而通过先诱导杂种花粉产生单倍体，再进行单倍体加倍，可以在较短时间获得大量基因型不同的纯系。DH 可以供作遗传研究的材料，如用于构建基因定位的永久性分离群体，或用于作物育种选择新品种。

4. 离体诱导非整倍体

研究表明，在花药单倍体离体培养过程中，容易产生各种类型的非整倍体，这就为利用非整倍体进行染色体工程研究提供了丰富的变异材料。

11.3.4.2 作物育种实践应用

通过诱导 F_1 花粉植株，可以缩短育种年限，提高育种选择效率。通常的杂交育种从 F_2 代开始分离，要经过连续 5～8 代的自交和选择，才能得到在绝大部分基因位点都纯合的稳定品系，进而成为品种，这个过程需要花费很长时间。在杂种优势利用的育种中，为了获得高优势组合的自交系亲本，同样需要一个漫长的自交选择过程。利用单倍体可显著加快纯系的选育进度，至少可以缩短 3～4 代的自交时间。

从选择效率来看，采用常规杂交育种的方法，从 F_2 代选择获得某两对基因纯合体的概率为 1/16，但从花粉植株中获得相同基因型的概率为 1/4，其选择效率提高了 4 倍。此外，单倍体比起双倍体更容易发生基因突变，并且由于每个基因都是单拷贝的，所以在诱变处理的当代，显、隐性基因突变都能表现出来，便于早期识别和选择，加倍的单倍体可以迅速纯合成为稳定品系，因此在诱变育种中单倍体占有相当重要的地位。

11.4 非整倍体

11.4.1 染色体的非整倍性变异类型

染色体数比该物种的正常合子染色体数 $2n$ 多或少 1 条或若干条染色体的个体或细胞统称为非整倍体(aneuploid)(图 11-12)。染色体数多于 $2n$ 的非整倍体称为超倍体(hyperploid)，染色体数少于 $2n$ 的非整倍体称为亚倍体(hypoploid)。

在超倍体中，常见的主要是三体、双三体和四体。在正常 $2n$ 的基础上多了 1 条染色体的个体或细胞称为三体(trisomic)。假设某二倍体种的 $x=3$，用 a 表示其每个染色体，则其三体染色体组成与联会方式为：$2n+1=a_1a_1a_2a_2a_3a_3a_3=(n-1)$Ⅱ$+$Ⅲ。在 $2n$ 的基础上有 2 对染色体各自增加了 1 条的个体或细胞称为双三体(double trisomic)，其染色体组成与联会方式为：$2n+1+1=a_1a_1a_2a_2a_2a_3a_3a_3=(n-1)\text{Ⅱ}+\text{Ⅲ}+\text{Ⅲ}$。在 $2n$ 的基础上某一对染色体多了 2 条的个体或细胞称为四体(tetrasomic)，染色体组成与联会方式为 $2n+2=a_1a_1a_2a_2a_3a_3a_3a_3=(n-1)\text{Ⅱ}+\text{Ⅳ}$。

在亚倍体中，染色体数比正常 $2n$ 少 1 条染色体的个体或细胞称为单体(monosomic)。同样假设某二倍体种的 $x=3$，其染色体组成与联会方式为：$2n-1=a_1a_1a_2a_2a_3=(n-1)\text{Ⅱ}+\text{Ⅰ}$。在 $2n$ 基础上，某两对染色体各自都少了 1 条的个体或细胞称为双单体(double monosomic)，其染色体组成与联会方式为：$2n-1-1=a_1a_1a_2a_3=(n-2)\text{Ⅱ}+2\text{Ⅰ}$。在 $2n$ 基础上，某对染色体的 2 条全部丢失了的个体或细胞称为缺体(nullisomic)，其染色体组成与联会方式为：$2n-2=a_1a_1a_2a_2=(n-1)\text{Ⅱ}$。为了与各种非整倍体区别，通常称 $2n$ 的正常个体为双体(disomic)。

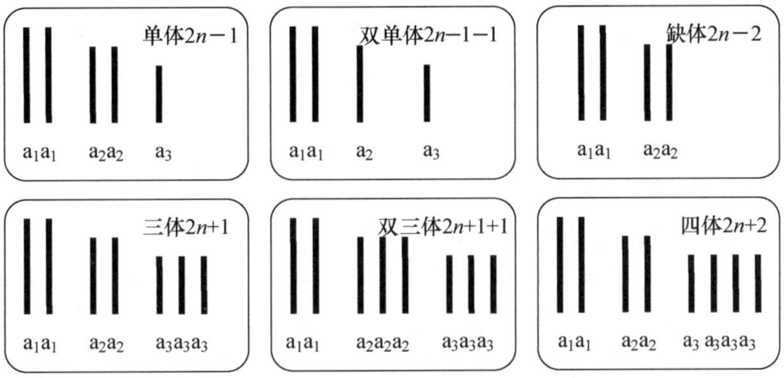

图 11-11　非整倍体变异的几种常见类型

非整倍体个体存在着基因剂量效应的不平衡性，因而常会出现严重的表型缺陷，如发育迟缓、个体矮小、难以繁殖后代等。如新生儿智力缺陷的唐氏综合征患者。此外，大多数癌细胞类型表型为严重的非整倍体。在大多情况下，非整倍体对于动物及人类是致命的，而植物对于非整倍体则往往表现出较强的耐受力，特别是在异源多倍体植物中。目前，植物非整倍体多被用于基因定位或遗传标记，连锁群确定及染色体的对应关系等方面的研究。

11.4.2　亚倍体

自然界中多数亚倍体主要存在于异源多倍体生物群体中，而二倍体的生物群体内很难出现亚倍体类型的变异。因为在二倍体生物细胞内只含有 2 个完整的染色体组，当它成为亚倍体如单体($2n-1$)后，某一染色体组中就会缺少 1 条染色体，减数分裂后就可能形成两种配子，一种是含有一个完整染色体组的配子，即 n 型配子，另一种是含有染色体组中缺少 1 条染色体的配子，即 $n-1$ 型配子。n 型配子可以正常参与受精作用，但 $n-1$ 型配子由于其染色体组的完整性遭到破坏，不能参与受精传给后代，所以子代群体就不会再出现亚倍体。多倍体的情况与二倍体有所不同，如异源四倍体(如 $2n=4x=AABB=a_1a_1a_2a_2a_3a_3b_1b_1b_2b_2b_3b_3$)，它的配子内含有 2 个不同染色体组($n=2x=AB=a_1a_2a_3b_1b_2b_3$)，$n-1$ 配子内虽然缺失了这个染色体组(A)的某一染色体，但由于缺失染色体的功能有可能由另一染色体组(B)的某染色体所补充，所以($n-1$)配子有可能正常发育，并参加受精过程，产生亚倍体子代。

11.4.2.1　单体的表现和遗传

在动物中有些物种的正常体是单体，并且单体染色体主要是性染色体。如一些昆虫(蝗虫、蟋蟀等)的雌性为 XX($2n$)，雄性为 XO 型($2n-1$)；一些鸟类的雄性为 ZZ 型($2n$)，雌性是 ZO($2n-1$)型。动物中也会出现不正常的单体。果蝇的 $2n=8=4\text{Ⅱ}$，雌性的性染色体组成为 XX，雄性为 XY，曾经发现一种单体果蝇，其 Y 染色体丢了，变成($2n-1$)单体，该单体能正常存活但无繁殖能力。人类唐氏综合征患者的性染色体减少一条成为 XO($2n-1$)，表现智障和不育。

植物中的单体主要存在于异源多倍体类型中，并且能够繁殖传递。不同染色体的单体可能表现各自的特点，例如已从普通烟草($2n=4x=TTSS=48=24\text{Ⅱ}$)中分离出全套的 24 个单体，构成了该物种的单体系列。通常将烟草的 2 个染色体组的 24 条染色体分别用除了 X 和 Y 以外的 24 个英文字母命名，因此烟草的全套单体分别表示为 $2n-Ⅰ_A$、$2n-Ⅰ_B$,$2n-Ⅰ_C$,…,$2n-Ⅰ_W$和 $2n-Ⅰ_Z$。烟草的单体和正常双体之间，以及不同染色体的单体之间在花冠大小、花萼大小、发育速度、叶形和叶绿素浓度等方面都有明显的差别，可以根据具体的性状变异表现将它们加以区分。再如，普通小麦（$2n=6x=$ AABBDD$=42=21$Ⅱ）也分离出 21 个不同染色体的单体，分别用 $2n-Ⅰ_{1A}$、$2n-Ⅰ_{2A}$…$2n-Ⅰ_{7A}$,$2n-Ⅰ_{1B}$、$2n-Ⅰ_{2B}$…$2n-Ⅰ_{7B}$,$2n-Ⅰ_{1D}$、$2n-Ⅰ_{2D}$…$2n-Ⅰ_{7D}$表示。小麦的各单体之间或与正常体之间也存在一些差别，但差别表现较小。

异源多倍体的单体能够繁殖并以较高比例传递给后代。单体能产生(n)和($n-1$)配子，如果单体产生的这 2 种配子比例相等，并有同样的机会参与受精，受精合子有同样机会发育成个体，则其自交子代应该产生双体∶单体∶缺体＝1∶2∶1的比例。但实际情况在这三个环节都存在变数。一方面，由于单体染色体在减数分裂时无法配对，在减数分裂后期有可能随机进入子细胞，形成比例相等的 n 型和 $n-1$ 型两种配子（图 11-12）；或者是被遗弃在细胞质中逐渐消失，只形成 $n-1$ 型配子，综合起来产生的 $n-1$ 型配子将多于 n 型配子。另一方面，n 型和 $n-1$ 型配子参与受精的机会不同。$n-1$ 型配子生理活性差，通常竞争不过正常的 n 型配子，花粉败育，但 $n-1$ 型胚囊生活力相对较高，所以 $n-1$ 型配子主要是通过雌配子传递给后代。此外，形成合子后 $2n-1$ 和 $2n-2$ 幼胚持续发育的程度不同。所以，单体自交后代的双体、单体和缺体的比例不符合 1∶2∶1，但总是有这三种类型后代出现。

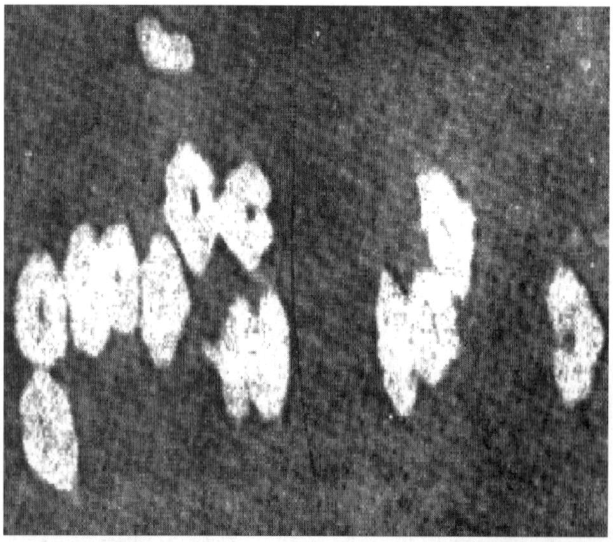

图 11-12　硬粒小麦(*T. durum*)单体 1A 在减数分裂中期Ⅰ出现 13 个二价体和一个落后的单价体

（引自 Sears，1952a）

据观测，普通小麦单体参与受精 $n-1$ 花粉平均只占 4%左右，而 n 花粉的传递率平均为 96%左右；参与受精 $n-1$ 型胚囊约占 75%，n 胚囊仅占 25%。这个结果证实了产生的 $n-1$ 型配子多于 n 配子，$n-1$ 花粉的竞争力远不及 n 配子。根据这种差异，可以预见小麦单体自交后代各类型出现的比率。从表 11-4 可以看出，小麦单体自交后代有 73%的植株依然是单体。

表 11-4　普通小麦单体自交后代各类型出现的比例

胚囊类型和比例	花粉类型与比例	
	(n)96%	($n-1$)4%
(n)25%	双体($2n$)24%	单体($2n-1$)1%
($n-1$)75%	单体($2n-1$)72%	缺体($2n-2$)3%
自交子代类型比例	双体 24%，单体 73%，缺体 3%	

引自李竟雄和宋同明(1997)，有改动

11.4.2.2　缺体的表现和遗传

缺体是异源多倍体所特有的，一般来自单体($2n-1$)的自交后代。缺体缺失了一对染色体，对个体的影响更强烈。如普通烟草的缺体在幼胚阶段就死亡了，因为它只有两个染色体组，其中的异位同效基因不如普通小麦多，如果缺少了任何一对染色体都会有许多重要基因无法补偿。普通小麦的 21 种缺体均能够生存并有一定的育性，但是所有的缺体生活力和育性都很低。与单体系列不同，普通小麦 21 种缺体间差异明显，各具特征，尤以穗部差异表现突出（图 11-13），其他性状也有明显差异。例如，小麦 5A 染色体的一个臂上载有一组抑制斯卑尔脱小麦穗型的基因，缺了一对 5A 染色体，抑制基因就随着丢掉了，于是 5A 染色体的缺体($2n-Ⅱ_{5A}$)就发育成斯卑尔脱小麦的穗型；缺体 $2n-Ⅱ_{3D}$的果皮是白色的，而它的双体姐妹系的果皮是红色；缺体 $2n-Ⅱ_{4D}$的花粉表面正常，但不能受精；缺体 $2n-Ⅱ_{7D}$的生长势不及其他缺体，大约有半数植株不是雄性不育，就是雌性不育；等等。

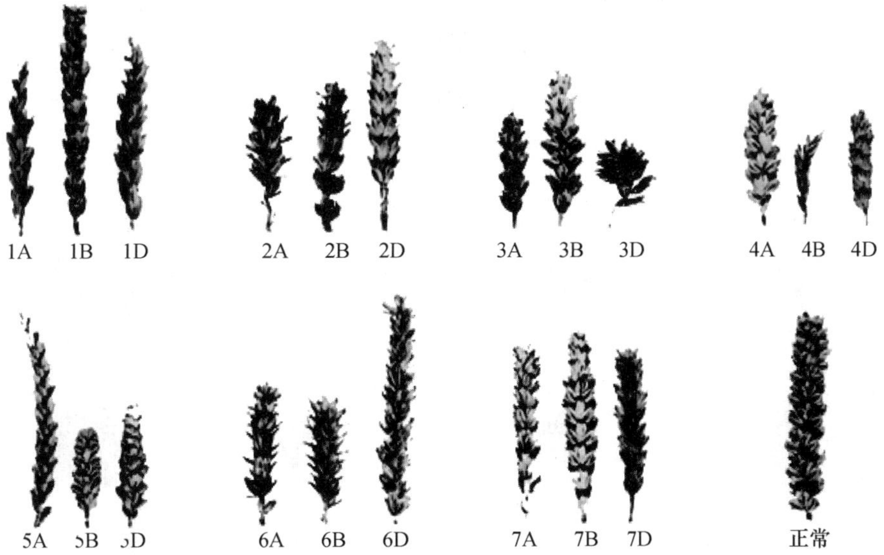

图 11-13 中国春小麦缺体系列的穗形

(引自 Sears,1954)

11.4.3 超倍体

超倍体在异源多倍体和二倍体自然群体内均可出现。与亚倍体相比,超倍体是多出一条或若干条染色体,虽然是不平衡的,但对生物体的影响要小些,一般都能正常生长,并可以顺利繁殖。

11.4.3.1 三体的表现遗传

1. 三体的性状变异

三体是双体中某对染色体多出一条染色体。由于多出一条染色体的影响小于缺少一条染色体,所以二倍体植物群体也能存在三体。现在,已经获得玉米、普通小麦、水稻、大麦、番茄等许多作物的全套三体。

三体植株一般与双体相似或生长势稍弱,有的则表现为某些性状的明显变异,最典型的例子是直果曼陀罗蒴果的果型变异。直果曼陀罗($2n=2x=24=12$ Ⅱ)的 12 个三体都与双体不同,三体之间蒴果外形上也是各不相同(图 11-14)。水稻($2n=2x=24=12$ Ⅱ)的 12 个三体之间在株高、叶形、叶色、秆粗、芒长短和粒形等性状上表现不同的变异,可以依据这些性状 1、2 个或几个性状组合的变化来区别不同染色体的三体(图 11-15)。例如,水稻三体 1 表现草丛状、叶片细长、粒细长;三体 4 表现高大、有芒;三体 5 表现扭曲叶;三体 7 表现窄叶、长粒等。

人类中的常染色体三体有 3 种,即 21、18 和 13 三体,其中 21 三体个体表现先天智障,18 和 13 三体都表现个体发育障碍、部分器官畸形甚至夭亡。人类的性染色体三体(XXX、XXY、XYY)发生率比常染色体的相对较高,但后果没有常染色体三体严重。据资料报道,在异常胎儿中,有 47.8%为三体;在流产胎儿中,有 11.9%为三体。

2. 三体的类型

三体染色体由原来的 $2n$ 条变成了 $2n+1$ 条,其中额外增加的染色体有 4 种情况。第一种是在正常 $2n$ 染色体上增加了一条额外的完整染色体,即同源组的 3 条染色体完全相同,这种三体称为初级三体(*primary trisomic*),是最容易得到和最普遍存在的一种三体。第二种增加的染色体是由于着丝粒错分裂(垂直分裂)而形成的 1 个等臂染色体。它具有两个完全相同的臂,但缺少了另 1 个臂,称为等臂染色体。具有等臂染色体的三体称为次级三体(*secondary trisomic*)。第三种三体是在 $2n$ 基础上增加 1 个相互易位染色体,称为三级三体(*tertiary trisomic*)。第四种是端体三体(*telotrisomic*),其同源组的 3 条染色体中的 2 条染色体正常,外加染色体只有 1 个臂。以上 4 种三体类型如图 11-16 所示。

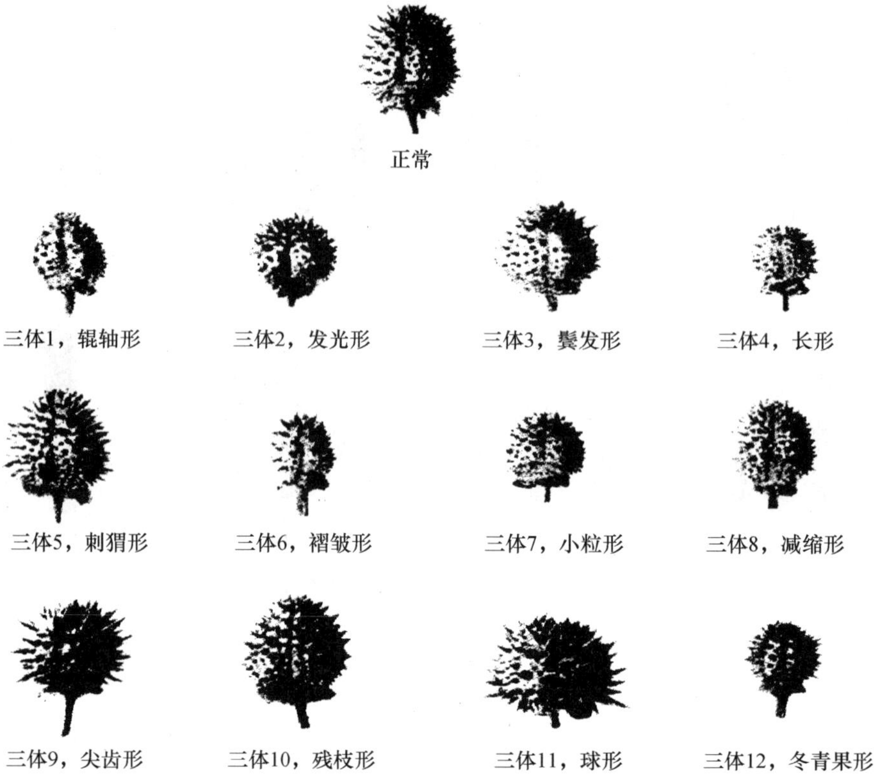

图 11-14　直果曼陀罗三体的果型

（引自 Sybenga 和 Wolters，1972）

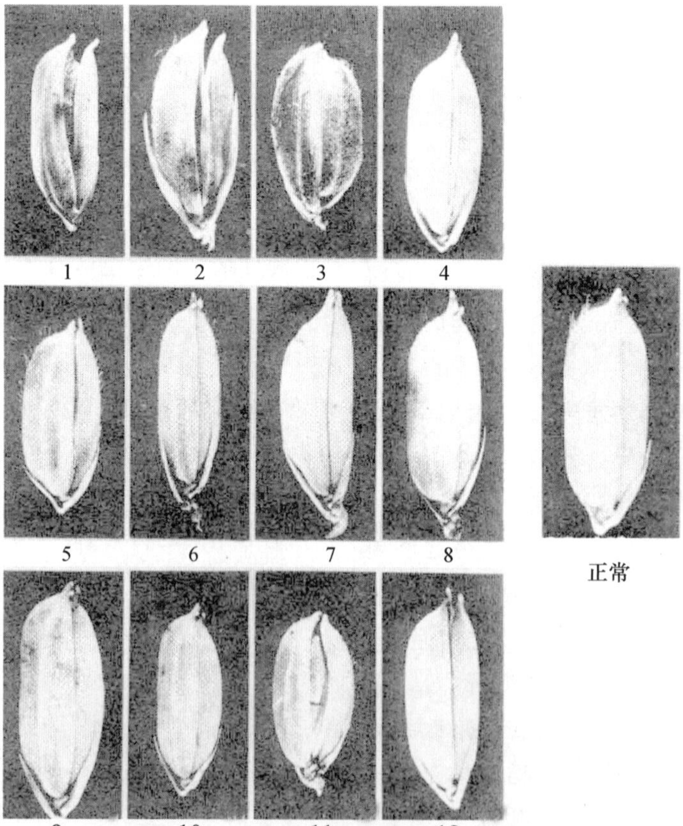

图 11-15　水稻三体的籽粒外形表现

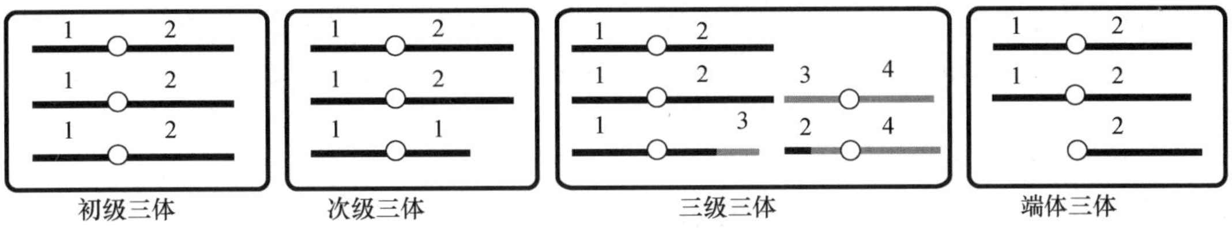

图 11-16 几种主要类型三体的染色体组成

（引自刘庆昌，2007）

下面将以初级三体为代表讨论其遗传效应。

3. 三体的联会与传递

三体细胞内某一个同源组具有 3 条同源染色体，其余的 $n-1$ 个都是 2 条染色体。减数分裂时，$n-1$ 对染色体联会成正常二价体。三体染色体的联会和同源三倍体某一同源组的联会情况一样，联会成 1 个三价体或者 1 个二价体和 1 个单价体，联会同样存在局部联会和提早解离现象（图 11-17 至图 11-20）。如果三体联会成 $(n-1)$ Ⅱ + Ⅲ，则后期Ⅰ染色体就只能进行 2/1 式分离，其中的 2 条染色体被拉向一极，另 1 条染色体被拉向相反的一极，形成 $n+1$ 型和 n 型 2 种配子，其比例为 1∶1。如果三体联会成 nⅡ + Ⅰ，在减数分裂后期Ⅰ可能以 2/1 式的分离，形成 $n+1$ 型和 n 型 2 种配子，或者单价体遗失在细胞质中，二价体按 1/1 式分离，形成染色体数正常的 1 种 n 型配子。综合以上情况，三体产生 n 型和 $n+1$ 型两种配子，其中 n 型配子数要多于 $n+1$ 型配子数。

图 11-17 三体终变期，示链式三价体

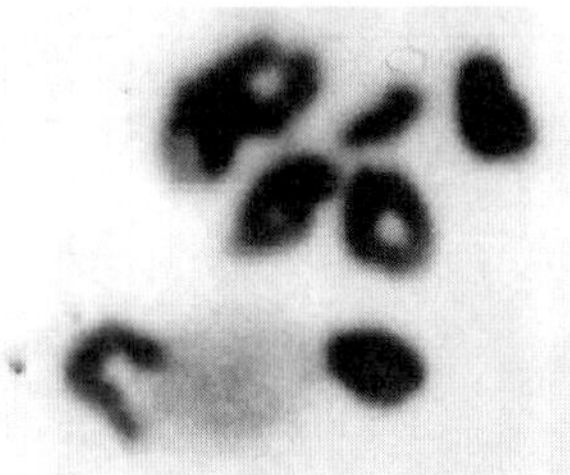

图 11-18 三体中期Ⅰ（nⅡ + Ⅰ）

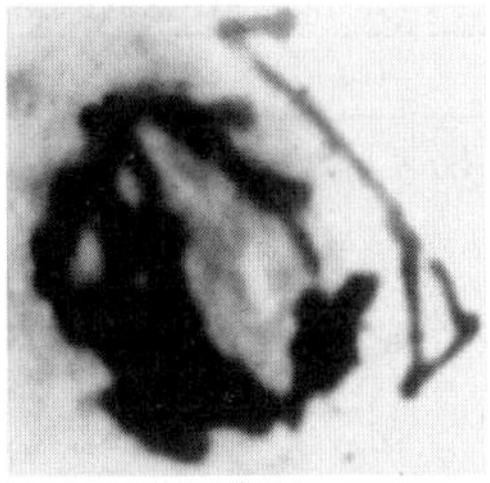

图 11-19 三体后期Ⅰ，示 2/1 式分离

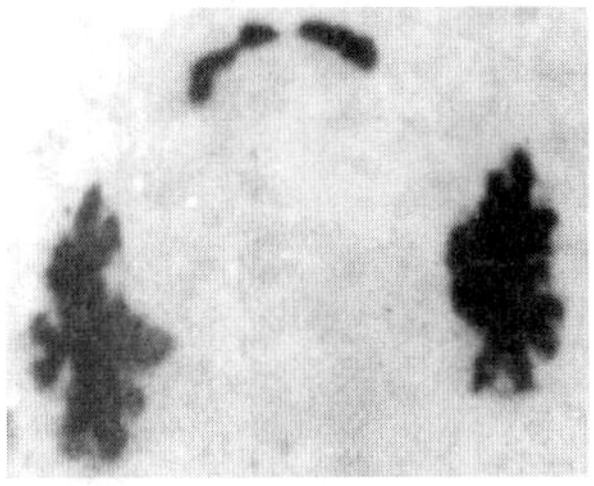

图 11-20 三体末期Ⅰ，示分离落后的三价体

三体染色体主要通过雌配子传递给后代。因为当 $n+1$ 型和 n 型花粉同时散落在柱头上时，$n+1$ 型花粉常常会表现出各种异常，如根本不萌动或膨胀了而不产生花粉管或产生了花粉管而生长缓慢，竞争不过 n 型花粉，难以传递给后代。据研究，在 $2n$ 植物中的玉米和曼陀罗通过父本只能偶然传递少量三体。当玉米中以第 10 染色体的三体（$2n+$ Ⅰ$_{10}$）为父本与正常的二倍体玉米（$2n$）杂交时，在 349 株的 F_1 群体内只有 5 株是三体植株，占 1.4%；可是同样的亲本反交组合所得的 1 237 株 F_1 群体内，却有 304 株是三体，占 24.5%。

三体的自交可以产生双体、三体和四体。在小麦三体自交后代中双体占 54 %，三体占 45%，四体占 1%，这说明三体产生的配子中 n 型配子多于 $n+1$ 型配子，$n+1$ 型雌雄配子受精结合产生四体的机会很少。

较长的三体染色体传递给后代的机会较多。因为染色体越长，三价体在减数分裂时的交叉越多，越容易联系在一起，外加染色体成为单价体而被遗弃的可能性越小，产生 $n+1$ 的配子数越多。例如在玉米的 2、3、5 号染色体三体中，$n+1$ 型配子占 46%，6、7、8 号染色体三体的 $n+1$ 型配子占 40%，9、10 号染色体三体的 $n+1$ 型配子占 29%。原因就是玉米染色体从 1 号至 10 号长度逐渐变短。番茄三体的遗传也有类似的情况。而大麦的各条染色体长度近似，它们的不同三体形成 $n+1$ 配子比例也基本一样。

4. 三体的基因分离

在三体染色体的每个基因座上都有 3 个等位基因，有 4 种可能的基因型：三式（AAA）、复式（AAa）、单式（Aaa）和零式（aaa），而其余 $n-1$ 对染色体上的等位基因仍然是正常的 2 个，基因型仍然是 AA、Aa 和 aa 3 种。因此，杂合三体植株自交子代群体必将同时表现 2 种不同的基因分离规律，一是双体

Aa 杂合基因型所产生的[A_]∶[*aa*]＝3∶1的分离；二是三体染色体的 *AAa* 或 *Aaa* 杂合基因型所形成的某种形式的分离。

影响三体基因分离的因素主要有两种：一是三体染色体的联会(Ⅲ或Ⅱ＋1)及分离(2/1 或 1/1)方式；二是基因距离着丝粒的远近。如果三体染色体以 1/1 式分离，它所载荷的基因与其他染色体上的基因分离相同。所以，在此只讨论三体染色体按 2/1 式分离时，基因距离着丝粒远、近的两种情形的基因分离。

如果染色体上的 *A*-*a* 基因距离着丝粒很近，在该基因与着丝粒之间不发生交换，则 *A*-*a* 基因表现染色体随机分离。将复式三体(*AAa*)的 3 条染色体用 1、2、3 编号，1、2 号染色体都载有 *A* 基因，3 号染色体载有 *a* 基因。减数分裂后期Ⅰ这 3 条染色体将有 3 种组合形式，即[(1，2)/(3)]、[(1，3)/(2)]和[(2，3)/(1)]，如图 11-21 所示，会产生比例相等的 *n*＋1 型和 *n* 型配子，各种配子的基因型和比例为 1*AA*∶2*Aa*∶2*A*∶1*a*，包含显性基因的与只含有隐性基因的配子比例是：[A]型配子∶[*a*]型配子＝5∶1。同理推及单式三体(*Aaa*)产生配子的基因型种类与比例是：2*Aa*∶2*aa*∶1*A*∶2*a*，[A]型配子∶[*a*]型配子＝1∶1。

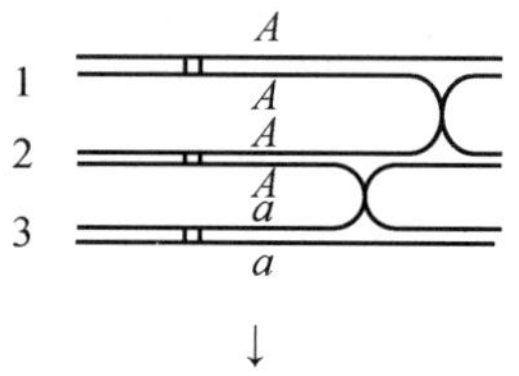

后期Ⅰ染色体分离方式	二分子染色体数及其基因型		配子染色体数及其基因型			
	n+1	*n*	*n*+1		*n*	
(1,2)/(3)	*A*//*A*，*A*//*A*	*a*//*a*	*AA*	*AA*	*a*	*a*
(1,3)/(2)	*A*//*A*，*a*//*a*	*A*//*A*	*Aa*	*Aa*	*A*	*A*
(2,3)/(1)	*A*//*A*，*a*//*a*	*A*//*A*	*Aa*	*Aa*	*A*	*A*
	(*n*+1)∶*n*		1		1	
	配子基因型及其比例		*AA*∶*Aa*∶*A*∶*a* ＝1∶2∶2∶1			

图 11-21 复式三体(*AAa*)的联会与染色体随机分离

假设 *n*＋1 型配子与 *n* 型配子同等可育，参与受精的机会相等，则复式三体(*AAa*)自交子代的表型显隐性分离比例应该是(5[A]∶1[a])^2＝35∶1，单式三体(*Aaa*)自交子代的表型显隐性比例是(1[A]∶1[a])^2＝3∶1，见表 11-5。

表 11-5 复式三体和单式三体染色体随机分离的表型分离比例

杂合基因型	配子基因型及比例	受精配子比例及自交子代表型比例			
		雌配子(*n*＋1)∶*n*＝1∶1 雄配子(*n*＋1)∶*n*＝1∶1		雌配子(*n*＋1)∶*n*＝1∶3 雄配子(*n*＋1)∶*n*＝0∶1	
		显性[A]	隐性[a]	显性[A]	隐性[a]
AAa	1*AA*∶2*Aa*∶2*A*∶1*a*	35	1	11	1
Aaa	2*Aa*∶2*aa*∶1*A*∶2*a*	3	1	11	7

实际上，三体的 *n*＋1 型配子由于多种原因参与受精的机会一般都少于 *n* 型配子。假定复式三体的全部 *n*＋1 型雄配子均不能参与受精，参与受精的雌配子中只有 1/4 是 *n*＋1 型的，3/4 是 *n* 型的，则复式三体(*AAa*)自交子代的表型显隐性分离比例是[A]∶[a]＝11∶1；单式三体(*Aaa*)自交子代表型显隐性分离比例是[A]∶[a]＝11∶7(表 11-6)。

如果染色体上的 *A*-*a* 基因距离着丝粒很远，在该基因与着丝粒之间以最大程度发生非姐妹染色单体交换，则 *A*-*a* 基因将随染色单体随机分离。在这种情况下，复式三体(AAa)3条染色体6个基因($AAAAaa$)中的任何2个成员都有可能被分配到一个配子中。因此，复式杂合体(AAa)形成的$n+1$型配子种类和比例为：

$AA=C_4^2=4!/(4-2)!\ 2!\ =6$

$Aa=C_4^1C_2^1=4\times2=8$

$aa=C_2^2=1$

按照$n+1$型和n型配子比例相等的假设，结合复式三体中A与a基因的比例关系，复式三体产生的全部配子种类和比例应该是6AA∶8Aa∶1aa∶10A∶5a，其中[A]配子和[a]配子的比例是24∶6=4∶1，与染色体随机分离的结果的5∶1不同。如果各种雌雄配子都以相同的比率参与受精，则复式三体(AAa)自交子代表型显隐性分离比例为$(4[A]:1[a])^2=24:1$。同理推及单式三体(Aaa)分离产生的配子种类和比例是1AA∶8Aa∶6aa∶5A∶10a，[A]配子和[a]配子的比例为14∶16=7∶8，自交子代表型的显隐性分离比例是$(7[A]:8[a])^2=161:64\approx2.5:1$(表11-6)。

表11-6　复式三体和单式三体染色单体随机分离的表型分离比例

杂合基因型	配子基因型及比例	受精配子比例及自交子代表型比例：雌配子(n+1)∶n=1∶1，雄配子(n+1)∶n=1∶1		雌配子(n+1)∶n=1∶3，雄配子(n+1)∶n=0∶1	
		显性[A]	隐性[a]	显性[A]	隐性[a]
AAa	6AA∶8Aa∶1aa∶10A∶5a(4[A]∶1[a])	24	1	10.3	1
Aaa	1AA∶8Aa∶6aa∶5A∶10a(7[A]∶8[a])	2.5	1	1.5	1

11.4.3.2　四体的遗传

四体($2n+2$)绝大多数来源于三体的自交后代，如在普通小麦三体($2n+1=43=20$Ⅱ+Ⅲ)的自交子代群体内，大约有1%的植株是四体($2n+2=44=20$Ⅱ+Ⅳ)。已经从普通小麦的21个不同三体的子代群体内，分离出了21个不同的四体。

四体的$n-1$对染色体的联会、分离与正常双体相同，四体同源组染色体的联会、分离与四倍体的某一同源组一样。在减数分裂时，四体同源组的任何区段都只能有2条染色体配对，由于存在局部联会，交叉数减少，同样也容易发生不联会和提早解离等现象。在中期Ⅰ可能呈现4种情况：1个四价体(Ⅳ)，2个二价体(Ⅱ+Ⅱ)，1个三价体和1个单价体(Ⅲ+Ⅰ)，1个二价体和2个单价体(Ⅱ+Ⅰ+Ⅰ)。前两种情况在后期Ⅰ染色体进行2/2式均衡分离，后2种情况后期Ⅰ染色体可能呈3/1、2/1、2/2、1/1式各种分离。但多数情况下，在后期Ⅰ分离主要是2/2式的，结果使四体所产生的配子中$n+1$的配子占多数，而且大部分能参与受精。因此，四体的遗传稳定性远远高于三体。如普通小麦四体的自交子代群体内，大约有73.8%的植株仍然是四体，23.6%是三体，1.9%是正常的$2n$植株。少数四体产生100%的四体子代。

四体的基因分离和三体一样，也能同时表现两种不同的基因分离比例：一是双体Aa杂合基因型所导致的表型显隐性[A]∶[a]=3∶1的分离；二是四体染色体上三式($AAAa$)、复式($AAaa$)或单式($Aaaa$)杂合基因型所导致的某种形式的分离，其分离规律与同源四倍体某一同源组的4个染色体相同，这里不再赘述。

11.4.4　非整倍体的产生

非整倍体产生的原因是植物有丝分裂或减数分裂过程中染色体异常分离。染色体在有丝分裂时期的异常分离常会导致嵌合型的非整倍体，若发生在减数分裂时期就有可能产生非整倍体配子，进而造成整个有机体的非整倍性。例如偶然发生了个别姐妹染色单体的不分离、个别同源染色体的不分离、个别联会染色体的提前解离，形成$n+1$型或$n-1$型的配子，由这些配子和正常n型配子受精结合就形成了$2n+1$或$2n-1$的非整倍体，或由它们相互结合而产生各种非整倍体。非整倍体变异可以自然发生，也可以人工诱导发生。正常的$2n$植物如曼陀罗、黑麦、大麦和玉米就能够以极低频率的自发产生三体后代，其中A. F. Blakeslee分离出的12个曼陀罗三体都是自发产生的。人工创造三体可以通过三倍体与二倍体植株杂交获得，利用三体自交可得到四体；种间杂交可以产生单体，单体自交可以得到缺体。

某些物理因素或化学药物刺激也能诱发非整倍体产生。如用低剂量的γ射线、X射线或快中子照射植物的种子、花器或花粉等能提高染色体的不分离频率，增加单体的出现频率，也会诱发产生三体后代。通过秋水仙碱等化学物质处理，也可以得到三体等。

11.4.5 非整倍体的应用

11.4.5.1 基因的染色体定位

1. 利用单体进行基因定位

(1)测定隐性基因所在的染色体　倘若某植物中发生了 $A \to a$ 隐性突变，要测定这个隐性突变基因 a 是在哪条染色体上，需要把突变体 aa 的正常 $2n$ 植株作为父本，与带有相对基因 A 的一整套单体材料分别杂交，检测其 F_1 代性状表现及其染色体组成，就可以得出确切的结论。

上述杂交的 F_1 将分离出单体（$2n-1$）和双体（$2n$）两类植株，而且单体植株占大多数。如果隐性基因 a 位于某个有关单体的染色体上，则 F_1 所有单体植株将表现隐性性状，双体 $2n$ 植株表现显性性状；若该隐性基因 a 不在单体染色体上，则全部 F_1，无论是 $2n-1$ 还是 $2n$ 植株都表现显性性状。以下是这两种情况杂交测验的具体过程。

①待测隐性基因位于某单体染色体上。

♀A 表型单体[$(n-1)\text{II}+\text{I}^{A}$]×a 表型双体[$(n-1)\text{II}+\text{II}^{aa}$]♂

↓

雌配子↓	雄配子→$(n-1)\text{I}+\text{I}^{a}$
n 型配子$(n-1)\text{I}+\text{I}^{A}$	双体[$(n-1)\text{II}+\text{II}^{Aa}$]A 表型
$n-1$ 型配子$(n-1)\text{I}$	单体[$(n-1)\text{II}+\text{I}^{a}$]a 表型

②待测隐性基因不在单体染色体上。

♀A 表型单体[$(n-1)\text{II}^{AA}+\text{I}$]×a 表型双体[$(n-1)\text{II}^{aa}+\text{II}$]♂

↓

雌配子↓	雄配子→$(n-1)\text{I}^{a}+\text{I}$
n 型配子$(n-1)\text{I}^{A}+\text{I}$	双体[$(n-1)\text{II}^{Aa}+\text{II}$]A 表型
$n-1$ 型配子$(n-1)\text{I}^{A}$	单体[$(n-1)\text{II}^{Aa}+\text{I}$]A 表型

利用这种方法对许多植物的隐性基因进行了定位，如在普通烟草中曾经发现一种黄绿型的突变是由隐性基因 yg_2 决定的。曾采用单体测验法进行染色体定位测验，确定了 Yg_2（绿）-yg_2（黄绿）基因是在S染色体上。测定的方法是用纯合黄绿双体植株（$yg_2\ yg_2$，$2n$）作为父本，分别与 24 个单体绿叶植株（$2n-1$）杂交，结果如下。

第 1 组合：[$2n-\text{I}_A$]绿×[$2n$]黄绿→F_1 全绿

第 2 组合：[$2n-\text{I}_B$]绿×[$2n$]黄绿→F_1 全绿

…

第 19 组合：[$2n-\text{I}_S$]绿×[$2n$]黄绿→F_1 绿($2n$)∶绿($2n-1$)

…

第 23 组合：[$2n-\text{I}_W$]绿×[$2n$]黄绿→F_1 全绿

第 24 组合：[$2n-\text{I}_Z$]绿×[$2n$]黄绿→F_1 全绿

观察 24 个组合的 F_1 群体内植株叶色表现及其染色体数，发现唯独在第 19 组合[$2n-\text{I}_S$]×黄绿型的 F_1 群体内出现了黄绿型与绿叶型分离，并且单体全部是黄绿型，双体全部为绿叶型，而在其他 23 个杂交组合的 F_1 群体内，单体和双体都是绿叶型植株。于是将 Yg_2-yg_2 基因定位在 S 染色体上。

(2) 测定显性基因所在的染色体　测定显性基因 A 是在哪条染色体上需要杂交和自交 2 步，观测 2 个世代。第一步是让 A 表型 $2n$ 突变体作为父本，与 a 表型的一套单体材料杂交，获得 n 个 F_1，F_1 群体植株将全部表现显性性状 A，但染色体数有双体和单体 2 种类型。第二步是从 F_1 中选单体自交，获得 F_2 群体，观察 F_2 群体的性状分离和植株染色体构成情况，判断被测定基因是否在某个单体染色体上。具体测定过程表示如下。

待测显性基因 A 位于某单体染色体上：

♀a 表型单体[$(n-1)$ Ⅱ + Ⅰ^{a}]×A 表型纯合双体[$(n-1)$ Ⅱ + Ⅱ^{AA}]♂

↓

雌配子↓	雄配子→$(n-1)$ Ⅰ + Ⅰ^{A}
n 型配子$(n-1)$ Ⅰ + Ⅰ^{a}	双体[$(n-1)$ Ⅱ + Ⅱ^{Aa}]A 表型
$n-1$ 型配子$(n-1)$ Ⅰ	单体[$(n-1)$ Ⅱ + Ⅰ^{A}]A 表型

选 F_1 单体植株[$(n-1)$ Ⅱ + Ⅰ^{A}]

↓⊗

自交子代表现

雌配子	雄配子	
	n 型配子$(n-1)$ Ⅰ + Ⅰ^{A}	$n-1$ 型配子$(n-1)$ Ⅰ
n 型配子$(n-1)$ Ⅰ + Ⅰ^{A}	双体[$(n-1)$ Ⅱ + Ⅱ^{Aa}]A 表型	单体[$(n-1)$ Ⅱ + Ⅰ^{A}]A 表型
$n-1$ 型配子$(n-1)$ Ⅰ	单体[$(n-1)$ Ⅱ + Ⅰ^{A}]A 表型	缺体[$(n-1)$ Ⅱ]a 表型

根据分析可知，如果 A 基因在某单体染色体上，则 F_1单体自交子代群体中，双体、单体都为显性 A 表型，只有缺体植株为隐性 a 表型。

如果待测 A 基因不在某单体染色体上，则其 F_1 单体[$(n-1)$ Ⅱ^{Aa} + Ⅰ]自交子代群体中，双体、单体和缺体植株都会出现 3∶1显隐性分离。

2. 三体测验

对于多数二倍体生物，由于没有单体的存在，因此多采用三体进行基因定位。现以隐性基因的测定为例，说明三体测验的方法和步骤。

用隐性突变体 a 表型的双体$(2n)$作为父本，与各个显性 A 表型的一套三体材料杂交，获得 n 个杂种 F_1代，F_1代全部表现显性性状，但包含了染色体数不同的 $2n$ 和 $2n+1$ 植株。选择 F_1代中的三体植株自交，根据 F_2群体性状分离情况判断测定基因所在的染色体。具体过程表示如下。

待测隐性基因 a 位于某单体染色体上。

♀A 表型三体[$(n-1)$ Ⅱ + Ⅲ^{AAA}]×a 表型双体[$(n-1)$ Ⅱ + Ⅱ^{aa}]♂

↓

雌配子↓	雄配子→n 型配子$(n-1)$ Ⅰ + Ⅰ^{a}
n 型配子$(n-1)$ Ⅰ + Ⅰ^{A}	双体[$(n-1)$ Ⅱ + Ⅱ^{Aa}]A 表型
$n+1$ 型配子$(n-1)$ Ⅰ + Ⅱ^{AA}	三体[$(n-1)$ Ⅱ + Ⅲ^{AAa}]A 表型

选 F_1 三体植株[$(n-1)$ Ⅱ + Ⅲ^{AAa}]

↓⊗

分析自交子代表现

如果该隐性基因 a 在三体染色体上，假定突变基因距离着丝粒很近，基因随染色体随机分离，且雌雄配子同等可育。复式三体(AAa)自交后代将出现显性性状与隐性性状[A]∶[a]＝35∶1的分离。如果基因以其他方式分离，自交子代的显性个体所占比例一定有所减少，但表型仍会呈现显[A]∶隐[a]明显大于 3∶1的分离比例。

如果该隐性基因 a 不在三体染色体上，那么三体[$(n-1)$ Ⅱ^{Aa} + Ⅲ]自交后，F_2将表现 1 对杂合基因的分离，即显性性状[A]与隐性性状[a]之比符合 3∶1的比例。

11.4.5.2 目标染色体的替换

应用单体、缺体技术，可以改变栽培品种的染色体组成，达到遗传改良的目的。利用单体可以进行染色体的代换。某抗病基因(R)在小麦的 6B 染色体上，甲抗病品种除具有较强的抗病性外，别无其他优点，因此理想的育种方案是把不抗病的乙优良品种的 6B 染色体(6B Ⅱ^{rr})，换成抗病品种的 6B 染色体(6B Ⅱ^{RR})。先将优良品种的单体(20 Ⅱ + 6B Ⅰ^{r})甲作为母本，与乙抗病品种(20 Ⅱ + 6B Ⅱ^{RR})杂交，后续过程表示如下。

♀甲单体感病[20Ⅱ+6BⅠ^{r}]×乙双体抗病[20Ⅱ+6BⅡ^{RR}]♂

↓

双体抗病配子	单体感病配子	
	n型配子 20Ⅰ+6BⅠ^{r}	$n-1$型配子 20Ⅰ
n型配子 20Ⅰ+6BⅠ^{R}	双体[20Ⅱ+6BⅡ^{Rr}]抗病 淘汰	单体[20Ⅱ+6BⅠ^{R}]抗病 保留自交

将F_1代群体中单体抗病[20Ⅱ+6BⅠ^{R}]植株保留自交，获得F_2群体，在该群体中，淘汰单体抗病[20Ⅱ+6BⅠ^{R}]植株和全部缺体[20Ⅱ]植株，保留所有双体[20Ⅱ+6BⅡ^{RR}]抗病植株，这个F_2代的抗病双体就是换进了一对载有抗病基因(R)的6B染色体的个体，再对该双体的综合性状进行选择。

缺体也可以用于目标染色体的替换。如小麦抗秆锈17生理小种的基因(R)是在6D染色体上。甲品种是一个优良而不抗病的品种(2n＝20Ⅱ＋6DⅡ^{rr})，为使甲品种换进一对带有抗病基因(R)的6D染色体，可用甲品种的6D缺体(21Ⅱ-6DⅡ＝20Ⅱ)与抗病的乙品种(20Ⅱ+6DⅡ^{RR})杂交，F_1全部是6D单体(20Ⅱ+6DⅠ^{R})；使这种F_1单体自交获得F_2群体，F_2群体中表现抗病的双体即是换进一对带有抗病基因染色体的双体(20Ⅱ+6DⅡ^{RR})。

染色体代换可以直接应用于作物改良，可以用来分析特定染色体对整个染色体组的贡献，对不同品种的同源染色体进行比较，或者对整个染色体组中的每一条染色体进行比较，研究每条染色体对作物的性状的影响。如果品种间存在等位基因的差别，也可以确定有关基因的染色体归属。

内容提要与思维导图

染色体组是生物维持生命活动所需的一套基本的染色体，任何一条染色体的缺少对生物体本身都是有害的。用$2n$表示体细胞染色体数，用n表示性细胞染色体数，用x表示一个染色体组包含的染色体数。染色体数是染色体组x整倍数的个体或细胞称为整倍体，三倍或三倍以上的整倍体统称为多倍体，染色体组来自同一物种的多倍体是同源多倍体；染色体组来自不同物种的多倍体是异源多倍体。在二倍体中$n=x$，多倍体的n包含几个x。

同源多倍体的遗传效应主要体现在细胞或组织器官的巨大性、基因的剂量效应和育性下降。同源三倍体由于减数分裂时的分离不均衡导致高度不育。同源四倍体的每一个同源组的联会以四价体(Ⅳ)和2个二价体(Ⅱ＋Ⅱ)为主，后期Ⅰ主要是2/2式的分离，产生可育配子。同源四倍体某一同源组的基因分离方式因基因距离着丝粒的远近而异。当基因距离着丝粒较近时，基因随染色体进行随机分离。异源多倍体一般是由不同种、属间的杂种经染色体加倍形成的。偶倍数异源多倍体染色体联会正常，配子可育，基因的分离规律与二倍体相同。奇倍数异源多倍体由于高度不育而不能自然繁殖。

多倍体的应用有4个方面：克服远缘杂交的不孕性、克服远缘杂种的不育性、创造远缘杂交育种的中间亲本和育成植物新类型。

单倍体是指具有配子染色体数(n)的个体或细胞，包括多元单倍体和单元单倍体。单倍体一般表现高度不育，植株弱小。单倍体加倍后育性恢复正常，基因位点全部纯合。花药培养的单倍体植株加倍是遗传研究和植物育种获得纯系的有效方法。

非整倍体指染色体数比该物种的正常合子染色体数($2n$)多或少1条或若干条染色体的个体或细胞。非整倍体包括超倍体和亚倍体，超倍体既可以存在于二倍体生物中，又可存在于多倍体生物中，常用的主要是三体($2n+1$)和四体($2n+2$)。亚倍体一般只能存在于异源多倍体生物群体中，常用的主要有单体($2n-1$)和缺体($2n-2$)。

在非整倍体变异中，单体形成的$n-1$型配子比n型配子的比例高，但是n型配子的活性要高于$n-1$型配子。单体自交可以产生缺体。三体产生的n型配子多于$n+1$型配子，$n+1$型配子主要通过雌配子传递给后代。三体自交可以产生四体。四体的联会和同源四倍体的某一同源组一样。四体染色体在后期Ⅰ主要是2/2式的分离，产生的全部配子中$n+1$的配子占多数，育性较高。

利用单体系列或三体系列材料可以进行遗传研究中的基因染色体定位，利用单体或缺体可以进行育种实践中的目标染色体替换。基因定位时的测定杂交，是以待测材料的双体作为父本与单体或三体系列材料组配，再根据后代的表型分离结合染色体数的观察定位基因所在的染色体。

二维码 11-1 本章思维导图

复习思考题

1. 解释下列名词：单倍体 一倍体 单体 单价体 三体 四体 缺体 染色体组 多倍体 同源多倍体 异源多倍体 双二倍体 倍半二倍体 同源联会 异源联会 节段异源多倍体 非整倍体 超倍体 亚倍体 双三体 双单体 双体 染色体随机分离 染色单体随机分离。

2. 染色体组的基本特征是什么？

3. 小麦有 $2n=6x=42$ 条染色体，试写出下列细胞中染色体的模式和数目：(1)单体；(2)单倍体；(3)四体；(4)缺体；(5)双三体。

4. 远缘杂交不孕性和远缘杂种不实性的区别是什么？

5. 从形态学和组织结构上如何判断某植物体是否为同源多倍体？

6. 为什么偶倍数异源多倍体表现与二倍体相同的遗传规律？

7. 试述同源三倍体高度不育的遗传机理。同源三倍体西瓜是否能结种子？

8. 杂种 F_1 与隐性性状亲本回交后，得到显性性状与隐性性状之比为 5[A]∶1[a]的后代，因此可以肯定该杂种是同源四倍体，对吗？试说明。

9. 在二倍体的高等植物中也会偶然出现一些植株弱小的单倍体，但在一般情况下它们不能繁育后代。试说明这种单倍体的植株是如何形成的？它为什么不能繁育后代？

10. 一个 $2n=10$ 的植物种 A 与另一个 $2n=14$ 的植物种 B 杂交，F_1 杂种只产生少量花粉粒，用它给 B 授粉，产生少数几株具有 19 条染色体的植株，它们是高度不育的，但是通过自花授粉也能产生极少数具有 24 条染色体的植株。这些植株在表型上与原来的亲本不同，但都是能育的。试从染色体数目变异上加以解释。

11. 萝卜甘蓝是萝卜与甘蓝的杂种。若杂种的体细胞染色体数为 36，甘蓝亲本产生的配子的染色体数是 9 条，则萝卜单倍体染色体数应为多少条？试述萝卜甘蓝的起源。

12. 使异源六倍体的普通小麦($6x=$AABBDD$=42=21$Ⅱ)与圆锥小麦($4x=$AABB$=28=14$Ⅱ)杂交，F_1 是奇倍数异源五倍体($5x=$AABBD)。普通小麦与提莫菲维小麦($4x=$AAGG$=28=14$Ⅱ)杂交，F_1 也是奇倍数异源五倍体($5x=$AABDG)。问它们在减数分裂时细胞学特征有何不同？

13. 普通小麦的某一单位性状的遗传常常是由 3 对独立分配的基因共同决定的，这是什么原因？用小麦属的二倍体种、异源四倍体种和异源六倍体种进行电离辐射的诱变处理，哪个种的突变型出现频率最高，哪个最低？为什么？

14. 一般都认为烟草是两个野生种 *N. sylvestris*($2n=24=12$Ⅱ$=2$X$=$SS)和 *N. tomentosiformis*($2n=14=12$Ⅱ$=2x=$TT)合并起来的异源四倍体($2n=48=24$Ⅱ$=$SSTT)。某烟草单体($2n-1=47$)与 *N. sylvestris* 杂交的 F_1 群体内，一些植株有 36 条染色体，另一些植株有 35 条染色体。细胞学检查表明，有 35 条染色体的 F_1 植株在减数分裂时联会成 11 个二价体和 13 个单价体，试问：

(1)该单体所缺的那条染色体属于 S 染色体组，还是属于 T 染色体组？

(2)如果所缺的那条染色体属于你所解答的另一个染色体组，上述的 35 条染色体的 F_1 植株在减数分裂时应联会成几个二价体和单价体？

15. 为什么普通小麦中能分离出亚倍体品系，而玉米却不能？

16. 人类的先天愚型是 21 号染色体的三体所致。假如一个先天愚型($2n+$Ⅰ$_{21}$)患者已有了孩子。这些孩子患先天愚型的机会是多少？

17. 普通小麦与圆锥小麦杂交，F_1 植株的体细胞内染色体组及染色体数如何？F_2 出现普通小麦染色体组的个体频率多大？

18. 三体的 $n+1$ 型胚囊的生活力一般都远比 $n+1$ 型花粉强。假设某三体植株自交时，参与授粉的 $n+1$ 型胚囊占 50%，参与授粉的 $n+1$ 型花粉占 10%。试分析该三体植株的自交子代群体内四体、三体和正常的双体所占的百分数分别为多少？

19. 简述秋水仙碱诱发植物多倍体的原理。

第12章 基因突变

◆内容提示

介绍基因突变的类型和表现特征，解释基因突变的发生机理，说明物理诱变、化学诱变及基因定点诱变的方法。

◆教学目标

了解基因突变的发生机理、基因突变的诱发方法，掌握基因突变的表现特征和鉴定方法。

在前面各章所论述的产生遗传变异的途径中，杂交导致的基因重组、染色体结构和数目变异，都属于基因重组的范畴。基因重组只是原有基因之间关系的变动，它们都不涉及基因自身的变化。本章所讨论的基因突变是基因本身性质的改变，它是生物发生基因重组的基础，是遗传变异的最终源泉。1901年，狄·弗里斯首先提出“突变”一词，1910年摩尔根首先发现了果蝇中的白眼基因突变。此后的研究表明，基因突变并非罕见，而是生物中广泛存在的现象。自然界生物由于基因突变形成了各种不同变异类型，而人类利用基因突变选育出大量动植物和微生物新品种。

12.1 基因突变的概念和意义

12.1.1 基因突变的概念

基因突变(gene mutation)指染色体上某一基因位点内部发生了化学性质的变化，与原来的基因形成对性关系。如植物高秆基因 D 突变为矮秆基因 d，D 与 d 为一对等位基因。携带突变基因并表现突变性状的细胞或个体称为突变型或突变体(mutant)。

基因突变可以自然发生，也可在理化因素作用下人工诱导发生。在自然条件下发生的突变称为自发突变(spontaneous mutation)。自发突变的产生并不是没有原因的，自然界的各种辐射、环境中的化学物质、DNA复制错误、差错修复以及转座因子等均可能引起基因的碱基序列改变而产生突变。但通常自然条件下自发突变出现的频率较低，远不能满足遗传研究和育种工作的需要。根据突变产生的机理，人为利用物理、化学因素处理诱发的基因突变，称为诱发突变(induced mutation)。诱发突变出现的频率较高，因此成为人类创造育种材料的一种重要手段。

12.1.2 基因突变的意义

基因突变产生新的等位基因与遗传功能差异，并形成个体间相对性状差异，是侦测该基因的存在、进行遗传分析的重要前提。如果没有基因突变，该单位性状在所有个体中只有一种表型，就难以检测到该基因的存在，更无法确定该基因的位置和功能。例如，如果红眼果蝇没有发生 $W \rightarrow w$ 的突变，产生眼色的相对性状差异(红眼与白眼)，人们就不可能发现果蝇眼色基因的存在，当然也难以对其进行遗传研究。因此，诱发基因突变、寻找新的突变体已经成为发现新基因和确定新基因功能的基本路径。

基因突变是生物进化的根本源泉。如果没有基因突变，生物将因为不能适应生存环境的改变而可能面临消亡。基因突变也是动植物育种新资源的重要基础，新基因甚至能导致生物生理、发育模式的重要转变。人类利用基因突变育成不少生物新品种、新类型。例如，矮秆、半矮秆基因的发现与利用培育出许多矮化栽培植物，实现了高肥水、高密度栽培条件下生产性能的提高。又如，利用植物雄性不育基因，实现了高粱、玉米、水稻等作物杂种优势利用。

12.2 基因突变的一般特征

基因突变具有重演性、可逆性、多方向性、有害性及平行性等一般特征。掌握这些特征对于研究基因突变产生的机理、突变体筛选与鉴定、人工诱发突变及其应用都具有重要的指导意义。

12.2.1 突变的重演性

同一突变可以在同种生物的不同个体间重复发生,这称为突变的重演性。例如,果蝇白眼突变多次在摩尔根的试验中出现;短腿的安康羊绝种 50 年后,短腿突变体又在挪威一个羊群中出现;玉米籽粒颜色有关的基因突变也曾在不同研究者的多次试验中重复出现。

研究发现,同一突变重复发生的趋势相对稳定,可以用突变频率(mutation frequency)定量描述。突变频率是指突变体在一个世代群体中所占的比例。突变频率估算因生物生殖方式而有所不同:有性生殖生物突变频率通常用配子发生突变的概率,即一定数目配子中突变配子数表示;细菌与单细胞生物突变频率用细胞发生突变的概率,即用一定数目细胞中突变细胞数表示。

自然突变频率一般都很低,据估计高等生物突变频率为 $10^{-8}\sim10^{-5}$。不同生物和不同基因间突变频率有很大差异。表 12-1 为玉米籽粒 7 个基因的自然突变频率,其中有的较高,如 *R* 基因在每百万个配子中平均突变频率为 492.0;有的较低,如 *Sh* 基因仅为 1.2,两者相差高达 400 多倍。

表 12-1 玉米籽粒 7 个基因的自然突变率

基因	表型	测定配子数	突变数	100 万个配子中的平均突变率
R	籽粒色	554 786	273	492.0
I	抑制色素的形成	265 391	28	106.0
Pr	紫色	647 102	7	11.0
Su	非甜粒	1 678 736	4	2.4
Y	黄胚乳	1 745 280	4	2.2
Sh	饱满胚	2 469 285	3	1.2
Wx	非糯性	1 503 744	0	0.0

低等生物突变频率变幅更大,如细菌自然突变频率为 $10^{-10}\sim10^{-4}$。大肠杆菌在一个世代中链霉素抗性基因 str^R 与乳糖发酵基因 lac^- 突变频率分别为 4×10^{-10} 和 2×10^{-7}。

12.2.2 突变的可逆性

基因突变像许多生物化学反应过程一样是可逆的,即野生型基因 *A* 可以突变为突变型基因 *a*,突变型基因 *a* 也可以突变为野生型基因 *A*。前者通常称为正突变(forward mutation),后者称为反突变(reverse mutation)或回复突变(back mutation)。如水稻有芒基因 *A* 可以突变为无芒基因 *a*,而无芒基因 *a* 又可突变为有芒基因 *A*。通常以 *u* 表示正突变率,以 *v* 表示反突变率,即:

$$A \underset{\text{反突变}\,v}{\overset{\text{正突变}\,u}{\rightleftharpoons}} a$$

在多数情况下,正突变率总是高于反突变率,即 $u>v$。这是因为一个正常野生型基因内部许多座位上的分子结构,都可能发生改变而导致正突变;而反突变只有在那个被改变了的分子结构恢复原始状态下才能发生,才能回复为正常野生型。因此反突变要求高度的特异性,其突变率自然比正突变低得多。大肠杆菌组氨酸合成基因正突变率($his^+\rightarrow his^-$)为 2×10^{-6},反突变率($his^-\rightarrow his^+$)仅为 7.5×10^{-9}。不过,除了基因内部结构发生缺失而引起基因突变以外,一切突变基因都有可能恢复为原来的基因性状,这也就是基因突变可逆性的机理。

突变型基因与野生型基因之间存在等位对性关系,在杂合体中表现一定的显隐性关系。由显性基因产生隐性基因称为隐性突变(recessive mutation),即 $AA\rightarrow Aa$;反之,由隐性基因产生显性基因称为显性突变(dominant mutation),即 $aa\rightarrow Aa$。

野生型基因通常是正常、有功能的基因,突变常导致其基因功能完全或部分丧失,因此正突变通常是隐性突变。如果一个基因突变后产生了新的功能,则称为功能获得性突变(gain-of-function mutation)。功能获得性突变通常是显性突变,或突变基因与原基因呈共显性。

12.2.3 突变的多方向性和复等位基因

基因突变可以多方向发生，即一个基因 A 突变后可能形成 a_1、a_2、a_3 等不同等位基因，a_1、a_2、a_3 等对 A 来说都是隐性基因，同时 a_1、a_2、a_3 等之间的生理功能与性状表现又各不相同。用其中表型不同的两个纯合体杂交，F_2 都呈现等位基因的分离比例 3∶1或 1∶2∶1，这表明这些隐性突变基因彼此之间，以及它们与 A 基因之间都存在着对性关系。具有对性关系的基因是位于同一个基因位点上的。位于同一基因位点上的多个等位基因在遗传学上称为复等位基因(multiple allele)。当然，复等位基因并不存在于同一个体(同源多倍体是例外)，而是存在同一生物群体的不同个体里。复等位基因的发现，使人们对基因内部结构的理解深入了一步。

复等位基因广泛地存在于生物界。人类的 ABO 血型就是由 I^A、I^B 和 I^O 3 个复等位基因决定的。但任何一个人不会同时具有这 3 个等位基因，而是只有其中任意两个而表现出一种特定的血型。ABO 血型系统 4 种表型及其可能的基因型见表 12-2。

表 12-2 血型的表型和基因型及其凝集反应

表型(血型)	基因型	抗原	抗体	血清	血细胞
AB	I^AI^B	A、B	—	不能使任一血型的红细胞凝集	可被 O、A、B 型的血清凝集
A	I^AI^A I^AI^O	A	β	可使 B 及 AB 型的红细胞凝集	可被 O、B 型的血清凝集
B	I^BI^B I^BI^O	B	α	可使 A 及 AB 型的红细胞凝集	可被 O、A 型的血清凝集
O	I^OI^O	—	α、β	可使 A、B 及 AB 型的红细胞凝集	不能被任一血型的血清凝集

引自朱军(2018)

其中，I^A 基因、I^B 基因分别对 I^O 基因为显性，I^A 与 I^B 为共显性。根据 ABO 血型遗传规律可进行亲子鉴定。例如，如果父母的血型都是 O 型，则子女也只能是 O 型；父母之一是 AB 型，另一方是 O 型，其子女可能是 A 型或 B 型，但不可能为 O 型或 AB 型。

普通烟草(*Nicotiana tabaccum*)为自花授粉植物，但在烟草属中有两个野生种(*N. forgationa* 和 *N. alata*)表现为自交不亲和性(self-incompatibility)。在这些烟草中发现了 15 个自交不亲和的复等位基因 S_1、S_2……S_{15}，控制自花授粉的不结实性。这里所指的自交不亲和性是指自花授粉不结实，而株间授粉却能结实的现象。试验表明，具有某一基因的花粉不能在具有同一基因的柱头上萌发，好像同一基因之间存在一种拮抗作用。如图 12-1 所示，$S_1S_2 \times S_1S_2$ 不能结实，但株间相互授粉则可结实；如 $S_1S_2 \times S_2S_3$ 可能得到 S_1S_3 和 S_2S_3 2 种种子，$S_1S_2 \times S_3S_4$ 可能得到 S_1S_3、S_1S_4、S_2S_3 和 S_2S_4 4 种种子。

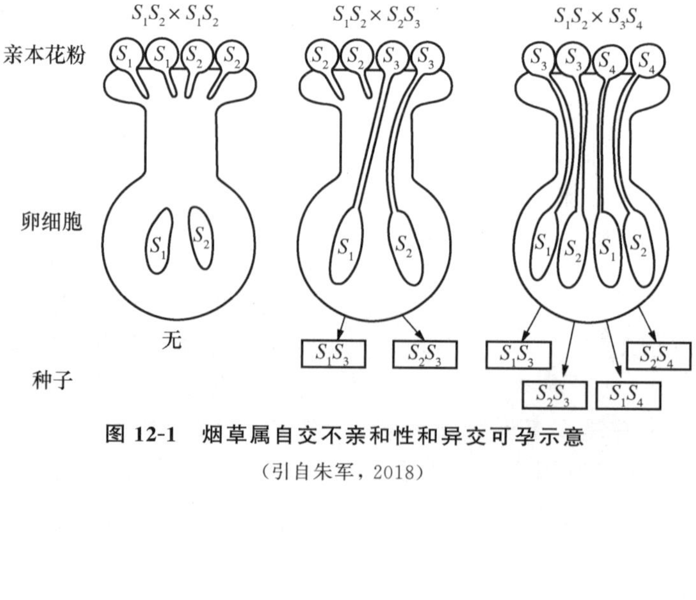

图 12-1 烟草属自交不亲和性和异交可孕示意

(引自朱军，2018)

12.2.4 突变的有害性和有利性

大多数基因的突变，对生物的生长和发育往往是有害的。因为现存的生物都是经历长期自然选择进化而来的，它们的遗传物质及其控制下的代谢过程，都已达到相对平衡和协调状态。某基因一旦发生突变，原有的协调关系不可避免地要遭到破坏或削弱，生物赖以正常生活的代谢关系就会被打乱，从而引起不同程度的有害后果。

突变体一般表现为某种性状的缺陷或生活力和育性降低。例如果蝇残翅、鸡卷羽、植物雄性不育、禾谷类作物脆秆等。许多人类基因突变直接导致疾病，如镰形贫血病、色盲等。极端情况下还会导致带有突变基因的个体死亡。

有些基因仅仅控制一些次要性状，它们即使发生突变，也不会影响生物的正常生理活动，因而仍能保持其正常的生活力和繁殖力，为自然选择保留下来，这类突变一般称为中性突变(neutral mutation)。例如，小麦粒色的变化、水稻芒的有无等，这类突变的突变型和野生型间没有明显的生存与繁殖能力的差异，因而在进化上没有选择差异。另外，还有少数突变不仅对生物的生命活动无害，反而有利，如作物的抗病、早熟突变，鸡的多产蛋突变，牛的高泌乳量突变等，这类突变可以通过自然选择保留下来导致生物进化。

突变的有害性是相对的，在一定的条件下突变的效应可以转化，有害可以变为有利。例如，在高秆作物的群体中出现矮秆的突变体，在这种场合矮秆植株因受光不足，发育不良，表现为有害性。但是在多风或高肥地区，矮秆植株因有较强的抗倒伏能力，生长更加茁壮，有害变为有利。突变的有害性和有利性对人类需要与生物本身有时是不一致的。有的突变性状对生物本身有利，但对人类的需求却不利，如谷类作物的落粒性。相反地，有些突变对生物本身有害而对人类却有利，例如植物的雄性不育突变对其本身的繁殖肯定是有害的，却为人类利用杂种优势提供了难得的好材料，用于杂交种生产中可以免除人工去雄的麻烦。

12.2.5 突变的平行性

亲缘关系相近的物种因遗传基础比较近似，往往发生相似的基因突变，这种现象称为突变的平行性。根据这一特征，如果一个种、属的生物中产生了某种变异类型，就能预期与之近缘的其他种、属也可能存在或产生相似的变异类型。例如，小麦有玻璃质、粉质及籽粒有色和白色的变异类型，属于禾本科的其他物种如大麦、黑麦、燕麦、高粱、玉米、水稻、黍、冰草等也同样存在这些变异类型。这些植物在其他性状上也几乎都有类似的变异类型(表 12-3)。

表 12-3　禾本科部分物种籽粒性状的变异

性状		黑麦	小麦	大麦	燕麦	黍	高粱	玉米	水稻	冰草
颜色	白	+	+	+	+	+	+	+	+	
	红	+	+	+			+	+	+	+
	绿	+	+	+	+	+		+	+	+
	黑	+	+	+			+	+	+	
	紫	+	+	+				+	+	+
形状	圆	+	+	+	+	+	+	+	+	
	长	+	+	+	+	+	+	+	+	+
品质	玻璃质	+	+	+	+	+	+	+	+	+
	粉质	+	+	+	+	+	+	+	+	+
	蜡质			+		+	+	+	+	

引自朱军(2018)

12.3 基因突变的表现

12.3.1 突变的性状表现

基因突变引起生物性状的改变是多种多样的，有些突变型与野生型间表型差异显著，有些突变型则需要利用精细的遗传学或生物化学技术才能检测出其与野生型的差异。人们常根据突变基因的效应或性状变异的可识别程度来描述基因突变引起的性状变异类型，大致可分为以下 4 类。

(1)形态突变(morphological mutation)　形态突变又称可见突变(visible mutation)，是指导致生物体外部形态结构(如形态、大小、色泽等)产生肉眼可识别变异的突变。如果蝇白眼突变、水稻矮秆突变、羊短腿突变等都是形态突变。

(2)生化突变(biochemical mutation)　生化突变是指影响生物代谢过程，导致特定生化功能改变或丧失的突变。最常见的生化突变型是营养缺陷型(auxotroph)，即丧失某种生长与代谢必需物质合成能力的突变型。如野生型大肠杆菌(his^{+})可在基本培养基中正常生长，其组氨酸合成突变体(his^{-})不能合成组氨酸，需要在培养基中加入组氨酸才能正常生长。人类中也存在类似的代谢缺陷生化突变，如苯丙酮尿症和半乳糖血症等先天性代谢缺陷。

(3)致死突变(lethal mutation)　致死突变是指导致生物体死亡的突变。大多数的致死突变为隐性致死(recessive lethal)。致死突变现象最初是在小鼠(*Mus musculus*)的毛色遗传中发现的，在黑色鼠中发现一种黄色突变型，但从未获得纯合的黄色个体。以黄色鼠与黄色鼠交配的后代分离比例总是2黄色∶1黑色；而以黄色鼠与黑色鼠交配的后代分离比例却是1黄色∶1黑色。后来的研究表明，突变的黄色基因 A^{Y} 对黑色基因 a 为显性，但 A^{Y} 具有纯合致死的效应。因此，在黄色鼠为杂合体 $A^{Y}a$ 时，可以正常存活；但为纯合体 $A^{Y}A^{Y}$ 时，则死亡。这一交配的结果可如图 12-2 所示。

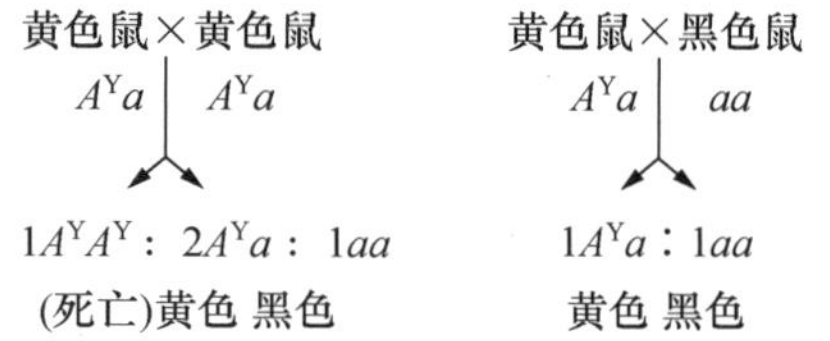

图 12-2　小鼠皮毛颜色基因显性纯合致死遗传

由图 12-2 可见，其分离比例不是 3∶1，而是 2∶1 的原因。后来进一步的解剖分析也证实，这种纯合突变体的胚胎在母体内就已死亡了。植物中最常见的致死突变是禾本科植物的隐性白化突变，突变体幼苗表现白化，不能形成叶绿素，随着种子胚乳中储存的养料消耗殆尽，幼苗将因饥饿而死亡。它的遗传表现如图 12-3 所示。

图 12-3　植物白化突变的遗传和表现

(左为水稻幼苗，右为玉米幼苗)

但是，也有少数的致死突变为显性致死(dorminant lethal)，显性致死突变在杂合状态下即可死亡。例如，人的神经胶症(epiloia)基因，可引起皮肤畸形生长、严重智力缺陷、多发性肿瘤，具有这个杂合基因的人，于年轻时即死亡。还有一种致死突变是在特定环境下表现致死效应，称为条件致死突变(conditional lethal mutation)，如细菌的某些温度敏感突变型在 30 ℃左右可存活，在 42 ℃左右或低于 30 ℃时致死。又如 T_4 噬菌体的温度敏感突变型在 25 ℃左右能在大肠杆菌宿主细胞中正常生长，42 ℃时就不能生长。

(4)抗性突变(resistant mutation)　抗性突变是指突变细胞或生物体获得了对某种特殊抑制剂的抵抗能力。人类致力于选择生物对生物性和非生物性抑制物的抗性突变型，如动植物的抗病性、抗虫性突变型等。

12.3.2 显性突变和隐性突变的表现

由于等位基因突变独立发生，等位基因同时发生相同突变得到突变纯合体的概率极低，所以绝大多数情况下，仅等位基因之一发生突变。无论显性突变($aa \rightarrow Aa$)，还是隐性突变($AA \rightarrow Aa$)，突变当代均为杂合体。但显性突变和隐性突变二者突变性状的表现特点是不同的，主要反映在基因突变表现世代的早晚和纯化速度的快慢上。

一般地，在双倍体动植物中，显性突变一经发生，其突变性状就能表现，而隐性突变在发生后则往往要经过自交，当突变性状的基因型纯合时才能表现。例如，在自花授粉的植物中，通常显性突变表现的早而纯合得慢，而隐性突变则表现的晚而纯合得快。前者在第一代就能表现，第二代能够纯合，但获得纯合突变体要在第三代；后者在第二代表现，第二代就可以纯合，获得纯合突变体也在第二代。二者的表现特点如图 12-4 所示。

	显性突变的表现	隐性突变的表现
	dd ↓ 突变发生	*DD* ↓ 突变发生
第一代(M_1)	*Dd* ↓	*Dd* ↓
第二代(M_2)	1*DD* ↓　2*Dd* ↓　1*dd* ↓	1*DD*　2*Dd*　[1*dd*]
第三代(M_3)	[DD]　1*DD* : 2*Dd* : 1*dd*	

图 12-4　显性突变与隐性突变的表现

图 12-4 中，由诱发当代长成的植株为 M_1，用 M_1 繁殖的后代为 M_2，其余类推；方框表示为纯合突变体。而异花授粉植物中的隐性突变，可能会在群体中长期保持杂合状态而不表现，只有对其进行人工自交或近交，纯合的突变体才可能出现。

12.3.3 体细胞突变和性细胞突变的表现

基因突变可以发生在生物个体发育的任何时期，对有性生殖生物而言，这也意味着体细胞和生殖细胞均可能发生突变。体细胞发生的突变称为体细胞突变(somatic mutation)，发生在生殖细胞中的突变称为性细胞突变(sexual mutation)。

体细胞突变产生突变体细胞，通常不能通过受精过程直接传递给后代。如果发生隐性突变，虽然当代已成为杂合体，但由于突变基因受显性基因掩盖并不表现突变性状。体细胞如果发生显性突变，则当代个体就以嵌合体的形式表现出突变性状，嵌合体镶嵌范围的大小取决于突变发生时期的早晚。在个体发育过程中，突变发生得越早，镶嵌范围越大；反之，镶嵌范围就越小。一些植物的花色和许多动物皮毛颜色的嵌合性状往往是体细胞基因突变的结果。对于无性繁殖的植物来说，体细胞突变很重要，例如在果树中，某些枝条的生长点或分生组织的细胞发生突变能产生突变芽，这称为芽变(bud mutation)。可以利用组织培养、扦插或嫁接等无性繁殖的方法使突变芽或芽变枝条进行繁殖，从而获得突变体。这种通过无性变异来进行选择是植物，尤其是林木、果树新品种选育的重要手段。

性细胞突变形成突变型配子，可通过受精过程直接传递给后代。性细胞如果发生显性突变，带有突变基因的配子受精后突变性状就能在子代表现出来；如果发生隐性突变，带有突变基因的配子受精后，因受到等位基因的掩盖，突变性状不能立即在子代表现，自交后才能表现出来。

多数试验检测到的性细胞突变频率要高于体细胞的突变频率。这除了两者表现与传递特点有差异外，另一个重要原因是配子形成过程中对外界环境条件更为敏感，尤其是性母细胞减数分裂、配子(体)发育与传播过程。因此，诱发突变时经常采用性细胞作为材料，以提高诱变效率。

12.3.4 大突变和微突变的表现

基因突变引起性状变异的程度是不相同的。具有明显的、容易识别的表型变异的基因突变称为大突变(macromutation)。控制质量性状的基因突变大都属于大突变，例如豌豆籽粒的圆形和皱形，玉米籽粒的糯性和非糯性等。有些突变效应表现微小，较难察觉，称为微突变(micromutation)。控制数量性状的基因突变大都属于微突变，例如玉米的长果穗和短果穗，小麦的大粒和小粒等。为了鉴别微突变的遗传效应，常需要借助统计方法加以研究分析。控制数量性状遗传的基因是微效的、累加的。因此，尽管微突变中每个基因的遗传效应比较微小，但在多基因的条件下可以积小为大，最终可以积量变为质变，表现出显著的作用来。试验表明，在微突变中出现的有利突变率高于大突变，所以在育种工作中要特别注意微突变的分析和选择，在注意大突变的同时，也应重视微突变。

12.3.5 基因突变的频率

基因突变可以是自发的，也可以是诱导发生的。自发突变和诱发突变的表现形式无本质区别，都是DNA改变所产生的表型后果。基因突变的发生频率用突变率来表示。所谓突变率(mutation rate)，是指单位时间内某种突变发生的概率，即一个基因在一个世代中或其他规定的单位时间内发生突变的概率。在实践中，由于检测时间界定困难，大多数生物的突变率难以准确估计，因此，通常用突变频率来估算突变率。在有性生殖的生物中，突变频率通常用一定数目的配子中的突变型配子数来表示。在无性繁殖的细菌中，突变频率则用一定数目的细菌在分裂一次过程中发生突变的频率表示。一般地，自发突变的突变频率很低，且各种基因的自发突变频率在一定条件下是相对稳定的。但同时，不同生物或同种生物的不同基因的突变频率又不相同，即使在同一基因位点不同等位基因的突变频率也表现很大差异。据估计，高等动植物的基因突变频率平均为 $1\times10^{-5}\sim1\times10^{-8}$，即在10万到1亿个配子中有1个发生突变。细菌的突变频率为 $1\times10^{-4}\sim1\times10^{-10}$。几种生物的不同基因的自发突变频率如表12-4所示。

表 12-4 几种生物的不同基因的自发突变频率

生物	表型	基因	突变频率	单位
大肠杆菌(*E. coli*)	乳糖不发酵	$lac^+\rightarrow lac^-$	2×10^{-6}	每次细胞分裂
	乳糖发酵	$lac^-\rightarrow lac^+$	2×10^{-7}	
	需组氨酸	$his^+\rightarrow his^-$	2×10^{-6}	
	不需组氨酸	$his^-\rightarrow his^+$	7.5×10^{-9}	
	依赖链霉素	$str^s\rightarrow str^d$	1×10^{-9}	
	链霉素敏感	$str^d\rightarrow str^s$	1×10^{-8}	
	辐射抗性	$rad^s\rightarrow rad^r$	1×10^{-5}	
肺炎双球菌(*Diplococcus pneumoniae*)	青霉素抗性	$pen^s\rightarrow pen^r$	1×10^{-7}	每次细胞分裂
链孢霉(*Neurospora crassa*)	要求肌醇	$inos^s\rightarrow inos^-$	8×10^{-8}	在无性孢子中的突变频率
	不需嘌呤	$ade^-\rightarrow ade^+$	4×10^{-8}	
玉米(*Zea mays*)	皱缩种子	$Sh\rightarrow sh$	1×10^{-6}	每代每个配子
	紫色种子	$pr\rightarrow Pr$	1×10^{-5}	
	无色种子	$C\rightarrow c$	1×10^{-5}	
	甜粒种子	$Su\rightarrow su$	2×10^{-6}	
果蝇(*D. melanogaster*)	黄体	$Y\rightarrow y$	1.2×10^{-6}	每代每个配子
	白眼	$W\rightarrow w$	4×10^{-5}	
	黑檀体	$e^+\rightarrow e$	2×10^{-5}	
	无眼	$eg^+\rightarrow eg$	6×10^{-5}	
小鼠(*Mus musculas*)	浅色皮毛	$d^+\rightarrow d$	3×10^{-5}	每代每个配子
	粉红色眼	$p^+\rightarrow p$	3.5×10^{-6}	
人类(*Homo sapiens*)	血友病	$h^+\rightarrow h$	2×10^{-5}	每代每个配子
	视网膜色素瘤	$R^+\rightarrow R$	2×10^{-5}	
	软骨发育不全	$A^+\rightarrow A$	5×10^{-5}	

引自杨业华(2006)

研究表明，基因突变与生物体所处的外部和内部环境条件有关。在外部环境条件中，主要的影响因素有温度、营养、天然辐射和化学物质等。例如，剧烈的温度条件的改变，恶劣的营养条件，某些营养元素的缺乏，自然界的电离辐射和越来越严重的环境污染等，都有可能引起基因突变。在影响基因突变的内部环境中，性别、年龄、遗传因素等都对基因的突变率有所影响。研究还发现，有些基因较容易发生突变，这种比一般基因易于突变的基因称为易变基因(mutable gene)。在易变基因内部存在特别容易发生突变的位点，这些容易发生突变的位点称为突变热点(hot spot)。已观察到突变热点的突变频率可以高出10倍甚至100倍于预期由随机分布产生突变的频率。研究认为，形成突变热点的最主要原因是5-甲基胞嘧啶(m^5C)的存在。在生物的DNA中含有相对少量的修饰碱基5-甲基胞嘧啶，如人类基因组中70%～90%的m^5C发生在CpG二核苷酸中，而CpG中15%发生m^5C。m^5C脱氨基后产生胸腺嘧啶(T)，由于T是DNA中的正常碱基，所以不能被修复机制察觉和改正。因此，m^5C脱氨基的结果使得m^5C-G转换成T-A。由于该突变不能通过修复机制得到校正，所以基因组中m^5C位点突变率很高，成为突变热点。易变基因的稳定性可能与遗传环境中其他因子的影响有关。在大肠杆菌中，当$mutT_1$基因存在时，可使arg^-向arg^+突变的频率增加71.5万倍，使$trpA_{23}$向trp^+突变增加4 200倍。这种能影响其他基因稳定性、促进突变的基因称为增变基因(mutator gene)。

12.4 基因突变的分子机制

基因突变的本质是基因组中构成基因的部分DNA分子发生改变。DNA分子的改变可以是单个核苷酸的变化，也可以是一段核苷酸序列的改变，具体的改变方式有碱基替换、碱基缺失、碱基插入、DNA重排或裂解等。实际上非基因部分或与基因无关的DNA序列也会时常发生变化，只是它们不会对生命活动产生影响，因而从表型上不被观察到。

12.4.1 碱基替换

碱基替换(base substitution)是指DNA分子单链(双链)中某个碱基(对)被另一种碱基(对)代替。如双链DNA分子中G≡C碱基对被替换成A=T碱基对。DNA链上嘌呤之间或嘧啶之间的替换，即A-G互换或T-C互换，称为转换(transition)。嘧啶与嘌呤之间的相互替换称为颠换(transversion)，包括A-T、A-C、G-T和G-C互换。

碱基替换是涉及DNA分子中单个碱基的突变，所以称为单点突变(point mutation)。它不改变DNA分子序列长度及其转录产物mRNA分子的阅读框(reading frame)。

碱基的替换可能使DNA分子中遗传密码发生改变，引起蛋白质产物和功能的变化，这种点突变称为错义突变(missense mutation)。例如正常的人血红蛋白β链的第6个氨基酸是谷氨酸，它的密码子在mRNA中是GAA，在DNA模板链上是CTT。如果模板DNA的第2位的T被A替换，则mRNA中相应密码子变成GUA，编码的氨基酸变成了缬氨酸，最终导致血红蛋白功能的变化，引起镰状细胞贫血。

由于存在多个密码子编码同一种氨基酸，即遗传密码的简并性，所以碱基的替换新产生的密码可能仍然决定原来的氨基酸，或者点突变虽然改变了所编码的氨基酸，但并不影响蛋白质产物原来的活性和功能。例如密码子AGG→AAG，则导致了Lys取代了Arg，这两种氨基酸都是碱性氨基酸，性质十分相似，所以蛋白质的功能并不发生重大改变。以上两种点突变均称为同义突变(samesense mutation)。若某一碱基被替换后产生了终止密码，使多肽链的合成中途停止，形成一条不完整的多肽链，使蛋白质失去活性或正常的代谢功能发生突变，这称为无义突变(nonsense mutation)(二维码12-1)。

二维码12-1 无义突变

12.4.2 移码突变

移码突变(frameshift mutation)是指DNA分子中由于某位点碱基的缺失或插入，引起阅读框变化，造成下游的一系列密码改变，使原来编码某种肽链的基因变成编码另一种完全不同的肽链序列。例如，一个基因的 mRNA 一段为：GAA GAA GAA GAA……，翻译产物是一个谷氨酸多肽，如果开头插入一个 G，那么 mRNA 阅读框变成 GGA AGA AGA AGA……，翻译产物是一个以甘氨酸开头的精氨酸多肽。移码突变将引起蛋白质性质的改变，从而引起性状的变异，严重时会造成个体死亡。

12.4.3 重排突变或 DNA 链的裂解突变

重排突变是由基因内外的 DNA 片段序列相互交换位置产生的。例如，倒位突变就是 DNA 序列的一个部分切割下来后，重新以相反的方向插入原来位置。相对于点突变，长片段的 DNA 序列的改变称大片段突变，其将对所编码的蛋白质和生物体表型产生较大影响。

此外，DNA 的单链或双链断裂也可引起突变。电离辐射对 DNA 具有强烈的断链作用；过氧化物、巯基化合物、某些金属离子以及 DNA 酶等都能引起 DNA 链的断裂。

12.4.4 基因突变的修复

在生物长期进化过程中，引起基因结构改变的因素是多种多样的，但是作为遗传物质的 DNA 却能够保持稳定。从诱变过程观察发现，诱发 DNA 产生的改变常比最终表现出来的相应的突变要多，这说明生物对外界诱变因素的作用具有一定的防御能力，并能对诱发的 DNA 的改变进行修复（repair）。

12.4.4.1 光修复和暗修复

光修复（light repair）常指针对紫外线引起的 DNA 损伤而形成的嘧啶二聚体在损伤部位进行专一修复的一种方式，又称为光复活（photoreactivation）。研究发现，紫外线照射能引起很多变异，最明显的变异是引起胸腺嘧啶二聚体的形成。胸腺嘧啶二聚体在 DNA 螺旋结构上形成 1 个巨大的凸起或扭曲，这对 DNA 分子好像是个“赘瘤”。这个“赘瘤”被一种特殊的巡回酶（如光激活酶）识别，在有蓝色光波的条件下，二聚体被切开，DNA 恢复正常（图 12-5）。光修复已在多种原核生物和真核生物中发现，但它主要是低等生物的一种修复方式。

由紫外线诱发的嘧啶二聚体有时在不依赖光存在的情况下也可以被修复，这种修复称为暗修复（dark repair），又称为切除修复（excision repair）（二维码 12-2）。例如，大肠杆菌中的 UVrA 突变体的修复过程由 4 种酶来完成：首先由核酸内切酶在胸腺嘧啶二聚体一边切开，然后由核酸外切酶在另一边切开，把胸腺嘧啶二聚体和邻近的一些核苷酸切除；第三种酶（DNA 聚合酶）把新合成的正常的核苷酸片段补上；最后由连接酶把切口缝好，使 DNA 的结构恢复正常。

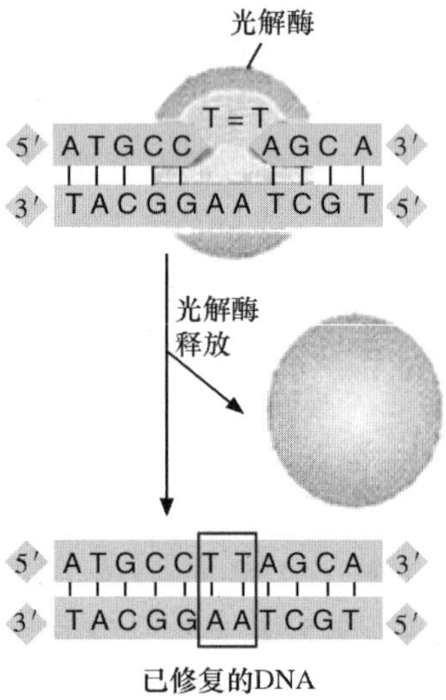

图 12-5 光修复过程

（引自李惟基，2007）

二维码 12-2 DNA 的切除修复

12.4.4.2 重组修复

重组修复（recombination repair）在 DNA 复制后进行，因此又称为复制后修复。这种修复并不切除胸腺嘧啶二聚体。修复过程主要包括：含有胸腺嘧啶二聚体结构的 DNA 进行复制，在 DNA 子链的损伤部位出现缺口；完整的母链与有缺口的子链重组，缺口通过 DNA 聚合酶的作用，以对侧子链为模板由母链合成的 DNA 片段弥补；最后在连接酶作用下以磷酸二酯键连接新旧链而完成重组修复（图12-6）。

在切割和修补过程中，特别是新补上的核苷酸片段，有时会造成差错，差错的核苷酸会引起突变。实际上，由紫外线照射引起的这类突变，并不总是胸

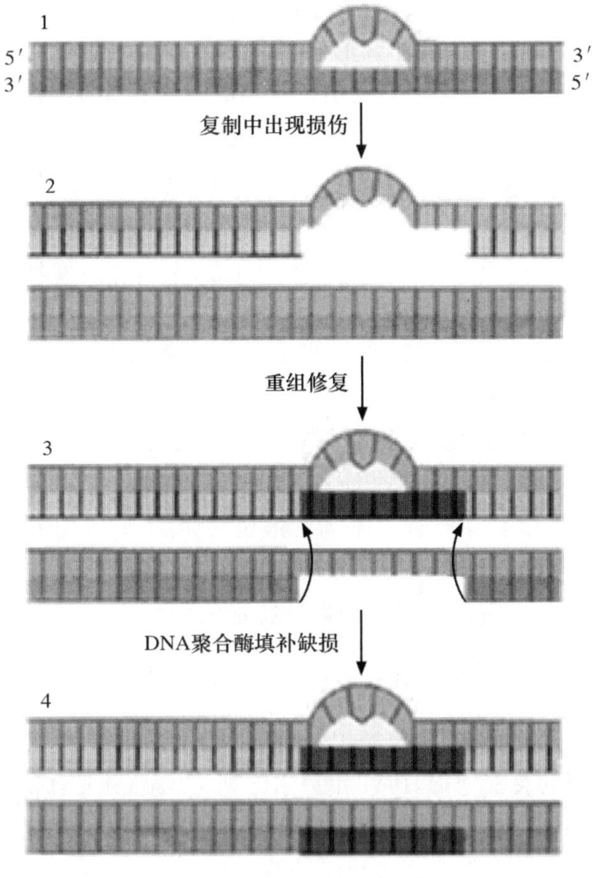

图 12-6 重组修复过程

(引自李惟基,2007)

腺嘧啶二聚体本身引起的,常常是上述修补过程中的差错形成的。

12.4.4.3 SOS 修复

SOS 反应是 DNA 受到损伤或脱氧核糖核酸的复制受阻时的一种诱导反应,是当 DNA 分子受到大范围损伤时,为防止细胞死亡而诱导出的一种应急修复措施,它是使细胞通过一定水平的变异以换取其生存的一种手段。由于这是一种细胞受到危急状态时的修复方式,所以借用国际通用的紧急呼救信号(save our souls),称其为 SOS 修复(SOS repair)。SOS 修复属于复制后修复(post-replication repair)。在大肠杆菌细胞的 DNA 合成过程中,这种反应由 recA-lexA 系统调控。SOS 反应发生时,可造成损伤修复功能的增强。例如,*uvrA*、*uvrB*、*uvrC*、*uvrD*、*ssb*、*recA*、*recN*、*ruv* 等基因的表达可增强切除修复、复制后修复和链断裂修复功能。SOS 修复允许新生的 DNA 链越过损伤部分而生长,但可在该区段甚至其他区段产生错配碱基,于是很容易产生新的突变。

基因修复过程是生物体内普遍存在的,属于正常的生理过程。不仅紫外线的损伤可以修复,电离辐射和很多化学诱变剂引起的损伤也可以修复。当然并不是所有的 DNA 损伤都可以修复,否则生物就不能发生突变了。

12.5 基因突变的诱发

自然条件下基因突变的频率很低,这对生物保持物种的稳定无疑是非常重要的,但对植物和动物的育种工作来说,却不利于大量变异类型的获得。采用一些物理或化学因素诱发基因突变,可以大幅度提高突变率,显著增加变异范围。通常把能够诱导基因突变,使突变率显著高于自发突变率的物理、化学因素称为诱变剂(mutagen)。

12.5.1 物理诱变

1927 年,穆勒(H. J. Muller)发现 X 射线可以诱导果蝇基因突变;1928 年,斯特德勒(L. J. Stadler)利用 X 射线诱发玉米基因突变也获得成功。以后相继发现紫外线、γ 射线、α 射线、β 射线、中子、超声波和激光等多种物理因素都有诱变作用。能够诱发基因突变的物理因素称为物理诱变剂(physical mutagen)。最常用的物理诱变剂主要是一些高能射线,根据诱变作用特点可分为电离辐射(ionizing radiation)和非电离辐射(nonionizing radiation)。

12.5.1.1 电离辐射诱变

电离辐射包括 α 射线、β 射线和中子等粒子辐射以及 γ 射线和 X 射线等电磁波辐射。γ 射线穿透力强,速度快,效果好,目前应用较多。^{60}Co 和 ^{137}Cs 是 γ 射线的主要辐射源。中子的诱变效果最好,应用也非常广泛,可以从同位素、加速器和反应堆中获得。但中子诱变成本较高,剂量也不容易准确测定,并且经中子照射的物体带有放射性,人体不能直接接触,必须注意防护。

电离辐射的主要作用是导致 DNA 分子上的原子发生电离。高能电磁波或射线粒子直接轰击原子,使原子释放出高能电子成为带正电荷的离子,这称为初级电离。电离释放的电子被邻近原子捕获后形成带负电荷的离子,所以带电离子总是成对出现,被称为离子对。由初级电离产生的高能电子在其所经过的路径上又可以使其他原子电离，称为次级电离。每一原发电离电子的能量又能导致多次次级电离。次级电离的结果，轻则造成DNA分子结构的改组产生突变了的新基因；重则造成染色体的断裂，引起染色体结构的畸变。所以在电离辐射作用下，基因突变和染色体畸变常常是交织在一起的。

据研究，单就基因突变来说，不管所用的诱变剂是电磁波辐射，还是粒子辐射，基因突变的频率与辐射剂量成正比，但不受辐射强度的影响。辐射剂量是指单位质量被照射的物质所吸收的能量数值，辐射强度是指单位时间内照射的剂量数。倘若照射的总剂量不变，不管单位时间内所照射的剂量是多还是少，即不管是用急照射还是慢照射，基因突变率总是保持一定的。

物理诱变的处理方式分为外照射和内照射。外照射是让辐射源与接受照射的材料之间保持一定的距离，让射线从材料外透入材料内诱发基因突变的照射方式。内照射是指用浸泡或注射的方法，使放射性物质渗入生物体内，在体内放出放射能量进行诱变。X射线、γ射线和中子都适用于外照射；α射线和β射线穿透力很弱，故只能用于内照射。基因诱变的实践中经常使用的是β射线，β射线常用的辐射源是^{32}P和^{35}S，尤以^{32}P使用较多。

12.5.1.2 非电离辐射诱变

这里所说的非电离辐射就是紫外线。紫外线的波长(15～380 nm)只比可见光略短，所以它的能量不足以使原子电离，只能产生激发作用。原子外围的电子被激发后可以造成DNA分子链的离析，离析的分子链在重新结合时会发生差错，引起基因突变。紫外线(UV)特别作用于嘧啶，使得同链上邻近的嘧啶核苷酸之间形成多价的联合，最通常的结果是促使胸腺嘧啶联合成二聚体(TT)；或是将胞嘧啶脱氨成尿嘧啶，或是将水加到嘧啶的C_4、C_5位置上成为光产物。它可以削弱C与G之间的氢键，使DNA链发生局部分离或变性。试验证明，紫外线的作用集中在DNA的特定部位，显示了诱变作用的特异性。由于紫外线的波长较长，限制其往组织内部穿透的能力，所以紫外线一般只用于微生物或以高等生物花粉为材料的诱变工作。

研究结果表明，紫外线诱变的最有效波长为260 nm左右，而这个波长正是DNA所吸收的紫外线波长。所以紫外线的诱变作用在于被DNA吸收之后，促使分子结构发生离析，这是紫外线的直接诱变作用。紫外线还有间接诱变作用，例如用经紫外线照射过的培养基去培养微生物，结果使微生物的突变率增加了。这是因为紫外线照射过的培养基内产生了过氧化氢(H_2O_2)，氨基酸经过氧化氢处理就有使微生物突变的作用。这一事实说明辐射诱变的作用并不单靠它去直接影响基因本身，改变基因的环境也能间接地起作用。

需要指出，辐射诱变的作用具有随机性和非特异性。性质和条件相同的辐射可以诱发不同的变异；性质和条件不同的辐射，也可以诱发相同的变异。因此，只能期望通过辐射处理得到变异，不能期望通过一定的辐射处理得到特定的变异。

12.5.2 化学诱变

早在1930年拉帕帕特就发现亚硝酸可以使某些霉菌的突变增加，1941年奥尔巴克(C. Auerbach)和罗伯逊(J. M. Robson)第一次发现芥子气可以诱发基因突变。以后发现许多化学药物都可以诱发基因突变，这些化学药物被称为化学诱变剂(chemical mutagen)。研究表明，化学诱变与辐射诱变不同，化学药物的诱变作用具有一定的特异性，也就是说，一定性质的药物能够诱发一定类型的变异。这也使遗传学和育种领域中出现了利用化学药物定向诱变的希望。

目前已经发现的化学诱变剂种类繁多，根据其化学结构或功能的不同，可区别为以下4类。

12.5.2.1 碱基类似物

碱基类似物是指与核酸中4种碱基的化学结构相似的一些物质，它们能在不影响DNA复制的情况下代替正常碱基成分掺入DNA分子中，引起碱基配对错误，造成碱基对的替换。已发现能替换DNA分子中原有碱基的碱基类似物有：5-溴尿嘧啶(5-BU)，5-溴去氧尿核苷、2-氨基嘌呤等。其中的5-溴尿嘧啶的分子结构与胸腺嘧啶基本相同，只是在C_5位置上的—CH_3代之以Br。它的氢键原子也和胸腺嘧啶完全一样，常常以酮式状态和腺嘌呤A配对。但溴原子对碱基的电子分布有明显的影响，使得正常的酮式结构经常地转移成互变异构体烯醇式结构(5-BUe)(图12-7)。

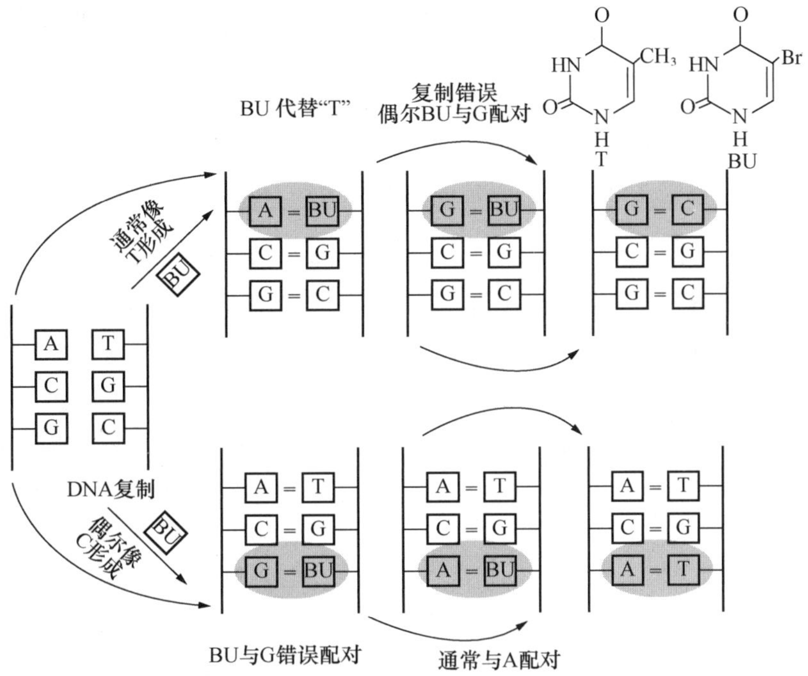

图 12-7　5-BU 的酮式和烯醇式结构及诱发突变

(引自朱军，2018)

烯醇式结构具有胞嘧啶的氢键特性，容易和鸟嘌呤G配对。因此，当DNA复制时，醇式的5-溴尿嘧啶和鸟嘌呤配对成G-5-BUe的核苷酸对。下一次复制时，鸟嘌呤G按正常情况和胞嘧啶C配对，引起A-T向G-C的改变。同样，G-C也可以改变成A-T，即引起嘌呤被嘌呤、嘧啶被嘧啶替换的转换发生[图12-8(a)和(b)]。2-氨基嘌呤(AP)也以相类似的形式发生作用。它掺入DNA中取代原有的腺嘌呤，并与胸腺嘧啶配对。但有时和胞嘧啶结合，DNA复制时造成碱基对的转换[图12-8(c)和(d)]。

12.5.2.2　DNA诱变剂

凡是能和DNA起化学反应并能改变碱基氢键特性的物质，称为DNA诱变剂。属于这类诱变剂的有亚硝酸、烷化剂和羟胺等。亚硝酸可以在pH 5的缓冲溶液中通过氧化作用，以氧代替腺嘌玲和胞嘧啶C_6位置上的氨基，使腺嘌呤和胞嘧啶脱氨变成次黄嘌呤H和尿嘧啶U(图12-9)。改变了的碱基，它的氢键特性也改变了，H的配对特性像G，容易和C配对成H-C；U的配对特性像T，和A配对成A-U。在下一次DNA复制时，经过图12-9的过程完成A-T→G-C，G-C→A-T的转换。

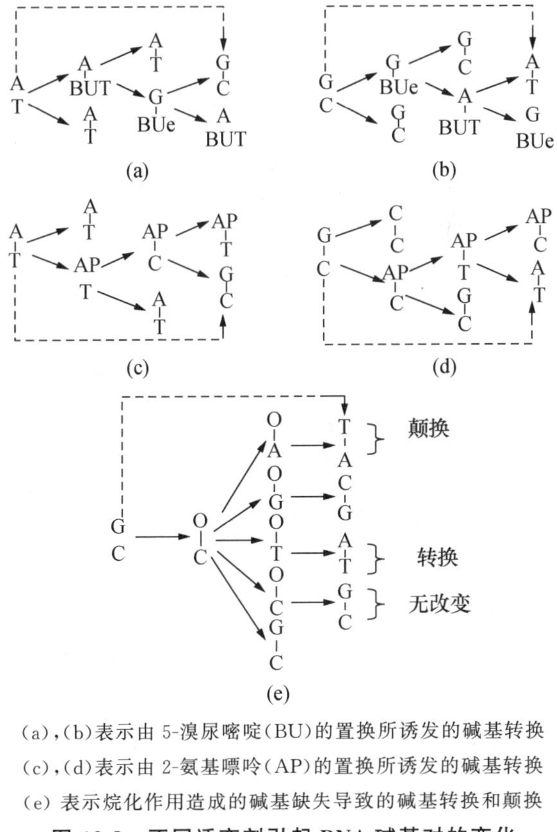

(a)，(b)表示由5-溴尿嘧啶(BU)的置换所诱发的碱基转换
(c)，(d)表示由2-氨基嘌呤(AP)的置换所诱发的碱基转换
(e)表示烷化作用造成的碱基缺失导致的碱基转换和颠换

图 12-8　不同诱变剂引起DNA碱基对的变化

(引自朱军，2018，有改动)

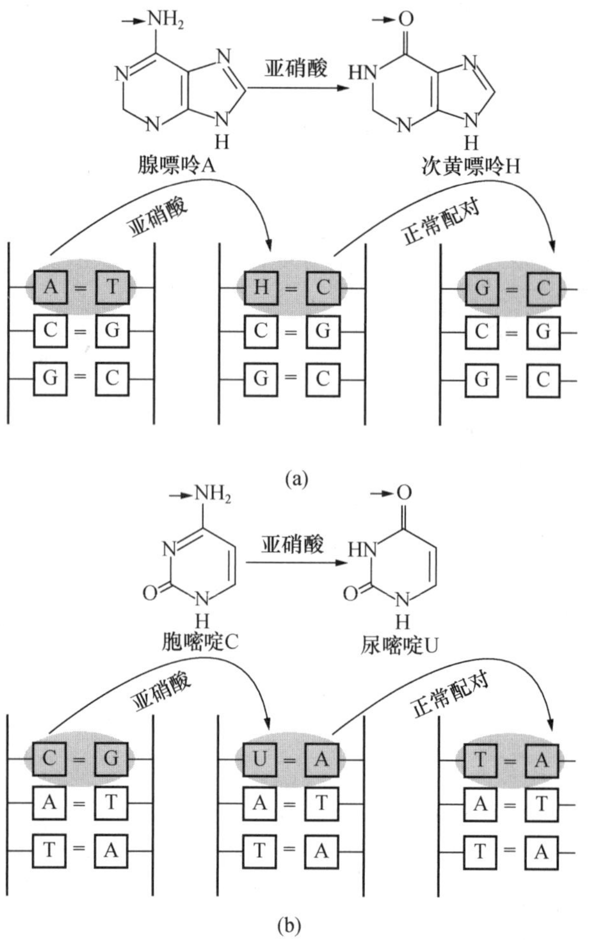

图 12-9　亚硝酸对 A 和 C 的脱氨基作用

(引自朱军,2018)

烷化剂是目前应用最广泛而有效的诱变剂,最常用的有甲基磺酸乙酯(EMS)、甲基磺酸甲酯(MMS)、亚硝基胍等。它们都带有一个或多个活泼的烷基,这些烷基能够移到其他电子密度较高的分子中去,使碱基许多位置上增加了烷基(如乙基或甲基),从而在多方面改变氢键的结合能力。烷化作用主要发生在碱基的 N_1、N_3 和 N_7 位置上。最容易发生在 G 的 N_7 位置上,形成 7-烷基鸟嘌呤。7-烷基鸟嘌呤可与胸腺嘧啶配对,从而产生 G-C→A-T 的转换。

烷化作用使 DNA 的碱基容易受到水解而从 DNA 链上裂解下来,造成碱基的缺失。碱基缺失的结果会引起碱基的转换与颠换[图 12-8(e)]。烷化剂的另一个作用是与磷酸结合成不稳定的磷酸酯,磷酸酯水解成磷酸和脱氧核糖,使 DNA 链断裂,从而引起突变。

羟胺是一种非常方便的诱变剂,它的作用比较专一化,往往和胞嘧啶起作用,使胞嘧啶 C_6 位置上的氨基羟化,变成像 T 的结合特性,DNA 复制时和 A 配对,形成 G-C→A-T 的转换。

12.5.2.3　妨碍碱基合成的诱变剂

这类诱变物质有 5-氨基尿嘧啶、8-乙氧基咖啡碱、6-巯基嘌呤等。前两种碱基妨碍嘧啶的合成,6-巯基嘌呤妨碍嘌呤的合成,从而导致被处理生物的突变。

12.5.2.4　DNA 分子嵌合剂

某些吖啶类染料分子,例如,吖啶橙(acridine)、原黄素(proflavine)、吖黄素(acriflavine)等三环分子的大小与碱基相近,能嵌入 DNA 双链的碱基之间,引起单一碱基的缺失或插入,导致移码突变。

12.5.3　定点诱变

McClintock 在 20 世纪 40 年代初研究玉米花斑糊粉层和植株色素产生的遗传基础时发现,色素的变化与一系列染色体重组有关。她观察到染色体的断裂或解离(dissociation)有一特定的位点,称为 Ds;但 Ds 不能自行断裂,受一个激活因子 Ac(activator)所控制。Ac 可以离开原座位,移动到同一染色体或者不同染色体的另一座位上。Ds 也能移动,不过只有在 Ac 存在时才能发生这种移动。在一个试验中,Ds 从原来的位点转移到 *C* 基因座位,Ds 插入 *C* 座位后引起的第一种现象是染色体在 *C* 位点发生断裂;第二种现象是引起 *C*→*c* 的基因突变。这种突变在 Ac 因子不存在时是稳定的,种子糊粉层无色,植株也不产生色素;但在 Ac 存在时,有些细胞可以发生由 *c*→*C* 的回复突变,所以种子糊粉层和植株都会出现有色斑点(图 12-10)。

McClintock 把 Ac 和 Ds 称为转座因子(transposable element)。当时由于人们受到基因在染色体上有序排列的传统观念的影响,难以接受"跳跃基因"这一新的概念,所以直到 1967 年 Shapiro 在大肠杆菌中发现了转座因子,人们才开始接受这一新概念,并深入研究确定了转座因子的作用机制。

转座因子也称可移动基因(mobile gene),本质上是基因组中可移动的一段特定 DNA 序列,它可以从一个位点切离插入一个新的位点,引起基因突变。

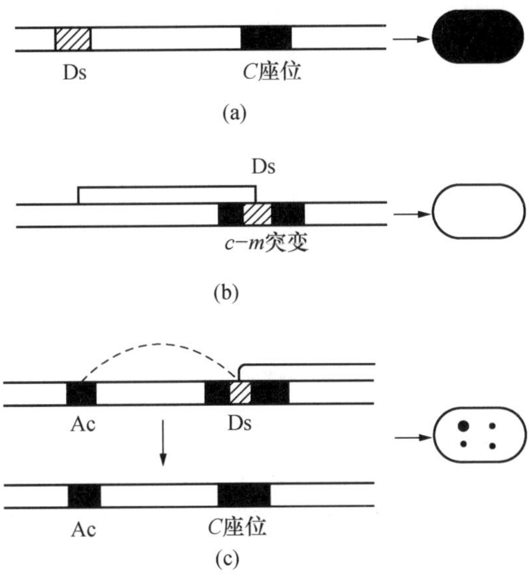

(a)显性基因 C 产生有色糊粉层 (b)Ds 因子插入 C 座位，使 C 突变为 c-m，使糊粉层无色 (c)在 Ac 存在时，可引起 Ds 在某些细胞转座，产生回复突变，故整个籽粒呈现在无色背景下散布着有色斑点

图 12-10 玉米 C 座位控制因子突变

(引自朱军，2018)

据新的研究，转座因子诱发基因突变在原核生物和真核生物中均有发现。生物体内含有许多转座因子，一般长数百至数千个碱基对，它们可以通过转座机制插入基因组的另一位点。当它们插入一个基因内部时使基因失活，其表型与突变体相同，如营养缺陷型、酶活性丧失等。

利用转座机制可以将已知的外源 DNA 片段随机插入生物的基因组，引起被“击中”的基因关闭，由此形成分别被敲除不同基因的突变系。以插入片段 DNA 作为分子标签测定插入点相邻的序列，对照个体观察结果可以准确定位各个突变系插入外源 DNA 的位置，实现突变基因跟踪和精确定位。据 DNA 测序结果推测，拟南芥基因组有 29 454 个基因，已经有 3/4 以上的基因被敲除定位。目前这个文库已经向全世界开放，各国科学家可以订购特定的突变系，用于研究各种植物特定的基因功能，克隆新的基因。用玉米的转座因子已经先后克隆出雄性不育、抗病等重要基因。我国水稻基因组的各种突变系也正在创建和应用中。

容易看出，转座因子诱发基因突变与前面介绍的物理、化学诱变的区别在于，物理、化学诱变的作用是随机的、不可跟踪的；而转座因子诱发基因突变时，转座因子插到哪里，哪里的基因就失活突变，所以转座 DNA 作为标记可以随时定位突变基因位点。因此，将这种运用 DNA 插入技术诱发的基因突变称为定点诱变，也称基因打靶技术。

12.6 基因突变的鉴定

经诱发而产生的变异是否属于真实的基因突变，是显性突变还是隐性突变，突变发生频率的高低等，这些都是基因突变鉴定的内容。

12.6.1 微生物基因突变的鉴定

在微生物的突变研究中，主要集中在生化突变上。

12.6.1.1 细菌营养缺陷型突变体的鉴定

在细菌的突变研究中，应用较多的是大肠杆菌。大肠杆菌正常野生型的合成能力很强，它能够在含有最低营养需要的基本培养基上生长繁殖，合成其需要的各种有机物，如各种氨基酸和维生素等。如果细菌的某个基因发生了突变，相应的某种物质就不能合成，就产生了营养缺陷型。由于这种营养缺陷型不能在基本培养基上生长，所以突变就很容易被发现，并可以通过简单的筛选检测技术就将即使很少的突变体分离鉴定出来。对大肠杆菌营养缺陷型突变体的鉴定方法很多，常用的有影印培养法和青霉素法。

1. 影印培养法

先将诱变处理的大肠杆菌稀释后接种在完全培养基上进行培养，发生突变的营养缺陷型和没有发生突变的野生型都能在上面生长形成菌落。然后用一个直径略小于培养皿并包有丝绒的木块作为“印章”式的接种工具，经灭菌消毒后印在长有菌落的母板上，这时丝绒上便粘上了细菌。再把这种带有细菌的丝绒板分别印在基本培养基和基本培养基中补加了不同营养物质的补充培养基上，在接种时应注意标记方向。经培养后比较分析，凡能在完全培养基上生长，而不能在基本培养基上生长，但能在某一补充培养基上生长的菌落都是营养缺陷型，并且是属于补充培养基中所补加营养物质的缺陷型(图 12-11)。这种方法除了用于大肠杆菌之外，也可以用于其他细菌营养缺陷突变型的检出。

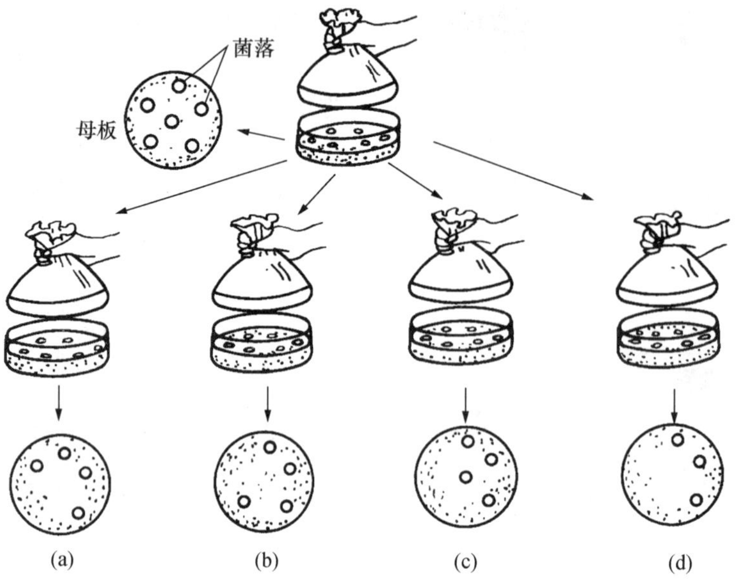

(a)、(b)、(c)添加不同营养物质的补充培养基　(d)基本培养基

图 12-11　影印培养法示意

(引自杨业华，2006)

2. 青霉素法

青霉素法只适用于细菌。由于青霉素能抑制细菌细胞壁的生物合成，所以细菌对青霉素是敏感的。但是只有处于生长增殖中的细菌对青霉素敏感，而处于休止状态的细菌对其则不敏感。当将诱变处理后的细菌培养在含青霉素的基本培养基上时，没有发生突变的野生型细菌可生长繁殖，因而能被青霉素杀死；发生突变的营养缺陷型突变体则不能在基本培养基上生长而处于休止状态，结果不能被杀死而保存下来。然后去除青霉素，并补加其他营养物质，使突变体生长形成菌落。再利用影印培养技术将它们分别接种在含不同营养物质的补充培养基上，就可以确定突变体为何种营养缺陷突变型。

12.6.1.2　真菌营养缺陷型突变体的鉴定

真菌与细菌类似，也能发生许多营养缺陷型突变，其生活周期中也有单倍体时期，因此对其发生的营养缺陷突变体也能检测出来。例如，红色面包霉生化突变的鉴定，主要分诱发突变和鉴定突变两个步骤(图 12-12)。第一步是诱发突变，并将发生突变的分生孢子鉴定出来。以 X 射线或紫外线照射纯合野生型红色面包霉的分生孢子(2)，诱发突变。让诱变过的分生孢子与其野生型原子囊果(1)交配得(3)，产生包含分离子囊孢子的子囊果(4)。从子囊果中取出子囊孢子(5)，分别培养在完全培养基中(6)，完全培养基是在基本培养基里另加多种维生素和氨基酸制成的，突变型和野生型都能在完全培养基中生长和发育。将在完全培养基中形成的分生孢子取出一部分接种在基本培养基里(7)，如果能够正常生长，说明没有发生突变；如果不能生长，说明发生了突变。这样就把发生突变的分生孢子鉴定出来。

第二步是鉴定究竟发生了什么突变。把确定为突变型的分生孢子从完全培养基中取出来，分别培养在下列培养基中：完全培养基(11)、基本培养基(10)、基本培养基另加多种氨基酸(9)、基本培养基另加多种维生素(8)。如果有一个突变型不能在(9)和(10)两种培养基里生长，而能在(8)和(11)两种培养基里生长，表明控制维生素合成的基因发生了突变。把这种突变型再移植到含有不同维生素的基本培养基中，观察其生长情况。如果发现突变型只能在加了肌醇第(15)号试管的培养基里生长，而不能在其他培养基里生长，就表明是控制肌醇合成的基因发生了突变(图 12-12)。利用这样的鉴定方法，现已获得数百个生化突变型，它们分别是控制各种维生素、氨基酸、嘧啶、嘌呤等合成的基因突变。

通过红色面包霉生化突变的研究，人们认识到基因是通过控制一系列生化过程实现对性状的控制，而不是直接作用于性状本身。例如，在红色面包霉中，有一个突变型(a)，给它提供精氨酸(Arg)才能正常生长。这说明它丧失了合成精氨酸的能力。另

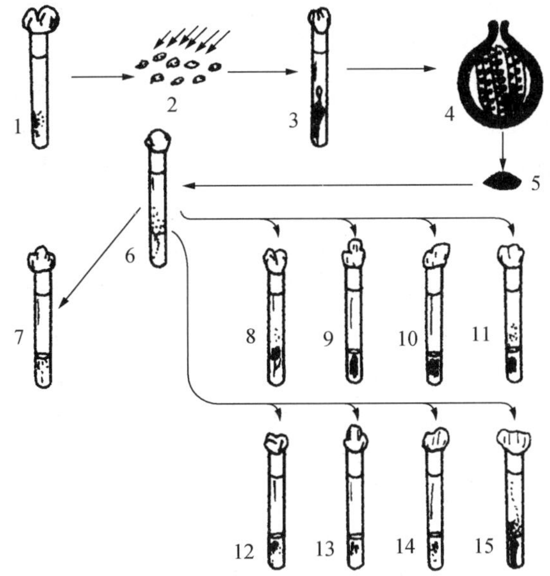

1. 纯合野生型 2. X射线或紫外线照射分生孢子 3. 照射过的分生孢子与野生型交配 4. 含有成熟子囊的子囊果 5. 子囊孢子 6. 子囊孢子生活在完全培养基里 7. 基本培养基 8. 基本培养基另加维生素 9. 基本培养基另加氨基酸 10. 基本培养基 11. 完全培养基 12. 基本培养基另加硫胺素 13. 基本培养基另加吡醇素 14. 基本培养基另加泛酸 15. 基本培养基另加肌醇

图 12-12 红色面包霉生化突变的诱发和鉴定

(引自朱军，2018)

一个突变型(c)在有精氨酸的培养基中能够生长，但不给精氨酸而只给瓜氨酸也能生长，这说明它能利用瓜氨酸合成精氨酸。还有一个突变型(o)在有精氨酸或瓜氨酸的培养基中能够正常生长，但不给这两种物质而只给鸟氨酸也能生长，这说明它能利用鸟氨酸最终合成精氨酸。根据对上述几个突变型的研究，可以推断精氨酸的合成步骤与基因的关系如下。

$$\xrightarrow{O} \text{鸟氨酸} \xrightarrow{C} \text{瓜氨酸} \xrightarrow{A} \text{精氨酸} \longrightarrow \text{蛋白质}$$

也就是说，从鸟氨酸到精氨酸的合成至少需要 A、C、O 三个基因，其中任何一个基因发生突变，精氨酸都不会合成。上述突变型(a)之所以不能合成精氨酸，不是体内不存在前驱物瓜氨酸，而是因为没有基因 A；突变型(c)不能合成瓜氨酸，是因为它没有基因 C，只要给它瓜氨酸，就能合成精氨酸；突变型(o)不能合成鸟氨酸，是因为它没有基因 O，只要给它鸟氨酸，则瓜氨酸和精氨酸都能合成出来，因为它有基因 C 和 A。

根据对红色面包霉的生化突变研究，说明基因是通过酶的作用来控制性状的。1941 年，比德尔(G. W. Beadle)据此提出了“一个基因一个酶”的假说，把基因与性状两者联系了起来。

12.6.2 植物基因突变的鉴定

12.6.2.1 突变发生的真实性鉴定

在处理材料的后代中，一旦发现与原始亲本不同的变异体，就要鉴定它是否真实遗传。变异有可遗传的变异与不遗传的变异：由基因本身发生某种化学变化而引起的变异是可遗传的，而由一般环境条件导致的变异是不遗传的。例如，某种高秆植物经理化因素处理，在其后代中发现个别矮秆植株，这种变异体究竟是基因突变的结果，还是因土壤瘠薄或遭受病虫危害而生长不良的缘故？为了探明这个问题，需要把发现的变异体连同原始亲本一起，种植在土壤和栽培条件基本均匀一致的条件下，仔细观察比较两者的表现。如果变异体跟原始亲本大体表现相似，即都是高秆，说明它是不遗传的变异；反之，如果变异体与原始亲本不同，仍然表现为矮秆，说明它是可遗传的，是基因发生了突变。

12.6.2.2 显、隐性的鉴定

突变体究竟是显性突变，还是隐性突变，这可利用杂交试验加以鉴定。例如，让突变体矮秆植株与原始亲本杂交，如果 F_1 表现高秆，F_2 出现高秆和矮秆植株的 3∶1分离，这说明矮秆突变是隐性单基因突变，而不是显性突变。如属显性突变，也可用同样方法加以鉴定。

12.6.2.3 突变点等位性鉴定

如果有两个独立起源的隐性突变，它们具有类似的表型，如何判断它们是属于同一个基因的突变，还是分别属于两个基因的突变？根据 S. Benzer(1955)顺反测验原理，需要建立一个双突变杂合二倍体，然后测定这两个突变间有无互补作用(complementation)。如有互补作用，个体应表现为野生型；如无互补作用，则个体表现为突变型。这是因为如果这两个突变来自一个基因，则两条同源染色体都只能产生突变的 mRNA，其结果就是突变的酶，突变的表型；但如果这两个突变来自两个基因，则每个突变的相对位点上都有一个正常的野生型基因，因而可以产生正常的 mRNA，其个体表型应是野生型(图 12-13)。

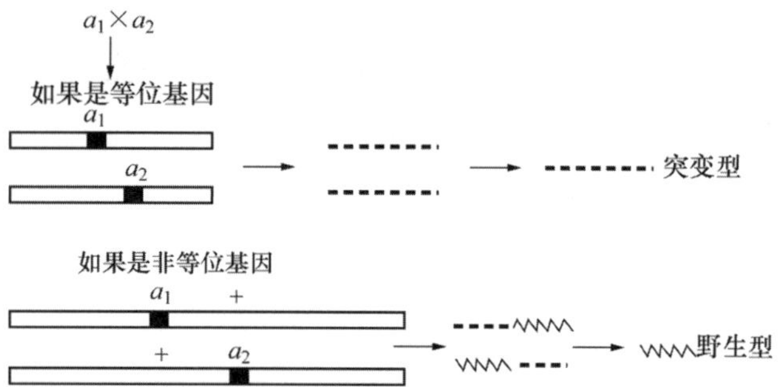

图 12-13　确定影响同一性状的两个突变体的基因是否等位

(虚线表示有缺失的 mRNA,波浪线表示正常的 mRNA)

Benzer 是根据噬菌体突变体杂交的互补测验提出基因等位性测定方法的。运用到植物上,也可以做类似的杂交试验以确定不同突变基因是否等位。假定某个纯合基因型材料经人工诱变处理,从中分离出 2 个都表现植株矮化的隐性突变体,设决定两个突变体的隐性基因为 t_1 和 t_2。如果两个突变体杂交的 F_1 表现株高正常,即突变体间发生了互补作用,则可以认定决定两个突变体的有关基因 t_1 和 t_2 是非等位的;如果 F_1 植株仍表现矮化,则说明突变体间没有发生互补作用,则可以确定 t_1 和 t_2 是等位的,属于同一个基因位点。

12.6.2.4　突变频率的测定

在种子植物中,最简便的突变频率测定方法是利用花粉直感现象估算配子的突变频率。例如,为了测定玉米籽粒由非甜粒变为甜粒($Su \rightarrow su$)的突变频率,用甜粒玉米纯种($susu$)作为母本,由诱变处理非甜粒玉米纯种($SuSu$)的花粉作为父本进行杂交。已知非甜粒(Su)对甜粒(su)为显性,按理授粉后的果穗应该完全结成非甜粒籽粒,但实际并不是这样。假定在 2 万个籽粒中出现了 2 粒甜粒玉米,就说明在父本的 2 万粒花粉中有 2 粒花粉的基因已由 Su 突变为 su,这样就测知基因 Su 的突变频率为万分之一。一般测定突变频率的方法是根据 M_2 出现的突变体占观察总个体数的比例来估算的。例如,在 M_2 群体的 10 万个观察个体数中出现 5 个突变体,这就表示突变频率为 5×10^{-5}。

禾谷类作物的体细胞突变频率的测定方法较为特别。稻、麦等谷类作物有分蘖存在,经过种子处理后生长的植株,其体细胞突变往往只发生于一个分蘖的幼芽或幼穗原始体,因而只影响一个穗子,甚至其中的少数籽粒。如果是隐性突变则必须分株、分穗收获,然后分别播种几代才能发现突变性状,这时突变频率的测定应以单穗或籽粒作为估算单位。现以大麦为例(图 12-14)说明诱发隐性突变表现的过程。

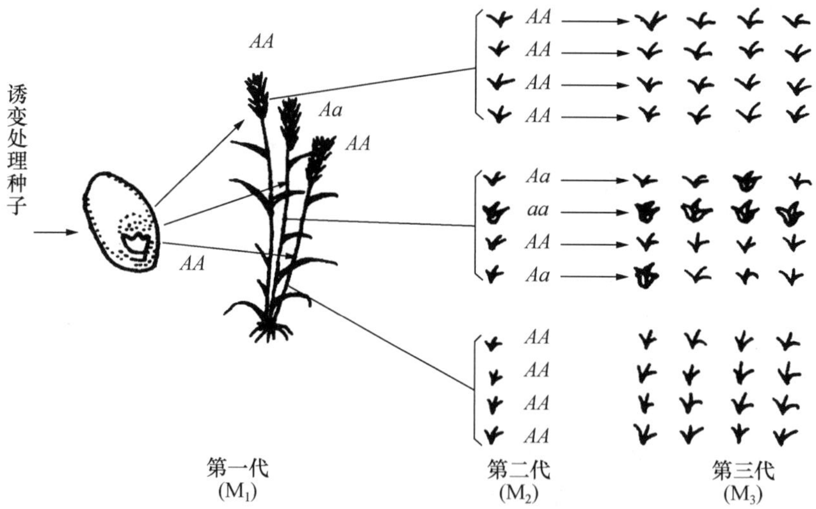

图 12-14　大麦隐性突变后代遗传动态示意

(引自朱军,2018)

假定某一大麦植株的主茎发生隐性突变($AA \rightarrow Aa$),而两个侧蘖仍保持原状(AA),成熟时要按单穗分别收获,以便穗行播种。在第二代(M_2)发现由主茎穗播种的幼苗有大约 1/4 表现突变,其余都表现正常。然后把表现隐性突变和尚未表现突变的单穗统统按单行播种为第三代(M_3),结果在由原来主茎穗播种的后代中发现两行有 1/4 幼苗表现突变,说明它们在第二代(M_2)的遗传组成为 Aa;一行仍未表现突变，说明它在第二代(M_2)仍为AA；第二代(M_2)已经表现突变性状的在第三代(M_3)全部表现突变，说明它已成为纯合的突变系(aa)。原来未发生突变的两个侧蘖，经过第二代、第三代仍未表现突变，说明它们的遗传组成仍然是AA。

12.6.3 诱变育种

基因突变不仅在生物的进化过程中具有重要意义，也是育种实践中植物遗传改良的重要途径。近年来，利用基因突变在育种实践中进展迅速，特别是将多种理化诱变因素应用于人工诱变，并结合多种育种技术进行新品种的培育和种质资源的创新已经取得了显著成效。

通过人工诱发变异进行诱变育种具有以下显著特点。一是能够提高变异频率，扩大变异谱，创造自然界本来没有的新性状、新类型，为育种提供丰富的原材料。二是能够打破基因间的紧密连锁，促进基因的重组。三是可以有效地改良品种的单一或少数性状，因此用于诱变的基础材料必须具有优良的遗传基础。四是方法简单易行，后代稳定快，育种年限短。此外，诱变育种在改变植物的育性、培育雄性不育系和促进植物远缘杂交亲和性等方面具有重要作用。但是，诱变育种也存在对诱发变异的性质和变异方向难以有效地控制、有利突变体较少等问题，应重视与其他育种手段的结合以达到更好的育种效果。

内容提要与思维导图

基因突变指染色体上某一基因位点内部发生了化学性质的变化，与原来的基因形成对性关系。基因突变是生物界中存在的普遍现象，携带突变基因并表现突变性状的细胞或生物个体称为突变型或突变体。基因突变是生物发生基因重组的基础，是遗传变异的最终源泉，是科学家侦测基因的存在和进行遗传分析的前提。在自然选择中保留下来的突变可以形成新的变异类型或物种，人类利用基因突变可以选育新品种。

基因突变具有重演性、可逆性、多方向性、平行性及有害性等一般特征。

突变的重演性是指同一突变可以在同种生物的不同个体间重复发生，如玉米籽粒颜色有关的基因突变曾在不同研究者的多次试验中重复出现。突变的可逆性是指野生型基因可以突变为突变型基因，突变型基因也可以突变为野生型基因。前者通常称为正突变，后者称为反突变或回复突变。多数情况下，正突变率总是高于反突变率。突变型基因与野生型基因之间存在等位对性关系，在杂合体中表现一定的显隐性关系。由显性基因产生隐性基因称为隐性突变，由隐性基因产生显性基因称为显性突变。正突变多为隐性突变。突变的多方向性指一个基因突变后可能形成多个不同等位基因，且这些等位基因之间的生理功能与性状表现又各不相同。这些位于同一基因位点上的各个等位基因称为复等位基因。突变的平行性指亲缘关系相近的物种因遗传基础比较近似，往往发生相似的基因突变。突变的有害性是指大多数基因的突变对生物的生长和发育是有害的，突变体表现为某种性状的缺陷或生活力和育性降低，极端情况下会产生致死突变，致死突变又可分为隐性致死、显性纯合致死和显性杂合致死。少数突变对生物的生命活动不仅无害反而有利，如作物的抗性突变。

根据突变引起性状变异类型，基因突变可表现为形态突变、生化突变、致死突变、抗性突变等；根据突变基因的性质可以分为显性突变和隐性突变。显性突变表现的世代早(M_1)，获得纯合体的世代晚(M_3)；隐性突变表现的世代晚(M_2)，但表现的当代即可得到纯合突变体。体细胞显性突变不直接传递给后代，当代个体以嵌合体的形式表现出突变性状；性细胞突变可通过受精过程直接传递给后代。根据基因突变引起性状变异的程度可分为大突变和微突变。

基因突变的本质是基因组中构成基因的DNA分子发生改变。DNA分子的改变可以是单个核苷酸的变化，也可以是一段核苷酸序列的改变，具体的改变方式有碱基替换、碱基缺失、碱基插入、DNA重排或裂解等。

碱基替换引起DNA分子单个碱基的单点突变，它不改变转录产物的阅读框，不一定引起合成蛋白质性质的改变。由于缺失或插入引起基因阅读框变化形成移码突变，会造成下游的一系列密码改变，引起蛋白质性质的改变，从而引起性状的变异。

人工诱发基因突变可以大大提高突变率，获得更丰富的突变类型。基因突变的诱发可分为物理诱变、化学诱变和定点诱变。

物理诱变可分为电离辐射和非电离辐射诱变。

电离辐射诱变包括α射线、β射线和中子等粒子辐射以及γ射线和X射线等电磁波辐射，非电离辐射诱变主要指紫外线诱变。化学诱变主要有两类物质，一是碱基类似物替换，它们能在不影响DNA复制的情况下代替正常碱基成分掺入DNA分子中，引起碱基配对错误，造成碱基对的转换；二是能和DNA起化学反应的物质，即DNA诱变剂，属于这类诱变剂的有亚硝酸、烷化剂和羟胺等。在DNA诱变剂的作用下，碱基氢键特性改变，引起碱基配对错误或缺失，造成碱基对的转换或颠换。定点诱变是利用转座因子可以从一个位点切离插入一个新的位点，引起基因突变的性质。通过跟踪转座因子DNA标记，确定突变基因的位点。

辐射诱变的特点是没有特异性，性质和条件相同的辐射可以诱发不同的变异；性质和条件不同的辐射，也可以诱发相同的变异。化学诱变具有一定程度的特异性，定点诱变的特异性强。

对微生物基因突变的鉴定主要涉及确定发生了什么生化基因的突变，对植物基因突变的鉴定包括基因突变真实性、突变基因的显隐性、等位性以及突变发生频率等内容。

二维码 12-3　本章思维导图

复习思考题

1. 解释下列名词：基因突变　突变体　正突变　反突变　复等位基因　生化突变　隐性致死　显性致死　中性突变　营养缺陷型　野生型　芽变　自交不亲合性　转换　颠换　定点诱变　突变热点。

2. 简述基因突变的一般特征。

3. 人类的ABO血型受一组复等位基因 I^A、I^B、i 的控制，I^A 和 I^B 对 i 均为显性，I^A 与 I^B 为共显性。试回答以下婚配中子女的可能的血型及基因型：(1)O血型女子和AB血型男子结婚；(2)O血型的男女结婚；(3)A血型男子和B血型女子结婚。

4. 回答下列问题：(1)为什么基因突变多数是隐性的？(2)为什么正突变率总是高于反突变率？(3)为什么多数基因突变是有害的？(4)突变的平行性说明什么问题？有何实践意义？

5. 比较性细胞和体细胞及有性和无性繁殖植物中显性突变及隐性突变的表现各有什么特点。

6. 叶绿素发育基因 A 对白化基因 a 为显性。在自发突变情况下，如果突变发生在正常的叶片上，下列植株中哪一株表现镶嵌性的可能性较大？哪一株的可能性又最小？(1)Aa；(2)$AAAa$。

7. 什么是芽变？如果某果树上发现一优良芽变枝条，你如何将其保留下来？

8. 假设人的某一种运动失调症是显性遗传的，而且与等位基因 B 有关。正常等位基因 b 是隐性。如果在所调查的100 000个出生儿中有5个不正常孩子（他们的双亲都正常并且没有这种失调症家史）。试计算一个世代每个生殖细胞的突变率。

9. 简述引起基因突变的理化诱变因素的种类及其诱变特点。

10. 何为转座因子？试述转座因子与基因定向诱变的关系。

11. 在高秆小麦田里突然出现一株矮化植株，如何验证其基因突变的真实性？

12. 某DNA模板链的碱基顺序是：GGG GTA CTC CTG ACA ATA TAC TGC。(1)编码的多肽链氨基酸顺序是怎样的？(2)如果DNA中第一个G缺失，氨基酸的排列顺序又是怎样的？(3)如果DNA中第3个A被T置换，氨基酸的排列顺序又是怎样的？

第13章 基因组学

◆内容提示

介绍基因组学的基本原理与方法、代表性生物基因组的特点以及基因组学在基因克隆、分子育种等方面的应用。

◆教学目标

了解基因组学的研究内容和研究方法，理解并掌握基因组学与以单个基因为研究对象的研究模式之区别，掌握基因组学在QTL定位与基因克隆、比较基因组学研究、DNA指纹鉴定以及作物分子育种等方面的应用原理。

回顾整个20世纪遗传学的发展史，其中一个显著的特点就是将信息学融入了遗传学的研究之中。在20世纪初的25年里，人们发现信息存在于染色体中并且是呈线性排列的；20世纪第二个25年里，人们知道信息包含于DNA双螺旋中；20世纪第三个25年里，“中心法则”揭示了细胞是如何解读信息的；在20世纪最后一个25年，人们已经不再满足于读懂单个基因的信息，而是试图从整体上了解一系列基因的信息，从测定小型生物(如细菌)的基因组到测定人类几乎全部基因组，我们对生物系统的认识越来越全面和深入。基因组学正是在这一背景下诞生并且正在蓬勃发展的一门前沿科学，其信息量呈“爆炸式”增长，新技术、新方法与新概念层出不穷。根据2020年3月的数据，全球已启动151 337个基因组测序项目，其中包括137 441个细菌基因组，947个古细菌基因组，4 437个真核生物基因组，8 512个病毒测序项目(http://www.genomesonline.org/)，遗传学的发展已经进入了一个崭新的时代——基因组学时代。

13.1 基因组学的概念和研究内容

13.1.1 基因组学的概念

基因组(genome)一词是由“genes”和“chromosome”组合而来，是指一种生物体具有的所有遗传信息的总和，即单倍体细胞核、细胞器或病毒所含有的全部DNA或RNA分子。例如，人类基因组包括23对染色体，单倍体细胞中约有30亿对核苷酸，编码了2.0万～2.5万个基因，人类基因组中携带了有关人类个体生长发育、生老病死的全部遗传信息。

基因组学(genomics)由T. Roderick在1986年提出，指的是研究基因组的组成、结构和功能的学科，包括测序、基因组作图(遗传图谱、物理图谱、转录图谱)、核苷酸序列分析、基因组注释和基因功能分析等。基因组学的一个显著特点是着眼于研究并解析生物体整个基因组的所有遗传信息，完全改变了经典遗传学“零敲碎打”的方法，使我们对生物系统的了解更为全面和深入。

13.1.2 *C*值悖理和*N*值悖理

基因组大小一般用*C*值来描述。*C*值(*C* value)是指单倍体真核细胞的DNA含量。例如，高粱有10对染色体，其*C*值为这些染色体所含DNA的1/2。*N*值(*N* value)是指生物体所含有的基因数目。

表13-1列出了处于不同进化地位的部分物种的基因组大小和基因数目。可以发现，基因组大小与生物复杂性并不完全对应，即所谓的*C*值悖理(*C* value paradox)。例如，一些鱼类和两栖类的*C*值比哺乳类的还高。同样地，基因数目与生物复杂性也存在不对应性，称为*N*值悖理(*N* value paradox)。例如，黑青斑河豚基因组大小仅为人类的1/10，但其基因数目比人类还多；比线虫高级的果蝇所含基因

不到线虫基因的 70%。

表 13-1　部分物种的基因组大小与基因数目

物种	基因组大小/Mb	预测基因数
大肠杆菌(*Escherichia coli*)	4.6	4 290
酿酒酵母(*Saccharomyces cerevisiae*)	12.5	5 770
秀丽隐杆线虫(*Caenorhabditis elegans*)	100	19 427
黑腹果蝇(*Drosophila melanogater*)	123	13 379
黑青斑河豚(*Tetraodon nigroviridis*)	342	27 918
家蚕(*Bombyx mori*)	428	18 510
人类(*Homo sapiens*)	3 300	25 000
小鼠(*Mus musculus*)	2 600	25 000
拟南芥(*Arabidopsis thaliana*)	115	28 000
水稻(*Oryza sativa*)	400	37 544
玉米(*Zea mays*)	2 300	32 000
小麦(*Triticum aestivum*)	16 000	94 000～96 000

13.1.3　基因组学的研究内容

基因组学研究可分为两个基本范畴：结构基因组学(structural genomics)和功能基因组学(functional genomics)。

13.1.3.1　结构基因组学

结构基因组学(structural genomics)是研究基因组的物理特点，主要包括构建高分辨率的遗传图谱、物理图谱、转录图谱和全序列图谱。人类基因组由 22 条常染色体、1 条 X 染色体、1 条 Y 染色体和线粒体 DNA 组成，总共约 30 亿个碱基对。如果 1 个人 1 s 读 1 个碱基，1 d 读 24 h，需要花一个世纪的时间才能读完人的基因组。因此，对复杂生物基因组测序是一项浩大的工程。由于我们无法对整个染色体进行直接测序，所以必须首先将其分解成可以操作的小的区域或片段，经过组装和分析最终获得完整的基因组序列，这其中涉及制定合适的测序策略、构建高质量的基因组文库、高通量和自动化的测序技术、开发新的算法和统计方法以及发展先进的计算机数据库等多个环节。

13.1.3.2　功能基因组学

功能基因组学(functional genomics)又被称为后基因组学(postgenomics)，是在结构基因组学的基础上研究编码序列及非编码序列的生物学功能。如果说结构基因组学是印刷了一部生命的“天书”，功能基因组学就相当于在这本“天书”上加上了对于重要字词、句式的注解，使我们能够解读“天书”中这些字句的含义。功能基因组学研究通常运用 DNA 芯片(DNA chip)、基因打靶(gene targeting)、转基因(transgene)、RNA 干扰(RNA interference，RNAi)、酵母双杂交(yeast two-hybrid system)等手段系统地分析基因功能、基因表达、基因互作及调控网络等。目前基因组学的大部分内容仍是在研究基因组的结构，但在某些模式生物中已开始进入功能基因组学的研究阶段。

13.2　真核生物基因组

真核生物基因组分子质量较大，长度多为 10^8～10^9 bp，含有多条双链线状 DNA 分子，集中于细胞核中，并与组蛋白结合形成多条染色体。除真菌外，真核生物基因组一般含有 1 万～3 万个基因。除核基因外，真核生物含有环状的线粒体 DNA，植物细胞还含有环状的叶绿体 DNA。一般来讲，在较为简单的物种中，为了节省基因组的空间，基因排列通常更为紧密；相对而言，越是复杂的真核生物，它们的基因排列可能越不紧凑。大基因组通常具有大量的重复序列，而较小的基因组重复序列偏少。

13.2.1　真核生物基因的一般结构

在基因的现代概念中，一个基因是合成一条有功能的多肽或 RNA 分子所必需的完整的 DNA 序列。一个典型的真核生物的完整基因应包含编码区及非编码区的间隔序列和转录调控区(图 13-1)。

真核生物的编码区一般存在内含子和外显子结构，在 RNA 成熟加工过程中要切除内含子，将外显子连接起来。在基因组研究中往往利用被起始密码子(ATG)与终止密码子(TAA、TAG 或 TGA)所界定的一串密码子(基因编码区)的读码框作为寻找和鉴别编码蛋白质的基因的依据，蛋白质编码区有时也被称作开放阅读框(open reading frame，ORF)。真核生物启动子区域要远比原核生物复杂，由若干具有独立功能的 DNA 序列组件构成，如启动子核心序列 TATA 盒、转录增强子 CAAT 盒等。此外，结构基因上游还可能存在一些转录因子结合位点，对基因表达的时间、空间实现有序的调控。

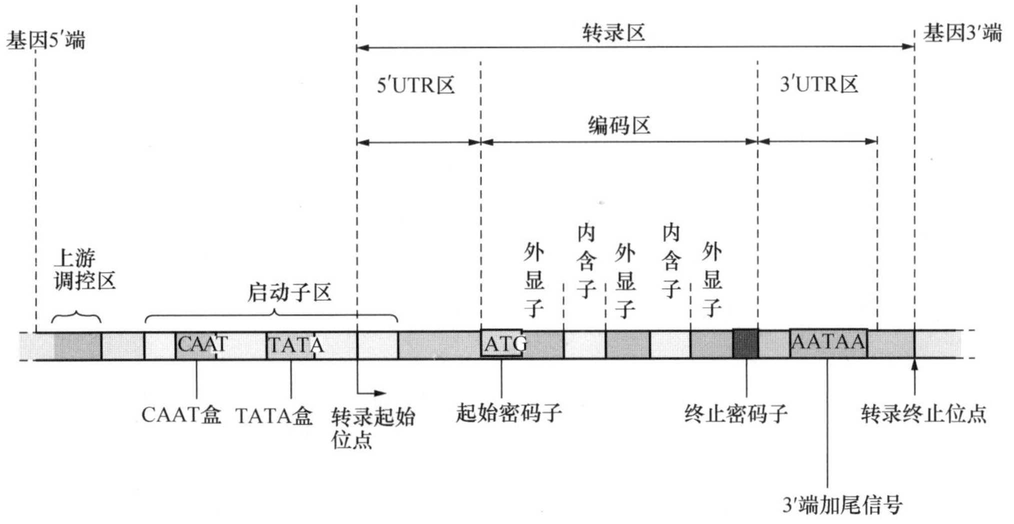

图 13-1　真核生物基因的一般结构

13.2.2　人类基因组

13.2.2.1　人类基因组计划

20世纪90年代提出并已基本完成的人类基因组计划(Human Genome Project,HGP)是当代生命科学中的一项伟大工程,与阿波罗登月计划、曼哈顿原子弹计划一起并称为近100年来科技发展史上的三大创举。人类基因组计划的最终目标是确定人类基因组所携带的全部遗传信息,搞清基因组中每个基因的结构和功能及其相互关系,从而揭开人类生老病死的奥秘,增进人类健康、预防和治疗疾病。1986年,美国能源部首先提出了"人类基因组计划"草案。1990年10月,美国能源部和国立卫生研究院(NIH)合作正式启动人类基因组计划,当时计划拨款30亿美元,用15年时间完成人类基因组30亿个碱基全部序列的测定。2000年6月26日,经过参与该项目的1 000多名各国科学家的通力合作,人类基因组"工作草图"胜利绘制完成,该工作草图包含人体90%以上碱基对的位置信息。2003年4月15日,美、英、德、日、法、中6国科学家共同宣布人类基因组序列图完成。2004年10月,国际人类基因组测序联合体(NHGRI)在 *Nature* 上发表了人类基因组常染色质全序列测定的论文,宣布人类基因组的常染色质部分中99%的序列已经被测定,其精度达到99.99%,并发现人类基因组中大约含有2.0万~2.5万个基因,远远低于之前10万个基因的预期。此外,人类基因组计划中还包括了对大肠杆菌、酵母、线虫、果蝇和小鼠等5种模式生物基因组的测序。目前,人类基因组计划产生的海量数据已被存储于 GenBank 中(NCBI,http://www.ncbi.nlm.nih.gov/),并可被全球的研究者共享。

13.2.2.2　人类基因组特点

人类基因组主要由核基因组和线粒体基因组两部分构成。核基因组大小约为 3.2×10^9 bp(3 200 Mb),其中基因和基因相关序列约为1 200 Mb,基因间隔序列约为2 000 Mb。在基因和基因相关序列中,直接编码基因的外显子为48 Mb,只占总基因组序列的1.5%,基因相关序列占总基因组的36%,主要包括假基因、基因片段、内含子以及非翻译区(untranslated region,UTR);基因间隔序列(也称基因外序列)占总基因组的62.5%,其中多数为各种类型的重复序列,包括长散在元件(LINEs)、短散在元件(SINEs)、长末端重复序列(LTR)、微卫星序列等(图13-2)。人类核基因组50%以上由重复序列构成。

人类线粒体基因组的结构比较简单,只有16 569 bp,含有37个基因。基因间隔区总共只有87 bp,只占DNA总长度的0.5%,有些基因之间没有间隔,有基因重叠现象,基因排列得非常紧凑,无内含子序列。

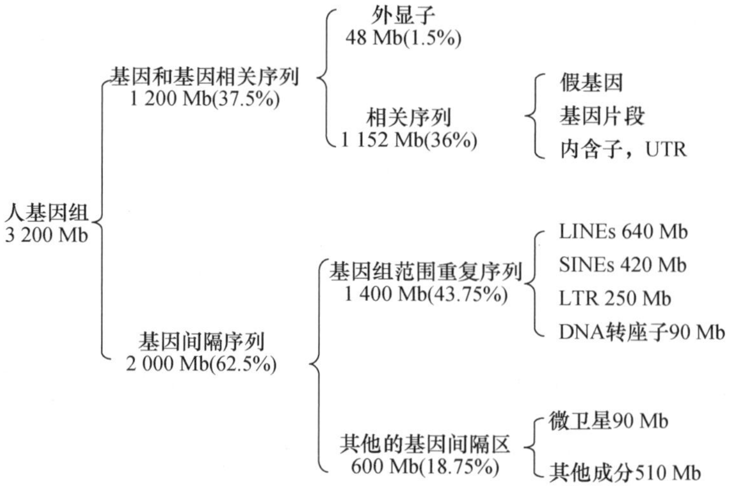

图 13-2 人类核基因组的结构

(引自 Lander 和 Venter 等,2001,括号中数字表示各成分占基因组比例)

13.2.3 水稻基因组特点

在谷类作物中,由 12 条染色体组成的水稻,其基因组最小,只有约 400 Mb,约为人类基因组的 1/7 (IHGSC,2004),是拟南芥基因组的 3 倍。因此,水稻被国际上广泛选为用作基因组测序和功能基因组研究的模式作物。1998 年,国际水稻基因组测序计划(IRGSP)正式启动,这是继人类基因组计划后又一重大国际合作项目。2000 年 5 月我国也独立启动了"中国超级杂交水稻基因组计划",与国际水稻基因组测序项目不同的是,我国选用的水稻材料是籼稻(indica rice),而非 IRGSP 选取的粳稻(japonica rice)。2002 年,籼稻和粳稻基因组几乎被同时完成。研究发现,水稻基因总数为 3.7 万~5.6 万个,多于人类基因数,其中仅有约 3000 个基因为水稻基因组特有的基因;80%的拟南芥基因可以在水稻中找到同源基因,相反,只有不到 50%的水稻基因可以在拟南芥中找到同源基因;水稻、拟南芥与人类基因组都有很多不编码蛋白质的"垃圾"序列。水稻的这些"垃圾"序列多位于基因之外,而人类的却在基因之内;水稻基因的平均长度只有 4 500 bp,而人类基因的平均长度为 27 kb;水稻基因主要通过基因加倍而使"基因家族"的成员数目增加,但每一"成员"的功能比较单一;籼稻与粳稻的基因组有 1/6 不一样;水稻序列的相互之间差异近 1%,而人类序列的相互差异为 0.1% 左右。

13.3 原核生物基因组

原核生物基因组较小,一般在 10^6 bp 水平;多为单个环状 DNA 分子位于细胞中央,称为拟核,无核小体结构。与真核生物基因组相比,原核生物基因组编码序列占总基因组比例较大,约 75%。此外,原核生物中相关基因组成操纵元结构,而真核生物相关基因往往组成基因家族(指来源相同、结构相似、功能相关的一组基因)。原核生物基因平均长度约 1 kb,小于真核生物的 8~10 kb;多含有环状质粒 DNA,而无细胞器 DNA;除少数基因外,一般无内含子结构。本节以大肠杆菌(*E. coli*)基因组为典型代表说明原核生物基因组的特点。

13.3.1 大肠杆菌基因组的组成

大肠杆菌基因组是一条环状、双链的 DNA 分子,其中 K12 菌株是第一个被测序的大肠杆菌基因组。K12 全基因组是包含 4 639 221 bp 的双链环状分子,蛋白编码基因占整个基因组的 87.8%,RNA 基因占 0.8%,非编码的重复序列占 0.7%,其余约 11%为调控或其他功能区。K12 全基因组共含有 4 400 多个可能的编码基因。相对于大基因组的真核生物而言,原核生物基因组排列更为经济,几乎没有浪费的空间。

13.3.2 大肠杆菌基因组的特点

图 13-3 给出了一个典型的大肠杆菌基因组中 50 kb 的片段。

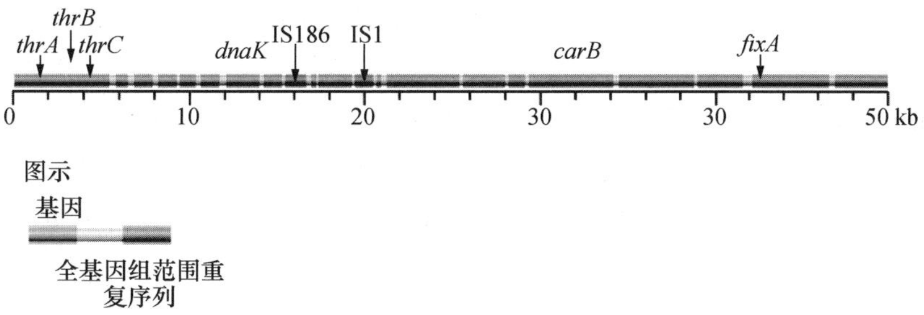

图 13-3 大肠杆菌基因组中一段 50 kb 片段

(引自 Brown,2002)

与人类等真核生物基因组相比,可以发现这段 50 kb 片段具有以下特点:①片段上基因数目多,43 个基因占整个片段的 85.9%,基因之间的间隔少或没有间隔。例如,*thrA* 和 *thrB* 间只由 1 个核苷酸分开,*thrB* 和 *thrC* 紧密相连。这三个基因构成一个操纵元(operon),即一组基因参与同一个生化途径(在这个例子里是苏氨酸合成途径),并且联合表达(将在第 14 章详细介绍操纵元的特点)。②片段中的基因没有内含子。③重复序列少。

13.4 基因组作图

在进行基因组测序时,DNA 测序技术虽然可以精确测定出 DNA 的碱基构成,但在一个测序反应中很难测出大于 1 kb 的序列,因此需要将长的 DNA 分子分解为许多小的片段,精确测出每一段的序列,再用计算机寻找重叠的部分,从而拼接成长序列。这种方法是进行小的原核生物基因组测序的标准方法,称为鸟枪法(shotgun method)(图 13-4)。

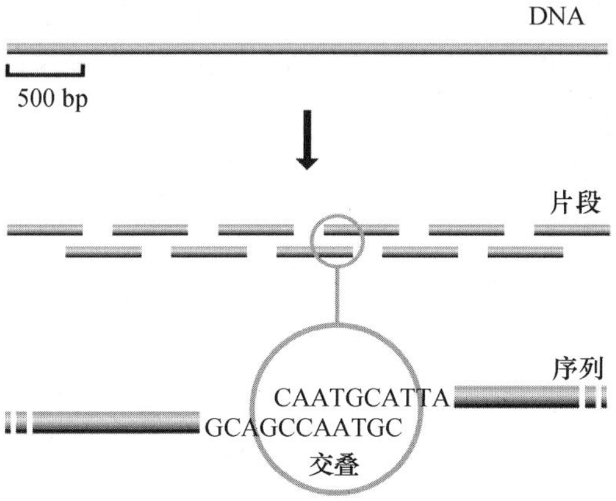

图 13-4 基因组 DNA 鸟枪法测序原理示意

(引自 Brown,2002)

对于基因组总量较大且富含重复序列的情况(如人类基因组),利用鸟枪法测序是相当困难的。首先,由于基因组庞大,产生的片段数增加,数据分析会越来越复杂(n 个片段可能的重叠数为 $2n^2-2n$);其次,基因组中过多的重复区域分析时会被遗漏或错误地连接在一起。因此,在进行体积较大的真核生物基因组测序前,必须首先对基因组进行作图,标明目标区段在基因组中的位置,为后面的序列测定提供工作框架。传统上将基因组作图方法分为两类:遗传作图(genetic mapping)和物理作图(physical mapping)。

13.4.1 遗传作图

这里的遗传作图是确定基因或 DNA 标记在染色体上的"相对"位置和遗传距离。它主要是通过连锁分析计算遗传标记之间的重组率,将同一连锁群上的遗传标记直线排列,来确定彼此间的相对位置和距离(用 cM 表示)。对于小鼠、果蝇、豌豆等动植物来讲,可以设计特定的杂交育种实验制作连锁图;对于人类,则是采用家系分析(pedigree analysis)或体细胞遗传学等方法构建连锁图。使用的标记越多,越密集,所得到的连锁图分辨率就越高。

植物遗传图谱的构建包括 3 个步骤。

1. 构建分离群体

按照遗传稳定性,作图群体可分为两大类:①临时性分离群体,如 F_2,BC_1 等。构建临时性分离群体所需世代少,容易获得,而且能提供比较丰富的遗传信息。由于该群体中分离单位是个体,所以一经自交遗传组成就会发生变化。②永久性分离群体:如重组自交系群体(recombinant inbred lines,RILs)和加倍单倍体群体(doubled haploid lines,DH)等。此类群体中分离单位是株系,株系内个体间基因型已经纯合,自交不发生分离,构建此类群体所需的世代较多(图 13-5)。

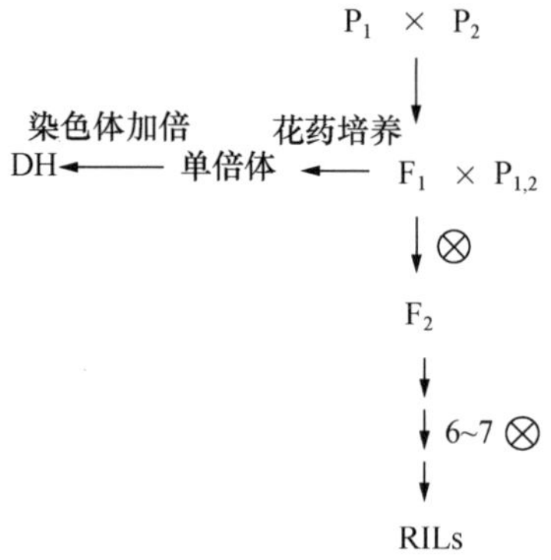

图 13-5 连锁作图群体的类型

2. 筛选和检测 DNA 标记基因型

筛选在亲本间有多态的 DNA 标记，用筛选出的 DNA 标记检测分离群体中每个个体或株系的带型，记录标记基因型，并给标记基因型赋值。

3. 分析连锁关系

根据记录的各个标记基因型值，利用 mapmaker 等作图软件计算 DNA 标记间的连锁遗传距离，绘制遗传连锁图。

13.4.2 DNA 标记原理

建立精细的连锁图的关键是获得足够多的多态性高的遗传标记。传统的遗传标记包括形态学标记（如豌豆茎的高矮、果蝇的眼色等）、细胞学标记（如染色体核型与带型等）和生化标记（如贮存蛋白和同工酶等）。与传统标记相比，DNA 标记具有多态性高、无表型效应、多数呈共显性、遍布整个基因组等优点，因此被广泛应用于基因组作图。目前用于遗传作图的 DNA 标记主要有 RFLP、SSR、AFLP、RAPD、ISSR 和 SNP 等，具体使用哪种标记，要根据标记特点、实验条件、实验目的、该植物的特点等决定。

1. RFLP 标记原理

限制性片段长度多态性（restriction fragment length polymorphism，RFLP）是一种基于酶切的 DNA 标记，是第一代 DNA 标记的代表。其原理如图 13-6 所示，如果两个等位基因在某一种限制性内切酶识别位点处 DNA 序列不同，则会导致酶切片段长度的变化。这种长度的差异可以用覆盖识别位点的探针进行 Southern 杂交（即 DNA 杂交）或利用 PCR 来检测到。1987 年，Donis-Keller 等发表了第一张人类的 RFLP 连锁图，包括 403 个 RFLP 标记，平均分辨率为 10 Mb。由于 RFLP 仅局限于 1 个或少数几个核苷酸的突变，一般只能产生限制性酶切位点的“切开”与“不切开”两种情况，每个位点只能有 2 个等位变异，所以所提供的信息量有限。

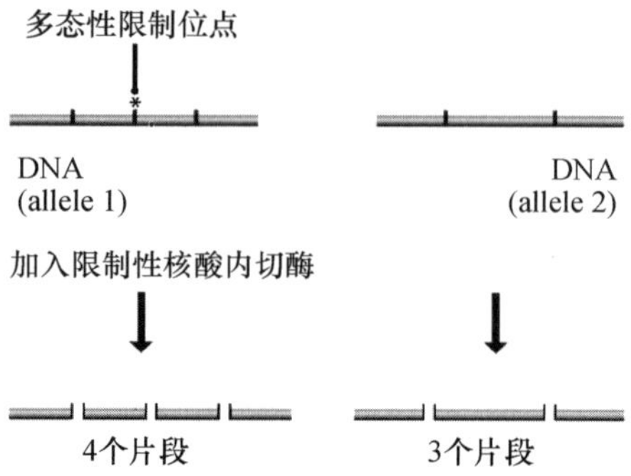

左侧的 DNA 分子具有一个多态性限制位点（用星号表示），而右侧的并不具有。经限制性内切酶消化后，左侧的 DNA 分子被切成 4 个片段，而右侧的分子被切成 3 个片段

图 13-6 限制性片段长度多态性（RLFP）原理示意

（引自 Brown，2002）

2. SSR 标记原理

简单序列重复（simple sequence repeats，SSR）也称为微卫星（microsatellite）标记，是基于 PCR 的 DNA 标记，是第二代 DNA 标记的代表。聚合酶链式反应（polymerase chain reaction，PCR）是进行 DNA 体外扩增的一种技术。它是在 DNA 聚合酶催化下，以母链 DNA 为模板，以特定引物为延伸起点，通过变性、退火、延伸等步骤，在 PCR 仪上连续复制特定区段 DNA 的过程。PCR 可使模板特定区段 DNA 拷贝量放大到电泳后可以直接被看到的程度，扩增哪个片段取决于所设计引物的序列。

SSR 标记由于在进化上不受选择，属于中性标记，在同一位点上可重复单位数量变化大，同源染色体配对时又容易产生“错配”，进一步扩大了群体中所拥有的等位基因数，并使这样的位点遍布整个基因组，具有很好的“多态性”与“高频率”，所以是很好的 DNA 标记，被广泛应用于基因定位、DNA 指纹分析和遗传连锁图的绘制。SSR 标记原理示意见图 13-7。1996 年 3 月 *Nature* 发表的法国、加拿大合作获得的人类遗传连锁图由 5 264 个 SSR 标记组成，平均分辨率达到了 600 kb（图 13-8）。

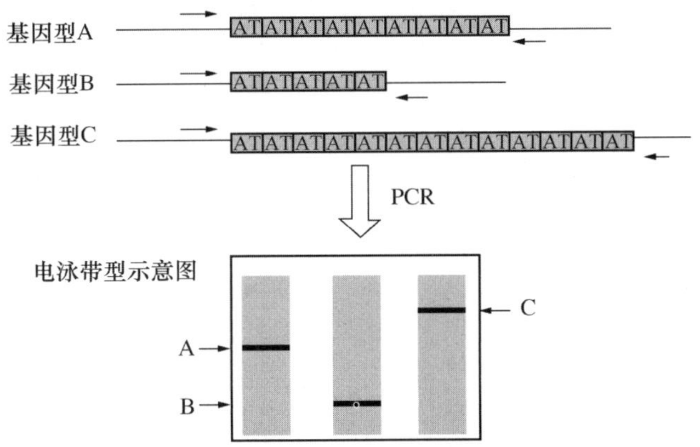

箭头位置表示 PCR 引物结合位点，方框表示微卫星“AT”重复次数　**图 13-7　SSR 多态性分析示意**

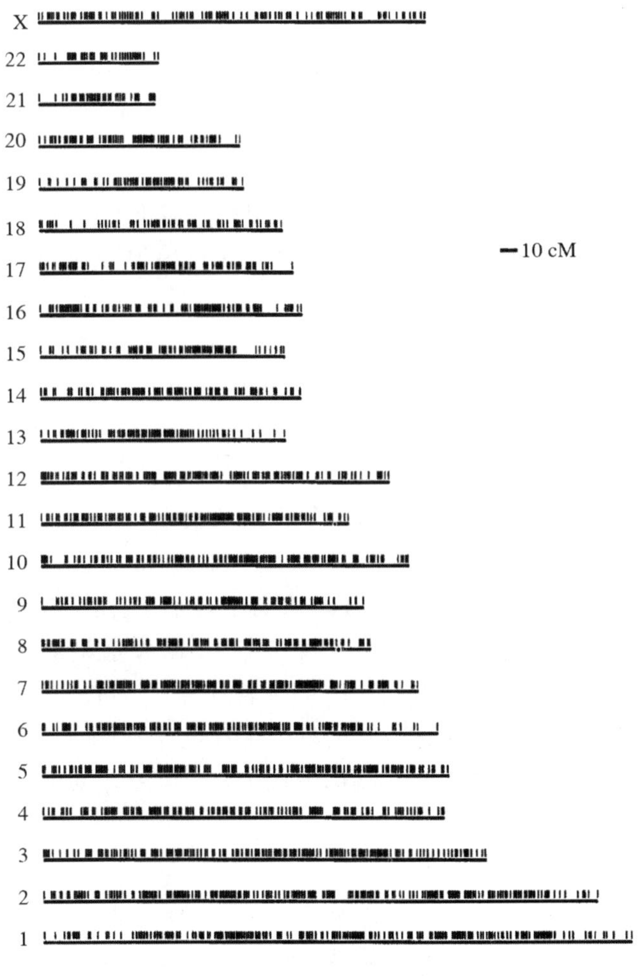

图 13-8　人类基因组 SSR 标记遗传图

（引自 Dib，1996）

3. AFLP 标记原理

扩增片段长度多态性（amplified fragment length polymorphism，AFLP）是一种同时基于酶切和 PCR 的 DNA 标记。其原理是用两种或两种以上的限制酶切割基因组 DNA，然后给不同长度的限制性酶切片段加上人工接头，作为 PCR 扩增的模板，PCR 扩增产物经变性聚丙烯酰胺凝胶电泳分离后，可获得取决于限制性内切酶以及引物 3′端选择碱基种类和数目的 DNA 多态性片段。

4. RAPD 标记原理

随机扩增多态性 DNA（randomly amplified polymorphic DNA，RAPD）进行 PCR 扩增反应时只采用一条 10 bp 的随机引物。由于引物较短，降低了 PCR 的特异性，所以 RAPD 标记引物所扩增的基因组 DNA 区段是事先未知的，具有随机性和任意性。因此，RAPD 标记可以用于对任何未知基因组的研究。其不足之处是，一般表现为显性遗传，不能区分纯合和杂合基因型。

5. ISSR 标记原理

简单序列重复区间 DNA 标记（inter-simple sequence repeat，ISSR）利用真核生物基因组中广泛存在的 SSR 序列，设计出能与 SSR 序列结合的 PCR 引物，对两个距离较近的 SSR 之间的 DNA 区段进行扩增，可以检测出两个 SSR 之间 DNA 序列的长度多态性。

6. SNP 标记原理

单核苷酸多态性（single nucleotide polymorphism，SNP）属于正在发展的第三代分子标记。由于所有的 SNP 都来自单个核苷酸的差异（图 13-9），所以在每个基因组中都有大量的 SNP。

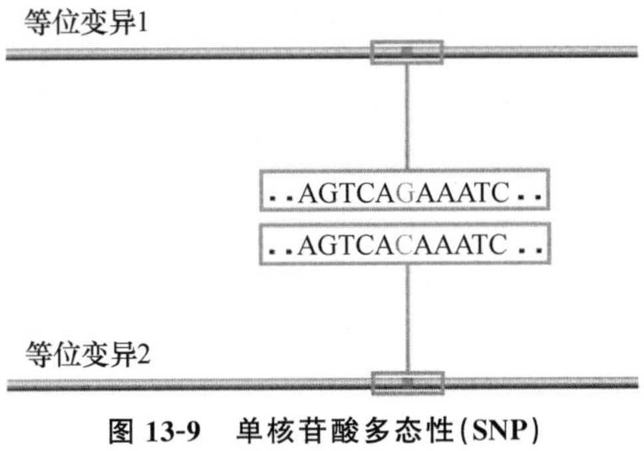

图 13-9　单核苷酸多态性（SNP）

（引自 Brown，2002）

到目前为止，已经在人类基因组发现了超过 1 000 万个 SNP 位点，平均每 300 bp 中就有一个 SNP，SNP 有可能在密度上达到生物基因组“多态性”数目的极限。此外，SNP 可以利用先进的基因芯片或荧光 PCR 检测技术，通过目标片段与寡核苷酸探针之间的杂交信号鉴定 DNA 序列(图 13-10),可以达到高通量、高灵敏度以及自动化分析,可能成为未来基因分型技术的发展方向。

在高严谨性杂交条件下,只有碱基之间完全配对时,寡核苷酸探针和目标 DNA 序列之间才能形成稳定的杂合体,如图 13-10(a);即使只有 1 个核苷酸的差异,杂合体也不会形成,如图 13-10(b)。是否形成稳定的杂合体可以利用基因芯片或荧光 PCR 等高通量技术进行检测。进行 SNP 检测的寡核苷酸探针通常为 15～30 bp。高严谨性杂交条件是指温度恰好稍稍低于寡核苷酸探针的退火温度(T_m 值)。

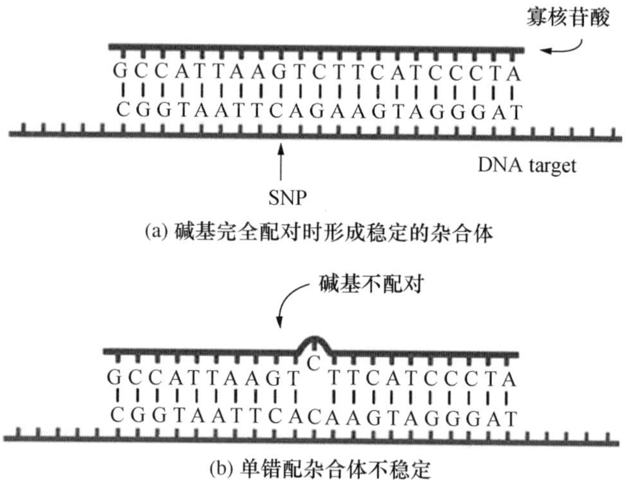

图 13-10　SNP 的寡核苷酸杂交分析

(引自 Brown,2002)

13.4.3　物理作图

遗传作图是利用重组率估算 DNA 标记之间的相对位置和遗传距离(以 cM 为单位)。多数真核生物难以获得大量的遗传交换体(重组个体),并且交换并不是沿染色体均匀随机发生的,存在重组热点。因此,对于大多数真核生物而言,遗传图的准确率和精度都是有限的,在进行大规模 DNA 测序前,需要通过物理作图进行完善和补充。图 13-11 比较显示了酵母第 3 号染色体遗传图与物理图的差异,物理图是通过 DNA 测序确定的。值得注意的是,遗传图中最上面的两个遗传标记(glk1 和 cha1)的顺序是错误的,两个图谱间其他几对标记的相对位置也有差异。

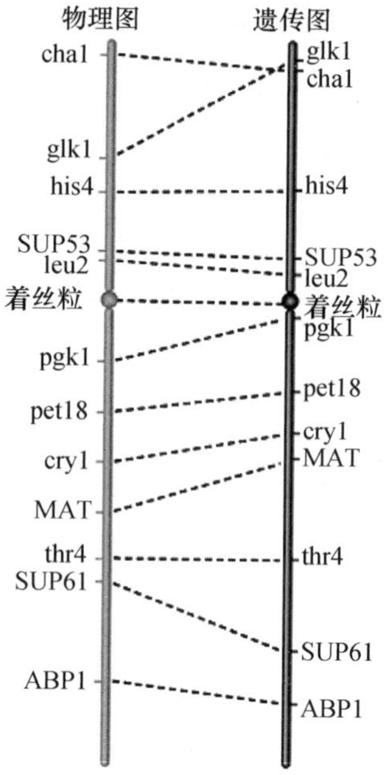

图 13-11　酵母第三号染色体遗传图和物理图的比较

(引自 Brown,2002)

物理图(physical map)是用已知核苷酸序列的 DNA 片段为“路标”,以碱基对(bp,kb,Mb)作为基本测量单位(图距)的基因组图。物理作图方法主要包括限制性酶切作图(restriction mapping)、荧光原位杂交(fluorescent in situ hybridization,FISH)和序列标记位点(sequence tagged site,STS)作图等。其中 STS 作图是目前最有效的物理作图技术,也是能对大型基因组产生最详尽图谱的技术。STS 是一段短的 DNA 片段,通常其长度为 100～500 bp。一个 DNA 片段要成为 STS,需满足两个条件:①STS 的序列必须是已知的,以便于用 PCR 方法检测该 STS 在不同的 DNA 片段中是否存在;②STS 必须在所研究的染色体或基因组中具有位点专一性。如果 STS 位点不专一,将影响到 DNA 片段在基因组中定位的准确性。

在进行 STS 作图前,首先要得到至少 5 套包含相关染色体或整个基因组的 DNA 片段,这样可以使得染色体上每一点平均至少有 5 条片段对应(图 13-12)。然后,分别用各个 DNA 片段作为模板,用来自不同 STS 标签上的序列作为引物,对相关片段进行 PCR 扩增。如果某两个 STS 在基因组上靠得很近,那么它们存在于同一片段中的概率就会很高;如果它们相距较远,则它们同时出现在一个 DNA 片段上的概率就会小得多。也就是说,两个 STS 标签之间的图距可以根据他们之间的分离频率来计算。只要STS标签的数量足够多，所有DNA片段在该染色体或基因组中的位置都能被确定下来，这些DNA片段则可以作为长的连续DNA测序的基本材料（图13-13）。如果STS已被包括在遗传图中，那么DNA序列、物理图和遗传图就可以被全部结合到一起（图13-14）。

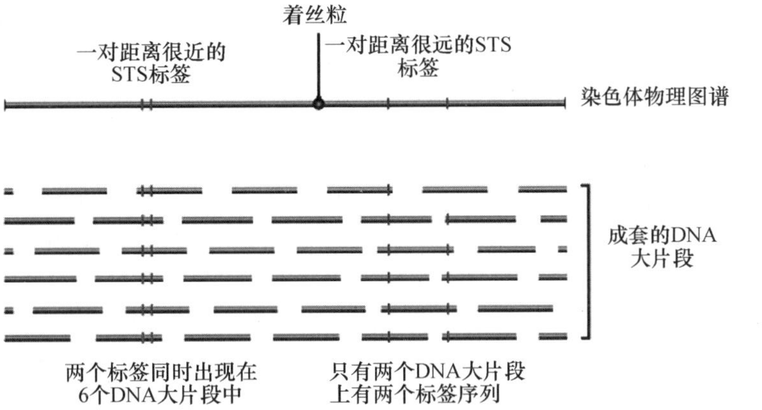

图13-12 STS标签物理作图原理

（引自Brown，2002）

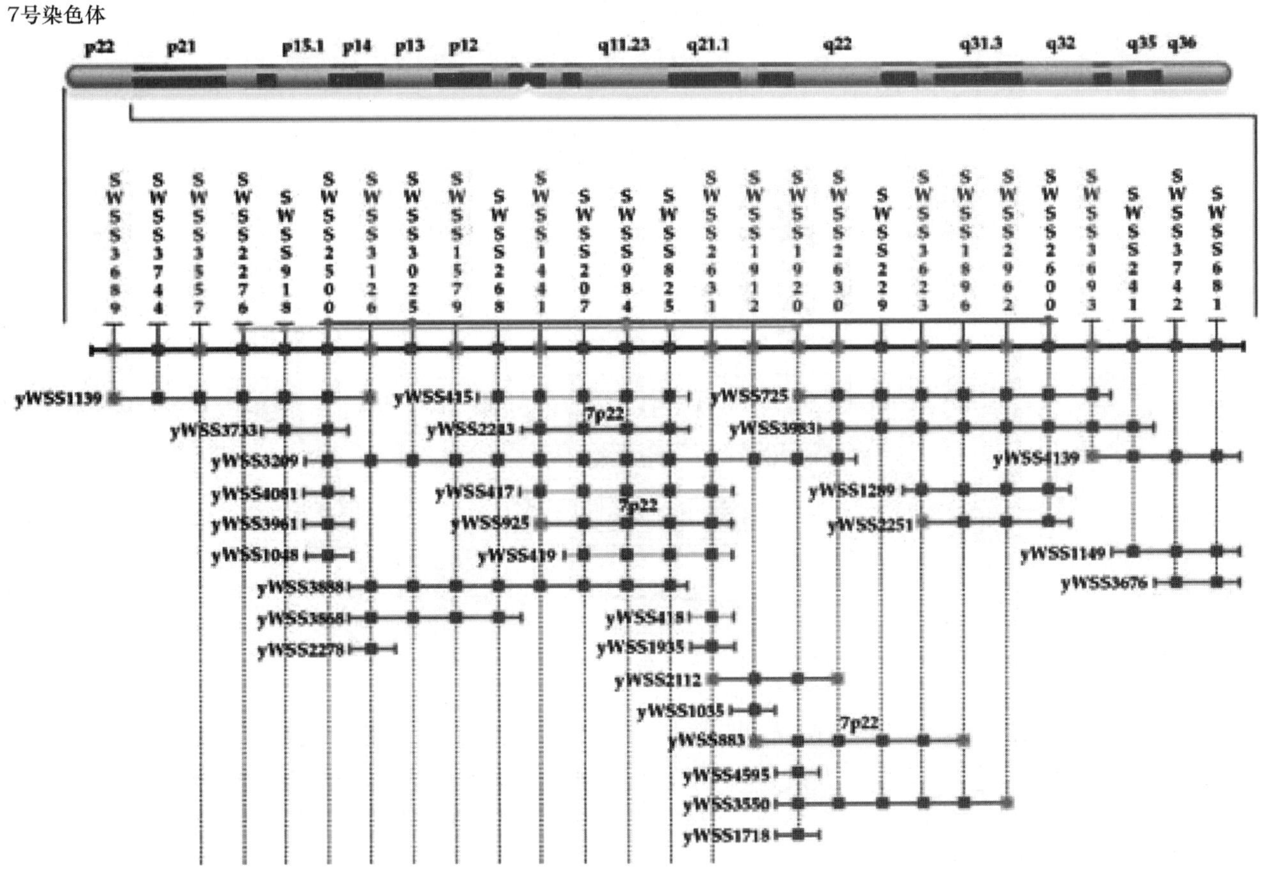

图13-13 人类第7号染色体p22-q36区STS标签对应DNA大片段的组装

（引自Brown，2002）

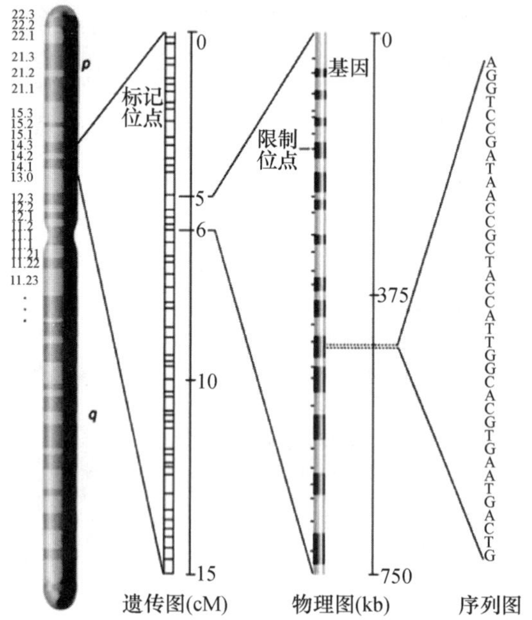

图 13-14　遗传图、物理图和序列图的整合

（引自 Brown,2002）

13.5　基因组学的应用

13.5.1　QTL 的图位克隆

作物的许多重要农艺性状如产量、品质、抗性等都是数量性状,由多个基因控制,表现为连续变异,且易受环境影响。相对于由单基因控制的质量性状而言,数量性状遗传基础更为复杂,故克隆数量性状基因座(QTL)一直进展缓慢。基因组学原理和方法的建立,为人们进行数量性状基因定位和克隆提供了强有力手段。

图位克隆(map based cloning)是进行 QTL 克隆的一种常见方法,其技术要求如图 13-15 所示。

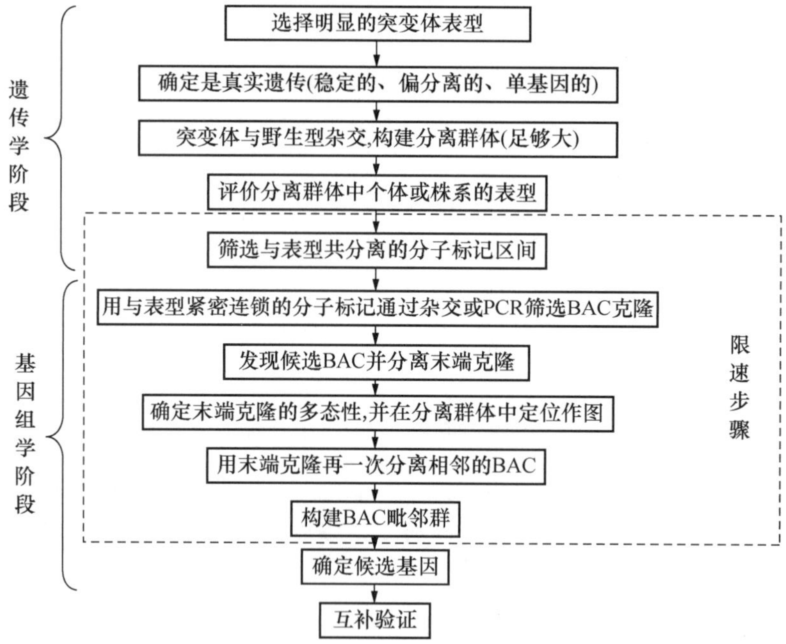

图 13-15　图位克隆基因/QTL 的技术要求

其中从“遗传图”向“物理图”的转换以及“确定候选基因”一直以来是图位克隆的限速步骤。借助饱和的基因组图谱,可以使 QTL 定位在精度、深度、广度等方面有极大的提高,甚至在某一关键区域内可以直接预测候选基因,从而极大地简化原本漫长而乏味的图位克隆过程。目前,人类、小鼠、斑马鱼、线虫、家蚕、果蝇、水稻、拟南芥等均可获得全面的高分辨率的遗传图谱和物理图谱。这些图谱在大基因组片段上整合了各种各样的分子标记,包括 SNP、SSR、STS、表达序列标签(expressed sequence tag,EST,是从一个随机选择的 cDNA 克隆进行 5′端和 3′端一次测序获得的短的 cDNA 部分序列,代表一个完整基因的一小部分)等,这就使得许多重要基因能够快速并且精确定位至某一关键区域。例如,利用美国国家生物技术信息中心(National Center for Biotechnology Information,NCBI)网站上的 Map

Viewer 程序(http://www.ncbi.nlm.nih.gov/projects/mapview/),我们可以很方便地查到人类基因组第 7 染色体上两个 STS 标记 RH93969 和 RH71410 之间所有的基因、序列以及标记信息(图 13-16),检索结果会以图形的形式直观地显示出来,并且只要在网站上双击鼠标,就可以深入了解每个条目的具体内容,这就为我们锁定关键区域和确定候选基因提供了极大便利。随着各种生物基因组数据的迅速增长以及基因组学技术与方法的不断完善,分离和鉴定复杂数量性状基因正在变得越来越容易。

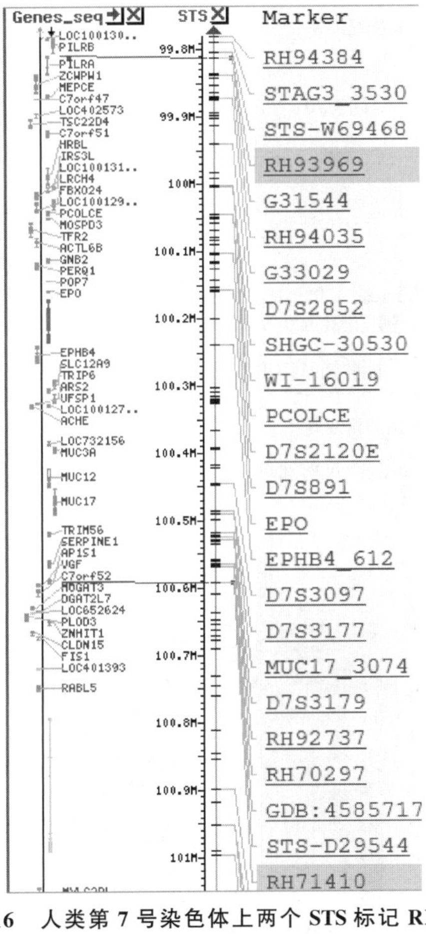

图 13-16 人类第 7 号染色体上两个 STS 标记 RH93969 和 RH71410 之间的基因组信息

(数据来自 http://www.ncbi.nlm.nih.gov/projects/mapview/)

(左侧为遗传图,右侧为物理图)

13.5.2 作物分子育种

13.5.2.1 分子标记辅助选择

选择是育种工作最为重要的环节之一。传统育种基本上是通过表型推测基因型进行间接选择,这种针对表型的间接选择存在周期长、效率低、预见性差等缺点,因此传统育种在很大程度上仍然依靠育种者的经验。DNA 标记技术使我们有可能直接对基因型进行选择,如果目标基因与某个 DNA 标记紧密连锁,或者 DNA 标记直接标记目标基因本身,那么通过 DNA 标记检测,就能直接获知目标基因的基因型。这种利用 DNA 标记对目标性状的基因型进行直接选择的育种方法称为分子标记辅助选择(marker-assisted selection,MAS)。MAS 技术可以明显缩短育种年限,提高育种效率。图 13-17 给出了利用 DNA 分子标记辅助选择技术进行回交转移某一主效基因的例子。

如图 13-17(a)所示,用分子标记对整个基因组进行选择,只需 3 代即能完全恢复成轮回亲本的基因型;而采用传统的回交育种方法则需要 6 代以上。同时,利用高密度的分子标记连锁图只需两个回交世代(BC_1 和 BC_2)就能基本消除连锁累赘;而采用传统育种的方法,至少需要 100 代才能达到[图 13-17(b)](Young 和 Tanksley,1989)。

13.5.2.2 全基因组选择策略

近年来,随着水稻、玉米、小麦等主要农作物基因组学技术平台和基因组数据库不断完善,人们已经有可能在基因组水平上直接对基因型进行选择。全基因组选择(genome wide selection,GWS)策略就是在对物种全基因组序列分析的基础上,通过大规模开发分子标记,构建高密度遗传连锁图谱,精细定位重要性状基因,并利用全基因组分子标记指导育种过程,实现优良性状基因的精确导入和高效聚合,快速培育出集多个优良性状于一体的作物新品种。这种全基因组选择策略尤其适用于多基因控制的复杂数量性状的选择。已有研究表明,全基因组选择策略的遗传进度高于传统表型选择的 4%~25%,单位遗传进度的花费比传统育种的低 26%~65%(Bernardo 等,2009)。

13.5.3 DNA 指纹鉴定

生物的不同个体或不同种群在基因组序列上存在差异,这种个体间的 DNA 多态性同人的指纹一样,是每个个体所特有的,因而被称为“DNA 指纹”。

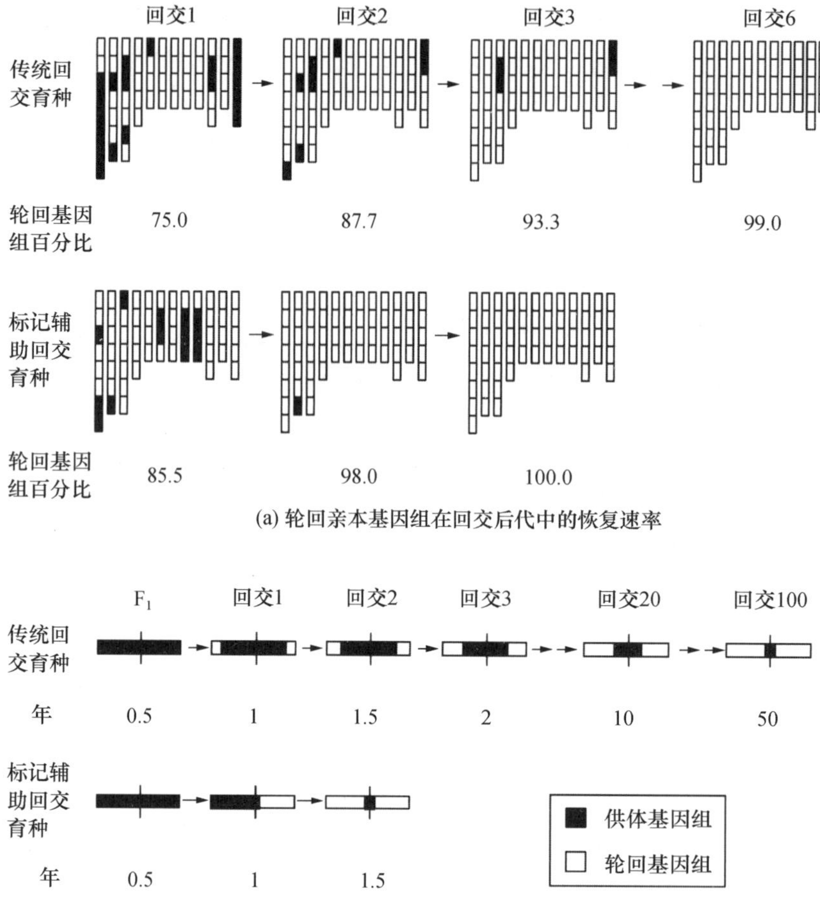

(a) 轮回亲本基因组在回交后代中的恢复速率

(b) 轮回亲本基因组在目标基因邻近区域的恢复速率

图 13-17　回交育种中传统方法与标记辅助选择效率比较

（引自方宜钧等，2000）

利用多态性较高的 DNA 标记组合，可以绘制出不同个体或种群的 DNA 指纹图谱。由于 DNA 指纹图谱具有高度的变异性和稳定的遗传性，且仍按简单的孟德尔方式遗传，所以被广泛用于亲子鉴定、案件的审理和侦破、农作物品种真实性和纯度鉴定、动植物遗传资源调查、遗传多样性分析、群体遗传结构分析等。图 13-18 显示了利用人类小卫星 DNA（minisatellite DNA）的多态性进行 DNA 指纹鉴定的一个例子。此类小卫星 DNA 由 6～40 bp 的重复单元重复 6～100 次组成，又称为可变数目串联重复（variable number tandem repeat，VNTR）。这是一种特殊的串联重复，多存在于染色体的端粒附近，但不同个体的 VNTR 数目和位置都不相同，所以其用小卫星 DNA 作为探针所获得的 Southern 杂交带谱就具有高度的个体特异性。

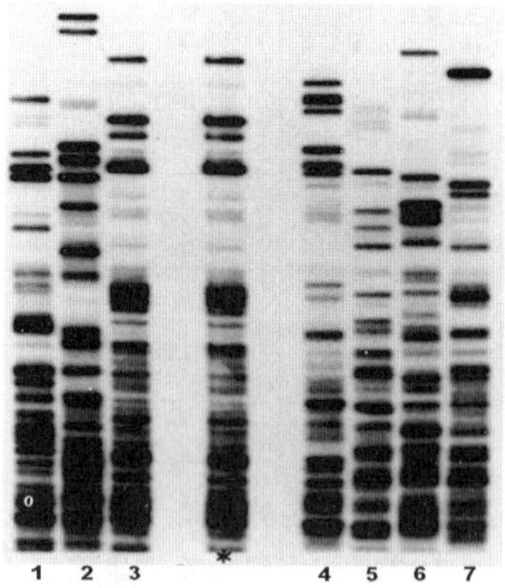

图 13-18　利用人类 DNA 指纹进行法医排查

（引自 Griffiths 等，1999）

来自犯罪现场的血迹指纹（*）和 7 个嫌疑者的血液指纹，其中标本 3 和犯罪现场的血迹指纹相同

实验显示，一个小卫星 DNA 探针可以产生由 10～20 条肉眼可分辨指纹组成的个体图谱，用一个探针 33.15 进行 DNA 指纹分析时，两个无血缘关系的个体具有相同 DNA 指纹图谱的概率仅为 3×10^{-11}；用两个探针 33.15 和 33.6 综合分析的这种概率为 5×10^{-19}。

13.5.4 比较基因组学研究

比较基因组学（comparative genomics）是基于基因组图谱和测序基础上，对已知的基因和基因组结构进行比较，从而了解基因的功能、表达机理和物种进化的学科。比较基因组学的重要作用之一在于能根据对一种生物相关基因的认识来理解、诠释甚至克隆分离另一种生物的基因。根据比较基因组学研究所取得的成果，禾谷类作物的基因组具有线性同源关系，不同禾谷类作物的性状和基因在一定程度上可以进行整合和比较。研究表明，在小麦、大麦、水稻和玉米等重要的禾本科植物中，基因组之间有着高度的同源性，基因和基因的排列顺序存在很好的共线性（colinearity）和同线性（synteny），Moore 等（1995）将多种禾本科作物描绘成一个以水稻为模式的单一遗传系统，并将 9 种作物的基因组绘制进一张比较图谱中，Gale 和 Devos（1998）对其进行了补充和更详尽的阐述（图 13-19）。

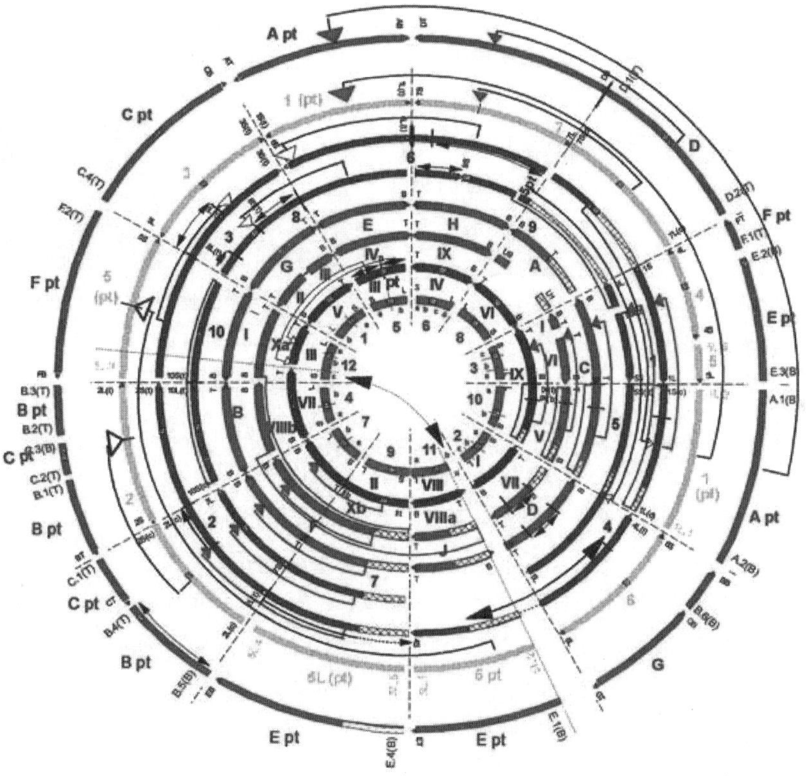

图 13-19　7 种禾谷类作物的基因组比较图谱

（引自 Gale 和 Devos，1998）

图 13-19 中，自内而外分别是水稻、谷子、甘蔗、高粱、玉米（2 个环）、小麦、燕麦的基因组图。

比较基因组学的建立为利用水稻等模式植物的研究结果进行小麦等复杂基因组作物的基因组研究奠定了基础。例如，Peng 等（1999）根据拟南芥、水稻与小麦矮秆基因的同源序列，成功克隆了“绿色革命基因”——小麦矮秆基因 Rht_1，并通过水稻转化对其功能进行了验证。Yan 等（2003，2004）利用比较作图，图位克隆了小麦春化基因 Vrn_1 和 Vrn_2。

内容提要与思维导图

基因组学是研究基因组的组成、结构和功能的学科。基因组学分为结构基因组学和功能基因组学。结构基因组学是研究基因组的物理特点，主要包括构建高分辨率的遗传图谱、物理图谱、转录图谱和全序列图谱；功能基因组学是在结构基因组学的基础上研究编码序列及非编码序列的生物学功能。人类基因组计划和模式生物基因组计划的提出与实施直接导致和促进了基因组学的发展。

典型真核生物的完整基因包含编码区及非编码区的间隔序列和转录调控区。真核生物的编码区一般存在内含子和外显子结构，起始密码子（ATG）与终止密码子（TAA、TAG或TGA）所界定的一串密码子（基因编码区）被称作开放阅读框。真核生物启动子区由若干具有独立功能的DNA序列组件构成，如TATA盒，CAAT盒等。

人类核基因组大小约为3 200 Mb，大约含有2万～2.5万个基因。直接编码基因的外显子只占总基因组序列的1.5%，基因相关序列占总基因组的36%，主要包括假基因、基因片段、内含子以及非翻译区；人类核基因组50%以上由重复序列构成。

模式作物水稻在禾谷类中基因组最小，只有约400 Mb，基因总数为3.7万～5.6万个。水稻基因的平均长度只有4 500 bp，远远低于人类的27 kb；水稻基因家族不同成员的功能比较单一；水稻序列的相互之间差异近1%，而人类序列的相互差异为0.1%左右。

与真核生物基因组相比，原核生物基因组编码序列占总基因组比例较大，为75%左右；原核生物中相关基因组成操纵元结构；原核生物基因平均长度约1 kb，小于真核生物的8～10 kb；多含有环状质粒DNA，而无细胞器DNA；除少数基因外，一般无内含子结构。

遗传作图是通过连锁分析，计算遗传标记之间的重组率，将同一连锁群上的遗传标记直线排列，来确定彼此间的相对位置和距离（用cM表示）。植物遗传图谱的构建包括构建分离群体、筛选和检测DNA标记基因型、分析连锁关系3个基本步骤。作图群体可分为临时性分离群体（如F_2、BC_1）和永久性分离群体（如重组近交系群体RILs和双单倍体DH群体）。

DNA标记具有多态性高、无表型效应、多数呈共显性、遍布整个基因组等优点。目前用于遗传作图的DNA标记主要有RFLP、SSR、AFLP、RAPD、ISSR和SNP等。

物理图是用已知核苷酸序列的DNA片段为路标，以碱基对（bp）作为图距单位的基因组图。

基因组学的应用：借助饱和的基因组图谱，可以加快QTL定位和基因克隆的速度。MAS技术可以明显缩短育种年限，提高育种效率。利用全基因组选择策略可以实现优良性状基因的精确导入和高效聚合，快速培育出集多个优良性状于一体的作物新品种。DNA指纹图谱具有高度的变异性和稳定的遗传性，被广泛用于亲子鉴定、法医排查，同时可用于品种真实性和纯度鉴定以及动植物遗传资源调查等。比较基因组学就是基于基因组图谱和测序基础上，对已知的基因和基因组结构进行比较，从而了解基因的功能、表达机理和物种进化的学科。

二维码13-1　本章思维导图

复习思考题

1. 解释下列名词：基因组学　基因簇　假基因　遗传图谱　物理图谱　序列图谱　分子标记　DH群体　RIL群体　RFLP　PCR　RAPD　SSR　SNP　MAS。
2. 与真核生物相比，大肠杆菌基因组有何特点？
3. 如何从基因组学角度理解C值悖理现象？
4. 人类基因组计划有何意义？
5. 人类基因组的结构有哪些特点？
6. 简述RFLP、SSR、SNP标记的基本原理及各自特点。
7. 试述遗传图和物理图的区别和特点。
8. 何谓比较基因组学？有何作用？

第14章 基因的表达调控

◈内容提示

本章主要介绍原核生物和真核生物基因表达的调控方式及其原理。

◈教学目标

了解原核生物和真核生物基因表达的调控原理，重点掌握原核生物操纵元的正负调控方式以及真核生物调控的多层次性。

基因的表达主要经过转录和翻译两个过程。在大多数情况下，并非全部基因同时表达。生物的不同发育阶段、不同器官和组织都有不同的基因在表达，外界环境的影响也会导致特定基因的表达，这种选择性表达是细胞受内外因素调节控制的结果。生物的基因表达调控，总体上在复制、转录和翻译三个层次上进行。认识基因表达调控机理对于深入认识生命现象，掌控细胞分化和个体发育具有重要意义。

14.1 原核生物基因表达调控

原核生物由于结构简单，本身没有足够的能源储备和制造有机物的能力，需要不断调控自身各种基因表达状况以迅速适应营养条件和不利的环境因素，所以其基因表达调控必须快速、经济和有效。

14.1.1 转录水平的调控

1961年，法国巴斯德研究院的 Jacob 和 Monod 根据大肠杆菌乳糖代谢一系列相关酶的表达情况，提出了基因调控的乳糖操纵子(*lac* operon)学说，用来解释大肠杆菌细胞中基因表达的调控机制。他们认为，原核生物功能相关、成簇存在的基因可以得到协调控制，进行转录或关闭。调节系统包括相关的结构基因和控制这些基因表达的 DNA 元件(即 DNA 上一段序列)形成一个共同的调节单位，称为操纵子(operon)。操纵子的活性由调节基因控制。调节基因的产物可以与操纵元上的 DNA 元件相互作用，决定结构基因的转录或关闭。以下将举例说明具体的基因表达调控过程。

14.1.1.1 乳糖操纵子

1. 乳糖操纵子的基本组成

大肠杆菌的乳糖操纵子(*lac* operon)包含乳糖分解代谢相关的3个结构基因 *lacZ*、*lacY*、*lacA* 和3个 DNA 元件，即位于基因上游的 CAP 结合位点、启动子(promoter，*P*)和操纵基因(operator，*O*)。3个 DNA 元件构成基因表达的控制区。3个结构基因的功能是：*lacZ*，编码 β-半乳糖苷酶(β-galactosidase)；*lacY*，编码 β-半乳糖苷透膜酶(β-galactoside permease)；*lacA*，编码 β-半乳糖苷转乙酰基酶(β-galactoside transacetylase)。

还有一个抑制基因 *lacI*，位于整个操纵子的上游，其本身有自己的启动子和终止子，成为独立的转录单位，编码阻遏蛋白。阻遏蛋白与操纵基因 *O* 结合与否，决定结构基因转录开启或关闭(图14-1)。

2. 乳糖操纵子的负调控

基因表达调控通常可以分为正调控和负调控两种方式。负调控(negative regulation)是指细胞中的阻遏蛋白(repressor protein)阻止转录，正调控(positive regulation)是指起调节作用的蛋白促进基因转录。

大肠杆菌在没有乳糖的环境下生存时，乳糖操纵子处于阻遏状态。此时调控基因 *lacI* 在其自身的启动子控制下，组成性表达产生阻遏蛋白。阻遏蛋白以四聚体形式与操纵基因 *lacO* 结合，阻止了与启动子 *P* 结合的 RNA 聚合酶向前移动，使转录不能进行。当有乳糖或其他诱导物存在时，乳糖受 β-半乳糖苷酶的催化转变为别乳糖(一种乳糖的异构体)，使别乳糖与阻遏蛋白结合，阻遏蛋白的构象发生改变，不能结合到 *lacO* 上，转录起始。这就是乳糖对乳糖操纵子的诱导作用(图 14-2)。一些化学合成的乳糖类似物,不受β-半乳糖苷酶催化分解,却也能与阻遏蛋白特异性结合,使阻遏蛋白发生构象变化,诱导乳糖操纵基因开放,例如异丙基硫代半乳糖苷(isopropylthio- galactoside,IPTG)就是极有效的诱导物。

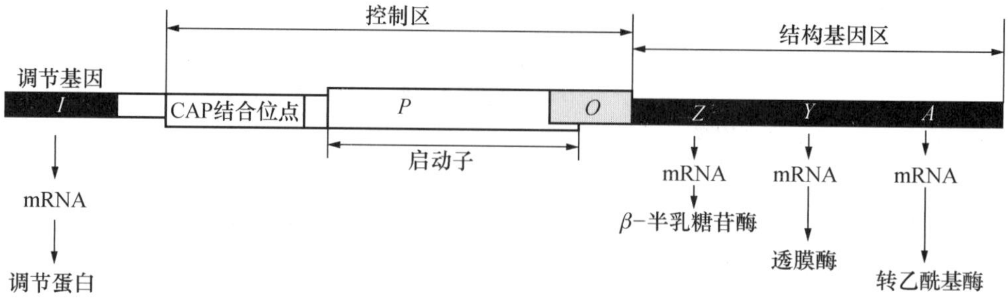

图 14-1　乳糖操纵子模型

(仿自 Lel 和 Hartwell,2000)

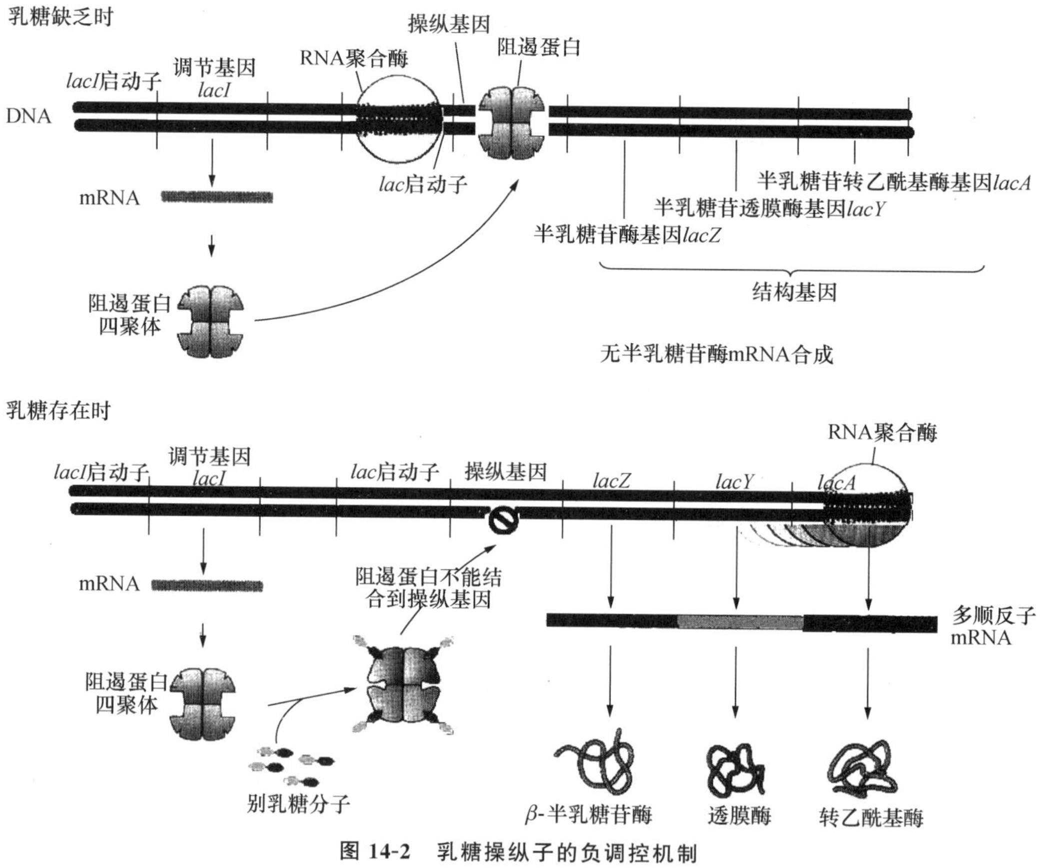

图 14-2　乳糖操纵子的负调控机制

(引自贺竹梅,2017)

3. 乳糖操纵子的正调控

有一个问题 Jacob 和 Monod 当时没能做出解释。当大肠杆菌生长在同时含有葡萄糖和乳糖的介质中时,诱导物乳糖的出现为什么没有启动结构基因的转录。多年以后的实验证实,乳糖操纵子中基因转录的起始,除了抑制物释放,还需起正调控作用的蛋白质帮助 RNA 聚合酶启动,否则,RNA 聚合酶就不能有效地打开 DNA 双链,而葡萄糖的出现间接地阻碍了蛋白质的正调控。葡萄糖可使腺苷酸环化酶活性降低,而腺苷酸环化酶能将 ATP 转化为 cAMP,cAMP 又与 cAMP 激活蛋白(catabolite activating protein,CAP)结合形成 cAMP-CAP 复合物作为乳糖操纵子正调控因子。当 cAMP-CAP 复合物二聚体插入乳糖操纵子特异序列时，使 DNA 构型发生变化，RNA 聚合酶与该新构型的 DNA 结合紧密，转录效率高；反之，在有葡萄糖存在时，ATP 无法转变成 cAMP，不能形成 cAMP-CAP 复合蛋白，这样 RNA 酶就无法结合在 DNA 上，基因不表达（图 14-3）。

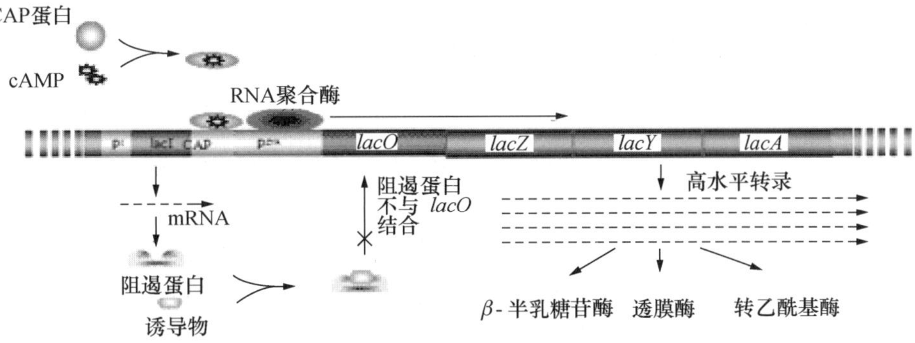

图 14-3 乳糖操纵子的正调控

（仿自 Klug 和 Cummings，2000）

细菌的乳糖操纵基因既受阻遏蛋白的负调控，又受 CAP 蛋白的正调控，其意义在于：*lacP* 是弱启动子，乳糖的存在使 *lac* 操纵基因转录开放，但细菌不能利用葡萄糖，必须同时有 CAP 来加强转录活性，使细菌优先利用环境中的葡萄糖，在无葡萄糖而只有乳糖时，细菌才去充分利用乳糖。

综上所述，乳糖操纵基因的调节作用可以归纳如下：在正常情况下，无诱导物时，转录作用被调节基因 *lacI* 产生的阻遏蛋白所阻断；加入诱导物后，能与阻遏蛋白形成复合物使其失活而从操纵基因 *lacO* 上解离出来，基因开放，转录出 3 个 mRNA，翻译出三种相关的酶。cAMP-CAP 复合物与 CAP 位点的结合创造了一个 RNA 聚合酶与启动子结合的条件，促进基因的表达和转录的起始。cAMP-CAP 是一个正调节因子，它与作为负调节因子的阻遏蛋白表现出相反的调节作用，CAP 可以使乳糖操纵子的转录功能提高 50 倍。乳糖操纵子两种调控方式的比较如下（表 14-1）。

表 14-1 乳糖操纵子正负调控方式的比较

操纵子	正调控方式	负调控方式
主要作用因子	CAP-cAMP	阻遏蛋白
对转录作用	促进	抑制
作用位点	启动子	操纵基因
消除作用的因子	葡萄糖	乳糖

14.1.1.2 色氨酸操纵子

色氨酸操纵子控制的是合成代谢，最终的产物是色氨酸。当培养基中有足够的色氨酸时，色氨酸阻遏蛋白和色氨酸结合成为有活性的阻遏物，结合到操纵基因上，基因表达关闭，阻遏转录，停止合成色氨酸；缺乏色氨酸时，操纵基因被打开，合成色氨酸。

1. 色氨酸操纵子的基本组成

在大肠杆菌中，色氨酸操纵子（*tryptophan* operon）由 5 个结构基因 *trpE*、*trpD*、*trpC*、*trpB* 和 *trpA* 组成一个多顺反子的基因簇（图 14-4）和基因上游的几个 DNA 元件序列构成。其中 *trpE* 和 *trpD* 分别编码邻氨基苯甲酸合成酶的两个亚基，*trpC* 编码吲哚-3-甘油磷酸合成酶，*trpB* 和 *trpA* 分别编码色氨酸合成酶的两个亚基。结构基因上游为启动子 *trpP* 和操纵基因 *trpO*、前导序列（*trpL*）和衰减子（attenuator）区域。调控基因 *trpR* 的位置远离色氨酸操纵子区，在其自身启动子作用下，以组成性方式水平表达无辅基阻遏物。启动子位点与 RNA 聚合酶结合，操纵基因位点与阻遏物结合。

2. 色氨酸操纵子的阻遏调控

trpR 基因编码一种无辅基阻遏蛋白（aporepressor），单独的无辅基阻遏物不能与操纵基因结合，只有形成无辅基阻遏物-色氨酸复合物后，才能与操纵基因结合，色氨酸称为辅阻遏物（corepressor）。当细胞中的色氨酸不足时，无辅基阻遏物的三维空间结构发生改变，不能与操纵基因结合，操纵子进行转录，合成色氨酸；当细胞中的色氨酸浓度较高时，有些色氨酸分子可与无辅基阻遏物结合，使其空间构型发生变化而成为有活性的阻遏物，结合在操纵基因区域，阻止操纵子转录（图 14-4）。

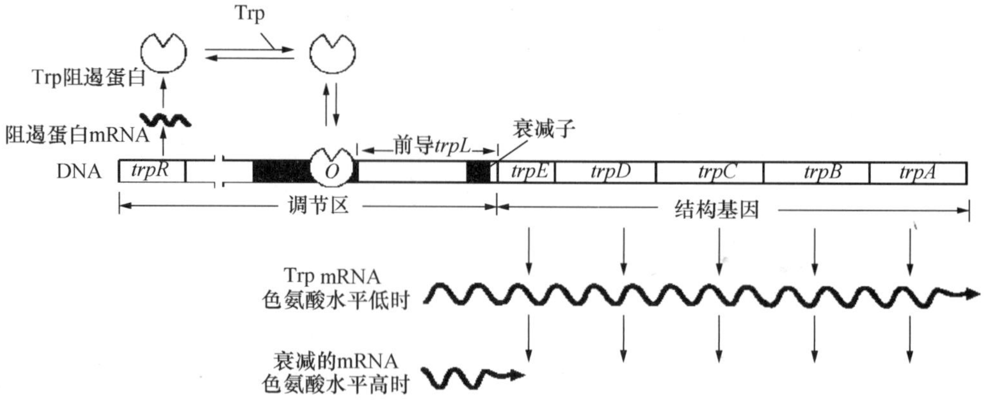

图 14-4 色氨酸操纵子的结构模式图及其阻遏调控机制

(仿自 Hartwell,2000)

阻遏-操纵机制对色氨酸来说是一个一级开关,主管转录是否启动,相当于粗调开关。色氨酸操纵子中对应色氨酸生物合成的还有另一个系统进行细微调控,这个细微调控是通过第一个结构基因过早终止转录实现的,由色氨酸的浓度来调节这种过早终止的频率。

1981 年,Yanofsky 等在研究大肠杆菌的色氨酸操纵子时发现,在有色氨酸存在而色氨酸操纵子受抑制时,在 *trpE* 的起始密码子前面 5′端有一个长 162 bp 的前导序列仍可转录。这说明有活性的阻遏物与操纵基因结合并不足以抑制转录的起始,其中必然还有另一种抑制色氨酸转录的机制。在高浓度色氨酸存在时,转录的前导序列 mRNA 只含有 140 个核苷酸,其中有一段 28 bp 的弱化子区域,它在转录后可迅速形成发夹结构。在发夹环的后面是一段多聚 U(poly-U)序列,类似许多原核生物 mRNA 3′末端的终止子序列。此终止位点称为衰减子(attenuator),它位于操纵基因的前导区内。

那么 RNA 聚合酶又是怎样在无色氨酸时通过弱化子区域而完成转录任务的呢?在这里,前导肽中的色氨酸密码子起决定性的作用,前导肽序列编码有 14 个氨基酸,其中含有 2 个连续的色氨酸残基。原核生物中转录和翻译是偶联的,一旦 RNA 聚合酶转录出色氨酸 mRNA 中的前导肽编码区,核糖体便立即结合上去翻译这一序列。当细胞中存在色氨酸时,就有一定浓度的色氨酰-tRNA,核糖体便能顺利通过 2 个连续的色氨酸密码子而翻译出整个前导肽,直到前导肽终止密码子 UGA 处停止。此时,核糖体占据了 1 区和 2 区(UGA 位于 1 区和 2 区之间),其结果是 3 区和 4 区配对,形成转录终止子结构,于是转录在弱化子处终止。在翻译过程中,当色氨酸不足时,带有色氨酸的 tRNA-trp 数目有限,核糖体就在 2 个色氨酸密码子处(1 区)停顿,这时核糖体只占据 1 区,前面由 RNA 聚合酶转录所产生的 2 区和 3 区便可配对,而 4 区以单链形式存在,不能形成发夹状终止结构,RNA 聚合酶就可以越过弱化子转录至结构基因区,得到完整的 mRNA 分子(图 14-5)。

14.1.2 翻译水平的调控

原核生物基因表达调控主要发生在转录水平上,它可以经济有效地从基因表达的第一步进行控制。但转录生成 mRNA 以后,可以在翻译或翻译后水平进行“微调”,对转录调控进行补充。

1974 年,Shine 与 Dalgarno 观察到,在细菌核糖体中,其 16S 小亚基 rRNA 3′端在序列上与 mRNA 上的核糖体结合位点的启动子序列是互补的。作为 mRNA 在核糖体上的结合位点,这个区域发生突变,将大大降低 mRNA 的翻译效率。核糖体蛋白就是在翻译水平上利用翻译产生的蛋白质与自己的 mRNA 5′端非翻译区结合,从而抑制自身的翻译(图 14-6)。

原核生物中的 mRNA 也会受到反义 RNA(antisense RNA)调控。反义 RNA 与目的基因的 5′端非翻译区互补配对,配对区域也包括启动子区域,使 mRNA 不能与核糖体结合,从而抑制蛋白质合成。目前反义 RNA 基因已被导入真核细胞,控制真核生物基因表达。由于其作用与反义 RNA 的数量有关,并不能起到完全抑制的作用,所以过量的反义 RNA 能有效阻止靶序列的翻译。实际上,反义 RNA 不需要和 mRNA 等长,只要与靶 mRNA 的一小部分结合即可,一般只要<100 bp 的靶 RNA 5′区域的反义 RNA 就可以有效地抑制其翻译。

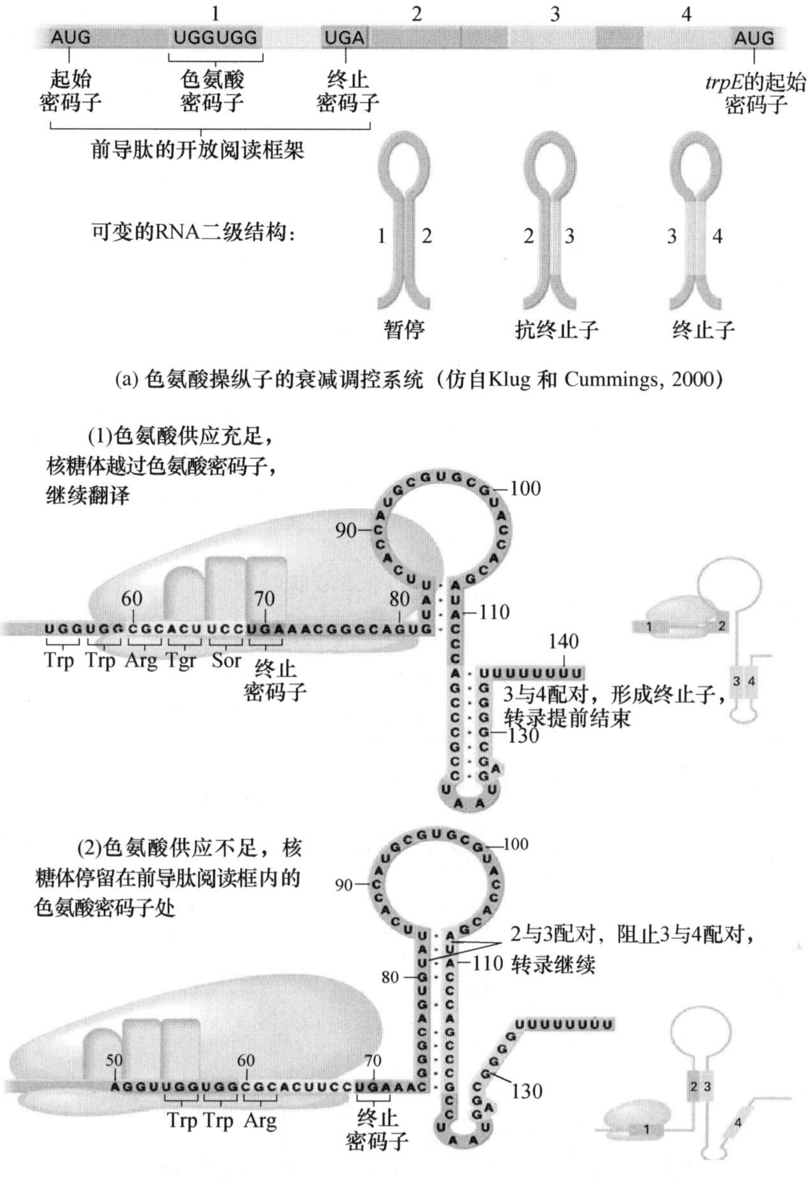

(a) 色氨酸操纵子的衰减调控系统（仿自Klug 和 Cummings, 2000）

(b) 色氨酸操纵子的衰减调控系统（仿自刘庆昌等，2015）

图 14-5　色氨酸操纵子的衰减调控系统

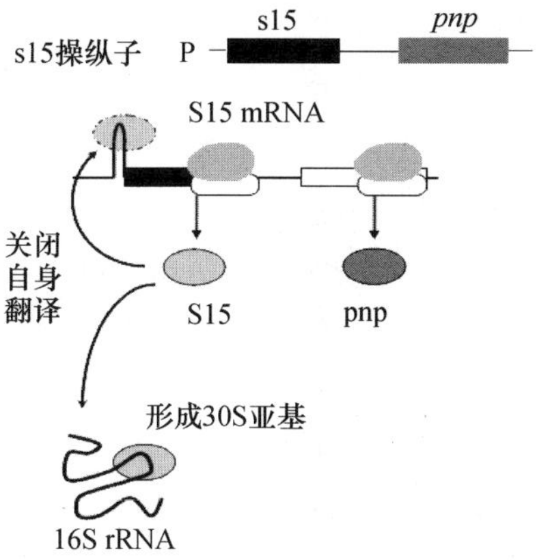

图 14-6　核糖体蛋白的自我调控

14.2　真核生物基因表达调控

与原核生物相比，真核生物基因表达调控更为复杂。其原因有三：首先，真核生物基因总数多，基因内和基因间存在非编码序列，且 DNA 与蛋白质等物质复杂；其次，真核细胞的染色体在细胞核膜内，转录和翻译分别发生在细胞核和细胞质中，转录产物要经过复杂的加工和转运过程；最后，真核生物个体生长发育及相应的细胞分化过程复杂。因此，真核生物形成了更多层次的调控系统，但多数基因的表达调控仍发生在转录水平。

14.2.1 染色体和染色质水平的调控

14.2.1.1 异染色质化和染色质活化

当染色质处于高度螺旋的异染色质化状态下时，参与基因表达的蛋白质因子无法接近或结合，基因的转录活性显著降低。因此，真核生物可以通过改变整个染色体或染色体部分区域的异染色质化程度而控制基因的转录。哺乳动物中，细胞质某些调节物质能使两条 X 染色体中的一条染色体异质化，只有一条 X 染色体具有活性。人类女性的细胞核中有一团高度凝聚的染色质，这就是失活的染色体，而在正常男性的细胞核中则没有。带有多条 X 染色体的个体，只有一条 X 染色体是有活性的。有个极端的例子是，粉蚧科的一种介壳虫有两类个体，一类个体的细胞全部 10 条染色体都没有异染色质化，因而功能全部正常，个体表现为雌性；另一类个体的细胞有半数染色体高度异质化，没有功能，个体表现为雄性。

与异染色质化相反的是染色质的活化。在不同细胞中，大多数染色质对 DNA 酶 Ⅰ 有一定抗性，但在转录活化的区域，则容易被 DNA 酶 Ⅰ 所降解。染色质敏感的区域表现出细胞和组织特异性，有些特异位点用极低浓度的 DNA 酶 Ⅰ 处理时 DNA 极易断裂，这些位点称为高敏感位点（hypersensitive site）。高敏感位点与有关基因的组织和细胞表达特异性有关，非活性的基因没有敏感位点。

14.2.1.2 组蛋白和非组蛋白的作用

组蛋白对真核基因表达本质上起抑制作用。组蛋白可以被修饰，修饰作用包括甲基化、乙酰化，其中主要的方式是赖氨酸残基上的氨基乙酰化，修饰可以改变它们与 DNA 的结合能力。若被组蛋白覆盖的基因要表达，组蛋白必须被修饰，使其与 DNA 的结合由紧变松，DNA 才能和 RNA 聚合酶或调节蛋白作用，从而开启转录。

染色质重建实验证据表明，非组蛋白在一定条件下具有诱导基因表达的作用。有科学家将兔骨髓细胞和胸腺细胞的染色质分别分离成各自的非组蛋白、组蛋白和 DNA。将以上两种细胞来源的 DNA 与组蛋白混合到一起后再分为两组，一组加入来自骨髓的非组蛋白，另一组加入来自胸腺的非组蛋白，得到两组重建的染色质。其结果是，前一组重建染色质能够合成骨髓细胞 RNA，后一组的重建染色质能够合成胸腺细胞 RNA。这说明，特定组织的非组蛋白能够特异地诱导本组织的结构基因转录。

14.2.2 DNA 水平的调控

DNA 甲基化（DNA methylation）对基因表达转录主要起抑制作用。在真核生物中，DNA 甲基化发生在胞嘧啶第 5 位碳原子上。在刚刚完成复制的 DNA 分子中，只有母链是甲基化的，新生 DNA 子链的甲基化在母链指导下进行。用限制酶分析结果表明，在不转录的 DNA 中 GC 顺序有 70%以上是甲基化的；而转录活性高的 DNA 中 GC 顺序只有 20%～30%是甲基化的。甲基化对转录活性的抑制作用有不同方式，有甲基化对转录激活因子直接的排斥作用，也有甲基化结合蛋白所介导的对基因表达的抑制作用。

细胞中有些基因的需要量比其他基因大很多。细胞通过 DNA 扩增满足这种需求。例如，在两栖动物蟾蜍的卵母细胞发育中需要大量合成蛋白质，需要大量构成核糖体的 rRNA。基因组中的 rRNA 基因数目远远不能满足卵母细胞合成核糖体的需要。于是，rRNA 基因通过串联重复单位的滚环式复制扩增基因 4 000 倍，使卵母细胞形成 10^{12} 个核糖体，用以满足胚胎发育早期蛋白质合成的需要。

14.2.3 转录水平的调控

真核生物每个基因都有其自身的基本启动子和调节元件来进行单独转录。真核生物的调节元件种类繁多，可以分成两大类：一类是顺式作用元件（*cis*-acting element），指位于一个 DNA 分子（染色体）上的只影响所在染色体上相关基因转录的一些 DNA 元件；另一类是可以结合于细胞内多个靶位，影响不同染色体上基因转录的反式作用因子（*trans*-acting element）。反式作用因子的化学属性是蛋白质类物质。

真核生物的顺式作用元件主要包括启动子、增强子等。反式作用因子依据靶位的特点可以分为 3 类：①在细胞中普遍存在的通用反式作用因子；②在特殊组织细胞中存在的组织细胞特异性反式作用因子；③在特殊环境诱导时产生的与反应元件（response element）结合的反式作用因子。真核生物的转录过程以正调节为主。

14.2.3.1 顺式作用元件

1. *启动子*

同原核生物一样，真核生物基因启动子是转录因子和 RNA 聚合酶的识别、结合并开始转录的位点，位于受其调控基因上游的某一固定位置。多数真核生物的启动子含有几个 DNA 元件，包括：TATA 盒（TATA box），位于起始点上游 20～30 bp 处，是 RNA 聚合酶Ⅱ识别并结合的位点；CAAT 盒（CAAT box），位于上游 70～80 bp 处；几个 GC 盒（GC box），位于上游 110 bp 处。其中，CAAT 盒没有方向性，对转录起始有重要作用；GC 盒起增强子作用。原核生物启动子通常只有 2 个 DNA 元件，其所处的位置也更靠近转录起始点（图 14-7）。

真核生物 DNA 只有在染色质结构发生改变或“松散”之后，RNA 聚合酶才能与启动子结合。真核生物启动子还必须先有一组转录因子与其结合装配成复合体之后，RNA 聚合酶才能结合上去，起始转录。原核生物的转录起始比较简单，RNA 聚合酶在 σ 因子的参与下可直接与启动子序列发生作用。

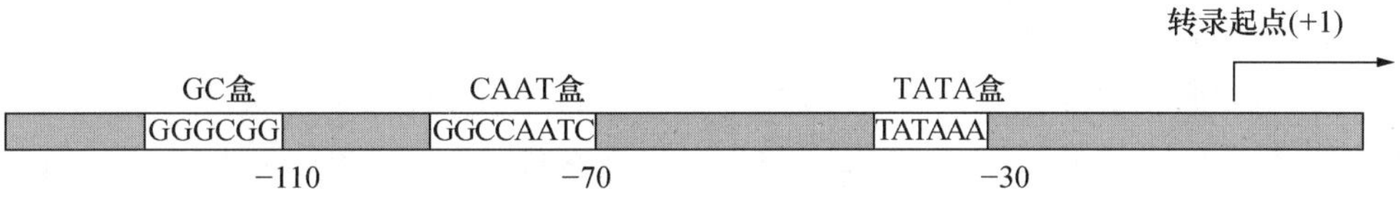

图 14-7　真核生物 5′端启动子顺式作用元件

2. *增强子*

转录增强子（transcriptional enhancer）是真核生物基因转录中的另一种顺式作用元件，通常位于启动子上游 700～1 000 bp 处，离转录起始点较远。增强子可以提高转录效率，其在基因中的位置不定，可以位于基因的上游、下游或基因序列内。增强子的作用没有方向性，可以转移到基因组的其他基因附近，加强该基因的转录。增强子与启动子不同，启动子是转录起始和达到基础水平所必需的，增强子则可以使转录达到最高水平。增强子的主要作用有两个：一是与转录激活子（蛋白）结合，改变染色质的构型；二是使 DNA 弯曲成环状结构，使增强子与启动子直接接触，促进转录因子、转录激活因子、RNA 聚合酶一起形成转录复合体，从而提高 mRNA 合成效率。

14.2.3.2 反式作用因子

反式作用因子包括各种激活转录的蛋白质。这些蛋白质的结构至少要包含两个结构域，一个用来结合 DNA，称为 DNA 结合结构域（DNA-binding domain）；另一个用来激活转录，称为转录激活结构域（transcription activating domain）。有研究显示，反式作用因子与 DNA 结合区域有特定的三维构型。例如，螺旋-转角-螺旋结构（helix-turn-helix，HTH），3 个圆柱体代表 3 个螺旋，线表示非螺旋区域，将 3 个螺旋区域连接起来，其中螺旋 3 识别 DNA 并与其大沟结合，螺旋 1 和 2 与 DNA 骨架结合（图 14-8）。

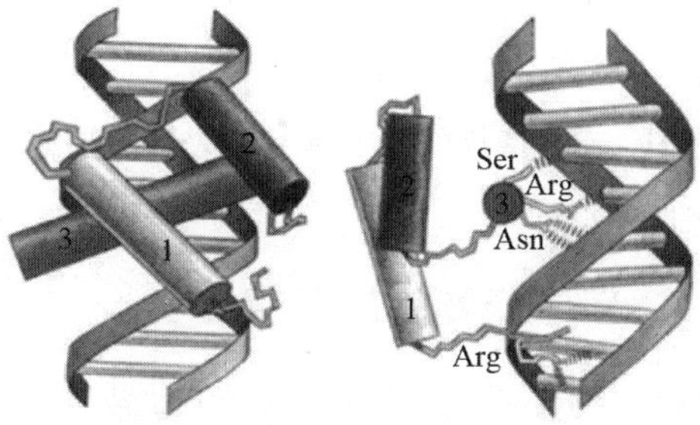

图 14-8　螺旋-转角-螺旋结构与双链 DNA 结合

（引自 Klug 和 Cummings，2000）

锌指（zinc finger）结构是一小组保守的氨基酸和锌离子结合在蛋白质中形成的独立功能域，像一根根手指伸向 DNA 的大沟，与之结合并环绕 DNA（图 14-9）。转录因子 TFⅢA（RNA 聚合酶Ⅲ转录 5S RNA 基因时所需）的锌指结构有 9 个“指”组成串联重复。转录因子 SPI 有 3 个“指”。

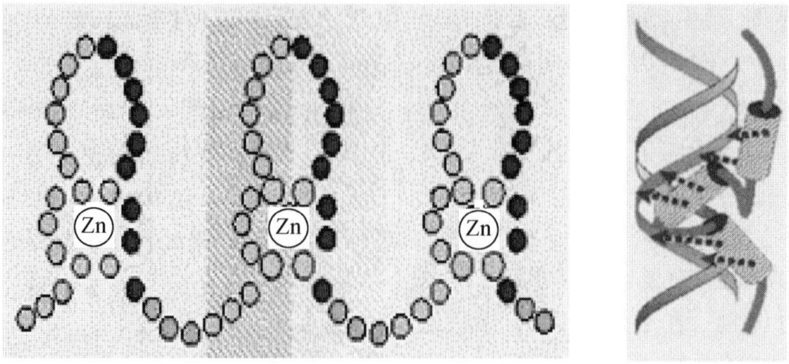

(a) (b)

图 14-9 锌指结构(a)及其与双链 DNA 的结合(b)

(引自 Klug 和 Cumming,2000)

亮氨酸拉链(leucine zipper)是一种富含亮氨酸的蛋白链与疏水键结合形成的二聚体,该二聚体的侧翼富含碱性氨基酸残基,借其正电荷与 DNA 双螺旋链上带负电荷的磷酸基团结合(图 14-10)。很多增强子结合蛋白都含有亮氨酸拉链结构。

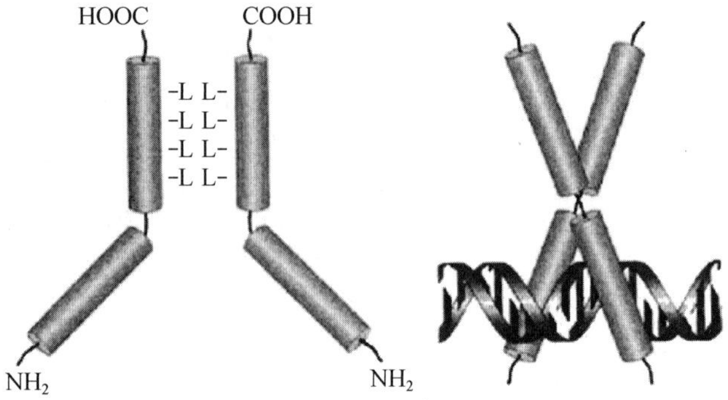

(a) (b)

图 14-10 亮氨酸拉链(a)及其与双链 DNA 的结合(b)

(引自王亚馥等,2016)

14.2.4 转录产物的加工调控

真核生物编码蛋白质的基因经过转录产生的初始转录物加工后,才能产生成熟的 mRNA。mRNA 前体的加工包括 5′端加帽,3′端加尾,剪接和编辑等。其中,由于剪接和编辑方式的差异,由一个基因的转录物产生不同的成熟 mRNA,翻译出与基因编码有所不同的蛋白质。

14.2.4.1 可变剪接

大部分断裂基因转录成一种 RNA,剪接后这种 RNA 产生单一类型的 mRNA,在这些情况下,参与的外显子与内含子没有变化,但是有些基因的 RNA 能进行可变剪接(alternative splicing),即一种基因能产生多种 mRNA。可变剪接主要有 5 种方式:①外显子跳跃,即剪接反应中跳过一个或几个外显子,从而导致成熟的 mRNA 上缺失相应的外显子;②内含子保留,即一个或几个内含子被保留下来而出现在成熟的 mRNA 之中;③可变的 3′端剪接位点的使用,即 3′端剪接位点有多个,使用不同的剪接位点产生不同的剪接产物;④可变的 5′端剪接位点的使用,即 5′端剪接位点有多个,使用不同的剪接位点产生不同的剪接产物;⑤互斥外显子,即 2 个外显子互为互斥外显子,在转录成熟过程中只有 1 个能保留在 mRNA 中。可变剪接是高等真核生物蛋白质多样性产生的重要来源。据估计,人类基因组中的基因至少有一半经历选择性剪接,平均每个基因有 3~4 个剪接变体。

选择性剪接可能是组成型的,即一种 mRNA 的不同剪接方式发生在所有的组织细胞内;也可能是受到调控的,即某种剪接方式的发生是有条件的,其具有组织特异性、发育阶段的特异性或生理状态的特异性。

14.2.4.2 RNA 编辑

RNA 编辑(RNA editing)是在 RNA 分子上出现的一种修饰现象,主要指 mRNA 在转录后因插入、缺失或核苷酸的替换,改变了 DNA 模板来源的遗传信息,从而翻译出氨基酸序列不同的多种蛋白质。编辑的结果不仅扩大了遗传信息,也可能是生物适应的一种保护措施。RNA 编辑的机制如下。

1. 核苷酸的替换

C→U 替换:最典型的例子是载脂蛋白 B 的 RNA 的编辑。肠型载脂蛋白 B(Apo-B)由于第 26 个外显子中第 6 666~6 668 核苷酸,由肝脏型 Apo-B100 的 CAA 转变为 TAA 的终止子,即发生 C→U

的替换，产生编码 Apo-B48 的 mRNA。

A→I 替换：在 β-珠蛋白、成纤维细胞生长因子基因中都有因 A→I 而使互补链的 U 被 RNA 酶 A 水解的例子。

2. 开放阅读框的改变

开放阅读框(open reading frame，ORF)的改变主要是核苷酸的插入或缺失造成的。G 或 C 的插入往往因为模板上连续几个 C 或 G 之后，互补链因一种滑动力而被添加到 RNA 中。

3. 向导 RNA 的校正

向导 RNA(guide RNA，gRNA)是一种引导 RNA 编辑的 RNA 分子，长度是 60～80 个核苷酸，具有 3′端寡聚 U 的尾巴，中间有一段与被编辑 mRNA 精确互补的序列，5′端是一个锚定序列，它同非编辑的 mRNA 序列互补。在编辑时，向导 RNA 形成一个编辑体(editosome)，以 gRNA 内部的序列作为模板进行转录物的校正，同时产生编辑的 mRNA。

14.2.5 翻译水平的调控

14.2.5.1 5′UTR 结构与翻译起始的调控

5′ 端非翻译区(5′-untranslated region，5′UTR)加帽修饰的特殊二级结构对翻译过程有重要影响。在鸟苷酸转移酶的催化下，几乎所有的真核生物和病毒 mRNA 的 5′端都具有以 5′-5′磷酸二酯键相连的帽子结构，它不仅能保护 mRNA 免遭 5′外切酶的降解和为 mRNA 的核输出提供转运信号，而且能提高翻译效率，提高翻译模板的稳定性。大量实验证实，翻译起始的调节是蛋白质合成水平控制基因表达的主要环节。对于通过滑动搜索起始的转录过程来说，mRNA 的翻译活性依赖于 5′端的帽子结构。

14.2.5.2 3′UTR 结构与 mRNA 稳定性调控

3′端非翻译区(3′-untranslated region，3′UTR)包括从终止密码子到 3′末端之间的区域，长度通常在 1 000 nt 左右，它含有在 mRNA 3′端添加多腺苷酸的信号，这个序列在 mRNA 转运、稳定性和翻译调节中起重要作用。

mRNA 分子在细胞内存在的时间越长，作为模板起始翻译过程的机会就越多，因此，mRNA 分子的寿命及其稳定性会影响到转录产物的数量。控制 mRNA 的稳定性，可能是聚腺苷酸尾最主要的功能。多腺苷酸结合蛋白(PABP)与 poly(A)的结合可以抑制核酸酶的攻击，对于某些种类的 mRNA 分子来说，去除腺苷酸尾将导致核酸的降解，当 mRNA 被转运至细胞质后，在外切酶的作用下，聚腺苷酸尾会不断缩短，当剩余的长度少于 30 个腺苷酸残基而不足以同 PABP 结合时，mRNA 开始迅速降解，这样细胞可以通过控制消减的速度调节 mRNA 的寿命。

除影响稳定性之外，聚腺苷酸尾还调节 mRNA 的翻译效率。带有 poly(A)的 mRNA 比脱尾的相应 mRNA 的翻译效率要高得多，影响程度与聚腺苷酸尾的长度成正相关。

转铁蛋白 mRNA 的 3′UTR 中存在称为铁应答元件(iron-response element，IRE)的序列，介导 mRNA 对铁离子强度变化的反应。这段序列形成颈环结构，它与蛋白质的结合受铁浓度的调节。当细胞内缺乏铁时，铁离子调节因子(IRF)与 IRE 紧密结合，从而抑制了核酸内切酶的攻击；当铁浓度升高后，IRF 与 IRE 分离，转而与铁离子结合。失去 IRF 的 mRNA 很快便被内切酶降解为小片段(图 14-11)。

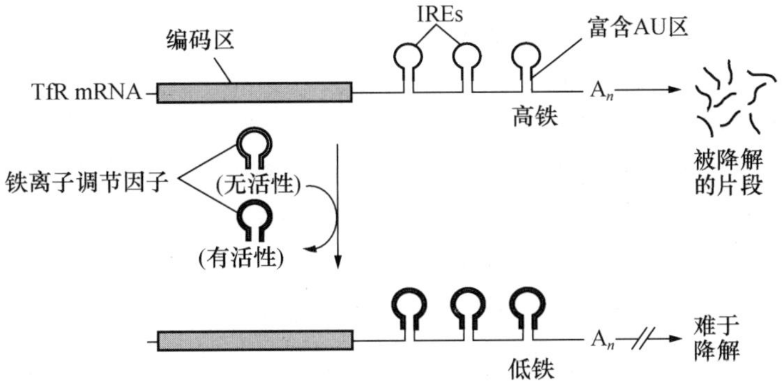

图 14-11 细胞内铁浓度变化与铁蛋白或转铁蛋白受体在翻译水平上表达调控的关系

(仿自 Klug 和 Cummings，2000)

14.3 基因表达调控的应用

14.3.1 特异性启动子的应用

启动子是指 RNA 聚合酶及一些反式作用因子识别并与之结合，从而正确有效地起始转录的一段特异性的 DNA 序列。能够对特异条件产生响应的启动子称为特异性启动子(specific promoter)。选择特异性启动子构建植物表达载体，用以调控外源基因在植物体内定时、定位、定量表达，是实现基因表达三维调控的重要策略，并已经应用于植物品质改良基因工程、抗性基因工程及植物生物反应器等领域。

14.3.1.1 特异性启动子用于植物品质改良基因工程

植物的品质改良是目前植物转基因技术的研究热点。利用特异性启动子进行植物品质改良的研究始于 20 世纪 90 年代，虽然起步晚，但已取得了一些可喜的成绩。

Lucca 等利用 *Gt*1 启动子将曲霉属 *Aspergillus fumigantus* 的植酸酶基因及菜豆的铁蛋白基因、富含半胱氨酸的金属硫蛋白基因导入水稻，从而获得了 3 种基因均在水稻胚乳中特异性表达的转基因水稻，显著提高了水稻对铁的吸收效率，增加了含铁量。Goto 等用水稻种子谷蛋白启动子(*GluB*-1)将大豆铁蛋白基因全序列导入水稻中，实现大豆铁蛋白基因在水稻种子胚乳中特异而稳定地表达，所获得的转基因富铁水稻种子胚乳铁含量最高可以比未转基因的对照高 3 倍。瑞士植物研究所 Ye 等利用水稻成熟种子特异性表达的谷蛋白基因启动子将维生素 A 原(β-胡萝卜素)合成途径的 3 个关键酶基因同时导入水稻，获得了胚乳呈黄色的“金色水稻”，首次实现了通过植物基因工程使水稻种子产生本不存在的类胡萝卜素，为作物营养品质改良提供了一个良好的范例。Momma 等将大豆球蛋白基因(*AlaBlb*)与水稻谷蛋白基因(*Gt*1)启动子构建嵌合基因导入水稻中，结果转基因水稻种子中蛋白质和几乎所有的氨基酸含量均高于非转基因植株，而其他性状如稻米的外形、矿物质含量则没有改变。Zheng 等利用 *Gt*1 基因启动子将菜豆球蛋白(β-phaseolin)基因特异表达于水稻种子的内胚乳中，也获得了高蛋白质含量的水稻种子。

14.3.1.2 特异性启动子用于抗性基因工程

1993 年，Koziel 等将 *Bt* 基因与只能在绿色组织中表达的玉米 PEP 羧化酶启动子连接，用基因枪法转化，获得了高水平表达的抗虫玉米，而且能够稳定遗传。高世庆等将 *rd*29*A* 启动子驱动 *DREB*1*A* 基因在小麦中特异性表达，获得了耐旱和耐寒的转基因小麦植株。

14.3.1.3 特异性启动子用于转基因植物生物反应器

植物生物反应器是指以转基因植物为“化学工厂”，通过大规模种植生产具有重要功能的蛋白质(如药用蛋白)、抗体、疫苗、工业用酶、生物可降解塑料及其他一些次生代谢产物等。在植物生物反应器中，最受人们关注的是生产各种转基因植物疫苗。Tackaberry 等利用水稻种子特异性表达的启动子 GT_3 驱动巨细胞病毒(human cytomegalo virus，HCMV)疫苗糖蛋白 B 基因(*glycoprotein B*，gB)在烟草种子中特异性表达，转基因烟草产生的 gB 与细胞感染 HCMV 产生的 gB 性质相似。Sandhu 等通过对番茄果实特异性启动子 *E*8 的控制，将呼吸道合胞病毒 F 抗原基因(*RSV-F*)表达于番茄，鼠吃了转基因番茄后产生了免疫反应，在其血浆和黏膜中检测出 *RSV-F*。基因表达调控与免疫学的有效结合使得转基因植物口服疫苗有望在不久的将来问世。

除了上述研究之外，特异性启动子还用于植物的分化发育研究等。近年来，随着实验测定和计算机预测方法的有效结合，大量的特异性启动子已被克隆和功能分析，并在植物基因工程中发挥愈来愈重要的作用。

14.3.2 植物离体组织的特定器官培养

植物的离体器官发生是指离体的组织或细胞在组织培养的条件下经脱分化、再分化，形成不定芽、根和花芽等器官的过程。这个过程必须启动和重新恢复细胞的分裂活动。Gorst 等证实 *cdc*2、*cdc*28 是调节细胞分裂周期的基因，它们广泛存在于真核生物如拟南芥、燕麦、小麦、胡萝卜等植物中。在胡萝卜子叶培养中发现在不含 2,4-D 的培养基上，子叶细胞中P_{34}^{cdc2}类蛋白含量较低且稳定，将子叶转入含2,4-D的培养基上启动细胞分裂和脱分化形成愈伤组织时，该蛋白含量随之升高，而在已分化的细胞中其含量又降低，说明2,4-D可能通过调节P_{34}^{cdc2}蛋白合成在脱分化中起作用。在烟草原生质体培养中，发现了生长素诱导产生的两个特异蛋白，这两个基因可能参与调节细胞分裂的起始过程。从大豆胚轴中分离的*PGH* 1～4克隆和*SAuRs*，这些基因的转录受生长素特异性诱导，其表达产物与细胞伸长有关。

植物器官发生是一个较为复杂的过程，有许多基因参与。虽然在一些植物上已发现了一些与器官发生有关的基因和蛋白，但所获得的信息很少，仅仅涉及复杂过程中的一些小的方面，还不足以对器官发生的控制机制做出解释，而且对获得的基因的调控表达、蛋白的功能等诸多方面的问题还有待研究。

内容提要与思维导图

生物的不同发育阶段、不同器官组织都有不同的基因在表达，外界环境也会影响特定基因的表达。这种选择性表达是细胞受内外因素调节控制的结果。生物基因表达的调控大体上可以分为在复制、转录和翻译三个层次上进行。无论原核生物还是真核生物，转录水平的调控都是主要的调控方式。

原核生物基因转录调控的结构单位是操纵子。操纵子由相关的结构基因和控制这些基因表达的DNA元件（一段DNA序列）构成。具体控制类型有：乳糖操纵子正负调控、色氨酸操纵子阻遏和衰减子调控等。乳糖操纵子通过诱导物阻止阻遏蛋白与操纵基因结合，3个乳糖代谢相关基因*lacZ*、*lacY*、*lacA*同时转录，表达产生3种酶，即β-半乳糖苷酶、β-半乳糖苷透膜酶和β-半乳糖苷转乙酰基酶。色氨酸操纵子则通过辅抑制物色氨酸活化阻遏蛋白，使阻遏蛋白与操纵基因结合阻止与编码色氨酸合成有关的几个酶基因的转录表达。原核生物翻译水平的调控包括反义RNA、蛋白质合成的自体调控、mRNA本身二级结构、mRNA寿命等调控形式。

真核生物具有更多层次的基因表达调控系统，可以细化为染色体水平、DNA水平、转录水平、RNA加工水平、翻译水平调控等。

真核生物每个基因都有其自身的基本启动子和调节元件进行单独转录。真核生物的转录调节元件种类繁多，可以分成两大类：一类是顺式作用元件，指位于一个DNA分子上的只影响所在染色体上相关基因转录的一些DNA元件，如启动子、增强子、终止子等；另一类是可以结合于细胞内多个靶位，影响不同染色体上基因转录的反式作用因子，包括各种转录因子、转录激活子。反式作用因子的化学属性是蛋白质类物质。真核生物转录起始一般要通过几个蛋白质与DNA元件的相互作用实现。真核生物的转录过程以正调节为主。

真核生物编码蛋白质的基因经过转录产生的初始转录物需经过加工后才产生成熟的mRNA。经过RNA可变剪接和RNA编辑等转录后的加工过程，可以导致由一个基因的转录物产生不同的成熟mRNA，翻译出与基因编码有所不同的蛋白质。在翻译水平的调节中，5′端非翻译区（5′UTR）加帽修饰的二级结构对翻译过程有重要影响。3′端非翻译区（3′UTR）序列在mRNA转运、稳定性和翻译调节中起重要作用。

基于对各种基因启动子结构和功能的认识，可以选择特异性启动子构建植物表达载体，调控外源基因在植物体内定时、定位、定量表达。这是实现基因表达三维调控的重要策略，并已经应用于植物品质改良基因工程、抗性基因工程及植物生物反应器的应用等领域。

二维码14-1 本章思维导图

复习思考题

1. 解释下列名词：顺式作用元件 反式作用因子 操纵子 启动子 增强子 终止子 正调控 负调控 内含子 外显子 诱导物 阻遏物 转录因子 反义RNA

2. 操纵基因结构对结构基因的调节有何生物学意义？

3. 请以乳糖操纵子为例，说明操纵子的正调控和负调控。

4. 假设 R 基因编码的蛋白质是 S 基因转录的负调控子。问:(1)在 R 突变体中 S 基因是否转录?(2)如果 R 基因产物是 S 基因转录的正调控子,结果又有何不同?

5. 为什么说真核生物基因的表达调控机理比原核生物要复杂得多?

6. 真核生物的表达调控分哪几个层次?为什么说基因表达调控主要发生在转录水平上?

7. 简单描述几种 DNA 水平上的调控方式。

8. 真核生物细胞有哪些顺式调控元件?有哪些反式调控元件?

9. RNA 编辑有哪几种方式?

10. 研究基因的表达调控原理有何理论价值和实际意义?

第15章

遗传与发育

◈内容提示

细胞质、细胞核在细胞生长和分化中的作用;基因对个体发育控制的阶段性;同形异位现象和同形异位基因;细胞的全能性。

◈教学目标

了解细胞质和细胞核在个体发育中的作用,环境对个体发育的影响,高等生物细胞全能性的应用;理解并掌握基因对个体发育的控制,同形异位现象和同形异位基因。

所有生物的遗传性状受基因控制并在个体发育过程中逐渐形成。生物体在整个生命周期都处于动态发育中。发育(development)指生命现象的发展、生物有机体的自我构建和自我组织。高等生物的受精卵经一系列细胞分裂和分化,生长发育成新的个体,这个过程称为个体发育。生物体的遗传信息按照特定的时间和空间表达,在与环境条件相互作用下,形成个体相应的性状;在发育过程中,生物个体的各种性状得以逐渐表现,表现出物种的遗传属性。个体发育有两个特点。一是基因作用,形成个体的各种性状:个体发育的方向和模式,由亲本细胞核基因或细胞质基因决定,在基因型和环境共同作用下,形成个体的各种性状。二是细胞分化,形成不同的组织和器官:合子分裂到一定阶段,细胞开始分化,产生具有不同形态和生理功能的组织和器官。

个体发育过程中产生的众多细胞均来自同一受精卵的有丝分裂,因而含有相同的遗传物质或基因。既然遗传物质相同,生物体细胞表现出的性状为什么存在空间和时间差异?细胞怎么能发生分化呢?其中基因起什么作用?细胞质又有什么影响?细胞分化的机制是遗传学家长期希望解决的问题。随着分子遗传学和现代生物技术的不断发展,大量的基因被发掘与克隆,基因的生物学功能与生长发育的关系被不断明确,生物体生长发育机理也被阐明。本章将介绍生物个体生长发育中的遗传学基础内容和进展。

15.1 细胞核和细胞质在个体发育中的作用

细胞主要由细胞核和细胞质两部分组成。细胞核和细胞质在个体发育中分工合作,共同完成由基因(包括细胞核基因和细胞质基因)决定的各种基因时空表达过程,也包括对外界环境条件的变化做出反应。

15.1.1 细胞质在细胞生长和分化中的作用

15.1.1.1 细胞质的不均一性与细胞分化

动、植物的卵细胞虽然是单细胞的,但它们的细胞质内除细胞器分化外,还存在动物极、植物极、灰色新月体和黄色新月体等分化。受精卵经过卵裂,分裂成许多细胞,这些细胞中的基因都是相同的,但细胞质内分到的色素、卵黄粒和线粒体等却是不均一的。由于基因在不同的细胞质中作用,表现不同的效应,从而造成细胞分化。细胞核中的遗传物质在细胞分化过程中进行选择性表达,细胞质为细胞分化提供营养环境,导致细胞分化,发育成不同组织或器官。这意味着,受精卵细胞质分化控制了基因的活性,将来发育成哪些组织和器官,在胚胎早期大致已经确定。

柄海鞘受精卵细胞质因所含色素不同而分为4个区域:含透明细胞质的动物极,含呈浅灰色的灰色新月区和呈黄色的黄色新月区的植物极,以及含灰色卵黄区的植物极其他部分[图15-1(a)]。胚胎卵裂时,不同的细胞接受不同区域的卵细胞质成分,其中含有不同的形态发生决定子(morphogenetic determinant),能够使细胞朝一定方向分化。通过跟踪海鞘卵裂球发育命运发现,植物极的黄色新月区将会形成肌细胞，灰色新月区将会形成脊索和神经管，灰色卵黄区将会形成幼虫消化道，动物极将形成幼虫表皮[图 15-1(b)]。不同区域的卵质分别与未来胚胎特定的发育命运相联系。

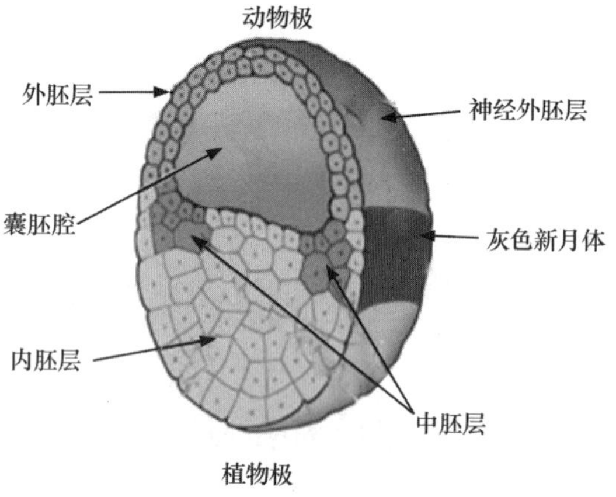

(a) 海鞘受精卵不同的发育部位

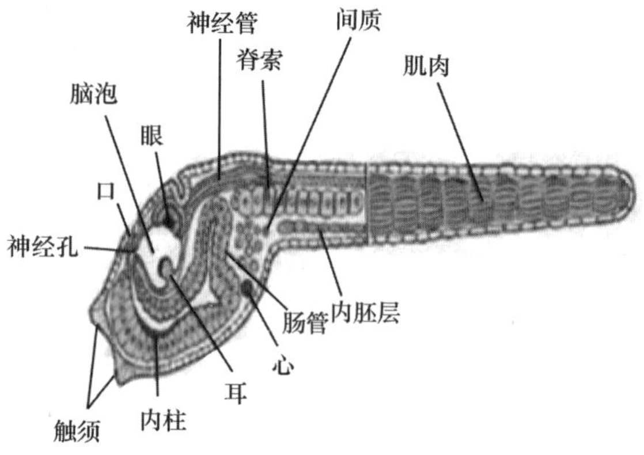

(b) 海鞘幼虫器官

图 15-1 海鞘受精卵的发育命运

(引自 Gilbert 等，2016；Mueller 等，2014)

15.1.1.2 动物细胞质在个体发育中的作用

单细胞生物海胆受精卵最初的 2 次分裂，是沿着对称轴方向进行的纵分裂，因而 4 个卵裂细胞完全相同。如果将 4 个卵裂细胞分开，每一个卵裂细胞都能发育成一个完整的个体(图 15-2)，这说明纵分裂对细胞内物质的划分是均匀的，各个卵裂细胞中的细胞质是完全相同的。第三次卵裂方向与对称轴垂直，分裂形成 8 个卵裂细胞，将这 8 个细胞分开后，不能发育成小幼虫，这说明此时已形成细胞的分化。

在卵裂开始时，如果沿着赤道板将卵细胞切成两半，则含有核的动物半球受精后，发育成多纤毛的空心球状物；含有核的植物半球受精后，发育成含有内外胚层的不完整胚胎结构，表面没有纤毛。两者皆因不能继续发育而夭折(图 15-3)。如果切割前进行离心，将植物极的细胞质抛向动物极，使其处于一个半球内，则切割后含有核的动物极和植物极细胞质的半球受精后能正常发育。实验结果告诉我们，

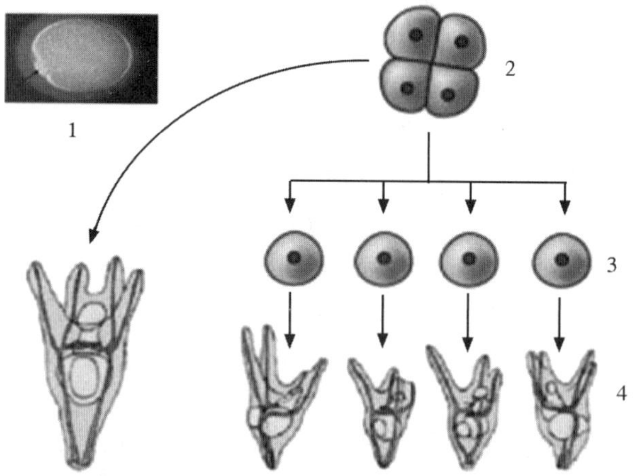

在第二次卵裂形成 4 个卵裂细胞时，每一个卵裂细胞分开之后可以发育成正常的 1/4 大小的长腕幼虫。1. 卵子在接受精子 2. 受精卵经过 2 次卵裂，产生 4 个卵裂细胞 3. 卵裂细胞分开 4. 4 个长腕幼虫

图 15-2 海胆的个体发育

(引自 Mueller 等，2015)

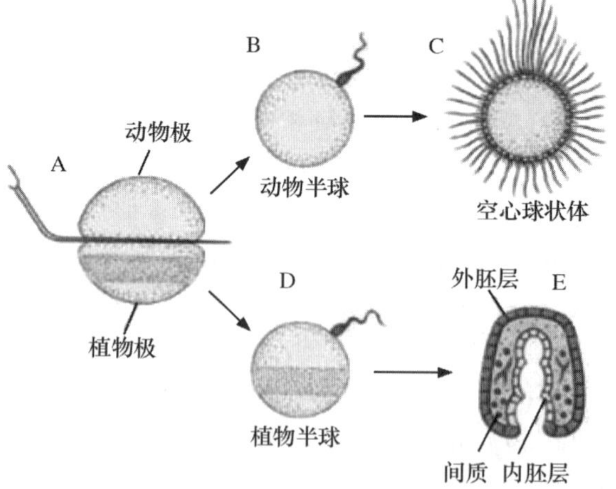

A. 海胆卵切割成两半 B. 让动物极半球受精 C. 发育成空心多纤毛的球状物 D. 让下部植物极半球受精 E. 发育成比较复杂且不完整的胚胎

图 15-3 海胆卵的切割实验

(引自刘庆昌，2015)

细胞质内所包含的物质的特异性，直接决定或控制了细胞发育分化的方向性。近来研究表明，不对称细胞分裂、细胞排列顺序和细胞间的信号传导也与细胞分化密切相关。

15.1.1.3 植物细胞质在个体发育中的作用

植物细胞质在细胞分化中为细胞提供必需的营养物质，对细胞的分化同样起着重要的作用。例如花粉粒的发育(图 15-4)。花粉母细胞经减数分裂形成 4 个单核花粉粒，每个小孢子的核经一次有丝分裂形成 2 个子核。一个核贴近花粉壁细胞质稠密区，发育成生殖核；另一个核移到中央大液泡附近，发育成营养核。如果单核花粉粒分裂不正常，核的分裂面与正常分裂面垂直，使两个子核处于同样的细胞质环境，则不发生营养核和生殖核的分化，因而不能发育为成熟的花粉粒。

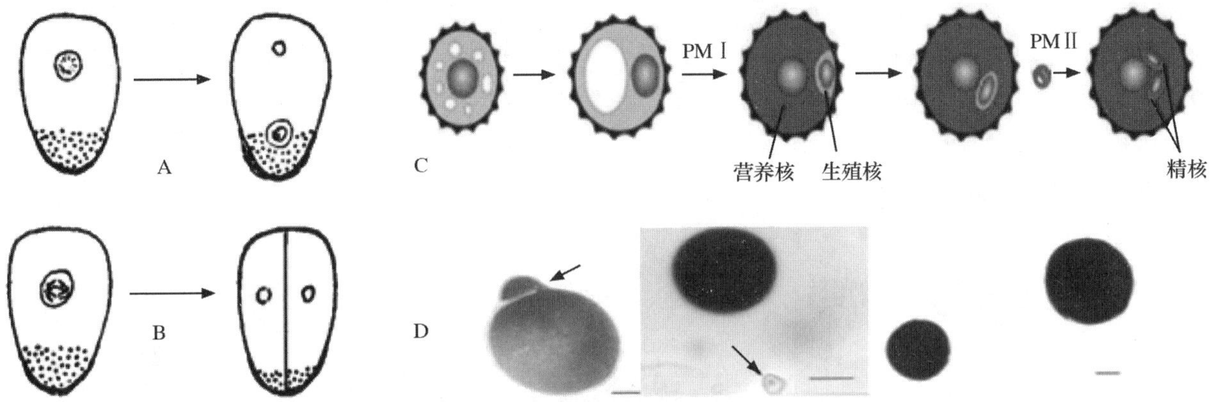

A，C. 正常的核分裂：一个核移动到细胞质稠密的区域发育成生殖核，另一个核发育成营养核；

B，D. 不正常的核分裂或胞质不均衡分裂：核分裂和正常核分裂面成直角，子核保留在同样的细胞质环境，形成两个相等的细胞，使花粉粒进一步发育混乱，产生不育花粉

图 15-4 植物花粉粒的发育

胚囊母细胞经减数分裂形成 4 个大孢子，它们排列成一纵行，靠近珠孔的 3 个细胞退化，远离珠孔的 1 个子细胞继续分裂发育为胚囊；由于远离珠孔一极的细胞质较多，靠近珠孔一极的细胞质较少，不同部位的细胞质对卵细胞的分化产生不同的影响(图 15-5)。

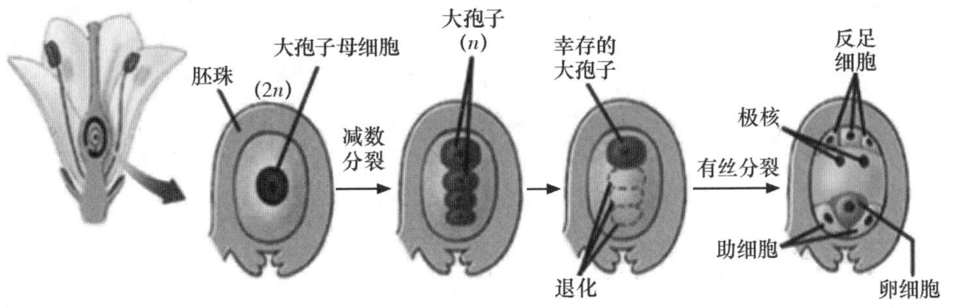

图 15-5 植物卵细胞的发育过程

15.1.1.4 细胞质在核移植中的作用

1962 年，英国牛津大学生物学家戈登利用非洲爪蟾进行了一系列的核移植试验，用紫外线照射爪蟾卵细胞，破坏其细胞核，然后将不再进行分裂的成体脑细胞的细胞核注射到各期的去核卵细胞内，发现移入的细胞核的变化因卵细胞质所处发育时期的不同而异。若移入正在生长的卵母细胞里，合成 RNA；移入成熟的卵母细胞里，核内染色质浓缩；移入受精卵里，合成 DNA。这说明卵的细胞质里有一些物质能调节基因的表达，移入的核按照细胞质的状态发生反应。当然，也可能是由于移植的胚胎晚

期或成体组织的细胞核内染色体的复制速度，与卵子细胞质中的情况不匹配所致。

15.1.2 细胞核在细胞生长和分化中的作用

15.1.2.1 伞藻的嫁接试验

伞藻(*Acetabularia*)是一种大型的单细胞海生绿藻，其细胞有明显的分化，幼龄时由假根和茎构成。假根里有一个相当大的细胞核，茎很长，可达6～9 cm，内含叶绿体，到成熟时期，茎的前端形成一个复杂的伞形结构，为子实体，子实体的形状因种类不同而异(图 15-6)：裂缘伞藻(*A. crenulate*)的子实体边缘裂成分瓣形；地中海伞藻(*A. mediterranea*)的子实体边缘为完整的圆形。两种伞藻进行嫁接，把地中海伞藻的茎嫁接到裂缘伞藻的带核假根上，不久出现中间形的子实体，主要原因是嫁接的茎中还保留原来细胞核控制下合成的物质。将中间形的子实体去掉，则长出裂缘伞藻的子实体(图 15-6D)。反之亦然。这个试验结果充分肯定了细胞核在伞藻个体发育中的主导作用，细胞核为个体发育提供了遗传物质。分化的细胞所表现的性状，主要是由细胞核基因决定的。据研究，控制子实体形态的物质是mRNA，它在核内形成后迅速向藻体上部移动，编码合成特殊蛋白质，从而决定子实体形态。等茎中贮存的物质消耗完，再生的子实体是在嫁接后的异种核控制下形成的，所以长出的完全是异种的子实体。在遗传和个体发育中，细胞质调节着核与基因的作用，而核与基因又在细胞质的协同下，发挥着主导作用。

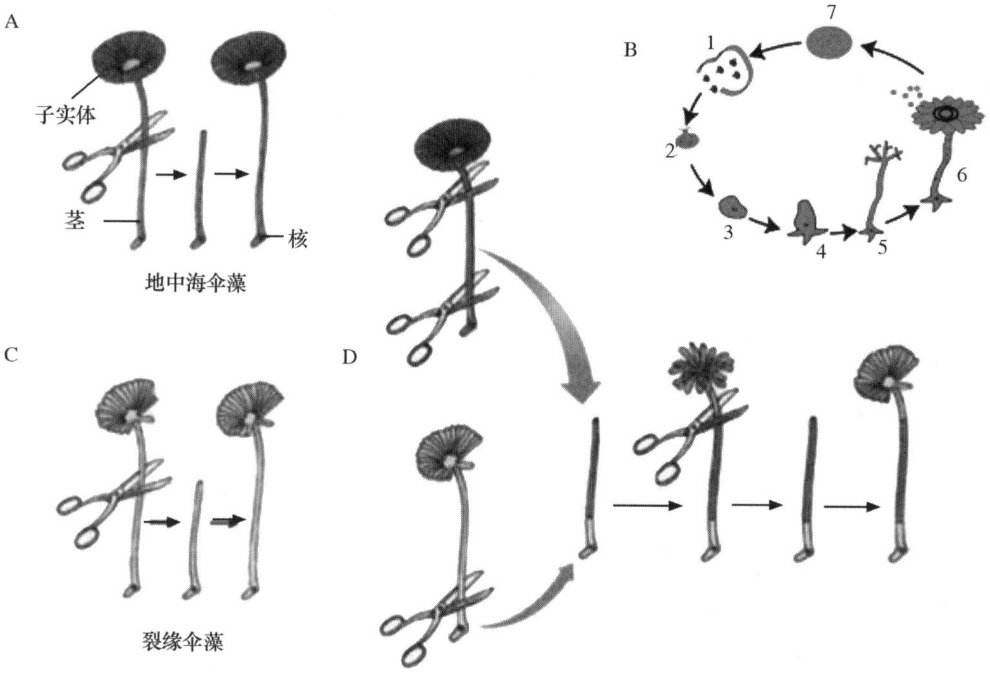

A. 地中海伞藻　B. 伞藻生活史　C. 裂缘伞藻　D. 伞藻嫁接

图 15-6　伞藻嫁接试验

(引自 Silva 等，1952)

15.1.2.2 去核变形虫

用显微操作技术除去变形虫的细胞核，在5～10 min后，去核的变形虫就丧失表面张力而变成球形，长出许多伪足，运动缓慢并不能消化食物，只能生存20 d左右。如果去核后3 d，再植入一个同种的细胞核，则其又能够恢复生命活动，甚至还会分裂，逐渐形成群体；但如果移入另一物种的核，也能激活细胞质，但细胞不会很快发生分裂甚至不分裂。由此说明，细胞必须保持完整性才能进行正常的生命活动，细胞核控制着细胞的生命活动，同时也是细胞代谢和遗传的控制中心。

15.1.3 细胞核和细胞质在个体发育中的相互作用

细胞核和细胞质共同组成生物体的基本结构，

在个体发育过程中,相互依存、相互制约,共同调控生物体遗传信息的时空表达,完成个体的细胞分化、形态建成和生长。

一方面,细胞核在遗传中起主导作用,因为细胞中的绝大部分基因位于细胞核内的染色体上,通过转录产生的 mRNA 进入细胞质,翻译成各种蛋白质,从而决定个体发育方向和模式,控制细胞的代谢方式和分化程序。另一方面,细胞质是蛋白质合成的场所,并为 DNA 复制、mRNA 转录以及 rRNA、tRNA 的合成提供原料和能量。同时,细胞质中的一些物质又能调节和制约核基因的活性,使其对细胞质的不同状态做出不同的反应,使得相同的细胞核由于不同的细胞质的影响而导致细胞的分化。例如,叶绿体作为核外的一个遗传系统有其自主性,含有自身的蛋白质合成系统,具有自主复制的遗传特性,但同时还需要核遗传系统提供编码信息。植物叶绿体中约 3 000 种蛋白质中,叶绿体基因组只能编码大约 120 种蛋白质,有 95%以上的蛋白质是核基因组编码,在细胞质翻译后被转运到叶绿体中,所以叶绿体增加以及其机能的正常发挥是核 DNA 和叶绿体 DNA 共同控制的。

胚胎发育过程中,细胞分化是通过细胞核和细胞质之间相互影响实现的。例如,将爪蟾的肠上皮细胞核移入去核卵细胞质中,杂种细胞开始卵裂和发育;但移入其他去核体细胞质中则不能进行胚胎发育,这说明卵细胞质中存在着使已分化的细胞核重新启动的物质。胚胎细胞质在胚胎发育和分化中起着重要作用,细胞质是通过调节细胞核中的基因表达而发挥作用的。核物质代谢所需的原料和能量都要依赖于细胞质,特别是在细胞质中合成的基因调控因子,控制着细胞核中基因的特异性表达。

15.1.4 环境条件对个体发育的影响

生物的遗传物质决定生物的遗传发育,环境中的生物和非生物因子也会通过对基因的表达调控来影响个体发育。例如,病原菌、日照长短、温度、旱涝、紫外线及激素类化合物等都可以诱导相关基因的表达,从而影响个体发育。

当病原菌侵染植物时,会释放诱导因子,其与被植物抗病基因控制的受体结合,从而激活植物细胞,呼吸作用加强,NO、H_2O_2 等活性氧含量迅速升高,氧化酶活性增强,分解毒素,抑制病原菌水解酶活性,从而杀死病原菌。同时,植物产生过敏反应,使其进入组织程序化死亡,导致植物细胞壁木质化、木栓化、产生酚类物质和钙离子沉积等多种保卫反应,使病原体得不到合适的环境而死亡。此外,植物启动系统防御机制,植保素、木质素合成增加,抗病基因活化,抗病代谢有关酶等诱导合成或表达增强等,从而使植物产生抗病性。植物对环境胁迫因素响应的机制具有多样性和独特性,但这些机制都是以基因调控的信号网络为基础来影响植物发育的。

外界环境通过传递各种信号来影响植物的生长和发育过程。例如,光照和温度可以通过光周期和春化途径来影响植物开花的时间;对长日照植物拟南芥而言,长日照促进开花,短日照抑制开花。当日照时间发生改变时,植物接受日长/夜长信号并通过基因调控网络,最终达到控制花原基分化的起始和发育的目的。细胞分裂素参与调控干细胞的维持,生长素参与调控器官原基的起始。生长逆境会诱导植物提前开花,加速世代交替的进程;土壤的干旱环境和养分的不均匀分布会影响植物根的形态建成;逆境下细胞将形成代谢适应物(如干旱可导致植物体内的脱落酸积累,诱导相关基因的表达调控,使植物体产生一定的耐旱反应);适量施氮肥可以加快水稻分蘖和温室黄瓜雌花的发育等。

个体发育过程不仅依赖于自身的遗传调控,同时还受到外界环境因素的影响。环境因素的影响对发育过程中的基因表达模式及其调控机理的研究,尤其是从分子、细胞、器官到整体不同层次上开展的研究工作,已成为此领域研究的重要发展趋势。

15.2 基因对个体发育的控制

分化的体细胞携带生长发育所需的全部遗传信息,但分化细胞中只表达遗传信息的一部分,而且不同类型体细胞表达的遗传信息也不同。细胞的分化是通过基因表达的调控来实现的,这一过程中并不存在基因的丢失、突变或永久性的失去活性。在个体发育的某个阶段,某些基因被激活而得到表达,另一些基因则处于被阻遏状态。基因是否得到表达,可通过比较突变型与野生型的表型来推断,也可从它的表达产物——蛋白质或转录产物 mRNA(差异显示)来判断。

15.2.1 个体发育的阶段性

在个体发育的过程中，从受精卵开始，细胞经一系列分裂和分化，形成不同的组织和器官，相应的性状相继而有节奏地发生。这一过程实际上包括了一系列连续的发育阶段，这些阶段按预定的顺序依次接连发生。上一阶段的趋向完成，“启动”下一阶段的开始。个体发育受内、外两种因素共同影响，是基因型与环境因子相互作用的结果。内在的因素是遗传因素，是基因序列在不同时间和空间上的选择性表达以及细胞内基因的顺序表达；外在的因素则包括相邻细胞间或组织器官间以及外界环境条件的影响。

15.2.1.1 噬菌体基因的阶段性表达

噬菌体是侵袭细菌的病毒。噬菌体在活菌内寄生，并能赋予宿主生物学性状。T 偶列噬菌体 DNA 侵入大肠杆菌 1～2 min 后，利用宿主的 RNA 多聚酶合成噬菌体所需的 mRNA，这种噬菌体 mRNA 在宿主核糖体上进行转译；侵染后 5～6 min，产生若干“早期”蛋白质，裂解宿主 DNA 合成噬菌体自身 DNA；侵染后 9～10 min，合成“晚期”蛋白质，包括头部外壳蛋白质、尾部及各种附属结构的蛋白质和溶菌酶；然后溶菌酶裂解细菌细胞壁，释放出新的噬菌体。

根据研究，一个完整的噬菌体颗粒约含有 30 种不同的成分，这些成分来自 3 个主要的装配线：尾部、头部和尾丝。噬菌体的各个“部件”全部合成后，才能进行装配。装配过程至少需要经过 12 个步骤（图 15-7）。3 个装配线的各自顺序以及相互之间的配合是井然有序的，通常前一步装配完成后，后一步装配才能正常进行；头部、尾部结合以后，尾丝才装配上去。

利用突变体进行研究，发现 T_4 噬菌体各“部件”的合成及装配受 70 个基因控制。这些基因大致分成两类：一类称为早期基因，主要控制早期的侵染行为，产生早期的 mRNA，编码合成噬菌体 DNA 的酶等；另一类称为晚期基因，主要控制头部外壳、尾部及各种附属结构的蛋白质合成，装配新的噬菌体，并产生溶菌酶，裂解细菌的细胞壁，释放出新噬菌体。不管哪类基因发生突变，分化都会停止，无法形成完整的噬菌体。例如，有的基因突变，形成头部而不形成尾部；有的基因发生突变，只形成尾部，而不形成头部。如果把不同突变体的裂解液混合，使它们进行体外装配，

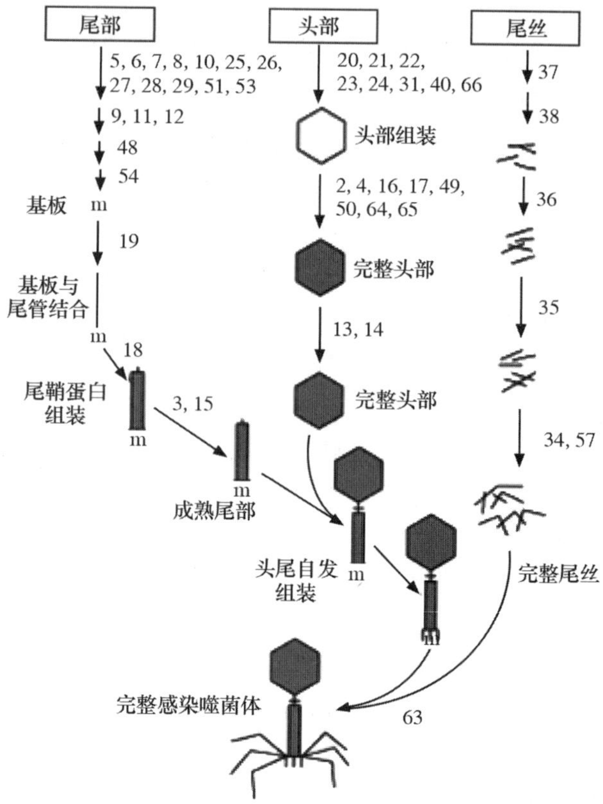

图 15-7 T_4 噬菌体的装配过程

（引自 Marusich 等，1998；Leiman，2003）

显示出互补的特点，可以得到有活性的噬菌体。如图 15-8(a)中，基因 23 突变型产生尾和尾丝，但无头，而基因 27 突变型产生头和尾丝，但无尾；将这两种突变型的裂解液混合培养在 30 ℃的条件下，能装配产生具有感染能力的完整噬菌体。图 15-8(b)中，基因 13 突变型与具有正常头部的裂解液混合，形成完整的噬菌体，证明基因 13 所产生的头部有缺陷，而且只有当噬菌体完整的头部存在时，尾和尾丝等结构才能装配完成。

15.2.1.2 细胞黏菌的发育控制

盘基网柄菌（*Dictyostelium discoideum*）是低等单细胞藻菌，由于其生活史简单，所以是极好的研究材料，常用于个体发育的研究，对其研究较为广泛而深入。盘基网柄菌细胞的生命周期相对简单，但是它包含了几乎所有的细胞进程（运动、黏性、分化、模式形成等），这些细胞进程对于建立多细胞组织是必不可少的。从单独生长的营养细胞到多细胞结构的转变使细胞分化发育、信号转导、趋化等方面的研究成为可能。

盘基网柄菌生活史需 20～50 h，在生命周期的

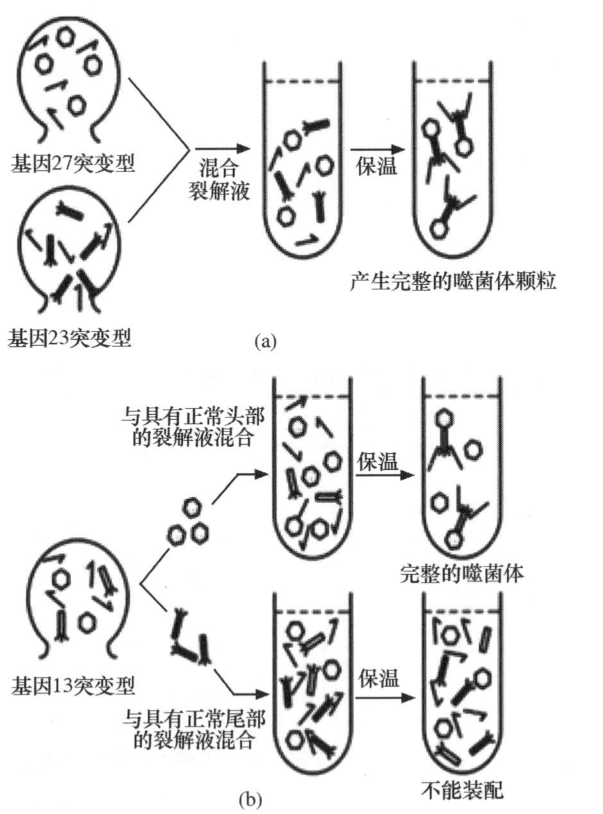

图 15-8 T_4噬菌体条件致死突变型的体外互补

(引自 Benzer,1957)

单细胞阶段,孢子萌发成单细胞,以微生物为食,并以二分裂方式繁殖大量细胞,类似变形虫(图 15-9)。当食物匮乏时,成百上千的黏菌就向周围发送信号,当细胞感受聚集素(环式 AMP)信号后,向聚集中心移动,最后形成聚集体,其外由一种黏菌鞘包围。聚集体可以包含几十万个细胞,直径达 1 cm 以上,随后进入形态发育阶段。开始时,聚集中心突起,成为虫状结构,称为变形体(slug),可沿附着物移动。变形体迁移到一个明亮的地方变成孢堆原(sorogen),孢堆原由一个纤维素组成的柄和一个支持球形新孢子聚集于顶端的茎组成。最后顶端形成一个球形子实体,子实体中产生孢子,并合成一种特有的黄色素,使成熟孢子呈黄色。在适当的环境条件下,孢子再次萌发进入单细胞阶段。在不同发育阶段,黏菌产生不同的阶段性专一酶,这些酶是由不同基因在适当的发育阶段表达并合成的。1977 年,罗密斯(Loomis)等按照发育时期将细胞黏菌的阶段性专一酶划分为 3 类:早期酶(α-甘露糖苷酶、N-乙酰葡萄糖胺酶),中期酶(海藻糖磷酸合成酶、苏氨酸脱氨酶)和晚期酶(β-葡萄糖苷酶、碱性磷酸酯酶)。

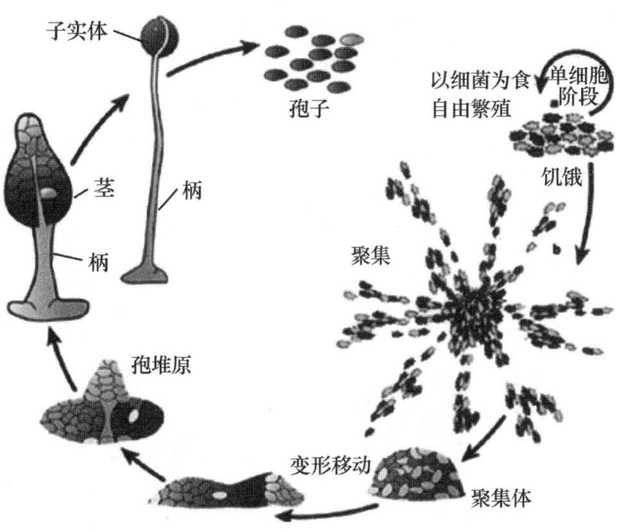

图 15-9 盘基网柄菌的生活史

(引自 Wu 和 Kessin, 2003)

15.2.1.3 高等植物发育中基因的顺序表达

高等植物受精卵第一次分裂是不均等分裂,形成大小不等的两个细胞。大细胞经过有限次分裂形成胚柄,胚胎长成后就退化;小细胞不断分裂产生胚体,经过球形期、心形期、鱼雷形期等发育阶段,最后分化为根、茎等原始组织器官。正常情况下,一个细胞(组织或器官)分化到最终阶段,表现出稳定的表型或生理功能,从而达到末端分化。达到末端分化的细胞通常不再继续分化或转化为其他结构。例如,当烟草生长出 10 对叶片并显现花序时,按叶片上下顺序分离叶片的表皮细胞进行组培,发现用最基部两个叶片的表皮细胞培养的植株,长出 2 片叶子就不再生长;第 3、4 对叶表皮细胞培养的植株,长出 3～4 对叶后开花;第 5～7 对叶片表皮细胞培养的植株,长出 2 对叶就开花;第 8～10 对叶片表皮细胞培养的植株,长出 1 个叶片就开花;花序表皮细胞培养的植株很快直接开花。此结果表明,植株发育到某一阶段时,在该阶段分化的组织和细胞,就达到该阶段相应的发育状态。一旦脱离周围组织而离体培养,则在原来发育阶段的基础上,继续向前发展。细胞的分化伴有基因的差异表达,植物发育需要在精准的时间和正确的空间内表达特异的基因来调节,控制着器官的发育。

高等植物 mRNA 和蛋白质的合成在特定的时期是存在一定变化的,这种现象是基因依次表达的结果,基因的表达受到时间和空间的精确控制。利用不同发育时期 mRNA 进行差别杂交,结果显示每一特定发育时期都有一些相应的特异基因高效表达。大豆从子叶期至胚成熟中期（开花后 25～95 d），有 14 000～18 000 种 mRNA 分子存在，大多数不同的 mRNA 在种子发育过程中都存在，但少数 mRNA，包括编码贮存蛋白的 mRNA，在特定的发育阶段受到定量调控。如图 15-10 所示，在胚胎发育不同时期均有一组基因特异表达。种子发育是不同基因嵌合表达的结果，这些基因表达程序在不同的种子组成部分（如胚、胚乳、种皮）以及特定区域和组织（如胚原体、胚柄、表皮）中平行发生。目前，新的基因组资源的显著开发，使得在全球范围内研究豆科植物种子和胚胎发育过程中的基因表达成为可能。

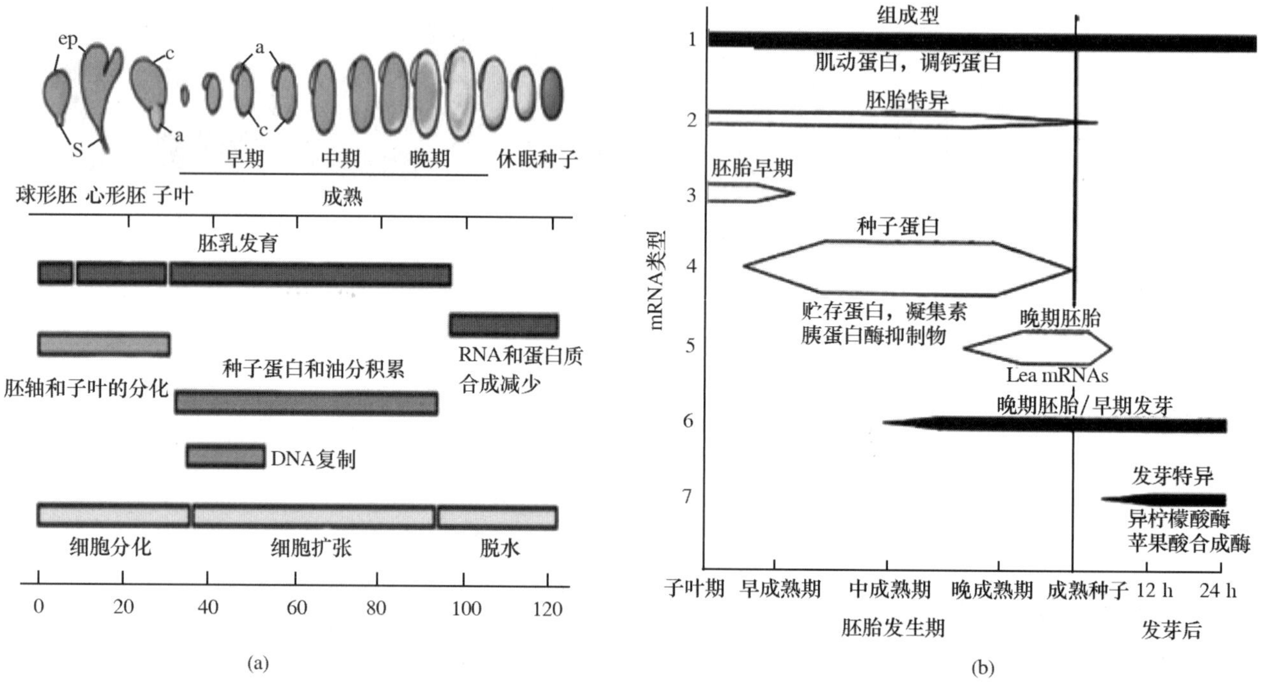

图 15-10　大豆种子发育过程及主要 mRNA 阶段性表达

（引自 Goldberg 等，1981；1989）

现代发育遗传学已探明在生物体的不同发育阶段，基因是按一定的时空秩序有选择地表达的，复杂数量性状呈现依时空变化的动态表现过程。例如，在小麦花芽分化的不同时期，苏氨酸脱氨酶的比活性在花芽分化初期最高；而碱性磷酸酯酶的比活性在花芽分化前期很低，随着分化进行而逐步升高，在受精时达到高峰。这说明个体不同发育阶段的形态变化受不同的酶控制，而这些酶的合成则受制于不同基因的依次开启或关闭。生物体数量性状的表现是各种遗传效应和基因的表达产物的体现，因此针对复杂数量性状的发育遗传模型也由简单的直接效应模型发展到包含渐成效应的渐成模型及反映动态发育过程的生长轨迹模型。浙江大学朱军教授提出了基于混合线性模型的条件与非条件遗传分析方法，为数量性状的发育遗传研究提供了新的分析方法和研究思路。

15.2.1.4　高等动物发育中基因的顺序表达

人的血红蛋白（hemoglobin，Hb）基因是发育阶段专一性表达的基因，即不同珠蛋白基因在不同发育阶段开启和关闭。人血红蛋白中珠蛋白基因的表达就表现为阶段特异性。成人血红蛋白是由两条相同的 α 链和两条相同的 β 链聚合而成的四聚体（$\alpha_2\beta_2$）；α 基因簇位于 16 号染色体短臂、长约 28 kb 的 DNA 区段内，包括 2 个有活性的 α 基因，1 个有活性的 ζ 基因，2 个 α 假基因和 1 个 ζ 假基因；β 基因簇位于 11 号染色体短臂，长约 50 kb，含有 5 个功能性基因（1 个 β、2 个 γ、1 个 ε 和 1 个 δ 基因）和 1 个 β 假基因。在个体发育过程中，α 基因簇控制 ζ 和 α 肽链表达，β 基因簇控制 ε、β、γ 和 δ 肽链表达。

血红蛋白结构在个体发育期间有一定顺序变化，以适应胚胎期和成人期氧气运输的不同需要

(图 15-11)。胚胎早期(妊娠后 3～8 周),α 基因簇中的 ξ、α 基因和类 β 珠蛋白基因簇中的 ε、γ 基因表达,进而形成胚胎期血红蛋白(Hb Gower Ⅰ、Hb Gower Ⅱ、Hb Portland)。胎儿期(妊娠 8 周至出生),α 基因簇的表达基因由 ζ 全部变成 α 基因,而 β 基因簇基因的表达由 ε 全部转移到 γ 基因,形成胎儿期血红蛋白 HbF($\alpha_2\gamma_2$)。成人期(出生后)主要是 α 基因和 β 基因表达,其产物组成 HbA($\alpha_2\beta_2$)。因此,从胎儿到成人期,血红蛋白基因中只有 α 基因有活性,其他 5 个基因只在发育的特定时期有活性。

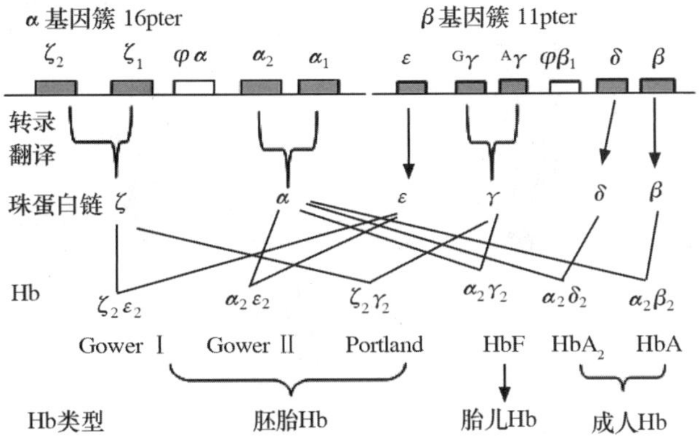

图 15-11　人血红蛋白在发育中的变化

(仿自 Gilbert,1997)

成人血红蛋白组成中,$\alpha_2\beta_2$ 占 97%,$\alpha_2\delta_2$ 占 2%,由胎儿期遗留下来的 $\alpha_2\gamma_2$ 约占 1%。上述研究结果表明,在发育期间人类血红蛋白肽链的合成呈现规则性变化,基因在个体发育中的表达顺序与基因在 DNA 上的排列顺序是一致的。

15.2.2　同形异位基因

同形异位基因是生物体中一类专门调控生物形态的基因,一旦这些基因发生突变,就会使身体的一部分变形。在某些情况下,器官形态与正常器官相同,但生长的位置却完全不同,这种现象称为同形异位或同源异形(homeosis)。同形异位现象是由同形异位基因(或同源异形基因)(homeotic gene)控制的,通过调控其他重要的形态及器官结构基因的表达,影响个体的发育模式、组织和器官的形成。在真菌、植物、动物及人类等几乎所有真核生物中都发现了同形异位基因。

同形异位基因编码一组转录因子,这类转录因子都含有保守序列,通过保守序列与特异的 DNA 序列结合形成特定的空间结构。转录因子和 RNA 聚合酶及其他因子一起控制基因转录,即同形异位基因是通过调控其他重要的形态及器官结构基因的表达(包括控制细胞分裂、纺锤体形成和取向、细胞分化等发育过程的基因)来控制生物发育及器官形成的。

15.2.2.1　果蝇发育中的同形异位基因

同形异位基因最早发现于果蝇胚胎。刘易斯(Lewis)等做过许多果蝇同形异位突变的遗传分析。分子克隆技术建立后,同形异位基因的分离和克隆进一步揭示了这类基因的分子基础及调控机理。

同形异位基因序列中有 180 个核苷酸的保守序列,称为同源异形框(homeobox),其所编码的 60 个氨基酸残基的蛋白质称同源异形域(homeodomain),它能与特定的 DNA 序列相结合,起转录调控作用。发育过程中沿胚胎前后轴依顺序表达,即这些基因激活的时间顺序表现为越靠近前部的基因表达越早,而靠近后部的基因表达较迟;这些基因表达的空间顺序表现为头区的最前部只表达该基因簇的第一个基因,而身体最后部则表达该基因簇的最后一个基因。

如图 15-12 所示,果蝇幼虫及成虫由体节组成,包括 1 个头、3 个胸节(T1～T3)、8 个腹节(A1～A8),每一节又分为前端(A)和后端(P)两部分。成虫的每个胸节有一对脚,第二胸节(T2)上长出翅膀,第三胸节(T3)上生长平衡器。

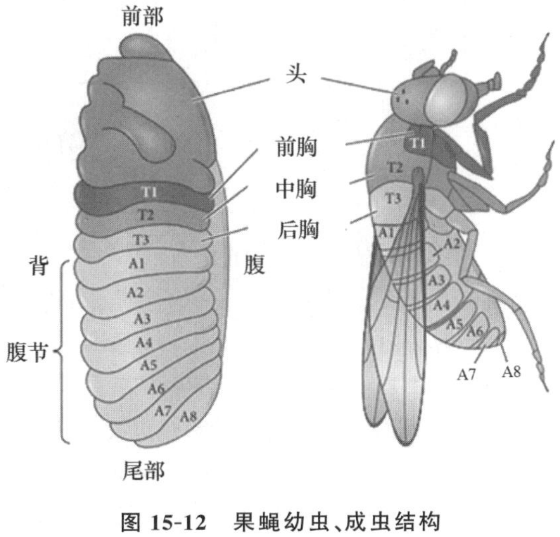

图 15-12　果蝇幼虫、成虫结构

(引自 Gilbert 等,2016)

果蝇的两组同形异位基因簇参与调节胚胎分化发育至成熟个体的过程,它们分别为触角脚基因簇(*ANT-C*)和腹胸节基因簇(*BX-C*),这两组同形异位基因簇均位于果蝇第 3 染色体上。触角脚基因簇长约 350 kb，有 5 个编码基因，分别是控制头部的 *lab* 和 *Dfd* 基因，控制前 2 个胸节（T1 和 T2）的 *Scr* 和 *Ant* 基因，以及一个 *pb* 基因，*pb* 基因可能与胚胎发生或调控成虫的分化状态有关。腹胸节基因簇位于一段 300 kb 的区段内，有 3 个编码基因，其中 *Ubx* 基因控制第二胸节（T2）后端（P）以及第三胸节（T3）的结构，另两个基因 *abdA* 和 *abdB* 控制 8 个腹节（A1～A8）的形成。果蝇的同形异位基因都具有一个或几个同形异位框，其余序列多为调控元件，各基因间还插有其他基因的序列。

在果蝇的胚胎体节确定后，同形异位基因开始表达，这些基因的蛋白质产物都是转录因子，控制某个结构形成所需要的全部基因，负责确定每一个体节的特征结构。它们通过调控其下游的一系列靶基因的表达来发挥功能。若某一同形异位基因突变，则出现异常体节表型。如果蝇的 *Antp* 基因负责果蝇腿的形成，*Antp* 的蛋白产物就可以调动腿部形成所需要的全部基因。只要 *Antp* 基因被表达，在表达基因的部位就会长出腿，不管是在身体的什么地方。假如果蝇头部的 *Antp* 基因被活化，则在原先触角的位置也会长出腿，这种腿与正常腿的形态相同（图 15-13）。腹胸节基因突变将第三胸节转变成第二胸节，使平衡棒转变成一对多余的翅膀（图 15-14）。*Antp-C*（触角复合体）和 *Bx-C*（双胸复合体）属于 *HOM-C* 基因簇，该基因簇中的基因在染色体上的线性排列顺序与其沿胚胎前后轴的空间表达顺序一致。这种基因在染色体上的线性排列顺序与其空间表达图谱相一致的现象称为共线性（colinearity）。

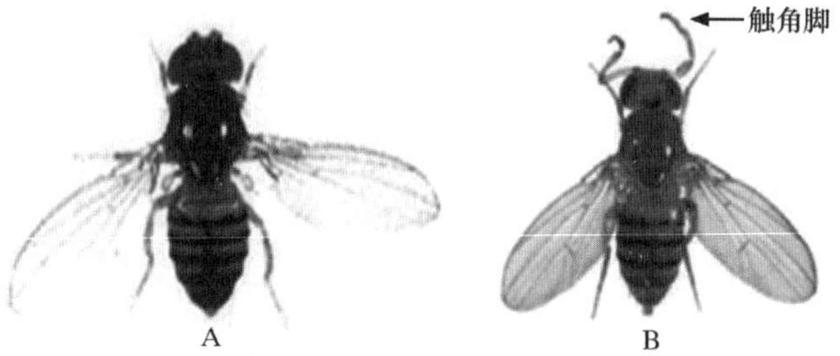

图 15-13　果蝇的同形异位现象

（引自 Gilbert，2016）

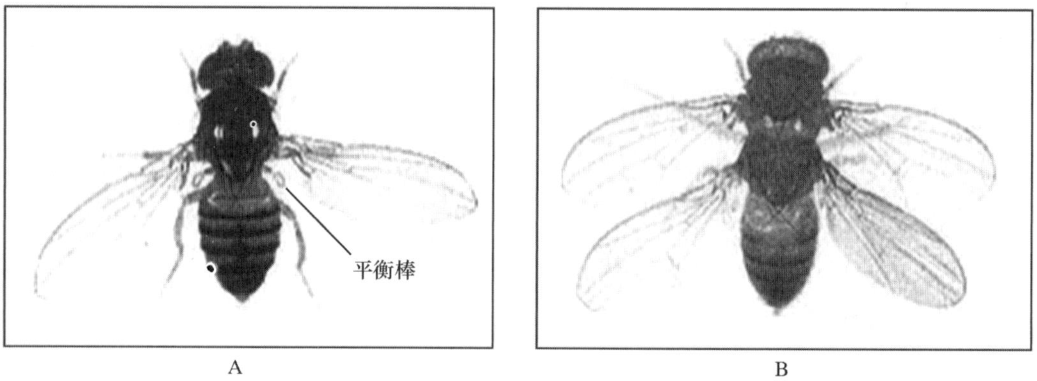

图 15-14　野生型果蝇和双胸复合体缺失的果蝇

（引自 Lewin 等，2005）

同形异位基因之间也存在相互作用。例如，*Ubx* 基因的产物就可以结合在 *Antp* 基因的启动子上，抑制 *Antp* 基因的表达。在 *Ubx* 基因被活化的地方，*Antp* 基因就不起作用。这样就不会出现数个基因为争夺控制权而相互冲突的情形。*Antp* 基因的转录受到位于它后端的所有同形异位基因产物的负调控；如果缺失 *Ubx* 基因，*Antp* 的活性可扩展到正常情况下 *Ubx* 基因表达的区域，而在 *Abd* 区前停下来，结果使第三胸节像第二胸节那样生成了翅膀。总之，处在前端的同形异位基因的表达，被处在它后端的同形异位基因的蛋白质产物所抑制。

同形异位基因的表达受其他基因控制，机制十分复杂。如触角脚基因簇中的 *Ant* 基因，具有 8 个外显子及很长的内含子，总长度约 103 kb，其阅读框从第 5 个外显子开始（图 15-15），编码一条 43 kDa 的蛋白质。*Ant* 基因具有 2 个启动子，相距约 70 kb，一个位于外显子 1 的上游（P1），另一个位于外显子 3 的上游（P2）。两种转录子均是在外显子 8 内或外显子 8 之后终止，但翻译形成的蛋白质相同（从外显子 5～7），差别仅在于非翻译的前体 mRNA 的前导序列。

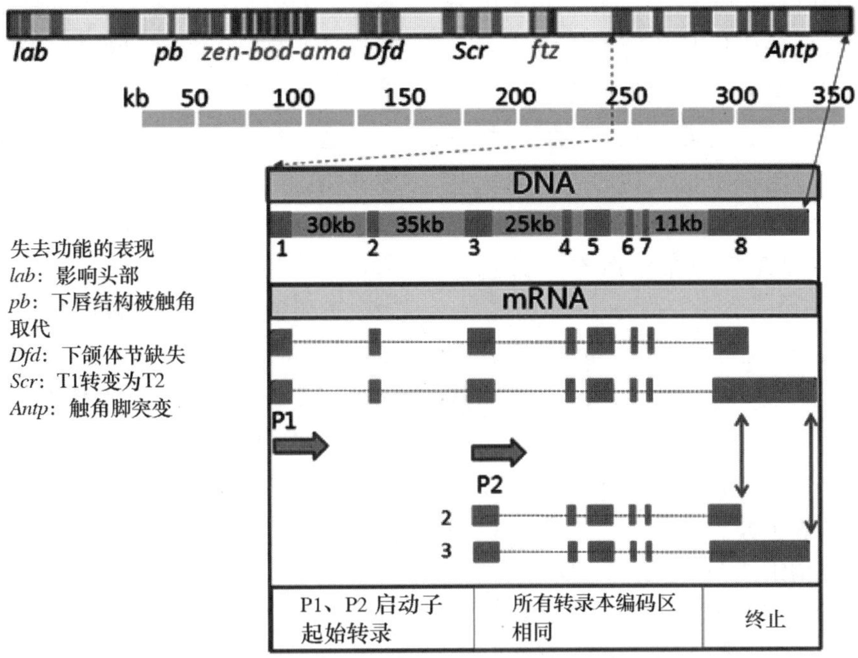

1. *Ant* 基因结构　2. 由启动子 P1 形成的转录子　3. 由启动子 P2 形成的转录子

图 15-15　果蝇触角脚基因簇中的 *Ant* 基因结构及转录子

(引自 Lewin 等,2005)

果蝇和哺乳动物之间同形异位基因簇不仅在基因结构与组织形式上都具有保守性,同时在表达图谱和功能上同样具有保守性。研究证明,哺乳动物胚胎沿前后轴的特征形态结构与果蝇一样也是由同形异位基因特化的,两者的同形异位基因不仅在基因结构与组织形式上十分相像,而且在表达图谱以及功能上也极为一致。爪蟾发育基因与果蝇触角基因的同形异位盒所编码的肽链仅有一个氨基酸的差异,人与果蝇的同形异位盒的结构相似程度高达 90%。

许多同形异位基因编码的转录因子在其羧基端有一段长约 60 个氨基酸的同形异位框,形成 α 螺旋-转角-α 螺旋(helix-turn-helix)结构,能与特定的 DNA 序列结合,调节结构基因的表达。同形异位基因在进化上高度保守,从无脊椎动物(果蝇、线虫)到脊椎动物(爪蟾、斑马鱼、鼠和人)都存在这种结构,对个体发育和物种的进化有重要的意义。

15.2.2.2　高等植物发育中的同形异位基因

在高等植物个体发育过程中,从受精卵发育成完整植株,同形异位基因也起着关键作用。自 1991 年第一次克隆玉米打结基因(*knotted* 1)和拟南芥无配子基因(*agamous*)以来,许多植物的同形异位基因已经被分离和鉴定,并据此提出了一些基因调控模型。

对拟南芥(*Arabidopsis thaliana*)和金鱼草(*Antirrhinum majus*)的研究发现,3 组同形异位基因分别控制花的分生组织、花的对称性和花的器官。这些基因如果发生突变将会影响花的发育。

MADS-box 基因作为一个转录因子家族,不仅参与植物中花器官的发育,对开花时间等进行调节,同时在植物果实、根、茎、叶的发育中也起着重要的作用。其名称来源于该家族最早克隆的 4 个基因的首字母,分别是酿酒酵母转录因子 *MCM*1、拟南芥花同形异位基因 *AGAMOUS*、金鱼草花同形异位基因 *DEFICIENS* 和人血清应答因子 *SRF* 这 4 种蛋白的首字母,这 4 种蛋白质都有一个由 56～58 个氨基酸组成的高度保守的 MADS 盒。编码含有这种保守序列蛋白因子的基因称为 *MADS-box* 基因。*MADS-box* 基因编码的蛋白因子是一类转录因子(即反式作用因子),其与真核基因启动子区域中的顺式作用元件特异结合,使靶基因以特定的强度在特定的时间和空间表达。同形异位基因突变而使其正常功能破坏时,各个区域确定的命运则与其位置不相符,可导致大的结构性畸变。这种同形异位基

因并不重新产生一种模式，而是修饰由一些基因所决定的细胞的命运，这种修饰是通过控制在特殊部位发挥功能的整套基因的打开与关闭进行的。

MADS-box 基因的分布非常广泛，在动物、植物和真菌中均广泛存在，能在生长发育的不同阶段和不同部位不同程度地表达，并在其中起重要的调控作用。*MADS-box* 基因几乎分布于所有的染色体上，散布在整个基因组中。

据分析，不同 MADS 框的同源性越高，与其结合的 DNA 序列相似性也越大。同一个 MADS 框能以不同的亲和力与不同 DNA 序列结合，表现出一因多效的现象。MADS-box 结构域在 MADS-box 蛋白因子的 N 末端，或靠近 N 末端，由大约 60 个氨基酸组成的高度保守结构组成，它可以与特异 DNA 结合形成二聚体。由于基因启动子区域有重复序列可供二聚体结合，因此二聚体的形成可提高基因的表达效率。例如在拟南芥中，两个均在花期表达的 MADS 框 *Agl*1 和 *Agl*2 基因，其 MADS 框有 82% 的序列相同，但与 DNA 结合的特异性不同。不同的 MADS 框基因中，MADS 框以外的序列无任何同源性。这些特点表明，生物可利用少数调节基因来控制大量结构基因表达。

植物中 MIKC 型 *MADS-box* 基因是一种典型的 *MADS-box* 基因，对它的研究最为清楚。它除了共有的 MADS-box 结构域外，还具有 3 个结构域：I(intervening)区、K(keratin)区和 C 末端(C-terminal)。当然，不同的 MIKC 型 *MADS-box*，基因的 4 个结构域在序列和结构上都存在差异，这与其功能的差别是密切相关的。I 区由大约 30 个氨基酸组成，序列保守性较低，有助于选择性结合 DNA 形成二聚体；中度保守的 K 区大约有 70 个氨基酸，具有 3 个 α 螺旋组成的 coiled-coil 结构，因与角蛋白(keratin)同源性较高而得名，参与蛋白质间的相互作用；C 末端是最不保守的区域，序列在长度上差异较大，主要由疏水氨基酸组成，在蛋白质复合体的形成和转录激活中起重要作用。拟南芥、水稻中的 MIKC 型 *MADS-box* 基因具有多内含子结构，大部分 MIKC 型 *MADS-box* 基因具有 7 个外显子、6 个内含子，也有 *MADS-box* 基因有 8 个外显子、7 个内含子。内含子的位置，长度具有一定的保守性。

另一类植物同形异位基因编码 RNA 结合蛋白。例如控制玉米花序发育的顶穗基因 *Terminalear* 1，在雌雄花分化中起开关作用。顶穗基因突变导致正常雄花处长出雌穗，并伴随节间密集、植株矮小等特点。这个基因含有 3 个保守的 RNA 结合框，表明这种 RNA 结合蛋白可能参与调控 RNA 切割、定位等过程，以此来控制性状表达。RNA 结合蛋白还有稳定 RNA 的作用。

遗传图谱研究表明，不同植物的同形异位基因通常分布在不同染色体上。例如，拟南芥 *Ag*1 基因位于第 4 染色体上，*PI*2 基因则在第 5 染色体上。玉米中两个高度同源的同形异位基因 *Zmh*1*a* 和 *Zmh*1*b* 分别位于第 8 及第 6 染色体上。

15.2.3 植物花器官的发育

高等植物经过一段时间的营养生长后，在适宜的外界环境条件下转向生殖生长，开始花器官的分化形成。开花是在一定遗传背景控制下的高度复杂的生理生化及形态发生过程。植物接受环境因子(如光周期、温度等)诱导后，经一系列信号传导过程，启动开花决定过程中的控制基因，并在诸多关键基因的相互作用以及诸多代谢途径的相互制约下，引起花芽分化，进而导致器官发生。这一过程由许多特异性基因按一定的时间顺序性和空间特异性程序启动和关闭表达所控制，各个基因既具有独立功能，又相互影响、相互制约。这个过程可能是诱导条件下基因不断解阻遏而表达的过程。

15.2.3.1 植物花发育的阶段性

开花是有花植物最主要的发育特点，由环境信号和内源信号共同决定。花发育的过程可分为开花决定(flowering determination)、花的发端(flower evocation)和花器官的发育(floral organ development)3 个阶段。

(1)开花决定　又称成花诱导，植物在一定诱发条件下从营养生长开始进入生殖生长的关键时期，感受外界信号(低温和光周期)产生成花刺激物。在茎尖分生组织发生一系列诱导反应，使植物具备分化花或花序的能力，在适宜的条件下就可以启动花的发生，进而开始花的发育过程。

(2)花的发端　即茎端分生组织(SAM)产生花原基并向花分生组织转变，由花分生组织特性基因控制。这类基因在成花转变中被激活，又控制着下游花器官特性基因和级联基因的表达。

(3)花器官的发育　由器官特征基因控制，该类基因属同形异位基因，决定一系列重复单位的特性，如花轮的时间和空间表达模式十分精确，在某一细胞中特定基因的组合表达决定其发育形态。

据对拟南芥（*Arabidopsis thaliana*）和金鱼草（*Antirhinum majus*）的研究，有 3 组同形异位基因控制花器官分化发育：第一组基因控制初级花的分生组织，第二组基因控制花的对称性，第三组基因直接控制花器官的形成。

15.2.3.2　花器官发育的 ABC 模型及扩展

Enrico Coen 和 Elliot Meyerowitz 基于拟南芥和马尾兰的比较遗传学分析和突变体表型分析，提出了花器官发育的 ABC 模型，该模型可以推广到所有开花植物物种，是植物发育生物学领域重要的里程碑之一。

正常拟南芥的花由 4 种花器官组成，呈同心圆排列，共有 4 轮，由外向内，第一轮为萼片（sepal），第二轮为花瓣（petal），第三轮为雄蕊（stamen），第四轮为心皮（carpel）（图 15-16）。早期的遗传分析及原位杂交研究表明，至少有 3 类基因参与控制花器官发育。A 类基因负责萼片在最外轮器官的发育，A 类基因和 B 类基因一起决定第二轮花瓣的发育，B 类基因和 C 类基因共同决定第三轮雄蕊的发育，C 类基因单独决定心皮发育。*AP2* 与 A 功能区活性有关；*PI* 和 *AP3* 控制 B 功能区活性；C 功能区活性受 *AG* 基因控制。A 类基因和 C 类基因的功能相互拮抗。ABC 基因可能控制其他基因（靶基因）的转录，这些基因的产物直接或间接参与花器官的形成或功能。

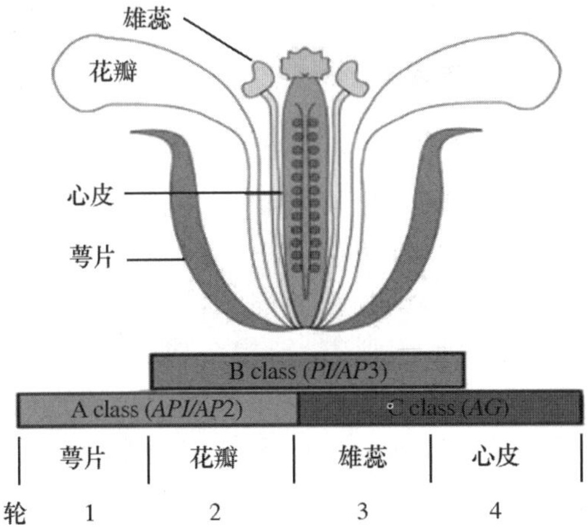

图 15-16　拟南芥花器官发育 ABC 模型

（引自 Guo 等，2015）

花的形态变异与相关基因发生的突变有关。如图 15-17 所示，A 类基因突变使萼片转化为心皮，花瓣转化为雄蕊，产生的花由心皮-雄蕊-雄蕊-心皮组成。*ap*3 或 *pi* 突变体的 B 类基因功能失活，拟南芥的花丧失花瓣和雄蕊；*ag* 突变体的 C 类基因突变，花仅有萼片和花瓣，没有雄蕊和心皮。BC 类基因双突变体产生的花由无尽轮生的萼片组成；AB 类基因双突变体的花仅由心皮组成；AC 类基因双突变体的花在第 1 轮和第 4 轮出现叶状器官，在第 2 轮和第 3 轮出现花叶/雄蕊器官。ABC 类基因三突变体导致花器官转变成叶状器官。这个模型可用于解释花器官野生型及突变型的表型。同形异位基因的克隆和分析进一步证实了上述模型及基因间的互作，并可直接通过基因产物蛋白质来分析基因互作机制。

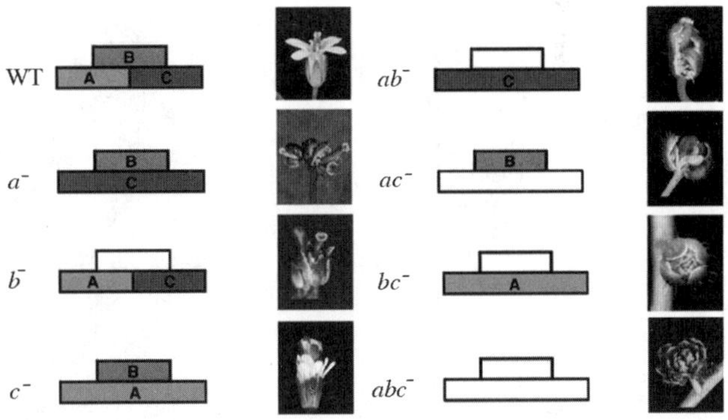

图 15-17　拟南芥花器官发育 ABC 模型不同突变基因互作模式图

（引自 Robles 等，2005）

随着研究的深入和克隆出的花同形异位基因数量的增加，出现了许多该模型无法解释的现象，对这些问题的深入研究扩展了经典的 ABC 模型。如 ABC 三重突变体的花器官除了叶片外仍含有心皮状结构，而不像预测的那样不再含有任何花器官状组织，这预示着还存在有与 *AG* 功能相近的能促进心皮发育的基因。对矮牵牛中影响胚珠发育突变体的研究发现，存在决定胚珠发育的 *MADS-box* 基因 *FBP*7 和 *FBP*11，它们同时也影响种子的发育。如果干扰 *FBP*11 的表达，就会在应该形成胚珠的地方发育出心皮状结构。这个发现使人们认识到还存在有与 C 类基因功能部分重叠的 D 类基因。拟南芥中与 *FBP*11 同源的 D 功能基因是 *STK*。*FBP*11 和 *STK* 都属于 *MADS-box* 基因家族，和属于 C 类基因的 *AG* 亲缘关系较近，有相似的基因表达模式。

通过调控 ABC 基因的表达，人为地操作每轮花器官发育状态，但是，却无法使叶片转变成花器官，这预示着由营养器官向花器官转变还有另一类花的特征基因参与。在寻找与 ABC 类基因相互作用的蛋白时发现了这类 *SEP* 基因。E 类基因有 4 个：*SEP*1、*SEP*2、*SEP*3、*SEP*4，为一类结构上非常保守的Ⅱ型 *MADS-box* 基因，可与 A 类、B 类和 C 类的基因相互作用，通常不在花外表达，并且是花瓣、雄蕊和心皮的正常发育所必需的。*sep*1、*sep*2 和 *sep*3 三重突变体的花瓣、雄蕊和心皮均转化为萼片，四重突变体所有的 4 轮花器官都转变成为叶状结构，只残存部分类似心皮的组织，与缺少 ABC 类基因的三重突变体表型类似。在拟南芥中，如果 ABC 类基因与 *SEP* 基因同时过量表达可使叶片转化为完整的花器官，证明 ABCE 基因联合作用决定各轮花器官特征。

目前 ABCDE 模型能较成功地解释花器官发育（图 15-18），它包含相互作用的 A、B、C、D、E 共 5 类基因，分别决定萼片、花瓣、雄蕊、心皮和胚珠。A、E 类基因决定萼片的发生，A、B、E 类基因决定花瓣的发生，B、C、E 类基因决定雄蕊的发育，C、E 类基因决定心皮的发育，C、D 和 E 类基因控制胚珠的发育。其结构蛋白由保守的 MIKC 型 MADS 结构域转录因子控制，MADS-box 蛋白作为四聚体复合物特异性结合，同时转录激活靶基因，不同的同源异形蛋白质复合体决定特异的花器官。

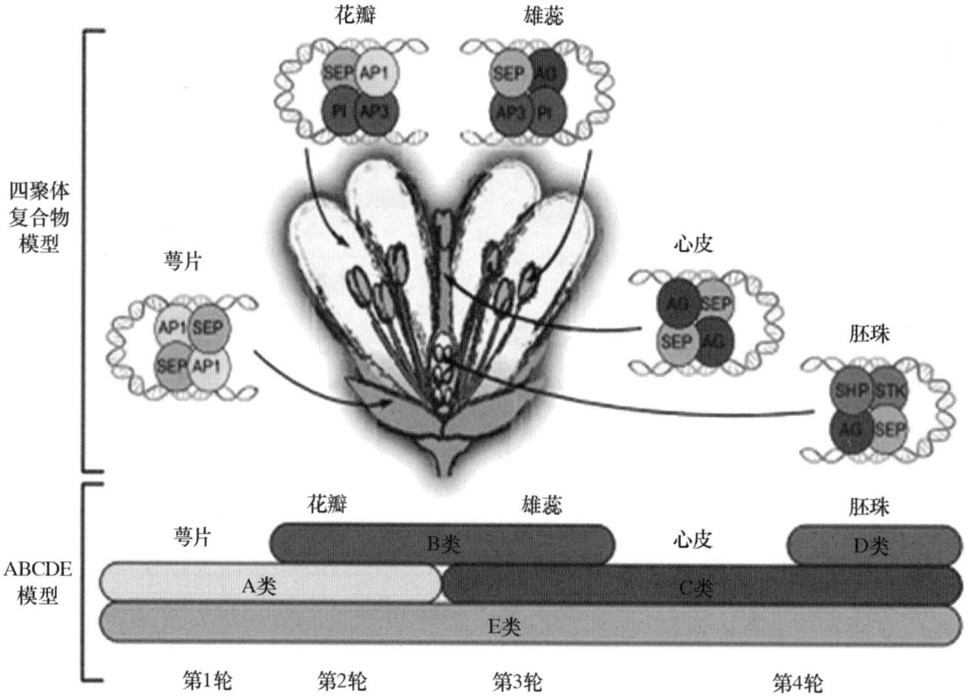

图 15-18　拟南芥花器官发育 ABCDE 模型及四聚体复合物

（引自 Theißen 等，2016）

15.3　细胞的全能性

全能性（totipotency）是指个体某个器官或组织已经分化的细胞在适宜的条件下再生成完整个体的遗传潜力。受精卵分裂过程中产生细胞的分化，发育成各种类型的细胞。细胞分化（cell differentiation）是指同一来源的细胞逐渐产生形态结构、功能特征各不相同的细胞类群的过程；它是个体发育的基础和核心。现代分子生物学的证据表明，细胞分化是基因差异性表达（differential express）的结果。正是由于不同基因的差异表达，产生特有的专一性蛋白质而导致细胞形态、结构与功能的差异。差异性基因表达产生的原因是受细胞内外因素的影响，如不等卵裂导致的卵质的不均匀分布、细胞自身的极性、体内激素和某些特定化学成分、信号传导，以及相对应的空间位置和环境中的光照、温度、压力、水分等都可能在一定程度上影响核基因的表达。在个体发育过程中，差异基因表达的调控机制十分复杂，涉及多个水平的调控，但以转录调控为主。具有相同基因结构的细胞由于受到内外环境条件和复杂的调控，出现差异基因-奢侈基因(luxury gene)表达，合成组织专一性产物，呈现细胞形态和功能的分化。

目前，植物细胞组织培养技术和动物体细胞克隆技术的理论基础就是利用生物细胞的全能性。具有全能性的细胞包括植物体细胞、动物受精卵和早期胚胎细胞(未决定的细胞)。动物细胞分化程度提高，细胞分化潜能越来越窄，已分化的动物细胞失去全能性，因为在动物胚胎发育过程中，由于内外环境条件的影响，发育命运逐渐受到限制，一旦细胞决定发生，发育方向便被确定，随后出现细胞分化，一般情况下不可逆；但通常它们的细胞核仍保持着原有的全部遗传物质，具有全能性。因此存在细胞核的全能性，即指一个细胞核具有该物种完整的遗传信息，在适当条件下能够发育成一个完整个体的能力。当然，一些生物发育过程中的某些细胞基因组会发生改变，如瘿蝇的体细胞染色体削减、淋巴细胞分化过程中免疫球蛋白基因的重排、两栖类核糖体 RNA 基因的基因扩增等。

15.3.1 植物细胞全能性

在自然情况下，高等植物个体发育过程中，分化了的雌雄配子经过受精作用，产生合子，完成自然的去分化过程(dedifferentiation)，恢复为具有全能性的合子细胞。合子细胞在母体影响下再次发生分裂和分化，产生多样化的细胞，进而形成组织和器官，完成形态构建。

高等植物有较强的再生能力，用插枝、压条、嫁接等方法进行无性繁殖，在农业中利用广泛。在生产实践中，利用植物的脱分化能力，用诱变剂处理培养中的细胞诱发突变，筛选出生产上极为需要的突变型，然后使突变细胞分化成为成熟的植株，大大缩短了育种周期，加快了育种进程。此外，快速获得纯合个体还可以进行单倍体培养。

一个已经分化的细胞要实现全能性一般要经历两个过程。一是去分化，使外植体的细胞转变成胚性细胞，从而获得不断分裂的能力。在一个完整的植株上，由于受具体器官或组织所在环境影响的缘故，各部分的体细胞只能表现一定的形态，承担一定的功能。植物体的一部分一旦脱离原来所在的器官或组织，成为离体状态时，在一定的营养、激素等外界条件下，就可能经去分化而恢复其遗传全能性，具有类似合子的功能。二是再分化，是胚性细胞分化形成器官。理论上，植物任何细胞都具有全能性，具有再生成完整植株的潜能。但在细胞工程实践中，不是所有体细胞都易再生成完整植株。1958 年斯图尔德(Steward)用野生胡萝卜(*Dancus carota*)根的单个韧皮部细胞进行离体培养，成功地培育出了幼株；Vasil(1965)用烟草成熟组织细胞培养获得再生株；1964 年和 1966 年古哈(Guha)和马赫什瓦里(Maheshwari)以曼陀罗的花药为材料进行离体培养，并诱发出单倍体植株，证明单倍体染色体数的配子体细胞也具有全能性。大量组织培养试验证明，植物已分化的细胞，从体细胞(如薄壁细胞、形成层、子房)到性细胞(花粉、卵)，给予一定刺激，包括营养物质、植物激素、光周期、温湿度、酸碱度等，在特定的培养基上，这些离体细胞经过去分化和再分化，发育成完整的植株。

15.3.2 动物细胞全能性

虽然有些高度分化的动物体能再生新的组织和器官，例如切下水螅躯体的一部分，可再生成完整的新个体，壁虎可再生掉下的尾巴，人可再生部分切除的肝脏等，但全能性在动物方面不像植物那样普遍和明显。1950 年，R. Briggs 和 T. King 建立了一种两栖动物的核移植技术，发现一个去核的卵移植一个体细胞的核后可以分裂，而且还发现从蛙的囊胚(blastula)细胞中分离的核是全能的，即将从囊胚细胞中分离出的核注入去核卵中不仅可以正常分裂，而且还能发育成完整的蛙。但从原肠胚(gastrula)阶段(囊胚期后的一个发育阶段)的胚中取出核移到去核卵中就不能完成正常的发育。

高等哺乳动物的细胞也具有全能性。1996 年，坎贝尔(K. H. S. Campbell)等将羊胚胎细胞核移植到去核的卵母细胞，成功培育出克隆羊。次年，该课题组又利用成年羊乳腺细胞的细胞核移植到另一只母羊的去核卵母细胞中，共移植 434 个卵，经体外培养后，再移植到代孕母羊的子宫内，产下唯一一只克隆羊“多莉”(Dolly)(图 15-19)。“多莉”绵羊的克隆成功证明了动物细胞核具有全能性，结束了几十年来的争论；建立了高等哺乳动物体细胞克隆的方法，为抢救濒临灭绝的珍稀动物和大量繁殖优良品种奠定了基础；同时，克隆人这一敏感问题受到了人们的关注。目前应用体细胞克隆技术已经成功克隆了猕猴、猪、牛、猫、小鼠、兔、骡、鹿、马、犬等。

这些研究结果充分证明,高度分化的细胞并没有失去合子所携带的遗传信息,在分化的细胞中,多数基因没有表达,但能被重新激活以指导细胞的正常发育过程。关于细胞全能性和分化、去分化的分子机制和调控机理,还有待继续深入研究。

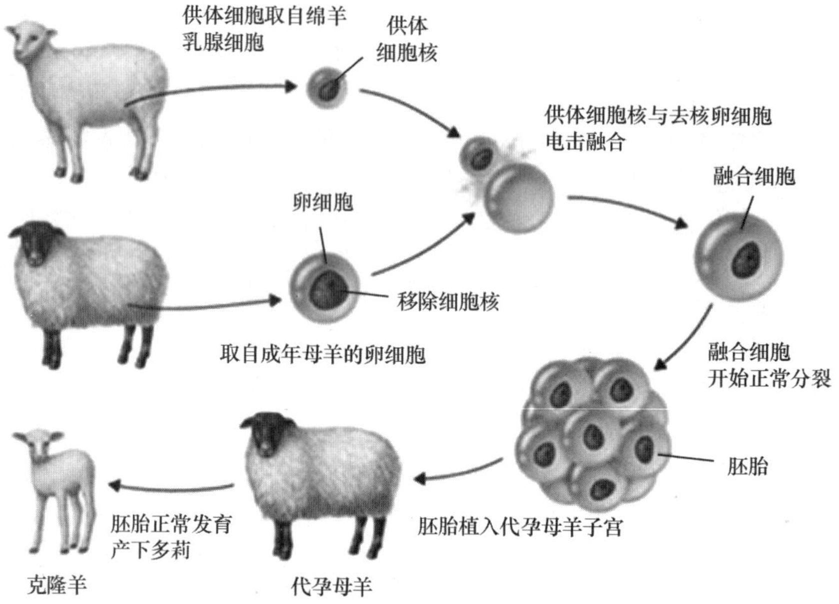

图 15-19 克隆羊的产生过程

(引自 Majlinda Lako 等,2015)

内容提要与思维导图

生物体在整个生命周期都处于动态的发育中,所有性状都在个体发育过程中逐渐形成。个体发育过程中,细胞核发挥着主导作用;细胞中的绝大部分基因位于细胞核内的染色体上,通过转录产生的mRNA进入细胞质,翻译成各种蛋白质,从而决定细胞的新陈代谢类型和个体发育方向。细胞质调节着核基因的作用。受精卵经过卵裂,形成的细胞中含有的细胞质内容物不同,基因在不同细胞质的作用下,表现出不同的效应,造成细胞和组织的分化。细胞核和细胞质是相互依存、相互制约的,共同调控生物体遗传信息的时空表达,完成个体的细胞分化、形态建成和生长。

在个体发育的过程中,各种性状的发育,从受精卵开始,随着细胞的多次分裂和分化,形成不同的组织和器官,相应的性状相继而有节奏地发生。分化的体细胞中携带着生长发育的全部遗传信息,但是在分化的细胞中只表达了整个遗传信息的一部分,而且不同类型的细胞表达的遗传信息也不相同。个体发育阶段性转变的过程,实质上是不同基因被激活或被阻遏的过程。这一过程由许多特异性基因按一定的时间顺序性和空间特异性程序启动和关闭表达来控制。个体发育受内外两种因素共同影响,是基因型与环境因子相互作用的结果。

同形异位基因是控制个体的发育模式、组织和器官形成的一类基因。同形异位基因编码一组转录因子,通过调控其他重要的形态及器官结构基因的表达,影响个体的发育模式、组织和器官的形成。在果蝇、动物、真菌、植物及人类等几乎所有真核生物中都发现了同形异位基因。

细胞全能性是指个体某个器官或组织已经分化的细胞在适宜的条件下再生成完整个体的遗传潜力。大量科学实验证明,高度分化的植物细胞仍然有发育成完整植物体的能力,即保持着细胞的全能性。在动物体内,随着细胞分化程度的提高,细胞分化潜能越来越窄,但它们的细胞核仍然保持着原有的全部遗传物质,具有全能性。"多莉"绵羊的克隆成功就证明了动物细胞核具有全能性。细胞核的全能性是细胞全能性的基础，只有当细胞内外的条件使细胞核的全能性得到表现时，细胞全能性才能表现出来。

二维码 15-1 本章思维导图

复习思考题

1. 解释下列名词：个体发育　同形异位现象　同形异位基因　细胞的全能性。
2. 叙述个体发育的特点。
3. 怎样理解细胞核和细胞质在个体发育中的相互作用？
4. 简述环境条件对个体发育的影响。
5. 如何理解个体发育的阶段性和连续性？
6. 举例说明同形异位基因在个体发育中的作用。
7. 简述细胞全能性的应用。

第16章 基因工程

◆内容提示

介绍基因工程的基本原理和基本方法，展示基因工程的应用及其安全性。

◆教学目标

掌握基因工程概念、基本操作步骤，了解目的基因获得、载体构建、转化及转化体筛选各环节的主要技术，了解转基因生物安全性的评价原则。

20世纪中叶以来，科学家发现，几乎所有生物的遗传物质都是DNA，生物的遗传信息贮存于DNA的碱基序列中，且生物界的遗传密码具有通用性。这些发现为实现不同生物遗传物质的体外重组奠定了理论基础。分子生物学技术的迅速发展，特别是限制性内切酶和连接酶的发现，为DNA的体外操作提供了技术条件。1972年，P. Berg首次在世界上成功完成DNA的体外重组实验；1973年，Boyer和Cohen等将酶切的外源DNA片段与质粒DNA连接起来，构成一个重组质粒(recombinant plasmid)，并将其转入大肠杆菌细胞。这些开创性的工作证实了DNA体外重组的可行性，初步建立了基因工程(genetic engineering)的技术体系，成为现代生物学发展史的重要里程碑。对基因的研究，长期以来是遗传学研究的主线，基因工程技术的创立是基因研究的必然结果，其不仅使遗传改良中直接应用来自不同生物的基因资源成为可能，而且为基因研究提供更强有力的手段。

16.1 基因工程概述

16.1.1 基因工程的概念

基因工程是指采用类似工程设计的方法，人为地将目的基因提取出来或人工合成，在体外进行剪切与组合，再转入另一种生物细胞内，使接受者表现出外源基因决定的、且不能通过自然途径获得的遗传特性。

基因工程作为生物遗传改良的手段具有以下两个特点。

(1)克服种间杂交障碍，获得更大的遗传特性改变　基因工程在DNA水平上进行设计和操作，能够克服生物种间杂交固有的生殖障碍，重组亲缘关系很远的物种间基因，实现最大范围的遗传重组，赋予物种崭新的特性。

(2)定向改造生物　基因工程重组转移的一个或几个基因所控制的生物性状是已知的，因此后代的遗传性状的改变是定向的，完全处于人们有目的的控制之下，从而克服了传统的杂交和远缘杂交方法获得目标基因型的随机性和盲目性。

采用基因工程技术产生的生物体称为遗传工程体或遗传改良生物(genetically modified organism，GMO)。以植物为受体的基因工程产物，就称为转基因植物(transgenic plant或genetically modified plant，GMP)。若转基因植物的产品是农产品，则这种基因改良作物称为转基因作物(transgenic crop或genetically modified crop，GMC)。

16.1.2 基因工程的主要步骤

以植物基因工程为例，基因工程的主要步骤见二维码16-1。

基因工程操作的主要步骤包括：目的基因的获得，基因表达载体的构建，目标基因的遗传转化，转化体的筛选鉴定。

二维码16-1　植物基因工程

16.1.2.1 目的基因的获得

基因工程的第一步就是要获得目的基因(又称外源基因)的编码序列,并将其连接在克隆载体上,转化进大肠杆菌等细菌中保存。目的基因主要通过分子杂交的方法从各种基因文库中筛选分离,也可用 PCR 技术从基因组 DNA 或基因文库中扩增获得,还可通过人工合成得到。

16.1.2.2 基因表达载体的构建

对获得的目的基因进行恰当的修饰后,加上相应的启动子,导入适宜的表达载体,形成重组 DNA 分子,才能够发挥其功能。通常需要通过比较分析其与目的生物密码子的偏爱性来进行修饰,使其与目的生物的密码子偏爱性相适应。启动子的选择直接关系到它所启动的目的基因在受体生物中表达产物出现的时间、部位和数量多少。因此,表达载体的构建需要结合研究目的及目的基因的特性,选择合适的表达载体和恰当的启动子。

16.1.2.3 目标基因的遗传转化

目的基因的表达载体构建后,接下来就需将其导入受体生物,使其整合到受体生物的基因组中,随着受体生物的生长、增殖得到复制和扩增。选择适当的受体生物的器官和状态,有利于提高其接受、整合外源 DNA 的能力。根据表达载体的性质和受体生物的种类,遗传转化的方法有转化(transformation)、显微注射(microinjection)和转染(transfection)等。

16.1.2.4 转化体的筛选鉴定

通过遗传转化,只有重组体 DNA 分子整合到受体基因组并进行正常的表达时,受体才能表现出相应的性状。然而,在这个过程中并非所有被处理的细胞都能完成预期的转化。因此,需要通过相应的筛选技术来得到整合有目的基因的细胞或个体(转化体)。根据载体体系、宿主细胞特性及外源基因在受体细胞的表达情况,可采取直接选择法或间接选择法。通过报告基因(如 *CAT* 基因、*GUS* 基因、荧光素酶基因和 β-半乳糖苷酸基因等)检测法、分子杂交(包括 Southern 杂交、Northern 杂交等)检测法和聚合酶链式反应(PCR)检测法等方法,从目的基因的进入、整合、表达等方面筛选鉴定转化体。植物转基因材料,一般是作为特殊新种质,要与常规的育种技术结合,选育出具有目标性状并表现综合性状优良的品种,才能在生产中推广使用。

16.2 目的基因的获得

基因工程改良生物的目的,一是使生物能够大量产生有用的蛋白质,通常是治疗疾病的药物(如治疗糖尿病的胰岛素,治疗生长迟缓的生长激素等),或是具有工业用途的酶(如用于制造啤酒的 α-淀粉酶,用于添加洗涤剂的蛋白酶)等;二是使生物产生可直接利用的新性状,例如使农作物具有对广谱除草剂的抗性,以便利用广谱除草剂灭除田间杂草,降低田间管理成本;再如使棉花拥有抗虫性状,有利于减少使用农药和保护环境;还有使农作物具有抵御不良环境胁迫的性状,提高作物的稳产性,扩大作物的种植范围。因此,选择并获得目标性状的基因十分重要。

16.2.1 目的基因的种类

尽管目的基因的挖掘及功能分析研究一直是基因工程研究的重要领域,然而目前能够真正用于基因工程的目的基因还是十分有限的。下面简单介绍几类已经克隆并经过功能鉴定,已经或有可能用于植物基因工程的目的基因。

16.2.1.1 抗虫基因

抗虫基因已经广泛应用于农业生产,如抗虫棉、抗虫玉米等,按其机理可分为以下两种:①毒蛋白基因,如苏云金杆菌的 *Bt* 基因,所产生毒蛋白能够损伤昆虫的消化道;②蛋白酶抑制基因,如豇豆胰蛋白酶抑制基因 *CPT*1,所表达的产物能够阻碍昆虫消化食物。

16.2.1.2 抗除草剂基因

抗除草剂基因是应用于农业生产的第二大类基因。这里提及的除草剂是指几乎可以杀死包括作物在内所有植物的广谱除草剂。国内常用的广谱除草剂是草甘膦,国外的除此之外还有草丁膦。已经推广的抗除草剂作物主要有抗草甘膦的转基因玉米、大豆等。根据抗除草剂的机理,抗除草剂基因可分为以下几种。

(1)改变植物酶对除草剂的敏感性　草甘膦的杀草作用机理是通过结合抑制植物 EPSP 酶的活

性。EPSP 酶是芳香族氨基酸合成途径中的一个酶。细菌 aroA 的突变株具有 *EPSP* 基因，该基因也表达产生 EPSP 酶，具有植物 EPSP 酶的功能，但与植物原有的 EPSP 酶相比不容易与除草剂草甘膦分子结合形成复合物，也就不容易被除草剂破坏。

(2)补偿被除草剂破坏的植物酶　例如导入新的 EPSP 酶基因，使植物产生这种 EPSP 酶，一定浓度除草剂不足以破坏这种 EPSP 酶，从而获得对除草剂的抗性。

(3)解除除草剂对植物酶的抑制作用　除草剂草丁膦的作用机制是通过结合抑制植物谷胱甘肽合成酶 GS 的活性，GS 在植物体内可以解除氨基酸降解过程产生的毒素，草丁膦的作用导致植物的氨积累毒害。*Bar* 基因产生的乙酰转移酶，能使除草剂 *L*-草丁膦分子发生乙酰化，使其不能与植物的谷氨酰胺合成酶结合，从而解除对植物的谷氨酰胺合成酶的抑制作用。

16.2.1.3　延迟成熟、增强耐藏性的基因

乙烯是对果实成熟起决定性作用的植物激素，其前体是 ACC 合成酶和 ACC 氧化酶。科学家将 ACC 氧化酶反义基因导入番茄，阻断 ACC 氧化酶的形成，进而延迟乙烯的生物合成，结果番茄延迟成熟，在 13～30 ℃条件下可安全储藏 45 d。

16.2.1.4　抗病毒基因

抗病毒基因按其抗病毒机理可分为以下 3 种。

(1)利用病毒外壳蛋白抵抗病毒侵害　例如烟草的花叶病毒外壳蛋白基因 *PC*，所产生的蛋白质具有保护作用，但其深入的机理还未研究清楚。

(2)利用反义 RNA　例如将病毒的某一基因反向接在一个强启动子后面，所产生的大量反义 RNA 能够阻断病毒的复制。

(3)利用抗体　例如病毒复制酶的抗体的基因，所产生的抗体能够使病毒的复制酶失效。

16.2.1.5　耐环境胁迫基因

提高植物对环境胁迫的忍耐性和抗性，对农业生产具有重要意义。目前研究比较深入的有以下 3 类基因。

(1)抗冻蛋白基因　将某些极地鱼抗冻蛋白基因导入番茄、草莓、烟草等，提高了这些植物的抗冻性。据观察，该抗冻蛋白能防止细胞中冰晶的形成。

(2)抗盐基因　将拟南芥的逆转运蛋白基因导入番茄，获得转基因植株在高盐溶液中能正常生长发育，结果是盐分主要集中在叶片里，果实中盐分极少而含糖量高。

(3)转录因子基因　利用调控一系列胁迫响应基因的转录因子基因，来提高植物对干旱、高盐、高温等的抗性，如 *DREB* 转录因子基因、*NAC* 转录因子基因等等。

16.2.2　基因工程的工具酶

基因工程的基本技术是进行基因的剪切、连接和组合，涉及一系列催化这些反应的工具酶。其中主要包括核酸内切酶、DNA 连接酶、逆转录酶、*Taq* 酶。其中的限制性内切酶和 DNA 连接酶是 DNA 重组工作重要的工具酶。以下简要介绍这几类工具酶。

16.2.2.1　限制性内切酶

限制性核酸内切酶(restriction endonuclease)简称限制酶(restriction enzyme)，是在细菌细胞中发现的一类能识别双链 DNA 分子中特异核苷酸序列，切割双链结构的核酸内切水解酶。这种酶是细菌具有防御外来 DNA 的手段。外来 DNA 进入细菌细胞之后，往往会被限制酶所识别和切断，这个过程就称为“限制”。每一种限制酶的识别顺序通常是 DNA 分子中的某 4～6 个核苷酸。细菌自身的 DNA 则由于相应序列上的 A 或 C 碱基的甲基化而免于限制酶的攻击。

限制性核酸内切酶是一类位点特异性酶，能够识别 DNA 分子上的特异核苷酸序列，在识别位点区域切割形成双链切口，产生独特的 DNA 片段。限制酶识别的 DNA 序列具有回文对称结构，也就是 DNA 双链分子某区段中的一条链调转 180°后可以与另一条互补链的序列完全重叠的结构(表 16-1)。回文对称结构切断的双链 DNA 都产生 5′-磷酸基和 3′-羟基的末端。许多限制酶在识别序列的对称轴两侧相对位点上分别切割一条 DNA 链，在生成的两个 DNA 片段的末端分别留下一段短的单链末端，其中有些产生 5′ 突出末端(如 *Eco*R Ⅰ 酶)，有些产生 3′ 突出末端(如 *Pst* Ⅰ 酶)。这种由限制酶产生 DNA 片段的单链突出末端称为黏性末端(cohesive end)，也有的酶产生齐头的平末端(blunt end)，如 *Sma* Ⅰ 酶(图 16-1)。

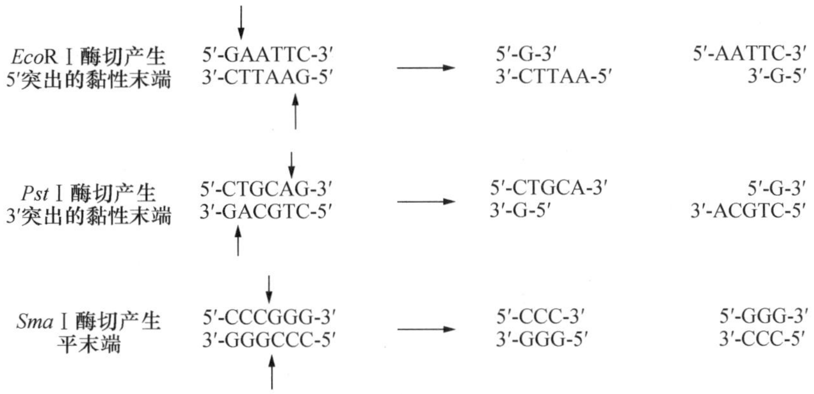

图 16-1 限制性核酸内切酶识别序列的结构及酶切产生各种末端

表 16-1 几种常用的限制酶和它们的切点

名　称	切断处的核苷酸顺序
*Eco*R Ⅰ	—C—T—T—A—A—G— —G—A—A—T—T—C—
*Eco*R Ⅱ	—C—G—G—A—C—C—G— —G—C—C—T—G—G—C—
Hind Ⅲ	—T—T—C—G—A—A— —A—A—G—C—T—T—
Hac	—C—C—G—G— —G—G—C—C—

同一种限制性内切酶酶切产生的两个片段的黏性末端序列不仅是相同的，而且是互补的。将不同来源的 DNA 用同一种限制酶切割，都会形成这样带有互补黏性末端的 DNA 片段。若将其在适合形成氢键的条件下保温，就能互相退火，然后在 DNA 连接酶的作用下连接起来，形成完整的重组 DNA 分子。基因工程正是根据这一原理，用同一种限制性内切酶切割基因片段和载体，使其带有相同的黏性互补末端，再进行 DNA 的体外重组，将目的基因装配到作为载体的 DNA 分子上。

16.2.2.2　DNA 连接酶

DNA 连接酶(ligase)是一种能够催化 DNA 中相邻的 3′-OH 和 5′-磷酸基团末端之间形成磷酸二酯键，把两段 DNA 拼接起来的酶。因此，限制性内切酶被称为基因工程的剪刀，DNA 连接酶被称为基因工程的针线。常用的 DNA 连接酶主要有 T_4 噬菌体 DNA 连接酶和大肠杆菌 DNA 连接酶。DNA 连接酶不仅可以连接限制酶产生的具有黏性互补末端的两个 DNA 片段，也可以连接限制酶产生的具有平末端的两个 DNA 片段。DNA 连接酶能连接双链 DNA 分子，不能连接两条单链 DNA 分子。DNA 连接酶还能封闭 DNA 双链及 RNA/DNA 杂种双链中的单链切口。

在基因工程操作中，除了将 DNA 连接酶用于基因片段和载体 DNA 重组外，还用于 DNA 分子与人工接头(synthetic linker)连接。

16.2.2.3　逆转录酶

逆转录酶(reverse transcriptase)又称依赖于 RNA 的 DNA 聚合酶、RNA 指导的 DNA 聚合酶，目前主要有来源于鸟类成髓细胞性白血病病毒(AMV)的逆转录酶和 Moloney 鼠白血病毒(M-MLV)的逆转录酶。

逆转录酶在基因工程中的主要用途是以 mRNA 为模板合成互补 DNA(complementary DNA，cDNA)。用逆转录酶合成 cDNA 时，先从特定组织或细胞中提取 mRNA，由于 mRNA 的 3′端含有poly(A)尾巴，通过设计一种 poly(T)引物与 poly(A)配对，在逆转录酶的作用下，就能以 mRNA 为模板合成互补的 DNA 链(即 cDNA)，其初产物是 DNA-RNA 杂种分子，接着 RNA 链被降解，剩下的 DNA 单链(也称第一链)在 3′端形成一个发夹环折回，同时作为引物和模板合成 cDNA 的第二链，然后通过 S_1 核酸酶的作用将发夹环降解，最后形成双链的 cDNA 分子。

16.2.2.4　聚合酶链式反应与 *Taq* 酶

聚合酶链式反应(polymerase chain reaction，PCR)(二维码 16-2)是体外快速扩增 DNA 的方法。这个由美国的 Mullis 于 1986 年发明的方法，可在几小时内使目的基因片段扩增到数百万个拷贝，它可

二维码 16-2　PCR 原理

以取代一些经载体克隆 DNA 的方法。PCR 扩增基因先要根据待扩增基因序列设计合成两个引物(primer)。引物是引导 DNA 合成的一小段核苷酸，人工合成引物一般是有 20～30 个碱基的 DNA，它们具有分别与待扩增区段二条链的两端互补序列。扩增时，先使 DNA 模板变性成单链，接着两个引物分别与单链 DNA 互补区段结合(复性)，然后在嗜热 DNA 聚合酶(*Taq* 酶)及四种脱氧核苷酸存在下，由引物引导延伸合成 DNA 新链(图 16-2)。PCR 反应的过程是通过温度的变化引导实现的，具体的 3 个步骤如下。

(1)变性　加热反应体系使温度达到 95 ℃，使模板 DNA 的双链变性成单链，变性持续时间一般为 60 s。

(2)复性　使反应液缓慢降低到 55 ℃左右，使两个引物分别与单链 DNA 互补结合，持续时间 60 s 左右。

(3)延伸　反应液再加热至 72 ℃，在引物的引导及 *Taq* 酶的作用下，合成模板 DNA 的互补链，持续时间 90 s 左右。

这三个步骤称为一个循环，PCR 反应常用 25～35 个循环。一个循环完成后，待扩增的基因扩增了一倍，新增加的基因又可作为模板用于下一步的扩增，所以，PCR 反应中扩增的基因是呈指数级增长的，若循环 20 次，目的基因片段的拷贝数可扩增至 100 万倍。因此仅用少量的模板 DNA 分子，经 PCR 后就可以得到大量扩增基因产物。所使用的 PCR 仪是程序控制的，可控制以上步骤所需要的温度、时间等条件，并根据所需要的产品数量控制循环的次数。

由于普通的 DNA 聚合酶在 DNA 变性时的高温下很快就失去活性，最初的 PCR 反应需要不断地给反应体系中补加 DNA 聚合酶，操作麻烦。嗜热性 DNA 聚合酶 *Taq* 酶的发现解决了这个问题。*Taq* 酶是从生长在温泉里的嗜热细菌 *Thermusaquticus* 中纯化得到的一种 DNA 聚合酶。*Taq* 酶的最大优点在于催化反应的温度较高，最适反应温度为

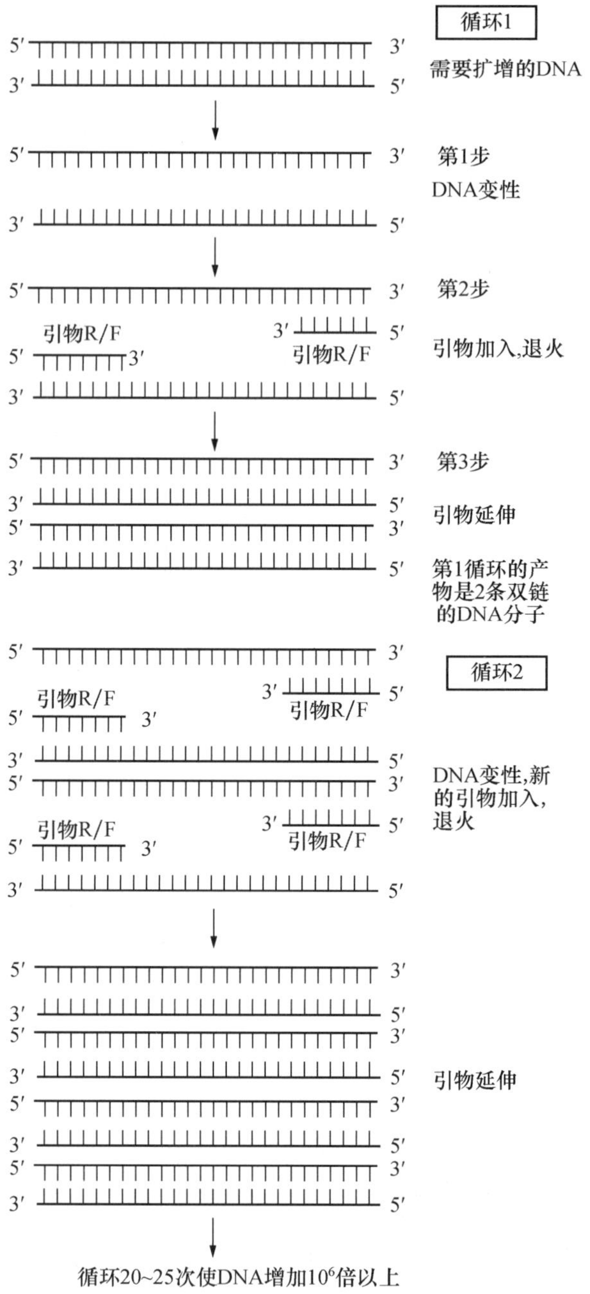

图 16-2　PCR 扩增原理示意

(引自 Kung 和 Cummings，1996)

72 ℃，并且在 DNA 的变性温度 95 ℃条件下依然可以保持活性，使 PCR 反应不必每个循环加一次酶而实现自动化。

PCR 方法通常可以扩增 5 kb 左右的 DNA 片段，利用一些改良的方法，可以扩增长达 40 kb 的 DNA 片段。PCR 扩增的基因经过核酸序列测定分析后，可作为基因工程的目的基因。

16.2.3 基因分离的方法

16.2.3.1 基因文库法

1. 基因文库的构建

基因工程的目的基因可以通过人工化学合成得到，但是在大多数情况下是从预先构建的基因文库（二维码 16-3）中“钓取”的。所谓基因文库（gene library），是将基因组 DNA 或 cDNA 片段与载体连接后导入细菌，经过无性繁殖得到的重组 DNA 群体。通常用于保存这些基因的细菌是大肠杆菌。这些大肠杆菌放置在固体培养基上，能产生分散的菌落。由于每个菌落都分别起源于单个细胞，所以一个菌落就是一个无性繁殖系，也就是一个重组 DNA 克隆。与此相似，含有外源基因的病毒也可以培养在细菌中作为基因文库，它所产生的每一个噬菌斑通常约含 10^7 个噬菌体。由于每个噬菌斑都分别起源于一个原始噬菌体，因而可以分别看成是一个克隆。下面介绍常见的两种基因文库。

二维码 16-3 基因文库的建立

（1）基因组文库 基因组文库是指汇集和克隆了某一基因组所有 DNA 序列的重组 DNA 群体。从概念上说，一个基因组文库应当包含基因组所有序列的至少一个拷贝。由于基因组文库需要包含基因序列和基因以外序列的全部克隆，所以一个完整的基因组文库往往必须包含非常大量的菌落或克隆，才能从中有效地钓取目的基因。

（2）cDNA 基因文库 在高等真核生物的基因组中，具有表达功能的基因的 DNA 序列只占整个 DNA 序列的一小部分。这些基因能够在特定细胞的特定时期活化，转录产生 mRNA。在重组 DNA 技术中，利用这些 mRNA，在逆转录酶作用下形成它的互补 DNA（cDNA）单链，然后进一步形成双链 cDNA；将这种双链 cDNA 同适宜的载体（如质粒）连接成为重组 DNA，导入受体细胞（如细菌）并进行克隆，就成为 cDNA 基因文库。由于构建 cDNA 基因文库时采用的是总 mRNA，所以该基因文库拥有同各种 mRNA 分子相应的 DNA 克隆。

cDNA 基因文库相对于基因组文库具有多种优越性。首先，对它的筛选比较简单易行。这是因为一个完全的 cDNA 基因文库比一个完全的基因组文库所包含的克隆种类要少得多，两者相差 10～100 倍。同时，由于 cDNA 基因文库来源于 mRNA，而 mRNA 具有特异性表达的时期和部位，故恰当选择 mRNA 的来源，就有可能使所构建的 cDNA 基因文库中某一特定序列的克隆达到很高的比例。例如，用产蛋鸡的输卵管所制备的 cDNA 基因文库，卵清蛋白基因的序列占有明显的优势。其次，cDNA 基因文库可以用于克隆在细菌中表达的基因。已知真核生物基因在细菌中表达的所有成功实例都使用了 cDNA 克隆。这是因为 cDNA 克隆已经删去了内含子，而至少目前认为，原核生物并不具备从原始转录产物上删除内含子的酶分子。最后，cDNA 基因文库可用于测定基因 DNA 序列的结构。由于 cDNA 克隆来自成熟的 mRNA，所以测定 cDNA 克隆的序列就能够分析基因外显子的碱基排列顺序。此外，通过同已知的基因组基因 DNA 序列的比较，还可以确定内含子与外显子的界限。

2. 从基因文库中钓取目的基因

（1）DNA 探针制备 探针（probe）是与待测目的基因或克隆互补的一段核酸序列。利用探针可以从基因文库中筛选出与探针有互补序列的特定克隆。制备的探针一般是双链的，也可以是单链的。双链探针杂交时需要变性成单链。通常用放射性同位素标记探针，也有使用荧光标记或颜色反应标记探针。用不同探针可以在基因库中调取不同的目的基因。探针序列可以有多种来源，可以来自原物种已知目的基因的部分序列，也可来自异源植物、动物同类基因中的保守序列。

（2）核酸杂交筛选文库 筛选质粒载体基因库时，可通过菌落杂交技术寻找目标 DNA 克隆（图 16-3）。

将质粒库的细菌混合液培养在平板培养基上，会长出成千上万的菌落。将硝酸纤维素膜或尼龙膜压在生长着的重组菌落的平板上，使每一个菌落的细胞被转移到膜上，对平板和膜上的菌落顺序做上标记。然后用碱裂解细菌，并使双链 DNA 变成单链，牢固地结合在膜上。将载荷着各种克隆单链 DNA 的膜浸泡在含有 DNA 探针的溶液中，探针可以通过与膜上的互补序列杂交而结合到膜上。将膜漂洗除去所有未杂交的探针，结合了核酸探针的菌落可用放射性自显影或者荧光检测显示出来。根据杂交点确定对应的目标基因菌落。将目标菌落挑选出来培养扩增，收集菌体，提取质粒，用限制酶酶切后就可以得到大量的目的基因序列拷贝，用于后续研究。

对于噬菌体基因文库的筛选，需要进行噬菌斑杂交。将重组噬菌体感染的宿主细菌细胞与少量培养基培养后，涂布在平板培养基上，过夜后噬菌体繁殖使细胞裂解形成噬菌斑，每个噬菌斑代表一个克隆后代。采用影印技术将噬菌斑转移到尼龙膜或硝酸纤维素膜上，然后变性成单链 DNA 供探针筛选。噬菌斑比细菌（质粒载体库）菌落小很多，所以在一张膜上可以对更多的克隆进行筛选，在筛选基因文库时效率更高。

（3）序列测序和分析　从文库中获得目的克隆后，还需要进行测序及生物信息分析与功能预测，之后才能确定测定的核酸序列是不是所需要的基因。目前的测序都是在测序仪上自动完成。

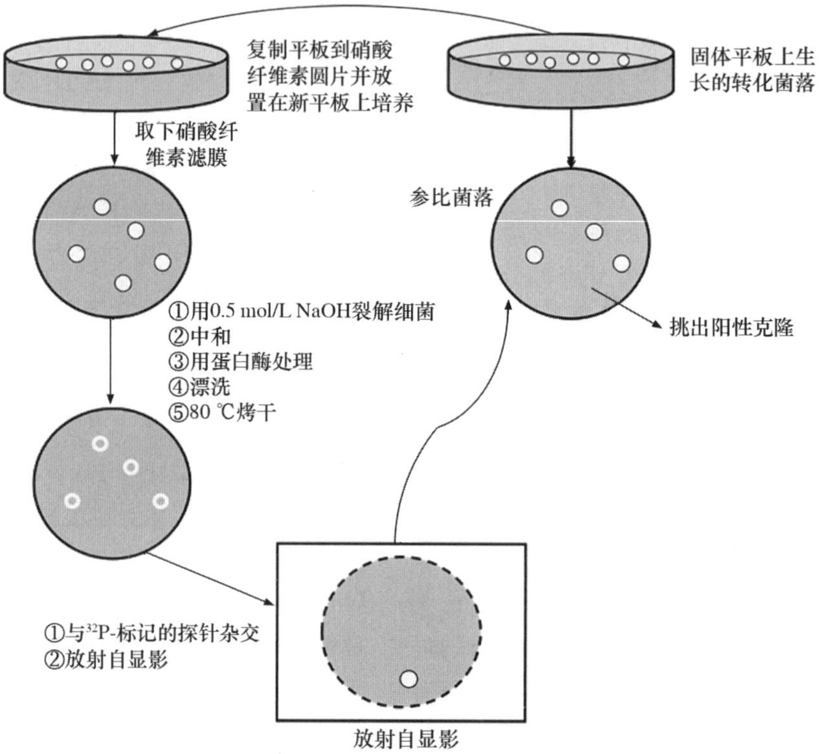

图 16-3　菌落核酸杂交筛选基因文库

16.2.3.2　PCR 扩增法

PCR 扩增法是在基因序列已知或部分已知的条件下进行基因克隆的一种方法。通常是依照基因两端的部分序列设计合成 20～30 个碱基的引物，引物分别与目的基因上、下游的 DNA 序列互补，这对引物可以特异地与 DNA 互补序列结合，从而克隆特定的 DNA 区段。

PCR 扩增法既可以直接以某生物的基因组 DNA 作为模板扩增基因，又可以从基因文库的重组体群体中扩增基因。采用 PCR 技术从文库中钓取目的基因时，需要利用噬菌体将细菌裂解，释放其中的质粒，提取质粒 DNA，在 PCR 仪中进行扩增。

采用 PCR 技术扩增目的基因的关键是设计特异性的引物。目前，很多物种基因组测序已经完成，如拟南芥、玉米、水稻等，很多基因的完整或部分序列也已经知道，这样就可以根据已知基因的序列设计引物，用 PCR 扩增的方法获得各种目的基因。另外，由于生物的种、属之间编码基因的序列之间也有较高的同源性，所以也可以根据目的基因在某一物种的序列设计引物，从亲缘关系较近的其他物种中扩增目的基因的序列，如同属禾本科的玉米、高粱、谷子等。此外，还可以用 cDNA 作为 PCR 扩增的模板，对目的基因进行扩增。

16.2.3.3　基因的人工化学合成

对于已知核苷酸序列、分子量较小的基因，可以通过化学合成方法制备。化学合成基因也是获得基因最初使用的方法。但由于已知序列且有应用价值的基因很少，化学合成的基因片段长度有限，所以目前应用得较少。DNA 的人工合成主要用于引物和探针的合成等方面。人工合成 DNA 可以由 DNA 自动合成仪完成，具体的合成原理可参考相应的参考书。

16.3 表达载体的构建

16.3.1 载体的种类

基因工程中，把能够将一个重组的 DNA 分子运送进生物细胞，并整合到生物的染色体上的运载工具，即携带外源基因进入受体细胞的 DNA 分子，称载体(vector)。载体的设计和应用是基因工程的重要环节。最初的载体是来源于细菌中的质粒。天然质粒经过改造，使之符合基因工程的需要才能成为基因工程的载体。根据用途，可以把基因工程的载体分为克隆载体、表达载体和中间载体等。

(1)克隆载体　克隆载体一般都有一个复制子，能使插入的 DNA 片段在宿主细胞中复制扩增，但不具有驱动基因表达的序列，主要用于文库构建和基因克隆，前一节提及的载体就属于这一类。

(2)表达载体　表达载体除了具有克隆载体的基本元件外，还具有驱动目的基因在受体生物表达的启动子等序列，用于目的基因最终的转化表达。

(3)中间载体　中间载体也称穿梭质粒载体，是一类同时具有原核和真核生物的复制子，以确保其在这两类细胞中都能得到复制和存在，可以携带目的基因在两种生物间穿梭往返。

目的基因可以放在不同的宿主细胞中表达，包括原核生物、真核生物、动物细胞、植物细胞。不同的表达系统，需要构建不同的表达载体。以下介绍植物表达载体的构建。

16.3.2 表达载体的一般要求

为使目的基因进入受体并在其中表达，表达载体应当具备如下条件。

(1)表达载体必须具有 DNA 复制的原点　因为这样才能使重组 DNA 分子在受体细胞中进行复制，形成无性繁殖系，也就是形成通常所说的“克隆”。

(2)表达载体必须具有遗传标记基因　这样才便于人们将具有目的基因的受体细胞识别和选择出来。常用的标记有对某种抗生素的抗性基因和标记产物与特殊底物发生显色反应的基因等。抗生素标记基因一般用于载体构建阶段的重组体筛选；颜色反应基因既可用于载体构建时重组克隆的选择，又可用于转化植物愈伤组织时的转化体选择。

(3)表达载体 DNA 必须具有合适的限制酶酶切位点　有不同限制酶的酶切位点才能满足装载不同外源 DNA 片段和控制元的需要。限制酶的切点不能位于复制原点区域，也不能在标记基因内，否则会影响复制和选择。

(4)表达载体必须具有启动子、终止子等元件　这样才能使载体所携带的目的基因和标记基因在受体中正确表达。

16.3.3 常用的载体

16.3.3.1 质粒载体

质粒是自然存在于细菌细胞中，但独立于细菌染色体的小型环状双链 DNA 分子，能够自主复制。即使只有一个质粒进入受体细胞，它也可能复制出多个拷贝。因此当质粒作为载体利用的时候，所装载的目的基因将随之复制出多个拷贝。根据质粒载体在受体细胞中复制的程度，可以将其分为严紧型和松弛型。前者只能在受体中产生 1 个到几个拷贝，后者则可以产生几十个到几百个拷贝。由于质粒也是 DNA，所以以质粒为载体导入目的基因的过程，如同细胞摄取游离 DNA 的过程，也称为“转化”。

在基因工程中，通常预先将这类质粒载体加以改造，使它具有不同种类限制酶的切点和对特定抗生素的抗性基因。pBR322 是经过人工改造而首批在基因工程中使用的质粒载体之一(图 16-4)。它携带着若干种限制酶的单一切点和两个抗性基因：抗氨苄青霉素基因和抗四环素基因。如果将这种质粒导入无质粒的、对抗生素敏感的细菌寄主细胞中，则细菌寄主的表型将获得对以上两种抗生素的抗性。这种质粒的抗四环素基因当中，具有若干酶切位点。当目的基因插入这些位点时，位点所在的抗四环素基因将表现失活；但与这些位点无关的抗氨苄青霉素基因不受影响。

目前已经有更为复杂的质粒载体可供利用。根据它们所具有的特征，人们可以更方便地鉴定含有目的基因的受体细胞。例如，在 pBR322 基础上改造得到的 pUC18 质粒载体(图 16-5)就具有以下重

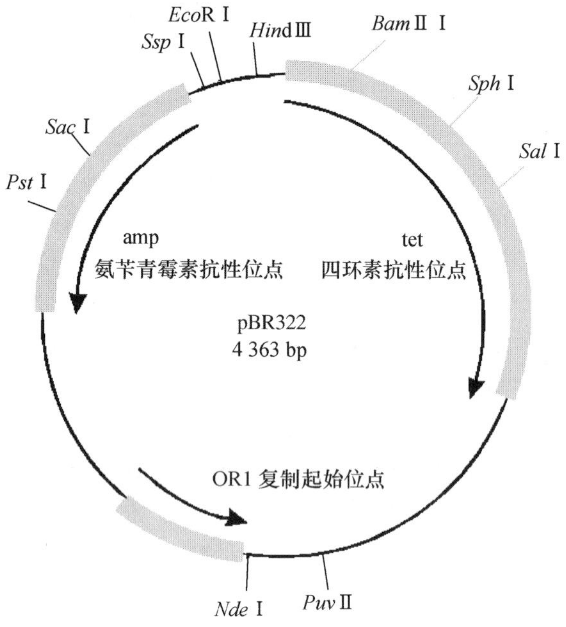

图 16-4 质粒载体 pBR322 的结构

要特征：①大小只有 pBR322 的一半，能够携带更长的外源 DNA 片段；②能在每个受体细胞中产生 500 个左右的拷贝，是 pBR322 拷贝数的 5～10 倍；③在这种质粒的一个区域，集中地构建了大量酶切位点，且每个酶的切点是单一的，这个区域称为多克隆位点；④多克隆位点区域位于其携带的大肠杆菌 *lac* Ⅰ基因之中。所以含有这种质粒的细菌寄主细胞在含 X-gal 混合物的培养基上将产生蓝色的菌落。如果将外源 DNA 片段插入这个多克隆位点中，则 *lac* Ⅰ基因将会受到干扰而表现失活，从而使具有外源 DNA 片段插入的重组质粒的细菌细胞形成白色菌落。因此，通过细菌菌落的颜色就能够将有或无外源 DNA 片段的细胞加以区别。

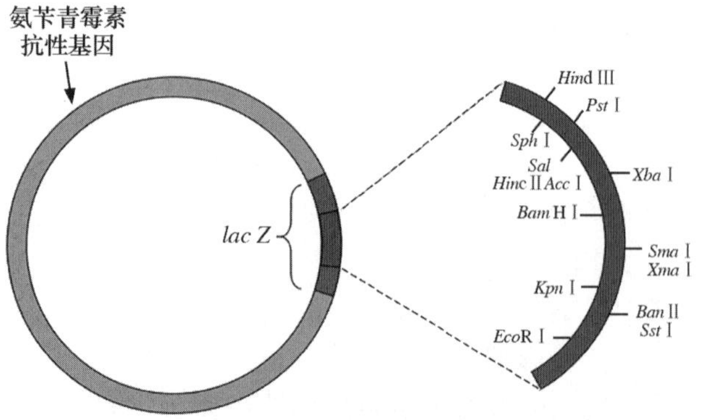

图 16-5 质粒 pUC18 的结构及多克隆位点

(引自 Acquah，2004)

一种称为 Ti 质粒(tumor-inducing plasmid)的载体常应用于高等植物的基因工程中。它存在于能引起植物形成冠瘿瘤的土壤农杆菌中。这种瘤的形成是土壤农杆菌中的一种质粒诱发引起的，所以称为 Ti 质粒(图 16-6)。它是环状双链 DNA，长度大约包含 185 kb 的碱基。其最重要的组成部分是转移 DNA(transferred DNA，T-DNA)，大约有 20 kb，在土壤农杆菌感染植物细胞之后，T-DNA 能够随机地整合到植物染色体 DNA 中，不仅成为正常的遗传成分，而且其所携带的冠瘿碱合成酶基因的启动子能够启动外源基因在植物细胞中表达。但是，T-DNA 区所含的基因还能够决定肿瘤的形成和抑制植物细胞分化，此外还存在多种限制酶的多个切点，造成体外重组 DNA 操作困难。因此，需要对 Ti 质粒加以改造，使其更便于在 DNA 的重组中应用。目前已经以 Ti 质粒为基础，构建了许多新的载体，如 PGV-3850、PMON128、PTIB6S3(SEV 系统)等。Ti 质粒长期以来被认为只能进入双子叶植物的细胞，但是近年的研究结果表明，在一定实验条件下 Ti 质粒也能够进入单子叶植物的细胞。

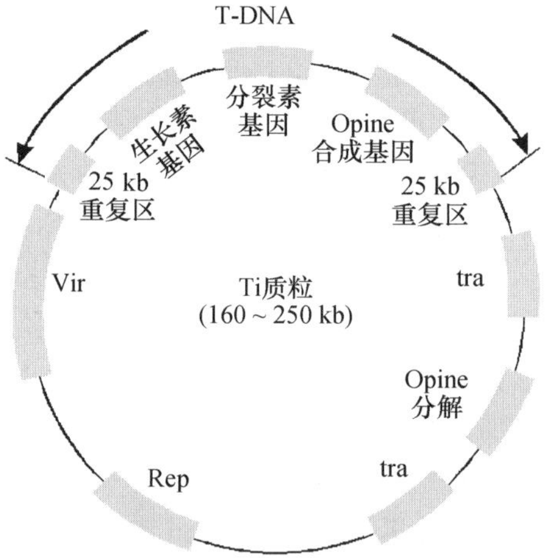

图 16-6 Ti 质粒结构示意

16.3.3.2 病毒载体

在基因工程中广泛应用的另一类载体 DNA 来自病毒，特别是其中的 λ 噬菌体的 DNA，这种能感染细菌的温和噬菌体的全部基因已经鉴定并绘制成图，整个基因组的 DNA 碱基顺序也已经了解清楚。研究表明，λ 噬菌体基因组全长约 49 kb，位于 λ 染色体中部约占全长 1/3 的区域包含着一群非必需的基因(中心基因簇)，该区域可以被外源目的基因所取代而不影响噬菌体感染细菌及形成噬菌斑的能力(图 16-7)。根据该特点，利用 λ 噬菌体作为克隆载体时，噬菌体DNA用某一种限制性内切酶（如*Eco*R Ⅰ）酶切产生3种产物：左臂、右臂和中间的可缺失区域。把左、右臂分离出来，将其与经过同一种内切酶（*Eco*R Ⅰ）酶切的待克隆DNA片段混合，在连接酶的作用下形成重组DNA分子，然后将这种重组DNA分子包装到蛋白质外壳中，成为重组噬菌体。这样的重组噬菌体能够在感染过程中将目的基因导入受体细胞，使宿主在复制噬菌体DNA的同时也复制目的基因。用以上具有蛋白质外壳的噬菌体为载体，将目的基因导入宿主细胞的过程称为“转导”。若将噬菌体游离DNA与目的基因重组然后导入宿主细胞，则本质上与“转化”相同，只因其载体DNA的特殊性（病毒DNA）而称为“转染”，转染的效率一般很低。

病毒DNA能比质粒携带长得多的DNA片段，这对于克隆整个基因组是十分重要的。将外源DNA片段导入高等动物细胞，常用的载体是猿猴空泡病毒40（simian vacuolating virus 40），简称SV40病毒。它是一种小型蛋白颗粒，由VP1、VP2、VP3 3种病毒外壳蛋白构成，包装着一条环形的病毒基因组DNA，大小约52 kb，很适合于基因操作。

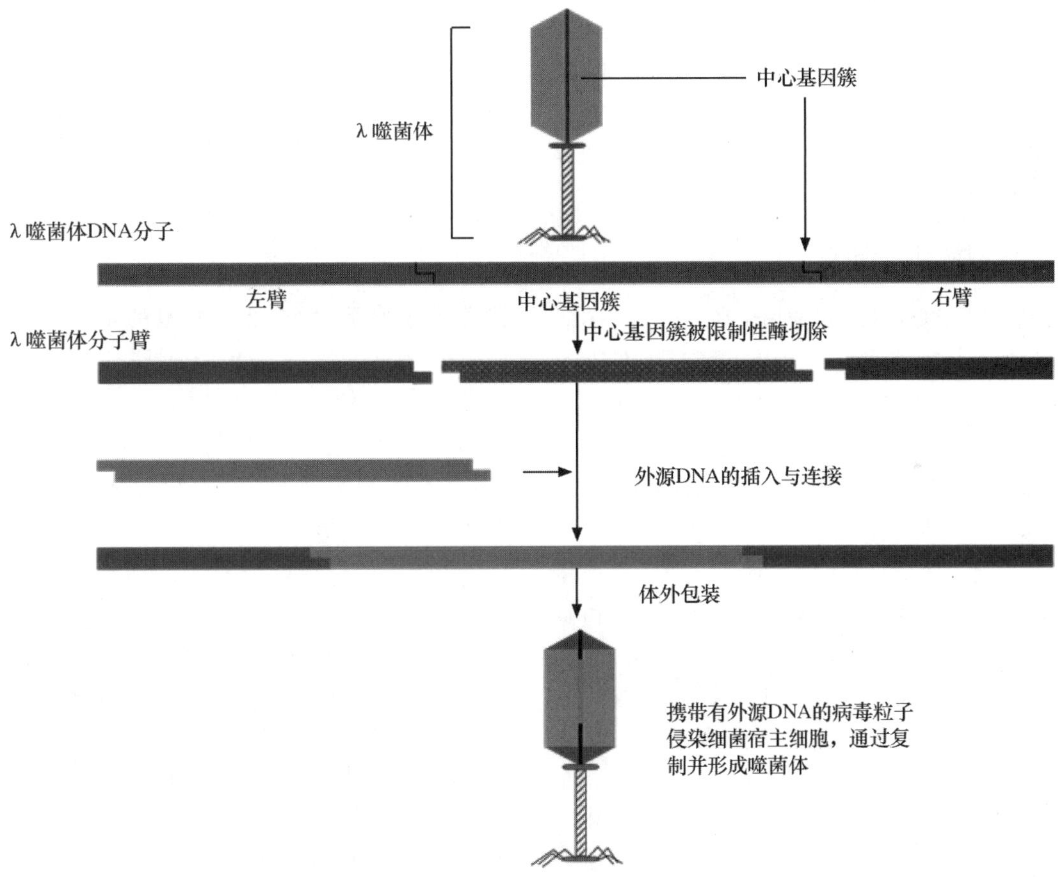

图16-7 利用噬菌体为载体克隆外源DNA的策略

16.3.4 启动子的选择

表达载体中的一个基因包含它的启动子、编码区和终止子3个部分。启动子决定基因在受体中能否表达，表达的时间（具体发育阶段）和空间（具体组织和器官），以及表达的数量（产生编码区mRNA的拷贝数）。因此，选择合适的启动子并改进其活性，是增强目的基因表达需要考虑的重要问题（二维码16-4）。

二维码16-4 启动子的选择

研究表明，植物基因工程直接利用来自细菌的目的基因时，目的基因原有的启动子在进入植物后并不被承认,因而不能启动目的基因表达,因此必须换一个能在植物中诱导表达的启动子替换细菌的启动子。在苏云金芽孢杆菌 *Bt* 毒素蛋白基因的利用中就经历了这种情况。

植物基因工程在表达载体中广泛应用的启动子是组成型启动子,它使目的基因在转基因植物的所有发育阶段和所有部位都能表达。例如,源于花椰菜花叶病毒(CaMV)的 35S 启动子,能使 *Bt* 毒素蛋白基因在整个生长季的所有组织器官中都表达,可用于防治在整个生长季都会危害玉米的玉米螟。

另一类是特异性表达的启动子,它只在生物的特定发育阶段和特定器官使目的基因表达。例如,花粉特异性表达启动子 *Ta29* 或 *A9* 与 RNA 酶基因 *barnase* 连接,导入玉米可创造新的雄性不育类型。植物编码光合作用酶的一个基因的 PEP 启动子,会使基因仅在具有光合作用的绿色组织和器官的细胞中表达,而不包括根、种子等组织和器官。

16.3.5 目的基因的修饰

为使目的基因得到良好的转录、翻译,通常还需要对目的基因进行适当的修饰,以适应受体基因组序列环境,增强其表达效率。目的基因的修饰通常从以下 3 个方面入手。

(1)添加 5′和 3′端非翻译序列　有试验表明,这能为核糖体提供新的结合位点,增强翻译的活性。

(2)优化起始密码周边序列　研究发现,真核生物起始密码子周边序列为 ACCATGG 时转录和翻译效率最高。试验表明,细菌的一个几丁质酶基因,原来的起始密码周边序列为 UUUAUGG,当被修饰为 ACCAUGG 后,其在烟草中的表达水平就提高了 8 倍。

(3)改造基因编码区　来自原核生物的目的基因在植物体内因表达机制的差异,造成 mRNA 稳定性下降,往往表达水平很低。例如,来自苏云金杆菌的野生型杀虫蛋白基因在植物中的表达量非常低。美国 Monsanto 公司 Perlak 等利用密码子的简并性,在不改变毒蛋白氨基酸序列的前提下,对杀虫蛋白基因进行了改造,选用植物偏爱的密码子,增加 GC 含量,去除原序列中影响 mRNA 稳定的元件,结果毒蛋白在转基因植株中的表达量增加了 30～100 倍,获得了明显的抗虫效果。

16.3.6 终止区序列

终止区序列是基因的最后一部分,在启动子和编码区之后。终止区通常并不需要修饰来改变基因表达,但是,这个区必须拥有,因为在转录中,终止区序列会给 mRNA 聚合酶分子已到达基因结尾的信号,使转录停止。如果这个区不存在,RNA 聚合酶就会继续转录染色体其他基因,使其表达,以致产生并不需要的蛋白质。

16.4 目标基因的遗传转化

将目的基因导入拟改良的生物,使其在接受者的基因组中稳定遗传和表达是基因工程的最终目的。高等生物基因的遗传转化方法有很多,下面介绍几种常用的方法。

16.4.1 农杆菌介导法

前面已经谈到,农杆菌 Ti 质粒的 T-DNA 可高效率地整合到植物受体细胞的染色体上并得到表达。利用这一特点,Marton 等(1979)以植物原生质体为受体首创了"共培养法"(co-cultivation),后来经过一系列改进,特别是 Horsch 等(1985)建立的"叶盘共培养法"(leaf disc co-cultivation),使这种转化方法更加实用。

所谓"共培养法",是指将土壤农杆菌与植物的原生质体、悬浮细胞、叶盘、茎段等放在一起共同培养而实现转化的方法。首先用打孔器从消毒的叶片上取得叶圆片,也称叶盘,将其放在对数生长期的农杆菌的菌液中浸泡数秒后,置于培养基上共同培养 2～3 d;待叶盘周围的菌株生长至肉眼可见菌落时,转移到含有抑菌剂的培养基中除去农杆菌,同时在该培养基中加入抗生素进行转化体选择,经过 3～4 周的组织培养即可获得转化的再生植株。目前世界上已有的转基因植物,大多数是通过农杆菌介导法得到的。

16.4.2 基因枪法

20 世纪 80 年代末,随着植物基因工程工作的蓬勃开展,基因枪转化技术应运而生。基因枪(gene gun)法又称为高速微弹法(particle bombardment),就是通过高速飞行的金属颗粒将包被其外的目的基因直接导入受体细胞内,从而实现转化(图 16-8)。

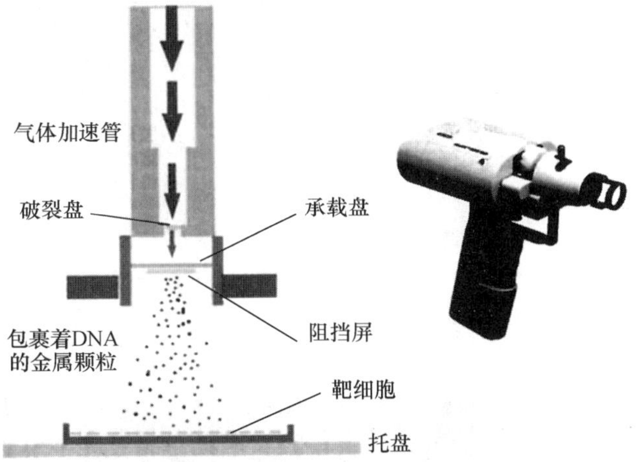

图 16-8 基因枪工作原理示意

目前国际上通用的有三类基因枪：第一类是以火药爆炸力作为动力的加速微弹，第二类是以电弧放电蒸发液滴作为动力，第三类是以高压气体作为动力。金属颗粒（微载体）常用的材料为钨粉和金粉，直径一般为 0.6～4 μm，金粉价格较昂贵，钨粉经济实惠且可以得到较好的转化效果，但易被氧化，颗粒易聚集，对植物细胞的毒害作用也比金粉大。为克服钨粉的缺点，有的研究单位准备用炭化钨替代钨粉。使用基因枪转化技术有其独特的优点，它不受宿主范围的限制，快速简便，转化率高，对克服其他转化方法的局限性具有重要作用，特别是对尚难以利用农杆菌介导进行转化的单子叶植物。

16.4.3 花粉管通道法

利用花粉管通道，将外源总 DNA 或外源基因在自花授粉的适当时期导入胚囊，转化尚不具备正常细胞壁的卵、合子或早期胚胎细胞，这种导入目的基因的方法称为花粉管通道法。这种方法最早由我国学者周光宇首先提出，并在长期科学研究中不断发展。这种方法采用的 DNA 可以是总 DNA 或某些 DNA 片段，可以是游离的 DNA 或连接在质粒上的 DNA。由于直接进入性细胞或早期胚胎细胞，所以花粉管通道法不需要利用组织培养技术获得转化植株；此外，该方法操作简便易行，容易和常规育种紧密结合。

近年来，较多的研究是利用花粉管通道技术向受体植株直接导入已克隆于表达载体上的外源目的基因。例如，谢道昕等(1991)通过花粉途径，将 2 个 *Bt* 杀虫基因导入我国棉花品种，获得转基因植株，分子杂交试验证明杀虫基因已整合到棉花基因组中。在棉花基因转化上，采用花粉管通道法，已先后将抗虫基因如 *Bt* 基因、*Bt*＋*CpT* Ⅰ 和 *sGNA* 基因，以及抗真菌病害基因如 *Chi*、*gus*、*Rs-AFP* 基因等多种组合导入我国主栽品种中，如中棉所 12、中植 372、苏棉 8 号等 20 多个优良品种(系)，获得了目标性状稳定表达的转基因棉株，并育成多个抗虫棉品种，进入生产应用。

16.4.4 显微注射法

显微注射法是借助光学显微镜的放大作用，直接把 DNA 注射到动物早期胚胎、胚胎干细胞、体细胞或卵母细胞中，然后产生转基因动物个体的方法。1980 年，Gordon 等首先发明原核显微注射生产转基因动物方法，后经过不断的改进和完善，该方法成为一种很可靠的动物转基因方法。到目前为止，全世界已利用该方法生产出数千头的转基因动物。

模拟注射动物卵母细胞的方法，显微注射技术已广泛应用于植物原生质体、悬浮培养细胞、多细胞结构（如分生组织、胚状体、原胚等）等方面的遗传转化。动物细胞显微注射的设备基本上适合于植物细胞，但由于注射的细胞数量很有限，因此需要较高的培养技术。

显微注射法的优点是：通过显微注射技术可向任何类型细胞（包括受精卵、早期胚胎）导入目的基因；DNA 的注入具有准确性、预见性；显微注射后的细胞可以进行微培养；外源 DNA 整合到寄主细胞染色体组中的效率可达 50%～100%，获得稳定转化系的比例较高。此法的缺点是设备要求高，且很昂贵。

16.5 转化体的筛选鉴定

基因工程受体接受重组 DNA 分子的频率一般很低，所以需要用一定的方法筛选鉴定出转化体。转化体的筛选可以分 2 个阶段，相应筛选方法也有区别。在载体构建阶段，主要通过载体中安装的抗药性标记基因来选择重组 DNA 转化的克隆；在表达载体转化植物细胞阶段的愈伤组织筛选，一般通过载体中产生颜色反应的标记基因选择鉴定。植物基因转化的转化体的筛选检测还可以分为 3 个层次：①鉴定外源基因是否进入受体生物细胞；②鉴定进入受体生物细胞的外源基因是否整合到植物染色体上；③鉴定整合到染色体上的外源基因是否表达。

16.5.1 外源基因进入细胞鉴定

利用报告基因可以快速挑选出转化体。报告基因是可以通过瞬时表达来确定转化是否成功的一类基因，其产物是唯一的，并且检测方便廉价灵敏。报告基因是构建表达载体时连同目的基因一起装到载体上的，一旦该标记基因进入受体细胞，就意味着目的基因同时也进去了。转化处理过的受体在相同条件下都能生长，但在特定检测条件下，转化体能够检测到报告基因的表达。例如，应用较为广泛的来自细菌的 *gus* 基因，即 *β*-葡糖苷酸酶基因。其所编码的 *β*-葡糖苷酸酶与 5-溴-4-氯-3-吲哚-*β*-*D*-葡糖苷酸酯(简称为 X-Gluc)的底物发生作用时，能产生蓝色沉淀反应，可直接观察到植物愈伤组织由沉淀形成的蓝色斑点(图 16-9)。挑选有蓝色斑点的愈伤组织继续培养，就可能得到转化植物。

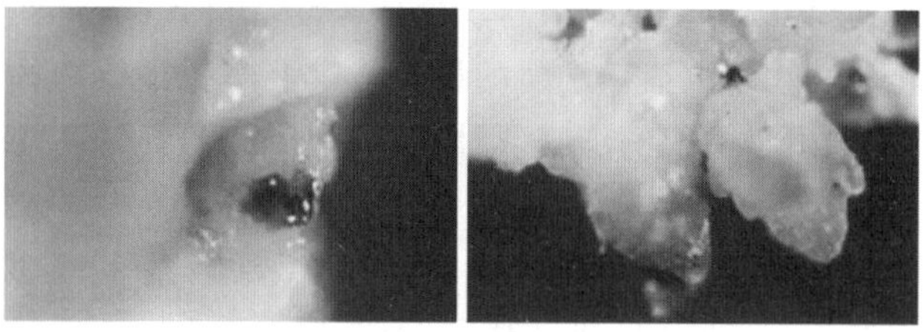

图 16-9 转基因愈伤组织的 GUS 显色

gus 基因在转化后数小时就开始表达，1～2 d 表达活性达到最高值，随后不久停止表达。所以，通常用 *gus* 基因作为外源基因进入受体细胞的检测手段。

16.5.2 外源基因整合与表达鉴定

在植物基因工程中，经过 *gus* 基因瞬时表达筛选，将发生转化的细胞组织诱导成植株，还需要用分子生物学方法对植株进行目的基因是否整合、表达等方面做进一步鉴定。

16.5.2.1 PCR 检测

PCR 检测的原理是根据外源目的基因序列设计一对特异引物，对从转基因植物提取的基因组 DNA 进行扩增，如果扩增的片段与设计的一对引物之间的实际片段在长度上相吻合，就说明外源目的基因已整合到受体基因组上。在进行 PCR 检测过程中，应同时设置两个对照：阳性对照(即含有外源目的基因的质粒 DNA)和阴性对照(即非转基因材料的 DNA 或空白对照)，根据两种对照的扩增结果，来确定转基因植株 DNA 扩增片段的真实性(图 16-10)。

需要注意的是，PCR 检测法虽然快速简洁，但检测结果十分敏感，容易出现假阳性，所以通常用作基因整合的初检，还需要用 Southern 杂交进一步验证。

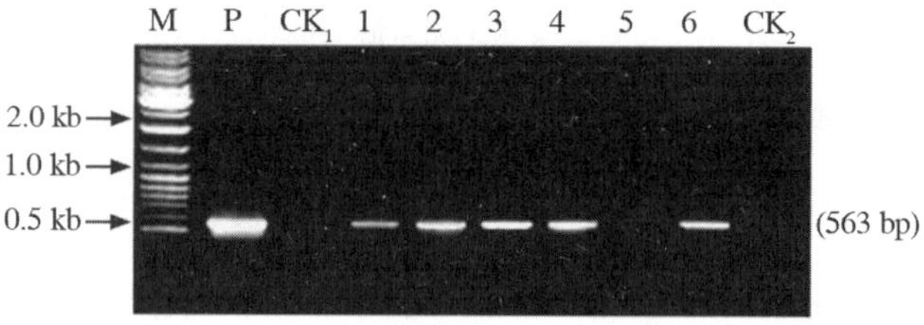

图 16-10 转基因植株中 Gus 基因的 PCR 检测

图 16-10 中，M 表示 DNA marker，P 表示以 PCAM-Gus1 质粒为阳性对照，CK_1 表示以水为模板的阴性对照；CK_2 表示以未转基因植株为阴性对照，1～6 指转基因植株。

16.5.2.2 Southern 杂交

鉴定外源目的基因整合的主要的方法是 Southern 杂交(Southern blot)法，这是 E. Southern 于 1975 年首先设计的一种 DNA-DNA 分子杂交技术。Southern 杂交(二维码 16-5)检测转基因材料的原理是，用目的基因的部分序列做成探针，与从转基因植株提取出来的、经过一系列处理的基因组总 DNA 进行特异性杂交，如果杂交成功，显示杂交带，说明目的外源基因整合到了受体生物染色体并已稳定遗传。

二维码 16-5 Southern blot

Southern 杂交的具体操作是：首先提取转基因材料总 DNA，将总基因组 DNA 用限制酶酶切，用琼脂糖凝胶电泳分离酶切片段；接着，通过碱处理使凝胶中的 DNA 变性成为单链，并将这些单链吸印到尼龙衍生物制成的滤膜上；然后，在杂交液中用放射性标记的目的基因的探针同这些变性 DNA 进行分子杂交；最后，通过放射自显影直接观察。若胶片上有杂交条带显示，说明被检材料的基因组整合了目的基因(图 16-11)。

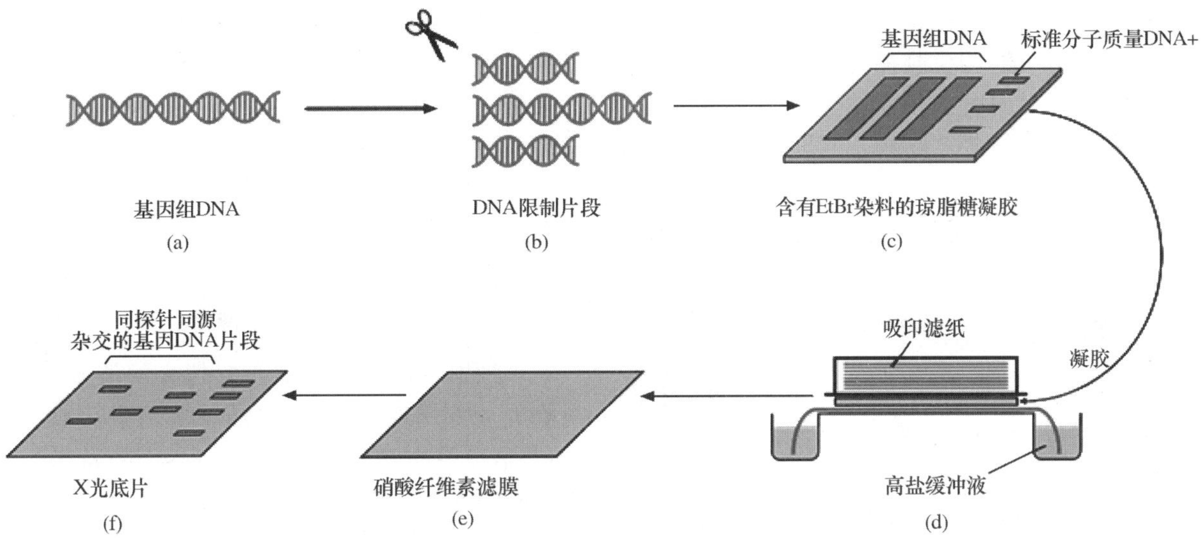

(a)限制酶酶切基因组 DNA (b)电泳分离酶切片段并变性 DNA (c),(d)吸印转膜
(e)与探针杂交并放射性自显影,与对照样本比对确定哪个材料含有目的基因

图 16-11 Southern 杂交技术

(引自吴乃虎,1998)

16.5.2.3 Northern 杂交

Northern 杂交(Northern blot)是检测转基因植物中外源基因转录表达的方法。Northern 杂交(二维码 16-6)是一种 RNA-DNA 杂交技术,它与 Southern 杂交技术很相似,只是被吸印和杂交的是 RNA 而不是 DNA,所以对应地称为 Northern 杂交。整合到植物染色体上的外源目的基因如果能正常表达,则转化植株细胞内就会有其转录产物,即与外源目的基因有互补关系的特异性 mRNA 生成。提取各转化体总 RNA 或 mRNA,用变性琼脂糖凝胶电泳分离 mRNA,吸印转膜后用带有部分目的基因序列的 DNA 探针进行杂交,若经过 Southern 杂交表现阳性的样本此时没有杂交带出现,则表明虽然外源基因已经整合到植物染色体上,但在提取 mRNA 的部位及生理状态下,该基因并未有效表达;反之说明该目的基因已经转录表达。

二维码 16-6 Northern blot

16.5.2.4 Western 杂交

Western 杂交是证明转录表达的 mRNA 翻译出了特异的蛋白质的技术。导入植物的外源基因正常表达时,转基因植物细胞中应含有目的基因翻译的蛋白质。Western 杂交检测时,从转基因植物细胞中提取总蛋白,经纯化处理,进行 SDS-聚丙烯酰胺凝胶电泳,使蛋白质按分子量大小分离,然后将凝胶上分离的蛋白质原位转印到膜上,再使转印到膜上的目的蛋白(抗原)与抗体杂交结合,对杂交结果进行检测便可知被检植物细胞内目的蛋白是否表达及表达量。

16.5.3 转化体的生物学鉴定

基因工程的根本目的是获得具有目的基因控制的性状,因此,除了以上介绍的对目的基因整合和表达的分子生物学鉴定,更重要的是对其目标性状进行生物学鉴定。通过严格的对照,分析是否获得了目的基因控制的表型性状(如抗虫性、抗病性等),同时还需要根据受体生物的繁殖方式,分析获得的目标性状能否在世代间进行稳定的传递。例如,有性繁殖的植物获得的目标性状能否稳定地在多个世代间进行传递,无性繁殖的植物获得的目标性状能否在繁殖后代中稳定遗传。另外,还应引起注意,获得的目标性状是否对该受体生物的原有性状产生了不利影响。

如果获得的转基因材料具有较好的生产性状和利用价值，在通过安全性评价后，可以直接在生产中加以利用。但是在大多数情况下，转基因材料是作为一种特殊的新种质，与常规的育种技术结合，选育出具有目标性状又同时表现综合性状优良的新品种，然后才能在生产中推广使用。

16.6 基因工程的应用及安全性评价

16.6.1 基因工程的应用

基因工程技术发展极为迅速，现在已经广泛应用于工业、种植业、养殖业、医学等领域，并取得了丰硕的成果，为人类创造了巨大的财富。

通过基因工程改造的微生物，能够生产出其原本不能生产的药物。目前，已经投放市场以及正在研制开发的基因工程药物几乎涉及医药界的各个领域，包括各种抗病毒剂、抗癌因子、新型抗生素、重组疫苗、免疫辅助剂、抗衰老保健品、心脑血管防护急救药、生长因子以及诊断试剂等。

自从 1983 年首次获得转基因植物后，至今国际上已有 30 个国家批准数千例转基因植物进入田间试验，涉及的植物种类有 40 多种。种植的转基因植物种类主要有大豆（占 54%）、玉米（占 28%）、棉花（占 9%）、油菜（占 9%），马铃薯、西葫芦和木瓜的比例都小于 1%。按转基因植物的性状划分，抗除草剂占 71%，抗虫剂占 22%，抗虫兼抗除草剂占 7%，抗病毒和其他性状转基因植物的比例小于 1%。

转生长激素（growth hormone，GH）基因超级小鼠的成功为动物育种学家培育转基因大型动物开辟了新的思路。目前在转基因动物中，很大一部分转入的基因都是生长激素基因，转入这种基因的动物生长速度大大提高。通过转基因技术产生可遗传的免疫特性是转基因动物研究的一个重要内容。

利用基因工程技术，将特异基因导入并整合到具有遗传缺陷的患者的基因组中，以治疗遗传疾病的方法，称为基因治疗。从理论上讲，只要具有适合的载体及基因导入方法，将正常的等位基因及调控元件导入有缺陷的体细胞中，就有可能从根本上治疗由于遗传物质缺陷导致的疾病。

16.6.2 基因工程的安全性

基因工程的安全性包括实验的安全性和转基因生物的安全性。

一般认为，在基因工程的试验阶段，重组 DNA 的生物体具有意外扩散的可能性，因而存在不同程度的潜在危险，必须从物理防护和生物防护两个方面采取严格的防范措施，并主张尽快开发出逃逸不出实验室的安全寄主菌体和质粒载体。

在基因工程的应用阶段，主要涉及转基因生物安全性的评价，具体的可以分为两个方面，一个是环境安全性，另一个是食品安全性。

16.6.2.1 环境安全性评价

环境安全性评价要回答的核心问题是：转基因植物释放到田间后，是否会通过繁殖或花粉自然扩散，打破原有生物种群的动态平衡，破坏自然生态环境。具体表现在以下 3 个方面。

（1）转基因植物演变成农田杂草的可能性　植物在获得新的基因后，是否在生长势、越冬性、种子产量和生活力等方面比非转基因植株强，从而可能通过生存竞争，演变为危害非转基因植物的农田杂草。

（2）基因漂流到近缘野生种的可能性　一方面应考虑转基因植物释放的区域是否存在可以同其杂交的近缘野生种，另一方面应考虑转基因漂流到实际存在的野生近缘种时，会产生什么后果。例如，一个抗除草剂基因发生基因漂流会使野生杂草获得抗性，从而增加杂草控制的难度甚至灾难；如果是改进品质的基因则不会产生上述后果。

（3）对自然生物类群的影响　例如，转入 *Bt* 杀虫基因的抗虫棉，其目标昆虫是棉铃虫和红铃虫等植物害虫。如果长期大面积使用，则抗 *Bt* 毒素蛋白的昆虫变异类型有可能逐渐在群体中占有优势，表现为对抗虫棉的适应性或抗性。为解决这个问题，在抗虫棉推广时一般要求种植一定比例的非抗虫棉，以延缓昆虫产生抗性。此外，还要考虑转基因植物对非靶昆虫的影响，如抗虫的毒素蛋白是否对当地其他昆虫（如蝴蝶）的生存造成威胁。

16.6.2.2 食品安全性评价

为评价转基因植物的食用安全性，一般需要在指定的实验室进行严格的食品安全检验和动物饲养实验。国际经济合作组织 1993 年提出了食品安全性评价的“实质等同性”原则：如果转基因生物生产的产品与传统产品具有实质等同性，则可以认为是安全的。例如，转病毒外壳蛋白基因的抗病毒植物及其产品与田间感染病毒的植物生产的产品都带有外壳蛋白，这类产品应该认为是安全的。若转基因植物生产的产品与传统产品不存在实质等同性，则应进行严格的安全性评价。在进行实质等同性评价时，通常考虑的是以下 2 个方面。

(1)有毒物质　必须确保转入的外源基因或基因产物对人畜无毒。目前已有大量的试验数据证明 *Bt* 毒素蛋白只对少数目标昆虫有毒，对人畜则是安全的。基因工程常用的大部分报告基因，如卡那霉素基因和潮霉素基因，对于食品和饲料都是安全的。

(2)过敏原　在自然条件下存在着许多过敏原。如果将导致过敏原产生的基因转入新的生物中，则会对过敏人群造成不利影响。例如，美国有人将巴西坚果中的 2S 清蛋白基因转入大豆，虽然使大豆的含硫氨基酸增加，但由于可能产生过敏原而未获得批准进入商品化生产。

据推测，2025 年全球人口将达到 80 亿，其中新增加的 25 亿人口大部分将来自发展中国家。诺贝尔奖获得者 Norman Borlaug 认为，届时要想满足全球的粮食需求，粮食产量就必须比 1990 年增长 80%。由于资源的限制，增加的产量不可能寄希望于耕地面积的扩大和灌溉能力的增加，而只能主要依靠提高作物的单产来实现。而转基因作物在产量、品质和抗逆性等方面都有显著的改进，同时，也可极大地降低农业生产成本，缓解不断恶化的农业生态环境。所以，我们不应因为担忧转基因生物的安全性而怀疑和抵制转基因技术。只要利用得当，管理到位，转基因生物就不会成为危害人类的恶魔，而是拯救人类的救星。

内容提要与思维导图

基因工程是指采用类似工程设计的方法，人为地将目的基因提取出来或人工合成，在体外进行剪切与组合，再转入另一种生物细胞，使接受者表现出外源基因决定的、且不能通过自然途径获得的遗传特性。基因工程作为生物遗传改良的手段具有两个特点：一是克服种间杂交障碍，获得更大的遗传特性改变；二是可以定向改造生物。

基因工程操作的主要步骤包括：目的基因的获得，基因表达载体的构建，目标基因的遗传转化，转化体的筛选鉴定。

基因工程的目的基因，一是使生物能够大量产生有用的蛋白质，通常是治疗疾病的药物，或是具有工业用途的酶；二是使生物产生可直接利用的新性状。植物基因工程广泛应用的基因包括抗除草剂基因、抗虫基因及延迟成熟基因等；已经克隆并经过功能鉴定，已经或有可能用于植物基因工程的目的基因有各种抗逆境胁迫基因、抗病毒基因等。

获得目的基因主要通过分子杂交的方法从各种基因文库中筛选分离，也可用 PCR 技术从基因组 DNA 或基因文库中扩增获得，还可通过人工合成得到。目的基因一般是连接在克隆载体上，转化进大肠杆菌等细菌中进行保存的。所谓基因文库，就是将连接在载体上的各种基因导入细菌，再经过无性繁殖得到的重组 DNA 群体。基因文库可分为基因组文库和 cDNA 文库两类：前者保存着某种生物基因组的所有 DNA 序列，后者保存着某种生物基因组具有表达功能的基因，由 mRNA 逆转录获得。

表达载体通常由目的基因及其控制元件、标记基因和载体 DNA 组成，基因控制元件包含复制起点、启动子、终止子等。它们通常是通过限制性内切酶和连接酶的作用组装在一起，成为重组 DNA 分子。特定的限制酶能够识别特定序列，将双链 DNA 切割成一系列片段。

构建表达载体时，经常选用的载体有质粒载体和病毒载体两大类。质粒是自然存在于细菌细胞中，但独立于细菌染色体外的小型环状双链 DNA 分子。常用的质粒载体有大肠杆菌质粒载体，在植物中还有 Ti 质粒载体。目前应用的载体都是经过人工改造的。构建植物表达载体时，还需要从启动子的选择、目的基因的修饰等方面进行考虑，以提高表达载体的表达效率。

植物基因工程中常用的转化方法包括农杆菌介导法、基因枪法、花粉管通道法等，动物基因工程中常用的转化方法是显微注射法。

基因工程受体接受重组 DNA 分子的频率一般很低，需要用一定的方法筛选鉴定出转化体。在载体构建阶段，主要通过载体中安装的抗药性标记基因来选择重组 DNA 转化的克隆；在表达载体转化植物细胞阶段的转化愈伤组织筛选，一般通过载体中产生颜色反应的标记基因选择鉴定。植物基因转化的转化体的筛选检测还可以分为 3 个层次，即外源基因进入受体细胞、外源基因整合到植物染色体上、外源基因的转录和翻译表达。一般用标记基因颜色选择法检测外源基因的进入；用 DNA-DNA 的

Southern 杂交法检测外源基因的整合；用 RNA-DNA 的 Northern 杂交法检测外源基因的转录表达；用蛋白质（Western）杂交法检测 mRNA 的翻译表达。最后要通过目标性状的生物学鉴定，确定是否获得和遗传目的基因控制的性状。

转基因生物的安全性评价主要包括环境安全性和食品安全性两个方面。环境安全性评价主要涉及：①转基因植物演变成农田杂草的可能性；②基因漂流到近缘野生种的可能性；③对自然生物类群的影响。根据国际经济合作组织 1993 年提出的食品安全性评价的"实质等同性"原则，如果转基因生物生产的产品与传统产品具有实质等同性，则可以认为是安全的。在进行实质等同性评价时，通常考虑的是食品有毒物质和过敏原两个方面。

二维码 16-7　本章思维导图

复习思考题

1. 解释下列名词：基因工程　分子克隆　质粒　载体　转基因　转基因生物体　cDNA 文库　基因组文库　DNA 重组　目的基因　受体　聚合酶链式反应　*Taq* 酶　Southern 杂交　Northern 杂交。

2. 何谓基因工程？它对遗传学研究及生物改良具有怎样的特殊意义？

3. 在序列 5′-CGAACATATGGAGT-3′ 中含有一个 6 bp 的Ⅱ类限制性内切核酸酶的识别序列，该位点的序列可能是什么？

4. 基因工程的主要环节都有哪些？每个环节的核心任务是什么？

5. 将不同来源的 DNA 片段重组成新的杂种 DNA 分子，可能需要哪些酶？其作用是什么？

6. Ti 质粒的主要分子生物学特征是什么？

7. 基因工程中通常对表达载体在哪些方面进行修饰？

8. 基因工程中的报告基因常选用什么基因？

9. 外源重组 DNA 导入生物体的方法有哪些？各有什么特点？

10. 转基因食品是否安全？试谈谈你对转基因产品安全性问题的认识。

参考文献

[1] 戴灼华,王亚馥. 遗传学. 3 版. 北京:高等教育出版社,2016.

[2] 丁巨波.染色体结构的遗传. 北京:农业出版社,1991.

[3] 丁勇，许超，吴季辉.表观遗传学研究进展.中国科学：生命科学，2017,47(1)：3-15.

[4] 方宣钧,吴为人,唐纪良. 作物 DNA 标记辅助育种.北京:科学出版社,2001.

[5] 郭玉华.遗传学习题全解. 2 版.北京:中国农业大学出版社,2013.

[6] 贺竹梅，现代遗传学教程——从基因到表型的剖析. 3 版.北京:高等教育出版社,2017.

[7] 季道藩.遗传学.2 版. 北京:中国农业出版社,1989.

[8] 李竞雄，宋同明. 植物细胞遗传学. 北京:科学出版社,1993.

[9] 李惟基.遗传学. 北京:中国农业大学出版社,2007.

[10] 李栒.染色体遗传导论.长沙:湖南科学技术出版社,1991.

[11] 刘庆昌. 遗传学. 3 版.北京:科学出版社,2015.

[12] 刘祖洞,江绍慧.遗传学(上).北京:人民教育出版社,1979.

[13] 刘祖洞,乔守怡,吴燕华,等. 遗传学.3 版. 北京:高等教育出版社,2013.

[14] 瞿媛,姚威,刘雄伦,等.全基因组关联分析定位水稻芽期中胚轴长度性状 QTL.分子植物育种:1-15 [2022-01-20].http://kns.cnki.net/kcms/detail/46.1068.S.20210406.1645.016.html.

[15] 沈双,路则明,金景姬,等.表观遗传学修饰的遗传模式及其研究进展.科学通报,2016,61(36):3878-3886.

[16] 盛志廉，陈瑶生. 数量遗传学.北京:科学出版社,1999.

[17] 王健康. 数量遗传学. 北京:科学出版社,2020.

[18] 王亚馥,戴灼华. 遗传学.3 版. 北京:高等教育出版社,2016.

[19] 吴乃虎. 基因工程院里.2 版(上册).北京:科学出版社,1998.

[20] 谢道昕,范云六,倪丕冲.苏云金芽孢杆菌杀虫基因导入中国栽培水稻品种中花 11 号获得转基因植株.中国科学(B 辑 化学 生命科学 地学),1991(8):830-834.

[21] 徐刚标.植物群体遗传学.科学出版社,2009.

[22] 徐晋麟,徐沁,陈淳. 现代遗传学原理. 3 版.北京:科学出版社,2011.

[23] 杨业华.普通遗传学.2 版.北京:高等教育出版社,2006.

[24] 张建民.现代遗传学. 北京:化学工业出版社,2005.

[25] 赵兴绪.发育生物学. 北京:中国农业出版社,2018.

[26] 朱军.遗传学.4 版.北京:中国农业出版社,2018.

[27] 朱玉贤,李毅,郑晓峰.现代分子生物学.5 版.北京:高等教育出版社，2019.

[28] ACQUAAH G. Understanding biotechnology: an integrated and cyber-based approach. New Jersey: Prentice Hall Inc., 2004.

[29] ARMSTRONG L, LAKO M, DEAN W, et al. Epigenetic modification is central to genome repro-

gramming in somatic cell nuclear transfer. Stem Cells,2006,24:805-814 .

[30] ATHERLY A G, GORTON J R, McDONLD J F. The Science of Genetics. New York: Saunders College Publishing, Harcourt Brace & Co., 1999.

[31] BERNARDO R. Genomewide selection for rapid introgression of exotic germplasm in maize. Crop Sci, 2009, 49: 419-425.

[32] LE B H, WAGMAISTER J A, KAWASHIMA T, et al. Using genomics to study legume seed development. Plant Physiology,2007,144:562-574.

[33] BROWN T A. Genomes. 2nd ed. Oxford: Wiley-Liss, 2002.

[34] DANIEL L H, ELIZABETH W J. Genetics Principles and Analysis. 4th ed. Massachusetts: Jones and Bartlett Publishers, 1998.

[35] DIB C, FAURÉS, FIZAMES C, et al. A comprehensive genetic map of the human genome based on 5 264 microsatellites. Nature, 1996, 380:152-154.

[36] GALE M D, DEVOS K M. Comparative genetics in the grasses. Proc. Natl. Acad. Sci. USA,1998, 95: 1971-1974.

[37] GARDNER E J. Principles of Genetics. 8th ed. New York: John & Wiley Inc., 1991.

[38] GORDON J W, SCANGOS G A, PLOTKIN D J, et al. Genetic transformation of mouse embryos by microinjection of purified DNA. Proceeding of the National Academy of Sciences of the USA,1980,77(12):7380-7384.

[39] SUZUKI D T, GRIFFITHS A J F, MILLER J H, et al. An Introduction to Genetic Analysis. 7th ed. New York: W. H. Freeman and Company, 2000.

[40] GUO S Y, SUN B, LOOI S, et al. Co-ordination of flower development through epigenetic regulation in two model species: rice and arabidopsis. Plant Cell Physiol, 2015, 56(5): 1-13.

[41] GOLDBERG M, FISCHER J, HOOD L, et al. Genetics From Genes to Genomes. New York: The McGraw-Hill Companies Inc.,2000.

[42] KLEIN R J, ZEISS C, CHEW E Y. Complement factor H polymorphism in age-related macular degeneration. Science, 2005, 308(5720):385-389.

[43] KLUG W S, CUMMINGS M R. Concepts of genetics. 6th ed. Upper Saddle River: Prentice Hall Inc., 2000.

[44] KLUG W S, CUMMINGS M R. Essentials of Genetics. 4th ed. New Jersey: Prentice Hall, Inc.,2002.

[45] KLUG W S, CUMMINGS M R, SPENCER C A, et al. 遗传学基础(第8版)(影印版). 北京:高等教育出版社,2016.

[46] LANDER E S, LANDER E S, LINTON L M, et al. Initial sequencing and analysis of the human genome. Nature. 2001,409(6822), 860-921.

[47] LEWIN B. GENES Ⅷ. London: Oxford University Press,2005.

[48] LEWIS B E. A gene complex controlling segmentation in *Drosophila*. Nature, 1978, 276(5688): 565-570.

[49] LOIS R M, Popowicz A M, Padovan J, et al, Developmental expression of humanhemoglobins mediated by maturation oftheir subunit interfaces. Protein science, 2010,19:1595-1599.

[50] MARUSICH E I, KUROCHKINA L P, MESYANZHINOV V V. Chaperones in bacteriophage T_4 assembly. Biochemistry (Mosc). 1998,63(4):399-406.

[51] MUELLER W A, HASSEL M, GREALY M. Model organisms in developmental biology Ⅰ: invertebrates. In: development and reproduction in humans and animal model species. Springer, Berlin, Hei-

delberg. 2015.
[52] POPOVA B. HelF, a suppressor of RNAi mediated gene silencing in *Dictyostelium discoideum*. Kassel: University of Kassel, 2005.
[53] ROBLES P, PELAZ S. Flower and fruit development in *Arabidopsis thaliana*. Int. J. Dev. Biol. 2005, 49: 633-643.
[54] RUSSELL P J. Fundamentals of genetics. 2nd ed. London: Addison Wesley Longman Inc, 2000.
[55] S. L. 埃尔罗德, W. 斯坦斯菲尔德. 遗传学. 田清涞译. 北京: 科学出版社, 2004.
[56] SCOTT F, BARRESI M J F. Developmental Biology. 11th ed. Massachusetts: Sinauer Associates, Inc. 2016.
[57] SEARS E R. Misdivision of univalents in common wheat. Chromosoma, 1950, 4: 535-550.
[58] SEARS E R. The aneuploids of common wheat. Columbia. University of Missouri, 1954, 1-58.
[59] SILVA P. A review of nomenclatural conservation in the algae from the point of view of the type method. Univ. Calif. Publs Bot., 1952, 25(4): 241-324.
[60] SNUSTAD D P, Simmons M J. Principle of Genetics. 6th ed. John Wiley & Sons, Inc, 2012.
[61] STEWARD F C, MAPES M O, SMITH J. Growth and organized development of cultured cells. Ⅸ. Organization in cultures grown from freely suspended cells. Amer. J. Bet., 1958, 45: 705-708.
[62] SYBENGA J, WOLTERS A H G. The classification of the chromosomes of rye (*Secale cereale* L.): a translocation tester set. Genetica, 1972, 43: 453-464.
[63] TAMARIN R H. Principles of Genetics. 7th ed. Boston: McGeaw-High Education, 2001.
[64] THEIßEN G, MELZER R, RÜMPLER F. MADS-domain transcription factors and the floral quartet model of flower development: linking plant development and evolution. Development, 2016, 143: 3259-3271.
[65] VENTER J C, ADAMS M D, MYERS E W, et al. The sequence of the human genome. Science, 2001, 291: 1304-1351.
[66] WINTER P C, HICKERY G I, FLETCHER H L. 遗传学(影印版). 北京: 科学出版社, 1999.
[67] WINTER P C, HICKEY G I, FLETCHER H L. 遗传学——现代生物学精要速览. 谢雍主译. 北京: 科学出版社, 2001.

附录　常用遗传学词汇中英文对照

A

α 螺旋-转角-α 螺旋 helix-turn-helix
氨基酸接纳臂 acceptor arm
暗修复 dark repair

B

β-半乳糖苷酶 β-galactosidase
β-半乳糖苷透膜酶 β-galactoside permease
β-半乳糖苷转乙酰基酶 β-galactoside transacetylase
半保留复制 semiconservative replication
半同胞 half-sib
伴性遗传 sex linked inheritance
伴性致死 sex linked lethal
孢子体世代 sporophytic generation
胞嘧啶 cytosine，C
胞质不育型 cytoplasmic male sterility，CMS
倍半二倍体 sesquidiploid
臂间倒位 pericentric inversion
臂内倒位 paracentric inversion
变异 variation
标记基因 marker gene
标准差 standard deviation
表观遗传变异 epigenetic variation
表型 phenotype
并发系数或符合系数 coefficient of coincidence
并发转化 co-transformation
病毒 virus
病毒粒子 virion
不等交换 unequal crossing over
不完全连锁 incomplete linkage
不完全显性 incomplete dominance
部分二倍体 partical diploid
部分合子 merozygote
部分同源 homoeologous

C

ClB 测定 crossover suppressor-lethal-bar technique
C 值悖理 C value paradox
操纵子 opreon
操纵子学说 operon theory
操作基因 operator
测交 testcross
插入突变 insertion mutation
插入序列 insertion sequence，IS
差异性表达 differential express
常染色体 autosome，A
常染色质 euchromatin
超倍体 hyperploid
超螺线体 supersolenoid
超亲遗传 transgressive inheritance
超亲优势 over-parent heterosis
超数染色体 supernumerary chromosome
超显性假说 superdominance hypothesis/overdominance hypothesis
沉默子 silencer
成熟分裂 maturation division
重叠作用 duplicate effect
重复 duplication
重组 recombination
重组率 recombination frequency，RF
重组体 recombinant
重组质粒 recombined plasmid
重组自交系 recombinant inbred line，RIL

重组修复 recombination repair
重组自交系群体 recombinant inbred lines，RILs
重组作图法 recombination mapping
初级精母细胞 spermatocyte
初级卵母细胞 oocyte
初级三体 primary trisomic
穿入 penetration
纯合基因型 homozygous genotype
纯系学说 pure line theory
雌配子体 megagametophyte
次级三体 secondary trisomic
次缢痕 secondary constriction
从头复制 denovo synthesis
从性遗传 sex-conditioned inheritance
粗线期 pachytene
错义突变 missense mutation
DNA 结合结构域 DNA-binding domain
DNA 聚合酶 DNA polymerase
DNA 甲基化 DNA methylation
DNA 甲基转移化酶 DNA methylation transferase
DNA 连接酶 DNA ligase
DNA 芯片 DNA microarray
DNA 移位酶 DNA translocase
大孢子 megaspore
大孢子母细胞 megaspore mother cell
大突变 macromutation
单倍体 haploid
单点突变 point mutation
单核苷酸 single nucleotides
单核苷酸多态性 single nucleotide polymorphism，SNP
单价体 univalent
单体 monosomic
单位性状 unit character
单元单倍体 monohaploid
倒位 inversion
倒位圈 inversion loop
灯刷染色体 lampbrush chromosome
等位基因 allele
低频转导 low frequency transduction，LFT
顶端缺失 terminal deficiency
动粒 kinetochore
独立分配定律 law of independent assortment
端粒 telomere
端粒酶 telomerase
端体三体 telotrisomtc
端着丝粒染色体 telocentric chromosome
断片 fragment
多倍体 polyploid
多基因假说 multiple-factor hypothesis
多克隆位点 multiple coning site，MCS
多线染色体 polytene chromosome
多因一效 multigenic effect
多元单倍体 polyhaploid

E

二倍体 diploid
二价体 bivalent

F

F′因子 F′factor
F 因子 F factor
F 质粒 F plasmid
翻译起始 translation initiation
反接重复 reverse tandem duplication
反密码子臂 anticodon arm
反式作用元件 trans-acting element
反突变 reverse mutation
反向重复序列 inverted repeat，IR
反义 RNA antisense RNA
反足细胞 antipodal
方差 variance
纺锤丝 spindle fiber
纺锤体 spindle
非编码序列 non-coding sequence
非等位基因 nonallele
非翻译区 untranslated region，UTR
非轮回亲本 non-recurrent parent
非孟德尔遗传 non Mendelian inheritance
非模板链 nontemplate strand
非染色体遗传 non-chromosomal inheritance

非整倍体 aneuploid
分解代谢物激活蛋白 catabolite activating protein
分离定律 law of segregation
分子标记 molecular markers
分子标记辅助选择 marker-assisted selection, MAS
分子杂交 molecular hybridization
辅助噬菌体 helper phage
辅阻遏物 corepressor
父系印记 paternal imprinting
负调控 negative regulation
附加体 episome
复等位基因 multiple allele
复合区间作图 composite interval mapping, CIM
复制叉 replication fork
复制后修复 post-replication repair
复制酶 replicase
复制起点 replication origin, ori
复制眼 replicative eye
复制子 replicon
副染色体 accessory chromosome

G

干扰 interference
感受态 competence
感受态因子 competence factor
冈崎片段 Okazaki fragment
高尔基体 Golgi body
高频率重组 high frequency recombination, Hfr
高频转导 high frequency transduction, HFT
高速微弹法 particle bombardment
隔离 isolation
工程转化 engineered transformation
功能基因组学 functional genomics
功能异染色质 facultative heterochromatin
供体外基因子 exogenote
共培养法 co-cultivation
共生体 symbiont
共显性 codominance
共线性 colinearity
共转导或并发转导 co-transduction
孤雌生殖 gynogenesis
孤雄生殖 androgenesis
管核 tube nucleus
光复活 photoreactivation
光修复 light repair
广义遗传率 broad sense heritability
滚环式复制 rolling circle replication
果实直感 metaxenia
过滤性因子 filterable agent, FA

H

核苷 nucleotide
核糖体 ribosome
核外遗传 extra-nuclear inheritance
核小体 nucleosome
核型模式图 ideogram
后期 anaphase
后随链 lagging strand
互补 DNA complementary DNA
互补作用 complementary effect
互作离差 interaction deviation
花粉母细胞 pollen mother cell
环出 looping out
回复突变 back mutation
回交 back cross
获得性状遗传 inheritance of acquired characters

J

积加作用 additive effect
基本转录因子 basal transcription factor
基因 gene
基因打靶 gene tageting
基因定位 gene localization
基因工程 genetic engineering
基因互作 gene interaction
基因库 gene pool
基因频率 gene frequency
基因枪 gene gun
基因突变 gene mutation

基因文库 gene library
基因型 genotype
基因型频率 genotype frequency
基因组 genome
基因组学 genomics
基因组印记 genomic imprinting
激活因子 activator
极核 polar nucleus
剂量效应 dosage effect
加倍单倍体群体 doubled haploid lines，DH
加性效应 additive effect
家系分析 pedigree analysis
假显性现象 pseudodominance phenomenon
间期 interphase
兼性异染色质 facultative heterochromatin
减数分裂 meiosis
简并性 degeneracy
简单序列重复 simple sequence repeat，SSR
简单易位 simple translocation
碱基 base
碱基对 base pair，bp
剪切异构体 isoform
交叉 chiasma
交叉端化 terminalization
交换 crossing over
交换值 crossing over value，COV
接合 conjugation
接合管 conjugation tube
节段异源多倍体 segmental
结构基因组学 structural genomics
结构异染色质 constitutive heterochromatin
结合 binding
解旋酶 helicase
近端着丝粒染色体 acrocentric chromosome
近交衰退 inbreeding depression
近交系数 inbreeding coefficient
近亲繁殖 inbreeding
近中着丝粒染色体 sub-metacentric chromosome
精细胞 spermatid
精原细胞 spermatogonia
精子 sperm
精子核 sperm nucleus
局限性转导 restricted transduction
聚合酶链式反应 polymerase chain reaction，PCR
菌落或无性繁殖系 colony

K

卡巴粒 kappa particle
开放阅读框 open reading frame，ORF
抗性决定因子 resistance determinant factor，RDF
抗性突变 resistant mutation
抗性转移因子 resistance transfer factor，RTF
可变剪接 alternatively splicing
可变数目串联重复 variable number tandem repeat，VNTR
可诱导元件 induced element
可诱导因子 inducible factor
扩增片段长度多态性 amplified fragment length polymorphism，AFLP

L

厘摩 centimorgan，cM
连接酶 ligase
连接丝 linker
连锁不平衡 linkage disequilibrium，LD
连锁群 linkage group
连锁图 linkage map
连锁遗传 linkage
联会 synapsis
联会复合体 synaptonemal complex
两点测验 two point test cross
亮氨酸拉链 leucine zipper
烈性噬菌体 virulent phage
六倍体 hexaploid
卵核 egg nucleus
卵细胞 egg cell
卵原细胞 oogonia
卵子 ovum
轮回亲本 recurrent parent
螺线体 solenoid
螺旋-环-螺旋 helix loop helix

螺旋-转角-螺旋 helix-turn-helix

M

孟德尔群体 Mendelian population
模板链 template strand
末期 telophase
母体遗传 maternal inheritance
母系印记 maternal imprinting
母性影响 maternal effect

N

N 值悖理 *N* value paradox
内质网 endoplasmic reticulum
拟核 nucleoid
逆转录酶 reverse transcriptase
鸟嘌呤 guanine，G
鸟枪法 shotgun method
尿嘧啶 uracil，U
农杆菌 agrobacteria

O

偶线期 zygotene

P

胚囊母细胞 embryo sac mother cell
胚乳直感 xenis
配子 gamete
配子体世代 gametophytic
平板培养 plating
平均数 mean
平均优势 heterosis over mean of parents
平末端 blunt end
普遍性转导 generalized transduction

Q

QTL 作图 QTL mapping
启动子 promoter
起始 initiation
迁移 migration
前导链 leading strand
前定作用 predetermination
前期 prophase
嵌合体 chimera mosaic
切除修复 excision repair
亲表兄妹 first cousins
区间简单序列重复 inter-simple sequence repeat，ISSR
去分化过程 dedifferentiation
全基因组关联分析 genome-wide association study，GWAS
全能性 totipotency
全同胞 full-sib
缺失 deficiency
缺失纯合体 deficiency homozygote
缺失突变 deletion mutation
缺失杂合体 deficiency hetero-zygote
缺体 nullisomic
群体 population

R

RNA 编辑 RNA editing
RNA 干扰 RNA interference，RNAi
RNA 聚合酶 RNA polymerase
染色单体 chromatid
染色体 chromosome
染色体代换 chromosome substitution
染色体随机分离 random chromosome segregation
染色体图 chromosome map
染色体组(核)型 karyotype
染色体组(核)型分析 karyotype analysis
染色质 chromatin
染色质线 chromatin fiber
人工接头 synthetic linker
人类基因组计划 Human Genome Project，HGP
溶酶体 lysosome
溶源性 lysogeny
溶源性细菌 lysogenic bacteria
溶源周期 lysogenic cycle
融合核 fusion nucleus
乳糖操纵子 lactose operon

S

SOS 修复 SOS repair

三倍体 triploid
三点测验 three point test cross
三体 trisomic
色氨酸操纵子 tryptophan operon
上位效应 epistatic effect
上游 upstream
上游调节元件 upstream regulatory element
上游因子 upstream factor
奢侈基因 luxury gene
渗入 incorporate
生化标记 biochemical markers
生化突变 biochemical mutation
世代交替 alternation of generations
噬菌斑 plaque
噬菌斑测验 plaque assay
噬菌斑形成单位 plague-forming unit
噬菌体 phage
受精 fertilization
受体 receptor
授粉 pollination
数量性状 quantitative trait
数量性状基因座 quantitative trait loci，QTL
衰减子 attenuator
双倍体 amphiploid
双单倍体 doubled haploids，DH
双单体 dimonosomic
双二倍体 amphidiploid
双三体 ditrisomic
双受精 double fertilization
双体 disomic
双线期 diplotene
双重感染或混合感染 double or mixed infection
双着丝粒染色体 dicentric chromosome
顺接倒位 direc tandem inversion
顺接重复 tandem duplication
顺式作用元件 cis-acting element
四倍体 tetraploid
四分孢子 tetraspore
四分体 tetrad
四分子 quartet
四体 tetrasomic
速溶 rapid lysis
宿主范围 host range
随机扩增多态性 DNA randomly amplified polymorphic DNA，RAPD
随体 satellite

T

探针 probe
特殊性转导 specialized transduction
特异性启动子 tissue-specific promoter
体细胞联会 somatic synapsis
体细胞突变 somatic mutation
条件致死突变 conditional lethal mutation
铁应答元件 iron-response element
同型配子性别 homogametic sex
同形异位或同源异形 homeosis
同义突变 samesense mutation
同源多倍体 autopolyploid
同源多元单倍体 monopolyhaploid
同源联会 autosynpsis
同源染色体 homologous chromosome
同源异形框 homeobox
同源异形域 homeodomain
突变 mutation
突变率 mutation rate
突变频率 mutation frequency
突变体 mutant
图距 map distance
图距单位 map unit
图位克隆 map-based cloning
拓扑异构酶 topoisomerase

W

完备区间作图 inclusive composite interval mapping，ICIM
完全连锁 complete linkage
完全显性 complete dominance
微突变 micromutation
位置效应 position effect
温和噬菌体 temperate phage
无辅基阻遏蛋白 aporepressor

无配子生殖 apogamy
无丝分裂 amitosis
无性生殖 asexual reproduction
无义突变 nonsense mutation
五倍体 pentaploid
戊糖 pentose
物理作图 physical mapping
物种 species

X

细胞壁 cell wall
细胞分化 cell differentiation
细胞核 nucleus
细胞膜 cell membrane
细胞器 organelle
细胞学标记 cytological markers
细胞质 cytoplasm
细胞质遗传 cytoplasmic inheritance
细胞周期 cell cycle
细菌 bacterium
细菌裂解 lysis
细菌转化因子 transforming principle
细线期 leptotene
狭义遗传率 narrow sense heritability
下游 downstream
显微注射 microinjection
显性纯合体 dominant homozygote
显性假说 dominance hypothesis
显性离差 dominance deviation
显性上位作用 dominance epistasis
显性突变 dominant mutation
显性性状 dominant character
显性致死 dorminant lethal
现实遗传率 realized heritability
线粒体 DNA mitochondrial DNA,mtDNA
线粒体 mitochondria
限性遗传 sex-limited inheritance
限制酶 restriction enzyme
限制性内切酶 restricted endonuclease
限制性片段长度多态性 restriction fragment length polymorphism, RFLP
腺嘌呤 adenine,A
相斥相或相斥组 repulsion phase
相对性状 contrasting character
相关系数 correlation coefficient
相互易位 reciprocal translocation
相引相或相引组 coupling phase
镶嵌显性 mosaic dominance
向导 RNA guide RNA
小孢子 microspore
小孢子母细胞 microspore mother cell
锌指 zinc finger
形态发生决定子 morphogenetic determinant
形态突变 morphological mutation
形态学标记 morphological markers
性导 sexduction
性连锁 sex-linked
性染色体 sex chromosome
性细胞突变 sexual mutation
性纤毛 sex fimbriae
性因子或致育因子 sex or fertility factor
性状 character
性状的分离 character segregation
胸腺嘧啶 thynrine,T
雄配子体 male gametophyte
雄性不育性 male sterility
序列标记位点 sequence tagged site, STS
选择 selection
选择基因 selection gene

Y

芽变 bud mutation
亚倍体 hypoploid
烟草花叶病毒 tobacco mosaic virus, TMV
延迟遗传 delayed inheritance
延伸 elongation
叶绿体 chloroplast
叶绿体 DNA chloroplast DNA, ctDNA
叶盘共培养法 leaf disc co-cultivation
液泡 vacuole
一倍体 monoploid
一因多效 pleiotropism

移码突变 frameshift mutation
移位 shift
移位型易位 shift type translocation
移位重复 displaced duplication
遗传 heredity
遗传标记 genetic markers
遗传率 heritability
遗传漂移 genetic drift
遗传图 genetic map
遗传学 genetics
遗传因子 inherited factor
遗传作图 genetic mapping
异丙基硫代半乳糖苷 isopropylthio-galactoside
异固缩 heteropycnosis
异交 outbreeding
异染色质 heterochromatin
异型配子性别 heterogametic sex
异源多元单倍体 allopolyhaploid
异源联会 allosynpsis
抑制作用 inhibiting effect
易变基因 mutable gene
易位 translocation
引物 primer
隐性纯合体 recessive homozygote
隐性上位作用 recessive epistasis
隐性突变 recessive mutation
隐性性状 recessive character
隐性致死 recessive lethal
印记基因 imprinted gene
应答元件 response element
荧光原位杂交 fluorescent in situ hybridization，FISH
营养核 vagetative nucleus
用进废退 use and disuse of organ
有丝分裂 mitosis
有性生殖 sexual reproduction
诱变剂 mutagen
诱发裂解 inductive lysis
诱发突变 induced mutation
原核生物 prokaryote
原核细胞 prokaryotic cell
原噬菌体 prophage

Z

杂交 hybridization
杂种优势 heterosis
载体 vector
增变基因 mutator gene
增强子 enhancer
黏性末端 cohesive end
真核生物 eukaryote
真核细胞 eukaryotic cell
整倍体 epuloid
整合 integration
正调控 positive regulation
正突变 forward mutation
直接分裂 direct division
质粒 plasmid
质量性状 qualitative trait
致死突变 lethal mutation
致育因子 fertility factor
中断杂交试验 interrupted mating experiment
中间缺失 interstitial deficiency
中间着丝粒染色体 metacentric chromosome
中期 metaphase
中心体 centrosome
中性突变 neutral mutation
终变期 diakinesis
终止 trmination
终止密码子 termination codon 或 stop codon
终止信号 termination signal
终止子 terminator
种质连续论 theory of continuity of germplasm
主效基因 major gene
主缢痕 primary constriction
助细胞 synergid
转导 transduction
转导噬菌体 transducing phage
转导体 transductant
转化 transformation
转换 transition
转基因 transgene

转基因生物 genetic modified organism，GMO
转基因植物 transgenic plant
转录单位 transcription unit
转录激活结构域 transcription activating domain
转录因子 transcription factor
转位 transposition
着丝粒 centromere
子囊孢子 ascospore
子囊果 perithecium
姐妹染色单体 sister chromatid
自发裂解 spontaneous lysis
自发突变 spontaneous mutation
自交 selfing
自交不亲和性 self-incompatibility
自然转化 natural transformation
自体受精 autogamy
阻遏蛋白 repressor protein
阻遏因子 repressor
组成型异染色质 constitutive heterochromatin
组成型元件 constitutive element
组蛋白 histones
组蛋白去乙酰化酶 histone deacetylase
组织特异性基因 tissue-specific genes